TRAITÉ

DE CHIMIE

ÉLÉMENTAIRE,

THÉORIQUE ET PRATIQUE.

IMPRIMÉ CHEZ PAUL RENOUARD,
RUE GARANCIÈRE, N. 5, F. S.-G.

TRAITÉ
DE CHIMIE

ÉLÉMENTAIRE,

THÉORIQUE ET PRATIQUE,

SUIVI D'UN

ESSAI SUR LA PHILOSOPHIE CHIMIQUE

ET

D'UN PRÉCIS SUR L'ANALYSE.

Par M. le Baron L. J. THENARD,

Pair de France, Conseiller au Conseil Royal de l'Instruction publique, de l'Académie Royale des Sciences de l'Institut de France; Doyen de la Faculté des Sciences de l'Académie de Paris, Professeur de Chimie au Collège Royal de France et à l'École polytechnique; Membre de l'Académie Royale de Médecine, de la Société philomatique, de la Légion d'honneur; des Académies et Sociétés Royales de Londres, de Berlin, de Stockholm, d'Edimbourg, de Pétersbourg, de Copenhague, de Madrid, de Naples, de Munich, de Gœttingue, de Bologne, de Modène, de Lucques, d'Erfurt, etc., etc.

SIXIÈME ÉDITION.

TOME SECOND.

PARIS.

CROCHARD, LIBRAIRE-EDITEUR,
PLACE DE L'ÉCOLE-DE-MÉDECINE, N° 13.

1834.

ERRATA.

PAGES. LIGNES.

18, avant-dernière : $\frac{44}{001}$; *lisez :* $\frac{44}{100}$

50, 18 : la baryte, le strontium et la chaux ; *lisez :* la baryte, la strontiane et la chaux.

65, 22 : et de quadri-oxide de cuivre ; *lisez :* et le quadroxide de cuivre.

104, 32 : pl. III, fig. 4 ; *lisez :* pl. XIII, fig. 4.

143, 1re ligne de la note : courniure de fer ; *lisez :* tournure de fer.

177, 29 : phosphure de strontiane ; *lisez :* phosphure de strontium.

178, 27 : le chlorure ; *lisez :* ce chlorure.

182, 10 : 256,00 ; *lisez :* 256,02.

— 31 : basse ; *lisez :* base.

189, 23 : se s ammoniacaux ; *lisez :* sels ammoniacaux.

193, 23 : 401,84 ; *lisez :* 402,51.

196, 24 : quelques centièmes ; *lisez :* quelques millièmes.

207, 12 : d'aluminium ; *lisez :* d'alumine.

211, 13 et 14 : qui se forme ; *lisez :* qui s'est formé.

214, 2 : 855 ; *lisez :* 853.

220, 4 : hydrate blanc ; *lisez :* hydrate blanc rosé.

277, 12 : trempe ; *lisez :* trempé.

345, 30 et 31 : sesqui-oxide, *lisez :* peroxide.

357, 31 et 33 : oxide ; *lisez :* acide.

358, 28, 30 et 31 : arsénic ; *lisez :* acide arsénieux.

381, 382 et 383 : remplacer dans la formule le nombre 596,8 par le nombre 598,55.

394, 16 : $Cr S^3$; *lisez :* $Cr^2 S^3$.

411, 7 : Wo^2 ; *lisez :* $W O^2$.

475 et 477 : remplacer dans la formule le nombre 547,77 par le nombre 574,77.

491, 30 : les oxides ; *lisez :* ces oxides.

527 et 528 : remplacer dans la formule le nombre 731,39 par le nombre 791,39.

527 et 528 : remplacer dans la formule le nombre 365,69 par le nombre 395,69.

539, 27 : de tous les métaux ; *lisez :* de tous les métaux exploités.

591, 31 : de mercure ; *lisez :* de palladium.

601, 26 : protoxide ; *lisez :* sesqui-oxide.

601, 26 : RS ; *lisez :* $R^2 S^3$.

TABLE

DES MATIÈRES CONTENUES DANS LE SECOND VOLUME.

TABLE DES MATIÈRES.

TRAITÉ

DE CHIMIE

ÉLÉMENTAIRE,

THÉORIQUE ET PRATIQUE.

LIVRE DIXIÈME.

Des métaux.

495. Les métaux sont des corps simples, presque complètement opaques, très brillans en masse, brillans même en poussière, pourvu qu'elle ne soit pas trop ténue, doués de la propriété de recevoir un beau poli et de prendre un éclat très vif, bons conducteurs du calorique, transmettant le fluide électrique avec une rapidité extrême, capables de se combiner en diverses proportions avec l'oxigène, et de donner naissance à des oxides qui sont ternes, et qui, pour la plupart, peuvent former des sels plus ou moins neutres avec les acides.

Historique.

496. Les métaux ont été l'objet d'un grand nombre de recherches. Il n'est point de chimiste qui ne s'en soit occupé. Mais ceux qui l'ont fait avec le plus de constance sont, sans contredit, les alchimistes. Ils s'imaginaient qu'il existait des *métaux parfaits*, tels que l'or et l'argent, et des *métaux imparfaits*, tels que le mercure, le plomb, et qu'on pouvait, par des moyens cachés, transformer ces derniers en

argent, ou en or, qu'ils appelaient le *roi* et le *plus parfait des métaux*. Guidés par une fausse théorie, doués d'une patience infatigable, animés d'un zèle aveugle, ils ne formaient de vœux que pour parvenir à opérer un jour cette transformation : c'était à leurs yeux le *grand œuvre*, la *pierre philosophale*, le *plus noble but qu'il fût possible de se proposer:* veilles, fortune, tout était sacrifié à leurs chimériques recherches. Se croyant toujours sur le point de réussir, ils recommençaient sans cesse, avec une nouvelle ardeur, leurs longues tentatives, pour lesquelles ils avaient inventé des fourneaux où le feu, par eux, était entretenu pendant des années entières. Quelques-uns même, enivrés d'un fol orgueil, s'étaient flattés de pouvoir se soustraire à la mort par la découverte d'un remède universel; et leurs yeux ne furent dessillés que quand ils virent Paracelse, leur chef, qui se vantait d'avoir trouvé ce remède surnaturel, mourir à quarante-huit ans, accablé d'infirmités, fruits de sa débauche, en assurant que *sa panacée*, qu'il portait ordinairement au pommeau de son épée, était un gage sûr d'immortalité.

Tant d'efforts, tant de travaux devaient nécessairement produire quelques heureux résultats : aussi peut-on dire que la branche de la chimie qui traite des métaux doit un assez grand nombre de découvertes aux alchimistes. Cependant ces découvertes sont loin d'égaler celles qui ont été faites depuis cinquante ans. C'est en effet depuis cette époque que la plupart des métaux ont été trouvés; et tandis qu'avant le xv⁰ siècle il n'y en avait que sept de connus : l'or, l'argent, le fer, le cuivre, le plomb, l'étain et le mercure, nous en connaissons aujourd'hui trente neuf (1), qui tous ont été nommés en parlant des corps simples (19).

---

(1) Le zirconium et le thorinium ont été mis à part, entre les métalloïdes et les métaux, parce qu'ils jouissent de propriétés qui semblent communes à ces deux classes de corps.

TABLEAU DE LA DÉCOUVERTE DES MÉTAUX.

NOMS des MÉTAUX.	AUTEURS DE LEUR DÉCOUVERTE.	ÉPOQUES de leur découverte
Or.......... Argent..... Fer........ Cuivre..... Mercure.... Plomb...... Étain.......	Connus de toute antiquité.	
Zinc.......	Indiqué par Paracelse, qui mourut en......	1541
Bismuth....	Décrit dans le traité d'Agricola, qui parút en...............	1520
Antimoine..	Basile-Valentin décrivit le procédé d'extraction...............	xve siècle.
Arsénic..... Cobalt.....	Brandt...............	1733
Platine.....	Wood, essayeur à la Jamaïque............	1741
Nickel.....	Cronstedt...............	1751
Manganèse..	Gahn et Schéele, à-peu-près vers........	1774
Tungstène...	MM. Delhuyart, à-peu-près vers.........	1781
Tellure.....	M. Muller de Reichenstein............	1782
Molybdène..	Soupçonné par Schéele et Bergmann, constaté par Hielm en...............	1782
Titane.....	Grégor...............	1781
Urane......	Klaproth...............	1789
Chrôme....	Vauquelin...............	1797
Columbium.	M. Hatchett...............	1802
Palladium... Rhodium...	Wollaston...............	1803
Iridium.....	Par Descotils, et constaté par Fourcroy, Vauquelin et Smithson-Tennant en.........	1803
Osmium....	Tennant en...............	1803
Cérium.....	MM. Hisinger et Berzelius............	1804
Potassium... Sodium.....	Découverts par Davy en............	1807
Barium..... Strontium... Calcium....	Indiqués par M. Davy en............	1807
Cadmium...	M. Hermann ou M. Stromeyer...........	1818
Lithium....	M. Arfwedson...............	1818
Aluminium.. Yttrium.... Glucynium.	Isolés par M. Wöhler en............	1827
Magnésium..	Isolé par M. Bussy en............	1828
Vanadium...	Entrevu par Del Rio en............ Découvert par M. Sefström en............	1801 1830

Classification des métaux.

497. Les métaux ne doivent point être étudiés dans un ordre arbitraire : autrement leur étude offrirait de grandes difficultés. Nous les diviserons en six sections fondées sur l'affinité que ces corps ont pour l'oxigène.

Les uns décomposent l'eau : ce sont ceux des 3 premières sections. Les autres ne la décomposent point. Il en est qui absorbent *le gaz oxigène*, à la température la plus élevée : ce sont ceux des 4 premières sections. D'autres ne l'absorbent qu'à un certain degré de chaleur. D'autres enfin ne sont point susceptibles de l'absorber.

498. PREMIÈRE SECTION.—*Métaux qui peuvent absorber le gaz oxigène à la température la plus élevée et décomposer subitement l'eau à la température ordinaire en s'emparant de son oxigène et en dégageant son hydrogène avec une vive effervescence.* Six sont dans ce cas : Le potassium, le sodium, le lithium, le barium, le strontium et le calcium. Nous les appellerons souvent *métaux alcalins*, parce que leurs oxides sont connus sous le nom d'*alcalis*.

499. DEUXIÈME SECTION.—*Métaux qui, comme les précédens, peuvent absorber le gaz oxigène à la température la plus élevée ; mais qui ne décomposent l'eau qu'autant qu'elle est bouillante ou même que de 100 à 200°.* Ils sont au nombre de 4, savoir : le magnésium, le glucynium, l'yttrium, l'aluminium. Leurs oxides étant connus sous le nom de *terres*, nous les désignerons sous le nom de *métaux terreux*.

500. TROISIÈME SECTION.—*Métaux qui, comme les précédens, peuvent absorber le gaz oxigène à la température la plus élevée ; mais qui ne décomposent l'eau qu'au degré de la chaleur rouge.* Cette section comprend 7 métaux : le manganèse, le zinc, le fer, l'étain, le cadmium, le cobalt et le nickel. Les trois premiers possèdent cette propriété à un degré plus élevé que le troisième, et celui-ci, d'une manière plus marquée que les 3 derniers.

501. QUATRIÈME SECTION.—*Métaux qui, comme les précé-*

dens encore, *peuvent absorber le gaz oxigène à la température la plus élevée ; mais qui ne décomposent l'eau ni à chaud, ni à froid.* Cette section est la plus nombreuse ; elle renferme 14 métaux, savoir : l'arsénic, le molybdène, le chrôme, le vanadium, le tungstène, le colombium, l'antimoine, le titane, le tellure, l'urane, le cérium, le bismuth, le cuivre et le plomb. Nous diviserons cette section en deux parties : dans la première, nous placerons les 8 premiers métaux qui sont acidifiables ; et, dans la seconde, les 6 autres qui ne sont qu'oxidables.

502. CINQUIÈME SECTION. — *Métaux qui ne peuvent absorber le gaz oxigène qu'à un certain degré de chaleur et qui ne peuvent point opérer la décomposition de l'eau.* Leurs oxides se réduisent nécessairement à une température élevée. Le mercure, l'osmium, composent cette section. (1)

503. SIXIÈME ET DERNIÈRE SECTION. — *Métaux qui ne peuvent absorber le gaz oxigène et ne peuvent décomposer l'eau à aucune température, et dont les oxides se réduisent au-dessous de la chaleur rouge.* Ces métaux sont au nombre de 6 : l'argent, le palladium, le rhodium, le platine, l'or et l'iridium. (2)

504. Après avoir cherché à ranger, autant que possible, les métaux en divers groupes, de telle manière que ceux d'une section aient plus d'affinité pour l'oxigène, que ceux des sections suivantes, classification dont nous tirerons un grand parti par la suite, nous allons nous occuper de leur histoire générale en commençant par l'étude de leurs propriétés physiques.

505. *État naturel.* — Les métaux ne se rencontrent que

---

(1) Il serait possible que l'osmium appartînt à la quatrième section. A la vérité, il n'a que peu d'affinité pour l'oxigène, car l'acide osmique est réduit par le mercure ; mais il est certain que le tritoxide d'osmium supporte l'action de la chaleur rouge sans se décomposer.

(2) Cependant on observe que l'argent et le palladium sont susceptibles de s'oxigéner à une température élevée ; mais l'oxide d'argent se réduit au moment où le métal redevient solide. Peut-être le palladium devrait-il appartenir à la cinquième section.

rarement *natifs* ou *vierges*, c'est-à-dire à l'état de pureté dans la nature. Presque toujours ils sont combinés avec d'autres corps ; tantôt avec l'oxigène, tantôt avec les corps combustibles, tantôt avec l'oxigène et un acide, ou à l'état de sel. Ils existent donc naturellement sous quatre états principaux ; savoir : quelques-uns sous tous les états ; quelques autres, au contraire, sous un seul ; mais le plus grand nombre sous les trois derniers ou sous deux d'entre eux.

Ce ne sont, en général, que les métaux qui ont peu d'affinité pour l'oxigène que l'on rencontre natifs : tels sont l'or et l'argent.

Ce sont, au contraire, ceux dont l'affinité pour l'oxigène est grande, ou du moins assez grande, pour l'absorber à une température élevée, que l'on trouve à l'état d'oxide : il est vrai qu'assez fréquemment l'oxide est combiné avec un acide.

Presque aucun des métaux capables de décomposer l'eau à la température ordinaire ne se trouve uni aux corps combustibles ; tandis que tous les autres se trouvent toujours en combinaison avec quelques-uns de ces corps, particulièrement avec le soufre et l'arsénic : voilà pourquoi les mineurs appellent ces deux derniers corps du nom commun de *minéralisateurs*. On ne connaît point encore d'hydrures, ni de borures, ni de phosphures, ni d'azotures métalliques, dans la nature ; mais il y existe quelques chlorures, quelques séléniures, brômures, iodures.

Enfin les métaux que la nature nous offre le plus souvent dans les combinaisons salines sont ceux qui s'oxident facilement ; et les sels les plus nombreux sont les sulfates, les carbonates et les phosphates.

506. *Gisement des métaux.* — Les métaux s'observent en *filons*, en *amas*, ou *couches*, dans les terrains primitifs intermédiaires et secondaires ; plusieurs, tels que le fer, à l'état d'oxide, forment des masses considérables et même des montagnes entières.

A l'état de filons, ils sont toujours accompagnés de diverses substances cristallisées, surtout de quarz, de carbonate de chaux, de fluure de calcium, de sulfate de baryte. Parmi ces substances, la plus abondante prend le nom de *gangue*, qu'on donne quelquefois encore à leur ensemble. Les roches, quand elles contiennent des métaux disséminés, reçoivent souvent aussi le même nom.

Tous les métaux font partie des terrains primitifs et intermédiaires, et c'est là qu'a lieu le plus grand nombre des exploitations. Le métal le plus rare dans ces terrains est le mercure ; il ne se rencontre même guère qu'à la partie inférieure des terrains secondaires, qui renferment aussi des sulfures de cuivre et de plomb, des carbonate et silicate de zinc. On ne trouve dans la partie supérieure de ces derniers terrains que des minerais de fer à l'état d'oxide hydraté, lesquels constituent des couches et des amas composés ordinairement de petits *globules testacés*.

Les métaux disparaissent dans les terrains tertiaires ; l'oxide de fer hydraté colore seulement çà et là les matières terreuses et sableuses, ou les agglutine. On n'en connaît aucun dans les terrains ignés.

La présence des substances métalliques dans les différens terrains ne peut être découverte que par les affleuremens des filons ou des couches à la surface du sol, c'est-à-dire lorsque la masse métallique est à découvert dans quelques parties de son étendue.

507. *Extraction.* — Ce n'est qu'en étudiant chaque métal en particulier que nous décrirons le procédé par lequel on l'obtient pur ; nous remarquerons seulement ici :

1° Que le potassium et le sodium s'extraient de leurs oxides en les chauffant avec le fer ou le charbon ;

2° Que le barium, le strontium, le calcium et le lithium se retirent de leurs sels en les soumettant à l'action de la pile.

3° Que les métaux terreux nous sont donnés par leurs chlorures, en les décomposant à chaud par le potassium.

4° Que la plupart des métaux de la troisième et de la

quatrième section proviennent de leurs oxides réduits par le charbon ou le gaz hydrogène.

5° Que pour obtenir le mercure on traite le sulfure de ce métal par la chaux.

6° Que l'argent, l'or, dans le traitement que l'on fait subir à leurs minerais, sont combinés soit avec le plomb, soit avec le mercure, et qu'il en résulte des alliages d'où on les extrait aisément.

7° Que c'est en calcinant les sels qui résultent de la combinaison du chlorhydrate d'ammoniaque avec les chlorures de platine, de palladium, de rhodium et d'iridium, que l'on se procure ces métaux : toute la matière se volatilise excepté le métal qui reste sous forme d'éponge.

Propriétés physiques.

508. *État.* — Tous les métaux sont solides à la température ordinaire, excepté le mercure : celui-ci ne se solidifie que de —39 à —40°.

Couleur. — Les métaux sont différemment colorés : l'or est jaune ; le cuivre et le titane sont rouges ; presque tous les autres sont plus ou moins blancs.

Tableau *de la couleur des métaux.*

Argent.....	blanc éclatant.
Étain......	
Platine.....	
Palladium...	
Nickel......	
Mercure....	
Iridium.....	blanc tirant sur celui de l'argent.
Tellure.....	
Vanadium...	
Barium.....	
Molybdène ..	
Aluminium ..	
Antimoine..	blanc argentin tirant sur le bléuâtre.
Cadmium...	*idem.*
Cobalt.....	gris blanc d'étain.

Suite du tableau de la couleur des métaux.

Potassium... Sodium.... Manganèse.. Arsénic.... Cérium.... Rhodium...	blanc grisâtre.
Plomb..... Zinc.......	blanc gris tirant sur le bleu.
Bismuth....	blanc jaunâtre.
Fer........	gris avec une nuance de bleu.
Magnésium..	gris de fer.
Urane..... Glucinium..	gris foncé.
Yttrium....	gris noirâtre, brillant.
Osmium.....	poudre noire ou bleuâtre.
Or........	jaune pur.
Cuivre.....	jaune rougeâtre.
Titane.....	rouge brun.

Éclat. — On appelle *éclat métallique*, un brillant très vif, particulier aux métaux même réduits en poussière. Cet éclat dépend de la propriété que ces corps ont de réfléchir une très grande quantité de lumière. Les plus éclatans sont l'or, l'argent, le platine, le fer à l'état d'acier, le cuivre, etc.

Opacité. — Les métaux sont presque complètement opaques ; pendant long-temps même, on les a regardés comme doués d'une opacité absolue ; mais il est certain qu'une feuille d'or très mince laisse passer quelques rayons lumineux : c'est ce qu'il est facile de voir, en plaçant cette feuille entre son œil et la lumière du soleil ou d'une bougie. Or, comme l'or est le plus dense des métaux après le platine, et qu'il est presque aussi dense que ce métal, il est permis de croire qu'aucun métal n'est parfaitement opaque. (1)

Densité. — On croyait autrefois que les métaux étaient essentiellement plus denses que les autres corps ; mais l'on

-----

(1) A la vérité, on pourrait soutenir que la feuille d'or ne laisse passer des rayons lumineux que par de forts petits trous imperceptibles à la vue, et résultant du *battage* au marteau.

a été forcé de renoncer à cette opinion depuis la découverte du potassium et du sodium. La densité des métaux est très variable : le platine, qui est le plus dense, pèse, lorsqu'il est forgé, plus de vingt-deux fois autant que l'eau distillée; tandis que le potassium, qui est le plus léger, a une pesanteur spécifique moindre qu'elle. Le tableau suivant offre les métaux rangés par ordre de leur plus grande pesanteur spécifique, celle de l'eau étant prise pour unité.

TABLEAU

de la densité des métaux, par ordre de plus grande densité, à la température ordinaire.

Métal	Densité	Auteur
Platine	20,98	Brisson.
Or	19,257	Brisson.
Iridium, au moins	18,68	Children.
Tungstène	17,6	Delhuyart.
Mercure	13,568	Brisson.
Palladium (selon qu'il est écroui au marteau ou laminé)	11,3 à 11,8	Wollaston.
Rhodium	11	Wollaston.
Plomb	11,352	Brisson.
Argent	10,4743	Brisson.
Bismuth	9,822	Brisson.
Osmium	10 environ	
Cobalt	8,5384	Haüy.
Urane	9	Bucholz.
Cuivre	8,895	Hatchett.
Cadmium	8,6040	Stromeyer.
Nickel	8,279	Richter.
Fer	7,788	Brisson.
Molybdène	7,400	Hielm.
Étain	7,291	Brisson.
Zinc	6,861 à 7,1	Brisson.
Manganèse	6,850	Bergmann.
Antimoine	6,7021	Brisson.
Tellure	6,115	Klaproth.
Arsénic	5,959	Guibourt.
Titane	5,3	Wollaston.
Sodium	0,97223 à 15°	Gay-Lussac et Thenard.
Potassium	0,86507 à 15°	Gay-Lussac et Thenard.

Ductilité. — La ductilité est la propriété qu'ont certains métaux de se réduire en fils en passant à la filière, et de se réduire en lames sous le choc du marteau ou la pression du laminoir : cependant cette dernière propriété est plus particulièrement connue sous le nom de *malléabilité* (1). Il paraît qu'il existe une différence réelle entre la ductilité et la malléabilité, car les métaux qui passent le mieux à la filière ne sont pas toujours ceux qui passent le mieux au laminoir; nous citerons pour exemple le fer, dont on fait des fils très fins, et dont on ne peut faire des lames très minces. Parmi les métaux réductibles, il y en a 17 qui sont ductiles et 16 qui sont cassans. Le métal le plus ductile ne peut s'aplatir ou être réduit en fil que jusqu'à un certain point, sans être chauffé.

---

(1) La filière est une plaque rectangulaire d'acier, percée de trous de différens diamètres, à travers lesquels on fait passer les métaux pour les réduire en fils. L'on coule en lingot, ou l'on forge en cylindre le métal que l'on veut tirer en fils; on amincit l'une de ses extrémités, et on l'engage dans l'un des trous de la filière disposée verticalement et assujétie avec beaucoup de solidité. On saisit alors l'extrémité amincie du métal avec une pince que l'on serre fortement; on le force, au moyen de leviers, à passer à travers la filière. On le fait ainsi passer par des trous de plus en plus petits, ayant soin de le recuire de temps en temps pour éviter qu'il ne se gerce; on continue cette manœuvre jusqu'à ce que le fil soit arrivé à la grosseur que l'on desire.

Un laminoir se compose de deux cylindres d'acier placés horizontalement l'un au-dessus de l'autre, qui tournent dans le même sens, et que l'on peut rapprocher à volonté. On aplatit par l'un de ses bouts le métal que l'on veut réduire en lames, et on le fait passer entre les deux cylindres dans le sens de leur marche. La distance entre les deux cylindres doit être moindre que l'épaisseur du corps à laminer.

Il est évident qu'au lieu de placer les cylindres horizontalement, on pourrait les placer verticalement; mais la position verticale n'est pas si commode que la position horizontale. Dans tous les cas, il est nécessaire de recuire de temps en temps les pièces qu'on lamine, c'est-à-dire de les faire rougir, et de les laisser refroidir peu-à-peu. Sans cette précaution, elles se gerceraient et même se déchireraient complètement, parce qu'alors leurs parties étant rapprochées, ne pourraient plus glisser les unes sur les autres. Les métaux les moins ductiles sont ceux qui exigent d'être recuits le plus souvent.

TABLEAU

DE LA DUCTILITÉ ET DE LA MALLÉABILITÉ.

MÉTAUX DUCTILES ET MALLÉABLES rangés par ordre alphabétique.	MÉTAUX CASSANS rangés par ordre alphabétique.	MÉTAUX rangés à-peu-près par ordre de leur plus grande facilité à passer à la filière.	MÉTAUX rangés à-peu-près par ordre de leur plus grande facilité à passer au laminoir.
Argent.	Antimoine.	Or.	Or.
Cadmium.	Arsénic.	Argent.	Argent,
Cuivre.	Bismuth.	Platine.	Cuivre.
Étain.	Cérium.	Fer.	Étain.
Fer.	Chrôme.	Cuivre.	Platine.
Iridium.	Cobalt.	Zinc.	Plomb.
Magnésium.	Colombium.	Étain.	Zinc.
Mercure.	Iridium.	Plomb.	Fer.
Nickel.	Manganèse.	Nickel.	Nickel.
Or.	Molybdène.	Palladium ?	Palladium ?
Osmium.	Osmium.	Cadmium ? (2)	Cadmium ? (2)
Palladium.	Rhodium.		
Platine.	Tellure.		
Plomb.	Titane.		
Potassium.	Tungstène.		
Sodium.	Urane. (1)		
Zinc.			

Ténacité.—On entend par ténacité la propriété qu'ont les métaux ductiles, réduits en fil d'un petit diamètre, de supporter un certain poids sans se rompre : elle est d'autant plus grande que ce poids est plus considérable.

Les métaux suivans, tirés en fils de 2 millimètres de diamètre, ont supporté, savoir :

---

(1) Le colombium et le cérium n'ayant point encore pu être fondus, on ignore s'ils sont réellement cassans ; on ne les regarde comme tels que parce qu'ils forment des alliages cassans.

(2) Le palladium et le cadmium sont suivis d'un point d'interrogation pour indiquer qu'on ne sait pas le rang qu'ils doivent avoir.

	Kilogr.	
Fer....................	249,659	} Sickingen.
Cuivre.................	137,399	
Platine................	124,000	Guyton-Morveau.
Argent.................	85,062	} Sickingen.
Or.....................	68,216	
Étain..................	24,200	} Muschenbroeck.
Zinc...................	12,720	

Dureté. — Il existe entre les métaux une très grande différence sous le rapport de leur dureté; il en est qui raient presque tous les corps : tel est le fer, etc.; il en est d'autres, au contraire, que presque tous les corps raient : tel est le plomb, qu'on entame avec l'ongle; tels sont le potassium, le sodium, qui ont la consistance de la cire.

Elasticité et sonorité. — Les métaux sont, en général, d'autant plus élastiques et sonores qu'ils ont plus de dureté : aussi augmente-t-on l'élasticité et la sonorité de ces corps en les combinant avec d'autres corps qui les rendent plus durs sans en détruire le caractère métallique. *Exemple :* acier trempé, ou combinaison de fer et de charbon; métal de cloche, ou alliage de cuivre et d'étain. La plupart des métaux possèdent ces deux propriétés à un plus haut degré que les corps non métalliques.

Dilatabilité. — Tous les métaux éprouvés jusqu'ici sont plus dilatables que les autres solides, à quelques exceptions près. Chacun d'eux se dilate sensiblement, d'une manière uniforme, depuis zéro jusqu'à 100 degrés. Au-delà, cette uniformité de dilatation n'a plus lieu.

Odeur et saveur. — On observe que plusieurs métaux ont une odeur et une saveur désagréable qui se développent surtout par le frottement : tels sont le fer, le plomb, le cuivre et l'étain. L'or, l'argent et le platine, ne sont pas doués de ces propriétés; d'où l'on peut penser qu'il n'y a que les métaux susceptibles d'oxidation par l'air qui les ont, du moins, à un degré remarquable.

Structure ou tissu. — La structure ou le tissu d'un métal n'est que la forme qu'affectent les parties intérieures de ce métal. Tantôt ce tissu est lamelleux, comme dans l'antimoine, le bismuth, le zinc; tantôt il est fibreux, comme dans le fer.

* *Formes cristallines.* —Les métaux affectent les formes de l'octaèdre régulier, du cube et de toutes celles qui en dérivent. Plusieurs, tels que l'or, l'argent et le cuivre, se trouvent naturellement cristallisés. Ceux qu'il est le plus facile d'obtenir ainsi par le procédé indiqué (9), sont le bismuth, l'antimoine, le zinc, l'étain, le plomb, l'arsénic, et en général tous les métaux qui n'exigent pas pour leur fusion une haute température.

Nous venons de passer en revue toutes les propriétés physiques des métaux. Considérons maintenant leurs propriétés chimiques, et voyons d'abord quel est leur degré de fusibilité.

Action des fluides impondérables.

509. *Action du feu.* —La fusibilité des métaux est très variable. Les uns fondent au-dessous de la chaleur rouge; plusieurs autres un peu au dessus de ce degré; un certain nombre n'entre en fusion qu'à une température très élevée; d'autres enfin sont presque infusibles. Le feu d'un fourneau ordinaire suffit pour fondre les premiers; les seconds exigent un feu de réverbère; les troisièmes, un feu de forge; les derniers ne cèdent qu'au feu que produisent l'oxigène pur et le charbon, ou l'oxigène et l'hydrogène. C'est ordinairement dans un creuset que se fait l'opération : ce ne serait qu'autant que le métal serait très fusible, très oxidable, tels que le potassium et le sodium, qu'il conviendrait de la faire dans une petite cloche remplie d'huile.

Lorsque les métaux sont fondus, qu'on les laisse refroidir, qu'on perce la croûte qui est à la surface, et qu'on décante les parties intérieures qui sont encore liquides, on les obtient cristallisés (9). Celui qui cristallise le mieux est le bismuth bien pur, et surtout privé d'arsénic. Ses cristaux sont cubiques, et se disposent de manière à former des pyramides quadrangulaires creuses.

Lorsque au lieu d'exposer les métaux à une température capable de les fondre, on les expose à une température bien plus élevée, plusieurs se volatilisent (1). Six au moins sont dans ce cas : le mercure, l'arsénic, le cadmium, le potassium, le tellure et le zinc. Pour s'assurer de leur volatilité, il faut les chauffer ; savoir : le mercure, le tellure et le cadmium, dans une cornue de verre, à laquelle on adapte un récipient où vient se rendre le métal; le potassium, dans une petite cloche de verre pleine de gaz azote et de mercure; et le zinc, dans une cornue de grès. (2)

---

(1) M. Chaudet croit que le bismuth est volatil (*Ann. de chim. et de phys.*, t. IX, p. 397). Ce métal ne se sublime réellement que dans les mêmes circonstances que l'antimoine. (*Voy.* la note suivante.)

(2) L'antimoine, exposé à l'action d'une très haute température dans une cornue de grès, ne se volatilise pas : cependant en calcinant de l'oxide d'antimoine avec du charbon, ce métal se sublime en grande partie à mesure qu'il se réduit. Comment expliquer ces résultats en apparence contradictoires ? D'une manière fort simple. Tous les liquides ont une tendance à se réduire en vapeurs. En vertu de cette tendance, un liquide placé dans un espace vide ou plein de gaz, se vaporise en quantité d'autant plus grande que l'espace est plus grand. Or, dans le premier cas, l'antimoine se trouve placé dans un espace très petit qui est égal au volume de la cornue; au lieu que dans le second, ce métal est dans le même cas que s'il était placé dans un espace considérable, puisqu'il se forme alors beaucoup de gaz acide carbonique, et que ce gaz doit se charger de vapeurs antimoniales, en raison du volume qu'il occupe. D'ailleurs, on conçoit facilement pourquoi l'antimoine se condense presque entièrement dans le col de la cornue : c'est un effet immédiat du refroidissement qu'il éprouve.

Il en est des autres métaux, et de tous les corps en général, comme de l'antimoine; tous se vaporisent plus ou moins lorsqu'on les fond et qu'on les expose à des courans de gaz. Les uns, tels que l'antimoine, le sodium, etc., possèdent cette propriété d'une manière remarquable. Les autres, tels que l'or, la possèdent à peine, ce qui dépend des causes que nous exposerons dans le ve vol. (art. *Calorique*).

TABLEAU

DES MÉTAUX RANGÉS SUIVANT L'ORDRE DE LEUR PLUS GRANDE FUSIBILITÉ.

Thermom. centig.

Fusibles au-dessous de la chaleur roug.	Mercure..................— 39°	Divers chimistes.
	Potassium...............+ 58	Gay-Lussac et Thenard.
	Sodium..................+ 90	
	Étain....................+210	Newton.
	Bismuth.................+256	
	Plomb...................+260	M. Biot.
	Tellure. Un peu moins fusible que le plomb............	Klaproth.
	Arsénic. Indéterminé........	
	Zinc....................+370	Min. de M. Brongniart.
	Magnésium. Température peu élevée.	
	Cadmium. Bien au-dessous de la chaleur rouge.	Stromeyer.
	Antimoine. Un peu au-dessous de la chaleur rouge.	
	Barium. Au-dessous de la chaleur rouge.	

Pyrom. de Wedgwood.

Infusibles au-dessous de la chaleur rouge.	Argent.................. 20°	Kennedy, suiv. Thoms.
	Cuivre.................. 27	Wedgwood.
	Or..................... 32	
	Aluminium. Moins fusible que la fonte.	
	Glucynium. Difficile à fondre..	
	Cobalt. Un peu moins difficile à fondre que le fer........... { 130	Wedgwood.
	Fer......................{ 158	Le chevalier Mackenzie
	Manganèse............160	Guyton.
	Nickel. Comme le manganèse..	Richter.
	Palladium..............	
	Molybdène. Urane. Tungstène. Chrôme. } Presque infusibles, et ne pouvant point être obtenus en boutons au feu de forge. } Fusible au chalumeau d'oxigène et d'hydrogène.		
	Titane. Cérium. Osmium. Iridium. Rhodium. Platine. Colombium. } Infusibles au feu de forge. Fusibles au chalumeau d'oxigène et d'hydrogène.		

510. *Action du fluide électrique.*—Les métaux sont d'excellens conducteurs de l'électricité. Tant que leur surface suffit à l'écoulement du fluide électrique, ils n'éprouvent aucune altération; mais lorsqu'elle n'est pas suffisante, ce fluide pénètre dans leur intérieur, les échauffe, et parvient même à les fondre et à les volatiliser. Tel est l'effet que produit la décharge d'une forte batterie composée de piles à larges plaques ou de bouteilles de Leyde, sur des fils ou des lames minces d'un métal quelconque, et l'on observe de plus que si l'expérience se fait dans l'air, il en résulte une combustion plus ou moins vive, dont la flamme est diversement colorée. Par exemple, le fer brûle avec une lumière blanche très vive; le zinc avec une flamme blanche mêlée de bleu et de rouge; l'étain en produit une d'un blanc bleuâtre; l'or et le cuivre sont dans le même cas, et donnent naissance à des oxides bruns; la flamme produite par le plomb est bleuâtre et surtout purpurine; enfin celle de l'argent est verte.

Nous devons ajouter à ces résultats ceux que M. Children a obtenus, d'autant plus qu'ils sont très remarquables (*Ann. de Chim.*, t. xcvi, p. 130). La pile dont il s'est servi était construite comme celle qui est représentée pl. xv. fig 1re, et formée de plaques beaucoup plus grandes que celles qui avaient été employées jusqu'alors. Chaque plaque de zinc avait six pieds de long et deux pieds huit pouces de large (1), et chaque plaque de cuivre avait une surface double; leur nombre était tel qu'il en résultait vingt-et-un compartimens dont la capacité s'élevait à 945 gallons (un gallon vaut 3^{lit}, 784). Deux tubes de plomb étaient soudés, l'un au pôle positif et l'autre au pôle négatif; ils plongeaient par leurs extrémités libres dans des bassins de mercure séparés.

M. Children a cherché d'abord à connaître la facilité avec laquelle différens métaux entrent en ignition lors-

____

(1) Les mesures dont il est ici question sont des mesures anglaises.

II. *Sixième édition.* 2

qu'on les place dans le circuit voltaïque. Pour cela, il s'est servi dans chaque expérience de deux fils de métaux différens, qui avaient l'un et l'autre 8 pouces de long et $\frac{1}{30}$ de pouce de diamètre; chacun d'eux, d'une part, était en contact avec le mercure des bassins, et de l'autre était recourbé de manière à pouvoir s'accrocher réciproquement, dès que l'on avait versé une partie d'acide étendu de 40 parties d'eau dans les compartimens de la batterie, pour y produire une excitation modérée. Voici ce qui a eu lieu avec les fils métalliques suivans :

Fils de platine et d'or. . . . . Ignition du platine.

Fils d'or et d'argent . . . . Ignition de l'or.

Fils d'or et de cuivre. . . . . Ignition des deux.

Fils d'or et de fer . . . . Ignition du fer.

Fils de platine et de fer. . . . . Ignition instantanée du fer, et quelque temps après du platine.

Fils de platine et de zinc . . . . . . Ignition du platine et quelquefois fusion du zinc.

Fils de zinc et de fer. . . . . Ignition du fer; échauffement du zinc sans fusion.

Fils de plomb et de platine. . . . . . Fusion du plomb dans son point de contact avec le platine.

Fils d'étain et de platine. . . . . . . Fusion de l'étain au point de contact.

Fils de zinc et d'argent . . . . Ignition du zinc avant d'être fondu.

Trois paires de fils de platine et d'argent . . . . Ignition des fils de platine.

Un fil de zinc entre deux de platine. . Ignition des fils de platine.

M. Children ayant ensuite porté la pile à un très haut degré d'excitation, en versant, dans les compartimens qu'elle forme, de l'eau chargée d'un vingtième de son poids d'un mélange d'acide azotique et d'acide sulfurique, il soumit à son action des fils de platine de différentes longueurs et de différens diamètres.

Fil de platine de 5 pieds 6 pouces de long, et de $\frac{31}{200}$ *de pouce de diamètre :* il devint rouge dans toute sa longueur, même en plein jour.

Fil de platine de 8 pieds 6 pouces de long, et de $\frac{44}{401}$ *de pouce de diamètre :* il s'échauffa jusqu'au rouge.

Tige de platine de $\frac{1}{4}$ de pouce en carré, et de 2 pouces $\frac{1}{4}$ de long : non-seulement elle fut chauffée au rouge, mais à la fin elle entra en fusion.

Tige cylindrique de platine de 2 pouces $\frac{1}{2}$ de long, et de $\frac{216}{1000}$ de pouce de diamètre : elle s'échauffa au point de paraître d'un rouge blanc.

M. Children éprouva aussi l'action de la forte batterie sur l'iridium et sur l'alliage d'iridium et d'osmium : pour cela, il plaça le métal ou l'alliage au fond d'une petite excavation pratiquée dans un morceau de charbon de bois bien brûlé et flottant à la surface du mercure dans l'un des bassins ; le circuit était complété par un morceau de charbon en communication avec l'autre bassin au moyen de gros fil de cuivre.

L'iridium se fondit en un globule pesant 7 grains, et renfermant encore quelques petites cavités : dans cet état, il était blanc, très brillant, et pesait spécifiquement 18,68.

Le composé d'iridium et d'osmium se fondit aussi en un globule. Plusieurs autres essais furent également faits sur des oxides métalliques et de petits fragmens de pierres dures : presque toujours il y eut réduction ou fusion.

Action du fluide magnétique. —Le fer, le nikel et le cobalt sont les seuls métaux et même les seuls corps simples attirables à l'aimant. Le fer possède cette propriété à un plus haut degré que les deux autres, et le nikel lui-même la possède plus que le cobalt. Elle est modifiée et quelquefois détruite dans ces métaux par leur combinaison avec beaucoup d'autres corps et particulièrement le soufre, l'arsénic, l'oxigène.

Influence des métaux sur les combinaisons des gaz entre eux.

511. De toutes les propriétés que présentent les métaux ou du moins la plupart d'entre eux, la plus extraordinaire est celle de faciliter par leur contact la combinaison des fluides élastiques, sans s'unir à aucun de ces fluides ou de leurs composés : déjà nous avons annoncé la belle décou-

verte de M. Doebereiner à ce sujet (40) : nous devons maintenant rapporter les résultats qui lui sont dus; nous citerons ensuite ceux qui ont été observés par d'autres chimistes.

1° M. Doebereiner, après avoir vu que le platine en éponge et la poudre de platine, précipitée du chlorure de platine par le zinc, déterminaient la combustion de l'hydrogène mêlé à l'air ou à l'oxigène, et devenaient incandescens, rechercha cette propriété dans d'autres métaux, et la trouva dans le nickel, mais à un faible degré; le platine, au contraire, la possède à un si grand degré, qu'il occasionne tout de suite la formation d'eau dans un air qui contient des traces d'hydrogène, ou dans de l'hydrogène qui contient des traces d'air.

2° Suivant M. Doebereiner, le gaz oxigène, sous l'influence du platine, est sans action sur les gaz hydrogènes composés, tel que l'ammoniaque, le carbure d'hydrogène, l'acide chlorhydrique, etc.

3° Il cite une expérience dans laquelle le *sulfure oxidé* de platine aurait enlevé du carbone à l'oxide de carbone, et aurait converti 1 volume de celui-ci en $\frac{1}{2}$ volume d'acide carbonique.

Il se procure le corps qu'il appelle *sulfure oxidé* en précipitant la dissolution de platine par le gaz sulfhydrique, faisant sécher le précipité, et l'exposant à l'air pendant quelques jours.

4° Il annonce que le sous-oxide de platine et le sulfure oxidé du même métal absorbent tous les gaz combustibles, mais qu'ils sont sans action sur le gaz oxigène et le gaz carbonique;

Que 100 grains de sous-oxide absorbent de 15 à 20 pouces cubes d'hydrogène;

Que ce même sous-oxide et ce même sulfure oxidé possèdent la propriété de disposer l'alcool, dont on les imbibe, à se convertir, aux dépens de l'oxigène de l'air, en vinaigre et en eau.

5° Enfin, pour expliquer l'action du platine, M. Doebereiner suppose que, dans son contact avec l'hydrogène, le métal devient négatif et le gaz positif. (*Annales de Chim. et de Physique*, t. XXIV, p. 91.)

512. Les chimistes qui se sont occupés des mêmes recherches que M. Doebereiner sont MM. Dulong et Thenard. Nous n'avons rien de mieux à faire, pour donner une idée de leur travail, que de citer l'extrait de leur second mémoire imprimé dans les *Ann. de Chim. et de Phys.*, XXIV, 380.

« Depuis la lecture de la note que nous avons eu l'honneur de soumettre à l'Académie, à l'occasion du phénomène découvert par M. Doebereiner, le mémoire que ce savant chimiste a publié sur cet objet est parvenu en France ; mais comme il ne renferme aucune théorie positive, nous avons continué nos recherches dans l'espoir de découvrir le genre de forces auxquelles ce singulier phénomène doit être attribué. C'est le résultat de ces nouveaux essais que nous allons exposer.

« A l'époque de notre première lecture, nous ne connaissions que le platine qui eût une action assez intense sur le mélange détonant pour devenir incandescent, en partant de la température de l'atmosphère. Maintenant nous savons que le palladium, le rhodium, l'iridium, se comportent de la même manière. L'osmium a besoin d'être porté à 40 ou 50°. Le nickel en éponge agit aussi, mais très lentement, à la température ordinaire. M. Doebereiner avait remarqué avant nous l'effet de ce métal en poudre.

« Nous n'avons encore trouvé d'action appréciable aux températures ordinaires que dans les substances précédentes ; mais à des températures plus ou moins élevées, inférieures cependant à celle de l'ébullition du mercure, tous les métaux ont une action plus ou moins énergique. Il est difficile de comparer exactement leur pouvoir, parce que l'étendue de la surface, l'épaisseur des fragmens, et même leur configuration, modifient son intensité. Ainsi, l'or n'agit qu'à 280° en lames, à 260° en feuilles minces, tandis que, réduit en poudre fine, il détermine la combinaison à 120°.

« Les métaux ne sont pas les seules substances dans lesquelles on remarque cette propriété. Le charbon, la pierre ponce, la porcelaine, le verre, le cristal de roche, déterminent aussi la combinaison des gaz hydrogène et oxigène à des températures moindres que 350°. Parmi les sels, le spath fluor n'exerce qu'une action à peine sensible, et qui pourrait bien n'être due qu'aux matières étrangères dont il est difficile de le trouver entièrement privé. Le marbre blanc ne paraît en avoir aucune au-dessous de cette même limite, que nous n'avons jamais dépassée.

« Nous venons de dire que la configuration des corps solides modifie leur action : en effet, nous avons observé une différence très notable entre les quantités d'eau formée dans le même temps par des fragmens de verre, les uns anguleux et les autres arrondis : les surfaces étant à-peu-près égales de part et d'autre, les premiers ont produit un effet double de celui des seconds. M. Davy avait déjà signalé des combustions lentes d'hydrogène et d'hydrogène carboné à des températures supérieures, il est vrai, à celle de l'ébullition du mercure; mais il a considéré ces phénomènes comme résultant exclusivement de l'action mutuelle des fluides élastiques mélangés, et sans avoir égard à la nature des vases qui les contenaient. Nos observations prouvent, au contraire, que la combinaison s'effectue à une température différente pour chaque substance solide qui se trouve en contact avec le mélange combustible. Il paraîtrait que les liquides ne partageraient pas cette propriété : du moins, le mercure en ébullition ou près de l'ébullition ne produit aucun effet mesurable en six heures.

« Jusqu'ici tous ces phénomènes manifestent une propriété commune à la plupart des corps solides métalliques ou non métalliques, simples ou composés; mais nous avons été conduit à reconnaître que, dans les métaux qui agissent à la température ordinaire, cette propriété n'est pas inhé-

rente à ces corps; que l'on peut la faire disparaître et repa-
raître à volonté autant de fois qu'on le desire, tandis que
rien ne prouve encore que les mêmes vicissitudes puissent
naître des mêmes causes dans ceux qui n'agissent qu'à des
températures élevées.

« La plupart de nos expériences ont été faites sur le platine pris sous cinq formes différentes; savoir : en fil fin,
en limaille, en feuilles minces, en éponge et en poudre
impalpable.

« Le fil que nous avons employé avait $\frac{1}{20}$ de millimètre
d'épaisseur. Nous en avons formé des faisceaux ou éche-
veaux de cent tours environ, pour ralentir le refroidissement, qui aurait été trop prompt avec un seul fil. Cette dis-
position a toujours été la même dans toutes les expériences.

« Le fil de platine neuf, à la température de l'atmosphère,
ne s'échauffe point lorsqu'on le place sous un courant de
gaz hydrogène qui se répand dans l'air. Il faut le porter au
moins à 300° pour qu'il détermine la combinaison des
deux gaz, et que la température s'élève spontanément au-
dessus de celle qui lui avait été communiquée : c'est l'expérience ancienne de M. Davy.

« Lorsqu'on a fait rougir plusieurs fois le même fil, et
qu'il est revenu à la température ordinaire, il n'agit point
encore; mais son action commence à 50 ou 60° environ.

« Si l'on met le même fil de platine dans l'acide azotique
froid ou chaud pendant quelques minutes, et qu'on enlève
par des lavages l'acide adhérent, après l'avoir séché par une
chaleur de 200° environ, il s'échauffe sous le courant de gaz
hydrogène, en partant de la température ordinaire, et si le
courant est assez rapide, le fil devient incandescent. L'acide
sulfurique concentré et l'acide muriatique produisent le
même effet, mais d'une manière moins marquée, surtout le
dernier. Cette propriété se conserve seulement pendant
quelques heures à l'air libre. Elle subsiste plus de vingt-
quatre heures si l'on a soin de renfermer le fil dans un vase.
La nature de ce vase, son isolement du réservoir commun

par des corps non conducteurs de l'électricité ne paraissent avoir aucune influence sur le temps pendant lequel la propriété persiste. Elle se perd en cinq minutes à-peu-près, lorsqu'on plonge le fil isolé par un bâton de gomme-laque dans une petite cavité de mercure isolé pareillement. Un courant rapide d'air atmosphérique, d'oxigène, d'hydrogène, d'acide carbonique, secs, la détruit dans le même espace de temps.

« La potasse, la soude, l'ammoniaque, n'enlèvent pas la propriété communiquée au fil par le contact de l'acide azotique. Les deux premières substances paraissent même la ranimer dans le fil auquel on l'a déjà communiquée plusieurs fois par ce procédé.

« La limaille de platine, faite avec une lime de moyenne grosseur, possède la propriété en question, immédiatement après sa formation, et la conserve, pendant une heure ou deux, avec une intensité décroissante. Lorsqu'elle l'a complètement perdue, on la lui rend en la portant au rouge et la laissant refroidir. Elle l'acquièrt à un plus haut degré par le contact de l'acide azotique ou muriatique. Cette propriété persiste pendant plusieurs jours dans une masse limitée d'air.

« Les supports conducteurs ou isolans n'apportent aucune différence dans le résultat. L'insufflation de l'air produit le même effet que sur le fil de platine, quoique moins promptement. La limaille faite dans l'eau est inerte à la température ordinaire.

« Dans tous ces esssais, nous nous contentions d'observer l'élévation de la température du métal, jusqu'au point de ne plus pouvoir le tenir entre les doigts. D'après l'ensemble de nos expériences, on ne pouvait douter que cet effet ne fût dû à la combinaison de l'oxigène de l'air avec l'hydrogène. Cependant, pour ne laisser aucune incertitude, nous avons constaté directement la formation de l'eau. Quand on place le fil ou la limaille de platine dans un mélange détonant, l'absorption est quelquefois très rapide, et il y aurait certainement explosion si l'on faisait l'expérience au moment où la propriété est à son *maximum* d'intensité ; car, en dirigeant, à cette époque, sur la limaille, un jet de gaz hydrogène sous un excès de pression d'un ou deux décimètres d'eau, la limaille devient incandescente et enflamme le gaz, comme dans l'expérience de M. Doebereiner.

« Nous avons dit, dans notre première note, que les feuilles minces de platine agissent à la température ordinaire lorsqu'elles sont chiffonnées comme une bourre, tandis qu'elles n'ont aucune action quand elles sont développées. Il était assez naturel d'attribuer cette différence d'action à la diversité de la forme. Nous avons reconnu depuis qu'elle devait son origine à une autre cause.

« Les feuilles de platine nouvellement battues, comme la limaille récemment faite, possèdent la propriété d'agir, à la température ordinaire, sur le mélange d'hydrogène et d'oxigène ; mais, exposées pendant quelques minutes à l'air, elles perdent complètement cette propriété. On la leur rend, et même bien plus énergique, en les chauffant jusqu'au rouge dans un creuset de platine fermé. Elles conservent alors toute leur puissance pendant vingt-quatre heures sans aucun affaiblissement, si elles demeurent enfermées dans un vase clos. Lorsqu'on les plonge, après ce laps de temps, dans un mélange de deux parties d'hydrogène et d'une partie d'oxigène, il y a presque toujours détonation ; mais si on les expose à l'air pendant le temps nécessaire pour en effacer les plis, la propriété est anéantie ; car, non-seulement la feuille n'agit plus ainsi développée, mais en la chiffonnant de nouveau, elle ne produit plus aucun effet.

« Nous avons observé des faits absolument semblables sur le palladium en feuille et en limaille.

« L'éponge de platine acquiert vraisemblablement la propriété que M. Doebereiner à découverte, par le contact de l'acide qui se dégage pendant la calcination, ou par l'incandescence qu'elle subit lors de sa préparation. Sa structure s'oppose d'ailleurs très efficacement au contact de l'air ;

aussi ne perd-elle sa propriété que beaucoup plus difficilement; mais quand elle l'a perdue par une exposition de plusieurs jours à l'air ambiant, on la lui rend, comme dans les
cas précédens, en la chauffant jusqu'au rouge ou en la trempant dans l'acide azotique. L'air humide n'a pas plus d'effet
que l'air sec pour la priver de cette singulière propriété ;
l'imbibition de l'eau, ou le passage de la vapeur à 100°, ne
l'affaiblit même pas sensiblement. Lorsqu'elle l'a recouvrée
par l'action de l'acide azotique, l'ammoniaque ou la potasse
ne la font pas disparaître.

« La poudre de platine obtenue par la calcination du muriate ammoniaco de platine, mêlé de sel marin, présente les
mêmes phénomènes que l'éponge. Ce n'est, en effet, que de
l'éponge très divisée.

« Celle que l'on obtient par la précipitation d'une dissolution de platine, au moyen du zinc, nous a paru retenir
plus obstinément sa propriété que du platine au même degré de ténuité qui aurait été préparé par une autre méthode.
Nous nous occupons maintenant de rechercher si ce mode
de préparation n'aurait pas, sur d'autres métaux, une influence pareille. (1)

« Les observations précédentes nous découvrent un genre
d'action que l'on ne saurait encore rattacher à aucune théorie connue. Un grand nombre de substances solides déterminent, par leur contact, à des températures diverses,
suivant leur nature, la combinaison des gaz mélangés. L'intensité de cette action paraît avoir quelque rapport avec
l'état de saturation des corps solides. Outre cette propriété,
quelques-unes de ces substances acquièrent, sous l'influence
de certains agens, une puissance analogue, mais beaucoup
plus prononcée; et, ce qui est bien remarquable, cette puis-

---

(1) Nous avons déjà constaté que l'or, précipité par le zinc et séché à une
basse température, détermine la combinaison des deux gaz à 120°, et lorsqu'il
a été chauffé au rouge, à 55°. L'argent, précipité et chauffé de la même manière, produit son effet à 150°.

sance est passagère comme la plupart des actions électriques. On pense bien que, dès le commencement de nos recherches, nous avons dirigé nos tentatives de manière à découvrir quelle part l'électricité pourrait avoir dans ces phénomènes; mais nous devons avouer que, jusqu'ici, nous ne
saurions expliquer la plupart des effets que nous avons observés, en leur supposant une origine purement électrique. »
(*Ann. de Chim. et de Phys.*, t. xxiv, p. 380.)

Indépendamment de ces faits, l'on trouve dans la première note de MM. Dulong et Thenard, des observations
que nous devons également citer : elles sont ainsi conçues :

« Nous avons aussi recherché si d'autres combinaisons
pourraient être effectuées par le même moyen. L'oxide de
carbone et l'oxigène se combinent, et le gaz nitreux est décomposé par l'hydrogène à la température ordinaire, en
présence de l'éponge de platine. Les feuilles minces du
même métal n'opèrent la combustion du premier qu'à une
température au-dessus de 300°; les feuilles d'or la déterminent aussi à un degré voisin de l'ébullition du mercure.

« Enfin, le gaz hydrogène bi-carburé mêlé d'une quantité convenable d'oxigène est transformé complètement en
eau et en acide carbonique par l'éponge de platine, mais
seulement à une température de plus de 300°.

« Nous rappellerons, au sujet des expériences précédentes, que l'un de nous a prouvé depuis long-temps que le fer,
le cuivre, l'or, l'argent et le platine avaient la propriété de
décomposer l'ammoniaque à une certaine température,
sans absorber aucun des principes de cet alcali, et que cette
propriété paraissait inépuisable. Le fer la possède à un plus
haut degré que le cuivre, et le cuivre plus que l'argent,
l'or et le platine à égalité de surfaces.

« Dix grammes de fer en fil suffisent pour décomposer, à
quelques centièmes près, un courant de gaz ammoniac assez
rapide et soutenu pendant huit à dix heures, sans que la
température dépasse le terme auquel l'ammoniaque résiste
complètement. Une quantité triple de platine en fil de la

même grosseur ne produit pas, à beaucoup près, un semblable effet, même à une température plus élevée.

« Les résultats remarquables de cette expérience dépendent peut-être des mêmes causes que celles qui font que l'or et l'argent déterminent la combinaison de l'hydrogène et de l'oxigène à 300°, le platine en masse, à 270°, et le platine en éponge, à la température ordinaire.

« Or, si l'on observe que le fer, qui décompose si bien l'ammoniaque, n'opère point ou n'opère que difficilement la combinaison de l'hydrogène avec l'oxigène, et que le platine, qui est si efficace pour cette dernière combinaison, ne produit qu'avec peine la décomposition de l'ammoniaque, on est porté à croire que, parmi les gaz, les uns tendraient à s'unir sous l'influence des métaux, tandis que d'autres tendraient à se séparer, et que cette propriété varierait en raison de la nature des uns et des autres. Ceux des métaux qui produiraient le mieux l'un des effets ne produiraient pas l'autre ou ne le produiraient qu'à un moindre degré. (*Ann. de Chim. et de Phys.*, XXIII, 442.)

513. Les expériences précédentes jettent un grand jour sur plusieurs des phénomènes observés par sir H. Davy dans son beau Mémoire sur la flamme.

On verra que l'explication que nous donnerons de l'incandescence d'un fil fin de platine placé près de la flamme d'une lampe à esprit-de-vin, est très probable.

On verra également pourquoi du gaz hydrogène qui s'éteint dans un air par trop raréfié, brûle dans un air plus raréfié encore sous l'influence du platine. (*Voy.* V° vol. art. *Flamme.*)

On concevra enfin pourquoi un fil de platine ou de palladium très chaud qu'on plongera dans un mélange d'air et d'éther sulfurique ou d'alcool en vapeur, deviendra promptement incandescent, et pourquoi cette expérience, ainsi que les précédentes, ne réussira pas avec des fils d'or, d'argent, de cuivre, de fer; la manière de procéder est très simple : mettez un peu d'éther dans un verre à pied; chauffez à la flamme d'une lampe à alcool un fil de platine de $\frac{1}{60}$ ou $\frac{1}{70}$ de pouce de diamètre, roulé en spirale et attaché par la partie supérieure à un disque de carton ; plongez ce fil dans le verre en plaçant le carton sur celui-ci ; il deviendra resplendissant, presque d'un *rouge blanc* dans quelques-unes de ses parties, et il continuera ainsi d'être rouge tant qu'il y aura une quantité suffisante de vapeur et d'air. Lorsque le fil est très fin, lorsqu'il n'a, par exemple, que $\frac{1}{80}$ de pouce de diamètre environ, la chaleur dans les mélanges très combustibles, tels que ceux d'hydrogène et d'oxigène, augmente au point de les faire détoner. (*Ann. de Chim. et de Phys.*, IV, 347.)

Il est une autre manière de faire l'expérience : c'est de placer verticalement la spirale de fil de platine à l'extrémité de la mèche d'une lampe à alcool, de manière que le fil dépasse un peu la mèche; on allume la lampe, quelques secondes après on souffle dessus pour l'éteindre, et le fil, dans toute la partie qui ne touche point la mèche, reste incandescent. L'incandescence peut se soutenir pendant des jours entiers, au point que cette sorte de lampe peut servir de veilleuse, pourvu qu'elle ne soit point exposée à un courant d'air; s'il en était ainsi, le courant emporterait le mélange et le fil cesserait d'être lumineux.

Il est évident que dans tous ces cas, le platine favorise la combustion des gaz; elle est assez grande pour faire rougir le métal; elle ne l'est point assez pour mettre le feu au mélange comme le ferait, par exemple, une bougie allumée.

Action du gaz oxigène et de l'air.

514. *Action du gaz oxigène.* —Les phénomènes que l'oxigène nous présente dans son contact avec les métaux sont trop importans pour ne pas les considérer avec toute l'attention possible. Nous devons donc examiner toutes les causes qui peuvent contribuer à leur production, et tenir compte de leurs effets; ces causes, indépendamment de

l'affinité, résident principalement dans l'état hygrométrique de l'oxigène et dans la température.

Le gaz oxigène sec, à la température ordinaire, est absorbé par le potassium, d'où l'on peut croire qu'il le serait également par le barium, le lithium, le strontium, le calcium; mais il ne l'est, à cette température, ni par le sodium, ni par aucun des métaux appartenant aux cinq dernières sections. Un certain degré de chaleur favorise singulièrement son action : aussi, par ce moyen, agit-il sur tous les métaux, ceux de la dernière section exceptés. Un grand nombre l'absorbent même en donnant lieu à un dégagement de lumière; savoir : les métaux alcalins et terreux; le zinc, le fer, l'étain, le nickel et le cadmium de la troisième section; l'arsénic, l'antimoine, le tellure, le bismuth de la quatrième. L'étain, l'antimoine et le bismuth sont ceux dont la combustion est la plus faible. Peut-être paraîtra-t-il extraordinaire de voir le tellure brûler avec lumière, tandis que le manganèse, qui a beaucoup plus d'affinité pour l'oxigène que lui, ne possède pas cette propriété; la raison en est cependant bien simple : c'est que le tellure étant fusible et volatil, forme à-la-fois beaucoup plus d'oxide que le manganèse, qui est fixe et presque infusible. En effet, pour qu'un corps brûle avec flamme, il ne faut pas seulement qu'il ait beaucoup d'affinité pour l'oxigène; il faut encore qu'il entre facilement en fusion, ou qu'il soit volatil, ou bien que l'oxide dont il est le radical puisse se fondre ou se vaporiser facilement : sans cela, le contact entre le corps comburant et le corps combustible n'étant point intime, la combustion ne saurait être vive.

515. La combinaison des métaux avec le gaz oxigène peut presque toujours être faite en remplissant de ce gaz une petite cloche courbe de verre sur le mercure, portant dans la partie courbe de cette cloche, avec une tige métallique, une certaine quantité de métal, chauffant celui-ci avec la lampe à esprit-de-vin, et l'agitant avec la tige même (pl. XIII, fig. 4). Ce ne serait qu'autant que la température

devrait être plus élevée qu'il faudrait employer un tube de porcelaine. Le tube traversant un fourneau à réverbère contiendrait le métal, et communiquerait, au moyen de petits tubes de verre, d'un côté avec une vessie vide, et de l'autre avec une vessie pleine de gaz oxigène; l'on mettrait du feu dans le fourneau, et lorsque le tube serait incandescent, l'on ferait passer peu-à-peu et à plusieurs reprises, par une légère compression, le gaz oxigène de l'une des vessies dans l'autre. Bientôt l'absorption deviendrait sensible, et serait totale, de même que dans la précédente expérience, si le métal était en grand excès (Pl. XXII, fig. 1). (*Voyez* d'ailleurs l'histoire particulière de chaque métal.)

516. *Action du gaz oxigène humide.*—Le gaz oxigène humide n'attaque pas seulement les métaux alcalins; il attaque encore plusieurs de ceux qui appartiennent à la seconde, à la troisième, et même à la quatrième section. Dans le premier cas, le métal s'oxide tout à-la-fois par l'oxigène libre et par l'oxigène de l'eau; celle-ci est décomposée, et l'hydrogène qu'elle contient se dégage. Dans le second cas, le métal ne s'oxide que par l'oxigène libre : alors on suppose que la vapeur d'eau agit doublement; que, d'une part, en se liquéfiant en partie par les changemens de température qui surviennent, elle dissout une certaine quantité de gaz oxigène, et le rend capable, en lui faisant perdre son état élastique, de se combiner avec le métal; et que, de l'autre, elle favorise encore cette union par sa tendance à s'unir elle-même avec l'oxide métallique, et à former un composé que nous connaîtrons par la suite sous le nom d'*hydrate*. Quoi qu'il en soit, cette sorte d'oxidation produite ainsi n'est presque jamais que superficielle, et est toujours très lente : les couches intérieures sont toujours garanties par la couche extérieure, ou du moins ce n'est que dans un espace de temps très long qu'elles sont altérées. Les métaux les plus oxidables de cette manière sont le magnésium, l'arsénic, le manganèse, le fer, le zinc, le plomb, le

cuivre, etc. (1). Ceux de la sixième section sont inaltérables.

517. Lorsque l'oxigène sec ou humide contient de l'azote, son action sur les métaux est encore la même que quand il n'en contient point, si ce n'est qu'elle est moins intense; car l'azote n'agit que mécaniquement, ou ne fait que diminuer les points de contact entre l'oxigène et les métaux. Or, comme l'air est composé de 21 d'oxigène, de 79 d'azote, d'un peu de vapeur d'eau, et d'un peu d'acide carbonique, il doit agir sur les métaux de la même manière que l'oxigène, à l'intensité près; c'est en effet ce qui a lieu : sec, il n'attaque, à la température ordinaire, que ceux de la première section, et encore même n'a-t-il pas d'action sur le sodium; humide, il attaque non-seulement ceux-ci à cette température, mais encore plusieurs de ceux de la troisième, et de la quatrième section; sec ou humide, il les attaque tous à l'aide d'une chaleur convenable, excepté ceux de la dernière section. Le résultat de cette action est un oxide ou un hydrate. Cependant, si l'opération se faisait à l'air libre, il se formerait souvent un carbonate, surtout à la température ordinaire (2) : l'air, se renouvelant conti-

---

(1) Cependant il serait possible que quelques métaux, après s'être oxidés par l'absorption d'une certaine quantité de gaz oxigène, eussent la propriété de décomposer l'eau et de continuer à s'oxider en s'emparant de l'oxigène de celle-ci. Cet effet, qui ne serait que secondaire, proviendrait probablement de ce que l'oxide formé d'abord donnerait lieu, par son contact avec le métal non encore attaqué, à un élément de la pile dont la force électrique suffirait pour séparer l'oxigène de l'hydrogène. Les phénomènes qui se produisent lorsqu'on met de la limaille de fer humectée dans un vase plein d'air, ne s'expliquent même bien qu'en admettant cette théorie.

Rappelons que certains métaux, tels que le cobalt, qui en masse n'éprouvent point d'altération du moins bien sensible dans leur contact avec l'air ou l'oxigène, à la température ordinaire, s'embrasent spontanément dans ce cas, comme le pyrophore, lorsqu'ils sont dans un grand état de division, et que les petites parties qui les composent sont poreuses.

(2) Il ne peut se former de carbonate à une température élevée si ce n'est avec le barium, le potassium, le sodium, et le lithium, parce que tous les carbonates se décomposent à cette température, excepté les carbonates

nuellement, céderait à chaque instant de petites quantités d'acide carbonique à l'oxide, lorsque ces deux derniers corps auraient assez d'affinité pour s'unir : aussi, les statues d'airain se couvrent-elles peu-à-peu de carbonate de cuivre, et se produit-il dans un bassin de plomb, immédiatement au-dessus de la surface de l'eau, non de l'oxide de plomb, mais du plomb carbonaté.

Oxides métalliques.

518. Les oxides métalliques sont des composés binaires qui résultent, comme l'indique leur nom, de la combinaison des métaux avec l'oxigène, et qui, indépendamment de leur nature, se distinguent surtout des oxides métalloïdiques par la propriété qu'ils ont presque tous, à un certain degré d'oxigénation, de jouer le rôle de bases salifiables, c'est-à-dire de s'unir aux acides et de former avec eux des sels plus ou moins neutres.

519. La plupart des métaux sont capables de former chacun deux oxides ; quelques-uns en forment trois et peut-être même quatre : aussi le nombre des oxides est-il considérable : on en compte aujourd'hui plus de soixante.

Nous examinerons d'abord tous les oxides d'une manière générale, en les divisant en six sections, semblables à celles que nous avons adoptées pour la classification des métaux ; nous ne les examinerons, en particulier, qu'en étudiant chaque métal proprement dit. Cet examen n'aura rien de pénible ; car, d'après ce que nous dirons des oxides en général, on pourra le plus souvent en tracer l'histoire spéciale.

Historique.—La connaissance des oxides date de l'épo-

---

de baryte, de potasse, de soude, et, selon toute apparence, d'oxide de lithium.

que de la découverte des métaux qui leur servent de base, ou lui est postérieure : or, comme la plupart des métaux ne sont découverts que depuis une cinquantaine d'années, il s'ensuit que le plus grand nombre des oxides n'est connu que depuis cette époque.

Il n'est presque point de chimistes qui ne s'en soient occupés; mais ceux qui l'ont fait avec le plus de succès, après Lavoisier, dont les recherches ont jeté le plus grand jour sur l'histoire des oxides, sont sans contredit Davy, qui a prouvé que les alcalis et les terres, que l'on considérait comme des corps simples, étaient de véritables oxides métalliques; et M. Berzelius, qui, guidé par les idées de Dalton sur la composition des corps, a démontré que celle des oxides qui avaient le même radical, était soumise à des lois constantes, lois dont il est parti pour déterminer, souvent d'une manière plus exacte qu'on ne l'avait encore fait, la proportion des principes constituans de ces sortes de composés.

520. *Propriétés physiques.* — Tous les oxides sont solides, cassans, ternes quand ils sont en poussière, inodores, insipides, excepté ceux de la première section; blancs ou diversement colorés; plus pesans que l'eau, mais moins pesans que le métal qui leur sert de base, à moins que ce métal, comme le potassium ou le sodium, ne soit très léger et n'ait une grande affinité pour l'oxigène. Tous sont sans action sur la teinture de tournesol; un grand nombre ramènent au bleu cette teinture rougie par les acides (1). Quelques-uns verdissent la couleur de la violette, ou rougissent la

---

(1) Le tournesol paraît n'être que la combinaison d'une couleur rouge végétale avec un alcali ou oxide métallique : en conséquence, il faut concevoir qu'en versant un acide dans la dissolution de tournesol, cet acide se combine avec l'alcali, met la couleur rouge en liberté; et qu'en ajoutant ensuite à la liqueur un oxide, celui-ci se combine avec l'acide ou la couleur rouge, et la ramène au bleu. Ces effets dépendent donc d'une véritable affinité, de celle de la matière colorante pour l'oxide et de celle de l'acide pour l'oxide. En général, celle-ci est plus grande que celle-là : voilà pourquoi l'un des caractères des acides est de rougir la teinture de tournesol.

couleur jaune de curcuma : ce sont les oxides alcalins, et l'oxide de magnésium:

521. *Propriétés chimiques.* —Exposés à l'action du feu, les oxides se comportent diversement. Les oxides terreux ou les oxides de la 2ᵉ section n'éprouvent aucune altération chimique. Ceux des deux dernières se réduisent facilement. Parmi ceux de la première, de la troisième et de la quatrième, il n'en est aucun qui soit susceptible de réduction; mais il en est beaucoup qui abandonnent une partie de leur oxigène à une température plus ou moins élevée; savoir : d'une part, les bi-oxides de calcium, de strontium, de plomb, le quadroxide de cuivre, au-dessous de la chaleur rouge; et d'autre part, le bi-oxide de barium, les sesqui-oxides de sodium, d'urane, de cobalt, le sesqui-oxide et le bi-oxide de manganèse, au degré de la chaleur du rouge naissant ou au-dessus.

Prenez une petite cornue de verre à long col, de 3 centilitres de capacité; mettez-y 3 à 4 grammes d'oxide d'argent; engagez le col de la cornue sous une éprouvette pleine d'eau; chauffez l'oxide au moyen de quelques charbons incandescens, et sa réduction s'opérera en huit à dix minutes; l'oxigène passera à l'état de gaz dans l'éprouvette, tandis que l'argent très divisé restera dans la cornue même. Tout autre oxide réductible sera traité de la même manière, et c'est encore ainsi qu'il faudra s'y prendre pour ramener à un moindre degré d'oxidation ceux qui en seront aisément susceptibles, tels que le bi-oxide de plomb, le bi-oxide de calcium, etc. Que si l'oxide exigeait, pour se décomposer, une chaleur rouge, l'opération devrait être faite dans une cornue de grès : le bi-oxide de manganèse, dont nous extrayons ordinairement le gaz oxigène, peut servir d'exemple (35 *bis*).

522. Aucun oxide n'est volatil, si ce n'est le peroxide d'osmium, qui, à la vérité, fait bien plutôt fonction d'acide que de base; il se volatilise au-dessous de la chaleur rouge.

Les oxides terreux ou de la seconde section, et les protoxides de barium, de strontium et de calcium, n'entrent en fusion que par un feu d'hydrogène et d'oxigène; les oxides des deux dernières sections se décomposent avant de pouvoir y entrer; il en est de même de ceux des première, troisième et quatrième sections, que la chaleur peut ramener à un moindre degré d'oxidation (521); presque tous les autres se fondent à des températures que l'on obtient dans des fourneaux ordinaires ou dans des fourneaux de forge; et l'on remarque que ceux qui, comme les protoxides de potassium, de sodium, de plomb et de bismuth, contiennent des métaux très fusibles, sont, la plupart du temps, très fusibles eux-mêmes. Il n'y a guère que l'oxide d'étain qui fasse exception.

523. *Action de la lumière.* — La lumière n'a d'action tout au plus que sur les oxides dont la désoxigénation s'opère facilement : on prétend qu'elle peut réduire l'oxide d'or.

524. *Action de l'électricité.* — Tous les oxides peuvent être décomposés par la pile : une pile de 100 paires est presque toujours suffisante. On prend une certaine quantité de l'oxide que l'on veut décomposer; on l'humecte légèrement; on le met en contact, d'une part, avec le fil positif, et, de l'autre, avec le fil négatif, et presque à l'instant même le métal réduit apparaît à l'extrémité de ce dernier fil. Lorsque le métal a la propriété de s'allier au mercure, on favorise singulièrement l'opération en se servant de celui-ci comme intermède; alors, après avoir pulvérisé et humecté l'oxide, on lui donne la forme d'une petite capsule qu'on place sur une plaque métallique; on verse du mercure dans cette capsule; on met le mercure en contact avec le fil négatif, et la plaque avec le fil positif; au bout d'un certain temps, la capsule est pleine d'un amalgame épais.

Les oxides les plus difficiles à réduire sont les oxides terreux : aussi, pour leur réduction, faut-il faire usage d'un appareil particulier, imaginé par M. Becquerel; et encore n'obtient-on le métal qu'à l'état d'alliage.

Nous n'en parlerons qu'en traitant de l'électricité, vol. v.

525. *Action du fluide magnétique.* — Les oxides sont beaucoup moins sensibles à l'action de l'aiguille aimantée que les métaux : aussi ne connaît-on que le protoxide de fer et l'oxide de fer composé ($FeO, Fe^2 O^3$) qui soient magnétiques.

526. *Action de l'oxigène et de l'air.* — Quelques oxides absorbent évidemment le gaz oxigène, à la température ordinaire, lorsqu'ils sont à l'état d'hydrate : tels sont les protoxides de cobalt, de cuivre, de fer et de manganèse, l'oxide de fer ($Fe O, Fe^2 O^3$), et l'oxide de manganèse ($2 Mn O, Mn O^2$); il n'en est peut-être point, au contraire, qui, à cette température sont doués de cette propriété lorsque, étant privés d'eau et que le gaz oxigène est parfaitement sec (1); mais il y en a un grand nombre qui la possèdent au degré de chaleur du rouge naissant : ce sont ceux qui, en passant à un état plus avancé d'oxigénation, forment des oxides indécomposables à ce degré de chaleur. Nous les avons fait connaître précédemment (521). D'ailleurs, quelle que soit la température, aucun autre n'a d'action sur le gaz oxigène sec (2). Que l'on remplisse de gaz oxigène, sur le bain de mercure, une petite cloche courbe en verre ; que l'on porte un fragment de protoxide de barium, par exemple, jusque dans la partie courbe de cette cloche, et qu'on le chauffe avec la lampe à esprit-de-vin, l'on verra le gaz s'absorber, et le protoxide passer à l'état de bi-oxide. D'une autre part, que l'on prenne une dissolution de sulfate de protoxide de fer, qu'on la verse dans un flacon plein d'oxigène, et que l'on y ajoute de l'ammoniaque liquide,

---

(1) Peut-être pourrait-on citer le protoxide de potassium, parce que ce métal, mis en contact avec le gaz oxigène sec, produit un deutoxide ; mais il faut observer qu'au moment de la formation du protoxide il y a sans doute production de chaleur qui favorise l'oxidation ultérieure.

(2) Cependant il est probable que le protoxide de mercure ferait exception, s'il était possible de se le procurer, puisque le mercure passe à l'état de bi-oxide en le faisant bouillir avec le contact de l'air.

tout-à-coup le protoxide de fer sera précipité, et de blanc qu'il était, il deviendra promptement, en s'oxidant davantage, vert, vert foncé, et enfin d'un jaune rougeâtre.

527. Les oxides se comportent avec l'air de la même manière qu'avec le gaz oxigène, à moins qu'on ne les expose à l'air libre. En effet, dans ce dernier cas, l'air se renouvelant sans cesse, finira par transformer en carbonates ceux de ces oxides qui seront capables de s'unir à l'acide carbonique. A la vérité, il n'y aura que les protoxides de potassium, de sodium, de barium et de lithium, qui, à une très haute température, éprouveront cette transformation, parce que les carbonates qui ont pour bases ces oxides, sont les seuls indécomposables par la chaleur; mais il n'en sera point de même à la température ordinaire, ou à une température peu élevée : la raison en est très simple, c'est qu'à cette température l'acide carbonique peut se combiner avec un grand nombre d'oxides. L'influence de l'acide carbonique sera même quelquefois telle, qu'on obtiendra des degrés d'oxidation différens de ceux que le gaz oxigène seul est capable de produire : c'est ainsi qu'en calcinant pendant long-temps le protoxide de potassium avec le contact de l'air, il se forme seulement un carbonate de protoxide, quoique le protoxide passe au *summum* d'oxidation dans son contact avec le gaz oxigène, et que le peroxide résiste au feu le plus fort.

528. *Action de l'hydrogène.*—Le gaz hydrogène n'a d'action, à la température ordinaire, sur aucun oxide métallique; il n'en a point non plus, même à la température la plus élevée, sur les oxides terreux ou de la seconde section. Il ramène à l'état de protoxide tous les deutoxides ou peroxides de la première, au-dessous du rouge naissant. Quant aux oxides des autres sections, il les réduit tous, du moins très probablement : en effet, il opère la réduction de l'oxide de fer par une chaleur modérée : or, comme le fer est un des métaux les plus oxidables de la troisième section, il est permis de présumer que ce gaz est capable de réduire tous les

métaux qu'elle comprend, et d'opérer, à plus forte raison, la réduction des métaux des quatrième, cinquième et sixième sections (1). De là un excellent procédé pour se procurer beaucoup de métaux purs.

529. Ces diverses réductions se produisent à des températures variables : quelques-unes n'ont lieu qu'autant que la chaleur est intense; d'autres se font avec la plus grande facilité : telles sont surtout celles des métaux des cinquième et sixième sections; elles se déterminent, au-dessous de la chaleur rouge (2). Dans toutes il se forme de l'eau, et le métal est mis en liberté; dans toutes aussi, il doit y avoir dégagement de calorique, et dans les dernières seulement dégagement de calorique et de lumière; enfin, toutes peuvent être faites de la manière suivante : on prend un flacon à deux tubulures dans lequel on introduit environ 60 grammes de grenaille de zinc et de l'eau jusqu'aux deux tiers à-peu-près de sa capacité; l'une des tubulures porte un tube droit en verre qui plonge de quelques lignes dans l'eau, et l'autre un tube recourbé également en verre qui s'adapte à l'extrémité d'un tube de porcelaine traversant un fourneau à réverbère, et contenant dans sa partie moyenne l'oxide qu'on veut réduire; de l'autre extrémité de ce tube de porcelaine part un troisième tube de verre long et étroit qui plonge, en passant à travers un bouchon, jusqu'au fond d'une éprouvette placée dans un vase rempli de glace; enfin, l'on adapte à ce bouchon un quatrième tube propre à recueillir les gaz. Tout étant ainsi disposé,

---

(1) Cependant on dit que l'oxide de manganèse et l'oxide de chrôme sont irréductibles par ce moyen.

(2) Il serait fort possible que celle des oxides des deux dernières sections donnât lieu à une détonation, parce que la chaleur ferait peut-être passer d'abord l'oxigène de l'oxide à l'état de gaz, et qu'alors, à une température plus élevée, il s'unirait tout-à-coup à l'hydrogène (39) : l'expérience ne serait donc point sans danger.

on verse par le tube droit, au moyen d'un petit entonnoir , de l'acide sulfurique dans le flacon; cet acide réagit sur l'eau et le zinc, comme on l'a indiqué (42); et lorsque l'hydrogène qui se dégage a chassé tout l'air contenu dans le tube de porcelaine, l'on chauffe celui-ci plus ou moins fortement, suivant l'oxide qu'on veut réduire. L'eau qui se forme se condense en grande partie dans l'éprouvette ; l'excès d'hydrogène peut être recueilli, au moyen du quatrième tube, dans des flacons pleins d'eau ou de mercure ; quant au métal , il reste dans le tube, à moins qu'il ne soit votatil, ou qu'il ne puisse être entraîné, comme l'antimoine, par un courant de gaz.

530. Plusieurs de ces expériences peuvent encore être faites dans une petite cloche courbe de verre, en la remplissant d'hydrogène sur le bain de mercure, y portant l'oxide en poudre avec des pinces à cuiller, et le chauffant avec la lampe à esprit-de-vin : ce sont celles qui n'exigent pas une chaleur assez grande pour opérer la fusion du verre. Par conséquent on peut les faire également dans un appareil semblable à celui que nous avons décrit d'abord, en remplaçant le tube de porcelaine par un tube de verre. La réduction des oxides de cuivre, de nickel, de cobalt, de plomb, etc., s'opère même très bien de cette manière : pour la produire, la chaleur de la lampe suffit; et dans tous les points correspondans à ceux où la flamme touche le tube, l'on voit l'oxide s'embraser.

531. *Action du carbone.* —Le carbone est capable de réduire, à une température plus ou moins élevée, tous les oxides métalliques, excepté les oxides terreux ou de la seconde section, et les oxides de barium, de strontium, de calcium et de lithium de la première : encore ramène-t-il très facilement les bi-oxides de barium, de calcium, de lithium et de strontium à l'état de protoxide. Le carbone, en s'emparant ainsi de l'oxigène de ces oxides, passe tantôt à l'état de gaz acide carbonique, et tantôt à l'état de gaz oxide de carbone, ce qui dépend principalement de deux circonstances, de la quan-

tité de charbon et d'oxide qu'on mêle ensemble, et de l'affinité des deux élémens qui constituent l'oxide. Si l'oxide est facile à réduire, tel que celui de mercure, quelle que soit la quantité de charbon, l'on n'obtiendra jamais que du gaz acide carbonique; s'il est difficile à réduire, quelle que soit également la quantité de charbon, l'on n'obtiendra que du gaz oxide de carbone; mais si la réduction n'est pas trop difficile à opérer, l'on obtiendra du gaz acide carbonique quand il y aura un excès d'oxide métallique, et du gaz oxide de carbone quand il y aura excès de charbon. En effet, dans le premier cas, l'oxide étant facilement réductible, cédera son oxigène au charbon à la première impression du feu; il ne pourra donc se former que du gaz carbonique, puisque l'une des conditions nécessaires pour la formation de l'oxide de carbone est une température élevée. Dans le second cas, l'oxide étant très difficile à réduire, ne pourra céder au charbon que la quantité d'oxigène nécessaire pour faire passer ce corps à l'état de gaz oxide de carbone; car, si l'on mettait à une très haute température le mélange d'oxide et de charbon en contact avec le gaz acide carbonique, celui-ci serait décomposé par le charbon de préférence à l'oxide métallique, et serait ramené à l'état d'oxide de carbone. Dans le troisième cas, l'oxide n'étant pas très difficile à réduire, pourra, s'il est en excès, céder assez d'oxigène au charbon pour le faire passer à l'état d'acide carbonique; mais si au contraire le charbon est lui-même en excès, il passera seulement à l'état de gaz oxide de carbone, parce que la température à laquelle il enlève l'oxigène à l'oxide lui permettra de décomposer l'acide carbonique (192). Toutes ces réductions se font dans une cornue : celles des oxides de la cinquième et surtout de la sixième section, ont lieu avec dégagement de calorique et de lumière, et quelques-unes d'entre elles sont si subites qu'il en résulte un mouvement brusque dans la masse. Quoi qu'il en soit, on introduit l'oxide et le charbon dans la cornue; on place celle-ci dans un fourneau; on adapte à son col un tube recourbé qui s'engage sous des flacons pleins d'eau, et l'on chauffe plus ou moins, selon que l'oxide est plus ou moins facile à réduire. Lorsque la réduction en sera difficile, on se servira d'une cornue de grès et d'un fourneau à réverbère, dont on surmontera le dôme, au besoin, d'un tuyau de poële d'environ un mètre, et à travers lequel on pourra même exciter un courant d'air par un soufflet; lorsque au contraire il sera facile à réduire, comme ceux des cinquième et sixième sections, on pourra se servir d'une cornue de verre et d'un fourneau sans dôme. Dans tous les cas, on doit chauffer jusqu'à ce qu'il ne se dégage plus de gaz : ceux-ci sont recueillis sur l'eau ou sur le mercure; le métal reste dans la cornue s'il est fixe, ou se sublime s'il est volatil.

532. C'est en traitant les oxides métalliques par le charbon qu'on se procure la plupart des métaux; mais, au lieu de faire l'opération dans une cornue, on la fait dans un creuset brasqué, ainsi qu'on le dira en traitant de l'extraction des métaux.

533. *Action du phosphore.*—Le phosphore n'a aucune action sur les oxides terreux, mais il en a sur tous les autres: il les décompose et donne naissance à des produits de diverse nature. Lorsque l'oxide est très facile à réduire, comme l'oxide d'or, il en résulte de l'acide phosphorique et un phosphure métallique; lorsque au contraire il n'est pas facile à réduire, on obtient d'une part un phosphate, et de l'autre un phosphure, d'où l'on voit qu'alors une portion de l'oxide cède son oxigène à une partie de phosphore, et que le métal réduit et le métal encore oxidé s'unissent, le premier avec le phosphore non brûlé, et le second avec le phosphore devenu acide phosphorique. Cependant, si le métal était à l'état de peroxide, il serait possible qu'on n'obtînt qu'un phosphate : c'est ce qui aurait lieu si l'acide phosphorique avait une grande affinité pour le protoxide du métal, base du peroxide, et si celui-ci contenait une suffisante quantité d'oxigène.

534. La décomposition de la plupart des oxides par le

phosphore a lieu avec dégagement de calorique et de lumière: voilà ce qu'offre surtout celle des oxides des deux dernières sections, de plusieurs oxides de la quatrième, de quelques oxides de la première, et en général des peroxides. Que l'on fasse un mélange de phosphore en poudre et d'oxide d'argent, ou de mercure, ou de cuivre; qu'on l'introduise dans un petit tube de verre bouché à l'une de ses extrémités; qu'on saisisse ensuite le tube avec une pince et qu'on l'expose à la flamme de la lampe, et en très peu de temps il se produira une vive inflammation : avec l'oxide d'argent, l'inflammation a même lieu à la température ordinaire. Ce procédé ne conviendrait pas pour les oxides difficiles à réduire; mais le suivant remplit toutes les conditions : on prend un tube de verre de 5 à 12 millimètres de diamètre intérieur, de 3 à 4 décimètres de long, fermé par l'un des bouts, un peu recourbé près de là, et un peu étranglé dans la courbure, à moins qu'il ne soit très étroit (la figure 21, planche 1, le représente); on remplit d'abord la partie courbe presque entièrement de phosphore; puis, le tube étant horizontal, on y introduit l'oxide, en laissant un petit intervalle vide entre ce corps et le précédent. Alors on effile le tube à la lampe pour en rétrécir l'ouverture, et on le dispose sur une grille de fer très légèrement inclinée, de telle sorte que la partie courbe soit, hors la grille, au-dessous de celle-ci et au-dessus d'une petite terrine pleine d'eau destinée à recevoir le phosphore en cas de fracture. L'appareil étant ainsi disposé, des charbons incandescens sont placés sur la grille, et lorsque l'oxide est suffisamment chaud, on porte le phosphore à l'ébullition; la réaction se manifeste tout de suite, se communique de proche en proche, et bientôt l'expérience est terminée.

535. C'est par ce procédé surtout que se font les composés que l'on a appelés jusqu'ici *oxides phosphurés* et qui ne paraissent être que des phosphates et des phosphures métalliques : on en compte six, ceux de potassium, de sodium, de lithium, et ceux de barium, de strontium et de calcium.

Ces trois derniers, les seuls que l'on prépare ordinairement, sont solides, d'un brun noir, brillans comme les métaux, et remarquables surtout par la propriété qu'ils ont, lorsqu'on les jette dans l'eau, de la décomposer à l'instant même, de former du gaz sesqui-phosphure d'hydrogène qui s'enflamme par son contact avec l'air, un hypo-phosphite qui reste en dissolution et un phosphate qui se dépose. Vous procéderez donc à l'expérience comme nous venons de le dire : seulement, au lieu de prendre l'oxide en poudre, vous l'emploierez en petits fragmens. La combinaison sera si intime qu'au moment où elle aura lieu, chaque fragment deviendra très incandescent; celui qui sera le plus près du phosphore s'embrasera le premier; le second paraîtra ensuite tout en feu, etc. : bien entendu que le phosphore devra être en excès; sans cela le composé n'en serait pas saturé et pourrait être terne ou d'un brun rouge. (M. Dulong, (*Mém. d'Arcueil*, t. III, p. 408.)

536. *Action du phosphore par l'intermède de l'eau.* — Si au lieu de faire agir le phosphore sur les oxides, comme nous venons de le dire, nous le mettons en contact avec ces corps et une certaine quantité d'eau, il n'aura plus guère d'action que sur les oxides alcalins et sur ceux d'une très facile réduction, tels que l'oxide d'or; cette action ne s'exercera même bien qu'à l'aide de la chaleur. Alors, dans le premier cas, l'eau sera décomposée, et ses deux élémens, en s'unissant au phosphore même, produiront du gaz sesqui-phosphure d'hydrogène, un hypo-phosphite, un phosphate (66); dans le second, l'oxide sera réduit, et de là résultera de l'acide phosphorique.

537. *Action du bore.* — Jusqu'à présent on n'a point encore examiné l'action du bore sur les oxides métalliques; il est probable qu'il se comporterait presque toujours avec eux comme le phosphore, parce qu'il a beaucoup d'affinité pour l'oxigène, et qu'en se combinant avec ce principe, il donne naissance à un acide plus fixe encore que l'acide phosphorique. Il n'y aurait d'autres différences dans le pro-

duit qu'en ce que l'affinité réciproque du bore pour les métaux ne serait peut-être pas assez grande pour déterminer la formation de borures.

538. *Action du soufre.* — Le soufre, de même que le phosphore, est sans action sur les oxides terreux ; mais il agit sur tous les autres, à une température convenablement élevée : il les décompose tous ; il forme des sulfures métalliques et des sulfates avec les oxides alcalins ou ceux de la première section, et réduit complètement ceux des quatre autres sections, en donnant lieu à du gaz acide sulfureux et presque toujours à un sulfure (602, 2ᵉ procédé).

539. La manière d'opérer varie : lorsque la réaction du soufre et de l'oxide peut se produire au rouge naissant, ou prend un tube de verre fermé à la lampe par l'une de ses extrémités, et luté ; on y introduit d'abord le soufre, et, par-dessus, l'oxide que l'on veut réduire ; on y adapte ensuite ou l'on y soude un petit tube de verre propre à recueillir les gaz ; après quoi on place le premier tube, contenant la matière, dans un fourneau, sous une inclinaison d'environ 45°, et on l'entoure de charbon noir que l'on allume à la surface, et qui, brûlant de haut en bas, fait que la température de l'oxide métallique est convenablement élevée au moment où le soufre commence à se volatiliser ; la réaction ayant eu lieu, on enlève l'appareil, et on le laisse refroidir.

Il est encore possible de se servir d'une petite cloche courbe de verre : après l'avoir remplie de mercure, l'on y fait passer du gaz azote ; l'on porte jusque dans la partie courbe de cette cloche, un mélange d'oxide et de soufre, avec une pince à cuiller, et l'on chauffe le mélange avec la lampe à esprit-de-vin.

540. Mais, lorsque le soufre et l'oxide ne peuvent agir l'un sur l'autre qu'à une température très élevée, il faut faire l'opération dans un tube de porcelaine : l'oxide est introduit dans la partie moyenne de ce tube, et le soufre à l'une de ses extrémités, que l'on bouche exactement ;

l'autre extrémité reçoit un tube de verre propre à recueillir les gaz, et l'appareil est disposé dans un fourneau, sur
un plan incliné, de manière que l'extrémité du tube qui
contient le soufre soit la plus élevée. On fait rougir peu-à-
peu l'oxide, et l'on fait également fondre le soufre peu-à-
peu. Les gaz se rendent dans un flacon plein de mercure,
et le sulfure reste dans l'intérieur du tube.

541. Si l'on ne se proposait pas de recueillir les gaz, il
serait possible d'opérer dans un creuset de Hesse : on le
ferait rougir, on le boucherait après y avoir jeté le mélange
portion par portion, et on l'exposerait à un feu assez grand
pour produire la combinaison.

542. Au moment de la réaction du soufre et des oxides,
il y a presque toujours dégagement de chaleur et de lumière;
et, chose digne de remarque, c'est que les protoxides alcalins produisent ce phénomène au plus haut degré. Rien de
plus facile à constater : que l'on prenne un tube de verre
de 10 à 12 millimètres de diamètre intérieur, de 30 à 35
centimètres de long, et bouché par l'une de ses extrémités;
qu'on y introduise 8 à 10 grammes de soufre, puis un petit
cylindre de verre, de manière à laisser un intervalle de 1 cen-
timètre et demi à 2 centimètres entre le soufre et la baryte
ou la strontiane, avec laquelle on achèvera de remplir le
tube et que l'on emploiera en fragmens; que l'on place
ensuite le tube dans un petit fourneau en faisant passer de
10 à 12 millimètres l'extrémité inférieure à travers la grille
de celui-ci; qu'on l'entoure d'un grillage de fil de fer, pour
qu'il ne soit point immédiatement en contact avec le charbon, et qu'il puisse être soulevé et retiré à volonté; enfin,
qu'on emplisse le fourneau de charbon ordinaire; que par-
dessus celui-ci on mette quelques charbons incandescens,
et, quelque temps après que le fourneau sera tout en feu,
qu'on soulève le tube pour vaporiser le soufre, il en résultera successivement dans toute la colonne d'oxide, à partir
de la base, une incandescence que peut à peine égaler la
combustion la plus vive.

543. *Action du soufre sur les oxides par l'intermède de l'eau.*—C'est principalement sur les oxides alcalins que le soufre agit par l'intermède de l'eau : le soufre et l'oxide se partagent en deux parties, et dans leur réaction produisent, d'une part, un polysulfure métallique qui se dissout, et , d'autre part, un hypo-sulfite qui n'est pas toujours soluble.

L'action est très sensible à froid, et bien plus grande encore à chaud. Bientôt en effet la liqueur se charge de sulfure et se colore en jaune rougeâtre.

544. L'on voit donc que, selon qu'on fait agir le soufre sur les oxides alcalins avec ou sans l'intermède de l'eau, les produits diffèrent essentiellement. Il est vrai que nous n'avons fait, pour ainsi dire, que les énoncer; mais nous en allons constater la formation par des expériences directes.

545. Que l'on calcine parties égales de soufre et de carbonate de soude dans une cornue de grès, tout l'acide carbonique se dégagera; qu'on dissolve ensuite le sulfure dans l'eau, et qu'on y ajoute de l'azotate de baryte, il en résultera un sulfate de baryte pur dont l'acide contiendra précisément autant d'oxigène que la soude qui n'aura point été saturée par cet acide même, et qui fera les trois quarts de la totalité de l'alcali. En effet, dans les sulfates neutres, l'oxigène de l'oxide est à l'oxigène de l'acide comme 1 à 3 : or, le soufre et le protoxide de sodium se convertissent en sulfate et en sulfure. Si donc l'on met en contact 4 proportions de protoxide avec un excès de soufre, il en devra résulter 1 proportion de sulfate de soude, et 3 proportions de persulfure ou quinti-sulfure de sodium.

546. Que l'on répète cette expérience dans une cornue de verre, mais avec de l'hydrate de potasse ou de soude et à une chaleur modérée (1), l'on obtiendra un composé d'un rouge brun, très soluble dans l'eau; que l'on en fasse une

---

(1) L'hydrate de potasse ou de soude est un composé de protoxide de potassium ou de sodium avec une assez grande quantité d'eau.

dissolution concentrée ; qu'on partage celle-ci en deux parties, que l'on étende d'eau l'une d'elles, et que l'on verse de l'azotate de baryte dans les deux, celle qui sera étendue ne se troublera pas, et celle qui sera concentrée laissera précipiter un hypo-sulfite de barite : elle contiendra donc de l'acide hypo-sulfureux, et point d'acide sulfurique. Une dissolution de soufre, préparée directement en chauffant ce corps à l'abri du contact de l'air, dans de l'eau chargée d'alcali, présente les mêmes phénomènes. Dans tous les cas, il se produit, comme dans l'expérience précédente, un persulfure, qu'on distingue par sa saveur, son odeur d'œufs pourris, etc. Pour deux proportions de persulfure, il s'en forme une d'hypo-sulfite dans lequel l'oxigène de l'oxide est la moitié de celui de l'acide.

547. *Action du sélénium.* —Le sélénium à une haute température se comporte comme le soufre avec les oxides alcalins : il en résulte des séléniures et des sélénites. Il agit encore d'une manière analogue avec la plupart des oxides des 3e et 4e sections : aussi leurs sélénites résistent à l'action de la chaleur ; il faudra donc reconnaître qu'en faisant chauffer 3 proportions d'alcali avec un excès de sélénium, il se produira 1 proportion de sélénite alcalin et 2 proportions de séléniure métallique. (Berzelius *Ann. de Chim. et Phys.,* t. IX, p. 250; t. XX, p. 245.)

548. *Action du chlore.* — Le chlore, au degré de la chaleur rouge, décompose les oxides de la première section ; il s'empare de leurs métaux et en dégage l'oxigène.

C'est probablement aussi de cette manière que le chlore agit sur la plupart des oxides des quatre dernières sections; mais il n'altère nullement ceux de la seconde, à part l'oxide de magnésium, qu'il décompose comme ceux de la première.

En effet, que l'on dispose horizontalement, à travers un fourneau à réverbère, un tube de porcelaine contenant de la baryte ou de la chaux ; que l'on porte ensuite ce tube au rouge cerise, et que l'on y fasse passer un courant de chlore desséché par le chlorure de calcium, à l'instant même l'on obtiendra du gaz oxigène, et la conversion de l'oxide en chlorure métallique commencera à s'effectuer. Le chlorure restera dans le tube de porcelaine, et l'oxigène sera recueilli par un petit tube de verre dans des flacons pleins d'eau.

549. *Action du chlore par l'intermède de l'eau.*—Lorsqu'on met le chlore, à la température ordinaire, en contact avec l'eau et la plupart des oxides, surtout avec ceux de la première section, il en résulte des chlorures métalliques, des *chlorites* et des chlorates.

La base sur laquelle on opère se partage donc en deux parties : le métal et l'oxigène de la première se combinent séparément avec le chlore, et de là le chlorure et les acides *chloreux* et chlorique, qui s'unissant à la seconde forment les deux sortes de sels que nous venons d'indiquer. Le chlorure et le *chlorite* restent en dissolution; le chlorate se précipite quelquefois : c'est alors et seulement alors qu'il s'en produit beaucoup. Voilà ce qui a lieu avec la potasse dont la combinaison avec l'acide chlorique est peu soluble. Le contraire s'observe avec la chaux.

550. *Action du brôme.* —Le brôme se comporte avec les oxides alcalins, de même que le chlore : à une température élevée, dégagement d'oxigène, formation de brômure et même vive incandescence; à la température ordinaire, sous l'influence de l'eau, formation d'un brômure métallique qui reste en dissolution, et de brômate qui, s'il est à base de potasse, se précipite en poudre blanche, pourvu que la liqueur soit concentrée. Il se forme en outre ou un *brômite*, ou un brômure alcalin; car, lorsque l'expérience se fait sur un alcali étendu d'eau, l'odeur et la couleur du brôme disparaissent; et cependant, d'une part, le composé peut décolorer la teinture de tournesol, et d'autre part il laisse dégager du brôme par les acides faibles, tels que l'acide acétique.

La magnésie résiste à l'action du brôme; il en est de

même de plusieurs autres oxides, ce qui fait voir que l'action décomposante de ce métalloïde est moindre que celle du chlore. (M. Balard, *Ann. de Chim. et de Phys.*, t. xxxii, p. 363.)

551. *Action de l'iode à une température élevée et sans l'intermède de l'eau.* — L'iode, à cette température, dégage l'oxigène de quelques oxides ; il forme des combinaisons plus ou moins intimes avec quelques autres ; il est sans action sur le plus grand nombre. En effet, 1° parmi les oxides métalliques qui ne sont pas réductibles spontanément, il n'y a que ceux de potassium, de sodium, de bismuth et de plomb dont il puisse opérer réellement la réduction de manière à en dégager l'oxigène et à former un iodure. Il est vrai qu'avec les protoxides d'étain et de cuivre, l'iode forme aussi un iodure ; mais l'oxigène, au lieu de se dégager, s'unit à une portion de protoxide qu'il fait passer à l'état de deutoxide : l'on obtient alors un mélange d'iodure et de peroxide ; 2° il ne s'unit qu'avec la baryte, le strontium et la chaux (1) ; 3° il ne paraît altérer, en aucune manière, les autres oxides irréductibles par eux-mêmes (Gay-Lussac).

552. *Action de l'iode sur les oxides métalliques par l'intermède de l'eau.* — Les oxides alcalins, dans lesquels l'oxigène est fortement condensé et qui neutralisent complètement les acides, c'est-à-dire, les bases salifiables alcalines et l'oxide de magnésium, donnent naissance à des iodates peu solubles ou insolubles, et à des iodures métalliques très solubles.

Les oxides métalliques, dans lesquels l'oxigène est encore très condensé, quoique moins que dans les précédens, et qui ne neutralisent pas complètement les acides, sont sans action sur l'iode (Gay-Lussac).

Enfin, les oxides, dans lesquels l'oxigène est faiblement

---

(1) Y a-t-il de véritables composés d'iode et de bases ? on peut en douter ; il semble qu'il devrait se former un iodure et un sel d'iode, ou que l'action devrait être nulle.

condensé, convertissent l'iode en acide, en lui cédant de l'oxigène : tels sont le bi-oxide de mercure et les oxides de la dernière section : le bi-oxide de mercure, par exemple, mis en contact avec de l'iode et de l'eau chaude, forme toujours un iodate acide, un sous-iodate et un iodure rouge (Colin).

553. *Action de l'azote.* —L'azote, qui est le corps le moins combustible connu jusqu'à présent, n'a d'action sur les oxides métalliques à aucune température.

554. *Action des métaux.* —Lorsqu'on met un métal en contact avec un oxide métallique, il peut en résulter des phénomènes très variés : tantôt le métal s'empare de tout l'oxigène de l'oxide, et se combine presque toujours, s'il est en excès, avec le métal de l'oxide réduit, ce qui doit être, puisque la plupart des métaux ont la propriété de former des alliages binaires ; tantôt le métal s'empare seulement d'une portion de l'oxigène de l'oxide, pourvu que celui-ci soit au deuxième ou au troisième degré d'oxidation, et de là résultent deux oxides de nature diverse qui souvent s'unissent. Cependant l'on conçoit qu'un protoxide lui-même pourrait n'être qu'en partie décomposé par un métal : c'est ce qui aurait lieu évidemment s'il avait beaucoup d'affinité pour l'oxide de ce métal ; mais jusqu'à présent on ne peut en citer d'exemples. Tantôt enfin le métal ne réagit nullement sur l'oxide métallique. Enonçons actuellement les causes de tous ces phénomènes : ils dépendent 1° de l'affinité du métal pour l'oxigène ; 2° de sa tendance à se combiner avec le métal de l'oxide ; 3° de la propriété qu'il possède, une fois oxidé, de se combiner avec l'oxide lui-même ; 4° de sa cohésion et de celle de l'oxide ; 5° de sa volatilité et de celle du métal de l'oxide. C'est en raison de ces différentes causes, et de la prédominance plus ou moins grande de l'une ou de plusieurs d'entre elles sur les autres, que les effets varient nécessairement. Toutefois il paraît que, de toutes ces causes, la plus influente est l'affinité des métaux pour l'oxigène, et qu'en général un métal appartenant à une section quelconque réduit un assez grand nom-

bre des oxides appartenant aux sections suivantes. C'est, au
reste, ce que nous allons exposer avec quelques détails.

555. *Action du potassium et du sodium.* —Le potassium
et le sodium réduisent complètement tous les oxides des
quatre dernières sections, et font passer les deutoxides
alcalins à l'état de protoxides. Ils n'agissent en aucune
manière sur les autres oxides de la première section, et sur
ceux qui appartiennent à la seconde. L'action du potassium
et du sodium sur tous ces oxides, excepté ceux dans lesquels
l'oxigène est très condensé, savoir, les protoxides de manganèse, de zinc, de fer, et quelques autres, a toujours lieu
avec dégagement de calorique et de lumière.

556. *Action des métaux terreux ou de la deuxième section.*
—Probablement que ces métaux pourraient décomposer un
grand nombre d'oxides des quatre dernières sections ; mais
on n'a fait à cet égard aucune expérience positive.

556 *bis. Action des métaux de la troisième section.* —Ces
métaux décomposent les peroxides de la première section, et
les ramènent à l'état de protoxides qui se combinent quelquefois avec l'oxide formé ; ils font passer aussi à l'état de
protoxides tous ceux de la troisième section : il est probable qu'ils réduisent plusieurs des oxides de la quatrième ;
ils réduisent certainement les oxides de la cinquième, et à
plus forte raison ceux de la sixième. Plusieurs de ces décompositions ont lieu avec dégagement de calorique et de
lumière ; savoir : celles des peroxides de potassium et de
sodium par le zinc et l'étain, et surtout celles des oxides des
cinquième et sixième sections, par le zinc.

557. *Action des métaux de la quatrième section.* — La
plupart des métaux agissent sur les peroxides alcalins comme
le font ceux de la troisième section ; ils ramènent aussi,
pour la plupart, les oxides de la troisième section à l'état
de protoxides ; on ne saurait douter qu'ils ne ramènent également-
ment à cet état tous ceux de la quatrième ; ils réduisent tous
ceux de la cinquième et de la sixième qui sont réductibles
par eux-mêmes.

558. *Action des métaux de la cinquième section.* — Les deux métaux qui composent cette section n'agissent en aucune manière sur les oxides des précédentes : sans doute qu'ils sont capables d'enlever l'oxigène à ceux de la dernière.

559. *Action des métaux de la sixième section.* — Ces métaux n'ont probablement aucune action sur les oxides métalliques des cinq premières sections ; car les oxides dont ils sont la base se réduisent bien au-dessous de la chaleur rouge-cerise, et tous les autres, au contraire, excepté ceux d'osmium et de mercure, ne sont ramenés au plus qu'à un moindre degré d'oxidation, même à une très haute température. Cependant il ne faut point perdre de vue que les causes indiquées pourraient modifier ces résultats. Il est difficile de prévoir, sans consulter l'expérience, si l'argent, le palladium, qui sont à la tête de la série des métaux de la sixième section, ne décomposeraient point, à l'aide d'une très faible chaleur, les oxides d'or, de platine et d'iridium.

Toutes ces décompositions ou réductions s'opèrent de la manière suivante : on prend une cornue de verre ou de grès, on y introduit le métal et l'oxide que l'on veut décomposer, après les avoir bien mêlés ensemble ; on y adapte un tube qui plonge dans l'eau ou dans le mercure, afin d'intercepter la communication de l'air avec l'intérieur de la cornue, et l'on chauffe plus ou moins le mélange.

Ce n'est que pour décomposer les oxides par le potassium ou le sodium, ou bien pour décomposer les peroxides de potassium ou de sodium par les métaux, que l'on emploie un autre procédé. Dans le premier cas, on prend un petit tube de verre fermé à l'une de ses extrémités ; on y met une couche d'oxide, puis des fragmens de métal, puis enfin une nouvelle couche d'oxide, de manière que le métal soit entouré d'oxide de toutes parts, et à l'abri du contact de l'air ; on saisit le tube avec une pince, et on l'expose à l'action de la chaleur. Dans le deuxième cas, on opère comme quand il s'agit de traiter les peroxides de potassium et de sodium par le charbon, le phosphore et le soufre (531 et suivans).

560. *Action des corps combustibles composés.* — Le carbure d'hydrogène ne s'unit jamais aux oxides métalliques ; il n'en décompose aucun à la température ordinaire ; mais, à l'aide d'une chaleur plus ou moins forte, il réduit ceux des quatre dernières sections, et ramène les deutoxides alcalins à l'état de protoxides. Dans toutes ces décompositions ou réductions, l'hydrogène et le carbone sont brûlés tout à-la-fois, et donnent lieu à de l'eau et à de l'acide carbonique ou à de l'oxide de carbone (531).

Tous les oxides métalliques doivent être traités par le carbure gazeux d'hydrogène, comme par le gaz hydrogène (528).

561. On sait que le phosphure d'hydrogène, de même que le carbure d'hydrogène, ne se combine avec aucun oxide métallique ; mais jusqu'ici l'on n'a fait qu'un petit nombre d'expériences pour savoir quels sont ceux qu'il est capable de décomposer. Toutefois, si l'on se rappelle que, d'une part, l'hydrogène a la propriété de réduire la plupart des oxides des quatre dernières sections, et que, d'une autre part, le phosphore a une grande affinité pour les métaux, il paraîtra très probable que, à une température élevée, le phosphure d'hydrogène doit être dans le cas de décomposer les oxides compris dans ces diverses sections, en formant de l'eau et un phosphure. Il sera même permis de croire qu'il agira de la même manière sur les oxides alcalins de la première. Quant aux oxides de la seconde, son action sur eux est nulle.

562. Il paraît que les composés acides formés de métalloïdes, tels que le gaz chlorhydrique, le gaz iodhydrique, le gaz bromhydrique, etc., peuvent décomposer presque tous les oxides à l'aide de la chaleur, et que sous l'influence de l'eau la décomposition a même lieu à la température ordinaire : alors le métalloïde négatif s'unit au métal, et le métalloïde positif à l'oxigène : nous discuterons cette importante question, lorsqu'il s'agira d'examiner les composés salins que forment les acides métalloïdiques et les bases.

563. Jusqu'à présent on n'a point constaté l'action que peuvent exercer les autres corps combustibles composés sur les oxides; il sera possible de la prévoir jusqu'à un certain point, en se rappelant celle qu'exercent sur eux les principes constituans de ces divers corps.

564. *Action de l'eau sur les oxides métalliques.* — Les oxides métalliques agissent sur l'eau de quatre manières : six oxides s'y dissolvent; ce sont les six protoxides alcalins (1); trois la décomposent en s'emparant de son oxigène : les protoxides de fer, de manganèse et d'étain; cinq sont décomposés par elle et ramenés à l'état de protoxides, savoir : les peroxides de potassium et de sodium à la température ordinaire, et les bi-oxides de barium, de strontium et de calcium à 100°. Presque tous se combinent avec elle, de manière à former des composés solides auxquels on donne le nom d'*hydrates*.

565. *Oxides alcalins solubles.* Lorsqu'on met ces oxides en contact avec l'eau, avant de se dissoudre, ils présentent des phénomènes qu'il est important d'examiner. Tous l'absorbent, en solidifient une partie, et donnent lieu à un grand dégagement de calorique : c'est ce qu'on remarque surtout en versant peu-à-peu de l'eau sur ces oxides, et ce qu'on a souvent occasion de vérifier dans l'extinction de la chaux. On sait en effet que, quand on verse une petite quantité d'eau sur des morceaux de chaux, cette eau disparaît presque à l'instant; que bientôt la chaux s'échauffe, exhale de la vapeur, se fendille, se boursoufle considérablement ou augmente beaucoup de volume, se délite, se divise, se réduit en poudre; et que si alors on jette une nouvelle quantité d'eau sur les fragmens qui ne sont point encore entièrement divisés, elle est absorbée avec un siffle-

---

(1) Le peroxide d'osmium est aussi soluble dans l'eau ; mais il joue plutôt le rôle d'acide que de base. L'eau dissout encore le bi-oxide de barium, mais en si petite quantité que nous ne le classons pas ici au nombre des oxides solubles.

ment semblable à celui que produit un fer rouge qu'on plonge dans l'eau, sifflement dû sans doute à ce que la vapeur qui se forme se dégage avec vitesse, et met en vibration les molécules de l'air. On estime à plus de 300° la chaleur qui se dégage dans cette opération. Elle est capable d'enflammer de la poudre contenue dans un petit tube de verre. C'est à l'eau vaporisée par cette grande chaleur, au sein même de la chaux, qu'il faut attribuer le boursouflement et l'extrême division que cette substance éprouve : aussi l'éteint-on moins facilement en versant beaucoup d'eau dessus qu'en en versant peu, parce qu'alors la masse étant plus considérable et s'échauffant moins par cela même, il se forme une moins grande quantité de vapeur. La chaux ainsi divisée est moins âcre et moins brûlante que celle qui est en masse ou en poudre sèche : de là le nom qu'on lui donne de *chaux éteinte*. Cette moindre action tient à ce que la chaux étant alors saturée d'eau, n'est plus capable d'absorber l'humidité qui recouvre la langue, et de donner lieu au dégagement de chaleur qui accompagne cette absorption.

566. Quoique la chaux dégage beaucoup de chaleur avec l'eau, la potasse, la soude, la baryte et la strontiane en dégagent plus encore, parce que leur affinité pour l'eau est plus grande que celle de cette base salifiable : c'est pourquoi, lorsqu'on verse de l'eau sur ces oxides, il en résulte un sifflement plus fort qu'avec la chaux. La seule condition à observer est d'opérer sur plusieurs grammes de matière. La baryte, et surtout la strontiane, se boursouflent comme la chaux; toutes deux, mêlées avec assez d'eau pour faire bouillie, se prennent en masse cristalline par le refroidissement. En ajoutant une assez grande quantité d'acide sulfurique à l'eau et la faisant tomber sur la baryte au moyen d'une pipette effilée, cette base devient même incandescente.

567. Le tableau suivant offre, d'une part, les divers oxides rangés dans l'ordre de leur plus grande solubilité

dans l'eau, et de l'autre, la quantité approximative qu'on pense qu'elle en peut dissoudre à des températures données.

	L'EAU EN DISSOUT à 10°.	L'EAU EN DISSOUT à 100°.	OBSERVATIONS.
Potasse.	Plusieurs fois son poids.	Plus que l'eau froide.	Il est très probable que la strontiane et la baryte sont plus solubles, surtout dans l'eau bouillante, que nous ne le disons. Selon quelques chimistes, il ne faudrait que 2 parties d'eau à ce degré de chaleur pour dissoudre une partie de baryte : cette quantité d'eau est certainement trop petite.
Soude.	Un peu moins que de potasse.		
Oxide de lithium	Plus que de baryte et moins que de soude.		
Baryte.	$\frac{1}{20}$	$\frac{1}{10}$	
Strontiane.	$\frac{1}{40}$	$\frac{1}{20}$	
Chaux.	Plus qu'à 100°.	Voyez *Eau de Chaux*.	

568. *Hydrates.*—Les hydrates sont formés d'eau et d'oxides en proportions telles, que la quantité d'oxigène contenue dans l'oxide est égale à la quantité d'oxigène contenue dans l'eau. Par conséquent un hydrate de protoxide contient 1 proportion d'eau = 112,479 et 1 proportion de protoxide ; et un hydrate de deutoxide contiendrait 1 proportion de celui-ci et 2 proportions d'eau, si le deutoxide contenait deux proportions d'oxigène.

En général les hydrates abandonnent facilement l'eau qu'ils contiennent : il n'y a que les hydrates alcalins et celui de magnésie qui la retiennent fortement. Ceux de potasse et de soude sont même indécomposables par la chaleur.

Si l'on excepte les hydrates alcalins, ceux de magnésie, d'alumine et de bi-oxide d'étain, la plupart des autres n'ont encore été obtenus qu'en flocons ou en gelée, c'est-à-dire

mêlés avec une assez grande quantité d'eau. On se procure
facilement sous cet état tous ceux dont les oxides peuvent
s'unir avec les acides, c'est-à-dire le plus grand nombre
des hydrates, par le procédé dont nous ferons usage
pour extraire l'oxide d'un sel.

569. Les hydrates floconneux ou gélatineux laissent dégager l'eau qu'ils contiennent avec une si grande facilité,
qu'on serait tenté de croire qu'elle n'est qu'interposée mécaniquement entre leurs molécules. Cependant il est certain qu'il y en a réellement une portion de combinée, car
la couleur de l'hydrate est quelquefois très différente de
celle de l'oxide : ainsi l'hydrate de bi-oxide de cuivre est
bleu; celui de protoxide de cobalt, bleu-violet; celui de
protoxide de nickel, vert-pré; celui de l'oxide de fer
(FeO, Fe^{2}O^3), vert-bouteille; celui de protoxide de plomb,
blanc; tandis que ces différens oxides sont : le premier,
brun-noirâtre; le second gris ; le troisième noirâtre ; le
quatrième, noir, et le cinquième jaune.

570. Peut-être parviendrait-on à obtenir ces hydrates
secs et purs en les plaçant dans une capsule au-dessus d'une
autre presque pleine d'acide sulfurique, sous un récipient
où l'on ferait le vide : il serait possible qu'il n'y eût alors de
vaporisée que l'eau qui ne serait point en combinaison
réelle.

571. N'existe-t-il pas plusieurs hydrates d'un même
oxide? cela est possible. Déjà M. Thomson en a admis deux
pour le bi-oxide d'étain; et, de plus, il est permis de regarder les cristaux de baryte, de strontiane, de chaux, de
potasse, de soude, comme des sur-hydrates.

572. Plusieurs hydrates sont tout formés dans la nature;
nous ne citerons que les suivans : 1° celui d'alumine (*dias-
pore*); 2° celui de magnésie, qu'on a trouvé à New-Jersey;
3° l'hydrate de fer qui est l'un des minerais les plus importans en France.

573. *De l'action des oxides métalliques les uns sur les
autres.* — Il arrive souvent qu'un oxide peut s'unir à un autre

oxide et former un composé dans lequel l'un d'eux joue le rôle d'acide, et l'autre celui de base : voilà ce que nous offrent les oxides alcalins, bases très énergiques, avec beaucoup d'autres oxides. Quelquefois il existe même des composés de peroxide et de protoxide du même métal.

574. Les oxides peuvent être unis par la voie sèche à une haute température, pourvu qu'ils ne soient point susceptibles de réduction. Mais il vaut mieux, autant que possible, employer la voie humide. Rien alors n'altère le produit, il est constant dans ses proportions, au lieu que celui qui provient d'oxides fondus ensemble peut contenir et contient souvent en effet un excès de l'un d'eux. Ce n'est que dans quelques circonstances que le contraire a lieu, surtout lorsqu'une partie du composé peut cristalliser.

Faisons maintenant quelques citations :

1° Si l'on agite de l'alumine en gelée avec de l'eau de chaux, et qu'au bout de quelque temps on filtre la liqueur, on verra qu'elle n'aura plus de saveur et qu'elle ne sera plus que de l'eau pure : donc la chaux se sera combinée avec l'alumine, et aura formé avec elle un composé insoluble.

2° Lorsqu'on verse de l'ammoniaque dans une dissolution acide de sulfate de magnésie, il se forme un sulfate ammoniaco-magnésien, soluble et indécomposable par l'ammoniaque ; mais lorsqu'on ajoute d'abord une dissolution de sulfate d'alumine à la dissolution acide de sulfate de magnésie, l'alumine, pourvu qu'elle soit en assez grande quantité, entraîne, en se précipitant, toute la magnésie du sel magnésien ; de sorte qu'il ne reste plus que du sulfate d'ammoniaque dans la liqueur filtrée. On observe des phénomènes analogues avec le bi-carbonate de potasse : en versant une dissolution de ce sel dans une dissolution de sulfate de magnésie, on n'en précipite point cette base ; on la précipite au contraire tout-à-coup, si le sulfate de magnésie contient une assez grande quantité de sulfate d'alumine. L'alumine opère donc encore, dans cette circonstance, la précipitation de la magnésie ; d'où l'on peut conclure que ces deux terres doivent avoir une assez grande affinité réciproque : aussi, quoique l'alumine soit très soluble dans la potasse caustique, elle cesse des'y dissoudre une fois qu'elle est combinée avec une suffisante quantité de magnésie.

3° L'eau et le proto-chlorure d'antimoine se décomposent mutuellement. Il résulte de leur réaction, de l'oxichlorure d'antimoine qui se précipite, et de l'acide chlorhydrique qui reste dans la liqueur avec un peu de chlorure. Loin de produire cet effet sur le proto-chlorure d'étain, l'eau le dissout avec facilité. Néanmoins, si l'on mêle une dissolution de 1 partie de proto-chlorure d'antimoine avec une dissolution de 2 parties de proto-chlorure d'étain, et qu'on étende les dissolutions réunies d'une grande quantité d'eau, à l'instant même l'oxide d'antimoine se précipitera uni à de l'oxide d'étain qui se formera par la décomposition du chlorure de ce métal.

4° Que l'on chauffe jusqu'au rouge un alliage de 3 parties de plomb et de 1 partie d'étain et qu'on le verse dans un têt, il brûlera avec incandescence et donnera lieu en peu de temps à un stannate basique de plomb. Calcinés séparément, les métaux ne s'oxideront que lentement.

5° Le minium, que l'on obtient en chauffant le plomb dans un four à réverbère, n'est qu'un composé de 1 proportion de bi-oxide et 2 proportions de protoxide.

6° Nous connaissons des composés de protoxide et de sesqui-oxide de fer représentés par : $4\,Fe\,O$, $Fe^2\,O^3$, et par $Fe\,O$, $Fe^2\,O^3$. Nous en connaissons de protoxide et de bioxide de manganèse dont les formules sont : $2\,Mn\,O$, $Mn\,O^2$, et $Mn\,O$, $Mn\,O^2$.

7° Non-seulement la potasse et la soude se combinent avec l'alumine, la glucine, l'oxide de zinc, le bi-oxide d'étain, l'oxide de tellure, le protoxide de plomb; mais encore elles rendent toutes ces bases solubles dans l'eau, au point que, si l'on verse une dissolution de potasse ou de soude dans une dissolution de sulfate d'alumine, le précipité d'alumine que fera naître la potasse ou la soude disparaîtra dans un excès d'alcali.

575. Observons toutefois qu'il est des composés que la potasse et la soude forment avec certains oxides par la voie sèche, et qui ne peuvent exister dans leur contact avec l'eau. Celle-ci s'empare de l'alcali sur lequel elle exerce un grand pouvoir dissolvant, et rend libre l'autre oxide qui est insoluble : l'oxide de fer et la potasse, etc., sont dans ce cas.

576. Les composés d'oxides, trouvés jusqu'à présent dans la nature, sont rares. Nous donnerons seulement pour exemple le *spinelle* qui est un *aluminate de magnésie; le gahnite* ou *aluminate de zinc*; le *fer chrômaté*, formé d'oxide de fer et d'oxide de chrôme.

577. *État naturel.* — On ne trouve dans la nature qu'un petit nombre d'oxides parfaitement purs : ces oxides sont : l'oxide d'aluminium ou l'alumine, le bi-oxide de manganèse, le bi-oxide d'étain, le sesqui-oxide de fer, l'oxide de fer composé $Fe\,O$, $Fe^2\,O^3$, l'oxide de titane, le protoxide de cuivre. On en trouve, au contraire, un grand nombre qui sont combinés, soit avec quelques acides, soit avec d'autres oxides. (Voyez l'*histoire particulière des oxides*.)

578. *Préparation.* — On obtient les oxides, tantôt en calcinant plus ou moins, avec le contact de l'air ou du gaz oxigène, les métaux à l'état métallique ou à l'état de protoxides ; tantôt en décomposant par l'ammoniaque, ou les protoxides de potassium et de sodium, les sels qui les contiennent; tantôt en décomposant les carbonates et les azotates par la chaleur seule ; tantôt en traitant les métaux par l'acide azotique ; tantôt enfin au moyen du bi-oxide d'hydrogène étendu d'eau.

Il arrive aussi, mais rarement, qu'on les prépare par d'autres procédés : c'est ce qui a lieu pour le protoxide de potassium, pour le bi-oxide de plomb et pour l'oxide de chrôme. De tous ces procédés, c'est le deuxième et le troisième qui sont le plus souvent employés.

Premier procédé. — *Calcination du métal avec le contact*

de l'air ou du gaz oxigène pur. — On met, en général, le métal dans un creuset, ou dans un têt, à une température plus ou moins élevée : s'il n'entre point en fusion, on l'agite presque continuellement avec une spatule, jusqu'à ce que l'oxidation soit terminée; s'il y entre, on enlève de temps en temps l'oxide qui le recouvre, et on calcine à mesure cet oxide pour achever de brûler les parties qui ne le seraient pas. Le gaz oxigène ne s'emploie guère que pour la préparation des peroxides de barium, de potassium et de sodium : le premier s'obtient dans un matras, comme il est dit (art. *Barium*), les deux autres en remplissant d'oxigène une petite cloche courbe sur le mercure et portant dans sa partie courbe du potassium et du sodium qu'on chauffe à la lampe; mais, comme, dans ce dernier cas, il se produit une excessive chaleur, il faut, pour éviter la fracture de la cloche, placer ces métaux dans une petite capsule de platine, d'argent ou de verre, de même que pour les combiner avec le soufre.

Deuxième procédé. — *Extraire l'oxide d'un sel.* — On prend un sel soluble dans l'eau, ordinairement un sulfate, ou un azotate, ou un chlorure, qui contient l'oxide ou le métal de l'oxide que l'on cherche à obtenir pur; on le met dans un vase de verre, par exemple, dans un matras, et on l'y dissout, soit à froid, soit à chaud, dans vingt à vingt-cinq fois son poids d'eau ou plus; on filtre la dissolution, en supposant qu'elle ne soit pas bien limpide; on la recueille dans une terrine; on y verse, tantôt une solution aqueuse d'ammoniaque, tantôt une solution de protoxide de potassium ou de sodium, pur ou combiné avec une petite quantité d'acide carbonique : l'on se sert d'ammoniaque, lorsque l'oxide qu'il s'agit d'obtenir est soluble dans le protoxide de potassium et de sodium; l'on se sert, au contraire, de protoxide de potassium ou de sodium lorsque cet oxide est soluble dans l'ammoniaque. Dans tous les cas, l'on ajoute de l'ammoniaque ou du protoxide de potassium ou du protoxide de sodium, jusqu'à ce qu'il y en ait un grand excès, ou que la liqueur soit très caustique, afin d'avoir la certitude que l'oxide ne retienne plus d'acide. Le sel est décomposé; l'oxide métallique, insoluble dans l'eau, se sépare et se dépose, tandis que l'acide, combiné avec l'ammoniaque, etc., reste en dissolution : alors on décante la liqueur avec un siphon, on la remplace par de l'eau bien limpide; on agite, on laisse déposer de nouveau, on décante et on lave ainsi le dépôt à grande eau quatre à cinq fois par décantation : après cela on filtre l'oxide, on le fait sécher peu-à-peu dans une étuve, et au besoin on le calcine dans un creuset; enfin on le conserve dans un flacon bouché. De 100 parties de sel desséché, on retire souvent plus de 50 parties d'oxide : on conçoit que cette quantité doit varier pour les différens sels. Ce procédé peut s'appliquer à la préparation de beaucoup d'oxides de la deuxième et des quatre dernières sections, parce qu'ils peuvent se combiner, pour la plupart, avec les acides; que tous les sels qui en résultent sont décomposables par l'ammoniaque ou par les protoxides de potassium et de sodium; que l'un de ces sels, soit sulfate, azotate ou chlorure, est soluble dans l'eau, et qu'au contraire leurs oxides y sont insolubles. Aucun des oxides alcalins ou de la première section ne peut être obtenu ainsi, soit parce qu'ils sont plus ou moins solubles dans l'eau, soit parce qu'ils ne sont pas toujours séparés de leurs combinaisons avec les acides par l'ammoniaque et par les protoxides de potassium et de sodium.

Troisième procédé. — Extraire les oxides des carbonates. — Lorsqu'il s'agit d'extraire l'oxide d'un carbonate, on expose ce sel à l'action d'une chaleur rouge dans un creuset; on en dégage ainsi l'acide carbonique, et on obtient l'oxide pour résidu; l'on se servirait d'une cornue, si l'oxide était capable d'absorber l'oxigène de l'air. Dans tous les cas, la calcination doit se continuer jusqu'à ce que le résidu ne fasse plus effervescence avec l'acide azotique ou chlorhydrique. On peut se procurer de cette manière les oxides de tous les carbonates, excepté ceux des carbonates de baryte, de lithine, de potasse et de soude, sels indécomposables par le feu, et quelques autres oxides, tels que le protoxide de fer, qui, à l'aide de la chaleur, peuvent décomposer peut-être l'acide carbonique, et s'emparer d'une portion de son oxigène. (1)

Quatrième procédé. — *Extraire les oxides des azotates.* — On met l'azotate dans un creuset de terre ou de platine, quelquefois dans un vase de verre, quelquefois encore dans une cornue ; on l'expose à l'action d'une température plus ou moins élevée, en raison de sa nature ; l'acide azotique se décompose, et se transforme en gaz oxigène et en gaz azote ou en acide hypo-azotique, qui se dégagent, tandis que l'oxide reste au fond du vase. Le feu doit être soutenu jusqu'à ce qu'il n'y ait plus aucun dégagement de gaz, ou jusqu'à ce que la matière n'augmente plus la combustion des charbons incandescens, ou bien encore jusqu'à ce qu'en mettant une portion de cette matière avec l'acide sulfurique, il ne se manifeste plus de vapeurs rouges ou de vapeurs blanches piquantes. On peut obtenir, par ce procédé, les oxides de presque tous les azotates, et par conséquent beaucoup d'oxides, puisque un grand nombre de ceux-ci se combinent avec l'acide azotique (2) : cependant on ne l'emploie guère que pour la préparation du protoxide de strontium, du protoxide de barium et du bi-oxide de mercure.

Cinquième procédé. — *Préparation des oxides par l'acide azotique et les métaux.* — C'est au moyen de ce procédé qu'on prépare les oxides que l'acide azotique ne peut dis-

---

(1) Les carbonates s'obtiennent, en général, par le même procédé que celui que nous venons de décrire en second lieu pour obtenir les oxides, si ce n'est qu'on emploie alors l'ammoniaque ou le protoxide de potassium ou de sodium carbonatés.

(2) Excepté toutefois ceux qui, dans la calcination des azotates, peuvent s'emparer d'une portion d'oxigène de l'acide azotique : tel est, par exemple, le protoxide de fer.

soudre en raison de leur cohésion ; il s'exécute en mettant
une certaine quantité de métal en fragmens ou en poudre
dans une fiole, un matras ou une capsule, et en versant dessus, peu-à-peu, de l'acide azotique à-peu-près aussi concentré que celui du commerce et en excès : cet acide agit fortement sur le métal, lui cède une portion de son oxigène,
même à la température ordinaire, et le transforme en un
oxide qui se précipite ; lorsque tout le métal est attaqué, on
évapore la liqueur et on calcine légèrement le résidu. On
pourrait encore préparer de la même manière la plupart
des autres oxides, pourvu qu'après avoir évaporé la liqueur
on calcinât convenablement le résidu ; mais alors ce résidu
n'étant autre chose qu'un azotate, ce procédé serait le même
que le quatrième.

Sixième procédé. — *Suroxigénation des oxides par le bi-
oxide d'hydrogène.* — Ce procédé consiste uniquement à
mettre l'oxide qu'il s'agit de suroxigéner en contact avec un
excès de bi-oxide d'hydrogène étendu d'eau : l'oxide doit
être employé en dissolution lorsqu'il est soluble, et en gelée
lorsqu'il est insoluble. C'est par ce procédé que l'on prépare
les bi-oxides de calcium, de strontium, de zinc, de nickel
et de quadri-oxide de cuivre (449).

579. *Composition.* — La quantité d'oxigène varie singulièrement dans les oxides : il en est qui, comme les peroxides de potassium, de sodium, de manganèse, en contiennent
plus du tiers de leur poids, et d'autres qui n'en contiennent,
au contraire, que quelques centièmes. On observe d'ailleurs
qu'un métal ne se combine jamais que dans un petit nombre
de proportions avec l'oxigène, et que dans les divers oxides
qu'il produit, les quantités d'oxigène, pour la même quantité de métal, sont généralement entre elles comme les nombres 1, 1 ½ ou 2, 3, 4. Ils sont donc soumis à la loi énoncée (29).

580. *Usages.* — Le nombre des oxides que l'on emploie,
tant dans les arts que dans la médecine, n'est que de vingt-
neuf ; ceux que l'on emploie en médecine sont : l'oxide de

magnésium ou la magnésie, l'oxide de calcium ou la chaux, les protoxides de potassium et de sodium à l'état d'hydrate, l'oxide de zinc, l'oxide de fer composé (Fe O, Fe² O³) et le peroxide de fer, l'oxide d'antimoine, le protoxide de plomb ou massicot, le minium ou l'oxide de plomb composé (2 Pb O, Pb O²), le bi-oxide de mercure et l'oxide d'or. La plupart de ces oxides sont également employés dans les arts : on y fait usage en outre de ceux d'aluminium, de manganèse, d'étain, de chrôme et de cobalt. (*Voyez* ces oxides en particulier.)

581. On voit, d'après ce qui précède, que, parmi tous les faits qui composent l'histoire des oxides, il n'en est qu'un petit nombre qu'on ne saurait retenir en raison de leur variété : ces faits sont relatifs à la couleur des divers oxides, aux procédés par lesquels on les obtient et à la proportion de leurs principes constituans. Nous les ferons connaître en traitant des divers oxides.

582. L'histoire générale que nous venons de faire des oxides permet de tracer l'histoire particulière de chacun d'eux. Pour le prouver, prenons comme exemple le protoxide de fer. Cet oxide est solide, car tous les oxides le sont; réduit en poudre, il est terne, car il n'est aucun oxide qui, pulvérisé, soit brillant; il est sans odeur, car on ne connaît point d'oxide odorant; il est insipide, car les oxides de la seconde section sont les seuls qui aient de la saveur; il est moins pesant que le fer, car il n'y a que les oxides dont le métal a une faible pesanteur spécifique et une grande affinité pour l'oxigène, qui soient spécifiquement plus pesans que ceux qui leur servent de base; il n'altère ni la couleur de tournesol, ni celle du curcuma, ni celle de la violette, car la première de ces couleurs n'est altérée par aucun oxide, et les deux autres ne le sont que par les oxides de la première section et l'oxide de magnésium : celle de curcuma est changée en rouge, et celle de la violette en vert–jaune; il ramène au bleu celle de tournesol rougie par les acides, car tous les oxides capables de se combiner avec ceux-ci sont dans ce cas.

Exposé au feu, il ne se réduit point, car il fait partie de la troisième section, et il n'y a que les oxides des deux dernières qui puissent se réduire ainsi; il ne peut même abandonner aucune portion de son oxigène, puisqu'il est à l'état de protoxide, et qu'il est irréductible; il n'en abandonnerait même pas quand il serait à l'état de peroxide, car celui-ci est du petit nombre des peroxides qui, par une haute température, ne sont pas ramenés à un moindre dégré d'oxidation. La lumière n'exerce aucune action sur lui, car elle n'agit que sur quelques oxides de la dernière section. La pile en opère la réduction, car elle réduit tous les métaux. Il est le seul, avec l'oxide de fer (Fe O, Fe² O³) sensible à l'aiguille aimantée. Mis en contact avec le gaz oxigène ou l'air, à une température élevée, il passe à l'état de peroxide, car nous venons de voir que le peroxide de fer n'était point décomposé par la chaleur; et l'expérience prouve que toutes les fois qu'un oxide n'est point décomposable par la chaleur, cet oxide peut se former en calcinant, avec le contact de l'air ou du gaz oxigène, le métal qui lui sert de base, pur ou déjà oxidé.

L'hydrogène, le carbone, le soufre et le chlore réduisent le protoxide de fer à une haute température, car, à cette température, ces quatre corps combustibles réduisent les oxides des quatre dernières sections : l'hydrogène donne lieu à de l'eau et à du fer; le carbone, à du gaz oxide de carbone et à un carbure de fer; le soufre, à du gaz acide sulfureux et à un sulfure de fer; le chlore, à du chlorure de fer et à du gaz oxigène (1). Le phosphore ne réduit qu'en partie le protoxide de fer à l'aide de la chaleur, et forme avec lui un phosphate de fer et un phosphure de fer, car l'oxide de fer appartient à la troisième section, et c'est ainsi, en

---

(1) On assure toutefois que l'oxide de manganèse et l'oxide de chrôme ne sont décomposés, ni par l'hydrogène, ni par le chlore, et que l'oxide de chrôme ne l'est pas non plus par le soufre. La chaleur a telle été portée au plus haut degré ?

général, que se comportent avec le phosphore les protoxides de cette section et ceux de la quatrième, c'est-à-dire, les oxides qui ne sont ni très difficiles à réduire ni très facilement réductibles. L'azote est sans action sur le protoxide de fer, car il n'agit, soit à froid, soit à chaud, sur aucun oxide métallique. L'iode agirait probablement sur le protoxide de fer comme le chlore, car l'iodure de fer est l'un des iodures dont l'iode ne peut être dégagé par l'oxigène. Telle serait aussi sans doute l'action du brôme. Quant au bore, on ignore comment il se comporterait avec le protoxide de fer, car jusqu'ici on ne l'a mis en contact avec aucun oxide.

Le potassium et le sodium, et sans doute les autres métaux des deux premières sections, sont capables de réduire le protoxide de fer au rouge-brun, car, en général, les métaux ou du moins la plupart des métaux d'une section réduisent les oxides métalliques des sections suivantes : toutefois, dans quelques circonstances, le fer, à une excessive chaleur, s'empare de tout l'oxigène d'une partie des oxides de potassium et de sodium.

Le protoxide de fer est réduit par le carbure gazeux d'hydrogène, ainsi que par le gaz phosphure d'hydrogène, à l'aide de la chaleur, car ces deux gaz réduisent les oxides des quatre dernières sections : il en résulte, avec le premier, de l'eau et du gaz oxide de carbone, et, avec le second, de l'eau et du phosphure de fer.

Le gaz sulfhydrique forme tout-à-coup de l'eau et un sulfure avec le protoxide de fer ; car telle est sa manière d'agir sur les oxides de la première et des quatre dernières sections. C'est encore ainsi que se comportent les acides chlorhydrique, iodhydrique et fluorhydrique : dans tous les cas, l'hydrogène s'unit à l'oxigène, et le métal au chlore, à l'iode, au brôme ou au fluor.

Le protoxide de fer n'ayant point été mis en contact avec les autres corps combustibles, on ne peut former que des conjectures relativement à son action sur eux.

Le protoxide de fer n'existe point à l'état de pureté dans

la nature; on le prépare par le deuxième procédé, en décomposant le proto-sulfate de fer par la potasse, la soude ou l'ammoniaque. Il est sans usage.

Quoiqu'il soit évident qu'on puisse faire l'histoire de tout autre oxide de la même manière que celle du protoxide de fer, nous considérerons tous les oxides chacun en particulier, en traitant des divers métaux, afin d'entrer dans quelques détails que ne comprennent point les généralités, et de mettre les jeunes élèves à même de reconnaître les erreurs qu'ils pourraient commettre dans l'application de ces généralités, application que nous les engageons à faire, non-seulement à l'étude des oxides proprement dits, mais aussi à celle de tous les autres genres de composés métalliques, savoir, des sulfures, des phosphures, etc., dont il va être question successivement.

Acides métalliques.

583. Les métaux susceptibles de former des acides en s'unissant à l'oxigène, sont : l'arsénic, le chrôme, le molybdène, le vanadium, le tungstène, l'antimoine, le colombium, le titane et le manganèse. L'arsénic, l'antimoine et le manganèse forment chacun deux acides ; les autres n'en forment qu'un seul : il existe donc 12 acides métalliques.

Ces acides sont solides et sans odeur. Tous rougissent le papier de tournesol, excepté l'acide tungstique. Aussi, ce dernier n'est-il mis au rang des acides que parce qu'il ne se combine point avec eux, qu'il s'unit très bien, au contraire, avec les oxides, et qu'il forme des sels, caractères qui appartiennent aux acides proprement dits.

Les acides doivent être regardés comme des oxides suroxigénés. Il doit donc y avoir les plus grands rapports entre l'histoire des acides et celle des oxides qui ont le même radical.

L'on pourra toujours prévoir les phénomènes en observant qu'un métal à l'état d'acide devra céder plus facilement une partie de son oxigène qu'à l'état d'oxide, à moins que l'acide ne soit en présence de bases qui lui donnent de la stabilité.

Action des métalloïdes sur les métaux.

584. Parmi les douze métalloïdes, le phosphore, le soufre, le sélénium, le fluor, le chlore, le brôme, l'iode, sont les seuls qui semblent pouvoir s'unir à presque tous les métaux. L'hydrogène n'a été combiné qu'avec le potassium, l'arsénic et le tellure; le bore qu'avec le fer et le platine, le silicium qu'avec le potassium, le fer, le platine, l'argent: et encore est-il nécessaire que le contact ait lieu au moment où le silicium est mis en liberté et se trouve dans un extrême état de division; le carbone qu'avec le fer, et quelques autres ; l'azote qu'avec le potassium, le sodium, le fer, le cuivre.

Nous ne nous occuperons des hydrures, borures, siliciures, carbures, azotures, que dans l'histoire particulière de chaque métal; mais nous allons présenter sur les phosphures, sulfures, séléniures, chlorures, fluorures, brômures, iodures, des considérations générales qui nous seront fort utiles pour examiner chacun de ces corps d'une manière spéciale.

Phosphures métalliques.

585. *Historique.* — Les phosphures, entrevus par Margraff, préparés pour la plupart et étudiés depuis par Pelletier, devraient être examinés de nouveau avec un grand soin, car leur histoire laisse beaucoup à desirer : l'on en jugera par ce que nous allons dire.

586. *Composition.* — L'on pensait autrefois, d'après les expériences de Pelletier, qu'un métal ne donnait jamais lieu qu'à un seul phosphure; mais cette opinion est abandonnée aujourd'hui. Il est certain que le même métal peut faire partie de plusieurs phosphures; que ces phosphures sont soumis dans leur composition aux mêmes lois que cel-

les qui régissent les autres corps; que, par conséquent, un proto-phosphure est formé de 1 proportion de métal=....., et de 1 proportion de phosphore = 196,15, d'où il suit que ce proto-phosphure contiendrait presque 2 fois autant de phosphore que le protoxide contiendrait d'oxigène, ou du moins qu'un proto-phosphure serait exactement transformé en phosphate neutre protoxidé, un deuto-phosphure en phosphate neutre deutoxidé, si le métal passait à l'état de protoxide ou de deutoxide, et le phosphore à l'état d'acide phosphorique, ce qui doit être d'après les nombres proportionnels du phosphore et des phosphates : du moins voilà ce que M. Dulong a eu occasion de constater pour le proto-phosphure de cuivre. *(Mém. d'Arcueil*, III, 448; et *Ann. de Chim. et de Phys.*, II, 141.)

587. *Propriétés.*—Tous les phosphures métalliques sont solides et inodores. Tous sont cassans; ils le sont même à tel point que souvent une très-petite quantité de phosphore rend aigre le métal le plus ductile : voilà pourquoi les minerais de fer qui contiennent un peu de phosphate de fer donnent ordinairement du fer cassant à froid. Tous sont insipides, excepté les phosphures des métaux alcalins, et terreux, qui ont la propriété de décomposer l'eau à la température de l'atmosphère. La plupart ont le brillant métallique et sont cristallisables. On n'a pris jusqu'ici la pesanteur spécifique d'aucun d'entre eux avec exactitude.

588. Leur degré de fusion varie : ils sont beaucoup plus fusibles que le métal qu'ils contiennent, quand ce métal est difficile à fondre, et moins fusibles, au contraire, quand il fond aisément.

Plusieurs se décomposent, en totalité ou en partie, à une haute température : que l'on introduise du phosphure d'or, par exemple, dans une cornue, et qu'on la chauffe jusqu'au rouge après y avoir adapté un tube à boule, il se sublimera bientôt une certaine quantité de phosphore qui se rendra en vapeur dans le tube et s'y solidifiera par le refroidissement. Le phosphure d'argent, et même celui de plomb, offrent, à ce qu'il paraît, le même phénomène.

589. L'action des phosphures sur le gaz oxigène et sur l'air n'a point encore été convenablement étudiée; mais il est permis de présumer qu'il est très peu de phosphures susceptibles d'altération bien sensible à froid, dans ces gaz secs, et que tous, au contraire, à une température élevée, peuvent s'y altérer d'une manière très remarquable. En effet, à cette température, le phosphore doit absorber constamment le gaz oxigène, et il doit en être de même du métal, à moins qu'il ne soit que très difficilement oxidable, comme le platine et l'or : encore se pourrait-il que la présence du phosphore lui communiquât cette propriété; c'est ce qui semble avoir lieu pour l'argent; il en doit résulter un phosphate métallique lorsque le phosphore et le métal brûlent tout à-la-fois, et un mélange d'acide phosphorique et de métal lorsque le phosphore éprouve seul la combustion. Cependant, si la température était très élevée, tout l'acide formé dans le second cas pourrait se volatiliser; il arriverait même que quelques phosphates, qui se seraient formés dans le premier, à une basse température, se décomposeraient, c'est-à-dire, que l'acide phosphorique et l'oxigène s'en dégageraient, de manière que le métal serait mis à nu : tels seraient peut-être le phosphate d'argent et plusieurs autres phosphates dont les oxides sont réductibles par la chaleur. Dans tous les cas, il y aurait dégagement de calorique et de lumière, produit surtout par une portion de phosphore qui brûlerait à la surface du phosphure. D'ailleurs, il est facile de concevoir ce qui doit se passer dans cette opération : on voit évidemment que le gaz oxigène ayant une grande affinité pour le phosphore et le plus souvent pour le métal du phosphure, tend à se combiner avec ces deux corps; qu'un certain degré de chaleur favorise cette combinaison, en ce qu'elle diminue la cohésion du phosphure, et qu'un degré de chaleur plus élevé tend à la détruire. Pour faire l'expérience, l'on remplit de mercure une petite cloche de verre courbe; on y introduit d'abord

du gaz oxigène ; on porte ensuite du phosphure en poudre jusque dans la partie courbe de cette cloche, avec une pince dont les extrémités sont terminées en forme de cuiller, et on le chauffe avec la lampe à esprit-de-vin jusqu'à ce qu'il n'y ait plus d'absorption sensible. Si l'on ne pouvait produire de cette manière assez de chaleur pour brûler le phosphure, il faudrait faire l'expérience dans un tube de porcelaine : on établirait ce tube à travers un fourneau, on y mettrait le phosphure, on adapterait une vessie pleine de gaz oxigène à l'une de ses extrémités et un tube de verre à l'autre ; on chaufferait le tube suffisamment ; on tournerait le robinet de la vessie ; et on la presserait légèrement (pl. XII, fig. 3).

Jusqu'ici l'on n'a fait encore que très peu d'essais sur la réaction des phosphures et des corps combustibles.

Plusieurs phosphures peuvent être décomposés tout-à-coup par l'eau : ce sont ceux de la première et de la deuxième section, ou les phosphures des métaux alcalins et des métaux terreux. En effet, aussitôt qu'on jette l'un de ces phosphures, par exemple du phosphure de potassium dans ce liquide, il en résulte du protoxide de potassium, et du gaz sesquiphosphure d'hydrogène, qui s'enflamme à mesure qu'il se dégage sous forme de bulles dans l'air atmosphérique. Les phosphures des quatre dernières sections y sont insolubles et n'agissent pas sur elle à la température ordinaire.

590. *État, préparation.* — Aucun phosphure ne se trouve dans la nature.

Il est très difficile de les avoir en proportions constantes, parce que le phosphore tend à s'en dégager, du moins en partie, à une haute température : aussi n'obtient-on assez souvent que des phosphures incomplets par les procédés dont nous allons parler, à part le quatrième qui par cela même est le plus sûr de tous.

Premier procédé. — Le premier procédé consiste à faire passer du phosphore en vapeur sur un métal chauffé jusqu'au rouge-brun. Pour cela, M. Dulong, qui l'a pratiqué le premier, établit horizontalement à travers un fourneau un tube de verre de 12 à 15 millimètres de diamètre, légèrement courbe à l'une de ses extrémités, communiquant de ce côté par un très petit tube avec un appareil à gaz hydrogène sec, et portant de l'autre un second petit tube qui plonge dans le mercure; le métal est placé dans le milieu du grand tube, et le phosphore dans sa partie courbe, en telle quantité qu'après la fusion il reste un petit espace vide au-dessus du bain. Les choses étant ainsi disposées, M. Dulong chasse d'abord l'air des vases par un courant de gaz hydrogène : il chauffe ensuite le métal, et porte le phosphore presque jusqu'à l'ébullition ; celui-ci est entraîné par l'hydrogène, et mis à l'instant même en contact avec le métal; il s'y unit et forme un phosphure constant dans sa composition. M. Dulong pense que les phosphures de tous les métaux qui ne fondent pas au-dessous de 500 à 600° peuvent être préparés ainsi. Le métal est employé en fil lorsqu'il est ductile, et en poudre lorsqu'il est cassant : dans ce dernier cas, il faut avoir soin de l'étendre en couche mince sur le tube. Nous pensons que l'on pourrait également obtenir ainsi les phosphures des métaux très fusibles: pour rendre l'opération plus commode, il suffirait de courber un peu le tube dans le milieu afin d'y placer le métal et l'empêcher de couler.

L'opération pourrait encore être faite dans une petite cloche courbe : à cet effet, l'on remplirait presque entièrement de gaz azote ou de gaz hydrogène la petite cloche sur le bain de mercure; l'on introduirait à travers le mercure une certaine quantité de métal et de phosphore; on les chaufferait à la lampe, et la combinaison ne tarderait point à se faire : par la chaleur l'excès de phosphore se dégagerait.

Deuxième procédé.—L'on prend parties égales d'acide phosphorique vitreux et de métal en poudre, que l'on mêle avec environ la seizième partie de leur poids de noir de fumée, ou bien l'on fait un mélange d'une quantité convenable de celui-ci, de phosphate acide de chaux vitreux et de métal pur ou oxidé (1); on met le mélange dans un creuset; on le recouvre de charbon ordinaire; on recouvre ensuite le creuset de son couvercle, et on le chauffe fortement. Il paraît que, par ce moyen, on peut obtenir tous les phosphures des 4 dernières sections, excepté ceux qui, comme le phosphure d'or, se décomposent à une forte chaleur. Le charbon enlève l'oxigène à l'acide phosphorique et à l'oxide métallique, forme du gaz acide carbonique ou du gaz oxide de carbone qui se dégage, tandis que le phosphore, à mesure qu'il devient libre, se combine avec le métal.

Troisième procédé. — Puisqu'un phosphate neutre n'est qu'un phosphure métallique, plus de l'oxigène, il est évident qu'en désoxigénant ce sel, on pourra le transformer en phosphure : or, le carbone à une haute température est capable d'enlever l'oxigène à l'acide phosphorique et aux oxides des métaux appartenant aux quatre dernières sections; conséquemment, si l'on fait un mélange d'un phosphate neutre des quatre dernières sections et de noir de fumée dans les proportions convenables (2), et si l'on chauffe ensuite fortement le mélange, le phosphate passera à l'état de phosphure toutes les fois que la chaleur ne sera point dans le cas de s'opposer à l'union du phosphore et du métal. L'opération s'exécute facilement dans un creuset brasqué, en recouvrant le mélange de charbon ordinaire.

Quatrième procédé.—Pour exécuter ce procédé, il ne faut que faire passer du phosphure gazeux d'hydrogène à travers

---

(1) Si le métal n'est point oxidé, le mélange pourra se composer de 2 parties de phosphate acide de chaux, de 1 de métal et de $\frac{1}{10}$ de carbone. Si le métal est oxidé, il faudra mettre un peu plus d'une partie de celui-ci, et un peu plus de $\frac{1}{10}$ de noir, de manière qu'après la réduction de l'oxide les proportions entre ces trois corps soient telles que nous venons de les établir. Un grand excès de charbon serait nuisible; il s'opposerait à la formation du culot, etc.

(2) Par proportions convenables, nous entendons la quantité de noir nécessaire pour désoxigéner seulement l'acide phosphorique et l'oxide métallique.

certains sels, que l'on fait d'abord dissoudre dans l'eau : alors ceux-ci sont décomposés de telle manière que leur acide devient libre, et qu'il se forme de l'eau d'une part, et de l'autre un phosphure qui se précipite sous forme de flocons. Il arrive pourtant quelquefois, comme l'a remarqué H. Rose, que le phosphore se trouve brûlé en même temps que l'hydrogène : voilà ce qui a lieu avec les sels d'argent, d'or, etc., et tous les sels dont l'oxide est d'une facile réduction. Alors il faut remplir sous l'eau un flacon à deux tubulures de phosphure d'hydrogène, adapter un tube à 3 branches à l'une d'elles et un tube recourbé à l'autre. Par le tube à trois branches on versera le sel très étendu, et par le tube recourbé, dont l'extrémité devra plonger dans l'eau, se dégagera au besoin le gaz excédant.

On peut encore obtenir des phosphures de ce genre, en chauffant dans de petites cloches courbes sur le mercure du phosphure gazeux d'hydrogène avec les chlorures métalliques, ou mieux en plaçant les chlorures dans un petit tube horizontal qui communiquerait avec un appareil d'où le gaz se dégagerait, et n'élevant la température du tube que quand il serait plein de gaz.

Sulfures métalliques.

591. Le soufre possède la propriété de s'unir directement à presque tous les métaux. Assez souvent même, la combinaison a lieu avec dégagement de lumière : c'est ce que nous offre surtout les métaux alcalins, le zinc, le plomb, le cuivre, etc. Il y a donc entre le soufre et ces sortes de corps une grande affinité.

592. *Historique.* — L'existence des sulfures métalliques est connue de temps immémorial ; car le soufre a toujours été regardé par les mineurs comme le *minéralisateur* des métaux. Les sulfures ont dû être, d'après cela, l'objet d'un grand nombre de recherches. La plupart des chimistes, en effet, les ont étudiés ; mais presque tous n'ont fait que des observations partielles sur ces sortes de composés ; deux

seulement en ont fait de générales que l'expérience a confirmées : ce sont MM. Gay-Lussac et Berzelius. (*Mém. d'Arcueil*, t. 1; et *Ann. de Chim.*, t. LXXVIII et suiv.)

593. *Composition.* — On sait qu'un métal tend à former autant de sulfures que d'oxides, et que les sulfures sont soumis à la loi de composition énoncée précédemment (29); il suit de là qu'un proto-sulfure est formé de 1 proportion de métal =..., et de 1 proportion de soufre =201,16; qu'un deuto-sulfure l'est de 1 proportion de métal et de 2 proportions de soufre ou quelquefois seulement de 1 $\frac{1}{2}$ proportion; il s'ensuit encore, d'après les nombres proportionnels du soufre, de l'oxigène et des sulfates, 1° que le proto-sulfure ou le deuto-sulfure d'un métal quelconque contient, à très peu de chose près, deux fois autant de soufre que le protoxide ou le deutoxide de ce métal contient d'oxigène; 2° que dans les proto-sulfures, le soufre et les métaux sont dans les mêmes proportions que dans les sulfates, les sulfites neutres de protoxide; qu'il en est de même des deuto-sulfures par rapport aux sulfates, aux sulfites, etc., de deutoxide; que par conséquent, en faisant passer le soufre d'un proto-sulfure à l'état d'acide sulfurique et le métal à l'état de protoxide, il en résulte un sulfate neutre de protoxide lorsqu'ils s'unissent. A la vérité, on peut obtenir avec l'arsénic, le fer, le mercure, etc., des composés qui s'écartent de cette loi de composition; mais ces sortes de composés doivent être regardés comme des combinaisons de deux sulfures à proportions fixes, ou d'un seul avec une certaine quantité de soufre ou de métal.

594. *Propriétés physiques.* — Tous les sulfures sont solides et inodores. Tous sont cassans, même lorsque les métaux qui entrent dans leur composition sont très ductiles (1). Tous sont insipides, excepté ceux de la première section, et les sulfures de magnésium, de glucinium, d'aluminium de la

----

(1) Cependant le sulfure de molybdène naturel est flexible, et celui d'argent est jusqu'à un certain point malléable.

seconde, qui ont une saveur d'œufs pourris. Les uns, tels que les sulfures de fer, d'antimoine, etc., ont le brillant métallique; les autres, tels que le sulfure de mercure, ne l'ont pas. Il en est peu qui ne soient capables de cristalliser. La pesanteur spécifique d'un grand nombre est connue, surtout de ceux qu'on trouve dans la nature; elle est toujours moins grande que celle du métal qu'ils contiennent, à moins que ce métal ne soit, comme le potassium et le sodium, plus léger que le soufre.

595. *Propriétés chimiques*. — Les sulfures sont, en général, plus fusibles que les métaux qui leur sont propres, quand ceux-ci ne fondent qu'au-dessus ou que peu au-dessous de la chaleur rouge; ils le sont moins dans le cas contraire. Presque toujours la différence entre les degrés de fusion est très marquée.

Quelques-uns sont volatils, même au-dessous de la chaleur rouge : tels sont particulièrement les sulfures de mercure et d'arsénic. Parmi ceux qui ne se volatilisent pas, il en est un grand nombre que la chaleur peut décomposer, du moins en partie. En effet, lorsqu'on expose le persulfure d'un métal à une température suffisamment élevée, on en dégage presque toujours une portion de soufre; quelquefois le sulfure se décompose complètement, et l'on remarque que ce sont surtout certains sulfures dont les métaux ont très peu d'affinité pour l'oxigène qui sont dans ce cas. Ces décompositions se font tantôt avant, tantôt après la fusion du sulfure; ce qui dépend de l'affinité plus ou moins grande du soufre pour le métal, et de la cohésion plus ou moins forte des particules du sulfure.

La fusion s'opère ordinairement dans un creuset de Hesse, que l'on recouvre de son couvercle : ce n'est que dans le cas où le sulfure serait facilement altérable par l'air qu'il faudrait la faire dans un vase fermé, par exemple, dans une cornue de verre ou de grès. Quant à la sublimation et à la décomposition, elles doivent être tentées de préférence, non dans un creuset ni une cornue de verre, mais dans une cornue de grès. Le sulfure étant introduit dans la cornue, on adapte à celle-ci un large tube ; on la dispose à la manière ordinaire dans un fourneau à réverbère, et on la chauffe peu-à-peu jusqu'au rouge, et, s'il en est besoin, jusqu'au rouge presque blanc, en excitant un courant d'air dans le fourneau par le moyen d'un soufflet dont la tuyère, à cet effet, doit se rendre dans le cendrier.

596. Les sulfures n'ont aucune espèce d'action à froid sur le gaz oxigène bien sec ; mais ceux dont les métaux sont très oxidables et dont les oxides constituent des bases énergiques, agissent sur ce gaz humide ; ils l'absorbent très lentement, et passent peu-à-peu à l'état de sulfites ou de sulfates (1). On peut se rendre compte de ce phénomène de la même manière que de l'oxidation des métaux par le gaz oxigène. La température du gaz varie : lorsqu'elle s'abaisse, une partie de la vapeur qu'il renferme se précipite ; cette eau cède l'oxigène qu'elle tient en dissolution au soufre et au métal, et favorise la combinaison par la tendance qu'elle a à s'unir avec le sulfate qui doit se former. (2)

597. Tous les sulfures ont la propriété d'absorber le gaz oxigène à l'aide de la chaleur : cependant tous ne donnent pas naissance à des produits identiques : ces produits varient en raison du degré de chaleur et de la nature du métal du sulfure.

Les sulfures de métaux alcalins ou de la première section et celui de magnésium sont toujours transformés en sulfates ; mais il n'en est pas de même des autres : lorsque la température est élevée, leur décomposition est telle que le soufre passe à l'état de gaz sulfureux qui se dégage, et que le métal devient libre ou s'oxide ; il devient libre s'il fait par-

---

(1) Nous supposons les sulfures, solides ; mais lorsqu'ils peuvent se dissoudre dans l'eau comme les sulfures alcalins et qu'on les emploie en dissolution, l'action doit être et est en effet beaucoup plus rapide.

(2) Si le métal avait une grande affinité pour l'oxigène et n'en avait pas beaucoup pour le soufre, il se pourrait que l'eau fût décomposée et qu'il en résultât du gaz sulfhydrique qui se dégagerait, et de l'oxide fixe : c'est ce qui a lieu avec le sulfure d'aluminium.

tie des deux dernières sections; il s'oxide dans le cas contraire. Pour concevoir ces résultats, il faut savoir que l'acide sulfurique est un corps qui, *au rouge naissant*, ne peut exister qu'autant qu'il est combiné avec un autre corps, et qu'aussitôt qu'il est mis en liberté, il se transforme alors en gaz oxigène et en gaz acide sulfureux : or, il n'y a que les oxides de potassium, de sodium, de barium, de lithium, de strontium, de calcium et de magnésium, qui retiennent assez l'acide sulfurique pour qu'une forte chaleur ne puisse pas les en séparer. Par conséquent, on voit que les sulfures de ces divers métaux pourront, à ce degré de chaleur, absorber le gaz oxigène de manière à passer à l'état de sulfates, et que les autres sulfures n'en seront pas susceptibles, puisque alors leurs sulfates se décomposeraient.

598. Mais qu'arriverait-il si la température, au lieu d'être très élevée, était portée tout au plus au rouge-brun? La plupart des sulfures qui éprouvent le genre de décomposition dont nous venons de parler passeraient, comme ceux de potassium et de sodium, à l'état de sulfates, en donnant presque toujours lieu toutefois à du gaz sulfureux (1); il n'y aurait pour ainsi dire que les sulfures des deux dernières sections qui se comporteraient de même que précédemment; leurs métaux ne pourraient point être brûlés, et par conséquent il ne pourrait se produire que du gaz sulfureux. Ces résultats sont faciles à constater. Toutes les expériences dans lesquelles on n'a pas besoin d'une chaleur rouge se font dans une petite cloche courbe; on remplit cette cloche de mercure; on y introduit une certaine quantité de gaz oxigène; on porte jusque dans sa partie courbe du sulfure en poudre, au moyen d'une petite pince dont

----

(1) Il est facile de concevoir pourquoi la plupart des sulfures des métaux qui sont moyennement oxidables se transforment, au rouge-brun, en gaz acide sulfureux et en sulfate : c'est que l'oxigène se combine d'abord avec une partie du soufre de ces sulfures, sans se combiner en même temps avec le métal; ce n'est que quand celui-ci est devenu très prédominant qu'il s'oxide.

les deux branches sont terminées en cuiller, et l'on chauffe avec la lampe. Ce n'est que dans le cas où la chaleur doit être portée jusqu'au rouge que l'on se sert d'un tube de porcelaine; on fait passer le tube à travers un fourneau; on met le sulfure en poudre dans ce tube; on adapte à l'une de ses extrémités une vessie pleine de gaz oxigène, et l'on adapte à l'autre un petit tube de verre recourbé propre à recueillir les gaz; on chauffe le tube de porcelaine, on tourne le robinet de la vessie, et l'on presse légèrement cette vessie pour mettre peu-à-peu le gaz oxigène en contact avec le sulfure (pl. XII, fig. 3).

599. L'action de l'air sur les sulfures est la même que celle du gaz oxigène, si ce n'est qu'elle est moins forte. En effet, que l'on calcine un sulfure dans un têt, et l'on obtiendra, par exemple, du sulfate de potasse si le sulfure est proto-sulfuré et à base de potassium, quelle que soit la température; du gaz sulfureux et le métal pur si le sulfure est d'argent, quelle que soit encore la température; du gaz sulfureux et de l'oxide si le sulfure est de fer et si la température est très élevée; enfin du gaz sulfureux et du sous-sulfate de fer, si, le sulfure étant au premier degré de sulfuration et toujours à base de fer, la température est au-dessous de la chaleur rouge-cerise. C'est sur cette manière d'être des sulfures avec l'air que reposent plusieurs arts : ceux de faire les sulfates de zinc, de fer et de cuivre.

Jusqu'ici l'on n'a point examiné avec soin l'action des sulfures sur les corps combustibles; il paraît cependant qu'en général le chlore forme avec la plupart une certaine quantité de chlorure de soufre; que le charbon, à une haute température, décompose plusieurs sulfures en produisant du soufre carburé, et que les métaux qui ont le plus d'affinité pour l'oxigène enlèvent le soufre aux autres métaux: ce qu'il y a de certain, c'est que le fer l'enlève à presque tous les métaux des quatre dernières sections; c'est même en traitant le sulfure de plomb par le fer et la fonte qu'on obtient une partie du plomb qu'on verse dans le commerce;

l'on retire aussi , dans quelques mines , le mercure de son sulfure par ce procédé ; on peut également l'employer pour exploiter les mines de sulfure d'antimoine.

600. Les sulfures de la première section ou des métaux alcalins sont solubles dans l'eau ; ceux des quatre dernières sections y sont insolubles. Quant aux sulfures des métaux terreux, il paraît que ceux de magnésium et de glucinium s'y dissolvent d'une manière sensible, que celui d'yttrium ne s'y dissout pas, et que le sulfure d'aluminium la décompose subitement en donnant lieu à de l'oxide d'aluminium et à du gaz sulfhydrique.

L'eau, d'ailleurs, est également décomposée par tous les sulfures des métaux alcalins et terreux, et même quelques autres sulfures, sous l'influence des oxacides : il se produit alors un sel à base d'oxide et, comme avec le sulfure d'aluminium, du gaz sulfhydrique. C'est encore ce gaz qui résulterait de l'action d'un hydracide, tel que l'acide chlorhydrique, etc., sur ces sortes de sulfures ; mais c'est l'hydrogène et le chlore de l'hydracide qui s'uniraient l'un au soufre, l'autre au métal du sulfure.

601. *Etat naturel.* —Tous les sulfures n'existent point dans la nature ; on n'en trouve que treize, savoir : les sulfures de zinc, de fer, de manganèse, d'étain, d'arsénic, de molybdène, d'antimoine, de bismuth, de cuivre, de plomb, de mercure, d'argent, de cobalt.

Quelques-uns de ces sulfures sont rares, tels que les sulfures d'étain, de manganèse, de cobalt ; tous les autres le sont beaucoup moins ; quelques-uns même, comme le sulfure de fer, sont très communs ; ils appartiennent presque tous aux terrains primitifs et intermédiaires ou à la partie inférieure des terrains secondaires ; ils constituent la plupart des amas et des filons que ces terrains recèlent (50).

602. *Préparation.* —Les sulfures métalliques s'obtiennent, tantôt en combinant directement le soufre avec les métaux, tantôt en traitant les oxides par le soufre ou le sulfure de carbone à l'aide de la chaleur, tantôt en décompo-

sant les sulfates par le charbon, tantôt en décomposant les oxides par le gaz sulfhydrique, tantôt en faisant passer un courant de ce gaz à travers un sel formé d'un acide et de l'oxide du métal que l'on veut unir au soufre, tantôt en traitant ce sel par les proto-sulfures de potassium, de sodium, ou par leurs sulfhydrates, ou par le sulfhydrate d'ammoniaque.

Premier procédé.—Lorsque le métal est très fusible et appartient à l'une des quatre dernières sections, on le mêle en quantité convenable avec le soufre; on verse le mélange dans un creuset; on recouvre ce creuset d'un couvercle; on le place dans un fourneau sur une tourte, et on le chauffe plus ou moins fortement : bientôt le soufre et le métal fondent et se combinent.

Mais si le métal est difficile à fondre, il vaut mieux d'abord faire rougir le creuset au feu, y projeter le mélange par partie, et ensuite l'exposer à une température suffisamment élevée, en couvrant le fourneau d'un réverbère : s'il arrivait que le métal ne fût point assez sulfuré, on projetterait une nouvelle quantité de soufre.

Toutefois nous pensons avec M. Dulong que la méthode la plus sûre, quand le métal peut être porté jusqu'à la chaleur rouge sans entrer en fusion, est de le chauffer dans un tube, et de le mettre peu-à-peu en contact avec du soufre en vapeur.

Il est même évident que cette méthode pratiquée, comme nous l'avons dit au sujet de la préparation des phosphures (590), peut être employée pour préparer tous les sulfures indistinctement. Seulement comme, au moment de la combinaison d'un métal alcalin ou terreux avec le soufre, la matière devient incandescente, il est nécessaire de placer le métal dans une petite auge de platine, pour prévenir la fracture du tube lorsqu'il est de verre.

Deuxième procédé.—On fait un mélange intime de soufre et de l'oxide du métal qu'on veut transformer en sulfure; la quantité de soufre doit être d'autant plus grande

que l'oxide contient plus d'oxigène, et que l'on veut obtenir un sulfure plus chargé de soufre. On met le mélange
dans un creuset, on recouvre ce creuset de son couvercle,
ensuite on le fait chauffer convenablement, etc. Dans
tous les cas, les deux élémens de l'oxide se combinent avec
le soufre, et forment un sulfure solide, et du gaz acide sulfureux qui se dégage avec l'excès de soufre qu'on emploie.
L'on peut combiner de cette manière tous les métaux avec
le soufre, excepté, 1° ceux des deux premières sections (538
et suiv.); 2° lé manganèse, le chrôme, le colombium, le
titane, dont les oxides sont irréductibles par le soufre;
3° quelques autres, tels que l'or, qui laissent dégager le soufre
à une température élevée. (1)

Troisième procédé. — Puisque les sulfates neutres ne
sont que des sulfures métalliques, plus de l'oxigène, il est
évident qu'en les désoxigénant, il sera possible de les transformer en sulfures dans un grand nombre de circonstances.
Or, si l'on excepte les sulfates terreux, le carbone est capable à une haute température, de désoxigéner facilement
l'acide et l'oxide de tous les sulfates : par conséquent, en
mêlant intimement l'un d'eux avec une quantité convenable
de noir de fumée, mettant le mélange dans un creuset, le re-
coüvrant de charbon ordinaire, et le faisant chauffer fortement, il en résultera du gaz carbonique qui se dégagera, et
un sulfure, à moins que le métal ne soit tel que l'or, etc.,

____

(1) Lorsque au lieu de soufre on emploie le sulfure de carbone, il faut : 1°
introduire l'oxide dans un tube de porcelaine disposé horizontalement à travers un fourneau; 2° adapter à l'une des extrémités de ce tube une petite cornue contenant le sulfure de carbone; 3° adapter à l'autre un petit tube de
verre qui plonge dans l'eau; 4° chauffer convenablement le tube de porcelaine, réduire le sulfure de carbone en vapeur par une douce chaleur, et en
faire passer un excès : la chaleur du fourneau est ordinairement suffisante;
5° retirer alors le petit tube de verre, fermer exactement le tube de porcelaine avec un bouchon et faire refroidir l'appareil en ôtant le charbon du
fourneau : il se produit du gaz carbonique, un sulfure métallique qu'on retrouve
dans le tube, et quelquefois il y a dépôt de soufre, ou formation de gaz sulfureux.
C'est ainsi qu'on prépare les sulfures de chrôme, de colombium et de titane.

et ne puisse pas retenir le soufre. Le sulfure formé se rassemblera presque toujours en culot. C'est dans cette décomposition que consiste le troisième procédé.

Toutefois cette manière d'opérer n'est pas sans inconvéniens : il est bien difficile d'employer une telle quantité de carbone qu'il n'en reste pas dans le produit, ou que celui-ci ne contienne plus de sulfate. De là les modifications que M. Berthier a apportées à ce procédé dans un excellent Mémoire sur les sulfures. M. Berthier est parvenu à préparer les sulfures purs en chauffant les sulfates dans des creusets brasqués. « Après avoir placé, dit-il, le sulfate, broyé ou non, dans le creuset, on remplit celui-ci avec de la brasque que l'on tasse fortement, et on le bouche avec un couvercle que l'on assujétit avec de l'argile, afin que le charbon ne puisse pas se brûler, etc. Cette méthode est fondée sur la propriété qu'ont les sulfates de se réduire par la voie de cémentation, comme la plupart des oxides lorsqu'on les tient exposés, en contact avec le charbon, à une température convenable pendant un temps suffisant. Le temps qu'exige la réduction dépend : 1° de la température; 2° de la fusibilité des sulfures; 3° du volume des masses. Les sulfates sont tous réductibles à la simple chaleur blanche; mais la réduction est d'autant plus prompte que la température est plus élevée. Lorsque les sulfures sont fusibles à la température à laquelle on opère, ils se réunissent en globules à mesure qu'ils se forment, et comme leur pesanteur spécifique est beaucoup plus grande que celle des sulfates d'où ils proviennent, ces globules ne tardent pas à couler au fond des creusets : il en résulte que la brasque étant toujours en contact immédiat avec les sulfates, ceux-ci se décomposent très rapidement : aussi, dans ce cas, la réduction peut-elle se faire en quelques heures, même lorsque l'on opère sur plusieurs centaines de grammes de matière. Quand, au contraire, les sulfures sont infusibles, ils restent interposés entre la brasque et les sulfates : alors la réduction est lente, parce qu'elle ne peut

avoir lieu qu'en se propageant, à travers la croûte de sulfure déjà formée, de la surface au centre des masses, et
elle exige un temps d'autant plus long que ces masses sont
plus considérables. L'expérience m'a appris que, dans ce
cas, lorsque l'on opère sur 25 à 30 grammes de sulfate, la
réduction n'est complète qu'au bout d'environ deux heures.»

Quatrième procédé.—Presque tous les oxides, excepté ceux
de la deuxième section, sont susceptibles de décomposition
par le gaz sulfhydrique à la température ordinaire ou à l'aide
de la chaleur : il en résulte de l'eau et un sulfure métallique
proportionnel au degré d'oxidation du métal; les sulfures
peuvent donc être préparés de cette manière. Le plus sûr
moyen d'opérer est de placer l'oxide dans un tube horizontal,
d'employer cet oxide en fragmens, s'il est en masse poreuse
comme la barite, de l'étendre en couche mince s'il est pulvérulent, de faire arriver du gaz sulfhydrique très pur dans le
tube et de chauffer celui-ci plus ou moins, suivant que
l'oxide est plus ou moins difficile à réduire : la température devra être à peine élevée pour les oxides des deux dernières sections; elle devra être portée jusqu'au rouge pour
ceux de la première et quelques autres.

Cinquième procédé. — Les sulfures métalliques peuvent
être faits sans doute comme nous venons de le dire; mais
il serait possible qu'une petite portion de l'oxide métallique
échappât quelquefois à l'action du gaz sulfhydrique, et res-
tât mêlée avec le sulfure : c'est pourquoi il vaut mieux dissoudre l'oxide dans un acide, et exécuter l'opération comme
il va être dit.

On prend un sel formé d'un acide et de l'oxide du métal
que l'on veut combiner avec le soufre. Ce sel doit avoir la
propriété de se dissoudre dans l'eau : on l'y dissout; on
introduit la dissolution dans un flacon ordinaire, et on fait
plonger dans cette dissolution un tube adapté à un autre
vase où se produit du gaz sulfhydrique. Ce gaz opère la
décomposition de l'oxide, comme on l'a dit précédemment;
il se forme de l'eau, du sulfure métallique qui se dépose

sous la forme de flocons, tandis que l'acide du sel mis en liberté reste dans la liqueur. Lorsque le dépôt est bien formé, on décante la liqueur avec un siphon, on met de l'eau distillée sur le dépôt; on décante de nouveau, et ainsi de suite, jusqu'à ce que le sulfure soit bien lavé; on le rassemble sur un filtre pour le faire égoutter; on le dessèche à l'étuve, et on le conserve dans un flacon bien bouché. On peut obtenir par ce procédé la plupart des sulfures des trois dernières sections.

Sixième procédé. — Ce procédé s'exécute en versant, dans la dissolution d'un sel, du proto-sulfure de potassium ou de sodium lui-même dissous; l'on en ajoute jusqu'à ce qu'il y en ait un léger excès; tout-à-coup le sulfure se précipite sous forme de flocons; on le lave, et on le recueille comme celui qui provient de l'action de l'acide sulfhydrique. Il y a échange d'oxigène et de soufre entre le métal de l'oxide et celui du sulfure. Toujours le sulfure qui se forme est proportionnel au degré d'oxidation de l'oxide réduit : si donc l'opération se fait sur l'azotate de protoxide de plomb, il en résultera de l'azotate de protoxide de potassium, et du sulfure de plomb qui sera proto-sulfuré, parce que le plomb est protoxidé. L'on pourrait encore, au lieu de proto-sulfure de potassium ou de sodium, employer ces proto-sulfures unis à l'acide sulfhydrique ou le sulfhydrate d'ammoniaque; mais alors tout le gaz sulfhydrique serait mis en liberté au moment de la réaction.

603. *Usages.* — Les sulfures dont on se sert aujourd'hui dans les arts sont les sulfures d'arsénic, d'antimoine, d'argent, de cuivre, d'étain, de fer, de mercure, de plomb, de zinc. (*Voyez* chacun d'eux.)

Séléniures.

604. Le sélénium n'a pu être mis en contact jusqu'ici qu'avec quinze métaux, qui sont : le potassium, le zinc, le fer, l'étain, l'arsénic, l'antimoine, le cobalt, le bismuth, le cuivre, le plomb, le tellure, le mercure, l'argent, le palla-

dium et le platine : comme il n'est aucun de ces quinze métaux avec lequel il n'ait formé des composés plus ou moins intimes, il est probable qu'il peut s'unir avec tous les autres.

Les séléniures métalliques ont des rapports si intimes avec les sulfures qu'on peut appliquer aux séléniures, à très peu de chose près, ce que nous avons dit en général sur les propriétés physiques des sulfures, sur les phénomènes qu'ils nous présentent dans leur contact avec l'oxigène, avec l'air, avec l'eau, et sur les changemens qu'ils éprouvent à une température plus ou moins élevée (594, 595).

Sans doute il existe plusieurs séléniures du même métal, comme il existe plusieurs sulfures. Leur composition est également soumise à des lois fixes : ils contiennent d'autant plus de sélénium que le métal qui leur sert de base peut absorber plus d'oxigène; en sorte que le séléniure qui correspond à un oxide formé de 1 proportion d'oxigène et de 1 proportion de métal, résulte lui-même de 1 proportion de chaque élément.

Les séléniures de cuivre, de cuivre et d'argent, de cuivre et de plomb, de plomb et de cobalt, de plomb et de mercure, sont les seuls que l'on ait trouvés jusqu'ici dans la nature (82).

Le meilleur procédé pour obtenir les séléniures à proportions fixes est sans contredit de précipiter les dissolutions métalliques par l'acide sélénhydrique, de même qu'on les précipite par l'acide sulfhydrique (602, 5ᵉ procédé) : cependant on peut aussi préparer les proto-séléniures en unissant directement les métaux avec le sélénium, pourvu qu'à la fin de l'opération on ait le soin de chasser l'excès de celui-ci par la chaleur.

Action du chlore sur les métaux.

605. Le chlore se combine avec presque tous les métaux à la température ordinaire ou à une température peu élevée : il n'en faut, pour ainsi dire, excepter que le chrôme

le titane, le colombium, le rhodium et l'iridium. La combinaison a même lieu très souvent avec dégagement de lumière : que l'on projette de l'arsénic ou de l'antimoine en poudre dans un flacon plein de chlore, il en résultera une pluie de feu au milieu de nuages blancs, dus à la production instantanée du chlorure; que l'on fasse arriver un courant de chlore sec dans un tube de verre disposé horizontalement, qu'on y introduise ensuite du potassium, du sodium, du magnésium, du glucinium, de l'yttrium, etc., et qu'on les chauffe convenablement, le chlore sera promptement absorbé, et l'incandescence sera si vive, que, pour prévenir la fracture du tube, il sera bon de placer le métal dans une petite nacelle de platine; que l'on prenne un fil, un peu gros, de fer, de laiton, de cuivre tourné en spirale, qu'on le chauffe presque jusqu'au rouge, et qu'on introduise tout-à-coup le fil dans le vase qui aura été d'abord rempli de chlore, le fil deviendra incandescent, et le chlorure tombera en gouttes rouges de feu et entourées d'épaisses vapeurs. Le mercure lui-même, porté jusqu'à l'ébullition peut produire, en s'unissant au chlore, un dégagement de lumière sensible.

On voit donc que l'affinité du chlore pour les métaux est très grande : elle est telle qu'il décompose presque tous les oxides et en sépare l'oxigène.

Nous ne nous occuperons des chlorures qu'en traitant de la réaction de l'acide chlorhydrique sur les bases, parce qu'ils prennent naissance dans cette réaction et qu'ils peuvent être considérés comme des sels (*Voy.* les sels).

Action du brôme sur les métaux.

606. Il y a, entre l'action du brôme et celle du chlore sur les métaux, la plus grande analogie. Le brôme, comme le chlore, se combine presque avec tous, et donne lieu souvent, au moment de la réaction, à un grand dégagement de lumière : du moins, voilà ce qui a été constaté pour le potassium, l'étain, l'antimoine, à la température ordinaire; et

pour le fer, en le chauffant jusqu'au rouge dans un tube de verre, et y faisant passer de la vapeur de brôme privée de toute humidité par le chlorure de calcium. Les brômures de même que les chlorures, ne devront être examinés que dans l'histoire des sels.

Action de l'iode sur les métaux.

607. Quoique l'iode ait moins d'action sur.les métaux que le brôme et le chlore, il en exerce encore une très grande sur ces sortes de corps : il les attaque presque tous, du moins à l'aide de la chaleur, et même dans quelques circonstances, il y a production de lumière. L'étude des iodures fera partie, comme celle des chlorures et brômures, de l'histoire des sels.

Action du gaz azote sur les métaux.

608. Le gaz azote est sans action sur les métaux ; vainement on le met en contact avec l'un d'eux à une température quelconque : il n'en résulte jamais d'azoture. Cette sorte de composé ne peut être obtenue qu'en faisant agir les métaux sur le gaz ammoniac, et encore, jusqu'à présent, ne réussit-on qu'avec quelques-uns, le potassium, le sodium, le fer, le cuivre (366).

Alliages.

609. Un alliage est la combinaison d'un métal avec un ou plusieurs métaux. On distingue chaque alliage par le nom des métaux qui le constituent : ainsi l'on appelle *alliage de plomb et d'étain* la combinaison du plomb et de l'étain. Cependant on donne plus particulièrement le nom d'*amalgame* aux combinaisons de mercure avec les métaux : on dit alors seulement amalgame de tel ou tel métal, pour désigner l'union de ce métal avec le mercure; d'où il suit que les expressions d'*amalgame de plomb* ou *alliage de mercure et de plomb* sont synonymes, ou représentent les mêmes composés.

610. Puisqu'il existe trente-neuf métaux, il doit exister

sept cent quarante-et-un alliages binaires, en supposant que les métaux puissent se combiner tous deux à deux. Cependant on ne connaît qu'environ cent cinquante alliages de ce genre. Cela tient, 1° à ce qu'il est des métaux qu'on ne se procure que difficilement, et qui n'ont été combinés qu'avec un petit nombre; 2° à ce qu'on n'a point tenté toutes les combinaisons possibles, même avec les métaux les plus communs. Ces obstacles, en disparaissant, permettront sans doute de multiplier beaucoup le nombre des alliages connus; mais il n'est pas probable qu'on obtienne jamais tous ceux que la théorie indique. En effet, il y a des métaux qui ont si peu d'affinité réciproque, que jusqu'à présent il a été impossible de les combiner, quoiqu'on se soit efforcé de le faire; ils ne sont pas en grand nombre, à la vérité : on en rencontre surtout parmi ceux dont les degrés de fusibilité et de volatilité sont très différens; on en rencontre peu, au contraire, parmi ceux dont le degré de fusibilité est presque le même, et qu'on peut mettre complètement en fusion : c'est que, dans ce cas, les métaux se trouvent dans les circonstances les plus favorables à leur union, au lieu que, dans le premier, la cohésion du métal peu fusible et l'expansion du métal volatil sont deux circonstances qui tendent à la détruire.

611. On concevra très bien ce résultat si l'on se rappelle que deux corps ne peuvent s'unir qu'autant que leur affinité réciproque est plus forte que leur cohésion. Or, pour vaincre la cohésion des corps solides et rendre l'affinité prépondérante, on est obligé de pénétrer ces corps de calorique; il arrivera donc de là que si l'un est presque infusible et l'autre très volatil, ils ne s'uniront pas, à moins que l'affinité qui tend à les rapprocher ne soit très forte, car celui qui est volatil sera réduit en vapeur alors que la cohésion de l'autre sera vaincue. Si, au contraire, ces corps sont à-peu-près aussi fusibles l'un que l'autre, ils se trouveront par la fusion dans les circonstances les plus favorables à leur union, et ils s'uniront toujours, à moins que leur affinité ne soit très faible.

612. Si l'on est loin de connaître tous les alliages binaires qu'il est possible de faire, on est bien plus éloigné de connaître les alliages ternaires, etc., qui peuvent exister; mais, indépendamment des causes que nous avons assignées, et qui s'appliquent précisément au cas que nous considérons, il faut ajouter surtout que nous ne sommes si peu avancés sur ceux-ci que parce qu'on ne s'en est presque point occupé : aussi ne peut-on citer que quelques alliages ternaires qui aient été décrits. Peut-être même que ces alliages ternaires ne sont que des composés de deux alliages binaires comme les sels qu'autrefois on appelait triples, et qui ne sont véritablement que des sels doubles.

613. *Historique.* — On connaît depuis un temps immémorial la propriété qu'ont les métaux de se combiner ensemble; de sorte que, à mesure qu'on a découvert de nouveaux métaux, on a essayé de les allier à ceux qui étaient connus. Presque tous les chimistes ont eu occasion de faire des observations sur les alliages; mais ceux qui se sont occupés de ce genre de recherches avec le plus de suite, sont Gellert, MM. Hatchett, Hermann et Kupfer. Le premier a examiné la plupart des combinaisons des métaux ductiles avec les métaux cassans connus en 1750 (1). Le second s'est occupé de la combinaison de l'or avec presque tous les métaux (2). Le troisième les a examinés, sous plusieurs points de vue (3). Le quatrième n'a fait des recherches que sur la densité des alliages et des amalgames d'étain et de plomb. (4)

614. *Composition.* — Il n'en est pas des alliages, comme des oxides, des acides, etc.; ils ne sont soumis à aucune loi dans leur composition, à moins qu'ils ne soient cristallisés. La plupart, en effet, dans toute autre circonstance, semblent

---

(1) Voyez *Chimie métallurgique* de Gellert, traduite de l'allemand, t. 1.

(2) Voyez *Expériences et Observations sur les différens alliages de l'or, leur pesanteur, etc.*, traduites de l'anglais par M. Lerat.

(3) *Essai sur l'Art de la fusion à l'aide de l'air du feu*, publié en 1787.

(4) *Ann. de chim. et de phys.*, XL, 283.

pouvoir se combiner en toutes sortes de proportions , entre les limites où leur combinaison peut avoir lieu : par exemple, 100 parties d'étain s'unissent avec 1, 2, 3, . . 100 parties de plomb et plus, etc.

Propriétés physiques. — Les alliages ont les plus grands rapports avec les métaux dans leurs propriétés physiques : tous sont solides à la température ordinaire , excepté l'alliage formé d'une certaine quantité de potassium et de sodium , et les amalgames dans lesquels le mercure est très prédominant ; tous sont brillans en masse , et même en poussière, quand elle n'est pas trop ténue; tous ont une couleur qui leur est propre; tous ont une grande densité, quand celle des métaux alliés est très grande elle-même ; tous sont presque complètement opaques; tous sont excellens conducteurs du fluide électrique ; tous cristallisent plus ou moins bien; tous sont plus durs, plus cassans, plus aigres ou moins ductiles que ne le sont, terme moyen, leurs principes constituans, et l'on remarque d'ailleurs que ceux que l'on peut forger à froid sont presque tous fragiles à chaud, lorsqu'ils résultent de deux métaux dont le degré de fusion est bien différent, parce qu'une partie du plus fusible tend à fondre et à se séparer. Quelques-uns ont une odeur particulière; plusieurs sont très résonnans et élastiques.

615. Nous ne pouvons donner de tableau de ces diverses propriétés ; elles varient en raison des principes qui constituent l'alliage, et d'ailleurs on ne les a point assez étudiées pour des proportions déterminées : nous nous bornerons à présenter quelques réflexions générales relativement à quelques-unes d'entre elles.

1° Tous les alliages formés de métaux cassans le sont eux-mêmes, sans aucune exception.

2° Les alliages qui résultent de la combinaison de métaux ductiles avec les métaux cassans sont tous cassans lorsque le métal cassant est très prédominant; ils sont tous, au contraire, à quelques exceptions près, plus ou moins ductiles lorsque le métal ductile est très prédominant; et ils sont presque tous cassans lorsque le métal ductile et le métal cassant sont unis en proportions qui ne s'éloignent pas trop l'une de l'autre.

3° Parmi les alliages qui résultent de la combinaison de métaux ductiles entre eux, il y en a presque autant de cassans que de ductiles, lorsqu'ils sont formés dans des proportions presque égales; mais lorsque l'un des deux métaux est très prédominant, ils sont le plus souvent ductiles. (1)

4° On observe que la densité des alliages est tantôt plus grande, tantôt plus petite que la densité moyenne des métaux qui les constituent; de sorte que les métaux, au moment où ils s'unissent, diminuent ou augmentent de volume.

Alliages dont la densité est plus grande que la densité moyenne des métaux qui les constituent :	*Alliages dont la densité est moins grande que la densité moyenne des métaux qui les constituent :*
Or et zinc.	Or et argent.
Or et étain.	Or et fer.
Or et bismuth.	Or et plomb.
Or et antimoine.	Or et cuivre.
Or et cobalt.	Or et iridium.
Argent et zinc.	Or et nickel.
Argent et plomb.	Argent et cuivre.
Argent et étain.	Cuivre et plomb.
Argent et bismuth.	Fer et bismuth.
Argent et antimoine.	Fer et antimoine.
Cuivre et zinc.	Fer et plomb.
Cuivre et étain.	Étain et plomb.
Cuivre et palladium.	Etain et palladium.
Cuivre et bismuth.	Étain et antimoine.
Cuivre et antimoine.	Nickel et arsénic.
Plomb et bismuth.	Zinc et antimoine.
Plomb et antimoine.	
Platine et molybdène.	
Palladium et bismuth.	

(1) Cependant l'or devient cassant, d'après M. Hatchett, en se combinant avec des quantités extrêmement petites de plomb ou d'antimoine.

616. *Propriétés chimiques.*—Les alliages ont autant de rapports avec les métaux non alliés dans leurs propriétés chimiques que dans leurs propriétés physiques.

Lorsqu'on expose un alliage à l'action du feu, il s'échauffe rapidement, se dilate plus ou moins, et entre en fusion à un certain degré de chaleur. On ne connaît la dilatation que d'un très petit nombre d'alliages. On ne connaît aussi le degré de fusion que de quelques-uns; mais on remarque, en général, qu'un alliage est toujours plus fusible que le métal le moins fusible qui entre dans sa composition, et que, quand les métaux dont il est formé sont à-peu-près fusibles au même degré, il entre aussi presque toujours plus facilement en fusion que le plus fusible d'entre eux. L'alliage le plus remarquable par sa fusibilité est sans doute celui qui est formé de 8 de bismuth, de 5 de plomb et de 3 d'étain : il suffit de l'exposer à la vapeur de l'eau bouillante pour le voir promptement couler.

Après avoir fondu un alliage, si on le fait refroidir en l'abandonnant à lui-même, il se solidifie et cristallise confusément; mais si la surface étant figée, l'on décante les parties intérieures encore liquides, il en résulte souvent que les parties extérieures cristallisent plus ou moins régulièrement.

Si, au lieu de soumettre un alliage au degré de chaleur qui le fond, on l'expose à un degré de chaleur supérieur, et si cet alliage est formé d'un métal fixe et d'un des métaux volatils, qui sont le mercure, l'arsénic, le potassium, le tellure, le cadmium et le zinc, il se décompose en tout ou en partie; il se décompose complètement dans le cas où il contient du mercure, à cause de la volatilité de ce métal; il ne se décompose, au contraire, presque jamais complètement dans le cas où il contient de l'arsénic, du potassium, du tellure, et surtout du zinc, parce que ces métaux sont moins volatils que le mercure; et encore est-il nécessaire, pour que la décomposition soit très sensible, que l'alliage contienne une assez grande quantité de ces métaux, surtout de zinc : d'ailleurs, dans tous les cas où elle s'effectue, elle est d'autant plus prompte que le métal fixe réagit moins sur le métal volatil, que celui-ci est doué d'une plus grande volatilité, et que la température est plus élevée. Tous ces résultats se constatent en introduisant l'alliage dans une petite cornue de grès, plaçant la cornue dans un fourneau à réverbère, et adaptant à son col une allonge qui communique avec un récipient. Ce n'est que pour les allia-ges à base de potassium qu'il faut employer de préférence un vase d'une moindre capacité, par exemple, un tube de porcelaine ; il est même nécessaire de le remplir de gaz azote auparavant; sans cela, comme l'on n'opère que sur une petite quantité d'alliage, l'oxigène de l'air qu'il contiendrait oxiderait en partie le potassium.

617. Les alliages formés de métaux fixes et de métaux volatils ne sont pas les seuls que la chaleur puisse décompo-ser : en effet, lorsqu'un alliage est formé de deux métaux qui fondent à des températures très différentes, et que cet alliage contient une assez grande quantité du métal le plus fusible, on peut séparer en grande partie ces métaux en les exposant à une température capable de fondre l'un, et insuffisante pour opérer la fusion de l'autre. Cette opéra-tion est connue sous le nom de *liquation*. On la pratique en grand pour extraire l'argent du cuivre : on combine le cui-vre argentifère avec $3\frac{1}{2}$ fois son poids de plomb, et on expose l'alliage ternaire à une température convenable. Le plomb entraîne l'argent dans sa fusion, et laisse le cui-vre sous la forme d'une masse solide, poreuse, criblée d'une multitude de trous. L'argent est ensuite retiré du plomb par un autre procédé. (*Voy.* cuivre et plomb.)

618. Il est possible, jusqu'à un certain point, de juger de l'action du gaz oxigène et de l'air sur les alliages par celle que ces gaz exercent sur les métaux qui les constituent (514). Lorsqu'un alliage est formé d'un métal capable d'ab-sorber le gaz oxigène, et d'un autre qui n'est pas doué de cette propriété, l'alliage absorbe ce gaz de telle sorte que le

premier métal passe seul à l'état d'oxide, et que l'autre est mis en liberté; mais lorsque les métaux qui composent un alliage sont capables d'absorber tous deux le gaz oxigène, l'alliage s'oxide entièrement. Cependant, si l'un des métaux est bien plus facile à oxider que l'autre, on peut obtenir celui-ci presque pur, en suspendant l'opération à une certaine époque : c'est ce que nous offrent tous les alliages de potassium et de sodium avec les autres métaux; c'est ce que nous offre encore, jusqu'à un certain point, l'alliage d'étain et de cuivre. On observe en général que les métaux à l'état d'alliage s'oxident moins bien qu'isolément; quelques-uns seulement font exception : tels sont surtout le plomb et l'étain. Alliés dans le rapport de 3 à 1, ces métaux, au degré de chaleur voisin du rouge-brun, brûlent avec lumière et s'oxident presque instantanément, tandis que chacun en particulier, dans les mêmes circonstances, s'oxide lentement et sans dégager de lumière. Cet effet est probablement dû à une combinaison entre leurs oxides.

On ne sait que très peu de chose des phénomènes qui dépendent du contact des métalloïdes, de l'eau et des acides avec les alliages : ils seraient sans doute, à quelques exceptions près, analogues à ceux que font naître les métaux eux-mêmes dans leur réaction sur ces sortes de corps.

619. *Etat naturel.* — Les alliages que l'on rencontre dans la nature sont assez nombreux, savoir : — six résultant de la combinaison de l'arsénic, 1° avec le bismuth, 2° avec l'antimoine, 3° avec le cobalt, 4° avec le nickel, 5° avec le fer, 6° avec l'argent; — un seul, composé de fer et de nickel; — un de mercure et d'argent; — un d'argent et d'antimoine; — un d'antimoine et de nickel; — un d'antimoine, de nickel et de cobalt (Vauquelin, *Ann. de Chim. et de Phys.*, t. xx, p. 421); — un d'or et d'argent — et plusieurs autres encore, surtout ceux qui se trouvent dans les minerais de tellure et de platine (157 et 165).

620. *Préparation.* — Les alliages se font en chauffant convenablement, dans un creuset, les métaux dont ils

doivent être formés : à cet effet, après avoir recouvert le
creuset d'un couvercle, on le place dans un fourneau ordinaire, ou bien dans un fourneau à réverbère, ou bien encore
dans un fourneau de forge, selon que les métaux alliés exigent plus ou moins de feu pour entrer en fusion. Lorsqu'ils
sont bien fondus, on brasse le bain avec soin : sans cela,
s'il y avait une grande différence entre la pesanteur spécifique des métaux, l'alliage ne serait point homogène; la
partie inférieure de cet alliage contiendrait le métal le plus
pesant en plus grande quantité que la partie supérieure.
Les métaux ayant été brassés convenablement, on est certain qu'ils sont bien alliés : on retire le creuset du feu, et
on coule l'alliage. Si les métaux étaient volatils, ou si l'un
des deux l'était, il faudrait se garder d'exposer l'alliage à
une trop haute chaleur.

Ce procédé est légèrement modifié pour la préparation
des alliages de potassium et de sodium connus jusqu'à présent, parce qu'elle ne peut avoir lieu que sur de petites
quantités de matière, et qu'elle doit être faite de manière
que ces métaux ne soient point en contact avec l'air. Alors
on se sert d'un tube de verre fermé par l'une de ses extrémités; on met le potassium ou le sodium au fond du tube,
et on les recouvre du métal avec lequel on veut les allier;
puis saisissant le tube avec une pince, on le chauffe jusqu'à
ce que les métaux soient fondus.

621. *Usages.*—Il n'y a qu'un très petit nombre d'alliages
employés. Ces alliages sont au nombre de douze, savoir:
l'alliage de mercure et d'étain, de mercure et d'argent, de
mercure et d'or, d'étain et de plomb, d'étain et de cuivre,
d'étain et de fer, de plomb et d'antimoine, de zinc et de
cuivre, d'arsénic et de platine, de cuivre et d'argent, de
cuivre et d'or; de zinc, de mercure et d'étain; de cuivre,
de nickel et de zinc. (*Voyez* ces alliages.)

Action de l'eau sur les métaux.

622. Aucun métal n'est soluble dans l'eau, à moins qu'il

ne soit oxidé ; cette propriété n'appartient même qu'à quelques-uns. Un assez grand nombre peut en opérer la décomposition. Les métaux alcalins (498) l'opèrent à la température ordinaire ; les métaux terreux à la température de
100 à 200° ; les métaux de la troisième section au degré de
la chaleur rouge. Ceux qui sont compris dans les autres sections ne l'opèrent jamais. Dans tous les cas, l'oxigène de
l'eau se combine avec le métal, et l'hydrogène se dégage à
l'état de gaz. Rien de plus facile à constater que ces résultats : lorsque le métal est capable de décomposer l'eau à
froid, comme le potassium et le sodium, on fait l'expérience
dans une éprouvette pleine de mercure ; d'abord on y fait
passer une certaine quantité d'eau, par exemple, un centilitre ; ensuite on y introduit le métal même, en l'envelop-
pant d'un peu de papier pour s'opposer à sa dissolution
dans le mercure. Aussitôt que le contact a lieu, l'action se
manifeste, l'hydrogène se rassemble au haut de la cloche,
et l'oxide reste en dissolution dans l'eau ou se précipite sous
forme de poudre s'il y est peu soluble ; il y a un grand dégagement de calorique.

Lorsque le métal ne peut décomposer l'eau qu'à l'aide de
la chaleur, on emploie le même appareil que pour la décomposer par le fer (168 *bis*), avec cette différence que le tube
doit être courbe pour contenir le métal s'il est très fusible,
tel que l'étain et le zinc ; l'oxide reste dans le tube : quant
à l'hydrogène, il se rend à l'état de gaz dans des flacons
pleins d'eau.

La présence d'un oxacide puissant facilite singulièrement la réaction, à tel point que les métaux terreux et
même la plupart de ceux de la troisième section acquièrent la propriété de décomposer l'eau à la température
ordinaire, de donner lieu à la production d'un sel et à un
dégagement subit d'hydrogène. Avec les principaux hydra-
cides, il se dégage également de l'hydrogène ; mais alors l'a-
cide lui-même est décomposé, et c'est l'élément négatif
qui s'unit au métal : ainsi, l'acide chlorhydrique produira

un chlorure ; l'acide brômhydrique, un brômure, etc.

Action de l'acide borique et de l'acide silicique sur les métaux.

623. L'affinité du bore pour l'oxigène est si grande, que peu de métaux sont capables d'opérer la décomposition de l'acide borique. Nous ne pouvons citer que le potassium et le sodium qui possèdent cette propriété ; du moins, elle n'a été reconnue jusqu'à présent dans aucun autre métal.

Action de l'acide silicique sur les métaux.

624. Il en est de l'acide silicique comme de l'acide borique. Il n'a encore été décomposé directement que par le potassium et le sodium. Cependant il est certain qu'en faisant intervenir le charbon, plusieurs autres métaux acquièrent la propriété de réduire cet acide : tel est entre autres le fer qui produit alors une sorte de fonte très aigre dans laquelle on retrouve du silicium.

Action du gaz oxide de carbone et du gaz carbonique sur les métaux.

625. Le potassium et le sodium décomposent le gaz oxide de carbone et le gaz acide carbonique, avec dégagement de calorique et de lumière ; le métal s'oxide et le carbone est mis à nu : l'acide carbonique est entièrement décomposé, lorsque le potassium ou le sodium est en excès ; dans le cas contraire, il est en partie absorbé. Vous remplirez de mercure une petite cloche de verre légèrement courbe ; vous y ferez passer environ un centilitre de gaz, puis vous y introduirez 4 à 5 centigrammes de potassium, et vous le chaufferez fortement avec la lampe à esprit-de-vin : le métal perdra peu-à-peu son brillant ; en l'agitant alors avec une tige de fer, il deviendra pâteux, et produira, quelque temps après, la décomposition de l'acide ou de l'oxide : une fois faite, il sera facile de séparer le carbone des autres produits, ce corps étant le seul qui ne se dissolve pas dans l'eau.

626. Les autres métaux alcalins se comporteraient probablement comme le potassium et le sodium. On ignore quelle pourrait être l'action des métaux terreux. Parmi les métaux de la troisième section, un seul a été éprouvé : c'est le fer; il décompose le gaz carbonique à une haute température, avec production de gaz oxide de carbone, d'oxide de fer et d'acier. Ceux des trois dernières sections doivent être sans action.

Action de l'oxide et des acides du phosphore sur les métaux.

627. *Acides phosphorique et para-phosphorique.* — L'on ne sait de cette action que ce qui suit : Le potassium et le sodium ont tous deux la propriété de décomposer l'acide phosphorique à l'aide de la chaleur : les produits varient en raison de la quantité des matières qu'on emploie. Si le potassium ou le sodium est en excès, on obtiendra un composé d'oxide et de phosphure de potassium. Si, au contraire, c'est l'acide phosphorique qui prédomine, on obtiendra un phosphate de protoxide et de l'oxide de phosphore, ou même du phosphore. On voit donc que, dans le premier cas, les deux principes de l'acide se combineront avec le potassium et formeront un oxide et un phosphure qui s'uniront ensemble; tandis que, dans le second, à mesure que le métal passera à l'état de protoxide par une partie d'acide décomposé, il se combinera avec une autre partie d'acide qui ne le sera pas.

Tels sont les phénomènes qui se présentent, lorsque l'acide phosphorique ne contient point d'eau; mais lorsqu'il en contient, cette eau est elle-même décomposée par le potassium ou le sodium ; son oxigène se combine avec ces métaux, et son hydrogène avec le phosphore dégagé de l'acide phosphorique pendant l'opération. Ces phénomènes peuvent se vérifier en traitant l'acide phosphorique par le potassium dans un petit tube de verre, de même que quand il s'agit d'extraire le bore de l'acide borique (44). Le phosphate formé reste dans le tube; les gaz s'en dégagent avec le phosphore.

Les autres métaux alcalins et les métaux terreux agiraient probablement sur l'acide phosphorique à la manière du potassium et du sodium.

Quant aux métaux des quatre dernières sections, il n'y a que ceux de la troisième, et quelques-uns de ceux de la quatrième, qui seraient capables de décomposer l'acide phosphorique : la décomposition n'aurait même lieu qu'à la température rouge : il se formerait alors un phosphate et un phosphure. Si la température était moins élevée, et si le mélange avait le contact de l'air, il se produirait seulement un phosphate : dans ce cas, l'air seul oxiderait le métal.

629. *Acide phosphorique liquide.* — Dissous dans l'eau l'acide phosphorique agit fortement sur les métaux alcalins et terreux; il agit beaucoup moins, comparativement, sur le zinc, beaucoup moins encore sur le manganèse et le fer : dans tous les cas il en résulte un phosphate et un dégagement d'hydrogène. Il paraît qu'il n'a point d'action sur les autres métaux.

Il est probable que les autres acides du phosphore, dissous dans l'eau, se comportent avec les métaux d'une manière analogue à l'acide phosphorique. L'action de l'oxide de phosphore nous est inconnue.

Action des acides du soufre sur les métaux.

630. *Acide sulfurique.* — Tous les métaux opèrent la décomposition de l'acide sulfurique concentré à la température de 100 à 200°, excepté 12 : le chrôme, le tungstène, le colombium, le titane, l'urane, le cérium, l'osmium, le palladium, le rhodium, le platine, l'or, l'iridium (1). Quelques-uns ne l'attaquent que faiblement, en raison de

---

(1) Ces métaux sont les mêmes que ceux sur lesquels l'acide azotique est sans action : il n'y a de plus ici que le palladium et l'urane.

leur cohésion ou de leur peu d'affinité pour l'oxigène. Quoi qu'il en soit, dans tous les cas où il y a action, il se forme un sulfate et du gaz acide sulfureux ; par conséquent, l'acide sulfurique se partage en deux parties : la première cède une portion de son oxigène au métal, et passe à l'état d'acide sulfureux ; et la seconde se combine avec l'oxide métallique formé. Introduisez une certaine quantité de métal en grenaille ou en fragmens dans une fiole ou dans une petite cornue, avec quatre à cinq fois son poids d'acide sulfurique le plus concentré possible ; placez cette fiole ou cornue sur un fourneau par le moyen d'une grille, et adaptez à son col un tube recourbé que vous ferez plonger sous des éprouvettes ou des flacons pleins de mercure ; chauffez peu-à-peu et bientôt la réaction aura lieu : le gaz acide sulfureux passera dans les flacons, et le sulfate restera dans la fiole ou la cornue.

La réaction aura lieu entre des proportions qu'il sera très facile de calculer, par exemple, entre les suivantes dans le cas où le sel produit sera du sulfate de protoxide de mercure.

Proportions réagissantes.		Proportions produites.	
2 d'a. sulf^{que} ={ 2 d'ac. réel	1002,2	1 d'acide sulfureux......	401,1
{ 2 d'eau...	224,8	1 de sulf^{te} ={ 1 d'acide réel.	501,1
1 de mercure............	2531,6	{ 1 de protoxide	
	———	de mercure..	2631,6
	3758,6	2 d'eau................	224,8
			———
			3758,6

En atomes.

$$2 (S\,O^5, H^2\,O) + 2\,Hg = S\,O^2 + 2\,H^2\,O + Hg^2\,O,\ S\,O^3$$

631. Lorsque l'acide, au lieu d'être concentré, est étendu d'eau, il n'agit plus que sur les métaux alcalins ou de la première section, les métaux terreux ou de la deuxième section, le manganèse, le zinc, le fer, le cadmium, le nickel et le cobalt de la troisième ; mais alors l'action a lieu à chaud et à froid, et elle est même toujours très vive, si ce n'est sur le cadmium, le nickel et le cobalt, surtout ces deux derniers qui ne sont bien attaqués qu'autant qu'ils sont très divi-

sés. D'ailleurs il y a avec tous décomposition d'eau, dégagement d'hydrogène, production de sulfate; phénomènes faciles à concevoir et à constater, comme il a été dit (43).

Mais, puisque l'acide sulfurique concentré est composé de 1 atome d'acide et de 1 atome d'eau, il doit agir sur ces métaux à la température ordinaire d'une manière analogue à l'acide étendu. C'est en effet ce qui a lieu : action subite sur le potassium et le sodium, gaz hydrogène dégagé, sulfate produit; action très lente sur le zinc, le fer, le manganèse; action nulle sur le cadmium, le nickel, le cobalt. On voit donc que l'eau est encore décomposée sous l'influence des métaux très oxidables. Mais pourquoi le zinc, qui est si fortement attaqué par l'acide étendu, l'est-il à peine par l'acide concentré? C'est que l'acide concentré ne contient que de l'eau intimement combinée et qu'il ne peut dissoudre le sulfate à mesure qu'il se forme, du moins qu'en très petite quantité.

632. *Gaz acide sulfureux.* — Le potassium et le sodium agissent très lentement à froid sur le gaz acide sulfureux. Tous deux le décomposent subitement à une température d'environ 200° : lorsque le métal est en excès, il se forme un sulfure métallique et du sulfate de protoxide; lorsque au contraire c'est l'acide sulfureux qui prédomine, il y a du soufre mis à nu et seulement production de sulfate. Dans tous les cas, il se dégage beaucoup de calorique et de lumière. Tout porte à croire que ce serait aussi de cette manière qu'agiraient à chaud les autres métaux alcalins. Que l'on remplisse de mercure une petite cloche courbe; que l'on y fasse passer du gaz acide sulfureux; que l'on porte ensuite le métal avec une tige jusque dans la partie courbe de cette cloche, et qu'on la chauffe, bientôt tous les phénomènes annoncés seront produits (*Voyez* pl. III, fig. 4); le mercure remontera avec rapidité, et le gaz sera absorbé tout entier ou en partie, selon qu'il sera en contact avec plus ou moins de métal; le produit formé se trouvera à l'état solide dans la partie courbe de la cloche.

Les métaux des seconde, troisième et quatrième sections n'ont point encore été mis en contact avec le gaz sulfureux à une température élevée : les phénomènes qui pourraient en résulter ne sont donc pas connus ; mais il est probable, 1° que le magnésium se comporterait comme les métaux de la première section, car le sulfate de magnésie est indécomposable par le feu comme les sulfates alcalins ; 2° que le glucinium, l'yttrium et l'aluminium, s'oxideraient et mettraient le soufre en liberté ; 3° que presque tous les autres décomposeraient le gaz ; qu'un assez grand nombre, comme le fer, donneraient lieu à de l'oxide et à du sulfure de fer, et que quelques-uns, tels que l'antimoine, formeraient de l'oxide métallique sulfuré ou plutôt un composé d'oxide et de sulfure. On traite d'ailleurs l'acide sulfureux par ces métaux de la même manière que par le charbon.

633. Les métaux des cinquième et sixième sections n'opéreraient point sans doute la décomposition du gaz acide sulfureux, car on sait que leurs oxides sont décomposés par la chaleur, et qu'en chauffant convenablement avec le gaz oxigène les sulfures qu'ils sont capables de former, on en sépare le métal et on en fait passer le soufre à l'état d'acide sulfureux : d'où l'on voit que le métal et l'acide sulfureux peuvent exister ensemble sans réagir l'un sur l'autre.

634. *Acide sulfureux dissous dans l'eau.* — L'eau saturée d'acide sulfureux agit vivement sur les métaux alcalins ou de la première section, et lentement sur le manganèse, le zinc et le fer, de la troisième. Dans son action sur les premiers, l'eau est décomposée ; il se dégage de l'hydrogène et il se forme un sulfite ; mais dans son action sur les seconds, l'eau n'est point décomposée ; c'est par l'acide que le métal s'oxide ; il en résulte un sulfite sulfuré ou un hypo-sulfite. Il paraît que l'eau chargée d'acide sulfureux n'a d'action que sur quelques métaux appartenant à la quatrième section, et qu'elle n'en a aucune sur ceux des deux dernières.

635 *bis*. *Acide hypo-sulfurique.* — *Voir* ce qui a été dit (253).

Action de l'oxide et des acides de sélénium sur les métaux.

635. Les phénomènes généraux qui dépendent de cette action sont inconnus. On sait seulement que l'acide sélénique a les plus grands rapports avec l'acide sulfurique, et que les métaux, qui sont attaqués par celui-ci, pourraient probablement être attaqués par l'autre. On sait d'ailleurs que l'acide sélénique cède plus facilement une portion de son oxigène que l'acide sulfurique : aussi dissout-il l'or, et mêlé à l'acide chlorhydrique opère-t-il la dissolution du platine.

Action des oxides et acides du chlore, des acides du brôme et de l'iode sur les métaux.

636. Très peu d'expériences ont été faites sur la réaction de ces corps; mais il est évident que si l'on pouvait opérer le contact entre eux à une température convenablement élevée, et que si le métal était en excès, il en résulterait toujours des chlorures, brômures, iodures, et qu'avec les métaux des quatre premières sections il se produirait en même temps des oxides.

Quelquefois même l'action serait très vive : c'est ainsi qu'avec plusieurs métaux très divisés, l'acide iodique donne lieu à une détonation subite.

Action des oxides et des acides de l'azote sur les métaux.

637. *Protoxide d'azote.* — La décomposition du protoxide d'azote par le potassium et le sodium s'opère bien au-dessous de la chaleur rouge; il en résulte un protoxide, ou un peroxide métallique, selon qu'il y a plus ou moins de métal; l'azote est mis en liberté et passe à l'état de gaz; un grand dégagement de calorique et de lumière a lieu; souvent la réaction est si rapide qu'elle se produit avec une sorte d'explosion. Pour faire l'expérience, il suffit de rem-

plir de mercure une petite cloche courbe ; d'y introduire un peu plus de $\frac{1}{2}$ centilitre de protoxide d'azote ; de porter ensuite, dans la partie courbe de la cloche, environ 2 centigrammes de potassium à l'aide d'une tige de fer, et de chauffer peu-à-peu le métal avec la lampe à esprit-de-vin : la combustion étant faite, si l'on mesure le résidu gazeux, l'on en peut conclure la composition du protoxide.

638. Ce n'est qu'au degré de la chaleur rouge que le fer, le manganèse, le zinc, l'étain, sont capables de décomposer le protoxide d'azote : tout nous porte à croire que la plupart des autres métaux des quatre premières sections le décomposeraient aussi.

On ne sait point si les métaux de la cinquième section sont doués de cette propriété ; il est certain que ceux de la sixième ne la possèdent pas, car leurs oxides se réduisent avec une facilité extrême et bien au-dessous du rouge naissant.

Dans tous les cas, l'expérience peut être faite comme celle qui est relative à l'action du carbone et du bore sur le protoxide d'azote même (274).

639. *Action du bi-oxide d'azote.* — Mis en contact avec le bi-oxide d'azote, le potassium donne lieu à des produits qui varient en raison de la quantité de matière respective sur laquelle on opère et du temps que dure le contact. Si le potassium est en excès, on n'obtient que du protoxide de ce métal et du gaz azote ; si le bi-oxide d'azote est, au contraire, en excès, on obtient d'abord du peroxide de potassium qui est jaune, et du gaz azote ; ensuite, à mesure que la température diminue, le peroxide de potassium absorbe le bi-oxide d'azote, et de là résulte un azotite de protoxide de potassium qui est blanc, et qui se reconnaît à la propriété qu'il a de faire brûler vivement les charbons incandescens, d'être décomposé par l'acide sulfurique, et de dégager du gaz acide hypo-azotique. La décomposition du gaz oxide se fait, tantôt subitement, tantôt successivement, toujours avec chaleur et lumière. On ignore encore la cause

de cette différence d'action. Dans le premier cas, cette décomposition ne serait point sans danger si l'on opérait sur quelques décigrammes de potassium. Pour faire l'expérience, vous remplirez de mercure une petite cloche de verre courbe; vous y introduirez le bi-oxide d'azote; ensuite vous y porterez le potassium et vous le chaufferez peu-à-peu avec la lampe à esprit-de-vin (pl. XIII, fig. 4) : bientôt le métal foudra, brûlera, deviendra jaune chocolat en passant à l'état de peroxide, et blanc en passant à celui d'azotite. Cette nouvelle transformation étant opérée, le gaz cessera d'être absorbé. Celui qui restera n'équivaudra point en volume à la moitié de celui qui aura été employé, et sera un mélange de gaz azote et de bi-oxide d'azote.

640. Quoique le sodium ait une grande affinité pour l'oxigène, il ne décompose point le bi-oxide d'azote à la chaleur de la lampe. On ne saurait douter qu'à une chaleur rouge il n'en opérât la décomposition; car le fer, à cette température, est capable de le décomposer. Il en serait de même sans doute des autres métaux alcalins et des métaux terreux.

641. Le fer est le seul des métaux de la troisième section dont on ait constaté l'action sur le bi-oxide d'azote. Il le décompose au degré de la chaleur rouge, s'oxide et met l'azote du bi-oxide en liberté. Cette décomposition s'effectue dans l'appareil (pl. XXII, fig. 3) : on met le gaz oxide dans la vessie, le fer en fil dans le tube de porcelaine, et l'on recueille l'azote, par le tube de verre, dans des flacons pleins d'eau. Il serait possible de faire passer le bi-oxide seulement à l'état de protoxide, en ménageant la chaleur, par exemple, en ne la portant pas tout-à-fait jusqu'au rouge.

642. Le manganèse, le zinc, l'étain, et plusieurs des métaux de la quatrième section, doivent être capables, comme le fer, de décomposer le bi-oxide d'azote; mais on peut regarder comme certain que l'osmium, le mercure et les métaux de la dernière section n'en opèrent point la décomposition.

643. *Acide azotique*. L'acide azotique attaque tous les
métaux, excepté le chrôme, le tungstène, le colombium,
le cérium, le titane, l'osmium, le rhodium, l'or, le platine et l'iridium (1). Son action sur ces corps a presque
toujours lieu à la température ordinaire. Quelques-uns cependant ne le décomposent qu'à l'aide de la chaleur : ce
sont ceux qui ont beaucoup de cohésion ou peu d'affinité
pour l'oxigène. Il en résulte ordinairement du gaz oxide
d'azote ou du gaz azote et un oxide métallique qui, le plus
souvent, se combine avec l'acide azotique et se dissout.
Quelquefois le métal, au lieu de s'oxider, s'acidifie : alors
il ne se combine jamais avec l'acide azotique. Quelquefois
encore, outre ces produits, il se forme de l'azotate d'ammoniaque. Enfin, dans quelques circonstances, la nature
des gaz qui se dégagent varie dans le cours même de l'opération : c'est ce qui arrive surtout si cette opération se fait
à froid. Dans tous les cas, il y a un plus ou moins grand
dégagement de calorique. Examinons la cause de ces différens phénomènes.

1° Il est facile de concevoir comment on obtient du gaz
oxide d'azote, ou du gaz azote, et un azotate métallique, en
traitant un métal par l'acide azotique ; cet acide se partage
en deux parties proportionnelles : l'une est décomposée et
cède plus ou moins de son oxigène au métal, tandis que
l'autre se combine avec l'oxide métallique formé. Supposons, par exemple, que le métal soit du mercure, et qu'il
passe à l'état de protoxide, voici ce qui arrivera :

Proportions réagissantes.	Proportions produites.
3 de mercure..... $3 \times 2531,0$	1 de bi-oxide d'azote......... $377,0$
4 d'ac. azotique réel $4 \times 677,0$	3 d'acide.........$3 \times 677,0$
——	3 de sel.= { 3 d'oxide { 3 d'oxig. $300,0$
$10302,8$	ou... { 3 de mer- cure $3 \times 2531,6$
	$10302,8$

$$6\,Hg + 4\,Az^2\,O^5 = 2\,Az\,O + 3(Hg^2\,O,\ Az^2\,O^5)$$

---

(1) Les mêmes, moins l'urane et le palladium, que ceux sur lesquels l'acide
sulfurique est sans action.

2° Mais si l'oxide est susceptible d'un grand degré de cohésion, il pourra résister à l'action de l'acide; alors l'oxide se précipitera et restera libre, quoiqu'en contact avec une grande quantité d'acide azotique : c'est ce qui a lieu pour les oxides d'étain, d'antimoine, et même en partie pour l'oxide de fer : l'étain et l'antimoine apparaissent sous forme d'oxides blancs, et le fer sous celle d'oxide rouge.

3° Il existe au moins neuf métaux acidifiables, qui sont l'antimoine, l'arsénic, le chrôme, le colombium, le manganèse, le molybdène, le titane, le tungstène et le vanadium. Or, l'acide azotique retient si faiblement l'oxigène, qu'il en cède assez à plusieurs d'entre eux pour les acidifier; mais les acides n'ont qu'une faible tendance à s'unir les uns avec les autres : par conséquent, lorsqu'on traitera l'un de ces derniers métaux par l'acide azotique, il sera possible de le transformer en un acide qui restera mêlé avec l'excès d'acide azotique.

4° Il y a des métaux qui ont beaucoup d'affinité pour l'oxigène : ceux-là peuvent décomposer complètement l'acide azotique et en mettre l'azote à nu. Supposons qu'on mette en contact un excès de l'un de ces métaux avec l'acide azotique : quelles seront les affinités mises en jeu, outre celle qui tend à unir l'oxigène de l'acide azotique avec le métal, et l'oxide métallique avec l'acide azotique ? D'une part, l'oxigène de l'eau sera attiré puissamment par le métal; et, d'une autre part, son hydrogène le sera par l'azote et l'acide azotique; elle sera décomposée, et de là résulteront une nouvelle portion d'oxide métallique et de l'azotate d'ammoniaque. Ces phénomènes se réalisent toujours avec l'étain; mais il faut avouer qu'il n'en est pas de même avec d'autres métaux, même plus facilement oxidables que l'étain. La propriété qu'a l'oxide de celui-ci d'être insoluble dans l'acide azotique et de ne pouvoir le saturer, ne serait-elle pas cause de cette différence d'action ?

5° On a vu que la chaleur favorisait singulièrement la décomposition de l'acide azotique par les corps combustibles. Or, lorsque cet acide réagit sur un métal, il se dégage toujours du calorique, souvent même en très grande quantité : il suit de là que si l'on met le métal et l'acide en contact à la température ordinaire, d'abord l'action aura lieu à cette température; mais bientôt celle-ci s'élevera de plus en plus jusqu'à une certaine époque à laquelle elle restera stationnaire pendant quelque temps, et décroîtra ensuite. Si le métal est capable de décomposer complètement l'acide azotique à la température ordinaire, les produits ne varieront pas; il ne pourra se dégager que du gaz azote; mais si le métal, à la température ordinaire, ne peut faire passer l'acide azotique qu'à l'état de bi-oxide d'azote, ils varieront nécessairement : lorsque la température sera suffisamment élevée, on obtiendra du protoxide d'azote, et enfin du gaz azote. En supposant que l'action ne soit pas la même dans tous les points de la liqueur, qu'elle soit plus vive dans quelques-uns que dans d'autres, l'on obtiendra aussi, ce qui arrive souvent, des mélanges de ces différens gaz.

6° La cause pour laquelle il se dégage du calorique en traitant un métal par l'acide azotique tient sans doute à ce que, dans l'oxide ou l'azotate métallique formé, l'oxigène est bien plus condensé que dans l'acide azotique.

644. L'acide azotique, lorsqu'il n'est pas trop étendu d'eau, agit encore sur les métaux comme nous venons de le dire. Quelquefois même son action est plus prompte que celle de l'acide très concentré. Ainsi la limaille de fer qui est attaquée tout de suite par l'acide azotique du commerce ne l'est que quelque temps après le contact, par l'acide azotique le plus concentré possible; mais alors dès que l'action se manifeste, elle devient très forte et presque violente. M. Thenard a vu, dans un cas semblable, l'acide azotique chargé d'acide hypo-azotique faire explosion. Il y avait 70 à 80 gram. de limaille et de tournure de fer, avec à-peu-près 200 grammes d'acide dans un flacon surmonté d'un tube propre à recueillir les gaz. Les matières étaient en contact depuis cinq à six minutes. Le flacon ayant été agité, il

se dégagea tant de gaz à-la-fois que le vase fut brisé avec grand bruit.

Acide hypo-azotique. Il attaque à-peu-près tous les métaux que l'acide azotique peut attaquer lui-même.

Action de l'acide sulfhydrique sur les métaux.

645. Le gaz sulfhydrique nous présente dans son contact avec le potassium et le sodium des phénomènes que nous devons considérer avec soin : à froid l'action est faible; mais à chaud elle est très forte; aussitôt que le métal est fondu, il devient lumineux; il se dégage du gaz hydrogène, et il se forme un composé de gaz sulfhydrique et de sulfure de potassium ou de sodium. La quantité de gaz hydrogène qui se dégage est constante; elle est telle qu'en se combinant avec l'oxigène nécessaire pour faire passer le métal à l'état de protoxide, il en résulterait de l'eau. La quantité de soufre qui se combine avec le métal doit être aussi toujours constante, puisque ce soufre provient de celui qui était uni à l'hydrogène mis en liberté. Quant à la quantité de gaz sulfhydrique absorbé, on sait aujourd'hui qu'elle devrait être égale à celle qui est décomposée; elle ne varie évidemment qu'en raison de la quantité de gaz sulfhydrique que l'on emploie et de la température à laquelle on opère : il devrait donc se produire ainsi un sulfhydrate de sulfure dans lequel le sulfure et le gaz sulfhydrique contiendraient les mêmes quantités de soufre. Le tableau qui suit offre les résultats qui ont été obtenus par MM. Gay-Lussac et Thenard en 1810. (*Recherches physico-chimiques.*) (1)

---

(1) 123 parties du tube gradué dont on s'est servi pour mesurer les gaz étaient égales à un centilitre. On s'est procuré les petites quantités de potassium et de sodium dont il est question dans le tableau, en creusant une petite cavité dans un disque de laiton, y mettant plus de métal qu'elle n'en pouvait contenir, et enlevant l'excès au moyen d'un autre disque aussi de laiton, coupé de biais dans son épaisseur et vers l'un de ses bords, de manière à présenter une arête très vive et faisant couteau. La quantité de potassium se concluait de celle d'hydrogène que le métal pouvait dégager avec l'eau (669).

EXPÉRIENC.	POTASSIUM employé.	GAZ sulfhydrique employé.	GAZ sulfhydrique absorbé.	HYDROGÈNE obtenu
1re.	0gr. 0212	.204 parties.	65 parties.	79 parties.
2e.	Idem.	84	5	79
3e.	Idem.	120	24	79

EXPÉRIENC.	SODIUM employé.	GAZ sulfhydrique employé.	GAZ sulfhydrique absorbé.	GAZ hydrogène obtenu.
1ere.	0gr. 0238	234 parties.	52 parties.	146 parties.
2e.	Idem.	214	35	146

646. Toutes les expériences rapportées dans ce tableau ont été faites sur le mercure dans une cloche courbe ; on a rempli cette cloche de mercure ; ensuite on y a fait passer le gaz sulfhydrique sec au moyen d'un petit entonnoir; puis, après avoir porté le métal à l'extrémité d'une tige de fer dans la partie courbe de la cloche, on l'a chauffé avec la lampe à esprit-de-vin pendant trois à quatre minutes; on a mesuré le gaz restant, et on l'a mis en contact avec une petite quantité d'une dissolution de potasse (hydrate de protoxide de potassium); par ce moyen, on a absorbé tout le gaz sulfhydrique qui ne s'était point combiné avec le potassium et le sodium, et l'on a obtenu le gaz hydrogène pur. Or, comme celui-ci représente un volume égal au sien de gaz sulfhydrique, il a été facile d'en conclure la quantité de gaz sulfhydrique absorbé sans être décomposé.

647. Les autres métaux alcalins formeraient sans doute avec le gaz sulfhydrique des sulfhydrates de sulfure métallique comme le potassium et le sodium; mais il n'en serait pas de même des métaux terreux et de ceux des quatre dernières sections. La plupart agiraient aussi sur le gaz sulfhydrique, à l'aide de la chaleur ; mais ils le décompose-

raient sans en absorber aucune portion; ils s'empareraient du soufre et dégageraient l'hydrogène. C'est même en traitant le gaz sulfhydrique par l'étain qu'on parvient facilement à démontrer que le gaz sulfhydrique contient un volume d'hydrogène égal au sien.

648. Le gaz sulfhydrique en dissolution dans l'eau possède aussi la propriété d'attaquer et de sulfurer quelques métaux : Tel est, entre autres, l'argent qui noircit promptement dans son contact avec cette dissolution.

Action de l'acide fluorhydrique sur les métaux.

649. Lorsqu'on met le potassium ou le sodium en contact avec l'acide fluorhydrique, il en résulte une vive effervescence due à de l'hydrogène réduit en gaz, beaucoup de chaleur, et du fluorure de potassium ou de sodium : résultat facile à concevoir, d'après la nature de l'acide. Cette expérience ne doit être faite qu'en opérant peu-à-peu le contact de l'acide fluorhydrique avec l'un de ces deux métaux; car, sans cela, il y aurait une forte détonation en raison de la grande quantité de gaz hydrogène et de calorique, qui se dégageraient subitement : c'est sur quoi les expériences suivantes ne laissent point de doute. On a mis dans une cornue de plomb le mélange de fluorure de calcium ou spath fluor et d'acide sulfurique hydraté, propre à produire l'acide fluorhydrique; on a placé cette cornue sur un fourneau, et l'on en a fait rendre le col dans un tube de cuivre légèrement courbe, et entouré de glace, du moins dans sa partie moyenne. En chauffant la cornue, l'acide fluorhydrique provenant du fluorure de calcium décomposé est venu se condenser dans le tube. Alors on a introduit dans ce tube, gros comme une noisette de potassium, au moyen d'un fil de fer courbé à angle droit. À peine le métal a-t-il été en contact avec l'acide, qu'une forte détonation a eu lieu, et qu'une flamme et une fumée épaisse en forme de cône ont apparu à l'extrémité du tube. Mais, lorsqu'au lieu de faire

l'expérience de cette manière, on met d'abord le potassium dans le tube de cuivre, et qu'on fait rendre ensuite l'acide fluorhydrique goutte à goutte dans ce tube, il n'y a point de détonation ; on peut recueillir le gaz hydrogène, au moyen d'un tube de verre, sous des cloches pleines d'eau, et l'on retrouve après l'expérience, dans le tube de cuivre même, une liqueur acide qui n'est que du fluorure de potassium ou de sodium uni à l'acide fluorhydrique.

650. L'acide fluorhydrique agit sans doute aussi avec beaucoup de force sur les autres métaux alcalins et sur les métaux terreux.

Il attaque encore d'une manière très marquée plusieurs autres métaux, surtout le zinc, le fer, le manganèse ; il les dissout avec dégagement de gaz hydrogène et production de chaleur bien sensible ; il dissout même le colombium d'après Berzelius ; mais à part celui-ci il paraît qu'il est sans action ou presque sans action sur tous ceux des trois dernières sections. Il en est autrement, lorsqu'il est mêlé à l'acide azotique : alors il acquiert la propriété d'agir sur presque tous les métaux comme l'*eau régale*, et quelquefois plus que l'*eau régale;* le titane, par exemple, est inattaquable par elle, et est très soluble dans un mélange d'acide azotique et d'acide fluorhydrique : l'oxigène de l'acide azotique se porte sur l'hydrogène de l'acide fluorhydrique ; du bi-oxide d'azote se dégage, et des fluorures métalliques prennent naissance.

Action de l'acide chlorhydrique et de l'eau régale sur les métaux.

651. *Gaz chlorhydrique.* — Lorsqu'on met le potassium le sodium, le manganèse, le zinc, le fer et l'étain en contact avec le gaz chlorhydrique, il en résulte constamment un chlorure métallique et un dégagement de gaz hydrogène égal en volume à la moitié du gaz chlorhydrique qui disparaît. Il est probable que les autres métaux alcalins et les métaux terreux se comporteraient de la même manière

avec cet acide ; mais il paraît que les métaux des trois dernières sections n'ont aucune action sur lui. Tous ces phénomènes s'expliquent facilement, en observant, 1° que l'acide chlorhydrique résulte de parties égales de chlore et de gaz hydrogène, et qu'il occupe le même volume que ces deux gaz ensemble ; 2° que le chlore est entièrement absorbé par les métaux ; 3° que l'affinité de l'hydrogène pour le chlore est très grande, et que, par conséquent, elle peut être telle que l'acide chlorhydrique n'attaque que les métaux les plus oxidables, qui sont aussi ceux sur lesquels le chlore a le plus d'action. Remplissez de mercure une petite cloche de verre courbe ; ensuite faites-y passer un excès de gaz chlorhydrique, et portez jusque dans la partie courbe de cette cloche, avec une tige de fer ou une pince à cuiller, une certaine quantité de métal en fragmens s'il est fusible, et en poudre s'il est difficile à fondre (pl. XIII, fig. 4) ; chauffez le métal avec la lampe à esprit-de-vin, et bientôt la réaction aura lieu : à froid même elle commencera à se manifester, surtout avec le potassium et le sodium : aussi ces deux métaux s'enflammeront-ils aussitôt que la température sera assez élevée pour les fondre, tandis que le fer, le zinc, le manganèse et l'étain ne donneront lieu qu'à un dégagement de calorique. Dans tous les cas, vous retrouverez après l'expérience l'excès de gaz chlorhydrique et le gaz hydrogène mêlés ensemble dans la cloche ; vous en déterminerez la quantité en les mesurant dans un tube gradué sur le mercure, et faisant passer dans ce tube un peu d'eau, qui absorbera l'acide et ne dissoudra point l'hydrogène.

652. *Acide chlorhydrique liquide.* — Non-seulement l'acide chlorhydrique en dissolution dans l'eau attaque tous les métaux que le gaz acide peut attaquer, mais encore l'action est plus prompte dans quelques cas : voilà ce qui a lieu, surtout avec le zinc, le manganèse, le fer et l'étain. Il dissout même assez bien le cadmium, le nickel et le cobalt, lorsqu'ils sont très divisés. Il n'agit sur aucun des métaux des trois dernières sections.

Eau régale ou mélange d'acide azotique et d'acide chlorhydrique.

653. L'eau régale attaque, soit à la température ordinaire, soit à l'aide d'une douce chaleur, tous les métaux, excepté le colombium, le chrôme, le titane, le rhodium et l'iridium. Elle agit avec violence sur ceux qui décomposent rapidement l'acide azotique; et, parmi tous ceux sur lesquels son action s'exerce, il n'en est qu'un seul qu'elle ne dissout point : c'est l'argent. Dans son contact avec ce métal, elle donne lieu à un chlorure qui se précipite en flocons blancs, tandis que, dans son contact avec les autres, elle produit des chlorures plus ou moins solubles dans l'eau ou dans un excès d'acide chlorhydrique. Dans tous les cas, il se dégage d'abondantes vapeurs rouges dues à de l'acide hypo-azotique. Par conséquent, l'acide azotique a pour objet d'enlever, par son oxigène, l'hydrogène à l'acide chlorhydrique, de mettre le chlore en liberté, et de le présenter au métal à l'état de gaz naissant.

Action de l'acide iodhydrique sur les métaux.

654. Le gaz iodhydrique est décomposé, à la température ordinaire, par le potassium, le sodium, le zinc, le fer; il l'est même, à cette température, par le mercure, d'où l'on peut conclure qu'il doit l'être aussi par presque tous les métaux qui appartiennent aux cinq premières sections : l'hydrogène se dégage, et l'iode s'unit au métal.

Dissous dans l'eau, son action est encore la même, c'est-à-dire, qu'alors les deux principes de l'acide se séparant, comme nous venons de le dire, produisent également un dégagement de gaz et un iodure *plus ou moins iodé.*

Action de l'acide brômhydrique sur les métaux.

655. On vient de voir que l'acide chlorhydrique n'est

décomposé que par les métaux alcalins, les métaux terreux, et ceux de la troisième section; que l'acide iodhydrique l'est au contraire par presque tous les métaux des cinq premières sections. Or, comme l'acide brômhydrique tient le milieu entre l'acide chlorhydrique et l'acide iodhydrique, il doit agir sur tous ceux que l'acide chlorhydrique attaque, et sur quelques-uns de ceux qui décomposent l'acide iodhydrique : aussi le potassium et l'étain en opèrent-ils facilement la décomposition; le premier à la température ordinaire, et le second à l'aide de la chaleur : le mercure, au contraire, est sans action sur lui.

Action de l'acide fluo-borique sur les métaux.

656. Aucun des métaux des quatre dernières sections n'attaque le gaz fluo-borique. Mais le potassium et le sodium, à l'aide de la chaleur, s'embrasent dans le gaz fluoborique presque comme dans le gaz oxigène : du fluorure de potassium et du bore sont les produits de cette action. Que l'on prenne une cloche de verre courbe ; qu'on la remplisse de mercure; qu'on y fasse passer environ deux centilitres et demi de gaz fluo-borique, et qu'on porte, avec une tige de fer, jusque dans sa partie courbe, 0^{gr},212 de potassium ; puis qu'on la chauffe avec la lampe à esprit-de-vin, bientôt le potassium fondra, et, quelque temps après, il s'enflammera vivement, absorbera tout-à-coup les trois quarts du gaz, et se transformera en une matière de couleur chocolat. Traitée par l'eau, cette matière donne à peine quelques signes d'effervescence, et l'on en retire, d'une part, du fluorure de potassium, et, d'autre part, du bore insoluble qui reste sous forme de flocons bruns.

657. L'acide fluo-borique, en dissolution dans l'eau, agit à-peu-près de la même manière que l'acide chlorhydrique sur les métaux. Quand le métal est attaqué, il y a dégagement d'hydrogène et probablement production de fluorure et d'acide borique, d'où il suit que l'eau serait décomposée,

que son hydrogène se dégagerait et que son oxigène s'unirait au bore.

Action du gaz fluo-silicique sur les métaux.

658. Il en est du gaz fluo-silicique comme du gaz fluoborique : il n'exerce aucune action sur les métaux des quatre dernières sections ; mais il agit avec beaucoup de force sur le potassium et le sodium. En faisant chauffer l'un de ces deux métaux avec le gaz fluo-silicique, bientôt il y a inflammation ; le gaz est rapidement absorbé ; tout le métal est détruit, et l'on obtient une matière solide d'un brun chocolat qui doit être un mélange de fluorure de potassium et de siliciure du même métal. Du reste, on peut faire l'opération dans une petite cloche de verre, de la même manière qu'on l'a dit au sujet du gaz fluo-borique (645) : 0^{gr},212 de potassium absorbent $\frac{78}{123}$ de centilitre de gaz acide fluo-silicique.

La dissolution du gaz fluo-silicique dans l'eau, que l'on peut considérer comme du fluorhydrate de fluorure de silicium, attaque vivement les métaux alcalins et terreux ; elle attaque aussi d'une manière très marquée le fer, le manganèse et le zinc : de l'hydrogène se dégage, et sans doute un double fluorure de silicium et du métal attaqué se produisent ; le plus souvent il est insoluble. En supposant qu'il en soit ainsi, ce serait donc l'acide fluorhydrique qui serait décomposé, de manière que l'hydrogène se dégagerait, et que le fluor s'unirait au métal sur lequel on opérerait.

Usages des métaux.

659. Plusieurs métaux sont d'un usage presque universel dans la société. Les plus employés sont le fer, le cuivre, le plomb, l'étain, l'argent, l'or, le mercure, le zinc, le platine. Ils doivent à leur ductilité, à leur état dans la nature et à leur abondance respective, la préférence qu'on leur accorde :

aussi consomme-t-on beaucoup plus de fer que de tout autre métal, et doit-il être regardé comme l'un des plus beaux présens que la nature ait faits à l'homme.

Les métaux cassans sont d'un usage bien plus borné que les précédens, en raison de la difficulté de les travailler sans les rompre. Il n'y a même dans cette classe que l'antimoine, le bismuth et l'arsénic que l'on emploie, et encore ne s'en sert-on qu'en médecine, ou que pour la préparation de quelques alliages.

CHAPITRE Ier.

Métaux de la première section, ou métaux des alcalis, métaux alcalins.

660. Les métaux de la première section sont ceux qui décomposent subitement l'eau à la température ordinaire, qui absorbent le gaz oxigène à cette même température ou à une température peu élevée, et dont les oxides sont irré-ductibles par la chaleur seule. Ces métaux sont au nombre de six : le potassium, le sodium, le lithium, le barium, le strontium et le calcium.

Unis avec l'oxigène, ils forment des protoxides qui étaient connus, avant d'avoir été réduits, sous le nom d'*alcalis :* de là les dénominations de *métaux des alcalis, métaux alcalins*, dont nous nous servirons quelquefois.

ARTICLE Ier.

Potassium.

661. Le potassium est un métal dont la découverte, due à Davy, date de 1807, et dont les propriétés ont été étudiées

surtout, par lui et par MM. Gay-Lussac et Thenard. (1)

662. *Propriétés physiques.*—Ce métal est solide à la température ordinaire. Il a l'éclat métallique au plus haut degré. Récemment fondu dans l'huile de naphte, et vu dans cette huile à travers le verre, il ressemble à l'argent mat : lorsqu'on l'en retire, il se ternit bientôt, et prend l'aspect qu'a le plomb exposé depuis long-temps à l'air. Sa section est lisse, unie et des plus brillantes. Il est aussi ductile et plus mou que la cire : comme elle, on le pétrit entre les doigts (2). En le rompant, on voit qu'il est composé d'une multitude de petites particules cristallines qui ne sont jamais assez prononcées pour qu'on en distingue la forme. Sa pesanteur spécifique est de 0,865 à la température de 15° : conséquemment elle est moins grande que celle de l'eau, et un peu plus grande que celle de l'huile de naphte pure ; il est facile de la prendre en pesant successivement un petit tube de verre, d'abord vide, ensuite plein d'eau, et enfin plein de potassium, qu'on y fait entrer par compression. Son poids atomique est de 489,916.

663. Le potassium entre en fusion à 58° : c'est donc le métal le plus fusible après le mercure. C'est aussi l'un des plus volatils : en effet, remplissez de mercure une petite cloche de verre recourbée et bien sèche (pl. XIII, fig. 4); faites-y passer du gaz azote à-peu-près jusqu'au tiers de sa hauteur ; coupez ensuite du potassium, gros comme une petite noisette, avec un couteau, et introduisez-le à travers le mercure, à l'extrémité d'une tige de fer, jusque dans la partie courbe de la cloche ; chauffez alors le potassium avec la lampe à esprit-de-vin ; vous verrez qu'il fondra, et que, lorsqu'il sera près de la chaleur rouge, il se volatilisera rapidement sous forme de vapeurs vertes.

---

(1) *Journ. de phys.*, de 1807 à 1810.— *Recherches physico - chimiques.*

(2) Cette expérience ne se fait sans danger qu'autant que la surface du potassium est couverte d'huile : autrement il s'enflammerait et l'on se brûlerait profondément.

Action du gaz oxigène et de l'air. — Oxides. — Hydrates.

664. *Action de l'oxigène et de l'air.* — Le potassium absorbe le gaz oxigène sec à la température ordinaire; mais,
comme il n'y a que les couches métalliques extérieures qui
soient immédiatement en contact avec le gaz, elles seules s'oxident facilement : aussi, lorsqu'au lieu de donner une forme
sphérique au métal, on l'aplatit, l'absorption est bien plus
prompte. Dans tous les cas, il se forme un oxide blanc, sans
qu'il se dégage de lumière; la chaleur même n'est sensible
qu'au commencement de l'expérience; elle cesse bientôt
de l'être, à cause du ralentissement de la combustion.

Cependant il arrive quelquefois que le potassium s'enflamme, lorsque l'expérience se fait dans l'été, et qu'on
n'emploie pas les précautions convenables. En général, la
meilleure manière de la faire consiste à plonger le métal
dans l'huile de naphte, à le mettre entre deux lames de laiton bien polies, à le comprimer et à le porter à l'extrémité
d'une tige de fer, à travers le mercure, dans une petite cloche
presque pleine de gaz oxigène et refroidie avec de la glace.

L'action du potassium sur le gaz oxigène est bien plus
grande à chaud qu'à froid. Aussitôt que le métal est fondu,
il s'enflamme sur-le-champ; le gaz est rapidement absorbé;
il se forme un peroxide qui est d'un brun jaune; un grand
dégagement de calorique et de lumière a lieu : voilà pourquoi l'opération ne peut bien se faire dans une petite cloche de verre qu'en introduisant dans celle-ci une petite capsule ovale d'argent ou de platine pour y placer le potassium :
sans cela la cloche casse presque toujours par la chaleur
subite qui se produit. (*Voyez* pl. ɪ, fig. 34, la petite capsule,
et pl. xɪɪɪ, fig. 4, l'appareil.)

665. Le potassium se comporte avec l'air de la même
manière qu'avec le gaz oxigène, à cela près que l'action est
moins vive.

Son affinité pour celui-ci est si grande qu'il l'enlève,
pour ainsi dire à tous les corps qui en contiennent, à la

plupart des oxides, aux acides, aux sels, et aux matières
végétales et animales. Parmi ces matières, il n'y a que les
corps gras les plus carbonés et les plus hydrogénés qu'il
attaque difficilement. Aussi, pour le conserver, le meilleur
moyen est-il d'en remplir de petits tubes de verre, et
de les tenir bien bouchés dans des flacons à gros goulot,
pleins d'huile de naphte rectifiée par la distillation. Si
l'on se contentait de le mettre dans l'huile, et si l'huile
avait le contact de l'air, l'oxigène en se dissolvant dans le
liquide pénétrerait peu-à-peu jusqu'au métal, et finirait
par l'oxider tout entier, en donnant lieu à une sorte de combinaison épaisse entre la matière huileuse et l'alcali.

666. *Oxides*.—Il n'existe que deux oxides de potassium,
un protoxide et un tri-oxide: le premier est une des bases
salifiables les plus puissantes; il agit toujours comme base
dans toutes ses combinaisons; l'autre ne fait jamais fonction, soit de base, soit d'acide.

667. *Protoxide*.—Cet oxide est blanc, extrêmement
caustique, plus pesant que le potassium; il verdit fortement le sirop de violettes; sa fusion a lieu un peu au-dessus de la chaleur rouge.

Exposé à l'air libre, à la température ordinaire, le protoxide de potassium en attire l'eau, l'acide carbonique, et
se résout en liqueur; mais, à une haute température, il en
attire en même temps l'oxigène, et il en résulte d'abord du
peroxide, de l'hydrate de protoxide et du carbonate de protoxide; ensuite, à mesure que l'air se renouvelle, le peroxide
et l'hydrate sont décomposés par l'acide carbonique que ce
fluide contient, de sorte qu'au bout d'un certain temps le
tout est converti en carbonate de protoxide : si donc le protoxide était chauffé avec du gaz oxigène seul dans une petite
cloche courbe, il devrait passer à l'état de peroxide pur,
et c'est en effet ce qui a lieu. Il est très soluble dans l'eau
avec laquelle il forme un hydrate indécomposable par la chaleur (568). Son affinité pour les acides est des plus énergiques:
de là, la cause pour laquelle il s'unit à un assez grand

nombre d'oxides qui tous alors font fonction d'acides.

668. Le protoxide de potassium n'a point encore été trouvé à l'état de pureté dans la nature ; mais il se rencontre fréquemment combiné avec l'acide sulfurique, dans beaucoup de plantes ; avec l'acide tartrique, dans les raisins ; avec l'acide azotique, dans les matériaux salpêtrés ; et quelquefois avec l'acide silicique, dans les substances minérales. (*Voy.* chacun de ces sels.)

669. Pour déterminer la proportion de ses principes constituans, il faut mettre en contact le potassium avec l'eau ; il la décompose, en absorbe l'oxigène, en dégage l'hydrogène à l'état de gaz, et passe à l'état de protoxide : or, comme on sait que le gaz hydrogène est combiné dans l'eau avec la moitié de son volume de gaz oxigène, il s'ensuit que, connaissant la quantité d'hydrogène dégagé, on connaît celle d'oxigène fixé. L'expérience se fait de la manière suivante : on prend un petit tube de fer capable de contenir environ 2 à 3 grammes de métal ; on l'en remplit par une forte compression ; on le pèse vide et plein pour en avoir précisément le poids ; on le ferme avec un disque de verre, et on l'introduit dans cet état, tenant le disque avec le doigt, sous une cloche pleine d'eau ; alors, peu-à-peu on retire le disque ; aussitôt que le métal est en contact avec l'eau, il s'y dissout en s'oxidant, et donne lieu à un violent dégagement de gaz hydrogène qui ne tarde point à s'arrêter ; le gaz se rassemble dans la cloche ; on le mesure, on note le baromètre et le thermomètre, et on en conclut la quantité d'oxigène absorbé par le potassium. En opérant ainsi, MM. Gay-Lussac et Thenard ont trouvé que le protoxide de potassium doit être composé de 100 de potassium et de 19,945 d'oxigène ; car 2$^{\text{gram.}}$,213 de potassium leur ont fourni 0^{l},666 d'hydrogène à la température de 15°, et sous la pression de 745 millimètres et demi. M. Berzelius, d'après la composition des sels de potasse, pense que cet oxide contient 20,409 d'oxigène sur 100 de métal. (*Ann. de chim.*, LXXX, 245 ; et *Essai sur les Proportions chimiques.*)

D'où il suit qu'il serait formé en proportions et en atomes de :

$$1 \text{ de potassium } 489,92 + 1 \text{ d'oxig. } 100. = KO.$$

670. Le protoxide de potassium s'obtient, soit en calcinant ensemble 1 atome de tri-oxide de potassium avec 2 atomes de ce métal, soit en mettant le potassium, sous forme
de lames minces, en contact avec l'air atmosphérique sec
jusqu'à ce qu'il ait absorbé la cinquième partie de son poids
d'oxigène (1). Dans ce cas, à mesure que l'oxigène de l'air
est absorbé, on le remplace par de l'oxigène pur : on pourrait, au lieu d'air, se servir de gaz oxigène seulement; mais
il serait possible que le potassium s'enflammât : on soutient
le métal par une tige de fer. Le contact de l'eau doit être
évité, sans quoi l'oxide serait hydraté.

672. Le protoxide de potassium entre dans la composition
du savon mou, du verre, du nitre, de l'alun. Uni à l'eau, il
forme l'hydrate de potasse, qui est l'un des réactifs les plus
employés par les chimistes, et qui constitue en grande partie la pierre à cautère. (2)

673. *Péroxide.* — Jaune-verdâtre, caustique, verdissant le sirop de violettes, spécifiquement plus pesant que le
potassium, fusible au-dessus du rouge-brun, indécomposable par la chaleur, décomposable par l'eau qui en dégage
à l'instant même du gaz oxigène et change le peroxide en
protoxide qui se dissout; passe d'abord à l'état d'hydrate,
et ensuite de carbonate de protoxide, lorsqu'on l'expose à

---

(1) On emploie le potassium sous forme de lames minces, parce qu'autrement il n'y aurait que les couches extérieures qui s'oxideraient. Pour
être plus certain de les transformer toutes en protoxide, il faudra même,
après l'absorption de l'oxigène, les chauffer dans du gaz azote sur le mercure, au moyen d'une cloche de verre recourbée et de la lampe à esprit-
de-vin.

(2) Le protoxide de potassium, qui fait partie de ces divers composés, provient du carbonate de potasse, sel qui existe en grande quantité dans le
commerce.

l'air libre, à la température ordinaire ; se transforme au contraire directement en carbonate de protoxide, lorsqu'on fait l'expérience à une haute température (1) ; est décomposé, à cette même température, par l'hydrogène, le bore, le silicium, le carbone, le phosphore, le soufre, le sélénium, le potassium, le sodium, la plupart des métaux des troisième et quatrième sections. En effet, tous ces corps le ramènent au moins à l'état de protoxide, et donnent lieu, savoir : l'hydrogène, à de l'eau qui se condense et à un hydrate ; le carbone, à un carbonate, à moins qu'il ne soit en excès, et que la température ne soit très élevée, cas dans lequel on n'obtiendrait que de l'oxide de carbone et du protoxide de potassium, ou peut-être du potassium ; le phosphore, le soufre, le sélénium, le bore, le silicium, à des phosphate, sulfate, borate, etc. ; le potassium et le sodium, à des protoxides ; les autres métaux, à une combinaison de protoxide et de l'oxide du métal que l'on emploie. Plusieurs de ces décompositions s'opèrent avec dégagement de lumière : telles sont surtout celles qui sont produites par le phosphore, le soufre, le potassium, le sodium, le zinc, l'étain et l'antimoine : toutes se font à la chaleur de la lampe à esprit-de-vin dans une petite cloche courbe de verre en partie pleine de mercure et de gaz azote (pl. XIII, fig. 4).

674. Le peroxide de potassium n'existe point dans la nature : on le prépare en traitant le potassium par un excès de gaz oxigène sur le mercure (578, 1er procédé) ; il contient trois fois autant d'oxigène que le protoxide, ce que l'on reconnaît facilement en prenant un petit volume de métal, comme il a été dit précédemment (645), déterminant son

____

(1) Parce que l'eau peut décomposer le peroxide de potassium à la température ordinaire, et le ramener à l'état de protoxide, pour lequel elle a beaucoup d'affinité ; que l'acide carbonique ne peut opérer cette décomposition qu'à l'aide de la chaleur, et que le protoxide est capable d'absorber le gaz acide carbonique à froid.

poids par la quantité de gaz hydrogène qu'il est capable de dégager avec l'eau (669), brûlant un semblable volume de métal dans une petite cloche courbe, et voyant combien il y a de gaz oxigène absorbé dans la combustion. Sa formule atomique est donc KO^3. Cet oxide est sans usages. Sa découverte est due à MM. Gay-Lussac et Thenard. (*Recherches physico-chimiques*.)

675. *Hydrate de potasse ou de protoxide de potassium.* —L'hydrate de potasse n'existe point dans la nature. Comme il est fréquemment employé, sa préparation doit être décrite avec soin : on prend une partie d'azotate de potasse et 2 parties de bi-tartrate de potasse ou crème de tartre; on les pulvérise dans un mortier de fer, et on les mêle ensemble; ensuite on les projette dans une bassine de fonte presque rouge: ils prennent feu; l'acide tartrique, qui est formé d'oxigène, d'hydrogène et de carbone, et l'acide azotique qui l'est d'azote et d'oxigène, se décomposent réciproquement, et donnent naissance à de l'eau, à de l'acide carbonique, à du gaz azote, et à plusieurs autres produits dont il sera question en parlant de l'action des azotates sur les substances végétales; tous ces produits se volatilisent, excepté l'acide carbonique, de sorte qu'après la combustion il ne reste dans la bassine que du carbonate de potasse mêlé à un peu de charbon.

S'étant ainsi procuré une certaine quantité de ce carbonate, on le fait bouillir dans la bassine avec son poids de chaux vive et douze ou quinze fois son poids d'eau, que l'on remplace par d'autre à mesure qu'elle s'évapore : l'eau dissout le sel; la chaux, après s'être divisée et réduite en bouillie, le décompose, s'empare de son acide, et forme un carbonate de chaux insoluble qui se précipite, tandis que le protoxide de potassium, étant soluble, reste dans la liqueur. On continue l'ébullition jusqu'à ce qu'en filtrant une portion de liqueur, et y versant de l'eau de chaux, il ne s'y fasse plus ou presque plus de précipité : alors on filtre toute la liqueur à travers une toile serrée et fixée sur un carrelet (voy. *Description des appareils*, art. *Filtre*); on remet sur le filtre les premières portions de liquide, parce qu'elles sont troubles; on lave le résidu avec de l'eau bouillante pour dissoudre la potasse qui y reste adhérente, et on cesse de le laver lorsque les eaux de lavage n'ont plus qu'une légère saveur. De cette manière on obtient tout le le protoxide de potassium, plus un peu de chaux en dissolution, et tout le carbonate de chaux, plus l'excès de chaux sur la toile. Après cela, on nettoie la bassine, et on y fait évaporer à grand feu toute la liqueur filtrée; mais comme dans l'évaporation le protoxide de potassium enlève nécessairement du gaz acide carbonique à l'atmosphère ambiante qui s'en trouve très chargée, il faut séparer le protoxide pur du carbonate de potasse qui se recompose.

A cet effet, lorsque la matière est en consistance sirupeuse et à la température de 5o ou 6o°, on verse dessus, peu-à-peu, trois ou quatre fois son poids d'alcool à environ 33°; on l'agite en même temps avec une spatule de fer, de manière à la diviser, et on introduit le tout dans des flacons de verre longs et étroits autant que possible : par ce moyen, toute la potasse se dissout, et tout le carbonate de potasse, et même les autres sels que l'azotate et le tartrate employés pourraient contenir, se déposent.

Le dépôt étant fait, ce qui a lieu au bout de vingt-quatre heures, on décante la liqueur, qui est claire et plus ou moins rougeâtre, avec un siphon plein d'alcool pur (voyez *Description des Appareils*, article *Siphon*); on en remplit presque entièrement une cornue de verre; on place cette cornue sur un fourneau; on y adapte une allonge et un récipient tubulé; on chauffe : l'alcool se gazéifie, et vient se rendre et se condenser dans l'allonge et le ballon, qui, pour cela, doivent être sans cesse refroidis. Ayant retiré ainsi environ les trois quarts de l'alcool, on verse dans une bassine d'argent le résidu, qui doit être regardé comme le protoxide de potassium tenu en dissolution dans l'alcool très aqueux (1); on le fait évaporer rapidement, et lorsque la matière, quoique très chaude et presque rouge, est en fusion tranquille, on la coule dans une autre bassine d'argent bien sèche, ou dans une bassine de cuivre étamée bien propre; elle s'y fige, on la concasse, et on la met tout de suite dans un flacon de verre à gros goulot, bouché à l'émeri : cette matière est l'hydrate de potasse. Au lieu d'achever l'évaporation dans une bassine d'argent, il vaudrait mieux se servir d'une cornue du même métal, formée de deux pièces : l'on y introduirait et l'on en retirait facilement l'hydrate; l'on éviterait ainsi l'absorption d'une petite quantité de gaz acide carbonique par le protoxide de potassium.

678. On peut encore extraire l'hydrate de protoxide de potassium de la potasse du commerce, qui est ordinairement un mélange de chlorure de potassium, de sulfate et de beaucoup de carbonate de potasse; en la traitant successivement par la chaux et l'esprit-de-vin, comme on l'a dit dans l'opération précédente; mais comme la potasse du commerce contient quelquefois une petite quantité de carbonate de soude, il en résulterait que, dans ce cas, le protoxide de potassium serait mêlé de protoxide de sodium, d'où il suit que le premier procédé est plus sûr que le second, et mérite la préférence; il ne se passe d'ailleurs, dans ce second procédé, rien autre chose que dans le premier : le carbonate de potasse est décomposé par la chaux; le sulfate de potasse et le chlorure de potassium ne le sont point, et font partie du dépôt qui se forme dans la liqueur.

Lorsque, après avoir traité la potasse du commerce par la chaux et avoir évaporé la liqueur jusqu'à siccité, on se contente de faire fondre le résidu et de le couler, il en résulte la matière connue en médecine sous le nom de *pierre à cau-*

---

(1) Cette dissolution cristallise assez facilement par le refroidissement; l'eau qu'elle contient vient de l'alcool et de celle dont on s'est servi pour faire l'opération.

I. *Sixième édition.*

tère, et qu'on connaît, dans les laboratoires, sous le nom
de *potasse caustique à la chaux*, pour la distinguer de la
potasse purifiée par l'alcool. La pierre à cautère, ou la
potasse caustique à la chaux, est donc formée de beaucoup
d'hydrate de potasse, de plus ou moins de carbonate et
sulfate de potasse et de chlorure de potassium : si on la préparait avec le nitre et la crème de tartre, ce qui serait possible, elle ne contiendrait que de l'hydrate et du carbonate de potasse.

679. L'hydrate de potasse est solide, sec, blanc, extrêmement caustique, agit sur les couleurs comme les oxides
de la première section (520), et entre en fusion bien au-dessous de la chaleur rouge; exposé à l'air, à la température
ordinaire, il en attire l'humidité, l'acide carbonique, et
se résout en liqueur; mais, à la température rouge, il en
attire l'oxigène en même temps que l'acide carbonique,
cesse d'en attirer l'eau, laisse au contraire dégager une partie de celle qu'il contient, devient d'un jaune verdâtre, et
passe à l'état de peroxide.

Cette dernière expérience doit se faire dans un creuset
d'argent ou de platine : en opérant sur dix à douze grammes de matière, elle dure environ un demi-quart d'heure.

680. L'hydrogène et l'azote sont sans action sur l'hydrate
de potasse; il est probable qu'à l'aide de la chaleur, le bore
en opérerait la décomposition en donnant lieu à un dégagement d'hydrogène et à un borate de potasse.

681. L'action du carbone sur cet hydrate est très grande; il
en résulte des produits qui varient en raison de la température : au rouge-cerise, on obtient du carbonate de potasse
et du carbure d'hydrogène; mais, à une température
rouge-blanc, on obtient du carbure d'hydrogène, du gaz
oxide de carbone et du potassium. On voit donc que, dans les
deux cas, l'eau est décomposée : dans le premier, elle l'est
seule; dans le second, le protoxide de potassium l'est lui-
même. S'agit-il de traiter l'hydrate de protoxide à une
température rouge-cerise, l'on prend une cornue de grès;

on y introduit un mélange de deux parties de charbon en poudre et d'une partie d'hydrate de protoxide ; on place cette cornue dans un fourneau à réverbère ; on y adapte un tube à boule qui s'engage sous l'eau , et l'on chauffe : le carbonate et l'excès de charbon restent dans la cornue , et les gaz passent dans les flacons. Cette décomposition a lieu avec dégagement de lumière ; car , en versant de l'hydrate en fusion sur des charbons très incandescens, ils brûlent presque aussi rapidement que dans leur contact avec certains azotates.

682. Lorsqu'il s'agit au contraire d'éprouver l'action de l'hydrate sur le charbon à une très haute température, et de démontrer que le protoxide est décomposé, on s'y prend comme nous venons de le dire, excepté qu'on n'adapte point de tube au col de la cornue : on la fait chauffer très fortement ; à une certaine époque, on voit apparaître une flamme verte dans l'intérieur du col ; ce signe indique que le protoxide se décompose : alors on plonge un corps froid, par exemple, une tige de cuivre ou de fer, au milieu de cette flamme, et au bout de quelques secondes, on l'en retire toute couverte de petits globules de métal. En répétant cette épreuve un grand nombre de fois, on peut même obtenir une quantité notable de potassium, pourvu qu'on plonge à chaque fois la tige dans de l'huile de lin pour y déposer le métal, et qu'on la nettoie ensuite. Si l'on adaptait un tube au col de la cornue, le protoxide serait encore décomposé, et cependant on n'obtiendrait point de potassium. Comment expliquer ces effets en apparence contradictoires ? D'une manière fort simple. Le gaz oxide de carbone n'est décomposé par le potassium, ni à la température ordinaire ni à une très haute température ; mais il l'est par ce métal à la température rouge-cerise : par conséquent, si l'oxide de carbone et le potassium , étant à une très haute température, se refroidissent lentement, il y aura nécessairement une époque où le potassium sera brûlé : c'est ce qui arrive dans la seconde expérience. Si, au contraire, ils se

refroidissent subitement, la combustion du potassium ne sera que partielle; et c'est ce qui a lieu évidemment dans la première. Ainsi la tige qu'on plonge dans la cornue n'agit que comme corps refroidissant.

683. L'hydrate de potasse donne avec le phosphore, de même qu'avec l'hydrate de chaux, du phosphure d'hydrogène, un hypo-phosphite, etc.

684. Nous ne dirons rien de l'action du soufre; elle a été examinée avec soin (543).

685. Plusieurs métaux décomposent l'hydrate de potasse à l'aide de la chaleur : tels sont particulièrement le potassium et le fer. Le potassium n'opère que la décomposition de l'eau de l'hydrate; mais le fer, pourvu que la température soit suffisamment élevée, opère celle de l'eau et celle du protoxide. Il est probable que ce serait aussi de cette dernière manière qu'agiraient le zinc, le manganèse, et à plus forte raison, le sodium, le barium, le strontium et le calcium.

686. L'eau, à la température de 10°, dissout plusieurs fois son poids d'hydrate de potasse. La dissolution a lieu avec production de chaleur et souvent avec un faible dégagement de gaz oxigène, provenant de ce que l'hydrate contient presque toujours un peu de peroxide. Elle ne cristallise que difficilement et se prend, lorsqu'elle est concentrée, en masse sirupeuse.

687. Après avoir décrit la préparation de l'hydrate de potasse et en avoir étudié les propriétés, cherchons à en déterminer la composition. On peut y parvenir de trois manières différentes.

1° Introduisez dans une petite cornue de verre séchée et pesée avec soin, une partie d'hydrate de potasse et trois à quatre parties d'acide borique vitrifié et concassé; après avoir placé cette cornue dans un fourneau ordinaire, portez-la peu-à-peu jusqu'au rouge-brun : bientôt l'acide borique se combinera avec le protoxide de potassium, et formera un composé qui, à cette température, ne retiendra plus d'eau : celle-ci, rendue à son état de liberté, se dégagera et passera à l'état de vapeur dans le col de la cornue, où elle se condensera en partie; par conséquent, en séchant et pesant la cornue après l'expérience, vous connaîtrez la quantité d'eau qui entrera dans la composition de l'hydrate.

2° Vous mettrez dans un creuset d'argent ou de platine, dont le poids sera connu, une partie d'hydrate de potasse et trois à quatre parties de sable fortement calciné; vous y ajouterez assez d'eau pour dissoudre l'hydrate et le mettre en contact avec toutes les parties siliceuses; vous chaufferez peu-à-peu pour volatiliser l'eau sans perdre de matière; puis vous porterez le creuset à une chaleur rouge, et vous le laisserez exposé à cette température pendant une demi-heure : la silice se combinera avec le protoxide de potassium et dégagera toute l'eau que contenait celui-ci, de sorte qu'en prenant le poids du creuset après l'expérience, vous pourrez en conclure la composition de l'hydrate.

3° Que l'on expose à un air humide, dans une cloche longue et étroite, une certaine quantité de potassium jusqu'à ce qu'elle soit convertie en dissolution alcaline, et que l'on sature cette dissolution comparativement avec une certaine quantité d'hydrate lui-même en dissolution, par de l'acide sulfurique étendu de dix ou douze fois son poids d'eau, l'on aura toutes les données nécessaires pour savoir combien cet hydrate contient d'eau. En effet, supposons qu'on ait employé 100 parties de potassium, il en sera résulté 120 parties de protoxide (669); supposons, d'une autre part, qu'on ait employé 150 parties d'hydrate de potasse, et que ces 150 parties n'aient pas exigé plus d'acide pour se saturer que les 120 parties de protoxide, il sera évident que les 150 parties d'hydrate ne contiendront que 120 parties de protoxide, et par conséquent la cinquième partie de leur poids d'eau.

En prenant la moyenne de ces trois expériences, dont les résultats diffèrent très peu les uns des autres, on trouve que l'hydrate de potasse doit être formé de 100 parties de protoxide de potassium et de 25 d'eau. (*Voyez*, pour plus de détails, *Recherches physico-chimiques.*)

Cette quantité d'eau doit être un peu trop forte, parce qu'il est difficile que l'hydrate n'enlève point un peu d'humidité à l'air : d'où il suit que l'hydrate doit contenir 1 proportion d'oxide et 1 d'eau, comme nous l'avons énoncé (568).

688. L'hydrate de potasse est un réactif dont les chimistes font un fréquent usage en dissolution dans l'eau; ils l'emploient particulièrement pour séparer les oxides métalliques les uns des autres, ou des acides auxquels ces oxides sont unis; mais souvent, au lieu d'hydrate très pur, qu'il est assez difficile de se procurer, ils se servent d'hydrate contenant du carbonate de potasse, du sulfate de potasse et du chlorure de potassium, hydrate qu'on se procure facilement. C'est de celui-ci qu'on se sert toujours pour ouvrir les cautères : aussi, comme nous l'avons déjà fait observer (678), le connaît-on en médecine sous le nom de *pierre à cautère.*

689. C'est à M. d'Arcet et à Berthollet que nous devons la connaissance de l'hydrate de potasse. (*Ann. de Chim.* t. LXVIII, p. 175.)

Combinaisons des métalloïdes avec le potassium.

690. Tous les métalloïdes s'unissent au potassium, le boré excepté.

691. *Hydrure de potassium.*—Il est solide, gris, sans apparence métallique.

Exposé à la chaleur qu'on peut produire avec une lampe à esprit-de-vin, il se décompose promptement; l'hydrogène se dégage à l'état de gaz, et le potassium est mis à nu. Mis en contact, à chaud, avec le mercure, il éprouve une décomposition plus prompte encore que par la chaleur seule; l'hydrogène s'en dégage également, et il se forme un amalgame de potassium. Cette décomposition par le mercure peut même être produite à froid dans l'espace de quelques jours.

Il ne s'enflamme ni dans l'air, ni dans l'oxigène, à la température de 8°; il y brûle vivement à l'aide d'une légère chaleur; il produit avec l'eau un peu plus d'une fois et un quart autant d'hydrogène que le potassium qu'il contient; et, s'il a en même temps le contact de l'eau et de l'air, il se détruit en s'enflammant à la manière du potassium.

692. L'hydrure de potassium est toujours un produit de l'art. Pour l'obtenir, on remplit de mercure une petite cloche de verre courbe; ensuite on y fait passer du gaz hydrogène, et on porte avec une tige de fer un petit fragment de potassium jusque dans la partie courbé de la cloche; alors on la chauffe peu-à-peu avec la lampe à esprit-de-vin, et on agite le métal avec la tige recourbée. Il ne faut pas trop élever la température, car la combinaison n'aurait pas lieu; d'une autre part, il faut l'élever assez pour qu'elle puisse se faire : on saisira facilement le degré de chaleur convenable par le moyen de quelques essais. L'expérience doit être continuée jusqu'à ce que le potassium refuse d'absorber du gaz. Toutefois on n'est jamais certain que le potassium soit complètement hydruré. (MM. Gay-Lussac et Thenard, *Recherches physico-chimiques*, t. 1 , p. 175.)

693. Indépendamment de l'hydrure que nous venons de décrire, et qui est solide, il existerait, suivant M. Sementini, un hydrure gazeux de potassium ; cet hydrure contiendrait beaucoup plus d'hydrogène que l'autre ; récemment fait, il s'enflammerait par le contact de l'air; mais, au bout de quelque temps, il ne serait plus doué de cette propriété, parce qu'il aurait laissé déposer une certaine quantité de potassium. Ce gaz se produirait surtout dans la préparation du potassium par l'hydrate de potasse et la tournure de fer. Il se dégage en effet un gaz qui s'enflamme spontanément; mais nous sommes portés à croire que ce gaz est de l'hydrogène tenant en suspension du potassium.

694. *Siliciure de potassium.*—Il paraît qu'il se forme

une certaine quantité de ce composé, lorsque l'on chauffe un mélange d'acide silicique et de potassium dans un tube de verre; il est brun, sans apparence métallique, décompose l'eau avec dégagement d'hydrogène et production de silice.

695. *Carbure de potassium.*—C'est l'un des produits que l'on obtient dans la préparation du potassium par le procédé de M. Brunner, qui consiste à calciner fortement un mélange intime de charbon et de carbonate de potasse (730). Ce carbure est noir comme le charbon; il s'enflamme lorsqu'on l'humecte légèrement; projeté dans l'eau, il la décompose avec effervescence.

696. *Phosphure de potassium.* — Caustique, terne, brun-maron, facile à réduire en poudre; passe à l'état de phosphate, à une température élevée, par l'action du gaz oxigène et de l'air; décompose l'eau à la température ordinaire, en donnant lieu à un protoxide qui se dissout et à du gaz hydrogène phosphoré qui s'enflamme; s'obtient aisément par le premier procédé (590).

697. *Sulfures de potassium.*—Il est facile de combiner directement le soufre avec le potassium; à cet effet, on remplit de mercure une petite cloche courbe, et l'on y fait passer une certaine quantité de gaz azote ou de gaz hydrogène; ensuite, après avoir porté, à l'aide d'une tige de fer, une petite capsule ovale de platine dans la partie courbe de cette cloche, l'on porte de la même manière dans cette capsule le potassium et le soufre que l'on veut combiner; puis on les chauffe avec la lampe à esprit-de-vin. A peine le potassium entre en fusion que la combinaison s'opère; il se produit tant de chaleur que la capsule devient incandescente, et que la cloche casserait infailliblement sans cette même capsule, qui, étant bon conducteur, répartit le calorique dans un grand nombre de points. L'opération ne doit être faite que sur 5 à 6 centigrammes de métal; et pour cela, l'on peut employer un demi-gramme de soufre; l'excès se volatilise : le résidu est toujours un persulfure.

698. Il existe, suivant M. Berzelius, au moins cinq sulfures, lesquels, pour la même quantité de métal, contiennent des quantités de soufre qui sont entre elles comme les nombres 1, 2, 3, 4 et 5.

699. *Proto-sulfure.*—La meilleure manière de le préparer consiste à chauffer à la chaleur blanche, dans des creusets brasqués, le sulfate de potasse en morceaux gros comme des noisettes : il en résulte un proto-sulfure pur, mammelonné, cristallin, translucide et d'un beau rouge de chair, dont la saveur est la même que celle des œufs pourris. Ce sulfure entre en fusion avant le degré de la chaleur rouge ; il est déliquescent, se dissout dans l'alcool et dans l'eau, sans les colorer, mais en développant avec celle-ci une vive chaleur : cette chaleur est telle que le sulfure imprégné de charbon divisé s'embrase au moment où on l'humecte légèrement, condition qu'on remplit facilement en ne calcinant le sulfate qu'après l'avoir mêlé intimement avec la moitié de son poids de ce corps combustible ; souvent même alors il prend feu naturellement au contact de l'atmosphère, et constitue un véritable pyrophore. Exposée à l'air, la dissolution de proto-sulfure absorbe peu-à-peu l'oxigène et passe successivement à l'état d'hypo-sulfite, de sulfite et de sulfate, sans dépôt de soufre. Le chlore, le brôme, l'iode en précipitent au contraire ce corps simple, et forment avec le potassium des chlorure, brômure, iodure. Les acides en opèrent instantanément la décomposition avec un grand dégagement de gaz sulfhydrique. Lorsqu'on emploie un oxacide, l'eau se décompose elle-même, et de là en même temps un sel à base d'oxide ; mais lorsqu'on fait usage d'hydracide, c'est celui-ci dont les deux élémens s'unissent, savoir : l'hydrogène au soufre, et l'autre élément au métal.

Le proto-sulfure se combine facilement au gaz sulfhydrique et donne lieu à un composé qui prendra le nom de sulfhydrate et dans lequel le soufre du sulfure joue le même rôle que l'oxigène dans les oxides des sels ; il se combine également avec la plupart des sulfures métalliques dont les métaux sont très négatifs par rapport au potassium, tels que l'arsénic, le tungstène, le molybdène, l'antimoine, l'or, le platine, le rhodium, etc. Ce sont ces sortes de composés que M. Berzelius désigne sous la dénomination de *sulfo-sels*.

Enfin chauffé avec le soufre le proto-sulfure, en dissolution dans l'eau, se colore et devient *polysulfure*.

700. On peut également obtenir le proto-sulfure en chauffant le sulfate de potasse dans un tube où passe un courant de gaz hydrogène; mais si le tube est de verre, il est attaqué; ou si le sulfate est placé sur du platine, il se produit un sulfure très sulfuré et du *platinure de potassium*.

M. Berzelius a observé que le sulfure ainsi préparé se dissout dans l'eau et l'alcool, sans que la température s'élève sensiblement, ce qui provient probablement de la compacité de la matière.

701. Il est encore un autre procédé pour préparer le proto-sulfure de potassium : c'est de prendre une dissolution de potasse caustique, de la partager en deux parties égales, de faire passer du gaz sulfhydrique à travers l'une d'elles pour la convertir en sulfhydrate de proto-sulfure de potassium, et d'y verser l'autre. Si l'opération est bien faite, la liqueur possédera les propriétés qui caractérisent les proto-sulfures alcalins : elle sera incolore, fera une vive effervescence avec l'acide chlorhydrique, et laissera dégager beaucoup de gaz sulfhydrique sans dépôt de soufre.

702. Quoi qu'il en soit, le proto-sulfure est composé de 41,06 de soufre et 100 de potassium, ce qui donne en proportions et en atomes :

$$\text{1 de soufre } 201,16 + \text{1 de potassium } 489,92. = KS.$$

703. *Bi-sulfure de potassium.* — Dissolvez dans l'alcool le sulfhydrate de proto-sulfure de potassium, exposez la liqueur au contact de l'air, jusqu'à ce qu'elle commence à se troubler à la surface, puis évaporez-la dans le vide : vous obtiendrez ainsi le bi-sulfure pur; l'oxigène de l'air s'em-

pare de tout l'hydrogène de l'acide sulfhydrique, et ce n'est qu'à l'époque où l'on voit un petit dépôt se former que le soufre commence à passer à l'état d'acide hypo-sulfureux. (Berzelius.)

704. *Tri-sulfure de potassium.* — C'est en faisant passer un excès de vapeur de sulfure de carbone sur du carbonate de potasse, rouge de feu, qu'on obtient ce composé. On le prépare encore, mais alors il est mêlé à du sulfate de potasse, en faisant fondre 100 parties de carbonate de potasse anhydre avec 58 p. 22 de soufre, dans un vase de verre, et le maintenant en fusion, au rouge naissant, jusqu'à ce que l'ébullition produite par le dégagement du gaz carbonique ait cessé, et que la masse coule tranquillement; dans le cas où la température serait élevée jusqu'à la chaleur blanche, et où il y aurait assez de carbonate de potasse, il ne se produirait que du bi-sulfure, toujours entremêlé de sulfate. (Berzelius.)

705. *Quadri-sulfure.* — Ce sulfure se prépare comme le tri-sulfure avec la vapeur de sulfure de carbone : seulement, au lieu de carbonate de potasse, il faut employer le sulfate de cette base. (Berzelius.)

706. *Per-sulfure ou quinti-sulfure de potassium.* — Il est connu depuis long-temps, de même que le proto-sulfure; et l'on sait que, pour l'obtenir, il faut chauffer le carbonate de potasse avec un excès de soufre.

La combinaison commence à s'effectuer, même à la chaleur du soufre fondant. Le soufre en excès se dégage ainsi que l'acide carbonique; et si l'on opère sur quatre proportions de carbonate, il en résulte trois proportions de per-sulfure de potassium, et une proportion de sulfate de potasse, d'où l'on voit que l'oxigène de trois proportions d'oxide s'unit à une proportion de soufre pour l'acidifier : en effet, dans les sulfates neutres, l'oxigène de l'oxide est à l'oxigène de l'acide comme 1 à 3.

Le per-sulfure ainsi préparé constitue le composé appelé ordinairement *foie de soufre* : 100 de carbonate de potasse pur en donnent 162,5, formé de 131 de per-sulfure et de 31,5 de sulfate.

707. Pour obtenir le per-sulfure exempt de sulfate, il n'est qu'un moyen : c'est de chauffer le proto-sulfure, etc., avec un excès de soufre, ou de le faire directement.

708. Le per-sulfure a une couleur jaune-rougeâtre foncée : de là, le nom de *foie de soufre* qu'on lui a donné. Sa saveur est la même que celle du proto-sulfure; elle rappelle celle des œufs pourris. Il est déliquescent, et par conséquent très soluble dans l'eau; en s'y dissolvant, il la colore en jaune-rougeâtre. Exposée à l'air, cette dissolution absorbe peu-à-peu l'oxigène, laisse déposer les quatre cinquièmes du soufre qu'elle contient et passe à l'état, d'abord d'hyposulfite, puis de sulfite, et enfin de sulfate de potasse. Le gaz sulfhydrique en précipite du soufre très divisé et forme un sulfhydrate. Les acides y produisent également un précipité de soufre qui est quelquefois hydrogéné (463), et de plus, tous les phénomènes dépendant de l'action des acides eux-mêmes sur le proto-sulfure, c'est-à-dire, un dégagement de gaz sulfhydrique, et un sel à base de potasse, si l'acide est oxigéné, ou un chlorure, etc., s'il est hydrogéné. Le chlore, le brôme, l'iode agissent aussi sur le per-sulfure comme sur le proto-sulfure : il y a donc alors formation de chlorure, ou de brômure, ou d'iodure, et dépôt de soufre.

709. Tous les métaux, que l'on chauffe avec le per-sulfure de potassium, lui enlèvent l'excès de soufre, et souvent il en résulte de doubles sulfures.

Il en est de même de beaucoup de métaux que l'on met en contact avec la dissolution chaude ou froide de per-sulfure.

710. Le per-sulfure de potassium est employé en médecine; quelquefois on se sert de celui de sodium ou du sulfure de calcium : tous trois sont administrés sous forme de bains pour guérir les maladies de la peau. Comme il n'est pas nécessaire qu'ils soient purs, leur préparation doit être faite de la manière la plus économique.

1° Pour obtenir les deux premiers, on prend des dissolutions de potasse ou de soude caustique *à la chaux*, marquant environ 30° à l'aréomètre de Baumé; on les fait chauffer jusqu'à ébullition, puis on y ajoute le quart de leur poids de soufre sublimé : bientôt le soufre se dissout ; il y a formation d'hypo-sulfite alcalin et de sulfure métallique, et l'opération est terminée. Ou bien on se contente de traiter par l'eau les sulfures qui se préparent en mêlant 2 parties de soufre avec 1 de carbonate de potasse ou de soude, sec, mettant le mélange dans un creuset, couvrant celui-ci, l'exposant à l'action d'une chaleur rouge, et coulant le produit lorsqu'il est fondu.

2° On se procure celui de chaux en faisant un mélange de 1 partie et demie de chaux vive et de 1 partie de fleur de soufre, introduisant le mélange dans un ballon, versant dessus 12 à 13 parties d'eau bouillante, bouchant le ballon, et filtrant la liqueur après quelques heures de macération.

711. Indépendamment de ces cinq sulfures, M. Berzelius en admet encore deux autres, l'un formé de 1 atome de tri-sulfure et de 1 atome de quadri-sulfure, et l'autre de 1 atome de quadri-sulfure et de 1 atome de quinti-sulfure.

Pour nous, nous serions disposés à croire qu'il en serait de même des *bi, tri* et *quadri-sulfures,* et que ces divers sulfures ne seraient que des composés de *proto-sulfure* et de *per-sulfure* en diverses proportions.

712. *Séléniure de potassium.*—Le séléniure de potassium s'obtient en combinant directement le sélénium avec le potassium. Au moment de la combinaison, il se dégage tant de chaleur qu'une petite quantité de séléniure se sublime, et que la masse devient incandescente : c'est pourquoi la préparation de ce composé doit être faite de même que celle du sulfure de potassium (697). Le séléniure de potassium peut aussi être obtenu en chauffant le sélénium dans des vases de verre, soit avec l'hydrate de potasse, soit avec le carbonate de potasse ; mais alors il se forme en même temps du sélénite de potasse qui reste mêlé au séléniure.

C'est également ce qui a lieu, lorsqu'on fait agir une dissolution bouillante de potasse caustique sur le sélénium : d'où il suit que, dans ces circonstances, une partie de l'oxide de potassium est réduite par le sélénium comme elle le serait par le soufre ; seulement, chaque atome de sélénium n'enlève jamais que 2 atomes d'oxigène, quelle que soit la température.

Le séléniure de potassium, préparé directement, se fond en un bouton d'apparence métallique, gris de fer, dont la cassure est cristalline et radiée. Il a la même odeur et la même saveur que le foie de soufre. Mis en contact avec l'eau, il s'y dissout sans dégager de gaz. La dissolution est d'un rouge foncé : les acides y produisent une effervescence due à du gaz sélénhydrique, et en précipitent du sélénium, phénomène analogue à celui que nous avons observé avec les polysulfures de potassium, et qui s'explique de la même manière. Quand bien même le potassium serait en excès dans le séléniure, celui-ci colorerait également l'eau en rouge : il paraît donc que cette propriété est inhérente au proto-séléniure.

713. *Fluorure, chlorure, brômure, iodure de potassium.*— Ces composés ne seront examinés que lorsque nous étudierons les sels. Nous observerons seulement ici qu'au moment où le chlore, le brôme, l'iode s'unissent au potassium, il y a dégagement de lumière : ce qui prouve que la combinaison est très intime.

714. *Azoture de potassium.* — Nous n'avons rien à ajouter à ce qui a été dit sur ce composé (363, 364).

Alliages de potassium.

715. Ces alliages sont toujours solides, excepté ceux dont le mercure et le sodium font partie, qui sont quelquefois liquides ; tous sont blancs et sapides en raison du potassium qu'ils contiennent ; tous, en général, sont cassans, à moins qu'ils ne soient formés d'une très petite quantité de potas-

sium et d'un grande quantité de métal ductile, ou, au contraire, d'une très petite quantité de métal ductile et d'une très grande quantité de potassium (1); tous., pour ainsi dire, sont fusibles au-dessous de la chaleur rouge; tous absorbent le gaz oxigène de l'air à la température ordinaire, de telle sorte que le potassium s'oxide, et que le métal auquel il est uni est mis en liberté, pourvu toutefois qu'il ne soit pas lui-même très oxidable; tous opèrent la décomposition de l'eau en produisant une effervescence plus ou moins vive due à l'hydrogène qui se dégage, et une liqueur alcaline provenant de la dissolution du protoxide de potassium qui se forme, etc. ; enfin tous peuvent être obtenus en chauffant le potassium avec ces divers métaux dans des tubes de verre.

Au moment de l'union, il y a production de chaleur; quelques alliages donnent même lieu à un dégagement de lumière : tels sont ceux d'antimoine, d'arsénic, de tellure et d'étain; il est facile de s'en convaincre en les préparant sur le mercure, dans une petite cloche courbe qui contient du gaz azote (pl. XIII, fig. 4). Il est très probable qu'en chauffant les amalgames de palladium, de platine, d'or, d'argent avec le potassium, on parviendrait à faire des alliages de potassium et de platine, etc. : il en résulterait d'abord un alliage triple qui bientôt serait décomposé par une chaleur suffisante, et qui, laissant en contact le potassium et les autres métaux, molécule à molécule, leur permettrait de s'unir.

Le potassium peut encore être uni à beaucoup de métaux, en mêlant ceux-ci intimement avec la moitié de leur poids environ de crême de tartre charbonnée (2), introduisant le mélange dans un creuset dont les bords sont usés,

<hr>

(1) Lorsqu'on tient pendant long-temps de la cournure de fer en contact avec le potassium au rouge-brun, cette tournure absorbe une petite quantité de potassium, devient très flexible, et quelquefois si molle, qu'on peut la couper très facilement avec des ciseaux, et même la rayer avec l'ongle.

(2) La crême de tartre ou le tartrate acide de potasse carbuné n'est que ce

couvrant le mélange de poussier de charbon, luttant le couvercle au creuset, et calcinant fortement le tout pendant deux heures. L'oxigène du protoxide de potassium se porte sur le charbon, et le potassium s'allie au métal en présence duquel il est. Ce procédé, employé d'abord par M. Vauquelin (1), a été répété, étudié, et appliqué à la préparation d'un assez grand nombre d'alliages, par M. Sérullas. (2)

Il n'est utile d'étudier particulièrement que six alliages de potassium: ce sont ceux que forme ce métal avec le mercure, le sodium, l'antimoine, l'étain, le bismuth et le plomb.

716. *Amalgame formé de 1 partie de potassium et de 145 de mercure.* — Ressemble au mercure, absorbe le gaz oxigène de l'air à la température ordinaire, et se transforme en mercure pur et en oxide de potassium; se décompose par la chaleur; s'obtient comme nous l'avons dit précédemment (620); se forme aussitôt que le potassium entre en fusion en donnant lieu, au moment de sa formation, à un grand dégagement de calorique.

L'amalgame de potassium se fait encore très bien à la température ordinaire, pourvu que le potassium ne soit point oxidé : aussi, les parcelles de potassium qu'on jette sur un bain de mercure disparaissent-elles promptement; il se produit même alors un phénomène remarquable, toutes les fois que le mercure est légèrement humide : chaque petit fragment de potassium, mis en mouvement par l'hydrogène qui se dégage, s'agite en tous sens, va et vient jusqu'à ce qu'il soit entièrement dissous. En ne combinant le potassium qu'avec soixante-douze fois son poids de mercure, on obtient un amalgame qui est solide, très fusible, blanc, qui cristallise facilement, et possède d'ailleurs les mêmes propriétés que le précédent.

---

sel décomposé par le feu dans un creuset, et par conséquent, que du charbon intimement mêlé à de la potasse ou protoxide de potassium légèrement carbonaté.

(1) *Ann. de chim. et de phys.*, t VII, p. 32.

(2) *Ann. de chim. et de phys.*, XXI, 197, *Journ. de pharm.*, VI, 571.

L'amalgame liquide, mis en contact avec l'ammoniaque ou les sels ammoniacaux, donne lieu à un hydrure ammoniacal de potassium et de mercure, très remarquable par son aspect métallique, sa consistance, sa facile décomposition (367).

M. Berzelius, au sujet de l'action de l'amalgame de potassium sur l'eau, a fait une remarque que nous devons consigner ici ; il a vu que cet amalgame donnait avec l'eau seule du gaz hydrogène pur, mais que, quand l'eau était acide ou chargée de sel ammoniac, le gaz hydrogène dégagé avait l'odeur de celui qu'on obtient avec le zinc et l'acide sulfurique faible. (*Ann. de Chim. et de Phys.*, xxvii, 221.)

717. *Alliage de potassium et de sodium.*—Cet alliage est toujours plus fusible que le sodium ; il l'est tantôt plus et tantôt moins que le potassium. Trois parties de sodium et une de potassium forment un alliage liquide à 0°, et qui, refroidi par un mélange de glace et de sel marin, se solidifie, cristallise et devient cassant; en augmentant là quantité de sodium, il devient de moins en moins fusible; en augmentant celle de potassium, il devient au contraire de plus en plus fusible : ce n'est que lorsque la quantité de potassium est très grande qu'il commence à perdre de sa fusibilité. L'alliage qu'on forme avec 10 parties de potassium et une seule de sodium est même encore liquide à zéro, et présente la propriété très remarquable d'être plus léger que l'huile de naphte ou de pétrole rectifiée ; mais celui qu'on formerait avec 30 parties de potassium et une de sodium serait beaucoup moins fusible. Ces alliages sont plus ou moins volatils, très sapides, cassans, blancs comme l'argent, cristallisent facilement. Exposés à l'air à la température ordinaire, ils s'altèrent promptement, en absorbent peu-à-peu l'oxigène, l'eau et l'acide carbonique, et se transforment ainsi, au bout d'un certain temps, en proto-carbonates. Plongés dans l'huile de naphte, ils s'altèrent même encore lorsque cette huile a le contact de l'air : le potassium s'oxide toujours et bien plus promptement que le sodium,

de sorte que, quand le sodium est allié à un peu de potassium, on peut employer ce procédé pour le purifier; l'alliage étant cassant et le sodium ductile, il est facile de reconnaître l'époque à laquelle celui-ci est pur.

Les alliages de potassium et de sodium se préparent en chauffant ensemble ces métaux dans l'huile de naphte; cette huile doit être contenue dans une petite capsule ou plutôt dans un tube de verre. On peut encore faire ceux qui sont fusibles à la température ordinaire sans les exposer à l'action du feu; il ne faut pour cela qu'introduire dans un petit tube de verre des quantités convenables de potassium et de sodium, et exercer sur eux une légère pression : bientôt, en effet, on les voit s'allier et se liquéfier.

718. *Alliage de potassium et de bismuth.* — Il s'obtient en calcinant un mélange intime de 60 grammes de crême de tartre charbonnée et de 120 de bismuth. Cet alliage, riche en potassium, étincelle quand on le coupe avec des ciseaux, fond et brûle quand on le brise, et décompose vivement l'eau.

En ajoutant au mélange ci-dessus 10 à 12 grammes de charbon ordinaire, on obtient un pyrophore qui, au contact de l'eau, s'enflamme et produit de petites fulminations (M. Sérullas).

719. *Alliage de potassium et d'étain.* — Les doses à employer pour l'obtenir sont 100 grammes d'oxide d'étain, 60 de crême de tartre charbonnée, et 8 de noir de fumée. En doublant la quantité de charbon, le produit est un vétable pyrophore.

720. *Alliage de potassium et de plomb.* — 100 grammes de protoxide de plomb et 60 de crême de tartre charbonnée sont très propres à la préparation de cet alliage. Il est d'un blanc argentin, très fragile, et devient pyrophorique par l'addition de 5 à 6 grammes de noir de fumée au mélange qui le produit.

721. *Alliage de potassium et d'antimoine.* — Il peut être obtenu comme celui de bismuth.

D'ailleurs, lorsqu'on calcine fortement avec les précautions prescrites (717 *bis*) 100 grammes d'antimoine, 75 gr. crême de tartre charbonnée et 12 de noir de fumée, bien mêlés sur le porphyre, il en résulte un produit qui fulmine tout-à-coup et forme comme une gerbe d'artifice, en projetant dessus quelques gouttelettes d'eau. Le produit ne doit être retiré du creuset qu'après son entier refroidissement, qui est de 6 à 7 heures; sans cela il pourrait s'enflammer et même faire explosion : on le conserve dans un flacon à gros goulot. 100 grammes d'émétique ou tartrate de potasse et d'antimoine, porphyrisés avec 3 grammes de noir de fumée ou de charbon ordinaire et calcinés de la même manière que le précédent mélange, donnent lieu à un semblable produit, qui toujours a l'apparence d'une masse charbonneuse, et est mammelonné en dessus comme un chou-fleur. Ces sortes de produits développent assez de chaleur dans leur contact avec l'eau, par la décomposition qu'ils en opèrent, pour mettre le feu à la poudre sous ce liquide. (1)

Indépendamment des quatre alliages précédens, obtenus et examinés par M. Sérullas, ce chimiste en a préparé par le même procédé plusieurs autres, savoir : un alliage triple avec le cuivre et l'antimoine; un autre également triple avec l'antimoine et l'argent; un troisième avec l'antimoine et le fer. (Voy. *Mém. cités* (717).)

____

(1) M. Sérullas recommande de prendre des creusets de la capacité de 75 à 80 grammes, de les user sur les bords pour que le couvercle s'y applique bien, de les frotter intérieurement de poudre de charbon afin de prévenir l'adhérence du cône charbonneux qui reste après la calcination, et de chauffer pendant 3 heures : ajoutons que le produit est si fulminant que quand on veut constater ce fait, il ne faut opérer que sur une quantité assez petite de matière, et prendre des précautions convenables, au moment où l'on projette les gouttelettes d'eau, pour ne point être atteint.

M. Sérullas, dans son mémoire, observe que Klaproth avait obtenu ce produit sans en connaitre la nature; mais M. Derheims, pharmacien à Saint-Omer, a parfaitement établi que la découverte de ce composé était due à Geoffroy. (*Journ. de pharm.* t. x, 630.)

Action des oxides et des acides sur le potassium.

722. Tous les oxides, excepté les protoxides alcalins et les oxides terreux, et tous les acides, sans exception , sont décomposés par le potassium, le plus souvent avec dégagement de chaleur et de lumière.

723. *Action de l'eau pure et de l'eau acide.* — Que l'on fasse passer, dans une petite éprouvette pleine de mercure, un centilitre d'eau environ, puis un globule de potassium , gros comme une petite noisette, à l'instant même aura lieu un grand dégagement d'hydrogène ; la liqueur se chargera d'alcali; le globule s'arrondira, s'échauffera au point de devenir lumineux et bientôt disparaîtra complétement.

D'autres phénomènes très dignes de remarque se présentent en jetant le globule sur l'eau dans une capsule un peu large : le potassium s'enflamme, tourne, s'agite en tous sens, va et vient à la surface du liquide, et se convertit en une petite masse incandescente d'oxide qui éclate avec bruit. La flamme est due au gaz hydrogène de l'eau décomposée, lequel passant dans l'air prend feu tout-à-coup : il faut donc que la température soit portée à près de 500°.

Le potassium s'enflammant instantanément en le projetant sur l'eau, à plus forte raison doit-il en être ainsi, lorsque l'eau est chargée d'acide : il prend feu, en effet, tout aussitôt ; et il se forme un sel à base de potasse, si l'acide est *oxigéné* (*oxacide*); et du chlorure, du brômure, etc. de potassium, si l'acide est *hydrogéné* (*hydracide*).

724. *Action des autres oxides et des autres acides.*—Nous n'avons rien à ajouter à ce qui a été dit dans l'histoire générale des métaux. (*Voy.* les n°ˢ 623 et suivans.)

Caractères des sels de potasse.

Couleur.	Nulle , excepté celle du chrômate.
Leurs dissolutions donnent :	
Avec chlorure de platine concentré.	Précipité jaune de chlorure double de platine et de potassium, soluble dans une grande quantité d'eau.

Sulfate d'alumine concentré. — Alun qui se dépose bientôt en cristaux.

Acide chlorique oxigéné. — Précipité blanc et subit de chlorate oxigéné et très peu soluble.

Acide tartrique. — Précipité blanc, cristallin de bi-tartrate de potasse qui ne tarde point à se former.

Noix de galle, cyano-ferrure de potassium, sulfure de potassium ; potasse, soude, ammoniaque caustiques ou carbonatées. } — Point de précipité.

Ajoutons que les sels de potasse sont presque tous très solubles.

État naturel, préparation, usages.

726. *État naturel.* —Le potassium n'a point encore été trouvé pur dans la nature; il ne s'y rencontre qu'uni au chlore, au brôme et à l'iode, dans les chlorure, brômure et iodure de potassium, ou qu'à l'état d'oxide et en combinaison, soit avec les acides sulfurique, azotique, carbonique, dans les sulfates, azotate, carbonate de potasse, soit avec l'acide silicique dans quelques pierres. (*Voy.* ces sels ou ces genres de sels.)

727. *Extraction.* —C'est en traitant l'hydrate de potasse par la pile ou le fer, ou le carbonate de potasse par le charbon, que l'on se procure ce métal. Le premier procédé s'exécute de la manière suivante :

728. Vous prendrez un fragment de potasse dans lequel vous ferez une cavité qui devra être aussi profonde que possible et remplie de mercure ; vous placerez ce fragment sur une plaque métallique, et vous ferez communiquer les deux pôles d'une pile de 200 paires ; savoir : le pôle positif avec la plaque, et le pôle négatif avec le mercure. La pile étant en activité, le mercure contiendra bientôt assez de potassium pour se solidifier : alors vous le verserez dans de l'huile de naphte ou de pétrole rectifiée, et vous remplirez la cavité d'une nouvelle quantité de mercure, etc. Du reste, vous séparerez le mercure du potassium comme du calcium. Dans cette expérience, l'eau et le protoxide de potassium

sont décomposés; l'oxigène de l'une et de l'autre se rend au pôle positif, tandis que le potassium radical du protoxide, et l'hydrogène radical de l'eau, se rendent au pôle négatif : le premier s'unit au mercure, et le second se dégage à l'état de gaz.

Il est nécessaire que le protoxide contienne de l'eau pour être réduit, car sans cela il ne serait pas perméable au fluide électrique; mais il ne faudrait pas qu'il en contînt une trop grande quantité, par exemple, qu'il y fût dissous : alors l'eau seule serait décomposée. Dans tous les cas, d'ailleurs, on n'obtient jamais qu'une très petite quantité de potassium par ce procédé : aussi est-il abandonné, et extrait-on toujours le potassium de l'hydrate de potasse en le calcinant avec le fer, ou du carbonate de potasse en le calcinant avec du charbon.

729. *Extraction du potassium de l'hydrate de potasse par le fer.*—On prend un canon de fusil; on le décape ou on le nettoie intérieurement, en le frottant avec du sable et de l'eau, et on le sèche en l'essuyant avec un linge ou du papier; ensuite on le fait rougir successivement en C et en B, pour le courber comme on le voit (pl. xi, fig. 8). Alors on le recouvre, depuis B'' jusqu'en C'', d'une couche d'environ 16 millimètres d'épaisseur d'un lut fait avec 5 parties de sable et 1 partie de terre à potier. On laisse sécher ce lut à l'ombre pendant cinq à six jours, au bout desquels on l'expose au soleil ou à une douce chaleur, pour en achever la dessiccation. S'il s'y fait quelques gerçures, on les répare avec du lut frais. (Voyez *Description des Appareils*, art. *Lut*.)

Le canon étant bien luté, on le remplit, depuis B' jusqu'en C, de tournure de fer décapée par la trituration avec du sable; on dispose ce canon dans un fourneau à réverbère, comme on le voit (pl. xi, fig. 7); on l'assujétit dans ce fourneau avec des fragmens de briques et d'un lut infusible, ou de même nature que celui qui recouvre le canon; après quoi l'on met des fragmens d'hydrate de potasse, depuis B' jusqu'en A', et l'on adapte, d'une part, à l'extrémité supérieure *A*, un tube de verre qu'on fait plonger dans le mercure, et, d'une autre part, à l'extrémité inférieure *D*, un récipient de cuivre *GG' HH'*, formé de deux pièces qui s'élargissent et entrent à frottement l'une dans l'autre. Ce récipient, placé sur un support *LL'*, reçoit par son ouverture *GG'* l'extrémité du canon *D*, et par son autre ouverture *HH'* un bouchon portant un tube de verre recourbé *I*. Enfin on fait rendre la tuyère d'un bon soufflet dans le cendrier, par la porte *E*, qu'on bouche ensuite avec de la terre et des briques, et on établit une grille demi cylindrique *E'* de fil de fer sous la partie *A' B'* du canon, de manière qu'elle l'enveloppe inférieurement et latéralement, et qu'elle en soit distante d'environ un pouce.

Lorsque l'appareil est ainsi disposé, que les portes du foyer et du cendrier sont bien bouchées, que toutes les fissures le sont également, et que les luts sont bien secs, on verse alternativement, par la cheminée, du charbon froid et du charbon incandescent dans le fourneau, jusqu'à ce qu'il en soit presque plein. On met un linge mouillé en *B'*, de crainte que l'hydrate ne fonde, et l'on souffle lentement jusqu'à ce que la flamme apparaisse au-dessus du dôme. À cette époque, on augmente le courant d'air, de manière à le rendre bientôt le plus fort possible. Aussitôt que le canon de fusil est excessivement chaud, on enlève le linge placé en *B'*, et on fond l'hydrate contenu en *B' B''*, en plaçant peu-à-peu assez de charbons incandescens sur la grille pour entourer cette partie du tube. L'hydrate, en fondant, se rend en *B*, et se trouve par conséquent en contact avec la tournure de fer à une très haute température ; d'où il résulte que les conditions nécessaires pour la décomposition du protoxide de potassium sont remplies. Mais comme l'eau à laquelle il est uni se trouve décomposée en même temps que lui, on doit obtenir tout à-la-fois, et l'on obtient en effet du potassium et du gaz hydrogène. Le potassium se volatilise et se condense dans l'extrémité *C D* du canon, et de là tombe à l'état liquide dans le récipient $GG'\,HH'$. Quant à l'hydrogène, il se dégage à l'état de gaz par l'extrémité du tube I, entraînant quelquefois avec lui des matières qui le rendent nébuleux, et quelquefois même du potassium qui s'enflamme.

Plusieurs signes permettent de reconnaître si l'opération va bien. Le plus sûr de tous est le dégagement du gaz, qui doit être rapide, sans qu'il en résulte des vapeurs trop épaisses à l'extrémité du tube de verre I. Lorsque ce dégagement se ralentit beaucoup, ce qu'on reconnaît en plongeant de temps en temps le tube I dans de l'eau, on en conclut qu'il n'y a presque plus d'hydrate dans la partie $B'\,B''$, et on fond celle qui est en $B''\,B'''$, en l'entourant de charbons incandescens comme la précédente, et ainsi de suite. L'opération est terminée quand le feu a été porté successivement jusqu'en A'. Alors on enlève le canon de fusil, et on le laisse refroidir, après avoir bouché avec du lut les tubes A et I; on trouve tout le potassium dans le récipient $GG'\,HH'$; on l'en retire avec une tige de fer courbe, en séparant la partie GG' de la partie HH' : on le fond dans un tube sous l'huile de pétrole distillée, on l'y comprime, et on le conserve en mettant le tube même, au milieu de l'huile, dans un flacon à gros goulot et bouché à l'émeri.

Il arrive quelquefois qu'au milieu de l'opération les gaz cessent tout-à-coup de se dégager par le tube I, et se dégagent par le tube M. Ce phénomène annonce que le coup de feu n'est point assez fort, que le protoxide de potassium passe à travers la tournure de fer sans se décomposer. Dans ce cas, il faut mettre du feu autour de la partie D du canon pour faire fondre le protoxide de potassium qui l'obstrue, et arrêter l'opération si l'on n'y parvient pas.

Il arrive aussi quelquefois que les gaz ne se dégagent ni en I ni en M, quoiqu'on fasse fondre de nouvelles portions d'hydrate contenues en $B'\,A'$. On doit en conclure que les luts n'ont pas résisté, et que le tube de fer en s'oxidant a été troué : alors on doit toujours arrêter l'opération, et la recommencer dans un autre tube. (1)

De 100 grammes d'hydrate on retire tout au plus 25 grammes de potassium, et on retrouve dans le canon de fusil environ 60 grammes de protoxide échappé à la décomposition, probablement parce qu'il est intimement combiné avec l'oxide de fer. Cette combinaison, au milieu de laquelle se trouve beaucoup de fer à l'état métallique, forme une masse très adhérente, qu'il est difficile de détacher autrement que par des coups de marteaux ou des lotions répétées.

730. *Extraction du potassium du mélange de carbonate de potasse et de charbon provenant de la calcination du tartre.* —Cette méthode d'extraire le potassium a été pratiquée pour la première fois par Brunner, professeur de chimie et de pharmacie à Berne. Elle consiste à calciner fortement, dans une cornue ou vase de fer, un mélange intime de charbon et de carbonate de potasse, et à recueillir le potassium qui se volatilise, dans un récipient que l'on refroidit et dans lequel se trouve de l'huile de naphte. La planche xi, fig. 1, 2, 3, 4, 5 et 6, représente l'appareil.

Fig. 1, 2, fourneau.

Fig. 3, 4, vase de fer ou bouteille qui sert au transport du mercure.

A, canon de fusil vissé au goulot de la bouteille et qui pénètre dans le vase *DD :* le canon ne doit avoir que 8 cent. de long.

Fig. 5, récipient ou autre bouteille en fer de la même forme que la première et qui est percée sur le côté pour recevoir à frottement le canon de fusil. Au-dessous du canon se trouve une couche d'huile de naphte.

B, tube droit très large pour donner issue aux gaz qui se dégagent.

---

(1) On peut placer deux canons de fusil dans le même fourneau, comme on le voit (pl. xi, fig. 9).

Fig. 6, vase qui contient de l'eau et dans lequel plonge le récipient fig. 5 : l'eau doit être renouvelée souvent.

CC, tige de fer glissant à frottement dans le bouchon *D*.

L'on commence par calciner jusqu'au rouge, dans un creuset, 2 à 3 kilogr. de crême de tartre ou bi-tartrate de potasse. Au résidu formé d'environ 1 partie de charbon et de 4 parties de carbonate de potasse, l'on ajoute le vingtième de son poids de charbon ordinaire. 500 grammes environ du mélange sont introduits dans la cornue, au col de laquelle le canon de fusil est vissé immédiatement : puis l'on chauffe peu-à-peu de manière à porter la matière au rouge blanc. D'abord il se dégage de l'eau et du carbure d'hydrogène; ce n'est qu'au bout de demi-heure que le potassium apparaît sous forme de vapeur verte : il se produit en même temps de l'oxide de carbone. Alors il faut adapter le canon de fusil au récipient et avoir soin de renouveler de temps en temps l'eau qui sert à refroidir celui-ci.

Indépendamment des produits qui précèdent, l'on obtient encore du carbure de potassium, du carbonate et du *croconate de potasse* qui, souvent, obstruent le canon de fusil et dont une partie est même entraînée par les gaz dans le tube de verre (1) : de là, la nécessité de changer quelquefois ce tube, et de dégorger le canon de fusil de temps en temps au moyen de la baguette de fer *FF*, qui glisse à frottement dans le bouchon I. Lorsque le dégagement est trop rapide, on doit fermer la porte du cendrier pour diminuer le feu; lorsqu'il est très lent, c'est un indice que le tube s'engorge, ou que la cornue est percée.

Le potassium ainsi obtenu n'est pas pur; il contient toujours du charbon; on le purifie en le distillant de nou-

---

(1) Le croconate a été découvert par M. Gmelin, dans ce produit. On le purifie en le dissolvant dans l'eau, filtrant la liqueur, et la soumettant à une évaporation spontanée : le croconate se dépose en aiguilles de couleur orange (*Voy. Chimie végétale*).

veau, soit dans un vase de fer, soit dans un vase de verre, et le recueillant dans l'huile de naphte.

Chaque opération bien conduite dure une heure et fournit de 3o à 4o grammes de potassium. Les cornues peuvent servir plusieurs fois, pourvu qu'on ait soin de les couvrir d'une légère couche de bon lut, appliqué au pinceau.

73 1. *Usages.* — Le potassium n'est employé que comme réactif dans les laboratoires ; il sert surtout à la préparation du silicium, du bore, du zirconium et de tous les métaux terreux.

ARTICLE II.

Sodium.

732. *Propriétés physiques.* — Le sodium qui, comme le potassium, a été découvert en 1807 par Davy et étudié par lui et par MM. Gay-Lussac et Thenard (*Recherches physico-chimiques*), est solide à la température ordinaire, inodore, presque aussi mou et presque aussi ductile que la cire ; il n'a de saveur caustique que parce qu'il décompose l'eau qui recouvre les parois de la bouche ; et qu'il en résulte du protoxide de sodium dont la causticité est très grande ; sa couleur a beaucoup de rapport avec celle du plomb ; sa section est unie et des plus brillantes ; sa pesanteur spécifique, qui se détermine comme celle du potassium, est de 0,972 à la température de 15° ; il n'a point encore été obtenu assez bien cristallisé pour qu'on puisse distinguer la forme de ses cristaux.

733. Il entre en fusion à 90° : s'il est volatil, ce n'est qu'à une très haute température.

Action de l'oxigène et de l'air ; oxides ; hydrate.

Le sodium n'a sensiblement d'action à froid, ni sur le gaz oxigène, ni sur l'air atmosphérique, bien secs ; mais, à chaud, il en a une très grande, surtout sur le gaz oxigène.

Au moment où le métal est fondu, une combustion des plus vives a lieu; il en résulte un grand dégagement de calorique et de lumière, une absorption considérable de gaz, et un oxide jaune de sodium qui est un mélange de protoxide et de deutoxide.

Sa combustion dans l'air est bien moins forte que dans le gaz oxigène; elle n'est même bien active qu'autant que l'air peut se renouveler : ainsi, elle se fait bien dans un têt, et mal dans une cloche recourbée. Tous ces résultats se constatent, comme nous l'avons dit précédemment au sujet du potassium.

Il existe deux oxides de sodium, un protoxide et un sesqui-oxide. Le premier agit toujours comme base très puissante; l'autre n'agit jamais ni comme base, ni comme acide.

734. *Peroxide.*—L'histoire du sesqui-oxide de sodium est la même que celle du peroxide de potassium. : on observe seulement 1° que le premier contient moins d'oxigène que le second; 2° qu'exposé à l'air libre, à la température ordinaire, il attire d'abord l'humidité et se dessèche ensuite, phénomène dû à ce que l'hydrate de protoxide qui se forme, et qui est déliquescent, finit par passer tout entier à l'état de carbonate de protoxide, qui est efflorescent; 3° qu'il abandonne une partie de son oxigène à une haute température, et qu'en conséquence, pour l'obtenir, il ne faut pas se contenter de brûler le sodium dans le gaz oxigène, comme nous l'avons dit au sujet du potassium : la combustion est telle qu'il ne se produit d'abord que du protoxide; ce n'est qu'en chauffant ensuite le protoxide à la chaleur de la lampe, et toujours en contact avec l'oxigène, qu'il devient sesqui-oxide.

735. *Protoxide.*—Cet oxide est blanc, très caustique, spécifiquement plus pesant que le sodium; il verdit fortement le sirop de violettes, et se comporte avec les fluides impondérables, l'oxigène, l'air, les corps combustibles simples et composés, de la même manière que le protoxide de po-

tassium, sinon qu'exposé à l'air libre, à la température ordinaire, il en attire d'abord l'humidité et se dessèche ensuite, parce qu'il passe peu-à-peu à l'état de carbonate, sel
efflorescent. Il présente également avec l'eau, les acides et
les oxides, les mêmes phénomènes que le protoxide de potassium.

Le protoxide de sodium ne se trouve jamais pur dans la
nature; on l'y trouve combiné avec les acides carbonique,
sulfurique, azotique, etc. On l'obtient comme nous venons
de le dire en parlant du sesqui-oxide. Il est composé de 100
parties de sodium et de 33,995 d'oxigène, suivant MM. Gay-
Lussac et Thenard (1), et de 100 de sodium et de 34,372
d'oxigène, d'après M. Berzelius (2). Cette dernière analyse
donne pour sa composition en proportions et en atomes :

$$\text{1 de sodium 290,90} \longrightarrow \text{1 d'oxig. 100} = \text{Na O.}$$

Uni aux corps gras, il forme le savon solide; combiné
avec environ trois fois son poids de silice, il constitue le
verre; dissous dans l'eau, il est employé pour enlever les
taches grasses de dessus le linge ou le lessiver. (3)

736. *Hydrate de soude.*—Son histoire est absolument la
même que celle de l'hydrate de potasse : mêmes propriétés
physiques; même action sur le calorique, sur le gaz oxigène, sur l'air, soit à chaud soit à froid, si ce n'est qu'à froid
le carbonate qui se forme s'effleurit au lieu de rester liquide;
même manière d'être avec les corps combustibles, excepté
toutefois qu'il est plus difficile à décomposer par le fer.

Il est inconnu dans la nature de même que l'hydrate de
potasse; on l'obtient comme celui-ci, en traitant successivement par la chaux et l'alcool le carbonate de soude qu'on

----

(1) *Recherches physico-chimiques.*

(2) *Ann. de chim.*, t. LXXX, p. 251, *et essai sur les proportions chimiques.*

(3) Le protoxide de sodium, qui fait partie de ces divers composés, provient du carbonate de soude, sel qui existe en grande quantité dans le commerce.

rencontre dans le commerce; enfin, c'est en calcinant cet hydrate, comme celui de potasse, avec de l'acide borique ou du sable, etc., qu'on détermine la quantité d'eau qu'il contient.

Combinaison des métalloïdes et des métaux avec le sodium.

737. Tous les métalloïdes qui peuvent s'unir au potassium s'unissent également au sodium, excepté l'hydrogène; et il y a tant d'analogie entre les propriétés des uns et des autres que nous ne croyons pas devoir décrire en particulier les composés dont le sodium fait partie.

738. Il en est de même des alliages de sodium relativement à ceux de potassium; nous observerons seulement que la formation de l'amalgame de sodium a lieu avec dégagement de chaleur et de lumière.

Action des oxides et des acides sur le sodium.

739. Rien de plus facile que de se faire une idée précise de l'action du sodium sur les oxides et les acides, quand on connaît celle du potassium. Les phénomènes de part et d'autre sont sensiblement les mêmes; ils ne diffèrent réellement que par l'intensité : aussi remarque-t-on que le sodium, en décomposant l'eau, n'occasionne pas l'inflammation de l'hydrogène, à moins qu'il ne s'attache au vase, ou que l'eau ne contienne, soit beaucoup de gomme, soit une assez grande quantité d'acide.

Caractères des sels de soude.

Couleur.	Nulle, excepté celle du chrômate.
Leurs dissolutions donnent :	
Avec chlorure de platine concentré.	Point de précipité.
Sulfate d'alumine concentré.	Point de précipité.
Acide chlorique oxigéné.	Point de précipité.
Noix de galle, cyano-ferrure de potassium; sulfures de potassium, de sodium; potasse, soude, ammoniaque caustiques ou carbonatées.	Point de précipité.

Ces caractères, quoique négatifs, indiquent réellement

la présence d'un sel de soude, dans l'état actuel de la science; cependant, comme il serait possible que le sel soumis à l'examen contînt une base nouvelle et ne précipitât aucun des réactifs qui viennent d'être cités, il faut encore le transformer en sulfate : celui de soude étant bien caratérisé, toute incertitude disparaîtra.

740. *État naturel, préparation.*—Le sodium ne se rencontre jamais pur dans la nature; il fait toujours partie de quelques sels, du sel marin; des sulfate, carbonate, azotate, phosphate et silicate de soude. (*Voyez* ces sels ou ces genres de sels.)

Son extraction est la même que celle du potassium : seulement, au lieu d'hydrate de soude pur, il vaut mieux employer de l'hydrate de soude contenant un à deux centièmes d'hydrate de potasse, parce que la réduction se fait plus facilement, ou à une température moins élevée. A la vérité, on obtient un alliage de sodium et de potassium qui est solide, cassant, grenu; mais en le meltant sous forme de plaques dans l'huile de naphte, et renouvelant de temps en temps l'air du vase, le potassium seul se brûle dans l'espace de quelques jours ; alors le sodium est pur; il a acquis, pour ainsi dire, la ductilité de la cire, et il ne se fond qu'à 90 degrés.

ARTICLE III.

Lithium.

741. Le lithium est le radical de la *lithine*, oxide alcalin découvert d'abord par M. Arfwedson dans quelques minéraux de la mine d'Utô en Suède, savoir le pétalite, le triphane et la tourmaline apyre (*Ann. de Chim. et de Phys.*, x, 82). et trouvé ensuite dans l'anblygonite, le lépidolite (espèce de mica) et même dans quelques eaux minérales de la Bohême. Son nom est tiré du mot grec λιθειος, lapideus.

C'est en réduisant l'hydrate de lithine par la pile que l'on obtient le lithium (728) : il ressemble au sodium, d'après

Davy. Jusqu'à présent on ne lui connaît qu'un seul degré d'oxidation.

742. *Oxide de lithium* ou *lithine*. Cet oxide qui fait toujours fonction d'une base puissante, est blanc, très caustique; il verdit fortement le sirop de violettes; on ne l'a point encore obtenu cristallisé.

Je présume d'après l'analogie qu'il a avec la baryte, la soude et la potasse, qu'en le chauffant au milieu du gaz oxigène, il passerait à l'état de bi-oxide.

Exposé à l'air, il en attire l'eau et l'acide carbonique. Probablement qu'il se comporterait comme les autres alcalis avec les corps combustibles.

Sa solubilité dans l'eau est plus grande que celle de la baryte; et l'affinité de l'oxide de lithium pour l'eau est telle, qu'on ne le connaît encore qu'à l'état d'hydrate. Il suffit pour l'obtenir sous cet état, d'évaporer la dissolution aqueuse de lithine dans un vase d'argent et d'exposer le résidu au degré de la chaleur rouge : l'hydrate fond et peut être coulé comme ceux de potasse, de soude, de baryte. Sa cassure est cristalline; et ce qui paraîtra peut-être extraordinaire, c'est qu'alors il n'attire point l'humidité de l'air et qu'il est peu soluble dans l'eau.

Il forme des sels neutres avec tous les acides, et des sels déliquescens avec plusieurs d'entre eux, surtout avec l'acide azotique et l'acide chlorhydrique.

Sa tendance à attaquer le platine par la chaleur et le contact de l'air est des plus remarquables : elle est telle que, suivant M. Berzelius, on peut se servir de ce caractère pour reconnaître une petite quantité d'oxide de lithium dans un minéral, au moyen du chalumeau. « On prend, « dit M. Berzelius, un morceau du minéral gros comme « une tête d'épingle; on le chauffe avec de la soude en ex- « cès sur une feuille mince de platine, et on le fait rougir « une couple de minutes. La pierre se décompose, la soude « chasse l'oxide de lithium de ses combinaisons, et l'excès « qu'on en a ajouté étant liquide à cette température se

« répand sur la feuille et environne la masse décomposée.
« Autour de la masse alcaline fondue, le platine prend une
« couleur foncée, qui est d'autant plus obscure et qui forme
« une bande d'autant plus large que le minéral contient
« plus de lithium. L'oxidation n'a pas lieu sous l'alcali »
(*Ann. de Chim. et de Phys.*, t. x, p. 104). Suivant toute
apparence, il se produit alors un composé d'oxide de platine et d'oxide de lithium, que l'eau peut décomposer en
dissolvant ce dernier oxide.

742 *bis*. L'oxide de lithium, ne se trouvant que dans les
pierres citées plus haut, doit être considéré comme
très rare, d'autant plus que ces pierres n'en contiennent
que quelques centièmes. En effet, elles sont composées,
d'après M. Arfwedson, savoir :

	Le pétalite.	Le triphane.	La tournaline verte.
Silice...............	79,21......	66,40...............	40,30
Alumine...........	17,22......	25,30...............	40,50
Oxide de lithium..	5,76......	8,85...............	4,30
Oxide de fer.......	» ».........	1,45...............	4,85
Subst. volat.......	» ».........	0,45...............	3,60
Oxide de mang.....	» ».........	» »...............	1,50
Acide borique.....	» ».........	» »...............	1,10

743. — Pour extraire l'oxide de lithium de ces pierres,
voici le procédé qu'il faut suivre. La pierre étant réduite
en poudre fine doit être mêlée d'abord avec quatre fois son
poids de carbonate de baryte; ensuite on calcine fortement le mélange dans un creuset de platine, pendant une
heure et demie et même deux heures : le carbonate est décomposé, et la baryte, en s'unissant aux principes de la
pierre, la met dans le cas d'être attaquée facilement par
les acides. Sur la masse compacte que l'on obtient, on
verse un excès d'acide chlorhydrique faible; il en opère la
dissolution à l'aide de la chaleur; on la concentre dans une
capsule, et l'on pousse l'évaporation jusqu'au point de dessécher les chlorures formés. En délayant le résidu dans
l'eau chaude, filtrant la liqueur, et lavant le filtre, toute la

silice reste sur celui-ci, tandis que les autres matières passent à travers, unies à l'eau.

La nouvelle dissolution contiendra donc les chlorures de lithium, d'aluminium, de barium, de fer. Par l'acide sulfurique, tout le barium en sera précipité tout-à-coup à l'état de sulfate de baryte. Si, cette précipitation étant faite, on sature l'excès d'acide par l'ammoniaque, et qu'on ajoute du carbonate d'ammoniaque, on séparera tout de suite aussi l'aluminium, le fer, et même le manganèse qui pourrait s'y trouver : une seule filtration suffira pour recueillir les deux précipités ; après quoi il faudra évaporer la liqueur et calciner le résidu. Comme on aura dû mettre assez d'acide sulfurique pour décomposer tous les chlorures, le résidu ne sera composé que de sulfate de lithine, parce que l'acide chlorhydrique et le sulfate d'ammoniaque provenant de la décomposition de ces sels seront nécessairement chassés par la chaleur.

Lorsqu'on se sera procuré le sulfate de lithine, pur, comme nous venons de le dire, il n'y aura plus qu'à le redissoudre dans l'eau, et à y mettre seulement la quantité d'eau de baryte nécessaire pour en précipiter l'acide sulfurique. On sera certain d'avoir atteint ce point, dès que l'eau de baryte cessera de troubler la liqueur. Celle-ci ne contiendra plus que le nouvel alcali : on la fera évaporer en grande partie dans une cornue de verre à l'abri du contact de l'air, pour éviter qu'elle n'absorbe l'acide carbonique, et on achevera l'évaporation sous la machine pneumatique, comme celle de l'acide hypo-phosphorique (218); car, au degré d'ébullition de l'eau, il serait possible que l'oxide de lithium attaquât le verre. On obtiendra ainsi la lithine à l'état d'hydrate.

744. La lithine est composée de 100 de lithium et de 123 d'oxigène, ce qui donne en proportions et en atomes

$$\text{1 de métal } 127,81 + \text{1 d'oxigène } 100 = LO.$$

(*Voy.* le Mémoire de M. Arfwedson, *Ann. de Chim. et de Phys.*, t. x, p. 82.)

745. *Action des métalloïdes.* — Le soufre est le seul des métalloïdes avec lequel le lithium ait été directement uni. Il paraît qu'il agit sur ce métal comme sur le potassium et le sodium. On sait d'ailleurs que le sulfure de lithium, préparé en décomposant le sulfate de lithine par un excès de charbon, est très pyrophorique.

746. *Alliages.* — Le lithium s'allie, mais assez difficilement au mercure : on ne connaît encore aucun autre alliage de lithium.

746 bis. *Action de l'eau.* — L'eau est décomposée par le lithium à la température ordinaire : à peine le contact a-t-il lieu qu'il en résulte un grand dégagement de gaz hydrogène et de la lithine qui se dissout.

747. *Action des acides.* — Cette action doit être très grande et la même que celle des acides sur le sodium (739).

747 bis. *Caractères des sels de lithine.* — Les sels de lithine, excepté le chrômate, sont incolores comme les autres sels alcalins et terreux. Leurs dissolutions ne sont pas précipitées à froid par la potasse caustique ; le carbonate de potasse n'y produit pas non plus de précipité à la chaleur de l'eau bouillante. Mais, lorsqu'on ajoute à l'un de ces sels, du phosphate de soude, et qu'on évapore la liqueur, celle-ci se trouble toujours ; et si, après avoir évaporé à siccité, on verse de l'eau sur le résidu, le phosphate de lithine, qui s'est formé et qui apparaît en poudre blanche, est très lent à se déposer. Les dissolutions alcooliques des sels de lithine brûlent avec une flamme rouge purpurine comme celles de strontiane. Si l'on mêle 1 partie de fluorure de calcium en poudre fine avec une partie et demie de sulfate d'ammoniaque, qu'on ajoute un peu du mélange à un sel solide contenant du lithium, et qu'on chauffe ensuite la matière au chalumeau, la flamme d'abord sera verte en raison de la décomposition de l'ammoniaque, puis, quand la matière fondra, la flamme passera au rouge pourpre. Enfin les sels de lithium éprouvent facilement la fusion ignée et la communiquent même à d'autres sels, et de plus, en les mêlant alors à de la soude, ils atta-

quent fortement le platine, comme nous l'avons fait connaître précédemment.

ARTICLE IV.

Barium.

748. *Etat naturel.*—Ce métal n'existe point à l'état
natif; il ne se trouve qu'à l'état d'oxide, uni presque toujours à l'acide sulfurique ou à l'acide carbonique. (*Voyez*
ces sels ou ces genres de sels.)

749. *Extraction.*—Nous manquons de bons procédés pour
l'extraire. Le seul que l'on connaisse et qui a été indiqué
par le docteur Séebeck, consiste à faire une pâte d'un sel
de baryte et d'eau ou d'hydrate de baryte bien humecté; à
la disposer, en forme de capsule, sur une plaque métallique; à mettre du mercure dans cette espèce de capsule, et
à mettre en contact d'une part, avec le mercure, le fil négatif d'une forte pile en activité, et d'autre part, avec la plaque métallique, le fil positif de la même pile. L'acide et
l'oxigène du sel se rendent au pôle positif; le barium se rend
au pôle négatif, et y trouve du mercure qui le dissout. Pour
avoir un alliage un peu riche en barium, il faut continuer l'expérience pendant long-temps : après quoi l'on introduit cet
alliage dans une très petite cornue avec de l'huile de naphte;
l'on adapte au col de cette cornue un petit récipient; l'on
bouche la tubulure de ce récipient avec un bouchon à peine
troué, et l'on procède à la distillation. L'huile se vaporise,
chasse l'air; bientôt après, le mercure se vaporise lui-même
en grande partie, de sorte que la petite quantité de barium
qui reste au fond de la cornue en retient à peine. L'huile
sert à prévenir l'oxidation du métal.

750. *Propriétés.* — Ses propriétés à l'état métallique sont
presque inconnues. L'on sait seulement que le barium est
plus pesant que l'acide sulfurique; qu'il est solide à la température ordinaire, blanc comme l'argent; qu'exposé à l'air,
il se couvre peu-à-peu d'une croûte blanche; qu'il a une
grande affinité pour l'oxigène, et qu'il s'en empare avec une

si grande avidité, qu'il l'enlève à presque tous les autres corps, et se détruit sur-le-champ par le contact de l'eau.

Il forme deux oxides, le protoxide ou la baryte et le bi-oxide : le premier agit toujours comme une base puissante; le second ne fait jamais fonction ni de base ni d'acide.

751. *Protoxide* ou *baryte*.—La baryte pure est blanche, plus caustique que la strontiane; elle verdit fortement le sirop de violettes, rougit la couleur de curcuma, pèse spécifiquement, d'après Fourcroy, 4, ne fond qu'à la chaleur produite par le chalumeau d'hydrogène et oxigène, se comporte avec les métalloïdes, etc., comme il a été dit (528), et nous présente avec l'oxigène et l'air les phénomènes suivans.

Lorsqu'on met le protoxide de barium en contact avec le gaz oxigène, à une température voisine de la chaleur rouge, il absorbe une grande quantité de ce gaz et passe à l'état de bi-oxide; lorsqu'on le calcine avec le contact de l'air, on obtient d'abord du bi-oxide et du carbonate de protoxide en raison de l'oxigène et de l'acide carbonique que contient l'atmosphère; mais peu-à-peu le bi-oxide se décompose et se transforme en carbonate de protoxide, résultat facile à expliquer, en observant que l'air ne contient qu'une très petite quantité d'acide carbonique, que cet acide s'unit plus aisément avec le protoxide que l'oxigène, et que le carbonate de baryte est indécomposable par la plus haute chaleur; enfin, lorsqu'on met le protoxide de barium en contact avec l'air à la température ordinaire, au lieu d'absorber le gaz oxigène et l'acide carbonique, il absorbe cet acide et une certaine quantité de vapeur d'eau, se délite, se réduit en poudre et augmente de volume; d'où il suit qu'on ne peut le conserver que dans des flacons bien bouchés.

752. L'eau, à la température ordinaire, dissout, dit-on, la 20° partie de son poids de cet oxide, et l'eau bouillante, la 10° partie : ce qu'il y a de certain, c'est que celle-ci, quand elle en est saturée, en laisse déposer par le refroidissement sous forme de cristaux, et qu'au moment du con-

tact entre l'oxide et l'eau, il se produit un grand degré de chaleur accompagnée d'un sifflement plus considérable encore que celui que l'on observe avec la chaux.

753. Le protoxide de barium s'extrait de l'azotate de baryte : on met cet azotate dans un creuset de platine, que l'on doit remplir au plus aux trois quarts et couvrir (578, 4° procédé). Lorsque le creuset commence à rougir, l'azotate fond, l'acide azotique se décompose et se change en gaz oxigène, en gaz azote et en acide hypo-azotique qui se dégagent ; à mesure que la décomposition s'opère, la matière s'affaisse, devient de moins en moins fusible, et finit par se prendre en une masse poreuse et solide, quoique exposée à une haute température. Alors l'opération est terminée ; on laisse refroidir le creuset, et on retire l'oxide, que l'on met dans un flacon de verre à gros goulot, bouché à l'émeri. On peut encore se servir d'une cornue de porcelaine ; mais les parois de ce vase sont toujours attaquées ; de sorte qu'on perd une assez grande quantité d'oxide. Dans ce cas, pour en perdre le moins possible, on fait bouillir les fragmens du vase avec sept ou huit fois leur poids d'eau distillée ; on obtient ainsi une dissolution d'oxide de barium que l'on conserve dans des flacons à l'abri du contact de l'air, après l'avoir filtrée.

754. Ce protoxide, d'après l'analyse du sulfate de baryte, doit être composé de 100 parties de barium et de 11,669 d'oxigène. Ce qui donne en proportions et en atomes :

$$\text{1 de barium} \quad 856,98 + \text{1 d'oxig. 100.} = \text{Ba O}$$

755. On ne l'emploie que comme réactif dans les laboratoires. Découvert par Schéele en 1774, dans une mine de peroxide de manganèse ; appelé successivement *terre pesante* et *baryte*, en raison de sa grande pesanteur spécifique, il ne fut obtenu, pour la première fois, très pur, que par MM. Fourcroy et Vauquelin (*Ann. de Chim.*, t. xxi, p. 276), et fut regardé comme un corps simple jusqu'à la découverte du potassium et du sodium.

756. *Bi-oxide.* — A peine sapide, d'un gris blanc, verdissant le sirop de violettes, ramené à l'état de protoxide par une forte chaleur, sans action sur le gaz oxigène; absorbe peu-à-peu, à une température élevée, l'acide carbonique de l'air; abandonne en même temps une portion de son oxigène, et se transforme ainsi en carbonate de protoxide; indécomposable à froid par les corps combustibles simples; décomposable, au contraire, à chaud par l'hydrogène, le bore, le carbone, le phosphore, le soufre, par la plupart des métaux appartenant aux quatre premières sections, ainsi que par la plupart des corps combustibles composés dont les élémens peuvent agir sur lui.

En effet, tous ces corps combustibles le font passer à l'état de protoxide, en donnant lieu, savoir : l'hydrogène, à un hydrate de protoxide de barium très fusible; le phosphore, le soufre et le bore, à un phosphate, sulfate et borate, etc.; le carbone, à un carbonate (1); les métaux à un composé de protoxide de barium et de l'oxide du métal que l'on emploie; enfin, le gaz sulfhydrique, à de l'eau, et à un sulfure métallique ou à un sulfhydrate de sulfure de barium, suivant que la température est plus ou moins élevée. Ces résultats se constatent facilement dans une cloche courbe sur le mercure.

Lorsque le corps combustible est solide, on remplit à moitié la cloche de gaz azote; on porte dans sa partie courbe, avec des pinces à cuiller, une certaine quantité de ce

---

(1) Cependant si le charbon était en excès, et si la température était très élevée, on obtiendrait seulement du protoxide de barium et du gaz oxide de carbone; car tels sont les produits qui se forment en chauffant jusqu'au rouge un mélange de charbon et de carbonate de baryte.

Observons encore qu'à une température élevée l'excès de protoxide de barium peut agir sur le corps combustible, comme il a été dit (538). Par exemple, dans la réaction du soufre et du bi-oxide, il ne se forme que le tiers de la quantité d'acide sulfurique nécessaire à la neutralisation du protoxide; il se peut donc faire que les deux tiers de celui-ci, forment, avec le soufre, du sulfate de baryte et du sulfure de barium.

corps et de bi-oxide en poudre; puis ou les chauffe plus ou moins fortement. Ce ne serait qu'autant que le corps combustible serait très fusible qu'on pourrait l'employer en fragmens; s'il était gazeux, il est évident qu'il en faudrait remplir la cloche, y porter, comme précédemment, le bi-oxide en poudre ou bien en petits morceaux, et ensuite élever la température; c'est de cette manière qu'on opère la décomposition du bi-oxide par le gaz hydrogène, décomposition qui est accompagnée de phénomènes remarquables: à environ 200°, l'absorption du gaz hydrogène commence à avoir lieu; à une température voisine de la chaleur rouge, elle est si rapide qu'on est obligé d'introduire sans cesse du gaz hydrogène dans la cloche pour prévenir l'ascension du mercure : cette rapide absorption donne lieu à des jets lumineux qui partent de la surface du bi-oxide, et quoiqu'il se fasse beaucoup d'eau, il ne s'en dépose pas la moindre trace sur les parois du vase; elle est tout entière retenue en combinaison avec le protoxide qu'elle constitue hydrate, et auquel elle donne la propriété de fondre aisément.

757. L'eau froide n'a que peu d'action sur le bi-oxide de barium; elle le délite sans l'échauffer; l'eau bouillante le décompose en dégageant une partie de son oxigène. D'ailleurs, les phénomènes remarquables qu'il nous présente avec les acides ont été exposés avec détail (425 D).

758. Le bi-oxide de barium est inconnu dans la nature : on l'obtient, soit en chauffant le protoxide de barium avec la lampe, dans une petite cloche bien sèche et courbe, pleine de gaz oxigène bien sec lui-même, opérant sur le mercure, et entretenant toujours la cloche au moins à moitié pleine de gaz jusqu'à ce que l'absorption cesse d'être sensible (pl. XIII, fig. 4), soit en faisant arriver un courant de gaz oxigène sec au fond d'un ballon contenant de la baryte et porté au rouge naissant, etc. (*Voy.* bi-oxide d'hydrogène 425, C). On peut aussi le préparer par un procédé analogue à celui que l'on est forcé d'employer pour se procurer

les bi-oxides de strontium et de calcium (776). En effet, lorsqu'on verse de l'eau de baryte concentrée dans de l'eau oxigénée pure ou acide, contenant 10 à 12 fois son volume d'oxigène, il se forme une si grande quantité de paillettes nacrées d'hydrate de bi-oxide de barium que la liqueur se prend en masse. Cet hydrate, de même que celui de bi-oxide de calcium, a des propriétés analogues à l'hydrate de bi-oxide de strontium. J'observerai cependant qu'il a plus de saveur alcaline, qu'il rougit davantage le papier de curcuma, qu'il est moins insoluble dans l'eau, et qu'il est plus facilement décomposable par elle à chaud : du reste, impossible de le sécher sous la machine pneumatique sans qu'il s'en dégage du gaz oxigène.

759. L'analyse du bi-oxide de barium a été faite avec les mêmes soins et de la même manière que celle des bi-oxides de calcium et de strontium (778); comme eux, il contient le double de l'oxigène du protoxide, de sorte que sa formule atomique est BaO^2. J'ai aussi essayé de l'analyser en le chauffant avec du gaz hydrogène sec; mais la quantité d'hydrogène absorbé n'a jamais été tout-à-fait le double de celle du gaz oxigène uni à la baryte, sans doute parce qu'il est toujours resté, au centre de la matière, une portion de peroxide sur laquelle l'hydrogène ne pouvait avoir d'action.

760. *Dissolution de baryte.* —On se procure la dissolution de baryte en faisant chauffer la baryte avec de l'eau dans un matras ou une casserole bien propre, filtrant la liqueur aussitôt qu'elle est bouillante, et la recevant dans le flacon où elle doit être conservée à l'abri du contact de l'air. Cette dissolution, qu'on appelle le plus souvent *eau de baryte*, cristallise par le refroidissement lorsqu'elle est saturée; il s'y produit ordinairement des prismes hexagones terminés à chaque extrémité par une pyramide tétraèdre, qui souvent s'attachent les uns aux autres de manière à imiter une feuille de fougère. Quelquefois encore il s'y forme des octaèdres.

Les cristaux de baryte passent pour être formés de 1 proportion d'hydrate de baryte = 1 proportion de baryte 956,98 + 1 proportion d'eau 112,435, et de 8 proportions d'eau = 8 + 112,435.

L'eau de baryte est incolore, âcre et caustique; elle agit sur les couleurs comme nous l'avons dit en parlant des oxides alcalins (520); exposée à l'air, elle en attire l'acide carbonique et se couvre de pellicules blanches, parce que le carbonate qui se forme est insoluble.

762. *Hydrate de baryte.*—Cet hydrate est solide, gris blanc, compacte, très pesant, moins caustique et moins soluble dans l'eau que les cristaux de baryte; il agit sur les couleurs végétales comme les oxides alcalins; entre en fusion au-dessous de la chaleur rouge; n'est point volatil; attire, mais lentement, l'acide carbonique de l'air à une température quelconque; se comporte probablement avec le phosphore et le soufre comme les hydrates de potasse et de soude; donne lieu à du gaz carbure d'hydrogène et à du carbonate de baryte quand on le calcine avec du charbon, pourvu que celui-ci ne soit point en excès (1), et à un composé de baryte, d'oxide de potassium ou de sodium, ou de fer, en même temps qu'à un dégagement de gaz hydrogène, quand on le chauffe avec l'un de ces trois métaux, en sorte que, dans ces diverses circonstances, l'eau de cet hydrate se trouve décomposée. Il est probable que plusieurs autres métaux peuvent aussi décomposer l'hydrate de baryte, et que son action sur les composés combustibles est analogue à celle des hydrates de potasse et de soude.

L'hydrate de baryte ne se trouve point dans la nature : pour l'obtenir, on met de la baryte dans un creuset de platine ou d'argent; on verse peu-à-peu de l'eau dessus jusqu'à ce qu'elle soit réduite en bouillie épaisse : il en

____

(1) Si le charbon était en excès, et si la température était suffisamment élevée, on obtiendrait du carbure d'hydrogène, du gaz oxide de carbone et de la baryte.

résulte tout-à-coup une grande formation de vapeur qui se dégage avec sifflement ; on chauffe la matière à-peu-près jusqu'au rouge, en recouvrant le creuset de son couvercle : l'excès d'eau se dégage ; bientôt l'hydrate entre en fusion ; on le coule dans un vase de cuivre ou d'argent bien propre et bien sec, et on le conserve dans un flacon à l'abri du contact de l'air.

Cet hydrate, dont l'existence a été bien démontrée par MM. Berthollet et Bucholz (*Mémoires d'Arcueil*), paraît être formé de 1 proportion de baryte = 956,98, et de 1 proportion d'eau = 112,435. Pour l'analyser, il suffit d'en convertir une quantité déterminée en sulfate, et de retrancher du poids de l'hydrate celui de la base du sulfate.

764. *Combinaisons des métalloïdes.* — Le phosphore, le soufre, le fluor, le chlore, le brôme et l'iode, sont les seuls métalloïdes qui aient été unis au barium. L'étude des fluorure, chlorure, brômure, iodure, se trouve comprise dans l'histoire des sels : nous n'avons donc à nous occuper ici que des phosphure et sulfure.

765. *Phosphure de barium.* — Il s'obtient comme nous l'avons dit, et possède les propriétés qui ont été décrites (535).

766. *Proto-sulfure de barium.* — Les seuls moyens que nous ayons pour l'obtenir pur consistent à décomposer le sulfate de baryte, comme l'a fait M. Berthier (602, III° procédé), ou à traiter la baryte, par le gaz sulfhydrique à une température élevée (IV° procédé). 20 grammes de sulfate de baryte bien sec ayant été chauffés dans un creuset brasqué, à la température de 150° pyrométriques, lui ont donné 14^{gram},4 de sulfure, et par conséquent une perte de 5,6 équivalente à la quantité d'oxigène renfermée dans le sulfate. Ce sulfure était blanc, nuancé de gris dans quelques parties, faiblement aggloméré, s'égrenant entre les doigts, grenu, à grains cristallins. Il n'était que difficilement attaqué par l'air, à l'aide de la chaleur, phénomène dû, sans

doute, d'une part, à la cohésion du produit, et d'autre part à celle du sulfate régénéré, qui, recouvrant les parties intérieures, s'opposait à leur combustion. Le chlorate de potasse lui-même ne le brûlait qu'incomplètement. L'azotate de potasse seul le transformait entièrement en sulfate, pourvu que la température fût très élevée. Quoi qu'il en soit, il se dissolvait bien dans l'eau et donnait une liqueur incolore dont l'acide chlorhydrique dégageait beaucoup de gaz sulfhydrique, sans la troubler; ce qui est le caractère des protosulfures purs. La dissolution de sulfure faite à chaud donnait par le refroidissement des cristaux brillans; incolores, transparens, composés de sulfure et d'eau.

767. *Poly-sulfures.*—Les différens degrés de sulfuration du barium n'ont point encore été examinés. On sait seulement 1° qu'en faisant passer du soufre en vapeur à travers des fragmens de baryte chauffés presque au rouge, il en résulte une vive incandescence et un mélange de poly-sulfure et de sulfate (538 et 541); 2° qu'en dirigeant un courant de vapeur de sulfure de carbone au lieu de soufre, il se forme un sulfure métallique et du carbonate de baryte; 3° enfin qu'en faisant bouillir une dissolution de baryte avec un excès de soufre, on donne lieu à un hypo-sulfite et à un per-sulfure, comme avec la potasse.

771. *Alliages.*—Le mercure est le seul métal qui ait été combiné avec le barium. Cet alliage s'obtient comme nous l'avons dit précédemment au sujet de l'extraction du barium. Mis en contact avec l'eau, il la décompose.

772. *Action de l'eau et des acides.*—Le barium, qui opère la décomposition de l'eau à la température ordinaire, doit nous offrir avec les acides les mêmes phénomènes que le potassium.

Caractères des sels de baryte.

Couleur.	Nulle, excepté celle du chrômate.
Saveur,	Acre, piquante, si le sel et soluble.

Leurs dissolutions donnent :

Avec acide sulfurique ou dissolution de sulfate, même de sulfate de strontiane.

Précipité blanc, pour peu que la liqueur contienne de sel barytique, par exemple, $\frac{1}{50000}$: le précipité est insoluble dans un excès d'acide.

Sulfate de soude et sel barytique quelconque, même insoluble, soumis à l'ébullition quelques minutes.

Sulfate de baryte qui, lavé et chauffé avec le charbon, se transforme en sulfure ayant une saveur et une odeur d'œufs pourris.

Ammoniaque.

Point de précipité.

Carbonate de potasse, de soude, d'ammoniaque.

Précipité blanc et floconneux de carbonate.

Noix de galle, cyano-ferrure de potassium, sulfure de potassium.

Point de précipité.

ARTICLE V.

Strontium.

773. Le strontium ne se trouve naturellement que dans le sulfate et le carbonate de strontiane. On se le procure de même que le barium. Comme lui, il est blanc, plus pesant que l'acide sulfurique, brûle vivement dans l'air à l'aide de la chaleur, décompose l'eau à la température ordinaire, et se combine en deux proportions avec l'oxigène, d'où résulte un protoxide et un bi-oxide : le protoxide agit toujours comme une base puissante; le bi-oxide ne fait jamais fonction de base ni d'acide.

774. *Protoxide* ou *strontiane*. — La strontiane a sensiblement les mêmes propriétés physiques que la baryte, et se comporte avec les fluides impondérables, l'oxigène, l'air atmosphérique, les corps combustibles simples et composés, comme la chaux que nous allons examiner avec grand soin (784).

Mise en contact avec l'eau, elle donne lieu à un grand dégagement de chaleur; l'eau froide en dissout la 40e partie de son poids, et l'eau bouillante la 20e partie : aussi, quand celle-ci en est saturée, en laisse-t-elle déposer par le refroidissement sous forme de cristaux.

La strontiane s'extrait de l'azotate de strontiane comme on extrait la baryte de l'azotate de baryte (578, iv⁰ procédé).

D'après la composition des sels de strontiane, cette base doit être formée de 100 de strontium et de 18,273 d'oxigène : ce qui donne en proportions et en atomes ;

$$1 \text{ de strontium} \quad 547,30 + 1 \text{ d'oxig. } 100. = Sr\,O.$$

La strontiane ne s'emploie que dans les laboratoires, comme réactif.

Son existence, soupçonnée par Crawford, en 1790, dans un minéral venant de *Strontian*, en Écosse, minéral qu'on croyait être du carbonate de baryte et qui n'était que du carbonate de strontiane (*voy.* son Traité sur le muriate de baryte), ne fut bien constatée que par Hope et Klaproth, de 1793 à 1794 (*Voy.* traduction des Mémoires de Klaproth). Désignée d'abord par un nom tiré du lieu où on la trouva, cette base doit maintenant prendre celui d'*oxide de strontium*, puisque nous sommes certains qu'elle est composée d'un métal et d'oxigène.

776. *Bi-oxide de strontium.* — Le meilleur moyen d'obtenir le bi-oxide de strontium est de prendre de l'eau oxigénée acide qui contienne dix à douze fois son volume d'oxigène, et que l'on se procure en traitant le peroxide de barium par l'acide chlorhydrique et la dissolution par l'acide sulfurique (425); l'on y verse peu-à-peu un excès d'eau de strontiane, et tout-à-coup l'on voit se précipiter une foule de petites lames blanches, brillantes et satinées : c'est le bi-oxide à l'état d'hydrate. Comme il se dépose avec la plus grande facilité et qu'il est à peine soluble dans l'eau, il faut le laver par décantation, deux fois au moins, en se servant, à cet effet, d'une longue éprouvette à pied ; après quoi on le jette sur un filtre, et on le lave de nouveau, mais sur le filtre même, et jusqu'à ce que les eaux de lavage ne troublent plus l'azotate acide d'argent. Pour le sécher, on le laisse étendu sur le filtre ; on comprime celui-ci entre plusieurs doubles de papier, et on le met sous la machine

pneumatique, etc. Si l'on voulait opérer la dessiccation de l'oxide par la chaleur, on le décomposerait en presque totalité; dans le vide, il s'en décompose même une quantité sensible, quoique la température soit toujours très basse. Ajoutons ici une observation importante : l'on peut employer une liqueur oxigénée acide qui contienne encore une petite quantité d'oxide de fer ou d'oxide de manganèse, pourvu qu'on la filtre aussitôt que l'acide est sur-saturé par la strontiane; tout l'oxide de fer et tout l'oxide de manganèse se précipitent, et dès-lors, en continuant l'opération, l'on obtient un bi-oxide de strontium pur.

777. Le bi-oxide de strontium est blanc, brillant, satiné, inodore, presque insipide; il rougit sensiblement le papier de curcuma. Vu en suspension dans la liqueur au moment de sa formation, il a tout-à-fait l'aspect de la nacre, surtout lorsqu'on le met en mouvement; et cet aspect devient des plus agréables à l'œil lorsqu'en même temps l'oxide, qui se présente sous la forme de paillettes nombreuses, est éclairé par la lumière solaire.

Soumis à l'action du feu, le bi-oxide de strontium se décompose et se transforme en gaz oxigène et en protoxide. La chaleur de la lampe est bien plus que suffisante pour produire cette décomposition.

Projeté sur des charbons incandescens, il en augmente la combustion, comme le font certains azotates qui n'entrent en fusion que difficilement. Probablement qu'il se comporterait de même avec beaucoup d'autres corps combustibles.

Lorsqu'il est sec, il ne s'altère pas à la température ordinaire; mais lorsqu'il est humide, il se décompose peu-à-peu : aussi voit-on se dégager de temps en temps des bulles d'oxigène de celui que l'on conserve sous l'eau.

Si l'eau froide finit par décomposer le bi-oxide de strontium, il doit en être de même à plus forte raison, de l'eau chaude. En effet, que l'on fasse chauffer de l'eau avec ce bi-oxide, et bientôt il en résultera un dégagement assez rapide de gaz; la liqueur deviendra fortement alcaline; par le refroidissement, il s'en déposera de la strontiane sous forme de cristaux.

Les acides azotique, chlorhydrique, acétique, etc., attaquent tout-à-coup le bi-oxide de strontium : les produits sont une certaine quantité d'eau oxigénée et de sels de strontiane.

Le bi-oxide de manganèse, l'oxide d'argent, favorisent le dégagement de l'oxigène du bi-oxide à l'état d'hydrate, au point que l'effervescence est très sensible.

778. Je n'ai point examiné l'action du bi-oxide de strontium sur d'autres corps; j'ai préféré d'en déterminer la proportion des principes. Cette analyse exige beaucoup de soins pour être exacte. Il ne faut point la tenter sur le bi-oxide desséché, car il se décompose en partie pendant qu'on en opère la dessiccation. Il faut la faire de la manière suivante : l'on prendra du bi-oxide de strontium à l'état d'hydrate, bien lavé et encore en suspension dans un peu d'eau de lavage ; on le dissoudra dans l'acide chlorhydrique faible ; celui-ci devra être ajouté peu-à-peu, et de telle manière qu'il n'y ait point dégagement de gaz, et que la dissolution soit complète et neutre. Prenant alors une pipette étranglée en quelque point dans la tige, on la remplira de dissolution jusqu'à ce point, et l'on introduira cette dissolution dans un tube presque plein de mercure : on lavera la pipette avec de l'eau que l'on versera aussi dans le tube ; puis achevant de remplir le tube soit avec de l'eau, soit avec du mercure, on le bouchera avec un petit obturateur couvert d'un peu de suif, et on le retournera sans dessus dessous ; enfin l'on y fera passer du bi-oxide de manganèse délayé dans l'eau : à peine le contact aura-t-il lieu que tout l'oxigène qui constituait le bi-oxide de strontium se dégagera, de sorte que, pour l'obtenir, il suffira de mesurer le gaz, après avoir toutefois renversé et agité le tube à plusieurs reprises. Une observation fort importante à faire, c'est que la dissolution du bi-oxide de strontium ne doit point être acide ; si elle l'était, la quantité d'oxigène dégagé

serait trop grande; elle contiendrait un peu de gaz appartenant à l'oxide de manganèse lui-même (*voy*. 1er vol. p. 524).

Cette opération étant faite, on remplit à plusieurs reprises, comme nous venons de le dire, la pipette de la même dissolution de bi-oxide de strontium; on réunit la liqueur tout entière, y compris les eaux de lavage, dans un creuset de platine pesé d'avance avec son couvercle; on y ajoute un petit excès d'acide sulfurique qui s'unit à la strontiane et met l'acide chlorhydrique en liberté, et l'on entoure le creuset de charbons incandescens, afin de dessécher peu-à-peu le sulfate de strontiane sans produire de soubresauts; on le chauffe ensuite jusqu'au rouge; on le pèse de nouveau, et retranchant du nouveau poids le premier, on en conclut celui du sulfate, et par conséquent de la strontiane.

J'ai répété cette expérience analytique cinq fois, tantôt en mesurant les liqueurs et tantôt en les pesant; j'ai toujours vu que la quantité d'oxigène dégagé était très sensiblement le double de ce qu'en contient la strontiane. La formule atomique du bi-oxide est donc Sr O^2.

779. *Hydrate de strontiane.* — Il est plus que probable qu'on obtiendrait facilement cet hydrate en versant de l'eau peu-à-peu sur la strontiane, la réduisant en poudre humide, et la chauffant à la lampe à l'alcool, comme nous le ferons pour les hydrates de chaux et de magnésie.

780. *Combinaisons des métalloïdes.*—Les métalloïdes unis jusqu'à présent au strontium sont le phosphore, le soufre, le fluor, le chlore, le brôme, l'iode. Nous n'examinerons les fluorure, chlorure, brômure, iodure, qu'en traitant des sels.

Phosphure de strontiane. — Analogue à celui de barium.

Sulfures de strontium. — Se préparent comme ceux de barium.

De 20 grammes de sulfate de strontiane artificiel, pur et sec, chauffés dans un creuset brasqué, à la température de 150° pyrométriques, M. Berthier a retiré 12g,80 de protosulfure en masse blanche, grenue, agglomérée, mais friable.

En faisant bouillir, pendant 2 à 3 minutes, de l'eau avec

de la strontiane et du soufre, filtrant et laissant refroidir la liqueur, il se dépose, d'après Herschell et Gay-Lussac, des cristaux prismatiques jaunes, qui sont un hydrate de bi-sulfure de strontium. La liqueur qui est très jaune contient un per-sulfure.

781. *Alliages.*—Le mercure seul a été combiné avec le strontium. Cet amalgame s'obtient comme il a été dit au sujet du barium.

781 *bis. Action de l'eau et des acides.* — Le strontium, qui opère la décomposition de l'eau, à la température ordinaire, doit agir sur les acides de la même manière que le potassium (723).

782. *Caractères des sels de strontiane.*

Couleur.	Nulle, excepté celle du chromate.
Saveur.	Acre, piquante, si le sel est soluble.

Leurs dissolutions donnent :

Avec acide sulfurique et sulfates.	Ppté blanc, si le sel de strontiane n'est pas très étendu d'eau.
Avec ammoniaque.	Point de précipité.
Avec carbonate de potasse, de soude, d'ammoniaque.	Ppté blanc, floconneux de carbonate de strontiane.
Avec proto-sulfure de potassium, sulfhydrate d'ammoniaque, noix de galle, cyano-ferrure de potassium.	Point de ppté.

Ajoutons 1° qu'un sel de strontium, placé au milieu de la flamme, la colore en pourpre; 2° que le chlorure de strontium se dissout dans l'alcool et lui donne la propriété de brûler avec une flamme purpurine; 3° que le chlorure cristallise en longues aiguilles et que le chlorure de barium cristallise en lames carrées.

ARTICLE VI.

Calcium.

783. Le calcium s'obtient comme le barium, et le strontium. Comme eux, il est blanc, s'enflamme aisément à l'air, et décompose l'eau tout-à-coup, soit pure, soit chargée d'acide.

Le calcium, au 1er degré d'oxidation, constitue la chaux; au second degré, il forme un bi-oxide. Le protoxide agit toujours comme une base salifiable puissante; le bi-oxide ne fait jamais jonction ni de base ni d'acide.

784. *Chaux ou protoxide de calcium.* — Connue dès la plus haute antiquité, et regardée comme simple jusqu'à la découverte du potassium et du sodium, la chaux est une substance blanche, caustique, qui cristallise en hexaèdres, qui verdit fortement le sirop de violettes, rougit la couleur de curcuma, et pèse spécifiquement 2, 3, d'après Kirwan. Le plus violent feu de forge ne l'altère pas : il en est de même de l'oxigène. La pile la réduit, surtout au moyen du mercure. Exposée à l'air, à la température ordinaire, elle en attire l'humidité et l'acide carbonique, augmente de volume, se délite, se réduit en poudre, et passe à l'état de carbonate : aussi ne peut-on la conserver qu'en vase clos; elle absorbe même l'acide carbonique au rouge-brun. Le soufre, le phosphore, le sélénium, le chlore etc. (533 etc.), agissent fortement sur elle, à une température élevée : le soufre, en s'emparant d'une partie de son oxigène, produit un sulfate et un sulfure; le phosphore et le sélénium, un effet analogue; le chlore en opère complètement la décomposition, et de là résultent un dégagement de gaz oxigène et du chlorure de calcium.

785. L'eau dissout à-peu-près la 700e partie de son poids de chaux.

Pour préparer cette dissolution dans les laboratoires, on commence par éteindre la chaux avec une quantité d'eau convenable; après quoi l'on met une centaine de grammes de chaux éteinte dans un flacon de cinq à six litres ; on le remplit presque entièrement d'eau, on le bouche, on l'agite, et on l'abandonne à lui-même ; au bout d'un quart d'heure, la dissolution est saturée de chaux ; elle peut être filtrée, mais ordinairement on la laisse déposer dans le flacon ; on la retire par décantation à mesure qu'on en a besoin, et on la remplace par de nouvelle eau jusqu'à ce que la majeure partie de la chaux soit dissoute. On connaissait autrefois, sous le nom d'*eau de chaux seconde*, la dissolution de chaux préparée avec la chaux dont on s'était déjà servi ; on s'imaginait qu'elle était moins forte que celle que l'on avait obtenue en traitant, pour la première fois, la chaux par l'eau : c'est une erreur que les chimistes ont reconnue depuis long-temps, et qui cependant règne encore dans plusieurs ateliers où l'on fait usage de l'eau de chaux.

L'eau de chaux possède toutes les propriétés que nous avons reconnues précédemment aux eaux de baryte et de strontiane, si ce n'est que, loin de pouvoir cristalliser par refroidissement, elle cristallise au contraire lorsque, ayant été faite à la température ordinaire, elle est soumise à l'action de la chaleur. En effet, elle ne tarde point à se troubler, et à tapisser le vase qui la contient d'une multitude de paillettes brillantes : elle est donc moins soluble à chaud qu'à froid. Mais, pour obtenir des cristaux bien réguliers de chaux, ce n'est point ainsi qu'il faut s'y prendre : il faut mettre de l'eau de chaux dans une capsule à côté d'une autre contenant de l'acide sulfurique, sous un récipient où l'on fait ensuite le vide ; l'eau proprement dite se vaporise, et bientôt la chaux cristallise en petits hexaèdres réguliers (Gay-Lussac, *Ann. de Chim et de Phys.*, 1, 335). Suivant M. Dalton, l'eau dissout $\frac{1}{770}$ de son poids de chaux à 15°,6 ; $\frac{1}{972}$ à 54°,4 ; $\frac{1}{1270}$ à 100° ; $\frac{1}{635}$ à zéro. (*Ann. de Chim. et de Phys.*, t. XVI, p. 213.)

L'eau de chaux est employée dans plusieurs arts, surtout par les tanneurs, pour gonfler les peaux, et par les fabricans et les raffineurs de sucre.

786. La chaux ne se trouve jamais à l'état de pureté dans la nature; elle se trouve, au contraire, très fréquemment unie avec les acides, et surtout avec les acides carbonique, sulfurique et phosphorique. Combinée avec l'acide carbonique, elle forme la craie, les marbres, la pierre à chaux; avec l'acide sulfurique, elle forme la pierre à plâtre; et avec l'acide phosphorique, la base solide des os.

787. C'est du carbonate de chaux naturel qu'on retire la chaux : il suffit, pour cela, d'exposer ce sel à une haute température; l'acide carbonique et la chaux se séparent; l'acide se dégage à l'état gazeux, et la chaux reste sous forme solide (578, 3° procédé).

788. Dans les laboratoires, on se sert de marbre blanc, parce que ce carbonate ne contient rien d'étranger; on le concasse et on en remplit un creuset, que l'on couvre de son couvercle et que l'on place dans un fourneau à réverbère sur une tourte en terre; on fait peu-à-peu du feu dans ce fourneau, et on l'entretient pendant une heure et demie, en surmontant le dôme d'un tuyau d'environ un mètre; alors on retire le creuset, on le laisse refroidir, et on conserve la chaux dans un flacon. On reconnaît que cette base est pure à la propriété qu'elle doit avoir de ne plus faire effervescence avec les acides; si elle en faisait encore, il faudrait la chauffer de nouveau à une température plus élevée.

En grand, on emploie, selon les localités, tantôt le marbre, tantôt une pierre calcaire plus ou moins compacte, tantôt enfin des écailles d'huîtres (1). On observe, en général, que la chaux est d'autant meilleure que la matière dont on la retire est plus dense. La grande quantité de chaux que l'on consomme dans les arts a fait faire beaucoup de recherches sur la forme la plus avantageuse à donner aux fourneaux pour y calciner le carbonate. (*Voy.* les n°s 74, 77 et 100 du *Bulletin de la Société d'encouragement.*)

---

(1) Les écailles d'huîtres sont formées d'une grande quantité de carbonate de

789. Il existe une sorte de chaux qu'on appelle *chaux hydrau-lique*, parce qu'elle est propre à faire des mortiers extrême-mens durs qui prennent sous l'eau. Cette chaux, dont nous ne parlerons qu'en traitant des *silicates*, est le résultat de la calcination de mélanges naturels ou artificiels de carbonate de chaux et d'argile.

790. D'après la composition des sels calcaires, la chaux doit être formée de 100 de calcium et 39,063 d'oxigène. Ce qui donne en proportions et en atomes.

$$\text{1 de calcium} \quad 256,00 + \text{1 d'oxig, 100.} = \text{Ca O}$$

791. La chaux est une des substances les plus employées. On s'en sert pour enlever l'acide carbonique à la potasse et à la soude du commerce, et les rendre propres à entrer dans la composition du savon; on s'en sert également pour aug-menter la causticité des lessives et leur action sur le linge, pour chauler le blé, pour extraire l'ammoniaque du sel am-moniac, et quelquefois comme engrais; mêlée avec le sable, elle constitue les mortiers; jetée dans un bassin plein d'eau et qui fuit, elle en bouche les fissures à tel point, que bientôt l'infiltration s'arrête; dissoute dans l'eau, elle est quelquefois employée en médecine; enfin elle est considérée par les chimistes comme un réactif dont ils sont souvent dans le cas de faire usage.

792. *Bi-oxide de calcium.*—L'histoire du bi-oxide de calcium est absolument analogue à celle du bi-oxide de strontium : de part et d'autre, même préparation, mêmes propriétés physiques, si ce n'est qu'on peut obtenir le pre-mier tantôt en lames brillantes et nacrées, tantôt en poudre, savoir : sous la première forme, en ajoutant l'eau de chaux peu-à-peu à l'eau oxigénée acide; sous la deuxième, en ajou-tant beaucoup de cette basse à-la-fois. De part et d'autre

---

chaux et de matière animale destructible par le feu, d'une très petite quantité de phosphate de chaux et de sel marin.

encore, même action sur le feu, sur l'eau, sur le charbon, sur les acides, etc.; même décomposition lente lorsque l'oxide est à l'état d'hydrate et qu'on l'abandonne à lui-même; même méthode enfin pour en déterminer la proportion des principes.

793. Je n'ai analysé que le bi-oxide cristallisé : il contenait deux fois autant d'oxigène que la chaux; sa formule atomique est donc $Ca\,O^2$. Je pense que celui qui est en poudre est dans le même cas; il faudrait pourtant le soumettre à l'analyse, car il serait possible qu'il fût formé de chaux et d'oxigène dans une autre proportion que le précédent.

794. *Hydrate de chaux.* —L'hydrate de chaux s'obtient, d'après M. Berzelius, en versant assez d'eau sur la chaux vive pour la réduire en bouillie, et en exposant cette bouillie, dans un creuset d'argent ou de platine, à la chaleur de la lampe à esprit-de-vin. Dans cette opération, la chaux augmente de 24,8 pour 100 d'hydrate; d'où il suit que l'hydrate de chaux contient presque le quart de son poids d'eau, ou qu'il est formé de 1 proportion de base et de 1 proportion d'eau (*Ann. de Chim.* ; t. LXXXII). Cet hydrate est blanc, pulvérulent, beaucoup moins caustique que la chaux vive, abandonne à une haute température l'eau qui entre dans sa composition, attire l'acide carbonique de l'air, possède la plupart des autres propriétés que nous avons reconnues à l'hydrate de potasse, et de plus celle d'absorber une grande quantité de chlore, et de former un composé, dont on emploie aujourd'hui une très grande quantité pour le blanchîment des toiles, et dont on fait usage aussi pour désinfecter l'air et les cadavres. On tenterait vainement d'obtenir ce produit, soit avec la chaux vive, soit avec le marbre ou carbonate de chaux.

795. Les fabricans le préparent, sous le nom de *chlorure de chaux*, en faisant arriver le chlore en gaz dans des chambres bâties en pierre siliceuse, et où se trouvent disposés par étages un grand nombre de planchers qui reçoivent

l'hydrate. Le chlore arrive d'abord entre le plancher inférieur et le deuxième; puis entre celui-ci et le troisième, etc, par de petites ouvertures pratiquées à l'extrémité de chaque plancher intermédiaire (voir la description du docteur Ure, *Ann. de Chim. et de Phys.*, t. xx, p. 436). Nous n'examinerons la nature et les propriétés de ce composé qu'à l'époque où il sera question des chlorates et des chlorates oxigénés.

796. *Combinaisons des métalloïdes.*—Les métalloïdes unis jusqu'à présent au calcium sont : le phosphore, le soufre, le sélénium, le fluor, le chlore, le brôme et l'iode : nous n'examinerons les fluorure, chlorure, brômure, iodure, qu'en traitant des sels.

Phosphure de calcium. — S'obtient comme ceux de barium et de strontium et possède des propriétés analogues (765).

Sulfures de calcium. — On procède aussi à leur préparation comme à celle des sulfures de barium: 20 grammes de sulfate de chaux limpide, calcinés avec le charbon et contenant, soit en oxigène, soit en eau de cristallisation, 0,462 de leur poids, ont fourni $10^{gram},76$ d'un proto-sulfure parfaitement pur, blanc et opaque, qui n'avait éprouvé aucun commencement de fusion et qui conservait la forme des morceaux de gypse employés. Sa saveur est hépatique et alcaline. Il est peu soluble dans l'eau et se comporte d'ailleurs avec l'air et les acides comme celui de barium. C'est ce sulfure qu'on appelait autrefois *phosphore de canton*, parce qu'il luit dans l'obscurité comme celui de barium.

Sa composition est en atomes et en proportions :

1 de soufre,...201,16 $+$ 1 de métal. 256,019. $=$ Ca S.

Lorsqu'on fait bouillir de l'eau avec du soufre et de l'hydrate de chaux pendant quelques minutes, qu'on filtre la liqueur et qu'on la laisse refroidir, il s'en dépose des cristaux jaunes qui, d'après Herschel, sont un bi-sulfure de calcium contenant 43,45 pour 100 d'eau de cristallisation : il se forme en même temps de l'hypo-sulfite.

Si le soufre est en excès et si l'on soutient l'ébullition pendant un temps suffisant, le sulfure qui se produit est un quinti-sulfure ou per-sulfure très coloré.

797. *Alliages.*—Un seul est connu; c'est celui de mercure : c'est de cet alliage qu'on extrait le calcium (749).

798. *Action de l'eau et des acides.* — Le calcium, qui décompose l'eau, à la température ordinaire, doit agir sur les acides à la manière du potassium (723).

799. Caractères des sels calcaires.

Couleur.	Nulle, excepté celle du chromate.
Saveur.	Acre, piquante, si le sel est soluble.

Leurs dissolutions donnent :

Avec acide sulfurique, sulfates solubles.	Ppté de sulfate blanc, lorsque les dissolutions calcaires sont suffisamment concentrées.
Avec acide oxalique, oxalate de potasse, de soude, d'ammoniaque.	Ppté blanc d'oxalate qui se manifeste bientôt, même dans les dissolutions très étendues.
Avec ammoniaque.	Point de précipité.
Avec potasse, soude.	Précipité blanc de chaux hydratée.
Avec carbonate de potasse, de soude, d'ammoniaque.	Précipité blanc de carbonate de chaux.
Avec dissolution de savon.	Flocons blancs de margarate et d'oléate de chaux.
Avec acide sulfhydrique; sulfure de potassium, de sodium; cyano-ferrure de potassium; noix de galle.	Point de ppté.

CHAPITRE II.

Métaux de la deuxième section.

800. Les métaux compris dans la deuxième section sont au nombre de quatre : le magnésium, l'yttrium, le glucinium

et l'aluminium. Ils ont pour caractères de ne point décomposer l'eau à la température ordinaire, de la décomposer à la température de 100 à 200°, d'absorber l'oxigène à l'aide de la chaleur, et de former des oxides blancs, très difficiles à fondre, et irréductibles par l'hydrogène et le charbon.

ARTICLE Ier.

Magnésium.

801. La découverte des métaux alcalins, qui date de 1807, avait rendu si évidente l'existence des métaux terreux, que depuis cette époque on n'élevait aucun doute à cet égard. Cependant, il était vivement à desirer que l'on parvînt à réduire ces métaux, non-seulement pour être à même de les étudier, mais aussi pour démontrer que l'expérience était d'accord avec la théorie. Plusieurs chimistes très habiles, Davy, Berzelius, OErstedt, en avaient tenté vainement la réduction, lorsqu'en 1827, M. Wohler opéra celle de l'aluminium, du glucinium, de l'yttrium, par un procédé très simple, qui permit bientôt ensuite à M. Bussy de réduire aussi le magnésium (1). C'est en chauffant les chlorures des métaux terreux avec le potassium, que M. Wohler obtint ces nouveaux corps dans leur plus grand état de pureté.

802. *Propriétés physiques.* — Le magnésium est solide, blanc d'argent, brillant, dur, mais attaquable à la lime, assez malléable pour être forgé, plus dense que l'eau. Son poids atomique est de 158, 353.

Il entre en fusion à-peu-près au même degré de chaleur que l'argent; il paraît qu'il n'est point volatil.

Action de l'air, oxide, hydrate.

A la température ordinaire, le magnésium n'a point d'ac-

---

(1) *Ann. de chim. et phys.*, LXVI, 437.

tion sur l'air sec ; il s'oxide lentement au contact de l'air humide, mais à une température élevée, quel que soit l'état hygrométrique de l'air, il y brûle vivement et en scintillant : il se convertit alors en un oxide qui est le seul que ce métal ait encore pu former, et qui porte le nom d'*oxide de magnésium* ou de *magnésie*. Cet oxide est après les alcalis la base salifiable la plus puissante.

803. *Oxide de magnésium* ou *magnésie*. — Blanc, très doux au toucher, verdissant le sirop de violettes, infusible à un feu de forge, sans action sur le gaz oxigène ; décomposable par le chlore au degré de la chaleur rouge, mais inattaquable par les autres corps simples ; absorbant le gaz acide carbonique de l'air à la température ordinaire.

La magnésie ne se trouve, dans la nature, que combinée isolément avec les acides sulfurique, carbonique, azotique, silicique, borique, phosphorique, et qu'à l'état d'hydrate. On l'obtient en versant une dissolution de carbonate de potasse ou de soude dans une dissolutiou de sulfate de magnésie, recueillant le carbonate de magnésie qui se précipite, le lavant, le séchant et le décomposant par le feu. (578, 2ᵉ et 3ᵉ procédé.)

La composition du sulfate de magnésie prouve qu'il est formé de 100 de magnésium et de 68,156 d'oxigène d'où l'on déduit, en proportions ou en atomes :

1 de magnésium 158,35 + 1 d'oxigène 100 = Ma O.

La médecine seule en fait usage ; elle l'emploie pour dissiper les aigreurs de l'estomac et contre les empoisonnemens par les acides.

Cet oxide, entrevu en 1722 par Frédéric Hoffmann (*Opus. phys. et chim.*, pag. 105 et 177), ne fut réellement distingué comme substance particulière, qu'en 1755, par Black ; il fut ensuite examiné par Margraff (*Opus.* 11, 20), Bergman et Butini, etc., et regardé comme corps simple jusqu'à la découverte du potassium et du sodium.

804. *Hydrate de magnésie.* — Cet hydrate se prépare comme

celui de chaux (794), et est formé, d'après M. Berzelius, de 100 de magnésie et de 43,51 d'eau ou de 1 proportion de l'un et 1 proportion de l'autre : on en dégage celle-ci par la chaleur rouge. Il est pulvérulent, et doué de la plupart des propriétés de la magnésie. On l'a trouvé à Hoboken (New-Jersey) et dans l'île d'Onro (l'une des Shetland) : cet hydrate naturel a une composition analogue au précédent. (Stromeyer, *Ann. de chim. et de Phys.*, xx, 373 ; Fife, *Journal des Mines*, vii, 227.)

Action des métallïodes et des métaux.

Le soufre et le mercure sont les seuls de ces corps dont on ait examiné l'action sur le magnésium.

805. *Sulfure.*— Le magnésium ne se combine point au soufre par la fusion ; on peut cependant se procurer un sulfure de magnésium. En effet, il paraîtrait, d'après M. Berthier, que le sulfate de magnésie, chauffé fortement dans un creuset brasqué, se convertirait en un mélange de magnésie et de sulfure métallique. Mais, lorsque le charbon est en excès et mêlé au sulfate, et que la température est suffisamment élevée, il ne se forme plus de sulfure ; tout le soufre se dégage, probablement à l'état de carbure, et il ne reste que de la magnésie.

806. *Amalgame.*—Le magnésium se dissout dans le mercure auquel il donne beaucoup de consistance : l'amalgame s'attache facilement au verre.

Action des oxides et des acides.

807. *Eau.*—Le magnésium ne décompose l'eau qu'autant qu'elle est bouillante ; et encore la décomposition est-elle très lente : on en juge par le faible dégagement de gaz, qui a lieu.

Acide sulfurique concentré.—A chaud, décomposition de l'acide, dégagement de gaz sulfureux, formation de sulfate.

Acide sulfurique faible.—Décomposition subite de l'eau, vive effervescence due au gaz hydrogène qui se dégage, production de sulfate soluble et incolore.

Autres oxacides qui ne cèdent pas facilement leur oxigène.—Mêmes phénomènes qu'avec l'acide sulfurique étendu. L'acide acétique lui-même est dans ce cas.

Acide azotique. — Action subite, décomposition de l'acide, dégagement de bi-oxide d'azote qui produit des vapeurs rutilantes dans son contact avec l'air, formation d'azotate de magnésie soluble et incolore.

Acide chlorhydrique liquide.—Décomposition de l'acide, dégagement subit d'hydrogène, formation de chlorure.

8o8. *Caractères des sels de magnésie.*

Saveur.	Amère.
Couleur.	Nulle, sauf celle du chrômate.

Leurs dissolutions donnent :

Avec bi-carbonate de potasse ou de soude.	Point de ppté à froid; ppté de carbonate à chaud.
Avec carbonate alcalin.	Précipité blanc de carbonate de magnésie.
Avec potasse, soude caustique.	Précipité blanc d'hydrate de magnésie, insoluble dans un excès d'alcali.
Avec ammoniaque.	Décomposition de la moitié du sel, s'il est neutre, précipité blanc d'hydrate de magnésie et formation d'un sel ammoniaco-magnésien soluble; point de précipité si le sel est acide.
Avec phospnate d'ammoniaque.	Précipité blanc de phosphate ammoniaco-magnésien.
Avec ses ammoniacaux de même acide.	Sels doubles ammoniaco-magnésiens, indécomposables par ammoniaque et toujours moins solubles que ne le sont, terme moyen, les deux sels qui les constituent.
Avec sulfhydrate neutre de potassium de sodium.	Point de précipité.
Avec noix de galle.	Point de précipité.
Avec cyano-ferrure de potassium.	Point de précipité.

809. *Etat naturel.*—Le magnésium ne se rencontre jamais dans la nature qu'à l'état d'oxide hydraté et de sel (803).

810. *Préparation.*—C'est en décomposant le chlorure de magnésium par le potassium que l'on se procure le magnésium. Pour cette opération, on prend un tube de verre peu fusible, fermé et légèrement courbé à l'une de ses extrémités ; on y introduit 15 à 20 globules de potassium de la grosseur d'un pois, et l'on ajoute par-dessus de petits fragmens de chlorure de magnésium. Le tube étant placé horizontalement, est chauffé jusqu'au rouge obscur dans la partie qui renferme le chlorure de magnésium ; alors on y fait passer le potassium qui se trouve dans la partie courbe du tube, en le chauffant pour le réduire en vapeurs. La réaction a lieu avec un vif dégagement de lumière qui se propage dans toute la masse : il se forme du chlorure de potassium, et le magnésium est mis en liberté. Après le refroidissement du tube, on jette dans l'eau la matière qu'il contient ; le chlorure de potassium se dissout, et le magnésium se rassemble au fond du vase sous forme de globules très brillans : s'il restait un peu de potassium libre, il y aurait en même temps décomposition d'eau, dégagement d'hydrogène, formation de protoxide de potassium qui réagirait sur une partie de l'excès de chlorure de magnésium, et de là résulterait une nouvelle quantité de chlorure de potassium et un précipité de magnésie.

ARTICLE II.

Yttrium.

811. L'yttrium est un métal qui se rencontre seulement uni à l'oxigène et qui a été obtenu pur, en 1827, par M. Wolher, sous forme de poudre au milieu de laquelle on distingue beaucoup de petites écailles, luisantes, d'un gris noir, et douées de l'éclat métallique (1) ; il est plus dense que l'eau. Son poids atomique $= 402,514$.

C'est du chlorure d'yttrium qu'on l'extrait en suivant le même procédé que pour obtenir le glucinium : au moment de la réaction ; il y a, comme avec celui-ci, un grand dégagement de lumière (824).

Action de l'oxigène, de l'air ; oxide.

812. L'yttrium, à la température ordinaire, ne s'oxide point dans l'air ; mais, à une température élevée, il y brûle avec une vive lumière et se transforme en un oxide qui est blanc. Sa combustion dans l'oxigène a lieu avec une lumière plus intense et plus éclatante encore, et l'oxide alors offre des traces de fusion non équivoques.

Il n'existe qu'un seul oxide qui est l'yttria. Cet oxide fait toujours fonction de base salifiable.

813. *Oxide d'yttrium* ou *yttria.* — Blanc, infusible à un feu de forge, sans action sur le gaz oxigène, et sur les corps combustibles ; insoluble dans l'eau et dans les alcalis ; soluble au contraire, mais beaucoup moins que la glucine, dans le carbonate d'ammoniaque ; absorbe le gaz carbonique de l'air à la température ordinaire.

L'yttria n'a été trouvée jusqu'à présent que dans la peninsule scandinave et dans l'île Bornholm de la mer Baltique ; elle fait partie de quelques minéraux rares, savoir : de la gadolinite, de l'yttro-tantalite, de l'yttro-cérite (1), de l'orthite, du pyrorthite et du phosphate d'yttria.

---

(1) 1° La gadolinite, trouvée pour la première fois par Gadolin, près Ytterby, dans des filons de feldspath coupés par des veines de mica, a été rencontrée depuis à Finbo et à Broddbo, dans les environs de Fahlun.

D'après M. Vauquelin, celle d'Ytterby est composée de 25,5 de silice, de 25 d'oxide de fer, de 2 d'oxide de manganèse, de 2 de chaux, de 35 d'yttria. (*Ann. de Chim.*, t. XXXVI, p. 152.)

Suivant M. Berzelius, elle contient de l'oxide de cérium et est semblable à la gadolinite de Finbo et de Broddbo, dans lesquelles il a trouvé, à très peu de chose près, 25 de silice, 45 d'yttria, 18 de peroxide de cérium, 12 de peroxide fer. (*Ann. de Chim. et de phys.*, t. III, 26.)

C'est de la gadolinite, pierre dont la composition vient d'être citée, qu'on extrait ordinairement l'yttria. Pour cela on pulvérise cette pierre, et on la traite dans une fiole ou dans un matras, à l'aide de la chaleur, par trois ou quatre fois son poids d'acide azotique un peu étendu d'eau; l'acide azotique dissout toute l'yttria, le cérium, la chaux, le manganèse, une portion du fer, et n'attaque point la silice; celle-ci reste sous forme de gelée avec la portion de fer non dissoute. Après avoir fait bouillir la liqueur pendant quelque temps, on l'étend d'eau pour pouvoir la filtrer; lorsqu'elle est filtrée, et que le résidu est suffisamment lavé, on l'évapore jusqu'à siccité pour en chasser l'excès d'acide azotique et décomposer la majeure partie de l'azotate de fer; alors on verse de l'eau sur la matière sèche; on dissout ainsi les azotates d'yttria, de cérium, de chaux, de manganèse, et l'azotate de fer non décomposé. On verse de nouveau la liqueur sur un filtre pour l'avoir claire, ou la séparer de l'oxide de fer qu'elle tient en suspension, et on y ajoute un grand excès de carbonate d'ammoniaque en dissolution; il en résulte un azotate d'ammoniaque soluble par lui-même, des carbonates d'yttria et de cérium solubles à la faveur de l'excès du carbonate d'ammoniaque, et des carbonates de chaux, de fer et de manganèse, insolubles. Cette opération étant faite, il faut filtrer la liqueur une troisième fois, puis la faire bouillir : par ce moyen, le carbonate d'ammoniaque se volatilise, et les carbonates d'yttria et de cérium se précipitent; on les re-

---

2° L'yttro-tantalite se trouve près de la gadolinite, à Ytterby, en morceaux disséminés et de la grosseur d'une noisette. Ce minéral est gris et est composé d'oxide de fer, d'oxide de manganèse, d'oxide de tantale ou de colombium et d'yttria.

3° L'yttro-cérite a été découverte, près de Fahlun, par MM. Gahn et Berzelius; cette substance est composée, d'après eux, de 47,63 à 50,00 de chaux, 9,11 à 8,10 d'yttria, 18,22 à 16,45 d'oxide de cérium, 25,05 à 25,45 d'acide fluorique. (*Ann. de chim. et de phys.*, 11, 412.)

cueille sur un nouveau filtre, et on les lave à grande eau. Il ne s'agit plus maintenant que de séparer les bases de ces deux carbonates, ce qui est très difficile, d'après les expériences de M. Berzelius.

Le moyen qui lui a le mieux réussi consiste à les dissoudre dans l'acide azotique, à chasser l'excès d'acide par l'évaporation, à verser sur le résidu environ cent fois son poids d'eau, et à mettre dans la liqueur des cristaux de sulfate de potasse. Ce sel produit, quelque temps après, un précipité qui est un sel double insoluble de sulfate de potasse et de cérium. Au bout de douze à vingt-quatre heures, le sulfate de potasse étant en excès, on décante la liqueur, on la clarifie par le filtre, et l'on y ajoute un excès d'ammoniaque. Celle-ci en précipite tout-à-coup l'yttria. Lavée, séchée et calcinée, l'yttria peut être regardée, après ce long traitement, comme sensiblement pure, ou unie tout au plus à des traces d'oxide de cérium.

D'après l'analyse que M. Berzelius a faite du sulfate d'yttria, cette terre doit être formée de 24,844 d'oxigène et de 100 d'yttrium.

Ce qui donne pour sa composition en proportions et en atomes :

$$\text{1 d'yttrium 401,84} + \text{1 d'oxigène 100} = \text{YO.}$$

L'yttria, découverte et examinée par M. Gadolin en 1794 (1), fut étudiée ensuite par M. Ekeberg, par Vauquelin (2), par Klaproth (3), par M. Berzelius (4), par M. Wöhler (5). Regardée comme un corps simple jusqu'à la découverte du potassium et du sodium, elle est aujourd'hui placée au rang des oxides : son nom est tiré de celui du lieu (*Ytterby*) où on la trouva d'abord.

---

(1) *Transactions de Stockholm.*

(2) *Ann. de Chim.*, t. XXXVI, p. 143.

(3) *Ann. de Chim.*, t. XXXVII.

(4) *Ann. de Chim. et de Phys.*, t. III, p. 26.

(5) *Ann. de Chim. et de Phys.*, t. XXXIX, 77.

Combinaisons des métalloïdes et des métaux avec l'yttrium.

814. Les seuls métalloïdes que M. Wöhler ait unis directement avec l'yttrium sont le phosphore, le soufre et le sélénium : tous, dans leurs combinaisons, dégagent de la lumière.

Phosphure.—Pour l'obtenir, il faut placer l'yttrium dans un tube de verre horizontal, le chauffer à la lampe et y faire arriver du phosphore en vapeur (pl. 1, fig. 21) : il est pulvérulent, d'un gris noir, et décompose l'eau en donnant lieu à un dégagement de gaz phosphure d'hydrogène inflammable.

Sulfure.— Gris, pulvérulent, insoluble dans l'eau ; décomposable par les acides étendus, avec production de gaz sulfhydrique et d'un sel d'yttria : on l'obtient comme le phosphure.

Séléniures.—Noir, ne décompose l'eau, comme le sulfure, que sous l'influence des acides, et donne alors du gaz sélénhydrique et un sel d'yttria : il se forme, avec un faible dégagement de lumière, aussitôt que le sélénium est fondu.

Alliages. — L'yttrium n'a encore été combiné à aucun métal.

Action de l'eau, des alcalis et des acides.

815. *Eau et oxacides.* — L'yttrium ne décompose l'eau qu'à la température de 100 à 200°; il la décompose au contraire à la température ordinaire sous l'influence des principaux acides oxigénés.

Potasse caustique. — Décomposition d'eau, dégagement sensible de gaz hydrogène, dissolution de l'yttria. Cependant l'yttria ne se dissout pas dans les alcalis, lorsqu'on la précipite par ceux-ci de sa dissolution dans les acides.

Ammoniaque.— Point d'action.

816. *Caractères des sels d'yttria.*

Couleur.	Nulle, excepté celle du chrômate qui est jaune.
Saveur.	Sucrée et légèrement astringente.

Leurs dissolutions donnent :

Avec potasse, soude ammoniaque. Un ppté blanc d'hydrate d'yttria insoluble dans un excès d'alcali.

Avec carbonate d'ammoniaque. Un ppté blanc de carbonate d'yttria,
soluble dans un excès de carbonate
ammoniacal, mais beaucoup moins
que celui de glucine.

Avec cyanure jaune de potassium Précipité blanc.
et de fer.

Avec infusion de noix de galle. Point de précipité.

Ajoutons que le sulfate d'yttria cristallise facilement, s effleurit à la température de 40°, devient d'un blanc de lait
sans perdre sa forme cristalline, et qu'alors il ne reprend
pas sa transparence dans l'eau.

ARTICLE III.

Glucinium.

817. Le glucinium est un métal dont la réduction a été
opérée pour la première fois, en 1827, par M. Wöhler.

On ne le connaît encore que sous forme d'une poudre
d'un gris foncé, qui prend l'éclat métallique par le frottement. Sa densité est plus grande que celle de l'eau ; son
poids atomique = 331,479.

Il est très difficile à fondre, puisque la chaleur violente,
qui a lieu au moment où il se réduit, ne lui fait éprouver
aucune agglomération.

Action de l'oxigène, de l'air ; oxide.

818. Le glucinium ne s'oxide point dans l'air, à la température ordinaire ; mais, au degré de la chaleur rouge, il y
brûle vivement et se transforme en oxide blanc. Sa combustion dans l'oxigène est plus vive encore, et est accompagnée
d'une lumière si intense et si blanche qu'on n'en peut supporter l'éclat. Cependant l'oxide qui en résulte n'offre aucune trace de fusion. Cet oxide est le seul que le glucinium
peut produire : il constitue la terre à laquelle on a donné le

13.

nom de *glucine*. La glucine est une base qui quelquefois fait fonction d'acide, particulièrement avec les alcalis.

819. *Oxide de glucinium ou glucine.* — Blanc, insipide, infusible à un feu de forge, sans action sur le gaz oxigène et sur les corps combustibles simples, insoluble dans l'eau, soluble dans la potasse et la soude, caustiques; soluble aussi, surtout à l'état d'hydrate, dans le carbonate d'ammoniaque; absorbe le gaz acide carbonique de l'air à la température ordinaire; existe seulement dans deux espèces de pierres gemmes, dans l'émeraude, qui comprend le béril et l'aigue-marine, et dans l'euclase (1); découvert en 1798, par M. Vauquelin; appelé *glucine*, parce que les sels solubles qu'il forme sont doux et sucrés; regardé comme corps simple jusqu'à la découverte du potassium et du sodium.

---

(1) L'euclase, pierre d'un vert tendre, transparente, plus dure que le quarz, très fragile à cause de la facilité avec laquelle elle se clive, dont la cristallisation se rapporte à un prisme oblique rectangulaire, est très rare, et a été apportée du Pérou, par Dombey. M. Berzelius, qui l'a analysée, en a retiré 43,22 de silice, 30,56 d'alumine, 21,78 de glucine, 2,22 d'oxide de fer, 0,70 d'oxide d'étain.

L'émeraude, dont la forme est un prisme hexaèdre régulier, présente un assez grand nombre de variétés. L'émeraude par excellence, dont la belle couleur verte est due à quelques centièmes d'oxide de chrôme, est celle du Pérou ; il y a des émeraudes d'un vert jaunâtre, d'un vert pâle, d'un vert bleuâtre, bleues, jaunes de diverses teintes, qui ont reçu le nom de *béril* et d'*aigue-marine;* enfin il en est qui sont *grossières,* opaques, d'un blanc sale : telle est celle de Limoges, dont on extrait ordinairement la glucine. Toutes les variétés se trouvent disséminées dans des roches granitiques assez modernes, dans des micaschistes et aussi dans des roches des terrains intermédiaires : telle est, par exemple, le gisement de celle du Pérou. Les montagnes de Daourie, sur les frontières de la Chine, fournissent les plus beaux bérils et les plus belles aigues-marines.

L'émeraude est formée de :

Silice	68
Alumine	18
Glucine	14
	100

La glucine s'extrait de l'émeraude commune. A cet effet, après avoir traité successivement cette pierre par la potasse, l'eau et l'acide chlorhydrique, on évapore la dissolution jusqu'à siccité; on verse de l'eau sur le résidu, et on filtre la liqueur; ensuite on verse un excès de carbonate d'ammoniaque dans celle-ci; par ce moyen, on forme du chlorhydrate d'ammoniaque soluble, des carbonates de chaux, de chrôme et de fer insolubles, et du carbonate de glucine insoluble par lui-même, mais soluble dans l'excès de carbonate d'ammoniaque; on filtre de nouveau; l'on fait bouillir, et bientôt le carbonate de glucine se dépose; on le lave, on le sèche, puis, en le calcinant, on en chasse l'acide carbonique et on obtient la glucine pure. La première partie de ce procédé est la même que la première partie du procédé par lequel on extrait la zircône; et la seconde partie est la même aussi que la seconde partie du procédé par lequel on extrait l'yttria.

D'après l'analyse des sels de glucine, cette terre doit être formée de 100 de métal et de 45,252 d'oxigène, ce qui donne pour sa composition :

En prop. 1 de glucinium   220,98 $+$ 1 d'oxig. 100
En at. 2 de glucinium 3 $\times$ 220,98 $+$ 3 d'oxig. 300 $=$ G^2O^3.

Combinaisons des métalloïdes et des métaux avec le glucinium.

820. Le glucinium se combine facilement avec le phosphore, le soufre, le sélénium, le chlore, le brôme, l'iode: au moment de la réaction, il y a toujours un vif dégagement de lumière. Toutes ces combinaisons s'opèrent en chauffant le glucinium dans un tube de verre horizontal, et y faisant arriver les métalloïdes en vapeur, comme nous l'avons exposé au sujet de l'yttrium.

Phosphure.—C'est une poudre grise qui, jetée dans l'eau la décompose et produit un dégagement de sesqui-phosphure d'hydrogène spontanément inflammable.

Sulfure. — Au moment de l'union du soufre et du métal, l'incandescence est presque aussi grande que celle qui a lieu pendant la combustion du métal dans l'oxigène. Le sulfure forme une masse grise non fondue qui se dissout dans l'eau, mais difficilement et sans production de gaz. Les acides le décomposent avec un grand dégagement de gaz sulfhydrique : l'oxide de glucinium formé reste en dissolution.

Séléniure. —Le séléniure peut s'obtenir en mêlant le sélénium et le glucinium en poudre et chauffant le mélange dans un tube de verre; il se réunit en une masse fondue, aigre, grise, à cassure cristalline ; il se dissout dans l'eau sans la décomposer. Toutefois, la liqueur devient rouge promptement à cause du sélénium qui se sépare.

Chlorure, brômure, iodure (voy. les sels).

Alliages. — L'arsénic et le tellure sont les deux seuls métaux qui aient été unis au glucinium.

Arséniure. — Poudre grise, non fondue, qui décompose l'eau avec dégagement de gaz hydrogène arséniqué : il y a production de lumière, lors de l'union des métaux.

Alliage de tellure et de glucinium. —Poudre grise qui, dans l'air, exhale l'odeur de l'hydrogène telluré, et qui, dans son contact avec l'eau, laisse dégager une grande quantité de ce gaz.

Action de l'eau, des alcalis et des acides.

821. *Eau*. — Le glucinium ne s'oxide point dans l'eau bouillante; il la décomposerait sans doute de 100 à 200°.

Acides. — Mêmes phénomènes qu'avec le magnésium.

Potasse, soude. — Décomposition de l'eau, dégagement d'hydrogène, dissolution de glucine dans l'alcali.

Ammoniaque. — Point d'action.

822. *Caractères des sels de glucine.*

Couleur.	Blanche, excepté celle du chrômate qui est jaune.
Saveur.	Sucrée et très légèrement astringente.

Leurs dissolutions donnent

Avec potasse, soude.	Un précipité blanc d'hydrate de glucine, soluble dans un excès d'alcali.
Avec l'ammoniaque.	Un ppté blanc d'hydrate insoluble dans un excès d'alcali.
Avec le carbonate d'ammoniaque.	Un ppté blanc de carbonate de glucine, soluble dans un excès de carbonate ammoniacal.
Avec les carbonates de potasse, de soude.	Un ppté blanc de carbonate de glucine, peu soluble dans un excès de carbonate alcalin.
Avec cyanure jaune de potassium et de fer.	Point de ppté.
Avec infusion de noix de galle.	Point de ppté.
Avec fluorure de potassium.	Dépôt d'un sel double cristallisé en petites paillettes peu solubles, lorsque l'on ajoute du fluorure chaud au sel de glucine chaud, jusqu'à ce que la liqueur commence à se troubler.

Etat naturel, extraction.

823. *Etat naturel.*—Le glucinium n'a été trouvé jusqu'ici que dans quelques pierres gemmes à l'état de silicate (819).

824. *Extraction.* — C'est du chlorure de glucinium qu'on l'extrait : pour cela on place le chlorure par couches alternatives avec du potassium en globules aplatis dans un creuset de platine ou de porcelaine, dont on fixe le couvercle avec un fil métallique. Dans cet état, il suffit de chauffer le creuset à la flamme d'une lampe à alcool. Bientôt la réaction s'opère avec tant de chaleur, que le fond du creuset rougit jusqu'au blanc. On le laisse refroidir, et, après en avoir enlevé le couvercle, on le renverse dans un grand verre presque plein d'eau distillée. Le chlorure de potassium formé se dissout, ainsi que le chlorure de glucinium non décomposé; le glucinium pur se sépare en poudre d'un gris noir, que l'on recueille sur un filtre, qu'on lave et que l'on dessèche : il se dégage en même temps un peu de gaz hydrogène provenant de ce que des parcelles de potassium échappent à la réaction. (Wöhler, *Ann. de Ch. et de Ph.* XXXIX, 77.)

ARTICLE IV.

Aluminium.

825. L'aluminium est le premier des métaux terreux qui ait été obtenu à l'état métallique. Sa réduction date seulement de 1827 ; elle est due à M. Wöhler qui la fit en chauffant le chlorure d'aluminium avec le potassium (1), et qui bientôt après réduisit de la même manière le glucinium et l'yttrium.

L'aluminium, ainsi obtenu, est une poudre grise, ressemblant beaucoup à celle du platine ; broyée dans un mortier d'agate, elle se comprime un peu et forme alors des paillettes métalliques qui ont l'éclat et le blanc de l'étain. Elle est mauvais conducteur de l'électricité ; mais M. Wöhler ayant observé que le fer en poudre tenue est dans le même cas, il est probable que l'aluminium en masse serait comme tous les autres métaux susceptible de conduire le fluide électrique.

L'aluminium résiste à la température qui suffit pour faire entrer la fonte en fusion : on ignore quel est le degré de chaleur nécessaire pour le fondre.

Action de l'oxigène, de l'air ; oxide, hydrate.

826. *Oxigène et air.* — Chauffé dans l'air jusqu'au rouge, l'aluminium brûle vivement et se transforme en une matière blanche qui est l'alumine. Projeté en poudre à travers la flamme d'une bougie, chaque parcelle en brûlant donne des étincelles très brillantes. Sa combustion dans l'oxigène s'opère avec une si grande intensité de lumière que l'œil ne peut en supporter l'éclat, et le dégagement de chaleur est tel que l'alumine produite se trouve en partie fondue. M. Wöhler a observé que les petits fragmens auxquels elle donne lieu en cet état, sont jaunâtres et aussi durs que le corindon qui est de l'alumine pure ; qu'ils ne raient pas seulement

____

(1) *Ann. de Chim. et de Phys.*, t. XXXVII, p. 66.

le verre, mais qu'ils le coupent; il a observé de plus que la portion intérieure de la boule épaisse de verre, dans laquelle il opérait, offrait des tâches brunes de silicium, et ce qui est digne de remarque, que l'aluminium, dont la combustion est si vive, ne prend feu même dans l'oxigène, qu'autant qu'il est chauffé jusqu'au rouge.

Il n'existe qu'un oxide d'aluminium : c'est celui que l'on désigne ordinairement par le nom d'*alumine* ou de *terre alumineuse;* il fait fonction de base, et quelquefois d'acide.

827. *Oxide d'aluminium ou alumine.*—Margraff est le premier qui, en 1754, distingua l'alumine comme corps particulier. Étudiée ensuite par beaucoup de chimistes, elle fut regardée comme corps simple jusqu'à la découverte du potassium et du sodium, et appelée quelquefois *argile*, *argile pure*, parce qu'elle donne aux terres argileuses les propriétés qui les caractérisent. Son nom vient du mot latin *alumen*, qui signifie *alun*, sel dont on l'extrait.

Ses principales propriétés sont les suivantes : blanche, douce au toucher, happant à la langue, infusible à un feu de forge ; sans action sur le gaz oxigène, sur l'air et sur les corps combustibles; insoluble dans l'eau, et faisant pâte avec elle; soluble dans la potasse et la soude caustiques; susceptible de s'unir non-seulement avec les acides, mais encore avec les principales bases, savoir : les alcalis, la magnésie, l'oxide de zinc, l'oxide de cobalt, etc.; donnant une masse d'un beau bleu, lorsqu'on l'humecte avec de l'azotate de cobalt, et qu'on la chauffe fortement au chalumeau; formant avec l'acide sulfurique un sel qui se combine au sulfate de potasse ou d'ammoniaque et constitue l'alun; contractant aussi à une haute température une telle cohésion que les acides ne l'attaquent plus que difficilement.

L'alumine pure est rare dans la nature. On ne la connaît d'une manière positive que dans le saphir et le rubis ou corindon des minéralogistes, substances les plus dures après le diamant, et qui cristallisent en prismes hexaèdres, en dodécaèdres triangulaires ou bi-pyramidaux, quelquefois en rhomboèdres. A cet état, elle appartient aux terrains anciens, et se trouve disséminée en cristaux dans des roches granitiques (Thibet), dans le double carbonate de chaux et magnésie (Saint-Gothard), dans l'oxide de fer magnétique et le sesquioxide, qui forment des couches dans les mêmes périodes de formation (Gellivara en Laponie); elle se trouve aussi dans le basalte (Puy-en-Velay) et dans les sables des rivières (Ceylan, Coromandel, etc.).

Si l'alumine pure est rare, il n'en est pas de même de son mélange avec la silice; c'est en effet ce mélange qui fait la base de toutes les argiles, substances qui doivent à l'alumine la propriété qu'elles ont de faire pâte, qui en contiennent quelquefois les 0,40 de leur poids, et qui renferment souvent un peu d'oxide de fer et de carbonate de chaux.

Quant à ses combinaisons naturelles, elles sont nombreuses : aussi elle fait partie de beaucoup de pierres dures, elle sert de base aux minerais d'alun, si abondans en Italie; mais ce n'est point ici le lieu d'en parler.

L'alumine s'extrait d'un sel abondant, et connu dans le commerce sous le nom d'*alun*. Pour cela, après avoir dissous dans 20 ou 25 fois son poids d'eau ce sel, qui est une combinaison de sulfate d'alumine et de sulfate d'ammoniaque ou de protoxide de potassium et d'eau, on le traite par l'ammoniaque : le sulfate d'alumine est seul décomposé; son oxide se précipite en gelée, et il se forme du sulfate d'ammoniaque qui reste en dissolution dans la liqueur avec l'autre sel de l'alun. L'opération se fait en se conformant à tout ce qui a été dit au sujet du deuxième procédé (578).

Lorsqu'il n'est pas nécessaire que l'alumine soit gélatineuse, il est plus commode et plus économique, pour se la procurer, de suivre le procédé qu'a indiqué M. Gay-Lussac dans les *Ann. de Chim. et de Phys.*, t. v, p. 101. Ce procédé consiste à dessécher le sulfate d'alumine et d'ammoniaque, et à le chauffer ensuite jusqu'au rouge dans un creuset ordinaire, pendant 20 à 25 minutes. Tout l'acide sulfurique et toute l'ammoniaque se dégagent : il ne reste que de l'alumine en poudre très blanche.

D'après la proportion des principes constituans du sulfate d'alumine, cette base doit être formée de 100 d'alumine et de 87,7 d'oxigène.

Ce qui donne pour sa composition ;

En prop. 1 d'aluminium   114,11 $+$ 1 d'oxig. 100

En at. 2 d'aluminium $3 \times 114,11 + 3$ d'oxig. $300 = Al^2 O^3$.

L'alumine pure, telle qu'on se la procure dans les laboratoires, n'est employée que pour faire les sels alumineux. Mais mêlée à la silice, telle que nous l'offre si souvent la nature dans les argiles, on s'en sert pour faire toutes les poteries, pour glaiser les bassins ou s'opposer à l'infiltration des eaux à travers leurs parois; pour fouler les draps; on s'en sert aussi pour faire de l'alun artificiel, lorsque le prix de ce sel, comparé à celui de l'acide sulfurique et de la potasse, le permet. Les terrains argileux qui, dans nos climats, sont les plus propres à la culture, ne sont même que des mélanges d'alumine, de silice, d'un peu d'oxide de fer et de carbonate de chaux.

C'est l'alumine à l'état de *corindon* qui fait la base principale du véritable émeri ; mais on confond souvent, sous ce nom, des grès très ferrugineux, très durs, le grenat, et d'autres pierres que l'on emploie en poudre, de la même manière, pour polir.

828. *Hydrate d'alumine.* — L'hydrate naturel est connu des minéralogistes sous le nom de *gibbsite* : il existe à Richemont, dans le Massachusset, en petites stalactites à structure fibreuse, radiée, de couleur verdâtre ou blanchâtre; on l'a rencontré aussi à Beaux, département des Bouches-du-Rhône.

L'hydrate artificiel s'obtient en précipitant, comme nous venons de le dire, l'alun par l'ammoniaque, et faisant sécher convenablement l'hydrate gélatineux qui se forme d'abord.

Séché à l'air, à la température de 25°, il retient 58,31 pour 100 d'eau : du moins, voilà ce qui résulte des expériences de M. Th. de Saussure ; mais, suivant qu'on l'aura précipité d'une dissolution d'alun concentrée ou d'une dissolution très étendue d'eau, il se présentera sous des aspects bien différens. Dans le premier cas, il sera sous forme d'une terre blanche, légère, friable, *très spongieuse*, happant à la langue, qui, calcinée jusqu'au rouge, perdra toute l'eau qu'elle contiendra. Dans le second, il sera en masse transparente, jaune, fragile, que la chaleur de la main fera sauter en éclats, et dont la cassure sera lisse et conchoïde ; l'aspect n'en sera pas terreux ; il ne happera point à la langue ; il ne se gonflera ni se délaiera dans l'eau ; son volume sera 10 à 12 fois moindre que celui de l'alumine spongieuse ; il ressemblera à la gomme arabique ou à une gelée desséchée : mais ce qui est bien remarquable, c'est que, d'après M. de Saussure, la chaleur rouge n'en peut dégager que 43 pour 100 d'eau, et qu'à la température de 150° du pyromètre de Wedgwood, il ne s'en dégage que 48, 25, quoiqu'il en contienne 58, 31.

M. de Saussure a déterminé par des expériences directes les quantités d'eau que *l'alumine gélatineuse* laisse dégager à diverses températures ; il a trouvé qu'elles étaient toujours égales pour les mêmes degrés de chaleur, et en a dressé la table suivante :

Therm. centig. Température.	Perte pour 100.
62,5	12,2
125,0	19,0
187,5	23,7
250	27,2
13	42,3
29	45,0
85	46,0
106	47,5
133	48,25
170	48,25

Combinaisons des métalloïdes et des métaux avec l'aluminium.

829. *Carbure.* — On sait seulement que l'aluminium con-

tient du carbone en combinaison , lorsqu'il est préparé avec du potassium carburé; qu'alors il a une couleur grise plus foncée, et que l'alumine qui résulte de sa combustion, au lieu d'être blanche, est d'un gris noir.

Phosphure.—Chauffé jusqu'au rouge dans de la vapeur de phosphore (820), l'aluminium s'enflamme et donne un phosphure en masse pulvérulente, d'un gris noir, qui répand dans l'air l'odeur du proto-phosphure d'hydrogène, et laisse dégager des bulles de ce gaz dans son contact avec l'eau : il la décompose lentement à froid, beaucoup mieux à chaud.

Sulfure.—Chauffé de la même manière dans de la vapeur de soufre, il produit une vive incandescence, et se transforme en une masse noire de sulfure, qui, jetée dans l'eau, la décompose tout-à-coup avec un grand dégagement de gaz sulfhydrique et dépôt d'alumine: aussi, le sulfure a-t-il beaucoup de saveur, répand-il dans l'air humide une odeur d'œufs pourris, s'y gonfle-t-il peu-à-peu, et y tombe-t-il en une poussière d'un blanc gris, contenant beaucoup d'alumine. Si l'on se contentait de distiller le soufre sur l'aluminium, la combinaison n'aurait pas lieu.

Séléniure. — Lorsque après avoir mêlé le sélénium avec l'aluminium, on chauffe le mélange jusqu'au rouge, ces deux corps se combinent, mais en produisant seulement de la chaleur. Le séléniure est noir, pulvérulent, et se comporte avec l'eau et l'air comme le sulfure; il la décompose avec un grand dégagement de gaz sélénhydrique, et laisse déposer en même temps du sélénium qui teint la liqueur en rouge.

Chlorure, *fluorure*, *bromure*, *iodure*. (*Voyez* les sels.)

Alliages.—L'aluminium n'a encore été combiné qu'avec deux métaux : l'arsénic et le tellure. Les combinaisons ont été faites en chauffant les métaux en poudre dans un tube de verre ; la première ne donne lieu à aucun dégagement de lumière ; mais la seconde se produit avec une si forte incandescence et une si grande rapidité, que la masse entière est chassée du tube comme d'une arme à feu : on n'évite ce dernier effet qu'en employant le tellure en morceaux.

Arséniure d'aluminium.—C'est un composé pulvérulent, d'un gris foncé, qui prend l'éclat métallique par le frottement ; jeté dans l'eau, il n'éprouve d'altération qu'au bout de quelque temps ; il la décompose lentement avec dégagement de gaz sulfhydrique : à chaud, l'action est rapide.

Alliage de tellure et d'aluminium.—Cet alliage forme une masse aigre, cohérente, noire et métallique, qui, dans l'air, répand tout-à-coup une odeur insupportable d'hydrogène telluré, et qui, jetée dans l'eau, la décompose subitement, et dégage ce gaz avec rapidité : l'eau devient bientôt rouge, puis brune, et enfin opaque à cause du tellure qui se sépare. Chaque parcelle d'alliage, placée sur du papier, forme autour d'elle un anneau métallique enveloppé d'une efflorescence assez volumineuse, qui se dissipe peu-à-peu.

Action de l'eau, des alcalis et des acides.

830. *Eau.*—L'aluminium décompose sensiblement l'eau au degré de chaleur qui la fait bouillir ; on voit se dégager de petites bulles de gaz hydrogène ; mais l'effet est si lent, que, après un temps très long, les plus petites particules de métal ne paraissent pas changées extérieurement.

Potasse, soude. — Action à la température ordinaire, même lorsque la dissolution alcaline est très faible ; décomposition d'eau, dégagement de gaz hydrogène, formation d'un *aluminate* de potasse ou de soude, soluble et incolore.

Ammoniaque liquide. — Mêmes phénomènes qu'avec la potasse ; et chose digne de remarque, c'est que la quantité d'alumine qui se dissout est considérable, quoique l'ammoniaque soit sans action bien sensible sur l'hydrate d'alumine.

Acide sulfurique concentré. — A froid, point d'action ; à chaud, décomposition de l'acide, dégagement de gaz sulfureux, formation de sulfate.

Acide sulfurique étendu d'eau.—A froid, décomposition d'eau, dégagement de gaz hydrogène, formation de sulfate d'alumine soluble et incolore.

Acide azotique. — Point d'action à froid ; — action vive à chaud, décomposition de l'acide, dégagement de gaz qui répand des vapeurs rutilantes dans l'air, formation d'azotate d'alumine soluble et incolore.

Acide chlorhydrique liquide. — Décomposition de l'acide à la température ordinaire, dégagement de gaz hydrogène, formation de chlorure d'aluminium soluble et incolore.

831. *Caractères des sels d'aluminium.*

Couleur.	Nulle excepté celle du chrômate d'alumine, qui est jaune.
Saveur	Astringente.

Leurs dissolutions donnent :

Avec potasse soude.	Un ppté blanc d'hydrate soluble dans un excès d'alcali.
Avec ammoniaque.	Ppté blanc d'hydrate à peine soluble dans un excès d'alcali.
Avec sulfate de potasse, et sulfate d'ammoniaque en dissolutions concentrées.	Cristaux d'alun qui se forment promptement, si la dissolution du sel alumineux est elle-même concentrée.
Avec proto-sulfure ou sulfhydrate alcalin.	Ppté blanc d'hydrate d'alumine et dégagement de gaz sulfhydrique.
Avec azotate de cobalt.	Belle couleur bleu d'azur au chalumeau, pourvu que les sels alumineux ne contiennent aucun des oxides des quatre dernières sections.

Etat naturel, extraction.

832. *Etat naturel.* — L'aluminium se trouve dans la nature à l'état d'oxide (827), à l'état de sulfate, de phosphate, de silicate (*Voyez* ces sels ou ces genres de sels) ; à l'état d'aluminate : la pierre connue sous le nom de *gahnite* est un aluminate de zinc.

833. *Extraction.*—C'est en traitant le chlorure d'aluminium par le potassium, comme nous l'avons exposé au sujet du glucinium, que l'on se procure l'aluminium : les mêmes phénomènes se présentent, et la théorie de l'opération est la même aussi (824).

CHAPITRE III.

Métaux de la troisième section.

834. Les métaux compris dans cette section ont pour caractères de ne décomposer l'eau qu'au degré de la chaleur rouge; de la décomposer au contraire à la température ordinaire sous l'influence des acides énergiques; d'absorber l'oxigène à la température la plus élevée, et de former des oxides irréductibles par le feu. Ces métaux sont au nombre de sept : le manganèse, le fer, le zinc, le cadmium, l'étain le nickel et le cobalt.

ARTICLE Ier.

Manganèse.

835. La découverte du manganèse est due tout à-la-fois à Schéele et à Gahn. En effet, Schéele décrivit, dans les transactions de l'académie des sciences de Stockolm, pour l'année 1774, le per-oxide de manganèse naturel appelé *magnésie noire*, comme une terre particulière; et bientôt après Gahn parvint à réduire *cette terre* en un métal qui d'abord prit le nom de *magnésium*, et auquel on donna ensuite celui de *manganium* où de *manganésium*, d'où nous avons fait le mot *manganèse*.

836. *Propriétés physiques.*—Le manganèse est d'un gris blanc, cassant, grenu, dur, mais attaquable à la lime, doué d'un faible éclat métallique. Sa densité est de 8,013. Lorsqu'on le touche avec les doigts humides, il répand une odeur désagréable dont les doigts restent long-temps imprégnés.

Le manganèse ne fond qu'au plus haut degré de feu que nous puissions produire dans nos meilleurs forges, à environ 160 degrés du pyromètre de Wedgwood.

Action du gaz oxigène et de l'air ; oxides, hydrates d'oxides, acides.

837. *Action de l'oxigène et de l'air.* — A la température ordinaire, le manganèse est sans action sur le gaz oxigène et sur l'air, secs ; mais il s'altère peu-à-peu, lorsque les gaz contiennent de la vapeur, se ternit et finit par se convertir en une poudre noire (516) : aussi, pour le conserver, doit-on le mettre dans de l'huile de naphte comme le potassium et le sodium, ou dans un petit tube de verre dont les deux extrémités sont scellées.

Son oxidation est très prompte à une température élevée, surtout dans le gaz oxigène. Remplissez de ce gaz une petite cloche courbe de verre ; portez du manganèse pulvérisé jusque dans la partie courbe de cette cloche avec une pince dont les deux branches sont terminées en forme de cuiller (pl. XIII, fig. 4), et chauffez ce métal avec la lampe à esprit de-vin, l'absorption se manifestera presque tout de suite et donnera lieu à un oxide brun.

838. *Oxides et acides.* — Le manganèse forme trois oxides et deux acides. Pour la même quantité de métal, les quantités d'oxigène sont entre elles dans ces divers composés, comme les nombres 1 ; 1,5 ; 2 ; 3 ; 3,5. Les divers acides s'unissent facilement au protoxide avec lequel ils forment des sels neutres, difficilement au sesqui-oxide, jamais au bi-oxide et à plus forte raison aux acides manganique et hyper-manganique.

839. *Protoxide.* — Il s'obtient en calcinant au rouge le carbonate de protoxide dans un tube de verre à travers lequel on fait passer en même temps un courant de gaz hydrogène, jusqu'à ce que l'appareil soit refroidi. Le carbonate laisse dégager son acide, et l'hydrogène, en s'opposant à la rentrée de l'air, prévient la sur-oxidation du produit. Il est très facile d'ailleurs de se procurer le carbonate

dont on a besoin : il ne faut que verser une dissolution de carbonate de soude dans une dissolution de sulfate de protoxide ou de proto-chlorure de manganèse pur; le carbonate de manganèse se précipite à l'instant même; on le lave, et on le dessèche. Si le sulfate ou le chlorure de manganèse contenait du fer, ce qui arrive quelquefois, et ce que l'on reconnaît toujours facilement par le cyanure jaune de potassium ferrugineux, il faudrait traiter à chaud le carbonate de manganèse que l'on obtiendrait par un excès de solution d'acide oxalique, comme le recommande M. Lassaigne (*Ann. de Chim.*, t. XL, p. 329); il en résulterait de l'oxalate de manganèse, qui se précipiterait presque tout entier en poudre blanche très fine, et de l'oxalate de fer soluble qu'on enlèverait par des lavages à l'eau bouillante. L'oxalate de manganèse ainsi obtenu, donne du protoxide très pur par sa calcination en vases clos.

L'on peut encore préparer le protoxide de manganèse, en mêlant du chlorure de manganèse fondu et du carbonate de soude, et chauffant le mélange au rouge : la matière entre en fusion et se transforme en gaz carbonique qui se dégage, en protoxide de manganèse et en chlorure de sodium. L'eau dissout celui-ci avec l'excès de carbonate de soude, et le protoxide reste pur et inaltérable au contact de l'air, à la température ordinaire. (Wöhler et Liebig, *Ann. de Chim. et de Phys.*, XLVII, 263.)

Le protoxide est vert-grisâtre; il se sur-oxide à l'air, s'enflamme même si on l'y expose chaud, et se transforme en une poudre d'un brun foncé. Séparé de ses dissolutions salines par la potasse ou la soude, il se précipite à l'état d'hydrate blanc qui, recueilli sur un filtre et lavé, brunit peu-à-peu et devient *hydrate de sesqui-oxide*. Suivant M. Arfwedson à qui cette dernière observation est due, telle serait aussi l'action du chlore sur l'hydrate de protoxide; mais M. Berthier a trouvé qu'en faisant passer un courant de chlore à travers l'eau tenant en suspension du carbonate de manganèse hydraté ou pulvérulent, on finissait par le convertir en un hydrate de *bi-oxide* (*Ann. des mines*, 1re *série*, t. VIII, p. 158). Le même composé doit à plus forte raison se produire avec l'hydrate de protoxide. Est-il besoin d'ajouter que dans tous les cas il se forme du chlorure de manganèse.

Le protoxide n'existe naturellement qu'uni à l'acide carbonique et à l'acide silicique. Son affinité pour celui-ci est même très grande, de telle sorte que dans l'analyse des minéraux manganésifères, l'oxide de manganèse entraîne toujours de l'acide silicique, et que, pour en opérer la séparation, il faut redissoudre le dépôt dans l'acide chlorhydrique et évaporer la solution jusqu'à siccité : alors en versant de l'eau sur le résidu, le chlorure de manganèse qui se forme est seul dissous.

Le protoxide est formé de 100 de métal et de 28,91 d'oxigène, ce qui donne en proportions et en atomes :

$$\text{1 de métal } 345,9 + \text{1 d'oxigène } 100 = \text{MnO.}$$

840. *Sesqui-oxide.*—C'est en chauffant dans une cornue l'azotate de manganèse jusqu'au rouge sombre que l'on se procure cet oxide. Il est d'un brun foncé. Lorsqu'on le calcine fortement, il passe comme le bi-oxide à l'état d'un oxide qui a pour formule $2\,\text{Mn O}, \text{Mn O}^2$.

Le sesqui-oxide forme avec l'eau un hydrate brun dont nous avons parlé au sujet du protoxide. Mis en contact avec quelques acides, par exemple, avec l'acide sulfurique, à la température ordinaire ou au plus à une température de 40 à 50°, il se dissout et donne une teinte brune à la liqueur. En élevant la température jusqu'à 100°, du gaz oxigène se dégage, et un sulfate de protoxide se produit.

Chauffé avec du borax à la flamme extérieure du chalumeau, le sesqui-oxide se vitrifie et colore le verre en rouge ou en violet, suivant que le verre en est plus ou moins chargé. La flamme intérieure, au contraire, le décolore; c'est qu'alors le sesqui-oxide passe à l'état de protoxide : aussi, en exposant de nouveau le verre à la flamme extérieure, il reprend peu-à-peu sa couleur primitive.

Le bi-oxide offre les mêmes phénomènes que le sesqui-oxide dans lequel il se transforme tout d'abord.

Le sesqui-oxide ne se rencontre ordinairement dans la nature qu'à l'état d'hydrate, quelquefois sous forme terreuse ou en masses peu consistantes et qui ont l'aspect des choux-fleurs, d'autres fois en morceaux brillans, durs comme la pierre à fusil, enfin en rayons déliés ou en octaèdres. Celui qui est cristallisé se confond aisément avec le bi-oxide. Pour les distinguer l'un de l'autre, il faut les réduire en poudre : l'hydrate de sesqui-oxide passe du noir au brun hépatique clair; le bi-oxide reste noir. Souvent à la vérité on les trouve mêlés en diverses proportions ; mais alors la couleur de la poudre est plus foncée que celle de l'hydrate, et moins foncée que celle du bi-oxide. D'ailleurs l'hydrate contenant le dixième de son poids d'eau, on pourra toujours par la calcination savoir si l'oxide est hydraté et jusqu'à quel point il l'est.

Le sesqui-oxide est formé de 100 de métal et de 43,36 d'oxigène : d'où l'on tire pour sa formule atomique $Mn^2 O^3$.

Les minéralogistes connaissent le sesqui-oxide hydraté, sous le nom de *manganite*, et le sesqui-oxide anhydre sous celui de *braunite*.

841. *Bi-oxide ou per-oxide de manganèse.* — Avant les expériences de Pott, qui datent de 1740, on le regardait comme un minerai de fer; ensuite il fut placé par Cronstedt, comme une terre particulière, dans son Système de Minéralogie, qui parut en 1758. Kaim y annonça, en 1770, l'existence d'un nouveau métal (*de Metallis dubiis*). Schéele, en 1771, démontra que cet oxide contenait véritablement un métal distinct de tous les autres et très difficile à réduire. Enfin, quelque temps après, Gahn opéra la réduction de ce métal, et l'obtint en culot. (V. *Opuscul. de Bergman*, II.)

Le bi-oxide de manganèse naturel se trouve quelquefois

sous forme d'aiguilles brillantes, quelquefois aussi en stalactites, mais le plus souvent en masses compactes douées
de l'éclat métallique, ou en masse terne dont la couleur
varie du noir au brun. Ce n'est que dans le premier cas
qu'il est pur. Dans tous les autres, il est toujours plus ou
moins mélangé d'hydrate de sesqui-oxide de fer, de carbonate de chaux, de matières argileuses, et souvent aussi
d'hydrate de sesqui-oxide de manganèse, de spath fluor,
de quarz. Il constitue des dépôts assez considérables dans
les terrains primitifs et intermédiaires; les terrains secondaires n'en renferment qu'assez rarement. On en trouve à
Saint-Diez, département des Vosges; à Thiviez, près Périgueux; à Saint-Jean de Gardonenque dans les Cevennes; à
Romanèche, près Mâcon; en Bohême; en Saxe, au
Hartz, etc. : celui de Romanèche est fréquemment combiné
avec la baryte; il en est de même de celui de Périgueux.

Le bi-oxide de manganèse baritique est le *psilomelane* des
minéralogistes; et le bi-oxide anhydre est celui qu'ils
désignent sous le nom de *pyro-lusite*. Le bi-oxide hydraté
vient d'être observé par M. Berthier.

Le bi-oxide de manganèse ne se prépare que rarement
dans les laboratoires : l'on emploie de préférence celui qu'on
trouve pur dans la nature.

Cependant il est possible de l'obtenir en chauffant graduellement jusqu'au rouge naissant l'azotate de manganèse, broyant le résidu, le lavant à chaud avec de l'acide
azotique concentré, et le calcinant de nouveau au même
degré de chaleur, avec la précaution de l'agiter continuellement. Les lotions d'acide ont pour objet d'attaquer le sesqui-oxide qui pourrait y être contenu. (Berthier, *Ann. des
mines*, 1ʳᵉ *série*, t. VIII, 160.)

Le bi-oxide est d'un brun noir. Il est bon conducteur du
fluide électrique, et ce qui n'est pas moins remarquable,
c'est que, mis en contact avec les métaux, il se constitue
dans l'état négatif, tandis qu'au contraire, le manganèse
métallique prend l'électricité positive. Voilà pourquoi,

sans doute, le manganèse s'oxide assez rapidement dans l'eau aérée et surtout dans l'air humide (855 et 516). Calciné fortement dans une cornue de grès, le bi-oxide de manganèse laisse dégager une grande quantité d'oxigène et passe à l'état d'un oxide brun rouge, composé de 2 atomes de protoxide et de 1 atome de bi-oxide.

La présence de l'acide sulfurique favorise singulièrement la décomposition du bi-oxide : aussi, pour obtenir de l'oxigène par ce procédé, suffit-il de mettre 1 proportion d'oxide avec 1 proportion d'acide dans une fiole surmontée d'un tube de verre, et de mettre quelques charbons incandescens autour du vase. Bientôt le dégagement de gaz se manifeste, et le bi-oxide, ramené à l'état de protoxide, s'unit à l'acide sulfurique. L'acide azotique n'exerce aucune action sur le bi-oxide de manganèse, à moins qu'on n'ajoute à l'acide étendu quelques matières désoxigénantes, telles que la mélasse ou le sucre, etc.

On sait que l'acide chlorhydrique, dans sa réaction à chaud sur ces oxides donne de l'eau, du chlore, et un proto-chlorure ordinairement coloré en rose (91), et que l'acide sulfureux produit un hypo-sulfate avec une certaine quantité de sulfate.

Exposé à un courant de chlore, les oxides de manganèse inférieurs au bi-oxide, et même le carbonate de protoxide, passent en partie à l'état d'hydrate de bi-oxide (843). Celui-ci contiendrait, suivant M. Berzelius, 4,5 d'eau pour 100, et suivant M. Berthier, 12 : l'eau s'unit peut-être en deux proportions au bi-oxide.

Le bi-oxide de manganèse est formé de 100 de métal, et de 57,82 d'oxigène ; ce qui donne en proportions et en atomes :

$$\text{1 de métal } 345,9 + \text{2 d'oxigène } 200 = Mn\,O^2.$$

842. *Oxide rouge.* — Cet oxide se trouve en petite quantité dans la nature et toujours à l'état anhydre : c'est l'*hauss-manite* des minéralogistes. On l'obtient en calcinant fortement le sesqui-oxide et le bi-oxide de manganèse.

Nous le regardons, non comme un oxide particulier, mais comme un composé de 2 atomes de protoxide et de 1 atome de bi-oxide; il a pour formule 2 Mn O, Mn O².

843. *Analyse des oxides.* — L'on pourrait déterminer directement la quantité d'oxigène que les oxides de manganèse contiennent, savoir : 1° celle du protoxide, en traitant une certaine quantité de manganèse par l'acide sulfurique étendu d'eau, et recueillant le gaz hydrogène qui se dégage : en effet, comme, dans cette expérience, le manganèse passe à l'état de protoxide, il est évident que, connaissant la quantité de gaz hydrogène dégagé, on connaîtra celle d'oxigène uni au métal; 2° celle du bi-oxide bi-protoxidé = 2 Mn O, Mn O², en le traitant à chaud par l'acide sulfurique étendu d'une petite quantité d'eau, le ramenant ainsi complètement à l'état de protoxide, et recueillant le gaz oxigène mis en liberté; 3° enfin celle du sesqui-oxide et du bi-oxide, par l'acide sulfurique, comme nous venons de dire, ou en calcinant fortement ces oxides, les faisant passer à l'état de l'oxide 2 Mn O, Mn O², et recueillant encore, comme dans l'expérience précédente, l'oxigène dégagé. (*Voir* les observations de MM. Berzélius, Gay-Lussac, Arfwedson, *Ann. de Chim.*, LXXXVII, 149; *Ann. de Chim. et de Phys.*, I, 38, et VI, 204. *Voir* aussi les analyses des minerais et des oxides de manganèse, par M. Berthier, *Ann. des Mines*, 1ʳᵉ série, VI, 251, et VIII, 158.)

844. *Acides du manganèse.* — Schéele, en calcinant fortement dans un creuset l'oxide noir de manganèse avec l'azotate de potasse ou la potasse, obtint un composé vert qu'il examina avec soin. Il vit que ce composé communiquait d'abord une teinte verte à l'eau; mais que la dissolution, abandonnée à elle-même, prenait bientôt des teintes différentes. Observée quelque temps après avoir été faite, elle lui parut bleue; du bleu elle passa au violet, du violet au rouge, et finit par devenir incolore, en laissant déposer l'oxide de manganèse qu'elle contenait. Les acides azotique, sulfurique, rendaient rose celle qui était verte; l'acide sulfureux

détruisait la couleur de toutes : de là, le nom de *caméléon* qui fut donné à ce singulier produit.

Depuis Schéele jusqu'au commencement de 1817, les chimistes n'ont fait, pour ainsi dire, que confirmer les phénomènes qu'il avait observés.

Alors, MM. Chevillot et Edwards démontrèrent que, dans la préparation du caméléon, le peroxide de manganèse absorbait l'oxigène de l'air ; que le caméléon n'était qu'un sel résultant de l'alcali avec ce peroxide acidifié, et qu'en dissolvant le produit dans l'eau, et faisant concentrer la liqueur, on pouvait obtenir le sel sous forme d'aiguilles pourpres très foncées. (*Ann. de Chim. et de Phys.*, IV, 287, et VIII, 337.)

Pour compléter le travail, il fallait déterminer la cause pour laquelle le caméléon était tantôt vert, tantôt rouge, ou prenait des teintes provenant du mélange de ces couleurs. MM. Chevillot et Edwards crurent que le caméléon vert n'était que le caméléon rouge avec excès de base. Mais M. Mitscherlich, dans un Mémoire tout récent, vient de prouver que le premier est un manganate de potasse, et le second un hyper-manganate : il existe donc deux acides ayant pour radical le manganèse, l'acide *manganique* et l'acide *hyper-manganique*.

845. *Acide manganique.* — Cet acide n'a encore pu être obtenu que combiné avec les alcalis et surtout la potasse et la soude. Le manganate de potasse cristallise aisément; celui de soude étant déliquescent ne cristallise qu'avec beaucoup de difficultés. C'est donc dans le premier de ces sels que l'on doit étudier l'acide manganique.

Pour se procurer le manganate de potasse, on calcine jusqu'au rouge, dans un creuset, parties égales de potasse et de peroxide de manganèse en poudre, environ 100 grammes de l'un et de l'autre. Au bout de trois quarts d'heure, on retire le creuset du feu, on coule la matière dans une capsule et l'on verse de l'eau sur la masse encore chaude : il en résulte une liqueur d'un vert très foncé, que l'on décante et que l'on fait évaporer sous la machine pneumatique par l'intermède de l'acide sulfurique (425, K). La liqueur se concentre peu-à-peu et finit par laisser déposer de beaux cristaux purs et de couleur verte : c'est le manganate neutre. On les met sur des tuiles pour en absorber l'humidité et les sécher. Ils sont mêlés souvent à des cristaux d'hydrate et de carbonate de potasse, mais dont on les distingue aisément.

Lorsqu'on dissout le manganate de potasse dans une solution de potasse caustique, et qu'on fait évaporer la dissolution sous le récipient de la machine pneumatique, le sel ne s'altère pas et cristallise de nouveau; mais, lorsque la dissolution se fait dans l'eau pure, il se précipite du peroxide hydraté, et il se forme de l'hyper-manganate de potasse (1) : aussi, la liqueur devient-elle d'un rouge très intense, et par l'évaporation donne-t-elle des cristaux de même couleur. L'excès de potasse rend donc plus soluble l'acide manganique. On conçoit, d'après cela, pourquoi le manganate avec excès de base, chauffé au contact de l'air ou exposé à ce contact à la température ordinaire, passe du vert au rouge en présentant toutes les teintes intermédiaires ; c'est qu'alors l'acide carbonique de l'atmosphère sature peu-à-peu l'excès d'alcali, et qu'il en résulte un manganate neutre qui se décompose par l'eau en peroxide et en hyper-manganate.

Le manganate de potasse est isomorphe avec le sulfate, le séléniate et le chrômate de potasse, et comme eux, il est composé de telle manière que l'oxigène de l'oxide est à l'oxigène de l'acide comme 1 à 3. M. Mitscherlich est parvenu à ce résultat en décomposant une quantité indéterminée de manganate de potasse par l'acide azotique étendu et bouillant. Le sel s'est converti en azotate de potasse solu-

____

(1) Le précipité est brun et cristallisé ; il paraît être d'abord formé de peroxide de manganèse et de potasse ; mais par des lavages à l'eau la potasse se dissout, et l'hydrate reste seul.

ble, en peroxide insoluble, et en gaz oxigène qui s'est dégagé et qui a été recueilli. L'azotate a donné la quantité de potasse; et le peroxide, plus l'oxigène, la quantité d'acide manganique : l'oxigène dégagé équivalait à la moitié de celui du peroxide. De là, M. Mitscherlich a conclu que le manganate de potasse est composé de 47,37 de potasse et 52, 63 d'acide manganique; que par conséquent, la formule atomique de l'acide est Mn O³; et celle du manganate Ko, Mn O³.

846. *Acide hyper-manganique.* — Nous venons de voir qu'en dissolvant le manganate neutre de potasse dans l'eau pure, il en résultait un dépôt de peroxide et une dissolution rouge qui, concentrée, laissait déposer l'hyper-manganate en cristaux de la même couleur. C'est de cet hyper-manganate que l'on extrait l'acide hyper-manganique. A cet effet, l'on mêle une solution d'azotate d'argent à une solution chaude d'hyper-manganate de potasse ; il se forme par le refroidissement de grands et beaux cristaux d'hyper-manganate d'argent peu solubles. L'hyper-manganate d'argent est ensuite broyé avec la quantité de solution de chlorure de barium nécessaire pour obtenir une décomposition complète: il se produit du chlorure d'argent qui se dépose, et de l'hyper-manganate de baryte qui reste dissous. Versant alors dans la liqueur tirée à clair par décantation une suffisante quantité d'acide sulfurique, on en précipite toute la baryte, et on obtient l'acide hyper-manganique pur dans la dissolution.

Cette dissolution est d'un rouge très intense ; l'acide qui la colore se décompose peu-à-peu à la température ordinaire, très promptement à 30 ou 40°, et, dans les deux cas, se transforme en peroxide de manganèse hydraté qui se dépose, et en oxigène qui se dégage : on ne peut donc l'obtenir cristallisé (1). Il cède si facilement son oxigène qu'on ne

____

(1) Cependant M. Unverdorben assure qu'en distillant l'hyper-manganate de potasse avec l'acide sulfurique anhydre, l'acide hyper-manganique se dégage en vapeur rouge : quelquefois il y a explosion. (*Ann. des mines*, 1827, 1. 145.)

saurait le filtrer sans le décomposer, et qu'il blanchit instantanément les diverses matières colorantes , végétales et animales : les hyper-manganates possèdent eux-mêmes cette propriété d'une manière marquée; aussi s'enflamment-ils, lorsque après avoir été mêlés en poudre avec le soufre , l'arsénic, le lycopode, le phosphore, on expose le mélange à un certain degré de chaleur : le mélange d'hyper-manganate et de phosphore détone même par le choc ou la trituration.

Les hyper-manganates sont isomorphes avec les hyper-chlorates : l'oxigène de leur oxide doit donc être à l'oxigène de leur acide comme 1 à 7. M. Mitscherlich à fait cette analyse comme celle du manganate de potasse; il a trouvé que 100 parties d'hyper-manganate de potasse sont composées de 70,53 d'acide hyper-manganique et de 29,47 de potasse; que l'acide a pour formule $Mn^2 O^7$; et l'hyper-manganate, $KO, Mn^2 O^7$ *Ann. de Chim. et de Phys.*, t. XLIX, 113.)

Combinaisons des métalloïdes avec le manganèse.

847. Les métalloïdes, unis jusqu'à présent au manganèse, sont le silicium, le carbone, le phosphore, le soufre, le fluor, le chlore, le brôme et l'iode. Nous n'examinerons ici que les siliciure, carbure, phosphure, sulfure de manganèse. L'étude des autres composés se trouve comprise dans l'histoire des sels.

848. *Siliciure.* — Mêlé intimement avec le charbon et la silice, et chauffé fortement au feu de forge, l'oxide de manganèse donne un bouton métallique, gris d'acier, très dur, qui peut contenir beaucoup de silicium et qui alors, d'après M. Seffstrom, est insoluble même dans l'eau régale.

849. *Carbure.* — Le manganèse fondu en culot et provenant de la réduction de l'oxide par le charbon, est toujours un peu carburé : aussi, lorsqu'on le traite par les acides, donne-t-il un résidu analogue à celui que produit la fonte.

850. *Phosphure.* — Blanc, cassant, grenu, doué de l'éclat métallique, inaltérable à l'air, s'obtient comme il a été dit (590, 2e procédé).

85r. *Sulfure.* —Le proto-sulfure est le seul qui soit connu : on se le procure en chauffant un mélange d'oxide et de soufre (2° procédé 602). Il est vert et forme un hydrate blanc qui se précipite tout-à-coup des dissolutions de manganèse par l'addition d'un proto-sulfure de potassium ou de sodium.

Le sulfure de manganèse se dissout dans l'acide sulfurique étendu d'eau et dans l'acide chlorhydrique avec dégagement de gaz sulfhydrique, comme le sulfure de fer.

On ne le connaît qu'en très petite quantité dans la nature ; il se trouve surtout à Nagyag en Transylvanie, où il fait partie accidentelle des filons argentifères et aurifères, et accompagne le tellure.

Alliages.

852. Les alliages de manganèse ont été à peine étudiés. On sait seulement que le manganèse s'unit au fer, à l'étain, au cuivre, à l'argent, à l'or; qu'il ne peut s'unir ni au zinc, ni à l'antimoine, ni au plomb, ni au mercure; qu'il donne de la dureté au fer, et que c'est pour cela que le fer contenant un peu de manganèse est plus propre à la fabrication de l'acier que le fer pur.

Action des oxides et des acides.

853. *Action de l'eau.* —Le manganèse décompose l'eau au degré de la chaleur rouge et passe à l'état de l'oxide composé ($2 MnO, MnO^2$), d'où il est probable que le protoxide pourrait aussi en opérer la décomposition. Ce métal la décompose même à la température ordinaire : du moins, lorsqu'on le réduit en poudre et qu'on le met en contact avec l'eau, il se dégage bientôt quelques petites bulles de gaz hydrogène. Mais cet effet dépend probablement de ce qu'il se produit d'abord de l'oxide par l'oxigène d'un peu d'air resté dans l'eau, et de ce que l'oxide de manganèse forme avec le métal un élément très actif de la pile.

Acide sulfurique concentré. — A froid, action presque

nulle, dégagement de quelques bulles de gaz hydrogène, formation d'un peu de sulfate de protoxide.

A chaud, action vive, dégagement de gaz sulfureux, formation de sulfate de protoxide.

Acide sulfurique étendu d'eau.—A froid comme à chaud, action subite, décomposition d'eau, grand dégagement de gaz hydrogène, formation de sulfate de protoxide, dissolution du métal, élévation de température : la liqueur reste incolore.

Acide azotique.—Action subite à la température de l'atmosphère, décomposition de l'acide, vive effervescence due à de l'oxide d'azote ou à de l'azote qui se dégage, production d'un azotate de protoxide incolore et soluble, dissolution du métal, dégagement de chaleur.

Acide chlorhydrique liquide. — Action subite à froid, décomposition de l'acide, grand dégagement de gaz hydrogène, formation de proto-chlorure incolore et soluble, dissolution du métal, chaleur produite.

854. *Caractères des sels de protoxide de manganèse.*

Couleur.	Blanche, quelquefois rosée, ce qui provient de ce que le sel contient un peu de sesqui-oxide ou de bi-oxide.
Saveur.	Métallique.

Leurs dissolutions donnent :

Avec la potasse, la soude.	Ppté blanc d'oxide hydraté, devenant à l'air jaunâtre, rouge-brun et noir.
Avec carbonate alcalin.	Ppté blanc, ne changeant point à l'air ou prenant à peine une teinte améthyste.
Avec ammoniaque.	Précipité de la moitié de l'oxide des sels neutres, à l'état d'hydrate, et formation d'un sel double soluble; point de ppté dans les sels acides.
Avec acide sulfhydrique.	Rien, à moins que l'acide du sel de manganèse ne soit très faible.
Avec protosulfure ou sulfhydrate alcalin.	Sulfure hydraté légèrement rose.

Avec cyanure jaune de potassium et de fer.	Ppté blanc : il serait plus ou moins bleu, si le sel de manganèse contenait du fer, ce qui arrive souvent.
Avec infusion de noix de galle.	Rien.
Avec oxalates alcalins.	Ppté blanc grenu.
Avec tatrates alcalins.	Rien.
Avec succinates alcalins.	Rien.
Avec métaux.	Point de réduction.
Avec pile.	idem.

Caractères des sels de manganèse sesqui-oxidé.

855. Ces sels ont une couleur d'un rouge violet, quelquefois d'un brun tirant sur le jaune. Leurs dissolutions précipitent en brun par les alcalis; elles se décolorent par l'acide sulfureux qui en ramène l'oxide à l'état de protoxide.

Plusieurs chimistes les regardent comme des sels de peroxide; ils sont très peu connus, et ont très peu de stabilité.

Ajoutons que tous les sels de manganèse protoxidé ou sésqui-oxidé donnent du caméléon, lorsqu'on les calcine soit avec la potasse, la soude caustique, soit avec ces alcalis carbonatés.

Etat naturel, extraction, usages.

856. *Etat naturel.* — Le manganèse existe dans la nature : très souvent à l'état d'oxide, quelquefois à l'état de silicate et de carbonate, rarement à l'état de phosphate, rarement aussi à l'état de sulfure : ce métal est si oxidable qu'il ne se rencontre jamais à l'état natif.

Les minerais de manganèse étant souvent employés pour la préparation du chlore ou du chlorure de chaux, il était utile d'en pouvoir déterminer facilement la valeur manufacturière : M. Berthier a publié à cet égard des procédés qui ne laissent rien à désirer. (*Ann. de Chim. et de Phys.* t. LI, p. 79.)

857. *Extraction.* — C'est de l'oxide de manganèse pur que l'on extrait le manganèse.

On prend 12 à 15 grammes de cet oxide; on le mêle avec la quantité de noir de fumée nécessaire pour en absorber l'oxigène et former de l'acide carbonique; ensuite l'on donne au mélange la consistance d'une pâte ferme avec de l'huile; on en fait une boule que l'on met dans un creuset de Hesse brasqué (voy. *Description des Appareils*, art. *Creuset brasqué*); on recouvre cette boule de charbon ordinaire et le creuset de son couvercle; puis l'on place ce creuset d'une manière solide sur un cylindre en terre, appelé *fromage* : à cet effet, l'on creuse dans le fromage une petite cavité capable de recevoir le fond du creuset, que l'on entoure, ainsi que le couvercle, d'un peu de lut infusible. Cela étant fait, on dépose le creuset et le fromage qui le soutient sur la grille du fourneau de forge. On remplit ce fourneau de charbon de bois incandescent et de coke concassé, et l'on chauffe graduellement de manière à donner peu-à-peu tout le vent du soufflet; ce qu'il est facile de faire en ouvrant convenablement le registre adapté au conduit. Le feu doit être alimenté seulement avec le coke et soutenu pendant une demi-heure et quelquefois plus, en faisant tomber de temps en temps le charbon avec une tige de fer, et remplaçant celui qui est consumé, de manière que le fourneau en soit toujours plein. Alors on retire le creuset du feu avec une pince à creuset, on le laisse refroidir tranquillement, et l'on trouve le métal réduit dans la brasque et fondu en un culot. (*Voy.* description des planches, l'art. forge.)

Le manganèse ainsi obtenu contient toujours un peu de charbon, comme l'acier : aussi, lorsqu'on vient à le dissoudre dans les acides, laisse-t-il pour résidu une matière qui a beaucoup d'analogie avec le graphite.

858. *Usages.* — Le manganèse n'a d'usages dans les arts qu'à l'état de *per-oxide*; on s'en sert pour se procurer le chlore, le *chlorure* ou *chlorite* de chaux, et le chlorate de potasse; il est employé aussi pour détruire la couleur vert-jaunâtre que donne aux verres l'oxide de fer contenu dans les matières qui sont vitrifiées.

ARTICLE II.

Fer.

859. Voici de tous les métaux le plus abondant, le plus utile, et par conséquent le plus précieux. Sans fer, que seraient la plupart de nos arts? presque encore dans l'enfance.

La découverte de ce métal remonte aux temps les plus reculés. Tous les peuples un peu industrieux l'ont connu; il n'est resté caché qu'aux peuplades absolument sauvages. Cependant, du temps des Romains, il était à peine employé; car leurs armes étaient de cuivre allié à l'étain : c'est que sans doute, à cette époque, on ne savait pas exploiter facilement les minerais de fer, et surtout faire l'acier. Aujourd'hui ses usages sont au contraire extrêmement multipliés, et l'on pourrait dire qu'il s'en consomme d'autant plus dans un pays que la civilisation y est plus avancée. Comme il se trouve pour ainsi dire partout, et qu'il se prête aisément à toutes les formes que l'industrie humaine veut lui imprimer, il ne pouvait manquer d'être l'objet d'un grand nombre de recherches : aussi n'est-il presque point de chimistes qui ne s'en soient occupés, et son histoire ne laisse-t-elle que peu de chose à desirer.

Long-temps il a été connu sous de nom de *mars*.

860. *Propriétés physiques.* — Le fer est solide à la température ordinaire, dur, à gros grains, un peu lamelleux, capable d'acquérir par le frottement une odeur sensible. Il est très ductile : toutefois il passe beaucoup mieux à la filière qu'au laminoir, car il existe des fils de fer d'un très petit diamètre, tandis qu'il n'existe pas de lames de fer très minces. Sa pesanteur spécifique est de 7,788. C'est le plus tenace des métaux : un fil de fer de deux millimètres de diamètre ne se rompt que par un poids de 242$^{\text{kilog.}}$,659. Suivant M. Wöhler, ses formes cristallines seraient le cube et l'octaèdre. (*Ann. de Chim. et de Phys.*, t. LI, 206.)

Le fer n'entre en fusion qu'à environ 130° du pyromètre de Wedgwood : il faut une bonne forge pour le fondre.

Des barres de fer conservées dans une position verticale, ou mieux encore sous un angle de 70° et dans le plan du méridien magnétique, s'aimantent dans l'espace de quelque temps. Elles peuvent également s'aimanter par la percussion ou par une décharge électrique; mais, de tous les procédés pour aimanter ce métal, le meilleur consiste à le frotter, toujours dans le même sens, contre un aimant naturel ou artificiel.

Action du gaz oxigène, de l'air; oxides, hydrates.

861. *Action du gaz oxigène et de l'air.*—C'est l'un des métaux qui brûlent avec le plus de facilité : que l'on attache de l'amadou à l'une des extrémités d'une spirale faite avec un ressort de montre; qu'on la suspende par l'autre à un bouchon de liège; qu'on allume l'amadou, et qu'on plonge la spirale dans un flacon plein d'oxigène; tout-à-coup il en résultera une combustion des plus vives; le fer s'oxidera en quelques secondes. L'on peut encore prendre un fil de fer très fin, le tenir dans la flamme d'une bougie ou d'une lampe à esprit-de-vin jusqu'à ce qu'il soit blanc de chaleur, et le retirer tout-à-coup; il brûlera, pendant quelque temps, avec la même intensité que dans le gaz oxigène. D'ailleurs, n'est-on pas sans cesse témoin, dans les forges, de la facile combustion du fer? En effet, lorsqu'on le fait rougir pour le travailler, il s'en détache, par la percussion, des lames ou batitures, qui ne sont qu'un véritable oxide. Souvent même alors, au moment où le métal reçoit le coup de marteau, il en jaillit des parcelles qui, traversant l'air rapidement, y paraissent sous forme d'aigrettes lumineuses. Ces aigrettes se forment surtout quand le fer est fondu ou près de l'être. Voilà pourquoi l'ouvrier affaiblit tant la barre qu'il forge, si, manquant d'habileté, il est obligé de la remettre un grand nombre de fois au feu pour lui donner une forme déterminée.

Il n'est pas nécessaire de porter le fer à une si haute température pour l'oxider. Chauffé seulement jusqu'au rouge obscur, il devient successivement noir, d'un brun violet, et augmente de plus des deux cinquièmes de son poids, en supposant que la calcination dure assez long-temps. Son oxidation a même lieu à la température ordinaire; mais il faut que l'oxigène ou l'air avec lequel on le met en contact soit humide. Chacun sait que les armes se rouillent assez promptement par un temps de pluie, et qu'une goutte d'eau finit par faire une tache jaune sur l'acier le mieux poli. Le fer alors commence par s'oxider aux dépens de l'air; puis l'eau est décomposée par l'élément de la pile, qui résulte du contact du fer avec son oxide.

M. Vicat d'abord, et M. Payen ensuite ont observé que les alcalis préservent le fer de la rouille (*Ann. de Chim. et de Phys.*, L. 305.)

862. *Oxides.*—Le fer n'a que deux degrés d'oxidation, le *protoxide* qui est noir, et le *sesqui-oxide* qui est rouge. Tous deux sont de véritables bases salifiables. Cependant le sesqui-oxide fait quelquefois fonction d'acide : il s'unit, par exemple au protoxide en deux proportions, et forment deux sortes de *sesqui-oxide protoxidés*, que plusieurs chimistes regardent comme des oxides particuliers.

863. *Protoxide de fer.*—Le protoxide ne se trouve natu rellement que combiné au sesqui-oxide de fer dans l'aimant naturel, à l'acide carbonique dans le fer spathique, à l'acide titanique dans le sable ferrugineux magnétique, à l'acide silicique dans le silicate de fer.

Il est très difficile, pour ne pas dire impossible, de se le procurer pur. On ne saurait l'extraire par les alcalis des sels qui le contiennent; il se précipite alors à l'état d'hydrate blanc, absorbe tout-à-coup l'oxigène de l'air lorsqu'on le lave, passe successivement au *vert clair*, au *vert foncé*, puis au *bleu noirâtre* et au *jaune-d'ocre*, et se trouve ainsi transformé en hydrate de peroxide. A la vérité, Bucholz assure qu'on peut l'obtenir en faisant passer de la vapeur d'eau dans un tube chauffé au rouge et rempli de fils-de-fer; mais, d'une autre part, M. Gay-Lussac a observé qu'il se produisait toujours, dans cette opération, une certaine quantité de *sesqui-oxide protoxidé* (FeO, Fe^2O^3).

Un autre procédé a été conseillé : il consiste à précipiter par les alcalis l'hydrate des dissolutions salines protoxidées, et à faire bouillir le précipité dans de l'eau purgée d'air, jusqu'à ce qu'il soit devenu noir; on regardait l'oxide en cet état, comme du protoxide anhydre; mais MM. Wöhler et Liebig viennent de démontrer que sa composition est la même que celle de l'oxide magnétique (865).

Il suit donc de là qu'on ne connaît le protoxide qu'à l'état d'hydrate. Ce qui le caractérise alors, c'est la facilité avec laquelle il s'oxide sous l'influence de l'air : à peine le contact a-t-il lieu, que déjà il a pris la nuance de *vert clair*, pour devenir en très peu de temps couleur d'ocre.

Rien de plus facile, d'ailleurs, que de déterminer la composition du protoxide de fer : il suffit de faire dissoudre une certaine quantité de fer dans l'acide sulfurique étendu d'eau, et de recueillir le gaz hydrogène qui se dégage. La moitié du volume de ce gaz représente l'oxigène uni au métal; on trouve ainsi, que le protoxide de fer est formé de 100 de fer et de 29, 48 d'oxigène, ce qui donne en proportions et en atomes :

$$\text{1 de fer } 339{,}22 + \text{1 d'oxigène } 100 = FeO.$$

864. *Sesqui-oxide ou peroxide.*—Rouge violet, beaucoup moins difficile à fondre que le fer, inaltérable par la chaleur, non attirable à l'aimant, sans action sur le gaz oxigène, décomposable par le gaz hydrogène à une température élevée (1).

---

(1) Tous les oxides de fer ont la propriété d'être décomposés par le gaz hydrogène, depuis le rouge naissant jusqu'à la température la plus élevée. Il semble, d'après cela, qu'à ces divers degrés de chaleur, le fer ne devrait point décomposer l'eau. Cependant l'expérience a prouvé le contraire à M. Gay-Lussac (*Ann. de chim. et de phys.*, tome 1, page 37.)

La réduction par l'hydrogène du sesqui-oxide de fer, et par conséquent du protoxide, peut s'opérer dans un tube de verre à la chaleur de la lampe, en suivant le procédé qui a été décrit (529); et si pour prévenir l'oxidation du fer par la rentrée de l'air, le courant d'hydrogène est maintenu jusqu'à ce que le métal soit refroidi, on remarque que celui-ci prend feu spontanément aussitôt qu'on le retire du tube; il possède cette propriété, surtout lorsqu'il est mêlé à quelques matières, par exemple, à de l'alumine, qui empêche les particules ferrugineuses de se réunir, et qui en fait une petite masse très poreuse, susceptible d'absorber les gaz à la manière du charbon : il suffit pour cela d'ajouter 7 à 8 centièmes d'alun à la dissolution d'un sel de sesqui-oxide, que l'on précipite ensuite par l'ammoniaque. L'alumine se dépose en même temps que l'oxide ferrugineux, se mêle intimément avec lui, et le mélange, après avoir été lavé, recueilli, séché et calciné, est dans les conditions les plus convenables pour la production du phénomène. L'oxalate de fer, par la calcination en vases clos, donne aussi du fer spontanément inflammable dans l'air : il est tellement poreux, qu'il n'est pas même nécessaire de le mêler à d'autres corps pour qu'il puisse prendre feu (*Magnus*).

Les acides sulfurique et chlorhydrique étendus d'eau, dissolvent aisément le sesqui-oxide, pourvu qu'il n'ait point été trop calciné. En versant un alcali dans les dissolutions, l'oxide se précipite toujours à l'état d'hydrate jaune qui retient une petite portion de base, si elle a été mise en excès, et de l'acide dans le cas contraire. Pour avoir cet hydrate, il faut donc employer un autre procédé : le meilleur est de plonger de la tournure de fer dans l'eau; il se forme peu-à-peu un dépôt très léger de couleur orange; c'est l'hydrate pur, qui contient 14, 7 pour 100 d'eau, et dans lequel l'oxigène de l'oxide est à l'oxigène de l'eau comme 2 à 1. Il présente un phénomène remarquable, commun à la zircône, à l'oxide de chrôme : c'est qu'en le chauffant, il devient tout-à-coup beaucoup plus incandescent au moment où il commence à passer du rouge obscur au rouge vif.

Le sesqui-oxide est une base moins forte que le protoxide : aussi, lorsqu'on mêle ensemble un sel de protoxide et un sel de sesqui-oxide, et qu'on ajoute peu-à-peu de la potasse à la dissolution, le sesqui-oxide se précipite-t-il le premier, si bien qu'on peut séparer les deux oxides de cette manière.

Le sesqui-oxide de fer existe très abondamment dans la nature. Il forme quelquefois des couches et des masses considérables, dont la structure est plus ou moins feuilletée ou compacte, et dont l'éclat est métallique. Quelquefois aussi on l'y trouve en stalactites ou en masses mamelonnées, auxquelles s'applique particulièrement le nom d'*hématite*. C'est lui qui colore fréquemment les argiles disséminées çà et là à la surface de la terre, surtout celles qui proviennent de la décomposition des scories volcaniques. C'est également lui qui constitue en très grande partie le minerai de fer, que les minéralogistes désignent sous le nom de *fer oligiste*, et qui affecte souvent la forme d'un rhomboèdre plus ou moins modifié, ou de prisme hexaèdre régulier, etc. Celui-ci, par le brillant dont il jouit, se confond avec le premier que nous avons indiqué ; mais il en diffère en ce qu'il est attirable à l'aimant et que sa poussière est d'un rouge moins prononcé. Il contient sans doute une certaine quantité de l'oxide FeO, Fe^2O^3. Enfin, uni à l'eau, le sesqui-oxide de fer compose ce qu'on appelle *fer oxidé brun ;* la poussière en est jaune ou brun-jaunâtre : c'est à cette combinaison que se rapporte l'*hématite brune* (expression assez impropre), plusieurs minerais qu'on rencontre en grands dépôts, tels que le fer oxidé compacte, le fer oxidé en grain ou *oolitique*, qui comprend l'*œtite* ou *pierre d'aigle*, le *fer oxidé limoneux* (1). Observons, toutefois, qu'on se sert aussi très

____

(1) Ces minerais contiennent souvent de l'acide silicique en combinaison ;

souvent de cette dernière dénomination pour désigner des sous-sulfates de couleur jaune, qui se produisent journellement dans les travaux des mines, dans les solfatares, etc.

Les minerais de fer non attirables au barreau aimanté, et qui sont composés, par conséquent, de sesqui-oxide pur, appartiennent, comme l'oxide magnétique ou l'oxide $FeO,Fe^2 O^3$, aux terrains primitifs ou intermédiaires ; il en est de même du fer oligiste ; ils y forment quelquefois des filons, mais le plus souvent des couches ou des amas considérables ; dans quelques localités même, ils font partie constituante des roches (Brésil, etc.). Il s'en trouve dans beaucoup de contrées ; les grands dépôts les plus rapprochés de nous sont ceux de l'île d'Elbe, exploités depuis plusieurs siècles. Ceux de Suède, de Norwège, de Sibérie ne sont pas moins remarquables ; ceux du Brésil le sont peut-être plus encore.

Quant à l'hydrate de fer ou *fer oxidé brun*, il se rencontre quelquefois aussi dans les terrains anciens ; mais on le trouve surtout dans les terrains secondaires en dépôts considérables, formés le plus souvent de petits globules à couches concentriques, agglutinés les uns avec les autres. Ce sont ces minerais qui alimentent les forges du Berry, du Bourbonnais, etc.

M. Chevalier, et quelque temps après M. Boussingault, ont trouvé dans les oxides de fer naturel, des quantités très sensibles d'ammoniaque (*Ann. de Chim. et de Phys.*, xxxiv, 109 ;—xliii, 334). Ces observations confirment donc celles du docteur Austin, qui a remarqué que l'oxidation du fer par le contact de l'air et de l'eau était toujours accompagnée de la formation d'un peu d'ammoniaque.

On peut se procurer le sesqui-oxide de fer par la plupart des procédés que nous avons indiqués (578) : 1° en calcinant

---

ils sont, de plus, mêlés à de l'alumine, du carbonate de chaux et du sable : tel est surtout le fer oxidé, limoneux, qui est connu sous le nom d'*ocre*.

le fer avec le contact de l'air (1er procédé) : aussi les batitures ou les écailles qui se détachent de la surface du fer, qu'on
a pulvérisées et qu'on a fait rougir pendant quelque temps,
ne sont que du sesqui-oxide de fer ; 2° en décomposant les
sels ferrugineux par l'ammoniaque (2e procédé) ; 3° en décomposant le carbonate ou l'azotate de fer par la chaleur
(3e et 4e procédés) ; 4° enfin, en traitant le fer par l'acide
azotique (5e procédé). Il est possible aussi de s'en procurer
facilement en desséchant le sulfate de fer du commerce, et
le calcinant ensuite dans un creuset : alors l'acide sulfurique cède une portion de son oxigène au protoxide de fer,
passe à l'état de gaz acide sulfureux qui se dégage avec l'a-
cide non décomposé et fait passer le protoxide à l'état de
sesqui-oxide. De tous ces procédés le dernier est le plus économique : c'est en le suivant qu'on prépare le sesqui-oxide
de fer du commerce, connu sous les noms de *colcothar*, *rouge
d'Angleterre*, et qui, quoique formé des mêmes proportions
de fer et d'oxigène, varie dans ses teintes.

Rien de plus facile que de déterminer la proportion des
principes constituans du sesqui-oxide de fer : on prend 100
parties de limaille de fer ; on les met dans une petite fiole
ou un matras dont on connaît le poids ; on y verse peu-à-
peu un excès d'acide azotique médiocrement concentré :
cet acide attaque vivement le fer, même à la température
ordinaire, et le transforme en sesqui-oxide dont il dissout
une portion. Lorsque l'effervescence, qui d'abord était
vive, n'est plus sensible, on fait évaporer la liqueur jusqu'à
siccité, et l'on dessèche fortement le résidu pour volatiliser
toute l'eau et l'acide azotique : alors, en pesant la fiole ou
le matras, on en conclut la quantité d'oxigène que le fer a
absorbée. On trouve ainsi que le sesqui-oxide de fer est formé
de 100 parties de fer et de 44, 224 d'oxigène, ce qui donne :

En prop.. 1 de fer $339{,}22 + 1\frac{1}{2}$ d'oxig. 150.
En atom.. 2 de fer $2 \times 339{,}22 + 3$ d'oxig. 300 $=$ Fe²O³

Le sesqui-oxide a plusieurs usages. La majeure partie du fer
qui se consomme provient de cet oxide qu'on trouve en si

grande quantité dans la nature. Le colcothar dont l'on se sert principalement pour polir n'est que du sesqui-oxide extrait du sulfate de fer par la calcination. C'est cet oxide qui colore le *rouge de Prusse*, les *rouges-bruns* ou *bruns-rouges*, matières que l'on obtient en calcinant les ocres et les terres bolaires, et que l'on emploie pour mettre en couleur les carreaux des appartemens, les portes, les fenêtres, etc. C'est également lui qui constitue le *safran de mars astringent*, que l'on ordonne quelquefois en médecine, et que l'on prépare ordinairement en chauffant les *batitures* avec le contact de l'air. Il fait également la base du *safran de mars apéritif :* en effet, les pharmacopées prescrivent de le faire en exposant de la limaille de fer à la rosée ou au contact de l'air humide jusqu'à ce qu'elle soit devenue d'un rouge-brun. Or, dans cette circonstance, le fer passe évidemment à l'état d'hydrate de peroxide. M. Soubeyran qui en a fait l'analyse, l'a trouvé formé d'hydrate à 3 atomes d'eau, mêlé à des quantités variables et accidentelles de carbonate sesqui-basique de fer, et quelquefois de carbonate de protoxide (*Ann. de Chim. et de Phys.*, XLIV, 326.)

865. *Oxide magnétique*, ou *sesqui-oxide de fer mono-protoxidé.*—Cet oxide est noir, fusible et indécomposable à une haute température; il absorbe l'oxigène de l'air à l'aide de la chaleur, et se convertit en oxide rouge. Lorsqu'on le dissout dans les acides sulfurique ou chlorhydrique, et qu'on verse de l'ammoniaque dans la dissolution qui est jaune, il se précipite à l'état d'hydrate noir, comme l'oxide anhydre; et ce qui est digne d'attention, c'est que cet hydrate ne s'altère nullement au contact de l'air, et qu'il est très magnétique, même sous l'eau, tandis que l'hydrate de protoxide ne l'est nullement.

MM. Wöhler et Liebig, à qui sont dues ces observations, ont observé en même temps, comme nous l'avons déjà dit, que l'hydrate noir dans lequel se convertit l'hydrate blanc de protoxide lorsqu'on le fait bouillir dans l'eau, est entièrement analogue à l'oxide magnétique. Ces observations sont remarquables en ce qu'il était naturel de croire que le fer devait être d'autant plus magnétique qu'il était moins oxidé. Il est vrai que sa combinaison avec l'eau peut lui donner des propriétés nouvelles ; mais déjà M. Henri Rose a constaté que le proto-sulfure de fer est insensible à l'aimant, quoique le sulfure magnétique qui contient plus de soufre y soit au contraire très sensible : ce sujet mérite donc d'être approfondi.

L'oxide magnétique se trouve assez souvent cristallisé en octaèdre et en dodécaèdre rhomboïdal au milieu des roches, surtout des roches talqueuses et de la serpentine. Il forme aussi des couches puissantes dont la masse est granulaire ou lamellaire, etc. C'est sous cet état qu'il fait partie des terrains primitifs ou intermédiaires anciens, en Suède, en Norwège, en Sibérie, en Bohême, en Silésie, en Piémont, en Corse, etc.

Les variétés compactes prennent le nom d'*aimant*, et sont plus rares que les précédentes, quoique appartenant aux mêmes gisemens.

L'oxide magnétique se rencontre encore sous forme de sables, composés presque toujours de petits cristaux arrachés aux roches qui les renfermaient, et accumulés dans le lit des rivières, sur le bord des mers, etc. Ces sables contiennent ordinairement de l'oxide de titane ou de l'oxide de chrôme, en combinaison avec l'oxide de fer. M. Descostils a retiré jusqu'à 3o parties d'oxide de titane de 1oo parties de sable ferrugineux de Saint-Quay, département des Côtes-du-Nord. M. Robiquet l'a rencontré dans l'oxide de fer des roches stéatiteuses de la Corse. (*Ann. de Chim. et de Phys.*, t. xi, p. 2o6.)

L'oxide magnétique étant le même que celui qui se produit dans la décomposition de l'eau par le fer, il est possible de déterminer les proportions de ses principes constituans en faisant passer de la vapeur d'eau pendant long-temps à travers une quantité déterminée de fil de fer bien décapé et bien fin, exposé dans un tube de porcelaine au degré de la chaleur rouge cerise. C'est par cette voie d'analyse que M. Gay-Lussac a trouvé qu'il était formé de 100 de fer et de 37,8 d'oxigène (*Ann. de Chim.*, LXXX, 163). M. Berzelius porte celui-ci à 39,31. Dans tous les cas, la composition de cet oxide n'est point en rapport simple avec celle des autres oxides de fer. Or, comme l'oxide magnétique peut être représenté par 1 atome de protoxide de fer $= 439,22 + 1$ atome de sesqui-oxide de fer $= 978,44$, que d'ailleurs lorsqu'on dissout l'oxide magnétique dans les acides sulfurique ou chlorhydrique, on précipite successivement du sesqui-oxide et du protoxide en ajoutant peu-à-peu de l'alcali à la dissolution, il s'ensuit que l'oxide magnétique doit être regardé non comme un oxide particulier, mais comme un composé de deux oxides de fer dont l'existence est bien constatée. Sa formule atomique sera donc $Fe\ O,\ Fe^2\ O^3$.

C'est de l'oxide magnétique qu'on extrait une partie du fer qu'on trouve dans le commerce. Les mines de Suède, si célèbres par la qualité et la quantité de fer qu'elles fournissent, ne sont presque composées que de cet oxide. L'oxide magnétique n'a, d'ailleurs, d'usages qu'en médecine; il y est connu sous le nom d'*éthiops martial* ; on l'obtient dans les officines, soit comme nous l'avons dit en second lieu, soit en mettant quelques kilogrammes de limaille de fer dans un pot découvert, humectant convenablement la limaille, la remuant de temps en temps, et exposant le vase à une température de 20 à 25°.

866. *Sesqui-oxide de fer quadri-protoxidé.* — Lorsqu'on chauffe à la chaleur blanche des morceaux de fer pour les étirer en barres ou les réduire en feuilles, ils se recouvrent d'une croûte d'oxide qui se détache en écailles par le choc des marteaux ou la pression des laminoirs. Ce sont ces écailles, connues dans les usines sous le nom de *batitures*, et qu'on a confondues jusqu'ici avec l'oxide magnétique, qui constituent, suivant M. Berthier, un nouveau composé de protoxide et de sesqui-oxide. — La formule de ce com-

posé, au lieu d'être Fe O, Fe² O³, comme celle de l'oxide magnétique, serait 4 Fe O, Fe² O³; c'est-à-dire qu'il serait composé de 4 atomes de protoxide de fer=4×449,22+1 atome de sesqui-oxide = 978,44. C'est en dissolvant une quantité donnée de batitures dans l'acide chlorhydrique, étendant la dissolution d'eau et y versant peu-à-peu du carbonate d'ammoniaque jusqu'à décoloration, que M. Berthier a fait l'analyse des batitures. Le sesqui-oxide qu'elles contiennent se précipite seul : en le recueillant, le lavant, le calcinant, le pesant et retranchant son poids de celui des batitures, on a pour différence celui du protoxide de fer. (Berthier, *Ann. de Chim. et de Phys.*, XXVII, 19.)

Les résultats qu'a obtenus M. Mosander ne s'accordent pas avec les précédens. Ayant opéré sur des batitures provenant d'une barre de fer exposée pendant 48 heures à une chaleur rouge et dans lesquelles on distinguait 2 couches bien caractérisées, il a trouvé que la seconde couche était homogène et formée de 6 atomes de protoxide et de 1 atome de peroxide, 6 Fe O, Fe² O³, et que l'oxide de la première était d'autant plus peroxidé qu'il était pris plus près de la surface. (*Ann. de Chim. et de Phys.*, XXXIV, 168.)

Combinaisons des métalloïdes avec le fer.

867. L'hydrogène est le seul métalloïde qui n'ait point été uni au fer.

Les chlorure, fluorure, brômure, iodure, ne seront examinés qu'en traitant des sels qui proviennent de l'action des acides chlorhydrique, fluorhydrique, etc., sur les oxides.

Nous avons dit sur l'azoture de fer tout ce qu'on en sait, dans l'étude de l'ammoniaque (366).

Nous n'avons donc à considérer que les borure, siliciure, carbure, phosphure, sulfure et séléniure de fer.

868. *Borure de fer.* — A peine connu : il s'obtient, suivant Descostils et Gmélin, en chauffant fortement dans un creuset brasqué un mélange de charbon, d'acide borique et

de limaille de fer; et , suivant Lassaigne , en faisant rougir au blanc du borate de fer dans un courant de gaz hydrogène. M. Arfwedson a tenté infructueusement ce dernier procédé; il reconnaît à la vérité que le fer ainsi traité se dissout dans l'acide sulfurique étendu avec dégagement de gaz hydrogène et dépôt d'acide borique; mais il prétend que cet acide est tout contenu dans le fer, qu'on peut l'en extraire par l'eau bouillante sans qu'il se dégage de gaz et que le fer alors reste pur : de nouvelles expériences sont donc nécessaires pour décider la question.

M. Lassaigne a décrit le borure de fer comme étant d'un blanc argentin, se dissolvant difficilement dans les acides sulfurique et chlorhydrique , et comme composé de 77,40 de fer, et 22,60 de bore.

869. *Siliciure de fer*. — Toutes les fois que l'on fait fondre du fer avec de l'acide silicique et du charbon, le siliciure de fer prend naissance : il est ductile, s'il ne contient point ou s'il ne contient que peu de charbon, et cassant s'il en contient une quantité trop grande.

M. Berzelius a analysé du siliciure qui donnait jusqu'à 19 pour 100 d'acide silicique en le dissolvant dans l'acide chlorhydrique, et qui était assez ductile pour être réduit à froid en lames très minces.

Le siliciure a l'aspect du fer.

870. *Carbures.*—Le fer s'unit au carbone en diverses proportions : de là résultent l'acier, la fonte et plusieurs autres composés plus carburés et peu examinés jusqu'ici. L'acier du commerce contient depuis 1 millième jusqu'à 10 millièmes de son poids de charbon; la fonte, beaucoup plus, 2 à 6 pour 100. Les autres composés connus sont des tricarbures ou quadri-carbures de fer, c'est-à-dire que si le charbon se convertissait en gaz carbonique et le fer en protoxide, le premier prendrait 3 à 4 fois autant d'oxigène que le second.

Jusque dans ces derniers temps on avait cru que la plombagine, ou mine à crayon, que l'on trouve toujours dans les terrains primitifs et les terrains intermédiaires, était un per-carbure de fer, contenant 92 pour 100 de carbone. Mais il est démontré aujourd'hui que le fer n'entre qu'accidentellement dans sa composition, et qu'elle n'est composée que de charbon dans un état particulier.

871. *Acier, fonte.* — Leur fabrication a tant de rapport avec l'extraction du fer qu'elle n'en doit pas être séparée (*voy.* plus bas).

872. *Tri-carbure, quadri-carbure.* — Que l'on distille dans une cornue de verre le sel formé de cyanure de fer et de cyanhydrate d'ammoniaque, il se dégagera d'abord de l'eau et du cyanhydrate d'ammoniaque, puis du gaz azote ; si alors on fait rougir le résidu, il prendra feu, et semblera brûler, pendant un instant, comme dans du gaz oxigène ; en même temps, il se dégagera une nouvelle quantité de gaz azote, quelquefois même le dégagement aura lieu avec violence : dans tous les cas, la matière restante sera le quadri-carbure très pur.

En soumettant à la même opération le bleu de Prusse, on obtient le tri-carbure.

Les carbures ainsi préparés sont des poudres noires, sans consistance, qui, chauffées légèrement au contact de l'air, brûlent comme de l'amadou : 100 parties de tri-carbure donnent 108,28 parties de sesqui-oxide de fer ; et le quadri-carbure en donne précisément un poids égal au sien (Berzelius).

873. *Carbures plus carburés que le quadri-carbure.* — C'est en chauffant fortement en vases clos des sels résultant d'un acide végétal, tel que l'acide tartrique, avec l'oxide de fer qu'on se les procure : ils n'ont point été examinés (Berzelius).

874. *Phosphure de fer, fait avec 4 parties de phosphate de fer et une de noir de fumée* (3e procédé, 590). — Brillant, d'un gris bleuâtre comme le fer, très fragile, à cassure granulaire ; fusible au chalumeau et se couvrant, pendant la fusion, d'une scorie noire de phosphate ; sans action sur

l'aiguille aimantée; inaltérable à l'air; attaquable, mais à chaud seulement, par l'acide azotique fumant et par l'*eau régale*; susceptible de décomposition par le charbon, car lorsqu'on met le phosphate de fer avec un excès de charbon dans la préparation du phosphure, on obtient un mélange de phosphure et de carbure de fer, faciles toutefois à séparer l'un de l'autre au moyen de l'acide chlorhydrique, qui dissout le carbure et n'attaque point le phosphure.(Berzelius, *Ann. de Chim. et de Phys.*, II, 233.)

Comme ce phosphure ne contient, sur 100, que 23,19 de phosphore, il est probable qu'il n'en est point saturé, et qu'il vaudrait mieux, pour le préparer, employer le second procédé, ou faire passer du phosphore en vapeur à travers un tube incandescent qui contiendrait du fer en fil.

875. *Sulfures de fer.* — Le soufre, à une haute température, s'unit au fer avec la plus grande facilité. Si l'on fait chauffer une barre de fer jusqu'au degré de la chaleur blanche, et si, après l'avoir retirée du feu, on place sur la barre un morceau de soufre, il la trouera presqu'à l'instant même. En la saupoudrant de soufre et l'inclinant, on verra le fer fondre à l'instant et le sulfure tomber en grosses gouttes.

L'acier est au moins aussi facilement attaqué par le soufre que le fer; il n'en est pas de même de la fonte : le soufre se volatilise sans la sulfurer.

On compte jusqu'à cinq sulfures de fer, savoir : un proto-sulfure correspondant au protoxide, Fe S; un sesqui-sulfure correspondant au sesqui-oxide, $Fe^2 S^3$; un bi-sulfure Fe S^2; un sulfure bi-ferré Fe^2 S; un sulfure octo-ferré Fe^8 S; et de plus, un composé de proto et de bi-sulfure dans lequel le proto-sulfure contient 3 fois autant de soufre que le bi-sulfure : c'est la *pyrite magnétique.*

876. *Proto-sulfure.*—M. Berzelius, pour obtenir le proto-sulfure, conseille de chauffer en vase clos un mélange de soufre et de lames de fer minces et coupées en morceaux. Lorsque le vase est rouge, la combinaison se fait bientôt avec incandescence, et le fer se coûvre d'une croûte de sul-

fure. On laisse alors l'excès de soufre se vaporiser, puis la matière se refroidir : après quoi les lames de fer sont retirées et pliées en divers sens pour en détacher le sulfure.

Sa cassure et sa poussière sont jaunâtres ; il a le brillant métallique ; il n'est point attirable à l'aimant ; il est sans action sur l'eau et sur l'air sec à la température ordinaire ; mais quand il a tout à-la-fois le contact de l'un et de l'autre, il s'unit peu-à-peu à l'oxigène de l'air, s'effleurit et passe à l'état de sulfate.

Réduit en poudre et mis en contact avec l'acide sulfurique étendu, il s'y dissout avec dégagement de gaz sulfhydrique pur et production de sulfate protoxidé.

Quoique le soufre, combiné avec le fer, n'agisse point sur l'eau à la température de l'atmosphère, il y agit d'une manière bien remarquable lorsqu'il n'est que mêlé avec ce métal. Au bout de quinze à vingt minutes, le mélange s'échauffe considérablement ; le fer et le soufre disparaissent, et se transforment en une matière noire et solide, qui n'est que du proto-sulfure hydraté. Ces résultats sont faciles à produire : on prend 2 parties de fer en limaille et 1 partie et demie de soufre très divisé, par exemple, de la fleur de soufre ; on les broie avec une quantité d'eau suffisante pour en faire une pâte molle, et on les introduit, pour les abriter du contact de l'air, dans un flacon de verre auquel on adapte un tube à boule, recourbé, qui plonge dans le mercure ou dans l'eau, afin de constater qu'il ne se dégage pas de gaz. Il ne faut remplir le flacon tout au plus qu'aux deux tiers, pour qu'il puisse contenir toute la matière après qu'elle aura réagi. L'appareil étant ainsi disposé, on l'abandonne à lui-même, et tous les phénomènes annoncés se présentent plus ou moins promptement, selon que la température de l'atmosphère est plus ou moins élevée. Si, lorsque l'hydrate qui se forme est complétement refroidi, on l'expose à l'air, il s'empare promptement de l'oxigène de ce fluide, donne lieu à du sesqui-oxide de fer, rend libre une certaine quantité de soufre et passe du noir au gris blanc : aussi, décompose-t-il l'air presque subitement, et pourrait-on s'en servir pour en faire l'analyse. Cette absorption est si rapide, qu'elle se produit souvent avec un assez grand dégagement de chaleur pour rendre la matière incandescente. Lémeri, à qui l'on doit d'avoir découvert la réaction du fer, du soufre et de l'eau, a prétendu que ce mélange jouait un grand rôle dans les volcans; il l'a même appelé *volcan artificiel*, nom que ce mélange a porté jusque dans ces derniers temps.

Le sulfure ainsi préparé ne donne que du gaz sulfhydrique, soit avec l'acide sulfurique étendu, soit avec l'acide chlorhydrique, et se trouve seulement mêlé avec un petit excès de soufre.

Pour l'avoir pur et hydraté, il faut verser du proto-sulfure de potassium dans un sel de protoxide de fer neutre : il se précipite tout-à-coup en flocons noirs qui éprouvent à l'air les mêmes altérations que le sulfure provenant de la réaction du fer, du soufre et de l'eau.

Le proto-sulfure n'est pas très commun dans la nature. Cependant on l'a trouvé à Geier, en Saxe; à Bodenmais, en Bavière; en Angleterre, dans le Carnarvons; en France, à l'ouest de Nantes. Il existe dans les filons et amas métallifères, mais plus souvent disséminé dans les roches granitiques. On le rencontre aussi, entremêlé avec les couches de charbon dans quelques houillères. Quelquefois même en s'unissant à l'oxigène de l'air, sous l'influence de l'eau, il s'échauffe à tel point que le feu prend aux mines et consume des quantités considérables de houille.

Dans tous les cas, il est rarement cristallisé et affecte toujours en cet état la forme d'un prisme hexaèdre régulier. Sa pesanteur spécifique est de 4,518.

877. *Sesqui-sulfure.* Ce sulfure peut s'obtenir, soit en faisant passer du gaz sulfhydrique, à la température ordinaire, sur de l'hydrate de sesqui-oxide de fer artificiel, bien sec, soustrayant le produit à l'action de l'air qui le décompose rapidement lorsqu'il est humide, et le dessé-

chant dans le vide; soit en exposant le sesqui-oxide de fer à un courant de gaz sulfhydrique à une chaleur de 100° au plus, et continuant l'expérience jusqu'à ce qu'il ne se forme plus d'eau : une température plus élevée donnerait du bi-sulfure, et du gaz hydrogène deviendrait libre; c'est pourquoi l'on est obligé de rester plutôt au-dessous de 100° que d'aller au-delà, et de soutenir le courant de gaz pendant long-temps.

Le sesqui-sulfure est gris-jaunâtre, moins brillant que la pyrite ordinaire, sans action sur l'aiguille aimantée, décomposable au rouge naissant qui en dégage les $\frac{2}{9}$ de soufre et le convertit en *pyrite-magnétique*, soluble dans les acides sulfurique et chlorhydrique étendus, avec dégagement de gaz sulfhydrique et production de bi-sulfure de fer qui se dépose en conservant la forme des morceaux soumis à l'expérience.

Le sesqui-sulfure de fer se trouve naturellement uni avec le bi-sulfure de cuivre et forme la *pyrite cuivreuse*, composé dans lequel le fer est uni à trois fois autant de soufre que le cuivre.

878. *Bi-sulfure de fer ou per-sulfure.*—Jaune ou d'un blanc jaunâtre; doué du brillant métallique; non attirable à l'aimant; laisse dégager du soufre, lorsqu'on le calcine fortement en vases clos, et se transforme en un sulfure analogue à la pyrite magnétique; n'a aucune action sur l'air sec à la température ordinaire, en absorbe l'oxigène au rouge naissant et à plus forte raison à une haute température, en donnant naissance, dans le premier cas, à du gaz acide sulfureux et à un sulfate, et dans le second, à du gaz acide sulfureux et à de l'oxide rouge ou sesqui-oxide de fer; n'est point attaqué par les acides sulfurique et chlorhydrique étendus d'eau.

Ce sulfure est formé de 100 de fer et de 118,62 de soufre, ce qui donne en proportions ou en atomes :

$$1 \text{ de fer } 339,22 + 2 \text{ de soufre } 402,32 = Fe\ S^2$$

Le bi-sulfure de fer est très répandu; c'est l'un des miné-

raux les plus communs : presque toutes les mines en renferment. Il existe deux bi-sulfures de fer qui sont isomériques : le premier qui est jaune affecte un grand nombre de
formes différentes : les unes cristallines, telles que le cube,
l'octaèdre, le dodécaèdre pentagonal, l'icosaèdre, et leurs
composés ; les autres accidentelles, comme les stalactites,
les formes empruntées aux coquilles. Il ne constitue jamais
de grands amas à lui seul, mais il est disséminé presque
partout en cristaux, en rognons, etc., dans les dépôts de
tous les âges. Sa pesanteur spécifique est de 4,10 à 4,74. Il
porte les noms de *pyrite-jaune*, de *pyrite-martiale*, de *pyrite
d'or*, de *fer sulfuré jaune* et de *fer sulfuré cubique*. Le second,
qui est d'un blanc jaunâtre, a pour forme primitive un
prisme à bases rhomboïdales. Il est moins commun que le
précédent, et s'appelle *pyrite blanche*, *pyrite prismatique*.

C'est en calcinant le bi-sulfure de fer naturel qu'on
extrait une partie du soufre qu'on consomme dans les arts.
Il acquiert alors la propriété de s'effleurir à l'air humide
et de se transformer peu-à-peu en sulfate. La pyrite blanche n'a même pas besoin d'être calcinée pour éprouver cette
transformation.

879. *Pyrite magnétique.*—Cette pyrite n'est pas un simple sulfure : c'est un sulfure double, représenté dans sa
composition par un atome de bi-sulfure uni à six atomes
de proto-sulfure dont le départ peut être opéré par l'acide
sulfurique étendu qui dissout le proto-sulfure. Sa formule
atomique est donc $6FeS, FeS^2$. C'est cette combinaison qui
se forme toujours quand on chauffe fortement le soufre
avec le fer, ou qui reste dans la cornue quand on calcine
le sesqui-sulfure ou le bi-sulfure de fer jusqu'au rouge
cerise. En effet M. Stromeyer, qui a fait beaucoup
d'expériences à ce sujet, a toujours trouvé que le sulfure
était sensiblement formé de 100 de fer et de 68 de soufre.

880. *Sulfure bi-ferré.*—Formé de 100 de fer et de 29,65 parties de soufre. On le prépare, suivant M. Arffwedson, en faisant passer un courant de gaz hydrogène à travers le sul-

fate de protoxide de fer, anhydre, chauffé dans un tube de verre. Les produits que l'on obtient sont de l'eau, du gaz sulfureux, outre le sulfure bi-ferré.

881. *Sulfure octo-ferré.* — Lorsque au lieu d'opérer sur du sulfate de protoxide de fer, comme nous venons de le dire, on opère sur le sous-sulfate de sesqui-oxide de fer, il se forme encore de l'eau, du gaz sulfureux, mais le sulfure de fer qui reste dans le tube est un sulfure octo-ferré ou qui est composé de 100 de fer et 7,41 de soufre.

Le sulfure *octo-ferré* et le sulfure *bi-ferré* existent-ils réellement? Ne pourrait-on pas les considérer comme des composés de proto-sulfure et de fer? Ce qu'il y a de certain, c'est qu'il paraît que le proto-sulfure peut s'unir au fer en un grand nombre de proportions, si ce n'est en toutes proportions.

Outre les sulfures précédens, nous devons mentionner les suivans.

1° Lorsqu'on projette dans un creuset rouge un mélange de deux parties de limaille de fer et d'une partie de soufre, on obtient un sulfure de fer bien fondu, bien homogène, et qui contient moins de soufre que le proto-sulfure (1). C'est de ce sulfure qu'on se sert souvent pour obtenir le gaz acide sulfhydrique; mais ce gaz ainsi préparé contient toujours une certaine quantité de gaz hydrogène.

2° Lorsqu'on emploie parties égales de fer et de soufre, on obtient encore une autre sorte de sulfure.

Ces deux sulfures doivent être comme ceux dont nous venons de parler, des combinaisons de fer ou de soufre avec une espèce de sulfure de fer correspondant à un certain degré d'oxidation de ce métal? Du moins la théorie des proportions définies et la loi de composition des sulfures rendent cette opinion très probable.

---

(1) Cependant les observations de M. Berthier ne s'accordent pas avec celles-ci; car, suivant lui, il n'existe pas de sulfure moins sulfuré que celui qui correspond au proto-sulfate. (*Ann. des Mines*, t. VII, p. 437.)

882. *Proto-séléniure de fer*=Fe Se, *ou* 1 *de chaque élément en atomes et en proportions*. — Que l'on mette du sélénium au fond d'un tube de verre, fermé à son extrémité inférieure; que l'on place de la limaille de fer par-dessus , et que l'on entoure celle-ci de charbons incandescens, le sélénium se volatilisera et s'unira au fer en produisant une ignition très marquée. Il n'y aurait pas de dégagement de lumière si l'on mêlait le sélénium à la limaille; celui-ci se volatiliserait presque en entier avant de pouvoir se combiner, ou du moins la limaille se recouvrirait tout au plus d'une petite couche de séléniure.

Le séléniure de fer a l'apparence métallique, et une couleur grise foncée tirant au jaune. Il est dur, cassant; sa cassure est grenue. Exposé à la flamme du chalumeau, il abandonne une certaine quantité de sélénium, et se convertit en une masse noire fondue, de cassure vitreuse. L'acide chlorhydrique liquide attaque, à l'aide de la chaleur, le séléniure de fer; l'eau est décomposée, et de là résultent du gaz sélénhydrique et du proto-chlorure de fer: la liqueur se colore tout de suite en rouge de cinabre et se trouble; ce qui, selon toute apparence, provient de ce que l'oxigène de l'air contenu dans les vases décompose la première portion de gaz sélénhydrique, et en précipite le sélénium : aussi lorsque, pendant le cours de l'expérience, l'air pénètre dans l'appareil, le même phénomène se reproduit tout-à-coup.

Alliages de fer.

883. Le fer ne peut s'unir ni au zinc, ni au titane, ni au mercure , ni à l'argent; sa combinaison avec le plomb est très douteuse; on ne le combine que difficilement avec le bismuth, et avec le cuivre; il s'allie plus ou moins facilement au potassium, au sodium, au glucinium, à l'aluminium, à l'étain, au chrôme, au tungstène, à l'antimoine, au

colombium, au nickel, au cobalt, à l'or, au platine, au rhodium et à l'iridium. L'antimoine et surtout l'arsénic lui font perdre ses propriétés magnétiques, comme l'oxigène, le phosphore et le soufre.

Quatre de ces alliages seulement méritent d'être examinés, savoir : ceux d'étain, d'antimoine, d'arsénic, et de platine.

884. *Alliage formé de 8 parties d'étain et de 1 partie de fer.*—Solide, cassant, à grains fins et serrés, d'un blanc gris, fusible un peu au-dessous de la chaleur rouge ; s'obtient en chauffant à la forge le fer et l'étain dans un creuset, et recouvrant le mélange de verre pilé.

Cet alliage a été jusqu'ici sans usages ; on commence actuellement à l'employer pour étamer le cuivre : ce nouvel étamage dure plus long-temps que l'autre, et est sans inconvénient.

885. *Fer-blanc.*—Le fer-blanc n'est que de la tôle ou du fer laminé, dont les deux surfaces sont recouvertes d'une petite quantité d'étain. C'est en décapant ou désoxidant d'abord la tôle, la plongeant ensuite dans un bain de suif, puis dans un bain d'étain couvert de suif fondu, et la soumettant enfin à quelques autres opérations, qui ont pour objet de rendre plus égale la couche d'étain, qu'on fait le fer-blanc. (*Voyez* la description de ce procédé, *Annales de Chimie et de Physique*, tom. XII.)

Le fer-blanc anglais a obtenu, jusque dans ces derniers temps, la prééminence sur le fer-blanc français ; mais, depuis quelques années, il s'en fait en France, dans plusieurs fabriques, qui ne laisse rien à desirer.

Les fourchettes de fer s'étament par un procédé analogue, puisqu'il consiste à les récurer avec du sablon, à les plonger dans un bain d'étain couvert de sel ammoniac, et à les frotter avec des étoupes.

886. *Moiré.*—Lorsque l'on expose pendant quelque temps une feuille de fer-blanc à l'action d'un mélange d'acide chlorhydrique, d'acide azotique et d'eau, on obtient

un produit qui a été observé pour la première fois, par M. Alard, il y a quelques années, et qui est connu sous le nom de *moiré métallique*. Dans cette expérience, on ne fait évidemment que dissoudre la couche superficielle d'étain, qui est très unie, et découvrir les autres, qui se composent d'une foule de cristaux. Le moiré consiste donc dans une véritable cristallisation, et par conséquent il variera d'aspect selon que cette cristallisation variera elle-même.

L'une des conditions indispensables pour réussir, est de n'employer que le fer blanc préparé avec de l'étain pur. Quant au mélange acide, il n'est pas toujours le même : on se sert avec succès de 2 parties d'acide azotique, 3 d'acide chlorhydrique, et 8 d'eau, ou de 1 partie d'acide azotique, 8 parties d'acide sulfurique et 8 parties d'eau.

L'opération s'exécute très bien en chauffant doucement la feuille d'étain et la mouillant ensuite avec une éponge imprégnée de la liqueur acide; presqu'à l'instant même, le moiré apparaît sous forme de nacre de perles; alors on plonge la feuille dans l'eau pour enlever l'excès d'acide et on l'essuie avec un linge. En modifiant la manière d'opérer, il en résulte d'autres formes : veut-on faire un *dessin granite*, on chauffe fortement la feuille, et on la plonge tout-à-coup dans la liqueur acide et froide; s'agit-il de produire des cristallisations en étoiles, on projette avec un balai de petites gouttes d'eau sur la feuille dont l'étain sera fondu; ou bien on la chauffe dans des endroits déterminés, de manière à fondre l'étain, et on la plonge tout entière dans l'eau acide, comme nous venons de le dire.

Dans tous les cas, pour augmenter les reflets du moiré et le préserver de toute oxidation, il est indispensable de le recouvrir d'une légère couche de vernis transparent et sans couleur, ou coloré en raison de l'objet qu'on cherche à imiter. (*Voy.* le mémoire de M. Baget, *Ann. de Chim. et de Phys.*, t. VIII, 173.)

887. *Arséniure de fer.* (*Voy.* Arsénic.)

888. *Alliage de platine et de fer.* — Parties égales de

ces métaux donnent un alliage susceptible d'un beau poli, d'une densité égale à 9,862, qui ne se ternit pas à l'air, et qui est très propre à la confection des miroirs. Cet alliage se fond aisément dans un fourneau ordinaire : il faut donc se garder de mettre le fer en contact avec des vases de platine à une haute température.

889. *Alliage d'antimoine et de fer.* — Cet alliage mérite d'être remarqué par la propriété qu'il a de faire feu avec la lime, quand il se compose de 1 partie d'antimoine et de 2 parties de fer.

Action de l'eau et des acides sur le fer.

890. Le fer décompose l'eau au degré de la chaleur rouge, et cependant l'hydrogène, à ce même degré de chaleur, possède la propriété de réduire les oxides de fer ; ce qu'il est très difficile, pour ne pas dire impossible, d'expliquer (168 *bis*, 528 et suivans.)

Le fer nous offre d'ailleurs avec l'eau et l'air, à la température ordinaire, des phénomènes dignes d'attention :

1° Bien décapé, il est sans action sur l'eau privée d'air ;

2° Plongé dans de l'eau aérée, il se couvre peu-à-peu d'hydrate jaune-orange de sesqui-oxide ;

3° Cet hydrate pur, isolé, ne change point de couleur dans l'eau, soit qu'elle ait ou qu'elle n'ait pas le contact de l'air ;

4° Lorsque l'hydrate adhère au fer, il devient en quelques jours noir-verdâtre, dans un flacon fermé et plein d'eau. La teinte ne changerait pas si le vase était ouvert.

5° Que l'on mette quelques kilogrammes de limaille de fer bien décapé dans un pot, qu'on l'humecte et qu'on la remue de temps en temps, le fer s'oxidera peu-à-peu, et bientôt il se dégagera du gaz hydrogène. En portant le mélange de 20 à 25°, l'action augmentera, au point qu'il y aura production de chaleur. Alors, dans un vase fermé, la li maille continuera toujours de dégager du gaz hydrogène ; mais la température diminuera, et s'abaissera successivement à celle de l'atmosphère : d'où il suit que la chaleur produite d'abord ne provient que de l'absorption de l'oxigène de l'air par le fer. Cette propriété est mise à profit dans les officines pour se procurer l'*ethiops martial*, qui paraît être du sesqui-oxide de fer mono-protoxidé (865) : quelquefois on y ajoute un peu d'acide azotique pour hâter l'oxidation.

6° L'eau pure, qui, par elle-même, résiste à l'action du fer, se décompose lorsqu'elle est tout à-la-fois en contact avec le fer et le mercure. Le fer s'oxide lentement, à la vérité ; cependant l'on finit par recueillir, au bout de quelques jours, une quantité d'hydrogène assez grande pour l'essayer.

Les résultats des trois premières expériences sont tout simples : il n'en est pas de même des autres. Comment les expliquer ? C'est en admettant que, d'une part, le fer et le mercure, et d'autre part, le fer et son oxide, forment par leur contact respectif des élémens de la pile voltaïque capables d'agir sur l'eau, comme une lame de zinc soudée à une lame de cuivre.

On reconnaîtra donc que le fer s'oxide d'abord par l'oxigène de l'air que l'eau tient en dissolution, et que ce n'est que quand il est oxidé de cette manière que l'eau commence à se décomposer. Il sera facile d'expliquer aussi la cause pour laquelle l'hydrate de sesqui-oxide qui adhère au fer devient noir-verdâtre dans un flacon fermé et plein d'eau, tandis qu'il ne change pas de couleur lorsque le flacon est ouvert : dans le premier cas, il est ramené à un moindre degré d'oxidation par l'hydrogène de l'eau ; au lieu que, dans le second, cette désoxigénation ne saurait avoir lieu, en raison de ce que l'eau se trouve continuellement aérée. Du reste, il est évident que la chaleur produite d'abord dans la cinquième expérience, ne provient que de l'absorption de l'oxigène de l'air par le fer : le refroidissement qui a lieu quand on couvre le pot qui renferme le mélange ne laisse aucun doute à cet égard. (*Voyez* le Mémoire de M. Marshall Hall (1); celui de M. Guibourt (2); et les deux observations faites sur ces deux Mémoires (3).)

891. *Acide sulfurique concentré.*— A froid, action très lente, dégagement de quelques bulles de gaz hydrogène, formation de sulfate; à chaud, action vive, décomposition d'une partie de l'acide, grand dégagement de gaz sulfureux, formation de sulfate de protoxide.

Acide sulfurique étendu d'eau. — Action dont l'intensité augmente promptement; décomposition d'eau; effervescence vive, due au gaz hydrogène qui se dégage; formation de sulfate de protoxide; chaleur produite; résidu qui n'équivaut pas à un centième du fer, et qui paraît être du *carbure graphiteux*, formé de 60 de fer et de 40 de carbone; dissolution verte qui, par le refroidissement, laisse ou peut laisser déposer des cristaux verts de sulfate de protoxide hydraté.

892. *Acide sulfureux dissous dans l'eau.*—Décomposition d'une partie de l'acide à la température ordinaire; point d'effervescence; point de dépôt de soufre; formation d'un hyposulfite ou d'un sulfite sulfuré soluble.

893. *Acide azotique concentré et fer en limaille.* (*Voyez* ce qui a été dit n° 644.)

Acide azotique étendu d'eau. — Action subite, très vive; dégagement d'oxide d'azote ou d'azote; formation d'azotate de sesqui-oxide, qui colore la liqueur en jaune rougeâtre, et d'un peu d'azotate d'ammoniaque; chaleur produite; quelquefois dépôt d'un peu de sesqui-oxide.

894. *Acide hypo-azotique*—Mêmes phénomènes qu'avec l'acide azotique très concentré.

(1) *Journal de l'institution roy.* VII, 55.
(2) *Journal de pharm.* IV, 241.
(3) *Ann. de Chim. et de Phys.*, XI, 40.

895. *Acide chlorhydrique liquide.*—Action subite, très vive; dégagement d'hydrogène provenant de l'acide décomposé; formation de proto-chlorure qui se dissout et colore la liqueur en vert; chaleur produite.

896. *Caractères des sels de protoxide de fer.*

Couleur.	Vert émeraude, s'ils sont dissous ou cristallisés.
Saveur.	Astringente.

Leurs dissolutions donnent :

Avec le cyanure jaune de potassium et de fer.	Ppté blanc-verdâtre qui devient bleu par le contact de l'air ou du chlore.
Avec le cyanure rouge de potassium et de fer.	Ppté bleu.
Avec la noix de galle.	Point de ppté; mais par l'addition d'un peu de chlore, ppté noir de gallate et tannate de peroxide.
Avec acide sulfhydrique.	Point de ppté.
Avec sulfure de potassium ou de sodium, etc., ou sulfhydrate.	Ppté noir de proto-sulfure hydraté.
Avec potasse, soude.	Ppté d'hydrate de protoxide d'un blanc sale, qui, par le contact de l'air, se convertit très promptement en hydrate vert de sesqui-oxide protoxidé, puis en hydrate jaune-rougeâtre de sesqui-oxide pur.
Avec ammoniaque.	Mêmes phénomènes qu'avec potasse et soude : seulement l'ammoniaque retient un peu de protoxide en dissolution.
Avec peu de chlore ou de brôme.	Sels de sesqui-oxide protoxidé, qui précipitent en vert par alcalis.
Avec excès de chlore.	Sels de peroxide qui précipitent en jaune-rougeâtre par alcalis.
Avec acide azotique et autres acides qui cèdent facilement leur oxigène.	Mêmes phénomènes qu'avec chlore à la température ordinaire, et au besoin d'une légère chaleur.
Avec dissolution d'or.	Ppté d'or métallique.
Avec sels de palladium.	Ppté de palladium : le sel de fer se peroxide.
Par leur exposition à l'air.	Un sous-sel jaune de peroxide.

897. *Caractères des sels de sesqui-oxide de fer.*

Couleur.	Jaune-rougeâtre foncé, s'ils sont neutres ; jaune-rougeâtre clair, s'ils sont acides.
Saveur.	Apre, très astringente.

Leurs dissolutions donnent :

Avec cyanure jaune de potassium et de fer.	Précipité bleu.
Avec cyanure rouge de potassium de fer.	Point de précipité : la couleur du sel de fer se fonce.
Avec noix de galle.	Ppté noir de gallate et tannate de per-oxide.
Avec sulfure de potassium, de sodium ou sulfhydrate.	Ppté noir de sulfure de fer.
Avec acide sulfhydrique.	Dépôt de soufre, formation d'eau et de sel de protoxide.
Avec sulfo-cyanure de potassium.	Point de précipité : couleur rouge de sang.
Avec potasse, soude, ammoniaque.	Ppté d'hydrate jaune-rougeâtre de sesqui-oxide ; sous-sel insoluble et jaune si la base n'est point en excès ; quelquefois même décomposition incomplète.

Tous les sels insolubles de sesqui-oxide se dissolvent dans l'acide chlorhydrique et se comportent alors en général avec les réactifs comme ceux qui sont solubles dans l'eau.

Etat naturel.

898.—Le fer existe sous quatre états différens : à l'état natif ; à l'état d'oxide, anhydre ou hydraté (864, 865); combiné avec les corps combustibles, et particulièrement le soufre (878, 879); à l'état de sels (sulfate, carbonate, silicate, phosphate, etc.) (*Voyez* ces sels ou ces genres de sels.)

Fer natif. — Tantôt on le trouve dans des filons, enveloppé d'oxide de fer et de divers sels, et tantôt en masses considérables, isolées et situées à la surface de la terre, le plus souvent loin de toute espèce de mine de fer.

Le fer natif en filon existe, d'après M. Schreiber, dans la montagne d'Oulle, près Grenoble, sous la forme de stalactites rameuses, enveloppé d'oxide de fer, d'argile et de quarz (1).

Il en existe aussi, d'après M. Karsten, à Kamsdorf en Saxe : celui-ci est disséminé dans une masse d'oxide de fer, de carbonate de fer et de sulfate de baryte; il paraît qu'il n'est pas pur : Klaproth, qui en a fait l'analyse, l'a trouvé combiné avec 0,06 de plomb et 0,015 de cuivre : aussi est-il cassant.

Bergman, dans sa *Géographie physique*, parle d'un fragment de fer natif en filets malléables, trouvé dans une gangue de grenat brun de Steinbach en Saxe.

Proust dit aussi avoir trouvé des parcelles de fer natif dans des échantillons de sulfure de fer d'Amérique.

On voit donc que cette sorte de fer natif est très rare : voilà pourquoi son existence est encore douteuse pour quelques minéralogistes.

S'il est permis d'élever des doutes sur la première sorte de fer natif, on ne saurait en élever sur la seconde, c'est-à-dire sur le fer natif en masses isolées.

Le fer natif en masse n'est pas seulement remarquable par son gisement, il l'est encore parce qu'il est caverneux, que les trous dont il est criblé contiennent souvent une matière vitreuse, et qu'on n'aperçoit aucune trace de scories à sa surface ni sur le terrain où il est situé. Il est beaucoup moins rare que le fer natif en filons. Une masse de fer natif, du poids de 1500 myriagrammes, a été trouvée dans une immense plaine de l'Amérique méridionale, près de

______

(1) Les stalactites sont des concrétions qui se forment ordinairement à la voûte des grottes ou cavités souterraines; elles proviennent d'eaux qui s'infiltrent, s'évaporent et déposent par couches successives les matières qu'elles tiennent en dissolution.

San-Yago, dans le Tucuman, au lieu nommé *Olumpa*; elle est en partie enfoncée dans une terre argileuse; le fer qui la compose contient une très petite quantité de nickel; il est très malléable.

D'après M. de Humboldt, il existe aussi au Pérou, et au Mexique, près de *Toluca*, des masses de fer natif semblables à la précédente. On voit maintenant dans la collection de l'Académie des sciences à Saint-Pétersbourg, une autre masse de fer natif du poids de 60 myriagrammes, qui a été trouvée en Sibérie, près des Monts-Kémir. Les Tartares la croyaient tombée du ciel, et la regardaient comme sacrée. Le fer qui la compose est blanc et très malléable, et contient, d'après Klaproth, 0,015 de nickel.

Sous le pavé de la ville d'Aken, près de Magdebourg, on a découvert une masse de fer natif de 800 myriagrammes, dont le fer, selon M. Chladni, avait les qualités de l'acier.

L'on en a trouvé une en Bohême, qui est semblable à celle de Sibérie.

Valérius rapporte qu'il en existe une en Afrique, qui est immense, et que les Maures exploitent : il suffit d'en forger le fer pour pouvoir l'employer.

Enfin les *Ann. de Chim. et de Phys.* (11, 379) font mention d'une masse de fer natif très doux, de 28 pieds cubes, observée au Brésil en 1784; elle est située, d'après M. Morney, à dix ou quinze pieds au-dessus du terrain granitique des environs, à la latitude de 10° 20' S., et à la longitude de 35' 15" O. de Bahia.

Pendant long-temps on n'a su quelles conjectures former sur l'origine de ces masses, qui sont beaucoup plus nombreuses que nous ne le disons ici; mais aujourd'hui l'on est porté à croire qu'elles sont tombées de l'atmosphère. Cette opinion est fondée sur leur gisement, et sur la certitude acquise dans ces derniers temps, qu'il tombe véritablement des pierres de l'atmosphère, qui, d'après les observations de M. Laugier, paraissent être de même nature que les masses ferrugineuses elles-mêmes. (*Ann. de Chim. et de Phys.*, IV, 363.)

Les chutes de ces sortes de pierres sont beaucoup plus fréquentes qu'on ne pourrait le croire : l'on en jugera par le tableau suivant :

Pierres dont la chute a été observée de 1785 à 1815.

Pierres tombées dans la principauté d'Eichstaedt................... 1785
Pierres tombées dans la province de Charkow, en Russie............ 1787
Pluies de pierres, 1° à Barbotan près Roquefort; 2° aux environs d'Agen.. } 1790
Pierres tombées, 1° à Castel-Berardenga; 2° à Menabilly............ 1791
Douze pierres tombées à Sienne................................... 1794
Pierre de 28 kilogrammes, tombée à Wold-Cottage, comté d'York..... 1795
Pierre tombée à Ceylan... 1795
Pierre de 5 kilogrammes tombée en Portugal........................ 1796
Pierre tombée près Belaja-Zerkwa, en Russie....................... 1796
Pierre de 10 kilogrammes, tombée à Sales......................... }
Pierre tombée à Bialoczerkew..................................... } 1798
Pluie de pierres à Bénarès....................................... }
Pierre tombée sur l'île des Tonneliers............................ 1801
Pierres tombées en Écosse.. 1802
Pluie de pierres à Laigle.. }
Pierres tombées, 1° à Saurette; 2° à Eggenfelde; 3° à East-Norton; } 1803
    4° près d'Apt.. }
Pierres tombées près Glascow..................................... 1804
Pierres tombées, 1° près Doroninsk; 2° dans Constantinople........ 1805
Pierres tombées, 1° près Alais; 2° en Hanshire.................... 1806
Pierres tombées, 1° à Juchnow; 2° à Weston en Amérique; 3° près } 1807
    Timochin, en Russie... }
Pierres tombées, 1° à Borgo-Santo-Donino; 2° près Stannern; 3° près } 1808
    Lissa... }
Pierres tombées dans les parages des États-Unis................... 1809
Pierres tombées, 1° à Charsonville; 2° dans Caswell, en Amérique; }
    3° grande pierre à Shabad, dans l'Inde; 4° une pierre dans le comté } 1810
    de Tipperary.. }
Pierres tombées, 1° près de Pultawa; 2° à Berlanguillas; 3° à la Char- } 1811
    dière... }
Pierres tombées, 1° près Toulouse; 2° à Magdebourg; 3° à Chan- } 1812
    tonay... }
Pierres tombées, 1° à Cutro, en Calabre; 2° près Limerick, en } 1813
    Irlande... }
Pierres tombées près d'Agen...................................... 1814
Pierres tombées à Chassigny, près de Langres...................... 1815

(Voy. le *Nouveau catalogue des Chutes de pierres ou de fer, de poussières ou de substances molles, sèches ou humides*, suivant l'ordre chronologique, par M. Chladni, *Ann. de chim. et de phys.*, XXXI, 253.)

D'après les analyses de MM. Howard, Vauquelin, Klaproth, Laugier, Stromeyer, etc., toutes ces pierres sont composées, en général, d'environ 50 de silice, 25 de fer en partie oxidé, 5 à 6 de magnésie, 4 à 5 de soufre, 2 à 3 de nickel métallique, 1 à 2 de manganèse oxidé, 1 à 2 de chrôme probablement aussi à l'état d'oxide, des traces de cobalt; dans plusieurs on trouve de la soude. Quelques-unes cependant ne renferment ni nickel ni cobalt; mais le chrôme s'est trouvé jusqu'à présent dans toutes (Laugier). Une seule contenait 2 à 3 de charbon, outre tous ces principes : c'est celle qui a été trouvée à Alais, et que j'ai analysée; (*Ann. de Chim.*, LIX, 103). Cette pierre était noire dans toutes ses parties, et avait absolument l'aspect du charbon de terre. Lorsqu'on la chauffait jusqu'au rouge naissant, le charbon qui faisait partie de ses principes brûlait en très peu de temps. Il est donc permis de croire qu'en traversant l'air, elle n'avait point été exposée comme les autres à une haute température; et ce qui fortifie cette opinion, c'est qu'en traitant toutes les autres pierres par les acides, leur silice se prend en gelée, preuve d'une forte calcination; tandis que celle qui lui est propre se déposait sous forme de poudre. (*Voy*. les *Ann. de Chim.*, les *Ann. de Chim. et de Phys.*)

Suivant M. Gustave Rose, les aérolithes terreux, à part celui d'Alais, c'est-à-dire les aérolithes qui ne sont point sous forme de masse métallique, peuvent être divisés, d'après leur structure, en deux classes. Les uns consistent en une masse grise compacte, dans laquelle on ne peut reconnaître à l'œil nu d'autres parties mélangées que quelquefois du fer natif disséminé; les autres consistent en diverses substances qui, parfaitement séparées les unes des autres, forment une roche mélangée grenue, comme le *granit*, la *siénite*, la *dolérite*. Les aérolithes de *Ensisheim, Mauerkirchen, Lissa, Barbotan, Laigle, Doroninsk*, appartiennent à la première classe; les aérolithes de *Stannern* et de *Juvenas*, à la deuxième. M. Rose a cherché à séparer les unes des autres les substances minérales distinctes que ces deux derniers aérolithes contiennent. Il en a retiré des cristaux de piroxène, de labrador et de fer sulfuré magnétique, qu'il a examinés avec beaucoup de soin. Ce sont ces sortes d'aérolithes qui contiennent de la soude : cette base fait partie du *labrador*. (*Ann. de Chim. et de Phys.*, XXXI, 81.)

Extraction du fer, fabrication de la fonte et de l'acier.

C'est de l'oxide de fer anhydre ou hydraté, du carbonate et du silicate de fer qu'on extrait le fer, en calcinant ces composés ferrugineux avec le charbon. Ils passent d'abord à l'état de fonte ou de carbure de fer; la fonte peut être ensuite transformée en fer, et enfin la fonte et le fer peuvent être convertis en acier : de là l'ordre que nous allons suivre.

Fabrication de la fonte.

899. Considérés métallurgiquement, les minerais de fer se divisent en deux classes : 1° les minerais terreux; 2° les minerais en roche.

Les premiers renferment le fer brun granuleux et les variétés de fer terreux (864), et les seconds, le fer oxidulé ou à l'état d'oxide Fe O, Fe² O³ (865); le fer rouge hématite, le fer brun fibreux (864), le *fer spathique* ou carbonate de protoxide de fer et le silicate de fer. La plupart de ces minerais contiennent un peu d'oxide de manganèse, de sulfure de cuivre, de sulfure et de phosphate de fer, quelquefois même de carbonate de magnésie.

Les minerais de fer terreux ne sont jamais grillés; on se contente de les laver pour les débarrasser en partie des terres argileuses ou calcaires qui les enveloppent. Lorsqu'ils sont en masses, on les concasse, et quelquefois on en fait un triage à la main.

Les minerais de fer en roche n'exigent ni lavage ni bocardage; mais on est presque toujours obligé de les griller.

Le but de cette opération est, en général, de séparer le soufre et l'arsénic qu'ils pourraient contenir, de les rendre plus friables, plus poreux, etc.

Souvent aussi l'on abandonne pendant long-temps à l'air, avant et même encore après le grillage, ceux qui sont principalement composés de fer spathique. D'après les expériences de M. Descostils, qui attribue à la présence de la magnésie la propriété réfractaire de ces minerais, il paraîtrait qu'alors le sulfate de magnésie formé pendant le grillage, au moyen du soufre, serait entraîné par l'eau, ou bien que le carbonate de magnésie le serait lui-même. Dans cette dernière supposition, il faudrait prolonger, pendant des années entières, l'exposition à l'air.

Pour griller les minerais de fer en roche, on les met en tas avec du bois ou de la houille, ou bien dans des fours carrés ou en cônes renversés.

Lorsque les minerais de fer ont reçu ces préparations préliminaires, on procède à leur fusion.

Les fourneaux les plus généralement employés ont la forme de deux cônes tronqués et réunis par leur grande base ; la hauteur de la partie inférieure, dans laquelle se développe la plus grande chaleur, et où s'opère la fusion complète de toutes les matières, n'est que le tiers de la hauteur totale du fourneau. Celle-ci varie de sept à douze mètres dans ceux qui consomment du charbon de bois, et de douze à vingt dans les fourneaux où l'on emploie le charbon de houille ou le *coke*. On les désigne tous par la dénomination de *hauts fourneaux* (*voy*. la description des planches).

900. Les hauts fourneaux se chargent par la partie supérieure, c'est-à-dire, par le *gueulard*. D'abord on les remplit de charbon (1). Lorsqu'ils sont élevés à une très haute tem-

____

(1) L'on se sert de charbon de bois en France plus souvent que de coke. En Angleterre, le coke seul est employé. Le coke est la houille ou charbon de terre, privé par la calcination du goudron qu'il contient. Sans cela, ce gou-

pérature, ou les entretient toujours pleins, en y versant alternativement une certaine quantité de minerai, de charbon, et ordinairement d'un fondant argileux ou calcaire (1), argileux si le minerai est trop calcaire, et calcaire si le minerai est très argileux, ce qui a lieu le plus souvent. L'argile prend le nom d'*erbue*, le carbonate de chaux, celui de *castine*. Il est essentiel de les bien choisir.

Par cette addition de castine ou d'erbue, les parties terreuses qui enveloppent l'oxide de fer entrent facilement en fusion, et dès-lors l'oxide ferrugineux se trouvant immédiatement en contact avec le charbon, se réduit promptement.

Les proportions dans lesquelles on emploie ces diverses substances varient beaucoup. Elles dépendent de la composition des minerais, et en même temps de celle des fondans. Le plus ordinairement ce n'est que par de longs tâtonnemens, par des essais variés que l'on parvient à trouver les proportions les plus avantageuses. On peut cependant se procurer de bonnes indications par des essais faits en petit dans des creusets, et mieux encore par des analyses exactes des substances que l'on se propose de fondre.

Un des moyens que l'on emploie fréquemment pour atteindre le même but, celui d'une facile fusion des matières autres que l'oxide de fer, est de mêler ensemble, en quantité convenable, des minerais dont les composans terreux sont de nature différente.

Dans tous les cas, il faut faire passer un très grand courant d'air à travers la masse. A cet effet, l'on se sert de

---

dron rendrait les morceaux de charbon adhérens les uns aux autres : ce ne serait qu'autant que la houille serait maigre, c'est-à-dire ne contiendrait que très peu de goudron, qu'on pourrait en faire usage directement. Il faut d'ailleurs que le charbon ne soit point ou ne soit que très peu sulfuré. L'on commence aussi à chauffer les fourneaux au bois.

(1) L'argile est une matière qui renferme beaucoup de silice, bien moins d'alumine, quelques centièmes d'oxide de fer et de carbonate de chaux.

forts soufflets en bois, ou de trompes, ou mieux de pompes soufflantes, et l'on fait arriver l'air un peu au-dessus du creuset par un seul tuyau appelé *tuyère*, quelquefois par deux, ou même par trois. (1)

La matière s'affaisse peu-à-peu, met un temps plus ou moins long à descendre du gueulard à la partie inférieure; et parvenue à l'*étalage*, elle se transforme en *laitier* et en *fonte* qui tous deux doivent être en état de fusion. La *fonte* se rassemble dans le creuset à mesure qu'elle est produite; le *laitier*, moins pesant, s'y rassemble aussi, la recouvre sans cesse, en prévient l'oxidation, et s'écoule, au bout d'un certain temps, le long de la plaque nommée *dame*, par une ouverture située au bord du creuset et un peu au-dessous des tuyères.

Lorsque le creuset est presque plein de fonte, on arrête les machines soufflantes, et on débouche avec un ringard la percée (2), qu'on tient fermée avec de l'argile. La fonte incandescente coule et se rend dans un sillon sablonneux creusé dans le sol de la fonderie; elle s'y moule en un long prisme triangulaire dont les extrémités sont effilées, et prend le nom de *gueuse*. Alors on bouche la percée; on remet les soufflets en mouvement, et l'on forme la matière d'une nouvelle coulée, dans l'espace de 10 à 12 heures. L'on continue ainsi pendant plusieurs années, ou plutôt jusqu'à ce que le fourneau ait besoin d'être réparé.

901. Le laitier est une masse de verre opaque, formée de

---

(1) La trompe est ordinairement un tuyau vertical en bois dont le haut a la forme d'un entonnoir, et dont le bas est fixé sur une caisse ou tonneau sans fond, plongeant dans l'eau par sa partie inférieure. Le dessus du tonneau porte un conduit destiné à transmettre au foyer des fourneaux l'air fourni par la trompe. On fait arriver un courant d'eau dans le tuyau vertical : cette eau tombe en s'éparpillant sur une pierre qui est placée au milieu du tonneau, et qui s'élève d'environ $0^m,3$ au-dessus du niveau de l'eau environnante : l'air entraîné par la chute de l'eau, ne trouvant point d'issue, est obligé de s'échapper par le conduit qui communique avec le fourneau.

(2) Trou qui correspond à la partie inférieure et latérale du creuset,

beaucoup de silicate de chaux, de plus ou moins de silicates d'alumine, de fer, de manganèse, et quelquefois de magnésie. Souvent on y observe des combinaisons cristallines ; et chose digne de remarque, elles ressemblent tellement à celles de la nature que l'on peut croire que les combinaisons naturelles sont, comme les combinaisons artificielles, le résultat de la fusion ignée. M. Mitscherlich a reconnu, dans un laitier provenant d'un haut fourneau marchant au charbon de bois, des bi-silicates de chaux, de magnésie, de protoxide de fer, qui avaient absolument la même forme cristalline que le pyroxène.

La fonte paraît être essentiellement composée de fer uni à quelques centièmes de charbon et de silicium : elle contient en outre, mais accidentellement, un peu de manganèse, et des traces d'aluminium, de calcium, de cuivre, de phosphore et de soufre.

Recherchons maintenant ce qui se passe dans cette opération : la silice, véritable acide, s'unit à la chaux, à l'alumine, à l'oxide de manganèse, à plus ou moins d'oxide de fer ; de là, le *laitier*. L'oxide de fer, renfermé dans le minerai, et mis à découvert par la fusion des terres, se réduit et passe à l'état de fonte en se combinant avec quelques centièmes de charbon et de silicium. Or, comme le laitier et la fonte sont très fusibles, ils traversent la masse charbonneuse, et viennent remplir le creuset, d'où leur écoulement a lieu à volonté. (1)

Mais pourquoi doser avec tant de soins le fondant que l'on ajoute ? la raison en est très simple : lorsque la quantité

---

(1) Quelques chimistes pensent que le fer est reduit presque au haut du fourneau, par le carbure d'hydrogène. Ils fondent cette opinion sur ce que l'hydrogène opère la réduction du fer au rouge naissant. Cet effet aurait infailliblement lieu, si l'oxide de fer était pur et divisé ; mais comme il est enveloppé de terre et en petites masses, sa réduction ne s'opère qu'à l'époque où les terres entrent en fusion. Il ne peut s'en réduire que très peu à quelques pieds du gueulard.

de silice n'est point assez grande par rapport à la castine, la fusion s'opère mal; lorsqu'elle est trop grande, il se fait beaucoup de silicate de fer, indécomposable par le charbon, et le minerai donne beaucoup moins de fonte. La castine a donc essentiellement pour objet de s'unir à la silice du minerai et de s'opposer à ce que celle-ci se combine avec l'oxide ferrugineux; elle sert encore à s'emparer d'une partie du soufre que les minerais et le coke contiennent, ou d'une partie de l'acide phosphorique du phosphate de fer qui s'y rencontre quelquefois : aussi, doit-on en mettre alors le plus possible sans nuire à la fusibilité des laitiers : le soufre et l'acide phosphorique se retrouvent dans ceux-ci, unis au calcium et à la chaux.

Le dosage pourrait être tel que les laitiers renfermeraient à peine du silicate de fer; c'est ce que l'on cherche à faire toutes les fois que le minerai n'est pas *manganésien*. Mais lorsqu'il contient de l'oxide de manganèse, le seul moyen de prévenir la réduction de cet oxide étant de mettre assez de silice pour faire même une quantité très notable de silicate ferrugineux, il y a avantage à rendre la silice un peu prépondérante : à cette condition, l'oxide de manganèse passe tout entier ou presque tout entier dans les laitiers.

902. L'on distingue quatre sortes de fontes : la fonte blanche non cristallisée, la fonte grise, la fonte blanche cristallisée en lames plus ou moins larges, et la fonte noire.

903.—La fonte blanche non cristallisée est très dure, cassante; sa cassure est à grains serrés; lorsqu'on la fond dans un creuset bien fermé et qu'on la laisse refroidir très lentement, elle devient souvent douce et grise; si, au contraire son refroidissement est prompt, elle reste toujours aigre et blanche. Elle contient de 2 à 4 pour 100 de carbone qui est tout entier uni au fer; elle se dissout : 1° sans aucun résidu dans l'acide chlorhydrique concentré et bouillant; 2° avec un faible résidu de charbon noir dans l'acide sulfurique concentré; 3° avec un résidu de quelques flocons noirs dans

l'acide azotique, résidu qui se change facilement sous l'influence de cet acide en une matière analogue à l'acide azulmique; 4° avec un résidu analogue à l'acide ulmique dans
les acides sulfurique et chlorhydrique étendus d'eau. Elle
se forme surtout, quand on emploie trop peu de charbon
par rapport au minerai; ou, ce qui revient au même, quand
la chaleur du fourneau n'est pas très forte : c'est cette fonte
qu'on produit pour l'affinage.

904. — La fonte grise est douce, ou du moins se laisse
limer, tourner et forer facilement; sa cassure est grenue, et
sa ténacité considérable. Lorsqu'on la fond et qu'on la fait
refroidir promptement, elle devient aigre et blanche comme
la précédente. Elle contient comme la précédente aussi, de
2 à 4 pour 100 de carbone; mais celui-ci n'est point entièrement combiné avec le fer comme dans la fonte blanche;
une portion s'y trouve à l'état de *plombagine* ou de *graphite*.
Ce qui le prouve, ce sont les produits qu'on obtient en la
traitant par les acides; elle se dissout : 1° avec un résidu
de graphite ou de carbone pur et lamelleux, dans l'acide
chlorhydrique concentré et bouillant; l'action est vive;
2° avec un résidu de même nature et, de plus, d'acide ulmique (*composé de carbone et d'eau*), dans l'acide sulfurique
concentré; 3° avec un résidu de graphite et d'acide azulmique dans l'acide azotique et dans l'eau régale; 4° avec un
résidu d'acide ulmique, de graphite et de carbure de fer
graphiteux formé d'environ 60 de fer et 40 de charbon,
dans les acides sulfurique et chlorhydrique faibles, à la
température ordinaire; l'action est très lente; elle ne se
termine même que dans un très long espace de temps; il se
produit en outre du gaz hydrogène chargé de carbone et du
carbure huileux d'hydrogène : une dissolution de potasse
enlève facilement l'acide ulmique du résidu et se colore en
brun foncé; le barreau de fer sépare ensuite le carbure de
fer graphiteux, c'est-à-dire du carbure qui a l'aspect du
graphite; le graphite reste pur.

Observons d'ailleurs que toutes les fontes blanches, grises ou noires, donnent avec les acides chlorhydrique et sulfurique du carbure gazeux et du carbure huileux d'hydrogène. Celui-ci peut être facilement recueilli en faisant passer le gaz à travers l'alcool, il s'y dissout, et peut être ensuite précipité par l'eau. Il arrive même assez souvent que le résidu charbonneux en est imprégné.

Recouverte d'eau et abandonnée à elle-même, la fonte grise se décompose très lentement; le fer s'oxide et se détache de la masse qui se trouve alors transformée en une matière semblable à la plombagine et qui, au contact de l'air, absorbe l'oxigène et s'échauffe rapidement.

On rapporte, en effet, que lorsqu'on retira de l'eau, il y a plusieurs années, les canons d'un vaisseau qui avait coulé 5o ans auparavant aux environs de Carlscrona, ils étaient au-tiers convertis en une pareille masse poreuse, et qu'à peine les avait-on exposés à l'air depuis un quart-d'heure, qu'ils commencèrent à s'échauffer au point que l'eau qui restait s'échappa rapidement sous forme de vapeur. Mac-Culoch a confirmé cette observation. Berzelius attribue l'altération qu'éprouve alors la fonte à l'action de l'acide carbonique de l'eau sur le fer; mais il nous semble qu'on peut tout aussi bien l'expliquer par la production d'un peu d'oxide ferrugineux qui doit se former aux dépens de l'oxigène de l'air tenu en dissolution dans l'eau et qui, dans son contact avec le fer non attaqué, constitue un élément de la pile.

La fonte grise ne se produit qu'autant que la température est très élevée et exige par conséquent plus de charbon pour sa production que la fonte blanche. On s'en sert pour le moulage.

9o5. La fonte blanche cristallisée est très dure, très aigre; sa cassure est souvent à larges lames. Lorsqu'on la fond et qu'on la laisse refroidir très lentement, elle ne se convertit point ordinairement en fonte grise : on prétend qu'elle contient 5 pour 1oo de charbon et une quantité très notable de manganèse. Quelques chimistes croient même que c'est à la présence de ce métal qu'elle doit ses propriétés cassantes; cependant on sait que le manganèse entre quelquefois dans la composition des aciers sans que ceux-ci perdent leur ductilité. La fonte blanche cristallisée se comporte avec les acides comme l'autre espèce de fonte blanche.

906. La fonte noire doit sa couleur à ce qu'elle contient une plus grande quantité de graphite libre que la fonte grise, et sa cassure offre même une multitude de grains parmi lesquels on distingue à l'œil nu des grains de graphite pur. Cette fonte se forme lorsque le charbon est en grand excès par rapport au minerai, qu'elle reste long-temps dans le fourneau et que la température est très élevée. Elle est plus fusible que les autres fontes, et renferme 6 à 7 pour 100 de carbone. Traitée par les acides, elle donne les mêmes produits que la fonte grise, à cela près que le résidu contient plus de graphite.

907. Enfin l'on distingue encore la fonte *truitée* ou *maculée*, qui n'est qu'un mélange de fonte grise et de fonte blanche, ou de fonte grise et de fonte noire.

908. Depuis quelque temps les chimistes ont fait un grand nombre d'analyses de fontes; nous nous contenterons de citer celles que l'on doit à M. Gay-Lussac et à M. Berthier.

ANALYSES FAITES PAR M. GAY-LUSSAC.

	FONTES GRISES obtenues par le charbon de bois		FONTE GRISE du Berry obtenue par un mélange de charbon et de coke.
	de Champagne.	du Nivernais.	
Carbone.....	2,100	2,254	2,319
Silicium.....	1,060	1,030	1,920
Phosphore...	0,869	1,043	0,188
Manganèse...	Trace.	Trace.	Trace.
Fer.........	95,971	95,673	95,573
	100,000	100,000	100,000

	FONTES GRISES obtenues par le coke				
	du pays de Galles.			de Franc. Comté.	du Creusot.
Carbone	2,450	2,550	1,606	2,800	2,021
Silicium.....	1,620	1,200	3,000	1,160	3,490
Phosphore...	0,780	0,440	0,492	0,351	0,604
Manganèse...	Trace.	Trace.	Trace.	Trace.	Trace.
Fer.........	95,150	95,810	94,842	95,689	93,885
	100,000	100,000	100,000	100,000	100,000

	FONTES BLANCHES obtenues par le charbon de bois			
	de Champag.	de l'Isère.	de Siegen.	de Coblentz.
Carbone.....	2,324	2,636	2,690	2,441
Silicium.....	0,840	0,260	0,230	0,230
Phosphore...	0,703	0,280	0,162	0,185
Manganèse...	Trace.	2,137	2,590	2,490
Fer.........	96,133	94,687	94,328	94,654
	100,000	100,000	100,000	100,000

ANALYSES DE FONTES AU CHARBON DE BOIS PAR M. BERTHIER. (1)

	FONTES GRIS.		FONTES BLANCHES.				
	de Bela-bre.	d'Au-trey.	de Bèze.	de Saint-Dizier.	de Suè-de.	de Tré-dion.	de Lohe
Fer et man-ganèse ...	96,77	96,20	96,88	96,00	95,30	95,90	96,05
Carbone...	2,95	3,50	3,05	3,60	4,20	3,60	3,50
Silicium...	0,28	0,30	0,07	0,40	0,50	0,50	0,45
	10,000	100,00	100,00	100,00	100,00	100,00	100,00

(1) *Ann. des mines*, 3ᵉ série, III, 222.

On voit donc que dans toutes ces fontes il existe, à-peu-près sur 100, de 94 à 96 de fer; de 2 à 4 de carbone; de 0,230 à 3,490 de silicium; quelquefois des traces de manganèse, et quelquefois jusqu'à 2, 590 de ce métal. Concluera-t-on de là que le manganèse et le silicium sont nécessaires à la production de la fonte? non, car le manganèse manque dans quelques-unes d'entre elles, et le silicium n'y entre que pour une quantité très petite; on sait d'ailleurs qu'il est possible d'obtenir de la fonte en chauffant fortement du fer au milieu du charbon. Celui-ci est donc le seul corps qui semble être indispensable à la production de la fonte; si donc les fontes du commerce contiennent toujours du silicium, cela tient à ce qu'il faut employer de la silice pour traiter les minerais dans les hauts fourneaux, et qu'elle peut être décomposée par le charbon et le fer à une haute température. La fonte, composée uniquement de fer et de charbon, serait-elle meilleure ou moins bonne que celle qui contient du silicium? c'est ce que nous ignorons.

909. L'analyse de la fonte peut se faire par divers procédés : l'un des meilleurs est le suivant.

1° *Séparation du silicium à l'état de silice.* —La fonte est dissoute dans l'eau régale, et la dissolution évaporée à siccité. Le résidu est ensuite mêlé avec 3 fois son poids de carbonate de soude, chauffé au rouge dans un creuset pendant une demi-heure, et redissous dans l'eau et l'acide chlorhydrique. L'eau régale a pour objet d'attaquer la fonte et de la décomposer; le carbonate de soude, de former du silicate de soude soluble dans l'eau et dont la silice n'est complètement précipitée par les acides qu'autant qu'ils sont concentrés. La nouvelle liqueur doit donc contenir du chlorure de fer, du chlorure de manganèse, du phosphate de fer, de la silice, etc. Par conséquent si on l'évapore à siccité comme la première, et si, après avoir humecté la masse d'acide chlorhydrique, on la délaie dans l'eau, elle se dissoudra toute entière, excepté la *silice* qui servira à doser le *silicium*.

2° *Séparation du fer et du manganèse à l'état d'oxides.* —

Un excès de carbonate de soude sera versé dans la solution aqueuse dont on vient de parler et dont la silice aura été séparée ; les chlorures de fer et de manganèse seront décomposés, et leurs oxides précipités à l'état de carbonate avec le phosphate de fer qui pourrait exister. On recueillera le précipité sur un filtre, on le lavera, on le séchera, puis on le calcinera dans un creuset de platine avec trois fois son poids de carbonate de potasse pour unir l'acide du phosphate de fer à la potasse et faire un phosphate alcalin soluble. La masse calcinée devra ensuite être délayée dans l'eau ; et s'il s'était formé un peu de caméléon (manganate vert de potasse), il faudrait attendre, avant de filtrer la liqueur, que l'oxide de manganèse s'en fût déposé, ou ce qui est la même chose, qu'elle fût devenue incolore. On la filtrerait alors, et sur le filtre resteraient les oxides de fer et de manganèse à la séparation desquels on procéderait par les moyens ordinaires. (*Voy.* vol. v, *Analyse.*)

3° *Séparation du phosphore à l'état de phosphate de plomb.* Nous venons de dire dans l'opération précédente, que tout l'acide phosphorique s'unit à la potasse et forme un phosphate alcalin soluble : on doit donc le retrouver dans la liqueur filtrée. Pour le précipiter, il suffira de saturer cette liqueur par l'acide azotique, et d'y ajouter de l'acétate de plomb : il en résultera du phosphate de plomb insoluble, qui contient une quantité de phosphore connue.

4° *Séparation du carbone.* — La fonte très divisée est mêlée avec 10 fois son poids de bi-oxide de mercure, et le mélange placé dans un tube de porcelaine établi horizontalement à travers un fourneau. A l'une des extrémités du tube est adaptée une petite cornue contenant du chlorate de potasse et à l'autre extrémité un tube recourbé qui s'engage sous un flacon plein de mercure. L'appareil étant ainsi disposé, on chauffe le tube de porcelaine jusqu'au rouge, l'oxide de mercure est décomposé, son oxigène brûle les principes de la fonte, et convertit le carbone qu'elle contient en acide carbonique. Lorsqu'il ne se dégage plus de gaz, on met du feu sous la cornue; bientôt l'oxigène du chlorate devient libre, passe dans le tube où il achève de brûler la fonte qui aurait pu échapper à la combustion primitive et d'où il chasse la portion de gaz carbonique restée dans le tube : le gaz carbonique tout entier se trouve ainsi réuni dans le flacon avec de l'oxigène et un peu d'air; on l'absorbe par la potasse, et de son volume on conclut la quantité de carbone.

Le chlore peut aussi être employé avec le plus grand succès pour déterminer la quantité de carbone de la fonte : la fonte est mise en petits fragmens dans un tube de verre horizontal où l'on fait arriver du chlore parfaitement sec; le tube étant plein de ce gaz, l'on chauffe la fonte à la lampe, et bientôt elle devient incandescente, tant l'absorption du chlore est rapide: du moins, voilà ce que j'ai observé souvent avec de la fonte grise que j'employais en copeaux; il en résulte des chlorures volatils qui sont facilement entraînés par le courant gazeux, et le charbon seul reste : il est commode de placer la fonte dans une petite nacelle de verre demi cilindrique et d'introduire celle-ci dans le large tube où se rend le chlore et qu'on chauffe extérieurement : de cette manière, on n'a plus qu'à peser la nacelle après l'opération; comme on en a pris le poids d'avance, la différence donne celui du carbone.

L'iode fournit également par l'intermède de l'eau un assez bon procédé pour estimer la quantité de charbon, mais moins commode et moins sûr que le précédent; il en serait de même du brôme : ces corps dissolvent le fer, le manganèse, et n'attaquent pas le charbon.

5° *Séparation du soufre.* — La fonte renferme quelquefois du soufre comme du manganèse et du phosphore. Pour en déterminer le poids, il faut prendre 20 à 25 grammes de fonte et la traiter par l'acide chlorhydrique convenablement concentré dans une cornue. Les gaz sont conduits par un tube dans une dissolution d'acétate acide de plomb; il se produit du sulfure de plomb et en même temps du chlorure de plomb, parce qu'il y a de l'acide chlorhydrique vaporisé. Le chlorure est enlevé par de l'eau chaude aiguisée d'acide chlorhydrique; et le sulfure transformé par l'acide azotique bouillant, en sulfate de plomb, d'où l'on conclut la quantité de soufre.

910. Rappelons-nous maintenant les diverses propriétés physiques et chimiques des fontes; que la fonte blanche peut être transformée en fonte grise, par un refroidissement très lent, et la fonte grise, en fonte blanche, par un refroidissement rapide; rappelons-nous surtout leur action sur les acides, savoir: que la fonte blanche se dissout dans l'acide chlorhydrique concentré, et bouillant avec production de gaz carbure d'hydrogène, et d'huile fétide, mais sans aucun résidu; qu'au contraire la fonte grise et la fonte noire, tout en laissant dégager du gaz carbure d'hydrogène, et produisant une huile fétide semblable à la précédente, donnent un résidu de graphite plus ou moins abondant, et nous en conclurons avec M. Karsten, que, si la fonte blanche est homogène, il n'en est pas de même de la fonte grise; que dans la fonte blanche le carbone est entièrement et uniformément combiné avec le fer, tandis que dans la fonte grise, il s'y trouve en partie libre, et à l'état de graphite; que, par conséquent, lorsque après avoir opéré la fusion de la fonte, et en avoir fait un composé homogène, on la fait refroidir très lentement, il faut concevoir qu'elle se transforme en carbure de fer et en graphite qui reste disséminé au milieu du carbure. Peut-être, et cette hypothèse nous semble de beaucoup préférable à l'autre, la transformation n'est-elle pas aussi extrême : il se pourrait qu'au lieu de se convertir en carbure et graphite, elle se transformât en deux carbures de compositions différentes, dont l'un serait très riche en carbone et l'autre très riche en fer; résultat dont il existe beaucoup d'analogues, et qui proviendrait de la différence de fusibilité qu'il y aurait entre les deux carbures. En effet, de ce que les acides mettent du graphite à nu lorsqu'on y dissout la fonte grise, on n'est pas en droit de conclure

qu'il y est tout formé. Il est facile de concevoir au contraire qu'il peut provenir d'un carbure très chargé de carbone, qui céderait à l'acide le fer qui entrerait dans sa composition. Ce carbone conserverait beaucoup de compacité, l'autre très divisé, n'en conserverait aucune.

Quoi qu'il en soit, nous allons rapporter les conclusions que M. Karsten a tirées de son important travail. (*Journ. des mines*, t. xx, p. 657; ouvrage traduit par M. Culmann, 2 vol. in-8°, chez Bachelier.)

1° La fonte blanche et l'acier trempé contiennent le carbone combiné avec toute la masse du fer.

2° La fonte blanche lamelleuse, présente une combinaison parfaite du fer avec le carbone, et se trouve toujours plus riche en carbone que la grise.

3° Le fer et l'acier non trempé contiennent le carbone à l'état de carbure (polycarbure).

4° La fonte grise froide contient la majeure partie de son carbone à l'état de graphite et de mélange; ce graphite ne renferme point de fer, et constitue le carbone dans toute sa pureté.

5° Le reste du carbone renfermé dans la fonte grise peut s'y trouver ou combiné avec toute la masse, ou formant un carbure à proportions définies, et qui est dissous ensuite dans le métal, comme il l'est dans le fer ductile et dans l'acier;

6° Tous les fers carburés, considérés à l'état liquide, contiennent le carbone dissous dans la masse du métal, sans proportions définies;

7° Enfin le graphite se sépare du métal au moment de sa congélation, et les autres carbures de fer, s'il en existe plusieurs, se forment plus tard.

M. Karsten cherche ensuite à évaluer les quantités de carbone libre et combiné dans la fonte blanche transformée d'abord en fonte grise, et dans de la fonte grise naturelle. A cet effet, il emploie une méthode autre que celle que nous avons décrite tout-à-l'heure : il fond du chlorure d'argent en une petite masse orbiculaire qu'il introduit dans un vase contenant de l'eau, à laquelle il ajoute quelques gouttes d'acide chlorhydrique, puis il place le morceau de fonte à analyser sur le chlorure d'argent et ferme le vase pour que l'air ne puisse y pénétrer. Le fer se combine peu-à-peu avec le chlore du chlorure, et se dissout, l'argent devient libre; quant au carbone et au graphite, ils restent sur la masse de chlorure décomposé, et sont toujours faciles à séparer. Une partie de fonte exige $5\frac{1}{3}$ de chlorure pour sa dissolution; il est bon d'en employer un peu plus. Voici les résultats de M. Karsten :

Fonte blanche transformée en fonte grise en la fondant et la laissant refroidir tranquillement, savoir :	CARBONE combiné.	CARBONE libre	TOTAL du carbone.
Dans le noir de fumée..............	0,60	4,62	5,22
Dans un creuset de graphite..........	0,81	4,29	5,10
Dans un creuse d'argile..............	1,00	4,05	5,05

	CARBONE combiné.	CARBONE libre.	TOTAL du carbone.
Fonte grise tirée des forges de Sayner, près de Coblentz, d'un fourneau à charbon de bois, et provenant d'oxides bruns.......	0,89	3,71	4,680
Fonte grise tirée des forges de Widerstein (Siegen), d'un fourneau au charbon de bois alimenté par un mélange d'oxides bruns et fer spathique....................	1,03	3,62	4,65
Fonte grise provenant des forges de Malapane (Haute-Silésie), d'un fourneau à charbon de bois....................	0,75	3,15	3,90
Fonte grise des forges dites Kœnigshutte, d'un fourneau au coke, alimenté par des minerais ocreux et oxides bruns............	0,58	2,57	3,15
Fonte grise provenant du même fourneau lorsqu'il y régnait une moindre chaleur.......	0,95	2,70	3,65

911. *Affinage de la fonte ou extraction du fer.*—L'affinage de la fonte est une opération qui a pour objet de convertir

la fonte en fer en la faisant chauffer avec le contact de l'air. A une haute température, le carbone et le silicium qu'elle contient se trouvent brûlés en même temps qu'une certaine quantité de fer; et de là résultent de l'oxide de carbone qui se dégage, du silicate de fer qui reste fondu, et beaucoup de fer spongieux, qui par la pression se soude facilement et peut être ensuite versé dans le commerce.

La fonte s'affine de deux manières, au charbon de bois et au coke.

912. *Affinage de la fonte au charbon de bois.* — Cet affinage se pratique dans un fourneau qu'on appelle foyer d'affinerie et qui se compose, 1° d'une aire assez large; 2° d'un creuset dont les bords sont à fleur de l'aire, et qui a environ 84 centimètres de longueur, 65 de largeur, 18 à 23 de profondeur : le fond et les côtés sont revêtus de plaques de fonte; et la plaque antérieure est percée de plusieurs trous pour faire écouler les scories pendant le travail; 3° de forts soufflets destinés à porter de l'air dans le creuset; 4° d'une hotte tellement disposée, que le fourneau a l'aspect d'une forge de serrurier.

L'on recouvre la surface du creuset de petits fragmens de charbon qu'on fait adhérer aux plaques par un peu d'argile détrempée; et lorsque cette sorte de brasque est sèche, on remplit le creuset de charbon, l'on place la fonte au milieu de manière que le charbon l'entoure de toutes parts, on allume le feu et l'on met les soufflets en mouvement. Bientôt la température est très élevée; la fonte entre peu-à-peu en fusion, tombe en gouttes et ruisselle à travers l'air chaud qui commence à la dépouiller de carbone et de silicium.

Il se forme dès-lors des scories de silicate; en même temps, le manganèse et le phosphore qu'elle pourrait contenir se trouvent brûlés, du moins, en grande partie.

Les scories fondues se réunissent à la surface du bain : un ouvrier les écarte ou les fait écouler et remue sans cesse le bain avec un ringard de barre de fer. Cette manipulation

a pour objet de favoriser l'accès de l'air, de brûler le carbone
et le silicium de la fonte, et de mettre le fer en liberté. A
mesure que cet effet est produit, le fer se sépare et prend la
forme de grumeaux. L'ouvrier avec la barre qui lui sert à
remuer le bain, rassemble ces grumeaux en une seule masse
que l'on appelle *loupe;* il la soulève à plusieurs reprises, et
la présente aux vents des soufflets. Lorsque le carbone et le
silicium en sont brûlés, il l'enlève et la tire hors du creuset.
Au même instant plusieurs ouvriers en font suinter de toutes
parts le laitier, en la frappant avec de forts marteaux et lui
donnant une forme sensiblement sphérique; on la porte ensuite sous le martinet pour la comprimer plus fortement :
c'est ce qu'on appelle *cingler la loupe*, opération qui a pour
objet d'en faire sortir tout le laitier dont elle est encore im-
bibée et d'en bien souder toutes les parties, afin d'obtenir
une masse homogène et bien unie. (1)

La loupe ne peut pas prendre, au premier cinglage, la
forme de barre qu'elle doit avoir par la suite : on est obligé
de la reporter dans le fourneau; et, lorsqu'elle est convenablement chaude, on la replace sous le martinet pour la
forger de nouveau. Ce n'est qu'au quatrième feu ou *chauffe*
que la loupe est entièrement forgée. Si elle était trop grosse,
ce qui arrive ordinairement, on la diviserait en plusieurs
parties pour la cingler partiellement, l'étirer et en faire
autant de barres. Ce long travail produit nécessairement
une grande perte : aussi, de 14 livres de fonte ne retire-t-on
souvent que 10 livres de fer.

913. *Affinage de la fonte au coke.* — Cet affinage com-

---

(1) On donne le nom de *martinet* à un énorme marteau de fer ou de fonte
douce pesant environ 450 kilogrammes, emmanché à l'extrémité d'une longue
solive, et mis en mouvement au moyen de l'eau ou d'une machine à vapeur.

Ce marteau frappe sur une forte enclume qui est également en fer ou en
fonte douce, et de même forme que lui; elle est enfoncée en part'e dans la
terre, et soutenue par un massif très solide de charpente ; les coups de marteau se succèdent plus ou moins rapidement à la volonté de l'ouvrier.

prend trois opérations très distinctes : 1° on commence par brûler une partie du carbone combiné avec la fonte, en la fondant sous le vent d'une machine soufflante, dans une espèce de foyer de forge, au milieu d'excellent coke ; on procède à cette opération tout comme s'il s'agissait d'affiner la fonte au charbon de bois : seulement on se contente de faire entrer peu-à-peu la fonte en fusion, et de diriger un grand courant d'air à travers les gouttes qui tombent dans le creuset; on en sépare ainsi beaucoup de carbone et de silicium, etc. : aussi, la quantité de laitier produite est-elle assez considérable. On coule ensuite en plaques cette fonte, qui est devenue beaucoup plus blanche qu'auparavant, et qui prend, en refroidissant, une structure cristalline : dans cet état, on l'appelle, en Angleterre, *fine-metal*, et dans certaines parties de la France, *fonte mazée*. A la vérité, lorsque la fonte que l'on se propose d'affiner a été produite avec le charbon de bois, on se dispense quelquefois de cette première opération, qui est toujours pratiquée en Angleterre sur les fontes formées avec le coke ; mais il paraît qu'alors le fer obtenu n'est jamais aussi bon. 2° L'affinage de la fonte *mazée* ou *fine-metal* s'exécute dans un fourneau à réverbère et sans autre moyen d'oxidation que le courant d'air qui traverse la chauffe; quelquefois cependant on ajoute des battitures de fer ou certaines scories de fer, et même on les mouille, ce qui porte de l'oxigène sur la fonte. C'est en maintenant le métal dans un état pâteux, en le brassant continuellement pour mêler les parties oxidées avec celles qui renferment encore du charbon et du silicium combinés, que l'on parvient à brûler complètement ceux-ci et à obtenir du fer à-peu-près pur. Il ne s'agit plus que de rassembler la matière dans le fourneau pour en former des masses spongieuses dont on exprime le laitier dans l'opération suivante. 3° Le fer amené à cet état est passé, au sortir du fourneau dont nous venons de parler, entre deux cylindres qui présentent des échancrures dans lesquelles la masse est fortement comprimée; on la fait passer successive-

ment par des échancrures dont les largeurs vont en dimi-
nuant. Le but de cette opération est d'en exprimer le laitier et de souder en même temps les parties métalliques, ce
à quoi l'on parvient également dans certaines usines, en
cinglant la masse ferrugineuse sous un gros marteau : alors
le fer est complétement fabriqué, et il ne reste plus qu'à
lui donner les diverses formes et dimensions qu'exige ordinairement le commerce. Pour cela, on le chauffe de nouveau dans un fourneau à réverbère, et on le fait passer entre des cylindres cannelés qui lui font prendre très promp-
ment la forme de barres de toute espèce. Ce qu'il y a de
remarquable dans ce procédé, c'est qu'on n'emploie que de
la houille, et que la fabrication est extrêmement rapide,
surtout lorsque les divers cylindres sont mis en mouvement par une machine à vapeur d'une puissance suffisante.

914. *Méthode catalane.* — On sait que l'oxide de fer se
réduit au degré du rouge naissant par le gaz hydrogène carboné et par le carbone; on sait également que la fonte ne se
forme dans les hauts fourneaux qu'à un très haut degré de
chaleur : il suit de là que l'on doit pouvoir extraire le fer de
certains minerais, sans être obligé de le transformer en
fonte. Voilà précisément ce qui a lieu dans les Pyrénées,
le pays de Foix, la Catalogne, etc., avec des fers hématites,
des fers oxidulés et des fers spathiques très fusibles et très
riches.

Le fourneau que l'on emploie pour cette opération est absolument semblable au fourneau d'affinage de la fonte : on
y place le minerai qui a dû être grillé d'abord et même tor-
réfié; on l'entoure de charbon de bois, en le disposant convenablement pour le plus grand succès de l'opération; on
élève la température au moyen des soufflets, et lorsque la
matière a été suffisamment chauffée et travaillée, que le laitier a été séparé, on en retire des loupes de fer que l'on
forge comme celles qui proviennent de l'affinage de la
fonte.

La méthode catalane étant beaucoup plus prompte et

plus économique que celle des hauts fourneaux, on ne manque pas de l'employer toutes les fois que la nature du minerai le permet.

La théorie de l'opération est du reste fort simple : le minerai renferme de la silice qui s'unit à de l'oxide de fer, et constitue du silicate fusible. Le fer réduit est mis en liberté et se rassemble au fond du creuset comme dans l'affinage de la fonte au charbon de bois.

915. *Fers ductiles, fers cassans.* — Le fer obtenu par les procédés que nous venons d'exposer est toujours ductile quand le minerai est de bonne qualité ; mais lorsqu'il contient de l'arsénic, des sulfures ou des phosphates, etc. , il arrive souvent que le fer qui en provient est cassant. On connaît deux espèces de fers cassans : les uns cassent à froid, et les autres à chaud. Ils doivent cette propriété, les premiers à un peu de phosphore, et les seconds à un peu de soufre, d'arsénic ou de cuivre. Cependant ceux-ci peuvent se forger au rouge blanc : ils ne se brisent qu'au rouge brun. Selon M. Dufaud, en affinant la fonte qui fournit les fers cassans dans un fourneau à réverbère, capable de produire une haute température, on peut extraire de cette fonte même du fer d'excellente qualité. (*Voyez* les *Observations* de M. Dufaud, et la description du fourneau qu'il emploie, *Bulletin de la Société d'encouragement*, mois d'août 1810.)

Les diverses espèces de fers du commerce (et on en distingue un grand nombre en raison de leurs qualités) renferment toujours des traces de carbone : aussi, quand on les dissout dans l'acide sulfurique étendu d'eau, obtient-on un petit résidu brun-noirâtre d'acide ulmique et du gaz hydrogène qui contient un peu de l'huile infecte que nous avons remarquée dans le traitement des fontes par les acides.

Acier.

916. *Propriétés.* — L'acier est solide, très brillant, sus-

ceptible d'un beau poli, très ductile, et très malléable, sans saveur et sans odeur. Son tissu est grenu et ses grains fins et serrés. Sa pesanteur spécifique est un peu moindre que celle du fer.

Lorsqu'on expose l'acier à l'action d'une chaleur rouge, et qu'on le fait refroidir peu-à-peu, ses propriétés physiques restent les mêmes. Mais lorsqu'on le fait refroidir subitement, il en acquiert de nouvelles : il devient très élastique, plus dur, moins dense, moins ductile et moins malléable qu'il n'était ; souvent même il devient cassant ; son tissu est toujours plus fin et plus serré qu'auparavant : on dit alors de l'acier qu'il est *trempe*, parce que c'est en le plongeant ou en le trempant dans un liquide qu'on lui communique ces diverses propriétés. L'expérience prouve qu'on le trempe d'autant plus qu'on lui fait subir un changement de température plus grand et plus prompt.

Il est tout aussi facile de détremper l'acier que de le tremper ; il suffit pour cela de le chauffer jusqu'au rouge et de le laisser refroidir lentement : il reprend ainsi ses propriétés primitives, en sorte qu'on peut ensuite le tremper de nouveau et le détremper encore, etc. L'acier est le seul métal qui puisse se tremper ou se durcir par un refroidissement subit : ni le cuivre, ni l'or, ni aucun des autres métaux sous un état quelconque, si ce n'est peut-être l'argent, ne paraissent posséder cette propriété. Le fer lui-même ne la possède pas, et ce qu'il y a de plus extraordinaire, c'est qu'il ne l'acquiert qu'autant qu'on le combine avec une petite quantité de carbone.

Que se passe-t-il dans la trempe de l'acier? Des phénomènes plus ou moins analogues à ceux qui ont lieu dans la transformation de la fonte douce en fonte blanche ou cassante, *et vice versâ* ; ce qu'il y a de certain du moins, c'est que l'acier trempé, traité par les acides, donne les mêmes produits que la fonte blanche, et qu'il n'en est pas de même de l'acier non trempé.

L'acier trempé se dissout : 1° sans résidu dans l'acide

chlorhydrique concentré et bouillant; 2° avec un faible résidu charbonneux dans l'acide sulfurique concentré; 3° avec
un résidu de flocons noirs dans l'acide azotique faible, qui
se convertissent très promptement en acide azulmique;
4° avec un petit résidu d'acide ulmique dans l'acide chlorhydrique et l'acide sulfurique, faibles.

L'acier non trempé se dissout : 1° sans aucun résidu dans
l'acide chlorhydrique concentré; 2° avec un résidu de carbure de fer graphiteux dans l'acide chlorhydrique ou sulfurique faible; 3° avec un résidu de carbure graphiteux en
écailles, qui se transforme promptement en acide ulmique,
dans l'acide sulfurique concentré; 4° avec un résidu qui est
aussi du carbure graphiteux en écailles, dans l'acide azotique concentré; 5° avec un résidu d'acide azulmique, dans
l'acide azotique affaibli. D'ailleurs il y a production d'hydrogène carboné et d'huile infecte avec les acides sulfurique et chlorhydrique, soit qu'on opère sur l'acier trempé
ou sur l'acier non trempé.

Ici, comme on voit, l'acier non trempé, traité par les
acides, ne donne point un résidu de graphite pur, comme
le fait la fonte grise, il ne donne que du carbure graphiteux ou polycarbure de fer : d'où il suit que, si l'on admet
du graphite libre dans les fontes grises et noires, du moins
on ne saurait en admettre dans l'acier proprement dit ; l'a-
cier non trempé serait donc formé de deux carbures dont
l'un serait beaucoup plus carburé que l'autre, de telle sorte
que, quand on viendrait à faire rougir l'acier, les deux carbures entreraient en combinaison et formeraient un composé homogène, qu'un refroidissement subit saisirait et
consoliderait, et qu'un refroidissement lent désunirait.

Quoi qu'il en soit, le tableau suivant offre les divers degrés de chaleur auxquels on peut élever l'acier pour le tremper, le nom des divers corps dans lesquels on peut le plonger, et les degrés de trempe qui en résultent.

Chaleur à laquelle l'acier est élevé.	Corps dans lesquels on le plongé.	Trempe qu'il prend
Rouge-brun. Rouge-cerise. Rouge-vif. Rouge-rose. Rouge-blanc.	Eau............	Trempe très dure lorsque l'eau est froide et que l'acier est rouge blanc.
	Mercure......... Plomb......... Étain......... Bismuth......... Presque tous les aci-des.........	Trempe plus dure que par l'eau.
	Huile de lin...... d'olive...... Suif, cire......... Résine.........	Trempe moins dure que par l'eau.

C'est ordinairement l'eau qu'on emploie pour tremper l'acier : à cet effet, après avoir fait rougir au feu la pièce d'acier, on la plonge dans ce liquide, et on l'y agite. Quelquefois on lui donne directement la trempe que l'on désire en lui faisant éprouver un refroidissement convenable; mais le plus souvent, au contraire, on lui donne une trempe trop forte, et on la ramène à celle qu'elle doit avoir en la faisant *recuire*, c'est-à-dire, en la chauffant jusqu'à un certain degré, et la laissant refroidir dans l'air : plus on la chauffe, et plus elle perd de sa dureté.

L'acier ayant été trempé très dur, veut-on le ramener au degré de dureté des rasoirs, des canifs, etc., on le chauffe sur des charbons incandescens jusqu'à ce qu'il prenne une couleur paille. Veut-on lui donner la dureté des ciseaux, des couteaux, on le chauffe jusqu'à la couleur brune. Veut-on lui donner celle des ressorts de montre, on le chauffe jusqu'à ce qu'il prenne une couleur bleue. Enfin, veut-on lui donner celle des ressorts de voiture, on le chauffe jusqu'au rouge brun. On peut encore opérer les trois premiers recuits en couvrant l'acier d'une légère couche de suif, et le chauffant, pour le premier recuit, jusqu'à ce que le suif répande une légère fumée ; pour le second, jusqu'à ce que cette fumée soit plus abondante et un peu colorée ; enfin, pour le troisième, jusqu'à ce que le suif soit sur le point de s'enflammer.

Il est quelquefois nécessaire, dans l'opération de la trempe, de prévenir l'oxidation de certaines pièces en acier : alors, pour les tremper, on les fait chauffer dans du plomb élevé au degré de chaleur convenable, et on les plonge dans un corps qui ne soit pas capable de les oxider. (1)

L'acier est presque aussi difficile à fondre que le fer : aussi ne peut-on le fondre que dans un excellent creuset et dans une bonne forge. Son action sur l'aimant est la même que celle du fer : toutes les aiguilles aimantées sont même en acier, parce que celui-ci conserve bien plus long-temps la vertu magnétique que le fer proprement dit.

L'acier se comporte sensiblement comme le fer avec le gaz oxigène et avec l'air, à toutes sortes de températures. Il n'y a d'autre différence à cet égard qu'en ce que, dans la combustion rapide de l'acier, il peut se former un peu de gaz acide carbonique, outre une grande quantité d'oxide de fer.

L'acier agit aussi à-peu-près de la même manière que le fer sur les corps combustibles : par exemple, en le mettant en contact avec le chlore, en le faisant chauffer avec le phosphore, le soufre, l'iode, on obtient des chlorure, phosphure, sulfure, iodure de fer : il est probable cependant qu'il se forme en outre une petite quantité de per-carbure de fer. Ce composé se forme surtout dans le traitement de l'acier par la plupart des acides qui peuvent attaquer celui-ci (voy. page précédente 278). C'est pourquoi, lorsqu'on met une goutte d'acide azotique sur l'acier, elle y produit une tache noire : l'on se sert même de ce moyen pour distinguer l'acier du fer ; mais on y parvient bien plus sûrement par la trempe.

____

(1) On ferait plus sûrement l'opération du recuit au moyen d'un alliage très fusible, parce qu'il serait possible de connaître la température nécessaire pour cette opération. L'alliage qu'on obtient en combinant 8 parties de bismuth, 5 de plomb et 3 d'étain, et qui est fusible dans l'eau bouillante, satisferait à toutes les conditions. On l'empêcherait de s'oxider en jetant de temps en temps de la résine sur le bain.

917. *Etat naturel, fabrication.* — L'acier n'a encore été trouvé qu'en petits globules ou en petits rognons dans les produits des houillères embrasées de la Bouiche sur les frontières de l'Auvergne et du Bourbonnais ; c'est par conséquent un produit moderne accidentel ; on l'a quelquefois désigné sous le nom d'*acier volcanique.* Il paraît que plusieurs des masses de fer tombées de l'atmosphère sont *aciéreuses.*

Il y a quatre principales espèces d'acier : 1° l'acier naturel, de forge ou de fonte, appelé aussi *acier d'Allemagne ;* 2° l'acier de cémentation ; 3° l'acier fondu ; 4° l'acier damassé.

918. *Acier de forge ou de fonte.* — Cet acier se fait tantôt avec de la fonte grise, plus souvent avec la fonte blanche, et quelquefois avec les deux ensemble.

Or, comme la fonte ne diffère de l'acier qu'en ce qu'elle est plus carburée, l'opération doit donc consister à enlever à la fonte une quantité convenable de carbone; c'est à quoi l'on parvient en suivant un procédé à-peu-près semblable à celui de l'affinage de la fonte au charbon de bois, à cela près surtout que l'on ajoute de temps en temps des batitures dans le creuset, qu'on les brasse avec la fonte en fusion pour la *décarburer,* et qu'on évite de soulever la loupe et de l'exposer à l'action directe des soufflets. Toutefois, l'opération, même avec de bonnes fontes, est bien plus difficile à exécuter que celle de l'affinage, parce qu'il n'est pas facile de savoir l'époque à laquelle le feu doit être cessé, pour qu'il y ait assez et pas trop de carbone dans l'acier.

Souvent dans l'extraction du fer par la méthode catalane, ce métal commence à s'aciérer ; et même quelquefois il se carbure assez pour passer à l'état de véritable acier.

919. *Acier de cémentation.* — L'acier de cémentation s'obtient en chauffant fortement le fer, au milieu de la poussière de charbon, dans des caisses en tôle, en terre à creusets, en grès ou en brique : les caisses en brique sont les plus commodes et les plus économiques.

Pour faire l'opération, on dispose les caisses dans un fourneau particulier consacré à cet usage; on y met d'abord une couche de cément d'environ 23 millimètres d'épaisseur, ensuite un lit de barres de fer éloignées d'environ 5 millimètres l'une de l'autre, et distantes de 16 à 18 millimètres des parois de la caisse à leurs extrémités; puis une couche de cément de 12 à 13 millimètres d'épaisseur, puis un lit de barres de fer, etc., en ayant soin de laisser passer au dehors des caisses les extrémités de quelques barres, couvertes d'argile pour être à l'abri de l'action de l'air et destinées à servir d'éprouvettes (1). Ces divers lits sont recouverts d'une couche d'argile de 5 à 6 pouces d'épaisseur. Lorsque les caisses sont remplies, on ferme l'ouverture du fourneau par laquelle les ouvriers étaient entrés pour le charger, et on allume le feu; il doit être assez fort pour porter la température de l'intérieur des caisses à 80 ou 90° du pyromètre; sa durée est de plus ou moins de jours, suivant l'épaisseur des pièces : à Sheffield, par exemple, où les barres ont 3 pouces de largeur, et 4 lignes d'épaisseur, l'opération dure 18 à 20 jours, y compris les 5 à 6 jours pendant lesquels le fourneau se refroidit. Lorsque l'on juge que l'opération est proche de sa fin, on retire les éprouvettes pour les examiner : si la combinaison s'est opérée jusqu'au centre, on laisse refroidir le fourneau peu-à-peu, et l'on retire des caisses les barres, qui sont ordinairement boursouflées; sinon l'on continue le feu. Dans tous les cas, après l'opération, on les casse par leurs extrémités, et l'on met de côté celles qui ne sont pas suffisamment aciérées. On fait chauffer l'acier ainsi obtenu, appelé *acier poule*, et on le forge pour le verser dans le commerce.

---

(1) Le cément que l'on emploie le plus ordinairement est formé d'un mélange de 0,4 à 0,8 de suie; 0,4 de charbon de bois; 0,4 à 0,8 de cendre; 0,3 de sel marin. Le charbon animal passe pour être meilleur que le charbon végétal. Cependant il est de fait qu'on peut obtenir d'excellens aciers, en employant celui-ci seul.

Dans cette opération, le charbon se combine avec le fer en passant successivement des couches superficielles aux couches intérieures, en sorte que les premières contiennent toujours plus de charbon que les dernières. (1)

L'acier de cémentation n'est de bonne qualité qu'autant que le fer a été bien corroyé et bien choisi. Les premières fabriques d'Angleterre n'emploient jamais que le meilleur fer de Suède : aussi, leurs aciers sont-ils toujours excellens.

920. *Acier fondu.* — Pour faire l'acier fondu, on prend des creusets de terre réfractaire d'environ 15 à 16 centimètres de diamètre, et de 30 à 35 centimètres de hauteur; on met dans chacun d'eux 12 à 13 kilogrammes de fragmens d'acier naturel ou de cémentation; on les recouvre de leurs couvercles en argile, on les place ensuite dans un bon fourneau à vent, et on les chauffe fortement au coke pendant six à sept heures. Ce temps suffit ordinairement pour fondre cette quantité d'acier; il est facile, au reste, de s'assurer que l'acier est fondu en trempant une tige de fer dans le creuset. Alors on retire le creuset du fourneau; on enlève une légère couche de scories, qui est à la surface de l'acier, et on coule celui-ci avec précaution dans une lingotière (2). Cet acier est beaucoup plus homogène que les deux premiers.

L'acier fondu peut aussi être fait en chauffant dans un

---

(1) Il arrive quelquefois qu'il faut aciérer de grosses pièces de fer, telles que des cylindres. Elles sont chauffées pour cela de la même manière que les petites barres de fer au milieu d'un cément contenant du charbon. La *chauffe* doit être long-temps prolongée; plus elle l'est, et plus il y a de couches aciérées. Ordinairement on acière ces sortes de pièces jusqu'à 14 à 15 millimètres de profondeur. D'ailleurs, on les trempe, comme nous l'avons dit précédemment, en les faisant rougir et les mettant en contact avec l'eau.

(2) Les scories proviennent d'un peu d'oxide de fer qui s'unit à la silice du creuset. L'on pourrait ajouter, et l'on ajoute quelquefois un flux tout formé, par exemple, du verre de bouteille pulvérisé et mêlé avec un quart de chaux. L'acier serait plus sûrement abrité du contact de l'air.

bon creuset, à un feu de forge, un mélange de 3 de fer, de 1 de carbonate de chaux, et de 1 d'argile cuite. Dans ce procédé, qui est dû à Clouet (*Journ. des Min.*, t. IX), une partie de l'acide carbonique du carbonate de chaux et de la silice de l'argile, sont décomposés ; leurs élémens se combinent avec le fer, et de là résultent de l'acier qui se rassemble au fond du creuset, et de l'oxide de fer qui, s'unissant avec la chaux et l'argile, se vitrifie et reste à la surface du bain. (M. Boussingault, *Ann. de Chim. et de Phys.*, XVI, 10.)

Les trois espèces d'acier dont nous venons de parler n'ont pas les mêmes qualités. L'acier fondu est très homogène, prend une grande dureté par la trempe, et est susceptible du poli le plus brillant ; mais il ne se forge et ne se soude, soit avec lui-même, soit avec le fer, qu'assez difficilement. (1)

L'acier naturel se forge et se soude, au contraire, avec une très grande facilité ; mais il n'est point homogène dans toutes ses parties, car il contient souvent du fer à peine aciéré ; il prend un poli beaucoup moins beau, et devient, par la trempe, beaucoup moins dur que l'acier fondu.

L'acier de cémentation possède des propriétés intermédiaires, c'est-à-dire, qu'il se forge et se soude moins facilement que l'acier naturel, et plus facilement que l'acier fondu, etc.

921. *Acier damassé.*—On nomme ainsi un acier dont on se sert pour faire les damas en Orient, et dont la surface est moirée ou cristallisée ; il s'appelle encore *wootz* ou *acier de l'Inde.* Pendant long-temps, nous avons ignoré l'art de

---

(1) Je tiens de M. Molard qu'on obtient d'excellens instrumens avec l'acier fondu, en les trempant convenablement et les calcinant ensuite dans de la limaille de fer, de manière à *désaciérer* un peu leur surface ; ils acquièrent ainsi la propriété de couper le fer lui-même sans se grener.

le préparer. Les premiers essais en ce genre sont dus à MM. Faraday et Stodart. Ils ont été répétés, variés et étendus, en France, par M. Bréant, à l'invitation de la Société d'encouragement : nous allons rapporter les principales observations de ces divers chimistes.

MM. Faraday et Stodart, après avoir cru reconnaître que le *wootz* ou *acier de l'Inde*, ou *acier damassé*, contenait en combinaison intime une petite quantité d'aluminium et de silicium, essayèrent de faire un acier en tout semblable; ils y parvinrent de la manière suivante : d'abord, ils soumirent pendant long-temps, à une chaleur intense, de l'acier pur et quelquefois de bon fer, en contact avec du charbon en poudre. Il en résulta des carbures formés de 94,36 de fer et de 5,64 de carbone. Ces carbures, dont le poids pouvait être de 500 grains, étaient fondus, d'un gris très foncé, et présentaient, lorsqu'on les cassait, des facettes cristallines, dont quelques-unes avaient au-delà d'un 8e de pouce de large. Le carbure de fer ainsi préparé fut réduit en poudre dans un mortier, mêlé à de l'alumine pure ou *oxide d'aluminium*, et exposé, dans un creuset clos, à une chaleur aussi intense que celle qu'on avait employée pour sa préparation, mais pendant un temps plus considérable : après quoi le creuset ayant été retiré et ouvert, on y trouva un alliage très fragile, dont la couleur était blanche, dont la texture était à grains serrés, qui contenait à peine du carbone, et dont on retira, par les acides, 6,4 d'alumine pour 100. Probablement que, dans cette expérience, l'oxigène de l'alumine se combine avec le carbone du carbure, et que l'aluminium en s'unissant au fer, constitue l'alliage. Quoi qu'il en soit, en faisant fondre 500 grains de bon acier avec 67 de l'alliage précédent, on obtint un bouton métallique doué de toutes les propriétés qui caractérisent le meilleur wootz ou acier de Bombay. En effet, il était parfaitement malléable; et ayant été forgé, façonné en une petite barre et poli, il fut soumis à l'action de l'acide sulfurique affaibli, et sa surface se *moira* à la manière des damas. Fondu à plusieurs reprises, il conserva cette propriété distinctive, qui dépend évidemment d'une cristallisation particulière, comme celle qu'on remarque dans le fer-blanc. Ces expériences intéressantes prouvent que jusqu'ici nous avions une idée fausse du véritable damas, en le comparant aux étoffes d'acier qui résultent de lames d'acier de différentes trempes, ou même de lames d'acier et de lames de fer forgées ensemble.

M. Bréant ne partage point l'opinion de MM. Faraday et Stodart sur la nature de l'*acier damassé* ou *acier de l'Inde*. Il pense que la matière du damas oriental est un acier fondu plus chargé de carbone que nos aciers d'Europe, et dans lequel, par l'effet d'un refroidissement convenablement ménagé, il s'est opéré une cristallisation de deux combinaisons distinctes et définies de fer et de carbone, l'une d'acier pur, et l'autre d'acier carburé. Suivant lui, lorsque la quantité de carbone est précisément égale à celle qui constitue l'acier pur, il ne se forme point de *damassé*, quelque chose qu'on fasse, parce que le composé est homogène. Il s'en forme, à la vérité, si le fer est en excès; mais ce damassé, dû à un mélange d'acier et de fer, est blanc et peu prononcé. On ne l'obtient jamais beau qu'autant qu'il y a assez de charbon pour produire un peu de fonte.

Un refroidissement lent est une condition essentielle pour réussir ou permettre aux deux composés différemment fusibles de se séparer et de cristalliser.

Il faut en outre, comme on le savait déjà, plonger les pièces dans de l'eau acidulée; cette eau, en attaquant davantage l'acier et le rendant noir, fait ressortir la cristallisation ou le moiré.

100 parties de limaille de fonte très grise et 100 parties de pareille limaille préalablement oxidée ont produit un acier d'un beau damassé, et propre à la fabrication des armes blanches. Les fontes les plus foncées en couleur sont celles qui réussissent le mieux.

On se procure également le damassé en fondant 100 parties de fer doux avec deux parties de noir de fumée. (Voyez *Bulletin de la Société d'Encouragement*, mois d'août 1823.).

M. Bréant ne nie pas toutefois qu'on ne puisse obtenir le damassé en unissant de l'acier ordinaire aux métaux; et en effet l'expérience prouve que l'acier *se damasse* très bien de cette manière avec l'argent, le chrôme, etc.

922. *Acier modifié dans ses propriétés par son union avec différens métaux.*—Les chimistes auxquels nous devons des observations intéressantes à cet égard, sont MM. Faraday et Stodart, Berthier.

Les deux premiers ont trouvé que, uni à la 500ᵉ partie de son poids d'argent, l'acier acquiert des propriétés qui doivent le faire rechercher dans tous les cas où l'on a besoin de bon acier fondu; que le platine, et surtout le rhodium, l'osmium et l'iridium, donnent aussi d'excellentes propriétés à l'acier : malheureusement leur rareté ne permettra pas d'en faire usage, d'autant plus qu'il faut les employer à la dose de 1 pour 100. (*Ann. de Chim. et de Phys.*, t. xv et xxi, p. 127 et 62.)

M. Berthier, par suite du travail de M. Faraday et de M. Stodart, a fait deux alliages avec l'acier et le chrôme, l'un contenant 10 millièmes de ce dernier métal, et l'autre en contenant 15 : tous deux se sont bien forgés; ils ont fourni une excellente lame de couteau et une bonne lame de rasoir, lesquelles, frottées avec de l'acide sulfurique, ont pris tout-à-coup un beau damassé. Pour les obtenir, M. Berthier s'était servi d'un alliage de chrôme et de fer, que l'on peut préparer en chauffant ensemble un mélange d'oxide de fer, de minerai de chrôme purifié par des lavages, et de charbon, dans des proportions convenables. (*Ann. des Min.*, t. vi, p. 583.)

923. *Acier d'étoffes.*—On appelle ainsi l'acier qu'on obtient en faisant un faisceau de petites barres d'acier et de fer, les tordant et les forgeant ensemble. L'acier d'étoffes

peut être trempé très dur sans s'égrener, parce que les parties d'acier sont soutenues par les parties ductiles de fer. (Voir la note précédente, page 284.)

924. *Analyse.*—L'analyse des aciers se fait comme celle des fontes. Le carbone y entre pour 6 à 7 millièmes, rarement 10; quelquefois on y trouve du silicium : l'acier de la Berardière en contiendrait, suivant M. Boussingault, de 12 millièmes et demi à 22 millièmes et demi; ce chimiste assure même que l'on peut obtenir de l'acier en combinant le fer avec le silicium seul : il cite, comme exemple, l'acier de Clouet dont nous avons parlé précédemment, et qui serait formé de 99,20 de fer, et de 0,80 de silicium. Mais nous devons observer que M. Boussingault ayant traité les aciers par l'acide sulfurique étendu d'eau, n'a pu que doser la silice, puisque l'hydrogène dégagé pouvait être plus ou moins carburé, et qu'il pouvait se former de l'huile. M. Boussingault en fait d'ailleurs lui-même la remarque; son principal but était de déterminer la quantité de silicium. (*Ann. de Chim. et de Phys.*, XVI, 10.)

Vauquelin donne comme certain que, quand l'acier est bien préparé, il ne contient jamais de manganèse, même lorsqu'il est fait avec des fontes manganésiennes; d'une autre part, Berzelius croit que, pour avoir un acier de première qualité, il faut qu'il contienne un peu de manganèse et de phosphore. Il serait facile de décider cette question, maintenant qu'on a des méthodes d'analyse rigoureuses.

925. *Usages.*—C'est avec l'acier que l'on fabrique les rasoirs, les canifs, les burins, les limes, les couteaux, les ciseaux, les cisailles, les aiguilles, les faux, les scies, les coins propres à frapper les monnaies, les armes blanches, telles que les épées, les sabres, etc.

La plupart des instrumens de chirurgie, et un grand nombre d'outils employés dans divers arts, dans ceux du charpentier, du menuisier, etc., sont également fabriqués en acier.

On ignore à quelle époque l'acier a été découvert. (*Voyez* pour plus de détails sur l'acier, la *Sidérotechnie* de M. Hassenfratz, t. IV; le *Manuel métallurgique du fer* de M. Karsten, chez le libraire Bachelier; le *Journal et les Annales des Mines*.)

ARTICLE III.

Zinc.

926. On ignore l'époque à laquelle le zinc fut découvert: tout ce qu'on sait, c'est que les anciens savaient préparer le laiton en calcinant la *calamine* avec du cuivre et du charbon; que les Grecs donnaient à ce minerai le nom de *cadmia*, en mémoire de *Cadmus* qui leur avait appris à s'en servir; que Paracelse semble être le premier qui ait indiqué le zinc comme un métal particulier, vers le commencement du seizième siècle, et qu'on ne s'est occupé de son extraction que de 1742 à 1750.

927. *Propriétés physiques.* — Le zinc est solide, blanc-bleuâtre, lamelleux, très ductile. Cependant il passe beaucoup mieux au laminoir qu'à la filière : aussi, existe-t-il des lames de zinc assez minces, et n'existe-t-il point de fil d'un diamètre très fin. Il graisse la lime, et de là vient que, pour le mettre en poudre, on est obligé de le fondre et de le triturer au moment où il se fige. Mis en contact avec un autre métal, il en résulte un élément de la pile dont il est presque toujours le côté positif. On ne l'a point encore obtenu bien cristallisé; car il est difficile de l'avoir autrement qu'en lames dont la forme est irrégulière. Sa dureté est faible; sa pesanteur spécifique de 7, 1; son poids atomique de 403, 226.

Le zinc entre en fusion au-dessous de la chaleur rouge, et se volatilise, au-dessus de cette température, à un certain degré qui n'est point connu. Que l'on mette du zinc dans une cornue de grès, et qu'après l'avoir placée dans un fourneau à réverbère, de manière que son col soit fortement

incliné, on la chauffe peu-à-peu jusqu'au rouge-blanc, le
zinc se sublimera et viendra se condenser dans le col de la
cornue, d'où il tombera, du moins en partie, pour être
reçu, si l'on veut, dans un vase plein d'eau : c'est même de
cette manière qu'on purifie dans les laboratoires le zinc du
commerce, qui contient souvent du fer et du plomb.

Action de l'oxigène, de l'air; oxide de zinc.

928. *Action de l'oxigène et de l'air.*—Le zinc, qui, à la
température ordinaire, est sans action sur l'oxigène et l'air
secs, et qui, à cette même température, n'en a qu'une très
faible sur ces gaz humides, se comporte tout autrement avec
eux à une température élevée. Aussitôt qu'il est fondu, sa
surface s'oxide et se recouvre d'une couche grise ; à peine
est-il rouge qu'il brûle avec une vive lumière. Prenez un
creuset de terre contenant 200 à 300 grammes de zinc ; bou-
chez-le exactement avec un couvercle par le moyen d'un
peu d'argile détrempée ; faites-le rougir fortement ; décou-
vrez-le ensuite et agitez-le, après avoir enlevé, avec une
tige de fer, l'oxide qui sera à la surface du bain métallique ;
tout-à-coup il se produira une lumière si intense que l'œil
n'en supportera l'éclat qu'avec peine ; en inclinant le creuset, le métal tombera, coulera en flots de feu, et de toutes
parts apparaîtront des flocons d'oxide de zinc très blancs
et très légers, qui resteront long-temps suspendus dans
l'air.

Si la combustion du zinc est aussi vive dans l'air atmosphérique, que ne serait-elle point dans le gaz oxigène?

929. *Oxides de zinc.*—Il existe deux oxides de zinc qui
tous deux sont blancs ; le premier agit comme une base salifiable assez puissante et quelquefois comme un acide faible ;
le second ne fait jamais fonction ni de base ni d'acide.

930. *Protoxide.*—Blanc, connu autrefois sous les noms
de *fleurs de zinc, pompholix, nihilum album, lana philoso-
phica;* indécomposable par la chaleur, fixe, très difficile à

fondre; prenant une couleur jaune quand on le chauffe, et redevenant blanc par le refroidissement; sans action sur le gaz oxigène et sur l'air, si ce n'est qu'à la température ordinaire et à l'état d'hydrate il absorbe l'acide carbonique de celui-ci; réductible par le carbone à une haute température, en donnant naissance à du gaz oxide de carbone lorsque le carbone est en excès, et à du gaz acide carbonique dans le cas contraire; soluble dans la potasse, la soude, l'ammoniaque, les acides sulfurique, azotique, chlorhydrique; susceptible de s'unir à l'eau et de former un hydrate blanc qu'on obtient en précipitant le chlorure de zinc par la potasse ou la soude, et qui laisse dégager l'eau qu'il contient par la dessiccation.

L'oxide de zinc ne se rencontre dans la nature que combiné avec divers corps. On s'était imaginé que la calamine le contenait quelquefois pure; mais il est bien démontré aujourd'hui que la calamine est un mélange de carbonate et de silicate de zinc, où se trouvent d'ailleurs assez souvent du carbonate de chaux, de l'argile, et quelquefois de l'oxide de fer qui la colore en jaune.

L'oxide de zinc s'obtient en exposant ce métal dans un creuset à l'action d'une chaleur rouge (1er procédé 578); il donne lieu, au moment de sa formation, comme nous l'avons déjà dit, à un grand dégagement de calorique et de lumière, prend en partie la forme de flocons lanugineux très blancs et très légers, qui remplissent bientôt le creuset, et dont quelques-uns sont emportés par le courant d'air : il faut l'enlever avec une spatule à mesure qu'il se forme; quand bien même on enleverait un peu de zinc, il n'en résulterait aucun inconvénient, parce que ce métal continuerait de brûler dans l'air, tant il est combustible. On peut encore l'obtenir en versant une dissolution de carbonate de soude dans une dissolution de sulfate de zinc pur, recueillant le carbonate de zinc qui se précipite, le lavant, le séchant et le calcinant.

Cet oxide est formé de 100 parties de zinc et de 24,797

d'oxigène; ce que l'on prouve en traitant une certaine quantité de zinc par l'acide sulfurique étendu d'eau et recueillant le gaz hydrogène qui se dégage.

Sa composition est en proportions et en atomes.

$$1 \text{ de zinc } 403,23 + 1 \text{ d'oxig. } 100 = ZnO.$$

Quelques médecins l'emploient comme anti-spasmodique.

Le sublimé blanc, qu'on trouve dans les fourneaux où l'on exploite les minerais de zinc, et qui est connu sous le nom de *cadmie*, n'est pour ainsi dire que de l'oxide de zinc.

931. *Deutoxide de zinc.* — Le deutoxide de zinc se prépare comme le quadroxide de cuivre. (*Voyez* cuivre.)

Pur, ce deutoxide est blanc; la plus petite quantité de fer le rend jaune : d'ailleurs, ses propriétés sont analogues à celles du quadroxide de cuivre. Ainsi il est insipide, inodore, sans action sur le tournesol, décomposable spontanément, à plus forte raison au degré de la chaleur de l'eau bouillante. Les acides sulfurique, azotique, chlorhydrique, le dissolvent en donnant lieu à des sels de protoxide et à de l'eau oxigénée.

J'ai toujours trouvé que la quantité d'oxigène qu'on pouvait en extraire était un peu plus de la moitié de celle que contient le protoxide. Je suis porté à croire, d'après cela, que l'oxide sur lequel j'ai opéré n'était pas entièrement suroxidé. Une nouvelle analyse devient indispensable.

Combinaison du zinc avec les métalloïdes.

932. Les métalloïdes avec lesquels le zinc a été uni, sont le carbone, le phosphore, le soufre, le sélénium, le fluor, le chlore, le brôme et l'iôde. Nous n'examinerons les fluorure, chlorure, brômure et iodure de zinc qu'en traitant des sels. Nous n'avons donc à considérer maintenant que les composés que le zinc forme avec les quatre premiers métalloïdes.

933. *Carbure de zinc.*—Presque inconnu : on sait seule-

ment que le zinc du commerce contient toujours un peu de carbone, et qu'en chauffant du cyanure de zinc dans des vases distillatoires, il reste une poudre noire qui paraît être un carbure de zinc ; elle prend feu sur des charbons ardens, brûle avec flamme et se convertit en acide carbonique et en oxide de zinc.

934. *Phosphure de zinc, formé par l'union directe du phosphore avec le zinc dans un creuset ou dans un tube* (590, premier procédé).—Brillant, d'un blanc de plomb, s'aplatissant un peu sous le marteau en répandant une odeur de phosphore; à-peu-près aussi fusible que le zinc; décomposable à une haute température ; assez difficile à produire en raison du peu d'affinité que paraît avoir le phosphore pour le zinc. (*Mémoires* de Pelletier.)

Ce peu d'affinité nous porte à croire que le phosphure de zinc n'est point saturé de phosphore, d'autant plus qu'il est légèrement malléable.

935. *Sulfure de zinc.* — Le soufre ne s'unit bien au zinc qu'autant qu'on le dirige en vapeur sur le zinc incandescent; mais alors la combinaison a lieu avec une vive lumière, et la chaleur est si forte qu'une partie du zinc se trouve vaporisée tout-à-coup, et qu'il en résulte une détonation. Voilà également ce que l'on observe, soit qu'on chauffe le zinc en limaille avec le persulfure de potassium, soit qu'on le chauffe rapidement et fortement avec du bisulfure de mercure en poudre.

Le meilleur moyen d'obtenir le proto-sulfure de zinc est de calciner du sulfate de zinc sec dans un creuset brasqué à la chaleur blanche pendant une heure (602 3ᵉ procédé) : à la vérité, une partie du sulfure est décomposée par le charbon; mais il en reste beaucoup, qui est parfaitement pur, dans le creuset.

Le proto-sulfure est solide, terne, jaune, insipide, moins fusible que le zinc, inaltérable par la chaleur; susceptible de décomposition, à une haute température, par le charbon, qui s'empare du soufre et forme du soufre carburé

(Berthier); absorbe l'oxigène de l'air au degré du rouge-brun, et donne naissance à du gaz acide sulfureux et à un sous-sulfate; l'absorbe à plus forte raison à une température beaucoup plus élevée, mais ne donne lieu alors qu'à du gaz acide sulfureux et à un oxide; se combine par la fusion avec les sulfures alcalins; ne se laisse attaquer par l'acide chlorhydrique que très difficilement.

Ce sulfure est formé de 100 de zinc et de 49,88 de soufre ou en proportions et en atomes de :

$$\text{1 de zinc } 403,23 + \text{1 de soufre } 201,16 = \text{Zn S.}$$

Le sulfure de zinc existe en grande quantité dans la nature, ordinairement mêlé à des matières ferrugineuses. Le sulfure de zinc naturel est connu par les minéralogistes sous le nom de *blende*. Les blendes sont phosphorescentes par le frottement (1); elles varient par leur couleur, qui est tantôt jaune, tantôt roussâtre, tantôt brune, tantôt d'un brun noir. Souvent elles sont transparentes, quelquefois opaques. Presque toujours elles accompagnent le sulfure de plomb. Quelques-unes renferment un peu de sulfure de cadmium; il en est beaucoup qui contiennent du sulfure de fer. L'on trouve la blende en France, à Vizile, département de l'Isère; près d'Arras, département du Pas-de-Calais; à Baygorry, département des Hautes-Pyrénées; à Pontpean (Finistère), etc. Il est toujours facile de reconnaître de très petites quantités de blende par le procédé qu'emploie M. Smithson. (*Ann. de Chim. et de Phys.*, t. XXII, p. 356.)

La blende est quelquefois combinée avec le sulfure de fer : telle est celle de Marmato que M. Boussingault a trouvé composée de 3 atomes de sulfure de zinc et de 1 atome de proto-sulfure de fer.

---

(1) La phosphorescence est la propriété qu'ont certains corps de devenir lumineux, sans qu'il y ait combustion, lorsqu'on les frotte ou qu'on les chauffe, ou qu'on les soumet à une décharge électrique, etc., et de conserver cette propriété plus ou moins long-temps. (*Voy.* le *Mémoire* de M. Dessaignes sur la *Phosphorescence, Journal de Physique* pour 1809.)

C'est en calcinant convenablement la blende ou le sulfure de zinc naturel avec le contact de l'air, lessivant le produit et faisant évaporer la liqueur, qu'on obtient le sulfate de zinc du commerce.

936. *Oxi-sulfure de zinc.* — En décomposant le sulfate de zinc par l'hydrogène dans un tube de verre, au rouge naissant, M. Arfwedson a obtenu un *oxi-sulfure* formé de 1 atome d'oxide et de 1 atome de sulfure de zinc : il était en poudre. D'une autre part, M. Kersten a trouvé, dans des produits métallurgiques des environs de Freyberg, des cristaux en prismes hexagones qui étaient composés de 4 atomes de sulfure et de 1 atome d'oxide. Enfin M. Fournet a découvert à Rosiers, près de Pont-Gibaud, un oxi-sulfure naturel composé également de 4 atomes de sulfure et de 1 atome d'oxide. (*Ann. des Mines*, 3ᵉ série, 1, 203, et 111, 519.

937. *Proto-séléniure de zinc.* = Zn Se *ou* 1 *de chaque élément en atomes et en proportions.* — Lorsqu'on chauffe ensemble, dans un tube de verre, du zinc et du sélénium, celui-ci se liquéfie, s'étend sur la surface du métal et bientôt se volatilise ; mais si l'on fait l'expérience de manière à mettre en contact la vapeur de sélénium avec le zinc chauffé jusqu'au rouge, la masse prend feu, fait explosion, et les vases se tapissent intérieurement d'une couche de substance pulvérulente, dont la couleur est jaune citron. Cette poudre, qui reste jaune en se refroidissant, est un véritable séléniure de zinc qui se rapproche du sulfure de zinc fait de la même manière.

Alliages de zinc.

938. Trois seulement méritent d'être examinés : le premier est le laiton ou le cuivre jaune; le second, celui qui résulte de l'union de 1 partie de zinc avec 2 de mercure et 1 d'étain; et le troisième est le *cuivre chinois* ou *pack-fung.* MM. Berthier et Kœchlin en ont examiné plusieurs autres. (*Ann. des Mines*, 1832, 11, 347, et 1828, 111, 167.)

939. *Cuivre jaune ou laiton*. — Cet alliage, formé d'environ 2 parties de cuivre et de 1 partie de zinc , est jaune , très malléable et très ductile à froid, fragile au-dessous du rouge obscur , beaucoup moins bon conducteur du calorique que le cuivre, plus fusible que celui-ci, quoiqu'il n'entre en fusion qu'au-dessus de la chaleur rouge. Exposé à un violent feu de forge dans un creuset, il laisse dégager presque tout le zinc qu'il contient. Il ne s'oxide que très lentement dans l'air humide, à la température ordinaire; il absorbe au contraire facilement l'oxigène de l'air à l'aide de la chaleur, en donnant lieu à de l'oxide de zinc et à de l'oxide de cuivre. L'acide azotique en opère promptement la dissolution.

Le laiton n'existe point dans la nature; il se fait tantôt en unissant directement le cuivre avec le zinc métallique, tantôt en chauffant ensemble un mélange de charbon, de cuivre , et de carbonate de zinc : le premier procédé s'exécute facilement en mettant le zinc au fond des creusets, le cuivre granulé par-dessus, entourant les creusets de houille, et faisant brûler la houille de la partie supérieure à la partie inférieure. La combinaison s'opère bien et sans perte très sensible de zinc.

Le second procédé n'est pas aussi simple ni aussi sûr que le premier, parce que le carbonate de zinc naturel renferme assez souvent du silicate de zinc difficile à réduire, des carbonates de fer, de plomb, de chaux, de magnésie, de l'hydrate de fer, et quelquefois de la galène. On grille d'abord le minerai pour le diviser et pour brûler, du moins en partie, le soufre qu'il pourrait contenir; après quoi on le réduit en poudre fine entre deux meules, on le blute même ou on le tamise pour l'obtenir en poudre plus fine encore : c'est dans cet état qu'on l'emploie. On prend 3o parties de cette substance , on la mêle intimement avec 16 parties de charbon, et on stratifie ce mélange dans de grands creusets, avec 3o parties de cuivre en lames ou plutôt en grenaille. Ces creusets étant convenablement chargés, doivent être exposés à l'action d'une haute température : l'oxide de zinc se réduit, et le zinc se combine avec le cuivre, à-peu-près dans le rapport de 1 à 4. La combinaison étant faite , on retire les creusets du feu, on réunit l'alliage, appelé alors *arcot*, de plusieurs creusets en un seul, on le met en pleine fusion, on y ajoute la quantité de zinc nécessaire pour constituer le laiton, et on le coule en planches du poids de 40 à 45 kilogrammes, dans des moules ordinairement de granit.

Il paraît qu'on peut remplacer le carbonate par le sulfure de zinc ou la *blende* dans la préparation du laiton : il suffit pour cela de la griller dans un four à réverbère ; elle se convertit en gaz sulfureux qui se dégage et en oxide de zinc sensiblement pur : du moins le laiton qui en provient est tout aussi bon que celui qui est fait avec le carbonate naturel.

Nous venons de dire que le laiton était formé de 1 partie de zinc et de 2 parties de cuivre; mais, d'après les observations de M. Chaudet, il paraît qu'il contient quelquefois 0,02 à 0,03 de plomb. Il paraît même que ce métal lui donne des propriétés qui le font rechercher par les tourneurs sur métaux. En effet, M. Chaudet, ayant eu occasion de faire l'analyse de trois échantillons de cuivre jaune, trouva que deux de ces échantillons estimés pour les ouvrages au tour, et ne convenant point pour les ouvrages au marteau, en contenaient sur 100, l'un 2,86, l'autre 2,15; que le troisième, au contraire, prisé pour les ouvrages au marteau, et d'un emploi difficile pour les ouvrages au tour, n'en contenait pas de traces. Il s'est assuré d'ailleurs qu'en combinant avec celui-ci les quantités de plomb précédentes, il le rendait moins ductile, et lui donnait toutes les qualités qu'y desirent trouver les tourneurs. (*Ann. de Chim. et de Phys.*, t. v, p. 321.)

---

(1) S'il restait un peu de soufre dans la blende grillée, il serait possible que le charbon l'enlevât à l'état de carbure.

Les fabricans n'ajoutent jamais de plomb aux matières qui leur servent à faire le laiton : ce métal fait partie, soit du cuivre, soit de l'oxide de zinc qu'ils emploient. (1)

Les usages du laiton sont bien connus. L'on s'en sert pour faire un grand nombre d'instrumens de physique et différens vases de ménage, tels que des chaudières, des poêlons, etc. ; il est employé aussi pour faire des épingles, des cordes d'instrumens de différentes grosseurs, des roulettes, des truelles, etc.

On prépare maintenant avec le laiton des objets qui ont tellement l'apparence de l'or, que l'œil le plus exercé est exposé à les confondre avec ce métal. L'une des conditions essentielles est que le laiton soit composé de 80 de cuivre et de 20 de zinc. Après lui avoir donné la forme que l'on desire, on le plonge pendant quelques secondes dans l'acide azotique du commerce, puis on le lave tout de suite à grande eau, et on le jette dans un vase contenant de l'acide sulfurique extrêmement faible ; au bout de quelque temps, on le retire de l'acide pour le laver de nouveau à l'eau et le frotter dans du son ; enfin on l'essuie avec un linge doux, et on le recouvre d'une très légère couche de vernis de gomme gutte et de rocou, que l'on fait sécher à l'étuve. L'acide azotique enlève beaucoup plus de zinc que de cuivre , et développe la couleur que l'on cherche à obtenir ; l'acide sulfurique décape complètement la pièce ; le son, en absorbant immédiatement l'humidité, empêche que le cuivre ne se ternisse ; le vernis donne la teinte convenable.

Le similor, l'or de Manheim, l'alliage du prince Robert ne sont que des composés de zinc et de cuivre dans des proportions particulières.

940. *Alliage formé de 2 parties de mercure, d'une partie de zinc et d'une partie d'étain.* — Extrêmement fragile ; dé-

---

(1) Ils emploient ordinairement 20 de carbonate et 10 de *Kiess*, ou de *Cadmie* des hauts fourneaux.

composable par la chaleur, de telle manière que le mercure se volatilise, et que le zinc reste allié à l'étain : on l'obtient en faisant fondre les trois métaux dans un creuset, et l'on s'en sert en poudre ou incorporé à la graisse, pour frotter les coussins des machines électriques.

Action des oxides et des acides.

941. *Eau.* — L'eau pure n'est décomposée par le zinc qu'au degré de la chaleur rouge. On prétend cependant qu'en mettant de la grenaille de zinc dans l'eau et l'exposant à l'air, il se dégage des bulles d'hydrogène au bout de quelque temps : s'il en est ainsi, c'est que sans doute le zinc commence à s'oxider aux dépens de l'air dissous dans l'eau, et que l'oxide de zinc en contact avec le zinc constitue un élément de la pile, par lequel l'eau peut être décomposée.

Le zinc, d'ailleurs, nous présente comme le fer, l'étain, le cobalt, le nickel, ce fait remarquable, savoir : de décomposer l'eau au degré de la chaleur rouge et de former un oxide réductible par l'hydrogène à ce même degré de chaleur (M. Despretz).

Potasse, soude, ammoniaque. — Les dissolutions alcalines de potasse, soude et ammoniaque attaquent sensiblement le zinc à chaud ; l'eau se décompose, il y a dégagement d'hydrogène et production de zincate alcalin.

Acide sulfurique étendu d'eau. — Action très vive à la température ordinaire, grand dégagement de gaz hydrogène, chaleur, dissolution du zinc, formation d'un sulfate incolore qui cristallise par refroidissement.

Acide azotique. — A peine les deux corps sont-ils en contact à la température ordinaire, que l'acide se décompose avec violence ; et de là résulte une effervescence considérable due en grande partie à du gaz azoté, un grand dégagement de calorique, la dissolution du métal, et la formation d'un azotate incolore, qui ne cristallise que difficilement.

Acide sulfurique concentré. — Action vive à chaud, dégagement de gaz sulfureux, formation de sulfate; — Action très légère à la température ordinaire, dégagement de quelques bulles d'hydrogène, par conséquent formation d'un peu de sulfate et décomposition d'une petite quantité d'eau.

Acide chlorhydrique liquide. — Il agit avec au moins autant de force que l'acide sulfurique étendu de 3 parties d'eau. La liqueur s'échauffe, l'acide se décompose, il y a dégagement de beaucoup d'hydrogène, et formation d'un chlorure soluble et incolore.

Autres acides. — Presque tous attaquent le zinc : les uns, comme l'acide sulfurique faible, en décomposant l'eau : exemple, *acides phosphorique, arsénique;* — D'autres à la manière de l'acide azotique, en se décomposant eux-mêmes et oxigénant le métal : exemple, *acide hypo-azotique;* — D'autres, à la manière de l'acide chlorhydrique, en se décomposant aussi, mais en cédant au métal l'élément négatif, et laissant dégager l'élément positif : exemple, acides *fluorhydrique, brômhydrique, iodhydrique.*

942. *Caractères des sels de zinc.*

Couleur.	Blanche.
Saveur.	Styptique, métallique.

Leurs dissolutions donnent :

Avec potasse, soude, ammoniaque.	Ppté blanc d'oxide hydraté, soluble dans un excès d'alcali.
Avec carbonate de potasse et de soude.	Ppté blanc de carbonate de zinc, insoluble dans un excès de carbonate alcalin.
Avec cyanure jaune de potassium et de fer.	Ppté blanc de cyanure de zinc et de fer.
Avec mono-sulfure de potassium, de sodium.	Ppté blanc de sulfure de zinc hydraté.
Avec hydrogène sulfuré.	Idem, si le sel est neutre; point de ppté, si le sel est suffisamment acide.

Avec infusion de noix de galle.   Rien.

Avec lame de fer ou d'un autre   Point de réduction.
métal.

Etat naturel, extraction.

943. *Etat naturel.* — Le zinc se trouve sous 3 états dans la nature : à l'état de sulfure ou de blende (935) ; à l'état de carbonate, de silicate et de sulfate (*voy.* chacun de ces sels ou de ces genres de sels : le mélange de carbonate et de silicate constitue ce qu'on appelle *calamine*) ; à l'état d'oxide combiné avec le bi-oxide de manganèse dans la *brucite*, avec l'oxide de fer et l'oxide de manganèse dans la *francklinite*, avec l'alumine dans le *gahnite*.

944. *Extraction.* — C'est de la calamine et de la blende qu'on extrait le zinc.

Le zinc était si peu employé, il y a quelques années, qu'on n'exploitait directement aucune mine de ce métal. Alors on se procurait à Goslar celui dont le commerce avait besoin, dans le traitement de quelques minerais de plomb ou de cuivre qui renfermaient du zinc sulfuré. Il n'en est plus de même depuis qu'on est parvenu à le laminer : ses usages se sont étendus; et il est devenu à la Vieille-Montagne, près Liége, en Angleterre, en Silésie, en Carinthie, l'objet d'une exploitation particulière.

Le minerai de la Vieille-Montagne est en masse concrétionnée ; il est formé, pour la plus grande partie, de carbonate de zinc et de silicate de zinc hydratés, d'un peu d'oxide de fer, de carbonate de chaux et d'argile : c'est une calamine très riche que l'on trie au besoin (1). Dans tous

____

(1) L'argile est nuisible non-seulement comme corps étranger, mais aussi parce qu'elle contient de la silice qui, se combinant à l'oxide de zinc, rend celui-ci irréductible. Le carbonate de chaux, au contraire, s'empare de la silice du silicate de zinc et de l'argile. Sa présence est donc utile; l'excès seul doit être enlevé autant que possible.

les cas, on la calcine d'abord pour en dégager l'eau et l'acide carbonique et pour la diviser plus facilement ; ensuite on la mêle avec du charbon ou de la houille ; on introduit le mélange dans des tuyaux de terre formant cornue et traversant un fourneau sous une légère inclinaison. Une ouverture suffisante est conservée à la partie supérieure de ceux-ci et s'adapte avec un tuyau extérieur de forme conique et en fonte de fer ; quelquefois l'on en met deux l'un au bout de l'autre. Lorsque le feu est assez fort, la calamine se réduit ; le zinc qui en provient se sublime et se rend dans les tuyaux extérieurs, que l'on mouille au besoin, et d'où on le fait tomber dans une bassine de fer où on le puise de temps en temps pour le mouler en plaques du poids de 5 à 6 kilogr. On refond celui qu'on destine à être laminé.

Dans d'autres établissemens, au lieu d'employer, comme à la Vieille-Montagne, la distillation *per ascensum*, on exploite le minerai par la distillation *per descensum*. Telle est la méthode que l'on suit en Angleterre dans les usines de Birmingham, de Sheffield, de Bristol. Six à huit grands creusets sont placés, chacun entre deux petits foyers, sur la sole d'un four circulaire dont la voûte est plus ou moins surbaissée. Ils y sont introduits par de grandes ouvertures latérales que l'on tient bouchées, tant que les creusets ne sont pas hors de service. On charge ceux-ci par des trous pratiqués à la partie supérieure de la voûte, et on ferme chaque creuset au moment où la réduction commence à s'opérer. La vapeur de zinc ne trouvant point d'issue en haut gagne le fond des creusets qui est troué et auquel se trouve adapté un tuyau en tôle qui traverse la paroi même de la sole. Ces tuyaux reçoivent la vapeur, la condensent et portent le zinc en état de fusion dans des bassins de réception. Le métal ensuite est repris, fondu dans une chaudière en fer et coulé dans des lingotières. Est-il besoin d'ajouter que le minerai est trié et grillé comme à l'ordinaire avant de le mêler au charbon.

La blende n'est pas plus difficile à traiter que la calamine; il suffit de la griller dans un four à réverbère : on la convertit ainsi en gaz sulfureux qui se dégage et en oxide qui, chauffé avec le charbon, se réduit aisément.

Le zinc du commerce, même celui qui est distillé, n'est pas pur ; il contient toujours un peu de carbone, quelquefois des quantités notables d'arsénic. M. Houtou-Labillardière a même trouvé des traces d'étain et de fer dans plusieurs échantillons qu'il a eu occasion d'examiner. Il est facile de concevoir d'après cela comment le zinc qu'on dissout dans l'acide sulfurique laisse toujours un petit résidu noir floconneux, et pourquoi le gaz hydrogène dégagé occasionne quelquefois un petit dépôt d'arséniure brun de cuivre, lorsqu'on le fait passer à travers une dissolution de sulfate cuivreux.

945. *Usages.* — Le zinc s'emploie dans un assez grand nombre de circonstances. Appliqué en lames sur le cuivre, il constitue les élémens de la pile voltaïque. Combiné avec l'étain et le mercure, il forme un amalgame dont on frotte quelquefois les coussins des machines électriques. C'est en le faisant brûler vivement dans l'air que l'on obtient l'oxide blanc de zinc ou les fleurs de zinc. De son action sur l'eau et l'acide sulfurique résulte le procédé par lequel on se procure le gaz hydrogène. Il entre pour un tiers dans la composition du laiton ou du cuivre jaune. Il fait partie du sulfate ou vitriol blanc de zinc. Enfin l'on commence à s'en servir pour faire des conduits, des gouttières, des bassins, des baignoires, des couvertures de toit, etc.

L'on voulait aussi en faire des casseroles et d'autres ustensiles de cuisine ; mais la facilité avec laquelle il est attaqué par les acides les plus faibles, et la vertu émétique que possèdent les sels de zinc, doivent empêcher de préparer aucun aliment dans ces sortes de vases.

ARTICLE IV.

Cadmium.

946. La découverte du cadmium ne date que de 1818 ; elle a été annoncée presque en même temps par MM. Stromeyer, Roloff, Hermann ; mais les propriétés du nouveau métal n'ont été bien étudiées que par M. Stromeyer. (*Ann. de Chim. et de Phys.*, xi, 76.)

État naturel. — Jusqu'à présent, le cadmium n'a été trouvé que dans les minerais de zinc; savoir dans plusieurs variétés de *calamine* et de *blende*. La calamine le contient sans doute à l'état de carbonate ou de silicate, et la blende à l'état de sulfure ; il entre dans leur composition pour quelques centièmes tout au plus.

Extraction. — Pour l'extraire, on commence par dissoudre à chaud ces minerais dans l'acide sulfurique faible , et l'on fait passer un excès de gaz sulfhydrique à travers la dissolution acide, filtrée et refroidie. Le gaz sulfhydrique décompose l'oxide de cadmium, et forme avec lui de l'eau et du sulfure de cadmium qui se précipite, mêlé ordinairement à un peu de sulfure de zinc, et même de sulfure de cuivre lorsque la mine renferme une certaine quantité de ce dernier métal, ce qui arrive quelquefois. Le précipité étant recueilli et bien lavé , est redissous, toujours à l'aide de la chaleur, dans l'acide chlorhydrique liquide : de là résultent, par la décomposition de l'acide, du gaz sulfhydrique qui, en raison de la température, est sans action sur la liqueur, et des chlorures de cadmium et de zinc, qui doivent être évaporés presque jusqu'à siccité pour chasser l'acide excédant. Alors on verse de l'eau sur le résidu, et on y ajoute un excès de carbonate d'ammoniaque. Celui-ci , par son action sur les chlorures métalliques, donne lieu à du chlorhydrate d'ammoniaque et à des carbonates de zinc et de cadmium : or, le premier est soluble dans le carbonate ammoniacal, et le second ne possède pas cette propriété. Il suffira donc de filtrer la liqueur pour obtenir le carbonate de cadmium. Dès qu'il sera lavé, on le fera sécher ; puis, après l'avoir mêlé avec du noir de fumée calciné, on le chauffera jusqu'au rouge obscur dans une cornue de verre. Par ce moyen, il se réduira et se sublimera dans le col de la cornue, d'où on le détachera facilement pour le fondre, si l'on veut, en culot.

M. Hérapath a fait sur les moyens de se procurer le cadmium, une observation essentielle; c'est que ce métal, se réduisant avec une grande facilité et étant plus volatil que le zinc, doit se trouver en assez grande quantité dans les premiers produits métalliques ou oxidés, provenant de la réduction de la calamine : il serait donc utile de mettre ces produits de côté pour la préparation du cadmium dans le traitement en grand de ce minerai. (*Ann. de Chim. et de Phys.*, XXI, 217.)

948. *Propriétés physiques.* — Le cadmium est presque aussi blanc que l'étain, sans odeur, sans saveur, très brillant, susceptible d'un beau poli; il tache les corps contre lesquels on le frotte, se laisse facilement entamer par le couteau et limer, et présente à sa surface, en passant de l'état liquide à l'état solide, une cristallisation confuse qui a l'apparence de feuilles de fougère. Ses cristaux sont des octaèdres. Lorsqu'on le plie, il fait entendre un *cri* comme l'étain. Sa texture est compacte; sa ductilité est assez grande pour qu'on puisse le tirer en fils d'un petit diamètre et en obtenir des feuilles très minces; sa densité est de 8,604 à la température de 16 degrés et demi ; écroui, il pèse jusqu'à 8,6944.

Soumis à la chaleur, dans une cornue de verre, il fond avant de rougir, et même se réduit, au-dessous de cette température, en une vapeur qui se condense dans le col du vase en gouttelettes brillantes et cristallines.

Action de l'oxigène, de l'air; oxide.

A froid, il est sans action sur le gaz oxigène et sur l'air, secs ou humides; mais lorsqu'on le chauffe convenablement en contact avec l'un d'eux, il brûle avec lumière, et produit un oxide qui apparaît sous forme de fumée jaune brunâtre : cet oxide est le seul que ce métal puisse former.

949. *Oxide.* — L'oxide de cadmium varie en couleur, suivant les circonstances dans lesquelles il se produit ; il est tantôt jaune-brunâtre, tantôt brun-clair, et tantôt brun foncé ou même noirâtre : celui qui provient de la combustion du métal dans l'air se présente toujours sous la première nuance. Dans tous les cas, à l'état d'hydrate, il est incolore.

La plus forte chaleur qu'on puisse produire dans une forge ne lui fait éprouver aucune altération ; à cette haute température, il reste fixe, ne se fond point, et ne laisse dégager aucune portion d'oxigène. Le charbon le réduit audessous du rouge naissant avec une extrême rapidité.

Il est insoluble dans l'eau, dans la potasse, la soude ; soluble, au contraire, dans l'ammoniaque, les acides sulfurique, azotique, chlorhydrique. Il se comporte avec ceux-ci comme une base assez puissante : aussi à l'état d'hydrate, neutralise-t-il et attire-t-il promptement l'acide carbonique de l'air.

L'oxide de cadmium s'obtient en décomposant le sulfate, l'azotate ou le chlorure de cadmium par la potasse caustique ou carbonatée, recueillant le précipité sur un filtre, le lavant, le faisant sécher et le calcinant dans un creuset (578, 2ᵉ procédé).

Il résulte de la combinaison de 100 parties de cadmium et de 14,352 d'oxigène ; d'où l'on déduit pour sa composition en proportions et en atomes :

$$1 \text{ de cadmium } 696,77 + 1 \text{ d'oxig. } 100 = CdO.$$

Combinaisons des métalloïdes et des métaux avec le cadmium.

950. Le phosphore, le soufre, le fluor, le chlore, l'iode,

sont les seuls métalloïdes qui, jusqu'à présent, aient été unis au cadmium. L'étude des fluorure, chlorure, iodure, se trouve comprise dans l'histoire des sels : nous n'avons donc à examiner ici que les phosphure et sulfure.

Phosphure de cadmium. — Le phosphore se combine aisément avec le cadmium. Le composé est gris, presque sans éclat, cassant et peu fusible ; calciné dans un creuset, il prend feu et passe à l'état de phosphate. L'acide chlorhydrique le dissout avec dégagement de gaz phosphure d'hydrogène.

Proto-sulfure de cadmium. — Jaune-orangé, fixe au feu, n'entrant en fusion qu'à la chaleur d'un rouge blanc, et cristallisant ensuite, par le refroidissement, en lames transparentes et micacées, de la plus belle couleur jaune de citron. Lorsqu'on le chauffe, il prend d'abord une couleur brune, puis une couleur cramoisie, qu'il perd à mesure que sa température diminue. L'acide chlorhydrique concentré le dissout à la température ordinaire, avec dégagement de gaz sulfhydrique ; l'acide étendu d'eau n'a que peu d'action sur lui, même à chaud.

Ce sulfure ne s'obtient que difficilement en fondant le soufre avec le métal ; on réussit beaucoup mieux à le préparer en faisant chauffer un mélange de soufre et d'oxide de cadmium (2ᵉ procédé, 602), ou en précipitant un sel de cadmium par le gaz sulfhydrique (5ᵉ procédé, 602).

La beauté et la fixité de sa couleur font espérer qu'il sera d'un emploi très avantageux dans la peinture. Déjà même on commence à s'en servir. (Stromeyer, *Ann. de Chim. et de Phys.*, XI, 82.)

Il est formé de 100 de cadmium et de 28,88 de soufre, ce qui donne en proportions et en atomes :

$$\text{1 de cadmium } 696,77 + \text{1 de soufre } 201,16 = \text{Cd S.}$$

Alliages de cadmium. — La plupart des alliages de cadmium sont aigres et sans couleur. Trois seulement ont été examinés avec exactitude, savoir : celui de cuivre, celui de platine et celui de mercure.

Le mercure s'unit facilement au cadmium, même à froid; l'amalgame est d'un très beau blanc d'argent; il est dur et très fragile ; sa densité est plus grande que celle du mercure; une chaleur de 75° suffit pour le fondre; son tissu est grenu et cristallisé : les cristaux sont des octaèdres, composés de 100 de mercure, et 27,78 de cadmium.

100 parties de platine, chauffées avec le cadmium jusqu'à ce que l'excès de ce dernier soit volatilisé , en ont retenu 117,3. L'alliage est très blanc, très aigre, difficile à fondre, et son tissu est extrêmement fin.

L'alliage formé de 100 parties de cuivre et de 84,2 de cadmium a une couleur blanche tirant un peu au jaune clair; son tissu est lamelleux; il est très aigre; il l'est même encore d'une manière sensible, quand le cadmium n'entre que pour un centième dans l'alliage. Exposé à une chaleur capable de fondre le cuivre, il laisse dégager tout le cadmium qu'il contient. Voilà pourquoi le laiton fabriqué avec des minerais de zinc où se trouve du cadmium est aussi bon que celui qu'on fait avec de la calamine pure; et c'est aussi par cette raison que la tutie , où l'oxide de zinc qui se dépose dans les cheminées des fourneaux où l'on allie le zinc au cuivre, renferme assez souvent une certaine quantité d'oxide de cadmium.

Action de l'eau et des acides.

951. *Eau.* — Le cadmium, se dissolvant dans l'acide sulfurique étendu d'eau avec dégagement d'hydrogène, il est probable qu'il possède la propriété de la décomposer à une haute température.

Acide sulfurique étendu d'eau. — Action faible à froid , plus sensible à chaud, décomposition de l'eau, dégagement de gaz hydrogène, et production d'un sulfate soluble, incolore.

Acide azotique. — Décomposition de l'acide , dégagement de bi-oxide d'azote, dissolution incolore et très prompte du métal, même à la température ordinaire.

Acide chlorhydrique liquide.—Action faible à froid, plus sensible à chaud, décomposition de l'acide, dégagement de gaz hydrogène, formation de chlorure soluble et incolore.

952. *Caractères des sels de cadmium.*

Couleur.	Incolore, excepté le chrômate qui est jaune.
Saveur.	Métallique, très désagréable, quand ils sont solubles.

Leurs dissolutions donnent :

Avec potasse et soude caustiques.	Ppté d'hydrate blanc, insoluble dans un excès d'alcali.
Avec ammoniaque.	Ppté d'hydrate blanc, soluble dans un excès d'alcali.
Avec alcalis carbonatés.	Ppté blanc de carbonate anhydre.
Avec acide sulfhydrique, protosulfure et sulfhydrate alcalin.	Ppté jaune ou orangé de sulfure de cadmium.
Avec cyanure jaune de potassium et de fer.	Ppté blanc de cyanure de cadmium ferrugineux.
Avec lame de zinc.	Dépôt de cadmium métallique, sous forme de feuilles dendritiques qui s'attachent au zinc.
Avec infusion de noix de galle.	Point de ppté.

Usages. — Sa rareté fait qu'il est jusqu'à présent sans usages.

ARTICLE V.

Étain.

953. L'époque de la découverte de ce métal, que les anciens chimistes appelaient *Jupiter*, est inconnue, comme celle du fer; mais tandis que celui-ci est généralement répandu, l'étain ne se trouve que dans un petit nombre de pays. Les mines les plus belles d'étain sont le partage de l'Inde, de l'Angleterre, de l'Allemagne et de l'Espagne; la

France n'en possède malheureusement aucune assez riche pour être exploitée, du moins jusqu'à présent. (1)

Les divers étains du commerce ne sont point également estimés ; le meilleur nous vient de Malaca ; il est le seul qui soit pur ; tous les autres contiennent toujours un peu de cuivre et de plomb. Margraff, en 1745, avait même avancé que, la plupart du temps, l'étain contenait une grande quantité d'arsénic, et que par conséquent il était dangereux d'en faire des ustensiles de cuisine. Cette opinion n'était pas fondée ; c'est ce que prouvèrent les expériences de Bayen et de Charlard. Ayant été chargés, en 1781, par le lieutenant-général de police, de faire des recherches sur ce sujet, ils s'assurèrent que les étains de Malaca et de Banca ne renfermaient pas un atome d'arsénic, et que les autres espèces en renfermaient tout au plus $\frac{1}{600}$ de leur poids, souvent moins, quantité incapable de donner à l'étain des qualités vénéneuses.

954. *Propriétés physiques.* — L'étain est solide, presque aussi blanc que l'argent. Il s'étend bien en lames et se tire mal en fils. Il a plus de dureté et d'éclat que le plomb. Frotté entre les doigts, il les imprègne d'une odeur particulière. Plié en différens sens, il fait entendre un craquement particulier que l'on a nommé le *cri de l'étain.* Sa pesanteur spécifique est de 7,291.

Quoique fusible à 210°, il n'est point volatil.

Action de l'oxigène, de l'air ; oxides, hydrates.

955. *Action de l'oxigène et de l'air.* — L'étain, à la température ordinaire, n'a sensiblement d'action ni sur le gaz

---

(1) A la vérité, les mines d'étain ne sont découvertes en France que depuis quelques années seulement ; et il est permis de croire, d'après les résultats que l'on a obtenus, que si les fouilles avaient été faites avec plus d'activité, nous aurions maintenant en exploitation une mine qui nous donnerait d'excellent étain.

oxigène ni sur l'air, secs ; il n'agit même pas alors sur ces gaz humides, ou du moins il les attaque à peine : voilà pourquoi il conserve presque tout son brillant métallique dans son contact avec l'atmosphère.

Son action sur ces sortes de gaz est toute autre à une température élevée. Mettez 30 à 40 grammes d'étain dans un têt ; placez celui-ci dans un fourneau ; chauffez-le jusqu'au rouge ; et si vous détournez de temps en temps avec une spatule la couche d'oxide qui recouvrira bientôt le bain métallique, vous finirez, dans l'espace de quelques heures, par oxider tout l'étain. L'oxide bien pur sera d'un gris-blanc, et pesera environ un quart de plus que le métal. C'est en calcinant ainsi l'étain dans un four à réverbère, et y ajoutant un peu de plomb, qu'on fait la *potée d'étain* dont l'on se sert pour donner aux glaces un certain poli ; l'addition du plomb rend l'opération plus prompte.

L'absorption de l'oxigène par l'étain peut encore être rendue très sensible dans une petite cloche courbe, en faisant l'expérience telle que nous l'avons décrite précédemment (515).

L'étain en feuilles que l'on emploie pour mettre les glaces au tain s'oxide même en s'entourant d'une faible auréole lumineuse, lorsqu'on l'approche de la lumière d'une chandelle : aussi, quand on chauffe un peu d'étain au *rouge-blanc*, et qu'on le jette sur le sol, il se divise en une foule de globules qui brûlent assez vivement en traversant l'air.

956. *Oxides.* — Il existe deux oxides d'étain, un protoxide et un bi-oxide : le premier joue le rôle de base salifiable ; le second, celui d'une base salifiable faible et d'un acide faible.

957. *Protoxide.* — Gris noirâtre, indécomposable par le feu ; brûle comme de l'amadou lorsqu'on le met en contact avec le gaz oxigène ou avec l'air et un corps en ignition, et passe alors à l'état de bi-oxide. Il est soluble dans la potasse et la soude ; mais sa dissolution se décompose dans l'espace

de quelques jours, laisse déposer de l'étain et se trouve alors contenir du bi-oxide.

Le protoxide n'existe point dans la nature; on l'obtient en versant du carbonate de soude ou de potasse dans une dissolution de proto-chlorure d'étain : l'acide carbonique se dégage, et l'oxide se précipite d'abord en combinaison avec l'eau, à l'état d'hydrate blanc; mais il suffit de le calciner dans une cornue de verre jusqu'au rouge naissant, ou même de le tenir pendant quelque temps dans l'eau bouillante, pour l'avoir pur, et par conséquent le rendre noir. (1)

Le protoxide d'étain est formé, d'après MM. Gay-Lussac et Berzelius, de 100 parties d'étain et de 13,6 d'oxigène (*Ann. de Chim.*, t. LXXX, p. 169, et t. LXXXVII. p. 50); ce qui donne en proportions et en atomes :

$$1 \text{ d'étain } 735,29 + 1 \text{ d'oxigène } 100 = Sn\,O.$$

Jusqu'à présent cet oxide est sans usages.

958. *Bi-oxide.*—Blanc; très dense, ce qui permet de le séparer de plusieurs autres oxides par des lavages et des décantations; devenant jaune et même brun par la chaleur, mais repassant au blanc par le refroidissement; infusible, indécomposable par le feu; sans action sur l'oxigène et sur l'air à une température quelconque; insoluble dans l'acide azotique, dans l'acide sulfurique; soluble dans la potasse et la soude, et formant alors des stannates alcalins, qui, versés dans les dissolutions des sels de baryte, de strontiane, de chaux, et de la plupart des sels des cinq dernières sections, donnent lieu par échange à un nouveau sel alcalin et à un nouveau stannate, lequel se précipite tout-à-coup.

Cet oxide est assez abondant dans la nature; il forme quelquefois des filons, plus souvent des amas, et fréquem-

---

(1) Après avoir introduit l'hydrate dans la cornue, elle doit être remplie de gaz carbonique, et l'on doit faire plonger le col dans un bain de sable, pour prévenir l'action de l'air. Une petite cornue tubulée est commode pour cette opération.

ment même il est disséminé dans les roches. On le rencontre dans les terrains primitifs, au milieu du gneiss (près de Villarica) ou des granites grossiers, des roches de quarz qui lui sont subordonnées (Geyer, Schlakenwald, en Bohême); mais il paraît être plus commun dans le granite graphique, dont la formation est postérieure à celle des roches précédentes, ou dans des dépôts qui en tiennent la place (certaines mines de Cornouailles; Altenberg, etc., en Saxe; Saint-Léonard, près de Limoges). Les terrains secondaires n'en sont pas dépourvus; car on en connaît dans les porphyres du grès rouge (San-Felipe, au Mexique). Enfin il existe en très grande quantité dans les dépôts d'alluvion dont on ne connaît pas bien l'âge (*Saint-Denis*, *Saint-Austle*, en Cornouailles; tous les dépôts exploités au Mexique, etc.)

L'oxide d'étain est souvent cristallisé; il est ordinairement en prismes carrés, terminés par des pointemens à facettes plus ou moins nombreuses. Il est toujours coloré et dur, au point de faire feu avec le briquet. Sa couleur, qui varie du noir-brunâtre presque opaque au gris jaunâtre limpide, paraît due à un peu d'oxide de fer. Sa pesanteur spécifique est de 6,9. Il est fréquemment accompagné, dans les couches, amas ou filons, de tungstate de fer, de quarz, de fluorure de calcium, etc., très rarement de carbonate de chaux ou de sulfate de baryte.

Cet oxide peut s'obtenir en calcinant l'étain avec le contact de l'air (1er procédé 578), ou bien en mêlant un amalgame d'étain réduit en poudre fine, avec 4 fois son poids de bi-oxide de mercure, et distillant le mélange dans une cornue; mais on l'obtient bien plus facilement et plus promptement en traitant l'étain en grenaille par l'acide azotique (5e procédé 578); celui-ci cède une plus ou moins grande quantité de son oxigène à l'étain, et passe à l'état d'azote ou de gaz oxide d'azote qui se dégage, tandis que l'étain, porté à l'état de bi-oxide insoluble dans l'acide azotique, se précipite sous la forme d'une poudre blanche hydratée.

C'est en traitant de cette manière l'étain par l'acide azotique que l'on parvient à déterminer la proportion des principes constituans du bi-oxide d'étain, qui, d'après M. Gay-Lussac et M. Berzelius, est formé de 100 parties d'étain et de 27,2 d'oxigène (*Ann. de Chim.*, t. LXXX et LXXXVII); d'où il suit qu'il contient pour la même quantité d'étain, deux fois autant d'oxigène que le protoxide, et que sa formule atomique est Sn O². On procède à l'expérience comme à celle qui a pour objet l'analyse du sesqui-oxide de fer.

Le bi-oxide d'étain entre dans la composition de l'émail : c'est lui qui donne à l'émail blanc la teinte qui le caractérise. Autrefois il était très employé aussi, mêlé ou plutôt combiné avec l'oxide de plomb, sous le nom de *potée*, pour donner un certain poli aux glaces. Cette *potée* se préparait en chauffant un alliage d'étain et de plomb dans des fourneaux à réverbère.

959. *Hydrate de protoxide.*—Il se prépare comme le protoxide d'étain, seulement, au lieu de chauffer le précipité jusqu'au rouge, on le chauffe à 80°. Cet hydrate est une poudre blanche qui passe aisément à l'état de bi-oxide, au point que, mise en contact avec un corps en ignition, elle brûle comme de l'amadou, mais moins bien toutefois que le protoxide anhydre.

960. *Hydrate de bi-oxide.* — On peut l'obtenir, soit en traitant l'étain par l'acide azotique, lavant le précipité et le faisant sécher ; soit en le précipitant d'une dissolution de bi-chlorure d'étain par une quantité convenable de dissolution de potasse ou d'ammoniaque.

Extrait du bi-chlorure, l'hydrate de bi-oxide est sous forme d'une masse blanche, gélatineuse, qui prend par la simple dessiccation l'aspect de petits morceaux de verre et rougit le papier de tournesol humide ; il acquiert une teinte foncée lorsqu'on le calcine, et devient, à mesure qu'il se refroidit, brun, rouge, et enfin jaune : dans cet état, il est insoluble dans les acides comme l'oxide préparé par l'acide azotique; mais avant d'être calciné, il se dissout dans l'acide sulfurique même étendu, et surtout dans l'acide chlorhydrique; il se dissout même dans l'acide azotique s'il est encore humide; il se dissout d'ailleurs très bien dans la potasse, la soude et leurs carbonates, et donne lieu à des dissolutions *d'où les acides le précipitent avec toutes ses propriétés primitives.*

Obtenu par l'acide azotique, il est sous forme de poudre blanche, rougit le papier de tournesol humide, devient jaune par la calcination, et conserve en partie cette teinte après le refroidissement, contient 11 pour 100 d'eau, est insoluble dans l'acide azotique et dans l'acide sulfurique, ne se dissout que difficilement dans l'acide chlorhydrique, se dissout bien dans les alcalis caustiques et leurs carbonates; et ce qui est bien digne de remarque, c'est que, précipité de sa dissolution dans les acides, il possède les mêmes propriétés qu'auparavant. Il y a donc, entre les deux hydrates, et par conséquent entre les deux oxides, des différences de propriétés bien essentielles, *puisque, après leurs précipitations des dissolutions alcalines, l'un est soluble dans les acides, et l'autre y est insoluble;* cependant ils sont formés des mêmes proportions d'oxigène et d'étain : ce sont sans doute des *oxides isomères.*

Combinaisons des métalloïdes avec l'étain.

961. Les métalloïdes unis jusqu'à présent à l'étain, sont le phosphore, le soufre, le sélénium, le fluor, le chlore, le brôme, l'iode. L'étude des chlorure, fluorure, brômure, iodure, se trouve comprise dans l'histoire des sels; nous n'avons donc à examiner ici que les phosphure, sulfure, séléniure.

962. *Phosphure d'étain fait en projetant de petits morceaux de phosphore sur de l'étain fondu.*—Il cède à l'action du couteau, s'aplatit sous le marteau et se sépare en lames; ressemble à l'argent; fond moins facilement que l'étain, et se prend par le refroidissement en un culot qui, comme l'au-

timoine, présente à sa surface une cristallisation imitant les feuilles de fougère. Lorsqu'on le projette en limaille sur des charbons ardens, il s'enflamme; c'est le phosphore qui brûle et passe à l'état d'acide phosphorique. Sur 100, il contient environ 18 de phosphore. (*Mémoires* de Pelletier.)

La propriété qu'a ce phosphure d'être un peu ductile nous fait penser qu'il ne contient pas autant de phosphore qu'il en pourrait contenir : il vaudrait mieux le préparer en faisant passer du phosphore en vapeur sur de l'étain en fusion (590 1er procédé) que par le procédé de Pelletier.

963. *Proto-sulfure.*—Solide, cristallisable en lames brillantes et d'un gris bleuâtre; moins fusible que l'étain; indécomposable par le feu; sans action sur l'air, à la température ordinaire; en absorbe l'oxigène à l'aide de la chaleur, en donnant naissance à du gaz acide sulfureux et à un oxide; se combine avec les sulfures dont les métaux sont négatifs; se dissout complètement dans l'acide chlorhydrique concentré avec dégagement de gaz sulfhydrique et production de proto-chlorure d'étain; existe probablement dans le comté de Cornouailles, mais mêlé ou combiné avec le sulfure de cuivre; s'obtient par le premier procédé, avec quelques précautions que nous allons indiquer. D'abord, il faut chauffer dans un creuset couvert un mélange de 3 parties d'étain grenaillé et de 2 parties de soufre pulvérisé : la combinaison s'effectue seulement à la température où le soufre se vaporise et a lieu avec incandescence; il en résulte une masse homogène dont l'aspect porte à croire que l'étain est complètement sulfuré. Mais, lorsqu'on vient à la traiter par l'acide chlorhydrique, on s'aperçoit bientôt qu'elle contient un excès d'étain : le gaz qui se dégage est mêlé d'hydrogène; il faut donc la pulvériser et la sulfurer une seconde fois. L'homogénéité observée dans la masse tient à ce que le proto-sulfure se dissout avec tant de facilité dans l'étain qu'il semble que l'étain et le soufre puissent se combiner en toutes proportions.

Le proto-sulfure peut encore être obtenu en faisant passer du gaz sulfhydrique à travers une dissolution de proto-chlorure d'étain; mais alors il est hydraté et de couleur brun-chocolat.

Le proto-sulfure est formé de 100 d'étain et de 27,35 de soufre, ou en proportions et en atomes de :

$$1 \text{ d'étain } 735,29 + 1 \text{ de soufre } 201,16 = Sn\,S.$$

964. *Bi-sulfure ou persulfure.* — Ce sulfure, appelé autrefois *or mussif* ou *musif*, *or mosaïque*, *or de Judée*, est solide et peut s'obtenir en lames hexagonales d'un beau jaune d'or. Soumis dans un matras à l'action d'une chaleur rouge, il laisse dégager la moitié du soufre qu'il contient et se convertit en proto-sulfure gris-bleuâtre et cristallin. Chauffé avec le contact de l'air, il se transforme en gaz sulfureux et en bi-oxide. L'acide chlorhydrique et même l'acide azotique ne l'attaquent pas. Le seul acide qui en opère la décomposition est l'eau régale : elle le convertit en un sulfate insoluble. Mêlé avec 2 fois son poids de nitre et exposé au feu dans un creuset, la réaction est si brusque qu'elle donne lieu à une sorte d'explosion. Il s'unit facilement aux sulfures alcalins avec lesquels il constitue des sulfures doubles très solubles : si donc on le chauffe dans une dissolution de sulfure de potassium ou de sodium, il se dissoudra très promptement; il se dissoudra également : 1° dans une dissolution de sulfhydrate de sulfure alcalin, en dégageant le gaz sulfhydrique du sulfhydrate; 2° dans une dissolution de potasse ou de soude caustique, en donnant lieu à un double sulfure d'étain et de potassium, et à un stannate alcalin ; 3° dans une dissolution de carbonate de potasse ou de soude en donnant lieu aux mêmes produits et de plus à un dégagement de gaz carbonique. Cette propriété est mise à profit dans l'analyse pour séparer l'étain du manganèse, du fer et des métaux qui ne forment pas de sulfures solubles dans les sulfures alcalins. En effet, il suffit de faire chauffer ces divers métaux à l'état d'oxide dans de l'eau chargée de sulfure de potassium ou de sodium : les métaux oxidés se

sulfurent; une partie du métal alcalin s'oxide au contraire, et l'excès de sulfure de potassium dissout le bi-sulfure d'étain.

Le bi-sulfure d'étain se prépare dans les arts où il est toujours connu sous le nom d'or mussif, en faisant réagir non pas seulement les deux principes qui le constituent, mais encore le mercure et le sel ammoniac ou chlorhydrate d'ammoniaque : on prend 2 parties d'étain et 1 de mercure ; on les allie dans un creuset ; aussitôt que l'alliage est fondu, on le verse dans un mortier de cuivre ; on le pulvérise et on le mêle intimement avec une partie et demie de soufre et une partie de sel ammoniac ; on met le mélange dans un matras ou dans un creuset qu'on remplit jusqu'aux trois quarts ; on l'expose à une douce chaleur pendant plusieurs heures ; il se forme ainsi une masse très légère, jaunâtre, lamelleuse, qui est l'or mussif même. Dans cette opération, le mercure ne sert qu'à rendre l'étain cassant, et à lui donner la propriété de pouvoir être réduit en poudre ; ce qui le prouve, c'est qu'on peut remplacer l'amalgame d'étain par le proto-sulfure d'étain. En effet, Pelletier a obtenu 30 grammes de bel or mussif en chauffant ensemble 30 grammes de proto-sulfure avec 30 grammes de soufre et 30 grammes de sel ammoniac. Le sel ammoniac n'est pas non plus indispensable ; il paraît cependant qu'il favorise la formation de l'or mussif : mêlé intimement au soufre et à l'étain, il empêche probablement qu'au moment de leur union la température ne s'élève trop et ne soit un obstacle à la formation du bi-sulfure.

Ainsi préparé, l'or mussif est propre aux usages auxquels on le destine, savoir : à frotter les coussins des machines électriques et à imiter les tons et les reflets du bronze dans la peinture d'ornement ; mais il n'est jamais très brillant ni d'un beau jaune. Pour l'avoir dans cet état, il faut chauffer presque jusqu'au rouge une certaine quantité d'or mussif même dans un matras ; la majeure partie se décompose à la vérité, en donnant lieu à une sublimation de soufre, de sel ammoniac, de cinabre, etc., et à un résidu de proto-sulfure ; mais en même temps il s'en attache un peu à la voûte ou dans le col du matras sous forme de lames très larges, très éclatantes et d'un jaune très vif : alors, il peut être considéré comme du bi-sulfure pur.

Le bi-sulfure peut encore être préparé en chauffant le proto-sulfure avec le soufre, et surtout en distillant, comme l'a fait Proust, un mélange de proto-chlorure d'étain et de soufre dans une cornue : il se dégage du bi-chlorure d'é-tain, l'excès de soufre se vaporise, et l'or mussif reste au fond du vase en un pain léger et tout brillant de petites écailles jaunes.

Lorsqu'on verse une dissolution de proto-sulfure de po-tassium ou de sodium dans une dissolution de bi-chlorure d'étain, ou qu'on fait passer à travers le bi-chlorure exempt d'acide un courant de gaz sulfhydrique, on obtient également du bi-sulfure ; mais il est hydraté, d'un jaune pâle, soluble dans l'acide chlorhydrique, et possède quelques au-tres propriétés qu'on ne retrouve pas dans le bi-sulfure an-hydre. Est-il bien pur, alors ? la question mérite d'être examinée.

Il est composé de 100 d'étain et de 54,70 de soufre, ce qui donne en proportions et en atomes :

$$1 \text{ d'étain } 735,29 + 2 \text{ de soufre } 402,32 = Sn\, S^2.$$

965. *Sesqui-sulfure.* — M. Berzelius admet un troisième sulfure qui, pour les quantités de soufre et d'étain, se trouve placé entre le proto et le bi-sulfure : sa formule ato-mique serait donc $Sn^2\, S^3$.

Pour le préparer, M. Berzelius mêle le proto-sulfure avec le tiers de son poids de soufre et chauffe le mélange au rouge obscur, jusqu'à ce qu'il ne s'en dégage plus de soufre. Ce sulfure est d'un jaune grisâtre foncé. Une température très élevée en dégage du soufre et le ramène à l'état de proto-sulfure. L'acide chlorhydrique le dissout en partie ; les pro-duits sont : du gaz sulfhydrique, du proto-chlorure d'étain et du bi-sulfure d'étain, comme on le voit dans l'équation :

$$Sn^3 S^3 + 2\, H\, Ch = H^2 S + Sn\, Ch^2 + Sn\, S^2.$$

966. *Séléniure d'étain.*—Rien de plus facile que sa préparation ; il suffit de faire chauffer ensemble dans un petit matras du sélénium et de la grenaille d'étain ; ils s'unissent au moment de leur fusion en donnant lieu à un dégagement de lumière. Le sélénium, ainsi préparé, est gris, boursouflé ; lorsqu'on le frotte au brunissoir, il prend l'éclat métallique ; par le grillage, il laisse dégager le sélénium, et l'étain passe à l'état de bi-oxide fixe.

L'acide sélénhydrique, en décomposant le bi-chlorure d'étain, donne également, pour précipité, du séléniure d'étain : il est alors *bi-sélénié.*

Alliages d'étain.

967. On observe, en général, qu'il ne faut qu'une très petite quantité d'étain pour diminuer singulièrement la ductilité des métaux avec lesquels on l'allie, et les rendre beaucoup plus durs qu'ils ne sont : un huitième ou même un dixième d'étain suffit souvent pour cela.

Parmi les alliages d'étain, il n'y en a que neuf qui méritent d'être examinés : ce sont ceux que forment l'étain avec le potassium, le sodium, le fer, l'antimoine, le bismuth, le plomb, l'arsénic, le cuivre, le mercure. Les trois premiers ont été étudiés. Examinons maintenant les autres.

968. *Alliage formé de 1 partie d'étain et de 2 de plomb.*—Solide, d'un blanc gris, malléable, plus fusible que l'étain ; brûle dans l'air comme un pyrophore au degré de la chaleur rouge, et se convertit en un *stannate de plomb ;* n'existe point dans la nature ; s'obtient très facilement par le premier procédé dans un fourneau ordinaire (620) ; est employé pour souder les tuyaux de plomb, et par cette raison connu sous le nom de *soudure des plombiers.*

Lorsque, au lieu de combiner l'étain avec 2 parties de plomb, on le combine avec 3 parties de ce métal, il en résulte un alliage qui s'oxide plus facilement encore que le précédent : en le chauffant jusqu'au rouge dans un creuset et le versant dans un têt, on le verra brûler çà et là à la surface, et former une foule de petits groupes incandescens qui se convertissent rapidement en stannate de plomb. Cette prompte oxidation dépend évidemment de la tendance qu'ont à s'unir le protoxide de plomb et le bi-oxide d'étain qui alors fait fonction d'acide.

969. *Alliage d'étain et de bismuth.* —L'on prétend que les potiers d'étain sont dans l'usage de combiner ce métal avec une petite quantité de bismuth pour obtenir un alliage plus dur : ce qu'il y a de certain, c'est que le bismuth donne de la dureté à l'étain.

970. *Alliage d'étain et d'antimoine.* — Il est blanc, dur, sonore. Les planches sur lesquelles se grave la musique passent pour être confectionnées avec de l'étain durci par l'antimoine. Le *pewter* des Anglais (étain avec lequel on fabrique les vases à boire) en contient environ la douzième partie de son poids ; le plus estimé serait, dit-on, composé de 100 d'étain, 8 d'antimoine, 4 de cuivre, 1 de bismuth. L'on assure que l'on peut allier l'étain au tiers de son poids d'antimoine, sans lui faire perdre entièrement sa ductilité.

971. *Alliage d'étain et d'arsénic.* —Blanc, très brillant, très cassant; cristallise en lames très larges ; plus fusible que l'arsénic, mais moins que l'étain ; se décompose en partie, lorsqu'on le chauffe fortement ; absorbe le gaz oxigène à une température élevée, et se transforme en acide arsénieux qui se volatilise sous forme de vapeurs blanches, et en oxide d'étain fixe ; n'existe point dans la nature ; s'obtient en chauffant jusqu'à fusion complète, dans un creuset couvert, 3 parties d'étain et 2 parties d'arsénic : plus de la moitié de celui-ci se vaporise. Il serait bon de pulvériser l'alliage et de le chauffer de nouveau avec de l'arsénic.

On se sert de cet alliage dans les laboratoires pour prépa-rer le gaz hydrure d'arsénic : quelque chose qu'on fasse, l'alliage n'étant jamais saturé d'arsénic, *le gaz arsénié* est toujours mêlé d'hydrogène.

L'étain peut être rendu cassant par un vingtième de son poids d'arsénic.

972. *Alliage formé de 11 parties d'étain et de 100 de cui-vre.*—Solide, jaunâtre, plus dense que ne l'est la moyenne des métaux qui le constituent; plus tenace, plusdur et plus fusible que le cuivre ; légèrement malléable; abandonnant et laissant couler une partie de l'étain qu'il contient, lors-qu'on l'expose à une chaleur de 400 à 500 degrés; sans ac-tion sur le gaz oxigène sec à la température ordinaire, mais susceptible à cette température de se couvrir peu-à-peu dans son contact avec l'air libre et humide, d'une couche verte de sous-carbonate de cuivre hydraté : témoin les statues de bronze soumises depuis long-temps aux intempéries de l'atmosphère; se convertit en oxide par la calcination; n'existe point dans la nature; s'obtient par le premier procédé (620).

C'est en le préparant dans des fours à réverbère et le cou-lant dans des moules convenables, que l'on fait les bouches à feu et les statues de bronze.

M. Dussaussoy a fait, en 1817, un grand nombre d'ex-périences dans l'intention de prouver qu'il serait avantageux pour cette fabrication d'unir l'alliage au fer et au zinc; il est arrivé à ce résultat, savoir : qu'on ne devait ajouter tout au plus, sur 100 d'alliage, que 1 à $1\frac{1}{2}$ de fer-blanc ou 3 de zinc (*Ann. de Chim. et de Phys.*, v, 113 et 225); et qu'il fallait se servir plutôt de fer déjà uni à l'étain que de fer pur, parce que la combinaison se faisait plus facilement. Des ex-périences dues à une commission nommée par le ministre de la guerre, établissent en effet que l'addition d'une petite quantité d'alliage d'étain et de fer donne beaucoup de du-reté au bronze; mais malheureusement les bouches à feu, faites d'après ces données, n'ont pas résisté à l'épreuve du tir ; elles se sont brisées au bout de quelques coups.

M. Puymaurin, fils, est parvenu à faire de très belles médailles de bronze, en alliant 7 à 11 d'étain à 100 de cuivre. (*Voyez* son Mémoire publié chez Egron.)

973. *Alliage formé de 22 parties d'étain et de 78 de cuivre.*—Solide, à grains fins et serrés, d'un blanc gris ; cassant ; se comporte de la même manière que le précédent avec le gaz oxigène et l'air ; s'obtient par le premier procédé (620).

Cet alliage est principalement employé pour faire les cloches. Quelquefois, cependant, celles-ci contiennent un peu de zinc et de plomb : par exemple, les cloches anglaises sont composées, suivant M. Thomson, de 80 de cuivre, de 10,1 d'étain, de 5,6 de zinc, et de 4,3 de plomb. Dans tous les cas, les métaux sont alliés au four à réverbère, et coulés comme pour la fabrication des bouches à feu.

On allie encore l'étain et le cuivre dans d'autres proportions pour faire le *tam-tam* ou *gong* (1), les cymbales, les timbres des horloges et les miroirs métalliques. Le tam-tam ou gong, d'après l'analyse que j'ai faite, il y a trente ans, d'un fragment que M. Charles avait bien voulu me remettre, est formé d'environ 80 parties de cuivre et de 20 parties d'étain. Il en est de même des cymbales. Les timbres des horloges contiennent un peu plus d'étain et un peu moins de cuivre que le métal de cloche. Il paraît, d'après M. Watson, qu'on fait entrer un peu de zinc dans ceux des montres. Quant aux miroirs métalliques, ils résultent d'environ 1 d'étain et 2 de cuivre. Ce dernier alliage est d'un blanc d'acier, très dur, très cassant, et susceptible d'un beau poli. L'addition de un seizième d'arsénic améliore l'alliage : en le composant de cuivre, d'étain, d'arsénic et de platine, il est meilleur encore.

---

(1) Instrument qui nous est venu de Chine jusque dans ces derniers temps, et qui produit un son très éclatant par la percussion. C'est un disque peu épais, d'un assez grand diamètre, et dont les bords sont légèrement relevés.

974. Les différens alliages de cuivre et d'étain dont nous venons de parler possèdent une propriété très remarquable; c'est que, comme l'a confirmé M. d'Arcet, ils deviennent très malléables par la trempe. Prenez deux petits lingots refroidis lentement, l'un de métal de canon, l'autre de métal de cloche : le premier sera légèrement ductile, le second sera cassant; faites-les rougir au feu et plongez-les dans l'eau froide; tous deux présenteront une cassure qui sera jaunâtre au lieu d'être d'un blanc grisâtre comme d'abord, et acquerront la propriété de pouvoir être forgés. Cette observation est d'autant plus importante qu'elle nous met à même de faire les cymbales et les tam-tam, que nous étions obligés de tirer à grands frais de la Chine et de la Turquie. En effet, lorsqu'on examine ces instrumens, l'on reconnaît qu'ils ont été travaillés au marteau. Il faut donc que d'abord ils soient coulés, puis chauffés au rouge et plongés dans l'eau froide. Devenus malléables par la trempe, ils reçoivent la forme qu'ils ont, après quoi, sans doute, on les chauffe de nouveau jusqu'à un certain point, et on les laisse refroidir tranquillement pour les rendre plus ou moins aigres et leur donner beaucoup de sonorité. Ajoutons que l'on a mis à profit la ductilité de l'alliage d'étain et de cuivre par *la trempe*, pour fabriquer des sous très bien frappés et très durs, destinés aux colonies françaises.

975. Le cuivre et l'étain peuvent être facilement séparés l'un de l'autre par le procédé qui a été employé pendant la révolution pour exploiter le métal de cloche. Ce procédé que nous allons décrire sommairement, est fondé sur la propriété qu'a l'étain d'être plus fusible et plus oxidable que le cuivre.

1° On commence par oxider entièrement une certaine quantité de métal de cloche, en le calcinant dans un fourneau à réverbère. La calcination étant achevée, l'oxide est retiré et pulvérisé.

2° On met dans ce fourneau, ou dans un fourneau semblable, une nouvelle quantité de métal; on le fond, et on y ajoute la moitié de son poids d'oxide provenant de la première opération ; puis, après avoir brassé le tout avec beaucoup de soin, on augmente le feu : il en résulte, au bout de quelques heures, d'une part, du cuivre sensiblement pur, et de l'autre, un composé d'oxide d'étain, d'oxide de cuivre, et d'une petite quantité de la terre du fourneau ; ce composé se rassemble, sous forme de matières pâteuses appelées *scories*, à la surface du cuivre, qui est alors en parfaite fusion. Lorsque les scories sont dans cet état, elles doivent être enlevées avec un ringard, et le bain doit être coulé ; elles sont reprises d'ailleurs pour être pulvérisées et séparées, par des lavages, des fragmens de cuivre qu'elles contiennent.

100 kilogrammes de métal de cloche fournissent environ, par ce moyen, 50 kilogrammes de cuivre qui ne contient que $\frac{1}{100}$ de matières étrangères.

3° On mêle les scories avec $\frac{1}{8}$ de leur poids de charbon, et on chauffe fortement le mélange dans un fourneau à réverbère : de là résultent un alliage formé d'environ 60 parties de cuivre et de 40 parties d'étain, et de nouvelles scories bien plus riches en étain que les premières.

4° On calcine cet alliage en se servant toujours pour cela du fourneau à réverbère, mais sans agiter la masse. Il se forme peu-à-peu, à la surface du bain, des couches d'oxide de l'épaisseur de 5 à 6 millimètres ; ces couches ont une certaine solidité et sont composées de beaucoup plus d'oxide d'étain que d'oxide de cuivre. Cette opération doit être continuée jusqu'à ce que le métal qui reste dans le fourneau soit ramené au titre du métal de cloche : alors on coule ce métal pour le soumettre aux mêmes opérations que le métal de cloche proprement dit.

5° Les couches d'oxides qui se forment dans l'opération précédente sont réduites au fourneau à manche (Voy. *Fourneau à manche*). On réduit également dans ce fourneau les scories riches en étain, provenant de celles qui ont été traitées par le charbon dans le fourneau à réverbère, art. 3, et l'on retire par là un alliage composé d'environ 28 de cuivre et de 72 d'étain.

6° On calcine ce nouvel alliage dans un fourneau à réverbère, de la même manière que l'alliage art. 4, jusqu'à ce qu'il soit, à très peu de chose près, au titre de ce dernier alliage ; mais alors il ne se produit que de l'oxide d'étain pur ou presque pur. On enlève cet oxide, et on continue la calcination de manière à transformer l'alliage restant en oxides d'étain et de cuivre, et en métal de cloche, que l'on traite comme nous l'avons dit art. 5 et 1.

La couleur des couches d'oxides qui se forment est un signe suffisant pour reconnaître l'époque à laquelle il faut les enlever et suspendre l'opération : tant qu'elles sont blanches, c'est une preuve qu'elles ne contiennent que de l'oxide d'étain ; lorsqu'elles deviennent grises, elles commencent à contenir de l'oxide de cuivre ; et lorsqu'elles deviennent brunes noirâtres, l'alliage est ramené au titre de métal de cloche.

7° Enfin, on mêle l'oxide d'étain avec la dixième partie de son poids de charbon ; on agglutine le mélange avec de l'eau, et on le traite au fourneau à manche : bientôt l'oxide d'étain se trouve réduit, et donne de l'étain presque pur. S'il contenait trop de cuivre, on le ferait fondre dans une chaudière de fonte, et on le laisserait refroidir au point où il cesserait de charbonner le papier : le cuivre, allié à une certaine quantité d'étain, se précipiterait au fond de la chaudière sous forme d'une masse pâteuse, de sorte que le bain surnageant ne serait composé que d'étain ; on le puiserait, couche par couche, pour le mouler.

La première partie du procédé que nous venons d'exposer est due à Fourcroy, et la seconde, savoir, le traitement des scories, à MM. Anfrye et Lecour. D'abord tout le métal de cloche avait été exploité par le procédé de Fourcroy ; il en était résulté une grande quantité de scories dont on avait essayé vainement d'extraire l'étain et le cuivre, et dont on se servait pour raccommoder ou ferrer les chemins :

c'est alors que MM. Anfrye et Lecour, s'étant occupés de cette extraction, réussirent si bien que, dans l'espace de quelques années, ils versèrent dans le commerce plusieurs centaines de milliers de kilogrammes de cuivre et d'étain. Cependant, ils finissaient par obtenir des scories tellement chargées de terre qu'ils les abandonnaient. Ces scories furent traitées avec succès par M. Bréant ; mais son procédé n'ayant point été publié, nous n'en pouvons rien dire. (1)

975 *bis*. *Cuivre étamé*. — L'étamage du cuivre consiste à appliquer sur ce métal une couche très mince d'étain ; il a pour objet de prévenir l'oxidation du cuivre. On commence par décaper ou désoxider la pièce de cuivre, en la saupoudrant de sel ammoniac (chlorhydrate d'ammoniaque), la chauffant et la frottant avec ce sel au moyen d'une étoupe. Lorsque le cuivre est devenu très brillant, on met une quantité d'étain convenable sur cette pièce, en ayant soin de la tenir toujours sur le feu. Bientôt celui-ci entre en fusion : alors on l'étend par le frottement sur toute la surface de la pièce de cuivre, et l'on continue de frotter jusqu'à ce que l'étamage soit achevé. Quelquefois on ajoute une petite quantité de résine pour prévenir l'oxidation de l'étain. L'étamage, même le mieux fait, n'est pas de longue durée, parce que, outre que la couche d'étain est très mince, elle n'est point unie au cuivre ; elle n'est réellement que superposée.

L'étain, uni à $\frac{1}{8}$ de fer, forme un étamage beaucoup plus solide que l'étain pur (884).

975 *ter. Alliage formé de 8 parties de bismuth, de 5 parties de plomb et 3 parties d'étain.*—Gris de plomb ; fusible dans l'eau bouillante et même dans celle qui n'est qu'à 90° ; s'obtient en fondant les trois métaux ensemble dans un creuset.

____

(1) L'on trouvera dans les *Annales de chimie*, XLI, p. 167, un rapport fait à l'Institut sur l'établissement formé par MM. Anfrye et Lecour pour extraire le cuivre et l'étain des scories du métal de cloche.

Cet alliage est employé pour *clicher* les médailles. En y ajoutant un peu de mercure, il devient beaucoup plus fusible, et peut-être qu'alors l'on pourrait s'en servir pour faire des injections anatomiques.

Amalgame d'étain. — (*Voy.* mercure.)

Action des oxides et des acides sur l'étain.

976. *Eau.* — L'étain, à la température rouge, décompose l'eau, s'empare de son oxigène, et met son hydrogène en liberté ; et cependant l'hydrogène, à ce même degré de chaleur, peut réduire l'oxide d'étain.

Potasse et soude caustiques. — L'eau est également décomposée par l'étain, sous l'influence des dissolutions bouillantes de potasse et de soude ; l'hydrogène se dégage , et le bi-oxide métallique formé se dissout dans l'alcali.

Acide sulfurique concentré. — Point d'action à froid, décomposition de l'acide à chaud, dégagement de gaz sulfureux, formation de sulfate de protoxide ou de bi-oxide, blanc et très peu soluble.

Acide sulfurique étendu. — Action nulle à chaud comme à froid, si l'acide est très étendu d'eau ; dégagement de gaz sulfureux, formation de sulfate et dépôt de soufre, si l'acide n'est que peu étendu et s'il est chaud.

Acide azotique concentré et étain en grenaille. — Action subite et si forte, même à la température ordinaire, que les anciens chimistes disaient que l'acide azotique dévorait l'étain ; grande effervescence due presque tout entière à du gaz azote ; grand dégagement de chaleur ; formation de beaucoup de bi-oxide d'étain qui se précipite en poudre blanche et pesante , et d'une petite quantité d'azotate d'ammoniaque qui reste dans la liqueur, et que l'on peut obtenir par la filtration et l'évaporation.

Acide azotique à 15° *de l'aréomètre de Beaumé.* — Dissolution du métal sans effervescence, pourvu qu'on empêche la température de s'élever en plongeant le vase dans l'eau froide; décomposition totale d'une partie de l'acide et d'une quantité proportionnelle d'eau ; formation d'azotate de protoxide d'étain et d'azotate d'ammoniaque; liqueur jaune, transparente, qui laisse déposer de l'hydrate de protoxide du jour au lendemain, et beaucoup plus tôt par la chaleur : la réaction a lieu entre 8 atomes d'étain, 10 at. d'acide azotique et 3 at. d'eau, et produit 8 at. d'azotate de protoxide et 1 at. d'azotate d'ammoniaque, comme l'indique la formule suivante :

$$8\,Sn + 10\,Az^2\,O^5 + 3\,H^2\,O = 8\,(SnO,\ Az^2\,O^5) + Az^2\,H^6,\ Az^2\,O^5.$$

Acide sulfureux dissous dans l'eau. — Action à froid, décomposition de l'acide, dépôt de soufre, et formation d'hypo-sulfite de protoxide, soluble.

Acide chlorhydrique liquide. — Action sensible à la température ordinaire, si l'acide est concentré ; action beaucoup plus marquée, sans être forte, à l'aide de la chaleur; décomposition de l'acide, dégagement de gaz hydrogène, formation de proto-chlorure, dissolution incolore qui, par la concentration, cristallise.

Eau régale. — Action extrêmement forte, vive effervescence d'oxide d'azote ou d'azote, grand dégagement de chaleur, formation de bi-chlorure d'étain soluble, et précipitation d'oxide, si l'acide azotique est en excès ; dissolution incolore.

977. *Caractères des sels de protoxide d'étain.*

Couleur.	Presque tous blancs ; quelques-uns jaunâtres.
Saveur.	Astringente, métallique, très désagréable.

Leurs dissolutions donnent :

Avec chlorure d'or.	Précipité pourpre.
Avec bi-chlorure de mercure.	Précipité blanc de proto-chlorure mercuriel, qui devient gris à l'instant et n'est plus que du mercure.

Avec sels de sesqui-oxide de fer et de bi-oxide de cuivre.	Sels de protoxide de fer et de cuivre.
Avec acide molybdique, acide tungstique.	Oxides bleus de molybdène et de tungstène.
Avec potasse, soude.	Hydrate blanc, soluble dans un excès d'alcali.
Avec cyanure jaune de potassium et de fer.	Précipité blanc.
Avec sulfure ou sulfhydrate alcalin.	Précipité brun-chocolat de proto-sulfure hydraté.

On sait d'ailleurs que ces sels, par leur exposition à l'air, forment bientôt un dépôt blanc qui contient du bi-oxide.

Caractères des sels de peroxide.

Ils sont incolores; leur saveur est métallique et très désagréable; ils n'opèrent aucune réduction, et par conséquent sont sans action sur le chlorure d'or, le bi-chlorure de mercure, l'acide molybdique, etc., etc. Le cyanure jaune de potassium y produit un précipité blanc de cyanure d'étain ferrugineux; la potasse et la soude, un précipité d'hydrate soluble dans un excès d'alcali; les proto-sulfures et sulfhydrates de potassium, de sodium, un précipité jaune de bi-sulfure hydraté.

Etat naturel, extraction.

978. *Etat naturel.* — L'étain se trouve sous deux états dans la nature, à l'état d'oxide (958) et à l'état de sulfure (963). Quelques minéralogistes ont prétendu qu'on le trouvait aussi à l'état natif, et ils ont cité, en faveur de leur opinion, des masses friables remplies de grains d'étain malléable, qui ont été découvertes en Cornouailles, et à Epieux, près Cherbourg; mais cet étain ne peut être qu'un produit de l'art, enfoui depuis long-temps dans la terre.

980. *Extraction.* — C'est du bi-oxide d'étain que l'on extrait

tout l'étain qui se consomme dans le commerce. Les principales mines exploitées sont celles de Cornouailles en Angleterre; de Saxe et de Bohême en Allemagne ; de Banca et de Malacca aux Indes Orientales ; des provinces de Guanaxato et de Guadalaxara dans l'Amérique méridionale : l'étain de l'Inde est le plus pur et le plus estimé.

L'oxide est toujours en roche, ou disséminé, sous forme de sable, dans des terrains d'alluvion. Dans le premier cas, on bocarde le minerai, et on lave la matière sablonneuse qui en résulte dans des caisses et ensuite sur des tables, pour séparer la gangue qui, étant moins pesante que le minerai, est entraînée par l'eau. Dans le second, on fait le lavage sur le terrain même, en y faisant arriver une quantité convenable d'eau.

Lorsque, indépendamment de la gangue quarzeuse ou argileuse, le minerai contient des sulfures de fer et de cuivre, de la pyrite arsénicale, du tungstate de fer et de manganèse, ce qui arrive souvent, il doit être grillé avec soin : le grillage s'opère dans un fourneau à réverbère, à une chaleur qui n'excède pas de beaucoup le rouge brun ; il a pour objet de brûler ou de vaporiser l'arsénic, de décomposer les sulfures et de les convertir en gaz sulfureux qui se dégage, en sulfates et en oxides de fer et de cuivre qui restent mêlés avec l'oxide d'étain, la pyrite non attaquée, et le tungstate de fer et de manganèse sur lequel l'air est sans action. Le grillage étant terminé, on jette la matière, presque rouge encore, dans des cuves pleines d'eau : les sulfates de cuivre et de fer se dissolvent, tandis que les oxides d'étain, de fer et de cuivre, etc., se précipitent. On retire les sulfates par évaporation et cristallisation. Quant aux oxides, on les expose à l'air, pendant quelques jours, pour faire passer à l'état de sulfate le peu de pyrite qu'ils retiennent, puis on les lave de nouveau, mais sur des tables. Ceux de fer et de cuivre, plus légers que l'oxide d'étain, se séparent de telle manière que celui-ci ne reste, pour ainsi dire, mêlé qu'avec le tungstate et quelques portions de gangue.

L'oxide ayant été ainsi purifié, est jeté, avec du charbon, dans un fourneau à manche ou dans un fourneau à réverbère. Le fourneau à manche a près de 15 pieds de hauteur; il ressemble beaucoup à un haut fourneau où l'on traite le minerai de fer; il se charge par la partie supérieure appelée gueulard; le creuset est au bas, et les soufflets ont leurs tuyères placées un peu au-dessus des bords de celui-ci. Comme le courant d'air est fort et qu'il entraîne de l'oxide d'étain, pour recueillir cet oxide, il existe au-dessus du gueulard une cheminée longue et étroite qui d'abord est oblique, s'élargit en forme de chambre, puis se rétrécit et s'élève à une certaine hauteur, *voy*. description des planches, art. *fourneaux*). L'étain ne tarde point à se réduire et à se rendre dans le creuset du premier bassin de réception; de là, par une rigole, on le fait couler dans un second bassin de réception; et de ce second bassin, on le verse dans un troisième. Pourquoi toutes ces décantations? en voici la raison : En le faisant passer du premier bassin dans le second, on le sépare facilement des scories; réuni dans le second bassin qui doit être chauffé convenablement, l'étain s'épure par le repos; les métaux étrangers qu'il contient et qui sont moins fusibles que lui se déposent; alors on le verse dans le troisième bassin pour achever de l'épurer : il contient encore un peu de scories ou de poussières mécaniquement interposées dans toute sa masse. On les rassemble à la surface en plongeant dans le bain, au moyen d'un châssis de fer, des morceaux de charbon mouillés; l'eau qui se dégage en vapeur agite toutes les parties métalliques et entraîne les matières étrangères. Enfin on enlève les crasses et on coule l'étain dans des moules pour le livrer au commerce.

Malgré cette longue épuration, il arrive souvent que l'étain n'est pas parfaitement pur; il n'est pas rare d'y trouver un peu de cuivre, quelques traces de fer; il est probable qu'on l'affinerait complètement en le soumettant à une liquation bien ménagée.

981. *Usages.*—Les usages de l'étain sont très multipliés;

Combiné avec le cuivre dans diverses proportions, il forme l'alliage des canons et des cloches. Uni à deux fois son poids de plomb, il constitue la soudure des plombiers. Réduit en feuilles minces et allié au mercure, il sert à mettre les glaces au tain. C'est en recouvrant la tôle d'étain qu'on fait le fer-blanc. C'est en le traitant par un mélange d'acide chlorhydrique et d'acide azotique que l'on prépare le chlorure d'étain, qui est employé surtout dans la teinture en écarlate. Il fait partie de l'or mussif ou bi-sulfure d'étain. Qui ne sait que l'étamage ordinaire consiste en une couche très mince de ce métal appliquée sur le cuivre? N'avons-nous pas déjà fait observer que la potée d'étain qui, par le frottement, donne aux glaces un certain poli, se fait en le calcinant avec un peu de plomb? Combien n'emploie-t-on pas d'étain pour fabriquer divers vases et instrumens?

Enfin, autrefois l'on s'en servait en médecine; il faisait partie du fameux *lilium de Paracelse*, de la composition anti-hectique de Poterius, etc. Quelques médecins l'administrent même encore en limaille fine, comme vermifuge, à la dose de quelques gros.

ARTICLE VI.

Cobalt.

982. *Historique.* — Quoique, dès le quinzième siècle, la mine de cobalt grillée fût employée pour colorer le verre en bleu, il paraît que ce n'est qu'en 1733 qu'on a su qu'elle contenait un métal particulier. Brandt paraît être l'auteur de cette découverte. Les recherches les plus remarquables auxquelles ce métal ait donné lieu à diverses époques, sont celles de Lehmann en 1762, de Bergman en 1780, de

M. Tassaërt en 1798 (1), de Vauquelin (2), de Proust (3), de Stromeyer (4), de Laugier (5), de Berthier (6), d e Rothoff; de Liebig. (7)

Propriétés physiques. — Le cobalt est solide, dur et cassant; on prétend qu'il est sensiblement ductile à chaud; son grain est fin et serré; sa couleur est d'un blanc tirant un peu sur le gris; sa densité, de 8,5384 suivant Tassaërt, et de 8,5131, suivant Berzelius. On ne l'a point encore obtenu cristallisé, sans doute parce qu'il est très difficile à fondre. Il est magnétique, mais moins que le fer : il cesse de l'être, lorsqu'il contient un peu d'arsénic.

— Le cobalt fond à-peu-près au même degré de feu que le fer, à environ 130° du pyromètre de Wedgwood. Il n'est point volatil.

Action de l'air; oxides, hydrates.

984. *Action de l'air.* — Le cobalt qui n'est point en masse poreuse, quelque divisé qu'il soit d'ailleurs, n'éprouve aucune altération dans l'air, à la température ordinaire; mais, à la chaleur rouge, il s'y oxide lentement, et à une très haute température il y brûle avec une flamme rouge. Lorsque, au contraire, il est en masse poreuse, ou qu'il provient de la réduction de l'oxide par l'hydrogène, il s'embrase spontanément comme l'a fait voir M. Magn us.

Il n'existe que deux oxides de cobalt, un protoxide et un sesqui-oxide : quelques chimistes admettent un acide cobaltique.

Le protoxide est le seul qui s'unit aux acides, et forme des sels.

985. *Protoxide.* — Cet oxide est gris, difficile à fondre,

---

(1) *Ann. de chim.*, XXVIII.　　　(2) *Journ. des mines*, 1800.

(3) *Journ. de physique*, LXIV.　　(4) *Ann. de ch. et de phys.* VIII, 80.

(5) *Ann. de ch. et de ph.* IX, 267. (6) *Id.* XIII, 57—XXV, 96—XXXIII, 61.

(7) *Ann. de ch. et de phys.* XLIII. 206.

susceptible d'absorber le gaz oxigène de l'air au-dessous du rouge brun, et de se transformer en peroxide ; le gaz hydrogène le réduit au rouge naissant (530) ; il en est de même du charbon.

Les alcalis le précipitent de ses dissolutions salines en un hydrate bleu violet, qui, dans son contact avec l'air ou l'eau aérée, devient promptement d'un vert sale.

Le protoxide de cobalt peut s'unir avec quelques bases à une haute température. 1° Que l'on calcine cet oxide avec la potasse, il en résultera une masse d'un beau bleu ; 2° que l'on mêle une dissolution d'azotate de cobalt pur avec une dissolution d'un sel alumineux, et que l'on y ajoute de l'alcali, il se produira un précipité d'alumine et d'oxide de cobalt qui, lavé, séché et chauffé jusqu'au rouge, deviendra bleu comme le précédent ; 3° que l'on répète cette expérience, en substituant un sel de zinc pur au sel alumineux, le produit calciné sera d'un assez beau vert ; 4° enfin que l'on verse de l'azotate de cobalt sur de la magnésie, que l'on évapore jusqu'à siccité et que l'on expose le résidu à un degré de chaleur incandescente, il prendra une teinte rose faible, qui peut servir de caractère dans les essais au chalumeau (v^e vol.).

Mêlé avec 300 fois son poids de borax et fondu au feu du chalumeau, il en résulte un verre bleu dont la teinte est très prononcée, et paraîtrait noire, si la quantité d'oxide était trop considérable. Cette propriété est même tellement caractéristique, qu'elle peut servir à déceler des traces de cobalt.

Le protoxide n'existe point dans la nature, si ce n'est combiné avec l'acide arsénique.

Il s'obtient en versant une dissolution de carbonate de soude dans une dissolution de sulfate, d'azotate, ou de chlorure de cobalt, recueillant sur un filtre le carbonate qui se précipite, le lavant, le séchant et le calcinant à l'abri du contact de l'air.

Il est composé d'après M. Rothoff, de 100 de cobalt, et

de 27,097 d'oxigène, ce qui donne en proportions et en atomes :

$$\text{1 de cobalt } 369 + \text{1 d'oxig. } 100 = Co\,O.$$

986. *Hydrate de protoxide.*—C'est en versant une dissolution de potasse ou de soude, dans une dissolution saline de cobalt, toutes deux privées d'air, qu'on le prépare; il se précipite à l'instant même en flocons d'un bleu légèrement violet, qui passe au rose feuille morte par l'ébullition. Mis en contact avec l'eau aérée, cet hydrate devient vert olive, et acquiert la propriété de donner du chlore avec l'acide chlorhydrique, de se dissoudre en partie dans l'acide acétique et de laisser un résidu de sesqui-oxide : d'où il suit qu'alors il peut être regardé comme un composé de sesqui-oxide et de protoxide. L'air fait subir à l'hydrate de cobalt les mêmes changemens que l'eau aérée : seulement il y a de plus formation d'un peu de carbonate. Il est facile de prévoir d'après cela qu'on ne devra jamais obtenir de précipité bleu avec les alcalis et les sels de cobalt, lorsque les dissolutions seront très étendues ; c'est ce qui a lieu en effet : l'oxide trouve, dans l'air de l'eau, l'oxigène nécessaire pour se suroxider.

L'hydrate de cobalt est soluble dans la potasse caustique, qu'il colore en bleu; dans le carbonate de potasse, qu'il colore en rose; dans le carbonate d'ammoniaque avec lequel il forme un sel double ; dans l'ammoniaque sous l'influence de l'air, soit que l'ammoniaque se carbonate, soit que l'oxide passe comme le prétendent quelques chimistes, à l'état d'acide cobaltique.

987. *Sesqui-oxide.* — Le sesqui-oxide s'obtient, soit en chauffant le protoxide au contact de l'air, soit en calcinant convenablement l'azotate de cobalt. Il est noir. Une forte chaleur le fait passer à l'état de protoxide. L'acide chlorhydrique le dissout avec dégagement de chlore.

On prétend qu'il existe en petite quantité en Saxe, à Schnéeberg et Kamsdorf; en Thuringe, à Saalfeld, etc., à la surface de l'arséniure de cobalt, ou mêlé avec des matières terreuses et sali par de l'oxide de fer, ce qui en fait varier la couleur.

Il contient, d'après l'analyse de M. Rothoff, 100 de cobalt et 40,68 d'oxigène.

988. *Acide cobaltique.* — M. Gmelin admet cet acide : il pense qu'il se forme en versant de l'ammoniaque dans une dissolution d'azotate de cobalt et laissant exposée au contact de l'air la liqueur qui se trouble d'abord. Peu-à-peu l'oxide de cobalt se dissoudrait en s'acidifiant, au point que par évaporation l'on obtiendrait ensuite un sel double d'azotate et de cobaltate d'ammoniaque. Ce sujet, selon nous, mérite d'être examiné de nouveau.

Combinaisons des métalloïdes et des métaux avec le cobalt.

989. Les métalloïdes, unis jusqu'à présent au cobalt, sont le phosphore, le soufre, le sélénium, le fluor, le chlore, le brôme et l'iode. Nous n'examinerons ici que les phosphure, sulfure, séléniure de cobalt : l'étude des autres composés est comprise dans l'histoire des sels.

Phosphure de cobalt. — Le phosphure de cobalt s'obtient, soit en mettant le chlorure de cobalt pulvérisé en contact avec le phosphure gazeux d'hydrogène, soit en faisant passer du gaz hydrogène sur du phosphate de cobalt convenablement chauffé (590). Ce phosphure est gris, soluble dans l'acide azotique et dans l'eau régale, insoluble dans l'acide chlorhydrique. Le feu du chalumeau le fond promptement, en brûle le phosphore et le métal, et les transforme en un globule bleu vitreux.

Sa composition est de 73,47 de cobalt, et de 26,53 de phosphure : en atomes $Co^3 P^2$. (*H. Rose.*)

Proto-sulfure. — Le cobalt s'unit facilement au soufre, à une température élevée, et passe au premier degré de sulfuration : au moment de la combinaison, il y a même dégagement de lumière, et le sulfure entre en fusion. Cependant, pour obtenir celui-ci, il vaut mieux substituer l'oxide de cobalt ou le carbonate de cobalt au cobalt métallique (602 2° *procédé*); on peut encore, et ce procédé indiqué par M. Berthier, est de beaucoup le plus économique, fondre dans un creuset 1 partie de carbonate de soude, 2 de soufre et 1 de minerai de cobalt (arsénio-sulfure): il en résulte du sulfate de soude, du gaz carbonique, un sulfure double d'arsenic et de sodium, et du sulfure de cobalt : en lessivant le produit, le sulfate de soude et le sulfure double se dissolvent; le sulfure de cobalt se dépose en écailles minces, couleur de bronze; mais comme le minerai renferme souvent un peu de sulfure de fer, et qu'alors ce sulfure se trouve mêlé avec le sulfure de cobalt, il est nécessaire de traiter le résidu par l'acide chlorhydrique qui à froid dissout le sulfure de fer et n'attaque pas celui de cobalt. Ce sulfure est d'un jaune-gris, doué de l'éclat métallique, et a un aspect cristallin. Il se dissout, mais assez lentement dans l'acide chlorhydrique concentré, avec dégagement de gaz sulfhydrique. Il est composé de 100 de cobalt, et de 54,51 de soufre, ce qui donne pour sa composition atomique la formule CoS.

M. Arfwedson assure qu'il existe un proto-sulfure protoxidé ou un oxi-sulfure de cobalt, dans lequel le cobalt est partagé également entre le soufre et l'oxigène; il se forme, lorsqu'on fait passer du gaz hydrogène sur du sulfate de cobalt chauffé au rouge dans un tube. Cet oxi-sulfure ne serait point décomposé par un excès d'hydrogène; l'acide sulfurique étendu d'eau en dissoudrait l'oxide, et laisserait le sulfure sous forme de résidu pulvérulent.

Sesqui-sulfure.—Produit en chauffant le sesqui-oxide de cobalt dans du gaz sulfhydrique, et n'élevant pas la température jusqu'au rouge : on le trouve, mais rarement, dans la nature.

Bi-sulfure.—M. Setterberg prescrit, pour l'obtenir, de calciner modérément le carbonate de cobalt, puis de mêler l'oxide qui reste avec 3 fois son poids de soufre et de chauffer le mélange à une température un peu plus grande que celle qui est nécessaire pour volatiliser le soufre : en même temps que le bi-sulfure se forme, il y a dégagement de gaz sulfureux. Le bi-sulfure de cobalt est une poudre noire qui n'est attaquée par aucun acide, si ce n'est l'acide azotique et l'eau régale. Le sesqui-sulfure l'est, non-seulement par ces deux acides, mais encore par l'acide chlorhydrique : il en résulte un dégagement de gaz sulfhydrique, du chlorure de cobalt, et un résidu de bi-sulfure qui, lavé et exposé à une douce chaleur pour être séché, devient acide et se convertit par l'oxigène de l'air en acide sulfurique et sulfate de cobalt.

– *Séléniure.* —La combinaison a lieu, comme celle du soufre, avec dégagement de lumière.

990. *Alliages de cobalt.* —Le cobalt n'a pu encore être uni au mercure, ni au bismuth, ni à l'argent ; il ne se combine que difficilement au zinc et au plomb. Les métaux avec lesquels il a été allié sont l'étain, l'antimoine, l'or, l'arsénic. Son alliage avec l'arsénic est le seul qui mérite d'être remarqué.

Alliage de cobalt et d'arsénic. — Lorsqu'on chauffe ensemble un mélange de cobalt et d'arsénic en poudre, les deux métaux entrent assez promptement en combinaison et se fondent en une masse blanche, cassante, insensible à l'aiguille aimantée, qui retient d'autant moins d'arsénic que la température a été plus élevée et qui dans tous les cas, par le grillage, en laisse toujours dégager sous forme de vapeur d'acide arsénieux.

Le cobalt gris est un composé de cobalt, d'arsénic et de soufre, dans des proportions telles que le cobalt protoxidé serait neutralisé par l'acide sulfurique ou arsénique que pourrait produire l'un des deux autres corps.

Action de l'eau et des acides sur le cobalt.

991. *Eau.* —Le cobalt opère la décomposition de l'eau

au degré de la chaleur rouge; et cependant l'oxide de cobalt est réduit par l'hydrogène à ce même degré de chaleur. (M. Despretz, *Ann. de Chim. et de Phys.* t. XLIII, p. 222.)

Acide sulfurique concentré.—A froid, point d'action; à chaud, décomposition de l'acide, dégagement de gaz sulfureux, formation de sulfate coloré en rose.

Acide sulfurique étendu d'eau.— A froid, décomposition d'eau, dégagement faible de gaz hydrogène, production de sulfate soluble, dissolution rose. A chaud, mêmes phénomènes : seulement, ils sont beaucoup plus marqués.

Aide azotique et cobalt en poudre.—Dissolution du métal à la température ordinaire; dégagement de bi-oxide d'azote qui, par le contact de l'air, passe à l'état de vapeur rutilante; élévation de température; formation d'un azotate qui colore la liqueur en rose et qui cristallise plus ou moins régulièrement.

Acide chlorhydrique liquide.—A froid, décomposition de l'acide, dégagement faible de gaz hydrogène, formation de proto-chlorure soluble, dissolution rose. A chaud, action plus marquée.

Eau régale. Action vive, même à froid, dégagement de bi-oxide d'azote, formation de proto-chlorure, dissolution rose.

992. *Caractères des sels de cobalt.*

Couleur.	Rose plus ou moins foncé, s'ils sont dissous ou cristallisés; rose, lilas ou bleu-violet s'ils sont insolubles.
Leurs dissolutions donnent :	
Avec potasse, soude.	Précipité d'hydrate bleu-violet, qui par le contact de l'air passe au vert.
Avec ammoniaque.	Point de ppté, si la liqueur est suffisamment acide, et formation d'un sel double qui colore la liqueur en acajou. Ppté, si la liqueur est neutre.
Avec carbonates de potasse et de soude.	Ppté rouge-pâle de carbonate de cobalt.

Avec phosphate de soude. — Ppté bleu-violet de phosphate.

Avec arséniate de soude. — Ppté rose d'arséniate.

Avec acide sulhydrique. — Ppté noir de proto-sulfure si la liqueur est neutre; point de ppté si elle est suffisamment acide.

Avec proto-sulfure ou sulfhy-drate alcalin. — Ppté noir de proto-sulfure.

Avec cyanure jaune de potas-sium et de fer. — Ppté vert-sale de cyanure de cobalt ferrugineux.

Avec infusion de noix de galle. — Ppté jaunâtre.

Avec l'un des métaux des 4 der-nières sections. — Point de précipité.

On sait de plus que les sels de cobalt, calcinés avec le borax, donnent un verre bleu.

993. *État naturel.*—Le cobalt se trouve dans la nature : quelquefois à l'état de sesquioxide (987); quelquefois aussi à l'état de sulfate et surtout d'arséniate (voy. ces sels ou leurs genres); plus souvent combiné avec le soufre, l'arsénic, le fer, à l'état d'arséniure, ou sulfo-arséniure.

1° Le cobalt arsénical est le plus abondant des minerais de cobalt : il existe à Allemont, en Dauphiné; à Sainte-Marie-aux-mines dans les Vosges; dans les vallées de Luchon et Juset, aux Pyrénées. On l'exploite à Schnéeberg en Saxe; à Riegelsdorf, dans la Hesse; à Joamchimstal, en Bohème, etc. M. Stromeyer a fait l'analyse de celui de Riegelsdorf et l'a trouvé composé de 74,22 d'arsénic; 20,31 de cobalt; 3,42 de fer; 0,89 de soufre; 0,16 de cuivre.

2° Le sulfo-arséniure de cobalt ressemble au mispickel (arséniure et sulfure de fer); il se rencontre à Tunaberg, Loos et Hacambo, en Suède; à Skutterud, paroisse de Modum en Norwège : il est souvent mêlé de sulfo-arséniure de nickel, de pyrite de fer et de cuivre. M. Stromeyer a retiré du minerai de Skutterud : 43,47 d'arsénic; 33,10 de cobalt; 3,23 de fer; 20,08 de soufre : quantités équivalentes à 9 de mispickel et 91 de sulfo-arséniure de cobalt, ou à 2 atomes d'arsénic, 2 de cobalt, 2 de soufre.

3º Le cobalt gris, appelé par les minéralogistes allemands du nom de *Grauer speiskobalt*, contient, suivant Laugier : 12,7 de cobalt; 12,5 de fer; 50,0 d'arsénic (25 de quarz); ou 1 atome de cobalt, 1 atome de fer, 3 atomes d'arsénic; quantités correspondantes au sesqui-arséniure de cobalt et de fer.

4º Laugier a également analysé le cobalt blanc, variété connue par les minéralogistes allemands, sous le nom de *Weisser-speiskobalt*; il en a retiré : 9,6 de cobalt; 9,7 de fer; 7,0 de soufre; 68,5 d'arsénic; 1,0 de quarz.

994. *Extraction.* — C'est de l'arséniure ou de l'arsénio-sulfure de cobalt, que l'on extrait ce métal : on en retire d'abord l'oxide pur ou carbonaté, que l'on réduit ensuite par l'hydrogène. De tous les procédés qui ont été publiés, le plus simple nous paraît être celui de M. Liebig (*Ann. de Chim. et de Phys.*, XLIII, 204). Après avoir réduit le minerai en poudre très fine, dans un mortier de fer, on le grille ou bien on le calcine dans un têt, sous une cheminée tirant bien, en ayant soin de remuer souvent la matière avec une spatule. Par ce moyen, presque tous les principes constituans du minerai, se trouvent brûlés; il s'en dégage beaucoup d'acide arsénieux, sous forme de fumées blanches, d'acide sulfureux à l'état de gaz, et on obtient pour résidu des oxides de cobalt, de fer, de nickel, retenant de l'acide arsénique et mêlés avec une portion de minerai non attaqué. Le grillage doit être continué jusqu'à ce qu'il ne se dégage plus de vapeurs, ou plutôt d'odeur arsénicale.

Le minerai étant grillé, on en projette peu-à-peu 1 partie dans un creuset, soit de terre, soit de fer, où l'on a préalablement fait fondre, à une douce chaleur, 3 parties de bi-sulfate de potasse. Le mélange d'abord assez fluide s'épaissit bientôt en pâte de consistance ferme. Alors on ajoute un peu de sulfate de fer calciné au rouge, et un dixième de nitre, puis on augmente le feu que l'on maintient au même degré de chaleur, jusqu'à ce que la masse soit en fusion parfaite et qu'on n'aperçoive plus de vapeurs blanches : après quoi la masse composée de sulfate de cobalt, de sulfate de potasse neutre, d'arséniate de fer et d'oxide de fer, est coulée, réduite en poudre et traitée par l'eau bouillante dans une bassine ; l'eau dissout le sulfate de cobalt et le sulfate de potasse, et laisse sous forme de poudre l'arséniate de fer et l'oxide de fer. La liqueur doit être ensuite filtrée, rendue acide et soumise à un courant de gaz sulfhydrique, pour en précipiter à l'état de sulfure les traces de cuivre et même de bismuth et d'antimoine, qui s'y trouvent quelquefois. Enfin on la fait bouillir pour en chasser le gaz sulfhydrique, on la filtre de nouveau, et on y verse du carbonate de soude qui transforme le sulfate de cobalt en sulfate de soude soluble, et en carbonate de cobalt insoluble et pur. Pour peu qu'on réfléchisse, il sera facile de voir tout ce qui se passe dans cette opération. L'acide arsénique s'unit à l'oxide de fer ; l'excès d'acide sulfurique à l'oxide de cobalt, ou se dégage en se décomposant. Le nitre a pour objet d'oxider ou d'acidifier la portion de minerai qui aurait échappé à l'action du grillage ; le sulfate de fer, de rendre l'oxide de fer prépondérant. Si le minerai contenait un peu de nickel, ce qui arrive souvent, le carbonate de cobalt n'en serait pas moins pur, parce que la chaleur à laquelle on opère s'oppose à ce qu'il puisse se former du sulfate de nickel.

Ce procédé a cela d'avantageux que, non-seulement il peut être exécuté en petit, mais qu'il est très facile à exécuter en grand ; de sorte qu'il permettra de préparer à bas prix l'oxide de cobalt pour les fabriques de porcelaine.

Lorsque le carbonate de cobalt a été obtenu, il ne faut plus pour en extraire le cobalt que le réduire par le gaz hydrogène pur, dans un tube de verre, comme nous l'avons exposé (530) ; mais cette réduction ne donnant le cobalt qu'en petites masses poreuses, il faudra pour l'obtenir en culot le chauffer au feu de forge avec un peu de borax dans un creuset réfractaire. Le borax, en fondant, le protégera contre l'action de l'air.

Il existe plusieurs autres procédés plus ou moins bons, et plus ou moins faciles à exécuter, pour purifier le cobalt.

Nous renverrons ceux qui voudront les connaître, aux ouvrages où ils ont été publiés. (1)

995. *Usages.*—Le cobalt est sans usages ; mais plusieurs des composés dont il fait partie, en ont d'importans : tels sont surtout l'oxide et l'arséniate de cobalt que l'on emploie pour colorer en bleu les porcelaines, le verre, faire le bleu d'azur, et le bleu de cobalt proprement dit.

ARTICLE VII.

Nickel.

996. *Historique.* —Quoique Cronstedt eût annoncé, de 1751 à 1754, l'existence du nickel dans le minéral que les mineurs appellent *kupfernickel* ou *faux cuivre*, et qui porte encore aujourd'hui ce nom dans le commerce ; minéral qui contient tout à-la-fois du nickel, de l'arsénic, du cobalt, du fer, du soufre, et quelquefois du cuivre, de l'antimoine, du manganèse, ce n'est qu'en 1775 que ce métal fut regardé généralement comme distinct de tous les autres. Jusque-là plusieurs chimistes soutinrent que c'était un alliage de cuivre et de fer, et cette opinion erronée ne fut détruite que par un beau travail de Bergman sur le kupfernickel (Bergman, t. II, p. 231). Bergman a donc en quelque sorte contribué à la découverte de ce métal ; ses recherches surtout en ont beaucoup éclairé l'histoire, et ont préparé celles qui ont été faites depuis sur le même sujet par

---

(1) Laugier, *Ann. de chim. et de phys.*, IX, 267 ; M. Berthier, *Ann. de chim. et de phys.*, XLIII, 57 ; XX, 96 ; XXXIII, 61.

MM. Vauquelin, Proust, Bucholz, Richter, Tupputi, Laugier, Berthier. (*Ann. de Chim.*, t. LIII, p. 107 et 164; t. LV, p. 137; t. LX, p. 260; t. LXXVIII, p. 133; *Journ. de Phys.*, t. LVIII, LXIV; *Ann. de Chim. et de Phys.*, t. IX, p. 267, t. XXV, p. 94, t. XXXIII, p. 49; etc.)

997. *Propriétés physiques.* — Le nickel est solide, un peu moins blanc que l'argent; il est très ductile; on peut le réduire en lames et en fils, qui ont beaucoup de ténacité. Sa pesanteur spécifique est de 8,666 lorsqu'il a été forgé, et de 8,279 lorsqu'il n'a été que fondu. Sa cassure est fibreuse. Il possède la vertu magnétique à un grand degré, plus que le cobalt, mais moins que le fer. On ne l'a point encore obtenu cristallisé.

Le nickel est au moins aussi difficile à fondre que le manganèse; et cependant lorsqu'on le réduit au feu de forge, il s'en volatilise une quantité très sensible, à tel point qu'on en trouve des grains très distincts attachés au couvercle du creuset.

Action de l'oxigène et de l'air; oxides de nickel.

998. *Oxigène, air.* — A la température ordinaire, le nickel qui n'est point en masse poreuse, quelque divisé qu'il soit d'ailleurs, est sans action sur le gaz oxigène et sur l'air secs; mais à une température très élevée, il s'oxide assez rapidement dans l'air et s'enflamme dans le gaz oxigène : que l'on fasse une petite cavité dans un charbon, qu'on allume les parois de la cavité, qu'on y mette ensuite un fil de nickel, et qu'on dirige dessus un jet de gaz oxigène, le fil brûlera presque à la manière du fer.

999. *Oxides de nickel.* — Il en existe deux, le protoxide et le sesqui-oxide; le protoxide seul s'unit aux acides. Le sesqui-oxide ne fait fonction, ni d'acide, ni de base.

Protoxide. — Cet oxide est brun noirâtre, à l'état anhydre, difficile à fondre, réductible par le gaz hydrogène et par le charbon, à la chaleur de la lampe.

Uni à l'eau, il constitue un hydrate *vert-pomme*, que l'on obtient en versant un excès de potasse caustique dans une dissolution saline de nickel, et lavant le précipité à l'eau bouillante pour enlever un peu d'alcali adhérent à l'oxide.

Anhydre ou hydraté, il ne se dissout que difficilement dans l'ammoniaque. Pour qu'il se dissolve bien, il faut ajouter à la liqueur un acide ou un sel ammoniacal : sans doute qu'il se produit alors un sel double; sa dissolution est toujours d'un beau bleu. Il paraît toutefois que le prot-oxide de nickel est susceptible de former des combinaisons intimes avec beaucoup d'oxides. Du moins, lorsqu'on mêle une dissolution de nickel avec un sel terreux ou un sel appartenant aux quatre dernières sections, et qu'on ajoute au mélange un grand excès d'ammoniaque, le préci-pité retient toujours de l'oxide de nickel, dont la sépara-tion est quelquefois assez difficile à opérer. La potasse elle-même paraît pouvoir s'unir à cet oxide : de là la nécessité de laver l'hydrate à chaud, comme nous l'avons dit.

Le protoxide de nickel s'extrait des sels solubles de nic-kel, en les précipitant par le carbonate de soude, recueil-lant le précipité sur un filtre, le lavant, le séchant et le calcinant dans une cornue de verre à l'abri du contact de l'air.

Il est formé, d'après les expériences de M. Rothoff, de 100 de nickel et de 26,909 d'oxigène, ce qui donne en proportions et en atomes

$$1 \text{ de nickel } 369,75 + 1 \text{ d'oxigène } 100 = NiO.$$

Peroxide de nickel préparé par l'eau oxigénée. — Je n'ai point, à beaucoup près, autant examiné cet oxide que les peroxides de cuivre, de zinc, etc., préparés de la même manière. Tout ce que je puis assurer, c'est qu'ayant ajouté de l'eau oxigénée à de l'azotate de nickel, et ayant ensuite versé peu-à-peu de la potasse dans la dissolution, j'ai obtenu un précipité d'un blanc vert sale, qui avait des propriétés semblables à celles qui caractérisent les oxides de cuivre et de zinc. Par exemple, mis en contact avec les acides sulfurique, azotique, chlorhydrique, il s'y dissolvait ; et pour peu qu'on chauffât la liqueur, il s'en dégageait du gaz oxigène. Cependant, comme je n'ai point analysé cet oxide, son existence ne me paraît pas aussi bien démontrée que celle des précédens : il se pourrait que le dégagement de gaz oxigène, que j'attribue à une suroxidation du nickel, provînt de quelques matières étrangères contenues dans l'azotate dont je me suis servi.

Combinaison des métalloïdes avec le nickel.

1000. Les métalloïdes unis jusqu'à présent au nickel sont le charbon, le phosphore, le soufre, le fluor, le chlore, le brôme et l'iode. Nous n'examinerons ici que les carbure, phosphure, sulfure de nickel. L'étude des autres composés se trouve comprise dans l'histoire des sels.

Carbure de nickel. — A peine connu : on sait seulement qu'en réduisant l'oxide de nickel par le charbon au feu de forge, le métal est toujours carburé ; que par cela même il devient plus ou moins aigre et qu'en le dissolvant dans les acides, il laisse pour résidu du carbone qui ressemble beaucoup au graphite.

Phosphure de nickel. — Le phosphure de nickel s'obtient comme celui de cobalt, soit en mettant en contact le chlorure de nickel avec le phosphure gazeux d'hydrogène, soit en faisant passer, dans un tube chauffé convenablement, du gaz hydrogène sur du phosphate de nickel (590). Ce phosphure est noir, insoluble dans l'acide chlorhydrique, mais soluble dans l'acide azotique. Chauffé au chalumeau, il brûle en produisant une flamme semblable à celle du phosphore. (Henri Rose, *Ann. de Chim. et de Phys.*, LI, 49.)

Proto-sulfure NiS. — Le nickel s'unit facilement au soufre à une haute température, et passe au premier degré de sulfuration : au moment de la combinaison, il y a même dégagement de lumière. Cependant, pour obtenir le proto-sulfure de nickel, il vaut mieux substituer l'oxide ou le carbonate de nickel au nickel métallique. On peut encore le préparer en versant une dissolution de proto-sulfure alcalin dans un sel de nickel : le sulfure se précipite à l'état d'hydrate d'un jaune brun si foncé qu'il paraît noir.

Le sulfure de nickel est d'un jaune grisâtre, doué de l'éclat métallique, aigre, dur, sans action sur l'aiguille aimantée ; il entre assez facilement en fusion. A l'état d'hydrate, il se dissout dans l'acide chlorhydrique avec dégagement de gaz sulfhydrique ; il ne s'y dissoudrait pas, s'il était uni au sulfure d'arsénic.

Le sulfure de nickel se trouve dans la nature en petite quantité et sous forme d'aiguilles déliées et capillaires.

Il est formé de 100 parties de métal et de 54,41 de soufre.

Sous-sulfure. $N^2 S$. — C'est en faisant passer du gaz hydrogène sur du sulfate de nickel chauffé au rouge dans un tube qu'on l'obtient (Arfwedson) ; il se dégage de l'eau et de l'acide sulfureux. Il est fusible et magnétique. M. Berthier a obtenu le même composé en calcinant le sulfate de nickel dans un creuset brasqué à la température de 150e pyrométriques.

Alliages de nickel.

1001. Le nickel s'unit à la plupart des métaux par la fusion ; mais ces alliages sont très peu connus. Deux seulement doivent être examinés : l'arséniure de nickel et le *packfung* ou *argentan*.

Arséniure. — Il existe dans la nature deux arséniures de nickel : le proto-arséniure ou *kupfer-nickel*, et le bi-arséniure ou l'*arsenik-nickel* des minéralogistes allemands.

Le premier est formé de telles proportions d'arsénic et de nickel que, si tous deux s'oxidaient, il en résulterait un arséniate neutre. C'est le minerai de nickel le plus commun : on le trouve en Saxe, en Bohême, où il est exploité, et en

France à Allemont. Il est souvent impur ; presque toujours il contient du soufre, du cobalt, du fer, du cuivre, quelquefois même de l'antimoine, du manganèse. M. Berthier a trouvé dans celui d'Allemont : 39,94 de nickel ; 48,80 d'arsénic ; 8,00 d'antimoine ; 2,00 de soufre ; 0,16 de cobalt ; des traces de fer et de manganèse.

Le bi-arséniure, chauffé, laisse dégager la moitié de son arsénic, et passe à l'état de proto-arséniure.

Lorsqu'on expose l'arséniate de nickel dans un creuset brasqué, à la température d'un essai de fer, il se décompose, laisse dégager son oxigène et la moitié de son arsénic, et passe à l'état d'*arséniure bi-basique*. (Berthier.)

Cuivre blanc ou cuivre chinois. — Le cuivre blanc des Chinois est un alliage dont la sortie est prohibée en Chine, et qui, par conséquent, ne peut être exporté que par contrebande. Jusqu'en 1822, nous n'en connaissions point la composition. Le D^r. Fyfe, qui en a fait l'analyse à cette époque, le regarde comme composé de 25,4 de zinc ; 40,4 de cuivre ; 31,6 de nickel ; 2,6 de fer.

Cet alliage a presque le blanc de l'argent. Quand on le suspend et qu'on le frappe avec les doigts, il produit un son très sensible à la distance de 1600 à 1800 mètres. Il prend un beau poli, est malléable à la température ordinaire et au degré de la chaleur rouge, mais très fragile à celui de la chaleur blanche. Avec beaucoup de précautions, on parvient à le réduire en plaques minces et le tirer en fils de la grosseur d'une aiguille fine. Sa densité est de 8,432. Chauffé avec le contact de l'air, il s'oxide et brûle avec une flamme blanche. (*Ann. de Chim. et de Phys.*, t. XXI, p. 98.)

Le *toutenague*, que l'on confondait avec le cuivre blanc, paraît en différer complètement. Ce serait, d'après M. Dick Lauder, un alliage aigre, grisâtre, très peu sonore, que les Chinois exporteraient en grande quantité dans l'Inde. (*Ann. de Chim. et de Phys.*, t. XXII, p. 441.)

Packfung, argentan, maillechort. — C'est un alliage

semblable au cuivre chinois, avec lequel on fait actuellement en Allemagne, en France, etc., des cuillers, des fourchettes, des chandeliers, des éperons, des garnitures de couteaux, des plaques pour gibernes, etc., etc. Il se compose, comme le cuivre chinois, de cuivre, de zinc et de nickel, mais en proportions diverses, suivant les usages auxquels on le consacre. M. Henri y a trouvé 66 de cuivre, 13,6 de zinc, 19,3 de nickel; d'autres chimistes en ont retiré 53 de cuivre, 29,13 de zinc, 19,48 de nickel.

M. Gersdorff, qui tient un dépôt de packfung à Vienne, donne les proportions suivantes. (*Ann. des mines*, 1827, 1, 339.)

Alliages.	Nickel.	Cuivre.	Zinc.	Plomb.
Pour couverts..............................	25	50	25	»
Pour garnitures de couteaux.................	22	55	23	»
Pour laminer...............................	20	60	20	»
Pour objets qui doivent être soudés, tels qu'éperons	20	57	20	3

L'addition de 2 à 3 centièmes de fer ou d'acier le rend beaucoup plus blanc, mais plus dur et plus aigre.

Dans tous les cas, il se couvre facilement de vert-de-gris par le contact du vinaigre et de l'air.

Action des oxides et des acides.

1002. *Eau.* — Le nickel opère la décomposition de l'eau au degré de la chaleur rouge; et cependant l'oxide de nickel est réduit par l'hydrogène à ce même degré de chaleur. (M. Despretz.)

Acide sulfurique concentré. — A froid, point d'action; à chaud, décomposition de l'acide, dégagement de gaz sulfureux, production de sulfate.

Acide sulfurique étendu. — Action faible à froid, très sensible à chaud; décomposition d'eau, dégagement de gaz hydrogène, formation de sulfate qui colore la liqueur en vert-pré. Lorsque, au lieu d'opérer sur le nickel qui a été fondu et ensuite limé, l'expérience se fait sur le nickel provenant de l'oxide réduit par le gaz hydrogène, la dissolution est beaucoup plus prompte.

Acide azotique. — Action vive, décomposition de l'acide, dégagement de bi-oxide d'azote, formation d'azotate de nickel qui colore la liqueur en vert.

Acide chlorhydrique liquide. — Action faible à froid, moins faible à chaud, décomposition de l'acide, dégagement de gaz hydrogène, formation de proto-chlorure soluble qui colore la liqueur en vert.

Eau régale. Action vive même à froid, dégagement de bi-oxide d'azote, formation de proto-chlorure; dissolution verte.

1003. *Caractères des sels de nickel.*

Couleur.	Plus ou moins verte; jaunâtre quand le sel est desséché.
Saveur.	Sucrée d'abord, puis âcre et métallique.
Action sur l'économie animale.	Vomissemens violens, sans occasioner la mort.

Leurs dissolutions donnent :

Avec potasse, soude.	Ppté floconneux d'oxide hydraté vert-pomme, insoluble dans un excès d'alcali.
Avec ammoniaque.	La liqueur verte devient bleu tout-à-coup.
Avec cyanure jaune de potassium et de fer.	Ppté de cyanure de nickel ferrugineux, blanc, tirant un peu sur le jaune-verdâtre.
Avec acide sulfhydrique.	Ppté noir de sulfure hydraté, si le sel est neutre ; point de ppté si le sel est acide.
Avec proto-sulfure et sulfhydrate alcalin.	Ppté noir de sulfure hydraté, légèrement soluble dans un excès de sulfure ou sulfhydrate, et colorant alors la liqueur en brun.
Avec infusion de noix de galle.	Ppté en flocons blanchâtres dans les dissolutions étendues.

Avec zinc, fer ou autre métal   Point de réduction.
appartenant aux 4 dernières sec-
tions.

Avec sel ammoniacal et beau-   Sels doubles. -
coup d'autres sels.

État naturel, extraction.

1004. Le nickel se trouve dans la nature 1° à l'état d'arséniate et de silicate (*voy.* ces sels ou ces genres de sels);
2° à l'état d'arséniure (1001); 3° à l'état d'arséniure et de
sulfure de nickel; 4° de plus, il fait partie de presque
toutes les pierres météoriques (898).

Le sulfo-arséniure de nickel ou *nickel gris* existe à Loos
en Suède. M. Berzelius en a retiré : 29,94 de nickel, 45,37
d'arsénic, 19,34 de soufre, 4,11 de fer, 0,92 de cobalt,
0,90 de silice.

1005. *Extraction.* — Le nickel s'extrait du kupfernickel
ou plutôt d'un produit d'usine, appelé *speiss* dans le commerce. Le *speiss* est un composé de plusieurs sulfo-arséniures qui se séparent, lorsque, pour fabriquer le bleu d'a-
zur, on fond ensemble le minerai de cobalt grillé, du sable
et de la potasse. Comme le minerai est mêlé d'arséniure de
nickel, que le grillage n'est pas complet, et que le cobalt
s'oxide de préférence au nickel, on conçoit qu'au moment
de la fusion il doit se déposer, au fond des creusets, une
grande quantité de nickel, d'arsénic, etc. M. Berthier a
trouvé dans le *speiss* : 49,0 de nickel, 37,8 d'arsénic, 7,8
de soufre, 3,2 de cobalt, 1,6 de cuivre, des traces d'antimoine; d'où l'on voit que, dans la fusion du verre qui donne
le bleu d'azur, presque tout le cobalt est oxidé.

La première opération à faire dans la préparation du nickel doit avoir pour objet de se procurer de l'arséniure
de nickel exempt de cobalt. A cet effet il faut suivre le procédé indiqué par M. Berthier. (*Ann. de Chim. et de
Phys.*, t. XXXIII p. 49.)

Après avoir réduit le *speiss* en poudre fine, on le mêle
avec deux fois son poids de litharge (oxide de plomb fondu).

Le mélange est placé dans un creuset et exposé à une forte chaleur rouge. Il en résulte un culot de plomb, un culot de speiss semblable pour l'aspect au premier, et des scories bleuâtres ou d'un gris noir, qui renferment les oxides des métaux étrangers, plus de l'oxide de nickel.

Dans le cas où le nouveau speiss contiendrait encore un peu de cobalt, on lui ferait subir un second traitement, mais en employant seulement une partie de litharge. Le speiss qui en résulterait ne serait plus que de l'arséniure de nickel pur, et équivaudrait à-peu-près aux trois cinquièmes de la quantité de speiss primitive. La nature des produits indique clairement ce qui se passe ici : le fer, le cuivre, le cobalt s'oxident avant le nickel et l'arsénic, de sorte que le culot doit nécessairement se composer de ces deux derniers métaux. Les scories, surtout celles du second traitement, contiennent toutefois une assez grande quantité de nickel. En les chauffant dans un creuset avec 6 pour 100 de charbon, elles donnent un culot de plomb et un culot de speiss qui peut être traité comme nous venons de dire, pour en retirer de l'arséniure pur.

Lorsqu'on s'est procuré l'arséniure de nickel pur, il faut le transformer en sulfure. Rien de plus simple, par la méthode que M. Wöhler a indiquée, et qui repose sur la propriété qu'a le sulfure de potassium de s'unir au sulfure d'arsénic et de former un sulfo-arséniure très soluble dans l'eau. On met dans un bon creuset de terre un mélange d'une partie d'arséniure en poudre très fine, deux de soufre et une et demie de carbonate de soude. Le creuset étant couvert, est chauffé doucement et porté peu-à-peu jusqu'au rouge, pour ne pas dégager trop de gaz carbonique à-la-fois, et pour faire entrer la matière en fusion sans qu'elle se boursoufle. [A ce signe, on reconnaît que la réaction est opérée.

Le creuset est donc retiré du feu ; et quand la matière est refroidie, on la concasse et on la jette dans de l'eau chaude qui dissout le sulfure double d'arsénic et de potassium, et laisse déposer le sulfure de nickel en paillettes cristallines d'une belle couleur jaune.

M. Berthier préfère cependant diviser l'opération : il emploie la première fois une partie d'arséniure, une demi-partie de carbonate et une partie de soufre. Il lave bien la matière et la soumet une seconde fois au même traitement.

Il ne s'agit plus alors que de dissoudre l'arséniure dans l'acide sulfurique, d'évaporer la liqueur à siccité, et de calciner le sulfate jusqu'au rouge pour le décomposer et avoir l'oxide de nickel pur.

Cet oxide est ensuite réduit avec la plus grande facilité, en le chauffant à la lampe dans un tube de verre, et l'exposant à un courant de gaz hydrogène (530). On l'obtient ainsi en petites masses très poreuses. Pour l'avoir en culot, il faut le fondre au feu d'une bonne forge dans un creuset avec un peu de borax. Celui-ci entoure de toutes parts le métal et le préserve de l'oxidation.

Usages. Le nickel n'a jusqu'à présent d'autre usage que de servir à faire le *packfung*.

CHAPITRE IV.

Métaux de la quatrième section.

1006. Cette section comprend les métaux qui ont pour propriétés caractéristiques d'absorber l'oxigène à une température élevée, et de ne décomposer l'eau ni à chaud ni à froid. Ils sont au nombre de 14 : l'arsénic, le molybdène, le chrôme, le vanadium, le tungstène, le colombium, l'antimoine, le titane, le tellure, l'urane, le cérium, le bismuth, le cuivre et le plomb. Les 9 premiers sont acidifiables ; les 5 autres ne sont qu'oxidables.

ARTICLE Ier.

Arsénic.

1007. L'arsénic était connu des anciens comme une substance vénéneuse ; mais il paraît que Brandt est le premier qui, en 1733, l'ait considéré comme un métal particulier. Etudié ensuite par Macquer en 1746, Monnet en 1773, Schéele en 1775, Bergman en 1777, et depuis par les chimistes modernes, son histoire aujourd'hui est assez complète ou n'offre que quelques points à discuter.

1008. *Propriétés physiques.* — L'arsénic est solide, gris d'acier, fragile, brillant lorsque sa cassure est récente, terne lorsqu'elle est ancienne. Sa texture est grenue, et quelquefois un peu lamelleuse ou plutôt écailleuse. Frotté entre les mains, il leur communique une odeur sensible. Il n'a point de saveur. Sa pesanteur spécifique est de 5,959 selon M. Guibourt (*Jour. de Chim. médic.*, II, 55). C'est un poison dont on ne saurait trop se défier.

Soumis à une chaleur d'environ 180°, sous la pression atmosphérique, l'arsénic se sublime lentement sans se fondre, et cristallise en tétraèdres. Au-dessus de 180°, sous la même pression, il se sublime sans se fondre encore, et d'autant plus rapidement que le degré de chaleur est plus grand : c'est ce qu'il est facile de prouver en remplissant de mercure une petite cloche de verre courbe, y faisant passer du gaz azote, introduisant des fragmens d'arsénic jusque dans la partie supérieure de cette cloche, et les chauffant avec la lampe à esprit-de-vin (pl. XIII, fig. 4). Bientôt, en effet, l'arsénic se volatilise sans passer de l'état solide à l'état liquide, et donne lieu à une couche métallique extrêmement brillante, au milieu de laquelle on distingue une foule de petits cristaux. On n'obtient de gros cristaux qu'en opérant sur une centaine de grammes d'arsénic, faisant l'expérience dans une cornue de grès, et ménageant la sublimation.

23.

Le seul moyen de fondre l'arsénic paraît être de le chauffer sous une pression beaucoup plus considérable que celle de l'atmosphère. Son degré de fusion est très voisin de celui du zinc. Réduit en vapeur, il répand dans l'air une forte odeur, analogue à celle de l'ail ou du phosphore.

Action de l'oxigène, de l'air; oxides, acides.

1009. *Oxigène, air.* — A la température ordinaire, l'arsénic n'agit sur le gaz oxigène et sur l'air qu'autant qu'ils sont humides (1); dans les deux cas, l'action est lente, et le produit qui se forme est un protoxide noir. A une température élevée, l'arsénic agit fortement, au contraire, sur l'oxigène sec ou humide; il absorbe rapidement ce gaz; il en résulte de l'acide arsénieux blanc qui se sublime, et un dégagement de calorique et de lumière bleuâtre. L'expérience se fait encore très bien sur le mercure dans la petite cloche courbe (pl. xiii, fig. 4) : il suffit pour cela d'introduire le gaz et l'arsénic dans celle-ci, et de la chauffer peu-à-peu avec la lampe à esprit-de-vin. Son action sur l'air ne diffère de celle qu'il exerce sur le gaz oxigène, qu'en ce qu'elle est moins vive, qu'il n'y a pas de lumière dégagée, ou qu'il n'y en a que très peu du moins, et qu'une petite partie de métal échappe ordinairement à la combustion. Voilà pourquoi, lorsqu'on projette de l'arsénic en poudre sur des charbons ardens ou dans un têt incandescent, il se dissipe promptement sous forme de vapeurs blanches très épaisses. Ces vapeurs, dangereuses à respirer, sont même tellement remarquables par leur odeur alliacée, que quand, dans le grillage d'une mine, cette odeur se manifeste accompagnée

---

(1) Cependant, ayant mis de l'arsénic bien brillant en contact avec du gaz oxigène et de l'air secs, j'ai trouvé qu'au bout de quinze jours, ce métal avait beaucoup perdu de son éclat, ce qui, selon toute apparence, ne pouvait être dû qu'à une légère oxidation.

de quelques fumées blanches, c'est un signe presque certain que la mine contient de l'arsénic.

Il existe un oxide et deux acides d'arsénic : l'oxide n'agit jamais comme base salifiable, propriété qui rapproche singulièrement l'arsénic des métalloïdes.

1010. *Protoxide d'arsénic.* — Lorsqu'on expose des fragmens d'arsénic à l'air libre, à la température ordinaire, ils se couvrent d'une poudre noire qui, selon M. Berzelius, est un oxide particulier et que l'on rencontre toujours à la surface de l'arsénic natif; mais ce qui fait élever quelques doutes sur l'existence de cet oxide, c'est qu'en le chauffant à l'abri du contact de l'air, il se transforme en acide arsénieux et en arsénic, et qu'en le traitant par de l'acide sulfurique ou chlorhydrique faible, il éprouve le même changement : l'acide arsénieux se dissout, et l'arsénic se dépose. Il serait donc possible que l'oxide noir d'arsénic ne fût qu'un mélange intime d'acide arsénieux et d'arsénic.

Il n'a point encore été convenablement analysé.

1011. *Acide arsénieux.* — Cet acide que, dans le commerce, on connaît sous le nom d'*arsénic*, *de mort-aux-rats*, est blanc, âcre et nauséabond; il excite fortement la salive; pris intérieurement, il produit sur les parties qu'il touche des taches rouges gangréneuses; il les ulcère et les troue promptement : aussi est-ce un des poisons les plus actifs, et donne-t-il la mort à très petite dose. Il est volatil au-dessous de la chaleur rouge cerise; et parmi les oxides et les acides, cette propriété ne lui est commune qu'avec l'acide osmique. Lorsqu'il est vaporisé dans l'air, il y paraît sous forme de fumée blanche, et n'y répand d'odeur d'ail qu'autant qu'il peut être en partie réduit : on s'en assure sans danger en jetant comparativement quelques grains d'oxide dans un têt incandescent, et sur des charbons ardens. Lorsqu'au lieu de mettre cet oxide sur un corps incandescent, on l'expose à l'action de la chaleur dans un matras, il se sublime, comme nous venons de le dire, se condense et s'attache à la voûte ou au col du matras sous forme de croûte blanche et de petits tétraèdres demi transparens; mais comme il s'échappe toujours des vapeurs arsénicales du col du matras, même en prenant la précaution de n'appliquer le feu qu'à la partie inférieure du vase, on ne doit faire l'expérience qu'en plein air, ou sous une cheminée qui tire bien. Si le vase était hermétiquement fermé, si, par exemple, l'expérience se faisait dans un tube de verre effilé que l'on boucherait avec le chalumeau au moment où des fumées blanches apparaîtraient au dehors, l'acide fondrait au-dessous du degré de la chaleur rouge, et se convertirait en un verre transparent d'une densité de 3,699, qui deviendrait peu-à-peu blanc et opaque à l'air humide.

L'acide arsénieux est indécomposable par la chaleur, réductible par la pile, sans action sur le gaz oxigène et sur l'air, très sensiblement soluble dans l'eau; il cède, à une température peu élevée, son oxigène au soufre, et forme du gaz acide sulfureux et un sulfure rouge d'arsénic, etc.

M. Guibourt a fait, sur l'acide arsénieux en verre transparent et sur ce même verre devenu opaque, des observations intéressantes qui doivent trouver place ici : 100 parties d'eau ont dissous, à 15°, 0^{partie},9615 d'acide transparent, et 1,255 d'acide opaque; à 100°, 9^{parties},683 du premier, et 11,47 du second. Ces résultats s'expliquent très bien en admettant plus de cohésion dans l'acide transparent que dans l'acide opaque; mais ce qu'il est difficile de concevoir, c'est que, suivant M. Guibourt, les deux solutions bouillantes, refroidies à 15°, laisseraient déposer l'une, celle qui contient l'arsénic transparent, 1,784 d'acide, et l'autre 2,897, de telle manière que les 100 parties d'eau retiendraient 8,583 d'arsénic opaque, et seulement 7,899 d'arsénic transparent. De plus, M. Guibourt ajoute que la solution d'acide opaque rétablit la couleur bleue du tournesol rougi par un acide, tandis que celle de l'acide transparent la fait virer au rouge (*Journ. de Chim. médic.*, t. II, p. 57). Ces deux acides ne seraient-ils pas isomériques?

On se procure aisément la dissolution d'acide arsénieux, puisqu'il suffit pour cela de faire chauffer l'acide arsénieux avec l'eau dans un matras, de porter celle-ci jusqu'à l'ébullition, de l'entretenir bouillante pendant quelque temps et de la filtrer. Les principales propriétés qu'elle possède sont les suivantes : il s'y forme, par le refroidissement, des tétraèdres presque opaques ; elle est âcre, nauséabonde, vénéneuse ; elle excite fortement la salive ; mise en contact avec l'acide sulfhydrique, elle devient jaune, et laisse déposer, au bout de quelque temps, des flocons d'orpiment ou de sulfure d'arsénic.

Cet acide se trouve dans la nature, tantôt en cristaux blancs et transparens, tantôt en poudre blanche ; il existe, sous le premier état, à Joachimsthal en Bohème, et, sous le second en Hesse, à Riechelsdorf ; mais peut-être est-il ici le résultat de l'exploitation des mines. On l'obtient en grand, pour le besoin des arts, en grillant les minerais de cobalt arsénical, comme à Schnéeberg en Saxe, ou le mispikel, comme à Altenberg en Silésie, ou l'arséniure de fer, comme à Reichenstein. Le minerai est placé dans une grande moufle chauffée extérieurement, et au fond de laquelle se trouvent des conduits qui portent les vapeurs arsénicales dans une première chambre de condensation, de là, dans une seconde qui est immédiatement au-dessus de la première, et enfin dans une troisième qui est au-dessus des deux autres. L'acide arsénieux se trouve sous forme de poudre blanche, appelée *fleurs d'arsénic*. On le raffine en le distillant dans de grands pots cylindriques ; ces pots étant remplis d'acide, on les surmonte de longs tuyaux qui se terminent par un chapiteau au sommet duquel se trouve un tube de tôle aboutissant à une chambre de condensation : les pots, les cylindres et le chapiteau sont en fonte. L'acide se condense sur les parois intérieures du cylindre en une couche de verre transparent de 2 pouces d'épaisseur ; celui qu'on trouve à une certaine hauteur a besoin d'être distillé de nouveau. Chaque pot peut contenir de 3 à 400 livres.

Rien de plus facile que de déterminer la proportion des principes constituans de l'acide arsénieux : il suffit pour cela de faire chauffer à la lampe une certaine quantité de ce métal avec un excès de gaz oxigène, dans une petite cloche courbe de verre sur le mercure : en effet, dès que la température est près de la chaleur rouge, l'arsénic s'enflamme et passe entièrement à l'état d'acide qui se sublime : par conséquent en mesurant, après la combustion, le résidu gazeux et le retranchant de l'oxigène employé, on a l'oxigène absorbé par l'arsénic. J'ai trouvé, par ce moyen, que l'acide arsénieux doit être formé de 100 d'arsénic et de 32,28 d'oxigène. Berzelius admet 31,907, ce qui donne :

En prop.. 1 d'arsénic　　470,12 $+$ 1$\frac{1}{2}$ d'oxig. 150.

En atom.. 2　*id.*　　2 $\times$ 470,12 $+$ 3　　*id.*　　300 $=$ As^{2}O^5.

L'acide arsénieux a divers usages : on l'emploie pour faire le vert de Schéele, couleur dont les peintres se servent quelquefois, qu'on applique sur les papiers de tenture, et qui est principalement composée de cet acide uni à l'oxide de cuivre; il entre dans la poudre escarrotique du frère Côme; on en fait, avec la farine, la graisse et les amandes, une pâte très propre à détruire les souris et les rats. Certains verriers en portent de temps en temps jusqu'au fond des pots où le verre se fabrique : l'acide, en se sublimant, agite la matière, favorise le mélange et hâte la vitrification.

1012. *Acide arsénique.* — L'acide arsénique n'a encore été trouvé dans la nature qu'en combinaison avec quelques oxides métalliques, et particulièrement avec l'oxide de cobalt, l'oxide de cuivre, l'oxide de fer et l'oxide de nickel; les arséniates qu'il forme avec ces oxides ne sont même pas communs. L'acide arsénique peut être obtenu en traitant l'acide arsénieux, à l'aide de la chaleur, par l'acide azotique : celui-ci cède une portion de son oxigène à l'acide arsénieux, et passe à l'état d'oxide d'azote qui se dégage. Mais l'acide arsénieux n'étant que très peu soluble dans

l'acide azotique, la réaction est lente ; on la favorise singulièrement en ajoutant de l'acide chlorhydrique, d'où il
suit qu'il vaut mieux se servir d'un mélange d'acides azotique et chlorhydrique que d'acide azotique seul. On prend
l'acide arsénieux que l'on trouve dans le commerce sous le
nom d'*arsénic*; on le pulvérise et on le tamise, en évitant
avec soin de respirer la poussière qui se produit ; on introduit une partie de cet acide en poudre fine dans une cornue de verre, avec 4 parties d'acide azotique à 33 ou 34°
de l'aréomètre de Baumé, et 2 parties d'une solution concentrée de gaz acide chlorhydrique dans l'eau. La capacité
de la cornue doit être au moins un tiers plus grande que le
volume du mélange qu'elle contient ; on place cette cornue
sur un fourneau ; on adapte à son col une allonge qui se
rend dans un récipient, dont la tubulure est surmontée
d'un long tube ; on porte peu-à-peu la liqueur à l'ébullition,
et on continue de la faire bouillir jusqu'à ce qu'elle soit
réduite presqu'en consistance sirupeuse ; alors on la verse
dans une capsule de porcelaine, et on la fait évaporer
jusqu'à siccité, en ayant soin de ménager la chaleur
à la fin de l'évaporation : le résidu est l'acide arsénique pur ; on le conserve dans un flacon, à l'abri du contact de l'air.

L'acide arsénique est solide, blanc, très caustique ; il
rougit fortement la teinture de tournesol ; c'est un poison
plus actif encore que ne l'est l'acide arsénieux : aussi serait-
il dangereux de le prendre à la dose de 1 à 2 centigrammes.
La propriété qu'il a d'être déliquescent le rend presque in-
cristallisable. Sa pesanteur spécifique est inconnue ; tout ce
qu'on en sait, c'est qu'elle est beaucoup plus grande que
celle de l'eau.

Exposé à l'action du feu, il entre d'abord en fusion,
puis se décompose à-peu-près au degré de la chaleur rouge,
et se transforme en gaz oxigène et en acide arsénieux. Ces
deux produits sont faciles à recueillir, en faisant l'expérience dans une cornue de grès, plaçant cette cornue dans

un fourneau à réverbère, et y adaptant un tube qui s'engage sous l'eau.

L'acide arsénique n'a d'action sur le gaz oxigène et sur l'air à aucune température; on observe seulement qu'il absorbe, à une basse température, l'eau que ces gaz peuvent contenir, qu'il tombe en déliquescence ou se résout en liqueur, et qu'en faisant l'expérience sur une assez grande quantité d'acide, celui-ci, à une certaine époque, donne quelquefois lieu à de gros cristaux plus déliquescens que le chlorure de calcium. (Mitscherlich.)

L'eau dissout plusieurs fois son poids d'acide arsénique; la dissolution s'opère, soit à froid, soit à chaud. Concentrée, elle est visqueuse; elle cesse de l'être quand on l'affaiblit. Dans tous les cas, elle est sans couleur, sans odeur, plus pesante que l'eau, rougit fortement la teinture de tournesol, a une saveur âcre, et agit comme l'acide arsénique sur l'économie animale. Elle n'est décomposée par aucun corps simple ou composé non métallique, si ce n'est par l'acide sulfhydrique, dont les deux élémens se combinent peu-à-peu avec ceux de l'acide arsénique, surtout à chaud, et donnent lieu à de l'eau et à du sulfure d'arsénic qui se précipite.

Cependant, lorsque l'acide arsénique a été fondu, il ne se dissout plus dans l'eau que très lentement. Selon toute apparence, il contracte alors des propriétés analogues à l'acide *para-phosphorique*. S'il en était ainsi, il existerait deux acides arséniques isomériques.

M. Berzelius, dans une analyse publiée, *Ann. de Chim.*, t. LXXX, p. 15, a regardé l'acide arsénique comme formé de 100 d'arsénic et de 51,428 d'oxigène. Mais de nouvelles expériences lui font penser que la quantité d'oxigène de cet acide doit être à celle de l'acide arsénieux comme 5 à 3. Or, comme l'acide arsénieux est composé, suivant lui, de 100 d'arsénic et de 31,89 d'oxigène, l'acide doit l'être de 100 d'arsénic et de 53,139 d'oxigène (*Ann. de Chim. et de Phys.*, t. v, p. 179). Ce qui donne :

En prop. 1 d'arsénic   370,12 $+$ 2½ d'oxig. 250.
En atom. 2 d'arsénic 2 $\times$ 470,12 $+$ 5 d'oxig. 500 $=$ As²O⁵.

Ces résultats se rapprochent beaucoup de ceux qu'ont obtenus antérieurement MM. Proust et Bucholz.

L'acide arsénique est absolument sans usages. Sa découverte date de 1775; elle est due à Schéele (*Voy*. ses Mémoires, t. 1, p. 129). Ses propriétés ont été étudiées nonseulement par ce célèbre chimiste, mais encore par Pelletier et les chimistes que nous avons précédemment cités.

Combinaisons des métalloïdes avec l'arsénic.

1013. Les métalloïdes unis jusqu'à présent à l'arsénic sont l'hydrogène, le phosphore, le soufre, le sélénium, le fluor, le chlore, le brôme, l'iode. Nous n'examinerons les fluorure, chlorure, brômure, iodure d'arsénic, que dans l'histoire des sels. Il ne nous reste donc à étudier ici que les composés formés par les quatre premiers corps.

Arséniures d'hydrogène. — Il en existe deux : l'un que nous appellerons proto-arséniure d'hydrogène, et l'autre sesqui-arséniure. Le premier est gazeux, et le second solide.

Proto-arséniure d'hydrogène ou *gaz hydrogène arséniqué.*

1014. L'arséniure d'hydrogène, examiné successivement par Schéele, Proust, Trommsdorf, Stromeyer (1), Dumas (2), Soubeyran (3), etc., est un gaz sans couleur, dont l'odeur est nauséabonde, et dont la pesanteur spécifique est de 2,695 suivant M. Dumas. Son action sur l'économie animale est des plus délétères : aussi faut-il éviter avec soin de le respirer.

(1) *Journ. de phys.* LXIX, 147.
(2) *Ann. de chim. et de phys.*, XXXIII, 357.
(3) Id. XLIII, 407.

Le gaz arséniure d'hydrogène ne se décompose pas à la température ordinaire; mais lorsqu'on le chauffe à la lampe à esprit-de-vin, dans une petite cloche courbe de verre sur le mercure, bientôt il se transforme, du moins en grande partie, en arsénic qui se dépose, et en gaz hydrogène. Telle paraît être aussi l'altération que lui fait éprouver une série d'étincelles électriques.

Soumis à l'action d'un froid d'environ 30°, sous la pression atmosphérique, il se liquéfie, suivant les expériences de M. Stromeyer. En augmentant la pression, la liquéfaction s'opérerait sans doute avec beaucoup plus de facilité.

Le gaz arséniure d'hydrogène n'a d'action sur le gaz oxigène bien sec qu'à l'aide de la chaleur; il est alors décomposé par ce gaz, et il se forme de l'eau et un dépôt brun d'arsénic, ou bien de l'eau et de l'acide arsénieux, selon que la quantité de gaz oxigène est plus ou moins grande. Dans tous les cas, il y a dégagement de calorique et de lumière. L'expérience peut être faite dans l'eudiomètre, sur l'eau ou sur le mercure; il faut employer 1 fois et demie autant de gaz oxigène que de gaz arsénical en volume pour que la combustion soit complète. La moitié de l'oxigène s'unit à l'hydrogène, et l'autre moitié convertit l'arsénic en acide.

Introduit dans un vase de demi-litre et enflammé avec une bougie, ce mélange détone avec beaucoup de force. Si, dans cette expérience, la quantité d'oxigène était trop grande, la combustion n'aurait pas lieu, surtout dans l'eudiomètre de Volta.

L'air atmosphérique exerce sur le gaz arséniure d'hydrogène la même action que le gaz oxigène, excepté qu'il ne brûle que très difficilement l'arsénic, et que, le plus souvent, celui-ci se dépose à l'état métallique. On peut en acquérir la preuve en remplissant de gaz arséniure d'hydrogène une cloche pleine d'eau ou de mercure, la renversant et y plongeant une bougie allumée; le gaz brûlera couche par couche, et déposera sur les parois de la cloche un enduit brun, qui n'est probablement que de l'arsénic.

L'eau purgée d'air dissout près de la cinquième partie de son volume de gaz arséniure à la température et à la pression ordinaires (Soubeyran). Il n'en est pas de même de celle qui tient de l'oxigène en dissolution ; elle s'empare peu-à-peu d'une partie de l'hydrogène du gaz, et en précipite le métal. Voilà pourquoi les flacons pleins de gaz arséniure d'hydrogène se couvrent en quelques jours d'un enduit brun-maron brillant, lorsqu'on les renverse et qu'on tient leurs cols ouverts ou mal fermés dans l'eau. C'est aussi pour cette raison que ce gaz sec, qui n'est point altéré par l'oxigène et l'air également secs, l'est avec le temps par ces gaz humides : la vapeur, en se précipitant par les variations de température, entraîne de l'oxigène qui, liquéfié par l'eau, ne tarde point à décomposer une petite partie du gaz arsénical.

Lorsqu'on introduit du soufre ou du phosphore avec le gaz arséniure d'hydrogène dans une petite cloche courbe sur le mercure, et qu'on la chauffe avec la lampe à esprit-de-vin, bientôt l'arséniure est décomposé ; le soufre produit d'abord du gaz sulfhydrique et un sublimé d'arsénic que l'on distingue en observant la réaction avec soin, puis du sulfure arsénical ; quant au phosphore, il donne lieu, au moment où il se volatilise, à du phosphure d'arsénic qui apparaît en gouttelettes transparentes, et à du phosphure gazeux d'hydrogène non inflammable.

Le potassium, le sodium, l'étain, mis en contact, comme le soufre, avec l'arséniure d'hydrogène dans une petite cloche courbe, opèrent aussi la décomposition de ce gaz ; ils en absorbent l'arsénic et en dégagent l'hydrogène. Cependant les deux premiers retiendraient une portion de celui-ci s'ils étaient en excès, et si la température n'était point suffisamment élevée.

Mais de tous les corps, celui qui a le plus d'action sur ce gaz est le chlore. En effet, chaque bulle de chlore que l'on fait passer dans une éprouvette en partie pleine de gaz

arséniure d'hydrogène, donne lieu à une inflammation subite, à de l'acide chlorhydrique, et à un dépôt métallique
qui apparaît sous forme de vapeurs brunes et épaisses. Lorsqu'au lieu d'introduire le chlore dans l'éprouvette pleine
de gaz arsénical, c'est le contraire que l'on fait, chaque
bulle de gaz arséniure donne lieu à une vive secousse, à tel
point qu'il serait très dangereux de faire passer plusieurs
bulles de ce gaz à-la-fois : le chlore étant en excès, c'est du
chlorure qui se produit, et non de l'arsénic qui se dépose.

L'iode exerce, à l'intensité près, la même action que le
chlore sur le gaz arséniure d'hydrogène. Aussi, quand on
agite de l'eau chargée d'un peu d'iode, dans un flacon plein
de ce gaz, l'eau se décolore-t-elle tout-à-coup et se produit-
il de l'acide iodhydrique et de l'iodure arsénical qui tous
deux se dissolvent.

Le brôme sans doute se comporterait d'une manière
analogue.

Les hydrates de potasse et de soude absorbent à chaud
l'arsénic du gaz arséniure d'hydrogène avec la plus grande
facilité : l'eau se décompose en même temps que l'arséniure, et il en résulte de l'arsénite alcalin, et un très grand
dégagement de gaz hydrogène ; une chaleur vive et soutenue transforme ensuite l'arsénite en arséniure de potassium
et en arséniate de potasse.

L'acide sulfurique concentré précipite l'arsénic du gaz
arséniure d'hydrogène, à la température ordinaire ; il se
produit de l'eau et de l'acide sulfureux. Une douce chaleur dissout le dépôt.

L'action de l'acide azotique concentré est instantanée :
on voit les parois de la cloche se couvrir tout-à-coup d'un
enduit brun métallique qui disparaît à mesure qu'il a le
contact de l'acide.

Enfin le gaz arséniure d'hydrogène opère la réduction
d'un assez grand nombre de dissolutions salines des trois
dernières sections. L'hydrogène alors s'unit toujours à

l'oxigène de l'oxide ; quant à l'arsénic, il s'unit tantôt à l'oxigène et tantôt au métal de l'oxide, de sorte qu'il passe à l'état d'acide arsénical, en rendant libre le métal de l'oxide, ou qu'il produit un arséniure en s'alliant avec lui.

Les dissolutions d'argent, de platine, de rhodium, de mercure et d'or offrent des exemples de la première réaction. La plupart des autres appartiennent à la seconde.

Rien de plus facile que d'analyser le gaz arséniure d'hydrogène : c'est de remplir une petite cloche courbe de mercure ; d'y faire passer 100 parties de gaz arsénical ; de porter ensuite un excès d'étain jusque dans la partie courbe de cette cloche, et de la chauffer presque jusqu'au rouge, avec la lampe à esprit-de-vin, pendant une demi-heure ; puis de mesurer le gaz restant : on en retrouvera 150 parties. (GAY-LUSSAC et THENARD, *Recherc. physico-chim.*; DUMAS.)

Or, comme la densité de l'arséniure d'hydrogène est 2,695, il s'ensuit qu'il est formé de 2,5918 d'arsénic $+$ 0,1032 d'hydrogène, ou de 100 d'arsénic et de 3,982 d'hydrogène, ou bien :

En prop. 1½ hyd. 18,719 $+$ 1 d'arsénic 470,12.
En atom. 3　hyd. 18,719 $+$ 1 d'arsénic 470,12 $=$ H^5As.

De là, et d'après la propriété qu'ont les gaz de se combiner en volume dans des rapports simples, on peut admettre aussi que le gaz arséniure d'hydrogène résulte de 1 volume de vapeur arsénicale et de 3 volumes de gaz hydrogène condensés en 2. La densité de la vapeur arsénicale serait donc de 5,1836. Deux autres gaz ont une composition analogue, le proto-phosphure d'hydrogène et l'ammoniaque.

Le gaz arséniure d'hydrogène est toujours un produit de l'art ; on l'obtient en fondant ensemble parties égales d'arsénic et de zinc, et traitant l'alliage qui en résulte par de l'acide chlorhydrique liquide et concentré.

L'alliage doit être fait dans une cornue de grès : on y introduit d'abord l'arsénic en poudre, puis le zinc en grénaille; l'on chauffe peu-à-peu, et vers la fin de l'opération l'on donne un coup de feu un peu vif pour faire entrer l'alliage en fusion.

Quant à l'opération par l'acide chlorhydrique, elle a lieu à la manière ordinaire. L'alliage est pulvérisé et versé dans une fiole, où l'on ajoute ensuite 4 à 5 fois autant d'acide que d'alliage, et au col de laquelle on adapte un tube recourbé : après quoi la fiole est placée sur un petit fourneau et exposée à une douce chaleur. Bientôt le gaz arsénié se dégage; il commence même à se dégager à froid; on le recueille sur l'eau ou sur le mercure ; il se forme en même temps du proto-chlorure d'étain qui reste dans la liqueur : d'où l'on voit que, dans cette opération, l'acide chlorhydrique est décomposé; que, d'une part, son hydrogène se combine avec l'arsénic, et que, de l'autre, son chlore s'unit à l'étain. Le gaz ainsi obtenu est pur; il est entièrement absorbé par la dissolution de sulfate de cuivre; il n'en est pas de même de celui qui provient de l'arséniure d'étain, il contient toujours du gaz hydrogène.

Proportions réagissantes.			Proportions produites.		
3 d'acide chlor-	3 chlore.	1327,9	2 d'arséniure	3 hyd. . .	37,4
hyd. =	3 hyd. .	37,4	d'hyd. =	2 ars . . .	940,2
2 d'arsénic		940,2	3 de chlorure	3 de zinc .	1209,6
3 de zinc.		1209,6	de zinc.	3 de chlor .	1327,9
		2515,1			2515,1

En atomes :

$$Zn^3, As^2 + 6\,HCh = 3\,Zn\,Ch^2 + 2\,H^3\,As.$$

1015. *Sesqui-arséniure d'hydrogène.* — Le sesqui-arséniure d'hydrogène est solide, brun-rougeâtre, terne, sans odeur, sans saveur, insoluble dans l'eau; il brûle dans l'oxigène et dans l'air à une température élevée, et se transforme en eau et en acide arsénieux, etc.

L'arséniure d'hydrogène n'existe point dans la nature. Il ne peut être obtenu qu'en mettant en contact avec l'eau un arséniure de potassium très chargé d'arsénic. A la vérité, on avait cru jusqu'à présent qu'on pouvait encore le préparer, soit en conservant le gaz arséniure d'hydrogène dans des flacons dont le col plonge dans l'eau, soit en faisant passer peu-à-peu du chlore dans ce même arséniure, soit enfin en faisant plonger dans l'eau les deux fils positif et négatif d'une pile en activité, et en adaptant un fragment d'arsénic à l'extrémité du fil négatif; mais M. Soubeyran, ayant analysé le produit ainsi préparé, a trouvé qu'il ne se composait que d'arsénic très divisé (*Ann. de Chim. et de Phys.* XL, II. 407). Toutefois cette observation n'est pas d'accord avec celle de M. Magnus, qui admet de l'hydrogène dans le dépôt qui se forme à l'extrémité du fil négatif. (*Ann. des Mines*, 1832, t. I, p. 324.)

1016. *Phosphure d'arsénic.* — Ce phosphure peut s'obtenir, en chauffant parties égales d'arsénic et de phosphore dans une petite cornue de verre, ou en chauffant sous l'eau, dans un matras, parties égales d'acide arsénieux, d'arsénic réduit en poudre et de phosphore. Dans le premier cas, le phosphure reste au fond de la cornue, sous forme d'un résidu noir et brillant; dans le second, il reste sous l'eau, et l'on obtient de l'acide phosphorique, outre le phosphure.

Le phosphure d'arsénic est si altérable qu'il ne peut être conservé que sous l'eau.

1017. *Sulfures d'arsénic.* — Il paraît que l'arsénic peut se combiner en un grand nombre de proportions différentes avec le soufre. En effet, soit que l'on chauffe ensemble dans une cornue 1, 2, 3, 4, etc., parties d'arsénic avec 1 partie de soufre, ou bien 1, 2, 3, 4 etc., parties de soufre avec une partie d'arsénic, on obtient des composés homogènes et très fusibles, dont la couleur est d'un jaune plus ou moins rouge ou orangé. Ces composés ne résultent-ils pas de l'union de quelques sulfures d'arsénic, en proportions définies, avec l'arsénic, ou de ces sulfures avec le soufre? Cela est extrêmement probable. Nous n'examinerons par cette raison, du moins, d'une manière particulière, que *le réalgar* et deux autres sulfures qui correspondent l'un à l'acide arsénieux, et l'autre à l'acide arsénique : leur composition est $As^2 S^2$, $AS^2 S^3$, $As^2 S^5$, c'est-à-dire que pour la même quantité d'arsénic, les quantités de soufre qu'ils contiennent sont comme les nombres 2, 3, 5. Ces trois sulfures se combinent facilement avec les sulfures des métaux électro-positifs, et particulièrement avec les sulfures alcalins. Les composés qu'ils forment avec ceux-ci sont solubles dans l'eau.

1018. *Proto-sulfure d'arsénic, réalgar.* — Solide, rouge-orangé, insipide, vénéneux, diversement cristallisé sous des formes qui dérivent d'un prisme oblique; plus fusible que l'arsénic, et même que l'orpiment; se volatilise sans altération, lorsqu'on le chauffe dans des vases fermés; absorbe facilement le gaz oxigène de l'air à une température élevée, et passe à l'état de gaz sulfureux et d'acide arsénieux; se trouve quelquefois disséminé dans des roches, par exemple, dans le carbonate de chaux et de magnésie du Saint-Gothard, plus souvent dans des filons métallifères (Transylvanie; Marienberg en Saxe; Joachimstal en Bohême), souvent aussi dans les produits ignés (Vésuve, Etna, etc.), répandu enfin dans un grand nombre de localités, en Chine, au Japon, etc.

En l'analysant avec soin et opérant sur des échantillons cristallisés, M. Laugier a retiré de 143,74 de ce sulfure 100 d'arsénic et 43,74 de soufre.

Tout nous porte à croire que la quantité de soufre doit être réduite à 42,85, d'autant plus que le réalgar est presque toujours mêlé d'un peu d'orpiment. Ce sulfure serait donc formé de 1 proportion d'arsénic et de 1 proportion de soufre, et sa formule atomique serait $As^2 S^2$ ou plutôt $As\ S$.

L'on peut encore obtenir le réalgar en faisant fondre ensemble le soufre et l'arsénic dans les proportions précédentes : le sulfure qui en résulte forme une masse qui, après le refroidissement, est transparente et d'un beau rouge rubis.

Le réalgar du commerce est ordinairement le résultat de la distillation simultanée de l'acide arsénieux et du soufre, et quelquefois de celle de la pyrite arsénicale et de la pyrite de fer; mais alors il n'est pas pur : celui-ci surtout contient de l'acide arsénieux.

C'est avec le réalgar qu'on produit les *feux blancs :* à cet effet on en mêle 2 parties avec 7 de fleurs de soufre et 24 d'azotate de potasse. Le mélange est extrêmement combustible, et répand une lumière dont l'intensité est extraordinaire.

1019. *Sulfure d'arsénic* $As^2 S^3$ *ou orpiment.* — L'on peut obtenir ce sulfure pur, soit en faisant passer du gaz sulfhydrique à travers une dissolution d'acide arsénieux dans l'acide chlorhydrique (602, cinquième procédé), soit en mêlant ensemble deux dissolutions aqueuses, l'une d'arsénite de potasse, et l'autre de proto-sulfure de potassium ou de sodium, et versant dans le mélange de l'acide chlorhydrique lui-même en dissolution dans l'eau : alors cet acide se décompose, et, dans sa réaction, produit tout à-la-fois de l'eau, du chlorure de potassium ou de sodium qui reste dans la liqueur, et de l'orpiment qui se précipite sous forme de flocons d'un très beau jaune.

Comme il correspond évidemment à l'acide arsénieux, il doit être formé de :

En prop. 1 d'arsénic 470,12 $+$ 1 $\frac{1}{2}$ soufre 301,74.

En atom. 2 d'arsénic 2 $\times$ 470,12 $+$ 3   soufre 603,48 $= As^2S^3$.

L'orpiment se rencontre en petite quantité dans la nature, tantôt dans l'intérieur des filons (Kapnik en Hongrie, Felsobanya et Nagyag en Transylvanie), tantôt formant lui-même de petits amas dans des matières argileuses, tantôt enfin dans les produits ignés; il accompagne partout le réalgar.

Il est d'un jaune d'or souvent nacré, ordinairement en

masses composées de lames demi transparentes, tendres et flexibles, qu'on peut séparer facilement avec un couteau, quelquefois en cristaux qui paraissent être des prismes obliques. Sa densité est de 3,45. Soumis à l'action d'une douce chaleur, il entre en fusion et se prend par le refroidissement en une masse friable et d'un jaune orangé. Chauffé plus fortement dans une cornue, il bout et se distille en gouttelettes jaunes. D'ailleurs il absorbe, comme le réalgar, l'oxigène de l'air à une haute température, et passe à l'état de gaz sulfureux et d'acide arsénieux.

L'orpiment s'emploie quelquefois en peinture; mais alors on ne doit jamais le mêler avec le blanc de plomb, parce que la couleur, qui d'abord serait d'un beau jaune, ne tarderait point à devenir noire en raison du sulfure de plomb qui se formerait. Il paraît que les Turcs le font entrer dans la composition d'un dépilatoire.

Les fabricans de toiles peintes se servent pour dissoudre l'indigo, par l'intermède de la potasse, d'une substance jaune, qu'on croyait être un sulfure d'arsénic; elle se fabrique en Allemagne, en sublimant dans des vases de fonte de l'acide arsénieux avec du soufre; mais cette matière n'est, d'après l'analyse de M. Guibourt, qu'un mélange de 6 de sulfure d'arsénic et de 94 d'acide arsénieux. (*Journ. de Chim. méd.*, 1, 110.)

1020. *Sulfure d'arsénic* $As^2 S^5$, *correspondant à l'acide arsénique.*—C'est en faisant passer du gaz sulfhydrique dans une dissolution chaude d'acide arsénique que l'on obtient ce sulfure. La réaction est très lente à froid. Le sulfure ainsi préparé est en poudre d'un jaune un peu plus clair que le jaune d'orpiment. Soumis à l'action du feu, il entre en fusion, puis quelque temps après se vaporise sans subir d'altération, et se condense en un liquide épais, visqueux, d'un rouge brun, qui, après le refroidissement, forme une masse transparente dont la teinte est d'un jaune rougeâtre-pâle.

Il est très soluble dans les dissolutions alcalines, dans

les sulfures alcalins, dégage le gaz sulfhydrique des sulfhydrates de sulfures, et même décompose les carbonates à
la chaleur de l'eau bouillante; il agit donc alors comme un
acide : aussi rougit-il la teinture de tournesol à chaud.

Autres sulfures. — M. Berzelius en admet encore deux
autres, l'un qui serait moins sulfuré, et l'autre qui serait
plus sulfuré que les trois sulfures que nous avons décrits.
Mais le sous-sulfure et le per-sulfure s'éloignent tellement des
rapports simples, observés dans les diverses combinaisons,
que nous les regardons comme des composés, l'un d'arsénic
et de réalgar, l'autre du sulfure $As^2 S^5$ et de soufre : et en
effet, si l'on admettait ces deux nouveaux sulfures, il n'y
aurait pas de raison pour ne pas en admettre une infinité
d'autres, puisque le soufre et l'arsénic semblent s'unir en
toutes proportions.

1021. *Sulfures doubles d'arsénic et d'un métal électro-
positif.* — Les trois sulfures d'arsénic, le proto-sulfure, le
sesqui-sulfure et le per-sulfure, qui sont électro-négatifs,
se combinent plus ou moins facilement avec les sulfures
électro-positifs, surtout avec les sulfures alcalins : il en
résulte des composés que M. Berzelius propose d'assimiler
aux sels, et dans lesquels le sulfure arsénical joue le rôle
d'acide, et l'autre sulfure celui de base (Voyez *Sulfo-sels*,
IIIe vol.)

1022. *Séléniure d'arsénic.* — Lorsqu'on met de l'arsénic
métallique dans le sélénium fondu, il s'y combine peu-à-
peu; une chaleur modérée vaporise celui de ces deux corps
qui se trouve en excès, et laisse pour résidu une masse
noire très fusible; une chaleur rouge fait bouillir cette masse,
et en distille un composé qui paraît être du per-séléniure
d'arsénic; mais bientôt l'ébullition cesse et la masse incandescente reste liquide et sans mouvement : dans cet état,
il faut élever la température presque jusqu'au degré de
la *chaleur blanche* pour sublimer cette masse; après son
refroidissement, elle est noire, tirant au brun; sa surface
à l'éclat du verre, et sa cassure est vitreuse.

Alliages d'arsénic.

1023. Tous les métaux, même les plus ductiles, deviennent cassans en se combinant avec l'arsénic. Il en est même qui n'exigent que un à deux centièmes d'arsénic pour perdre sensiblement leur ductilité : tel est particulièrement l'or. Plusieurs de ces alliages peuvent être complétement et facilement décomposés par le feu dans des vaisseaux fermés. Tous le sont, lorsque l'expérience se fait dans des vaisseaux ouverts : alors il se forme de l'acide arsénieux qui se volatilise et paraît sous forme de vapeurs blanches, tandis que le métal qui était uni à l'arsénic reste libre s'il appartient à la dernière section, ou passe à l'état d'oxide, le mercure excepté, s'il appartient aux cinq premières. Ajoutons cependant que, dans quelques circonstances, il se produit en outre plus ou moins d'arséniate : c'est ce qui a lieu avec les arséniures de potassium, de sodium, et en général, des métaux les plus électro-positifs.

Quelques arséniures se rencontrent dans la nature ; il en existe dont la composition correspond à celle des arséniates ou est en proportion définie, c'est-à-dire qui renferment précisément les quantités de métaux contenus dans ces sels : tel est l'arséniure de nickel d'Allemont, analysé par M. Berthier. (*Annales des Mines*, IV, 467.)

Neuf alliages d'arsénic méritent d'être étudiés : ce sont ceux à base de potassium, de sodium, d'étain, de zinc, de cuivre, de cobalt, de nickel, de fer, de platine : ceux d'étain, de cobalt, de nickel ont été examinés (971, 990, 1001) : examinons les six autres.

Alliage préparé avec un volume de potassium et trois volumes d'arsénic en poudre.—Cet alliage se fait facilement avec un grand dégagement de lumière ; il est terne et brun-marron presque comme les phosphures. Il se distingue surtout des autres alliages de potassium, en ce que l'effervescence qu'il fait avec l'eau et les acides est beaucoup moins grande qu'elle ne devrait être, en raison de la quantité de *potassium* qu'il contient, phénomène dû à la production de sesqui-arséniure d'hydrogène qui apparaît en flocons bruns : aussi, quand l'alliage est formé de quatre volumes de potassium et d'un seul volume d'arsénic, se produit-il beaucoup d'arséniure gazeux d'hydrogène. (*Recherches physicochimiques.*)

Alliage préparé avec 1 *volume de sodium et* 3 *volumes d'arsénic en poudre.*—Ces deux métaux s'allient à une température bien inférieure au rouge cerise et avec un faible dégagement de lumière. L'alliage est cassant, à grain fin; sa couleur est d'un gris blanc. Il se décompose assez rapidement à l'air, et se couvre d'une liqueur âcre et alcaline; il fait une vive effervescence avec l'eau et les acides, due à du gaz hydrogène chargé d'arsénic, et se transforme en soude et en flocons brun-marron de sesqui-arséniure d'hydrogène.

Alliage à parties égales de zinc et d'arsénic.—Pour l'obtenir, il faut introduire d'abord l'arsénic en poudre dans une cornue de grès, puis le zinc en grenaille, chauffer peu-à-peu, et donner vers la fin de l'opération un coup de feu assez vif pour faire entrer l'alliage en fusion.

L'alliage forme un culot cassant, d'une couleur grise et d'une structure grenue. Réduit en poudre et mis en contact avec l'acide sulfurique étendu d'eau ou mieux avec l'acide chlorhydrique concentré, il en résulte un dégagement de gaz arséniure d'hydrogène, pur, c'est-à-dire qui est entièrement absorbé par le sulfate de cuivre. (M. Soubeyran.)

Le zinc du commerce contient quelquefois des quantités très sensibles d'arsénic; on le reconnaît facilement à ce qu'il donne avec l'acide sulfurique faible du gaz hydrogène qui laisse déposer des traces brunes sur les parois de l'éprouvette où on le brûle.

Alliage formé de 1 *partie d'arsénic et de* 10 *parties de cuivre.*—Blanc, légèrement ductile, plus dur et plus fusible que le cuivre, sans action sur le gaz oxigène de l'air à la température ordinaire, absorbe facilement ce gaz à une température élevée, et se convertit en acide arsénieux, volatil, et en oxide de cuivre, fixe; s'obtient en faisant chauffer jusqu'au rouge, dans un creuset de terre couvert, 10 parties de tournure de cuivre et un peu plus d'une partie d'arsénic. L'on prétend qu'on faisait autrefois des cuillers et différens vases avec le cuivre allié à l'arsénic en certaines proportions.

Alliage formé de 20 d'arsénic et de 2 de platine. — Blanc-gris, très cassant, fusible un peu au-dessus de la chaleur rouge, sans action sur l'air à la température ordinaire, en absorbe le gaz oxigène à l'aide de la chaleur, et se transforme en acide arsénieux qui se volatilise, et en platine pur; s'obtient en employant les mêmes précautions que pour la préparation de l'alliage précédent.

C'est en unissant l'arsénic avec le platine, et en décomposant ensuite cet alliage par la chaleur et l'air, que Jeannetty a extrait pendant long-temps ce métal précieux de son minerai.

Alliage formé de 1 partie d'arsénic et de 2 parties de fer — Blanc-grisâtre, sans action sur l'aiguille aimantée, très cassant, beaucoup plus fusible que le fer; absorbe le gaz oxigène de l'air à l'aide de la chaleur, et se convertit en acide arsénieux, volatil, et en oxide de fer, fixe; s'obtient en mêlant une partie de fer en limaille avec un peu plus d'une demi-partie d'arsénic en poudre, plaçant le mélange dans un creuset couvert, et le chauffant dans un fourneau à réverbère jusqu'à ce que l'alliage soit fondu. Quand l'alliage ne contient que la cinquième partie d'arsénic, il est encore sensible à l'aiguille aimantée.

On trouve à Reichenstein, en Silésie, un arséniure de fer, composé de 32,35 de fer; de 65,88 d'arsénic et de 1,77 de soufre: il est employé à faire de l'acide arsénieux par le grillage, et du réalgar en le distillant avec à-peu-près le tiers de son poids de soufre.

Action des oxides et des acides.

1024. *Eau.*—Pulvérisé et mis en contact avec l'eau dans une capsule, l'arsénic s'oxide peu-à-peu par l'oxigène de l'air que cette eau contient et qu'elle absorbe successivement, et il s'y dissout en assez grande quantité pour tuer les mouches qui la boivent.

Potasse. — Chauffé avec cet alcali, l'arsénic donne lieu à divers produits suivant que la température est plus ou moins élevée.

1° Que l'on fasse bouillir une dissolution alcaline concentrée avec de l'arsénic en poudre, l'eau sera décomposée, il se dégagera du gaz hydrogène et il se formera un arsénite. (Gmelin.)

2° Que l'on se serve de potasse à l'état solide ou d'hydrate, et que l'on maintienne sa température au-dessous de la chaleur rouge, il y aura, comme dans la précédente expérience, dégagement de gaz hydrogène et formation d'arsénite, mais il se produira en outre de l'arséniure de potassium : il faudra donc reconnaître qu'indépendamment de l'eau décomposée, une partie de l'oxide de potassium sera réduite, et que par conséquent l'oxigène de cet oxide conribuera avec celui de l'eau à la transformation de l'arsénic en acide.

3° Que l'on chauffe jusqu'au rouge cerise la masse alcaline de la seconde expérience, l'arsénite qu'elle contiendra ne pourra plus subsister, il se convertira en vapeur d'arsénic métallique et en arséniate alcalin. (M. Soubeyran.)

Acide sulfurique concentré.—Point d'action à froid, décomposition de l'acide à chaud, dégagement de gaz sulfureux et formation d'acide arsénieux.

Acide azotique.—Action vive, décomposition de l'acide azotique, grand dégagement de bi-oxide d'azote, formation d'acide arsénieux dont une partie se dépose en petits cristaux blancs, puis transformation de l'acide arsénieux en acide arsénique très soluble et incolore.

Acide chlorhydrique liquide. — Point d'action.

Eau régale.—Action très vive, prompte transformation de l'arsénic en acide arsénique.

État naturel, extraction, usages.

État naturel. — L'arsénic se rencontre naturellement : à l'état natif ; à l'état d'oxide noir (1010) ; à l'état de sulfure (1018 et 1019) ; à l'état d'arséniure de cobalt ou de nickel, de fer, de bismuth, d'antimoine, d'argent ; à l'état d'arséniate (*voy.* ce genre de sel) ; enfin à l'état de mispikel, c'est-à-dire formant un composé d'arséniure et de sulfure de fer.

L'arsénic natif ressemble à l'arsénic retiré des mines arsénicales par voie de sublimation, si ce n'est qu'il est moins pesant ; car, suivant Brisson, il ne pèse que 5,72 à 5,76. Il est tantôt en petites baguettes serrées les unes contre les autres, tantôt en petites masses mamelonnées, composées de lames qui se recouvrent à la manière de celles qui constituent les coquilles ; tantôt enfin en petites masses informes, à cassure grenue. C'est une substance de filon, qui accompagne ordinairement les mines d'arséniure de nickel, d'arséniure de cobalt, de sulfure de plomb argentifère et de sulfure d'argent. Il en existe particulièrement en France, à Sainte-Marie-aux-Mines, en gros mamelons ; en Saxe, à Freyberg ; en Bohême, à Joachimstal ; en Angleterre, dans les mines de Cornwall ; en Sibérie, dans la mine d'argent de Zmeof, etc. : il n'est donc pas rare, mais il n'est presque jamais pur ; il renferme, la plupart du temps, un peu de fer, de l'antimoine, et quelquefois même de l'argent et de l'or.

Extraction. —L'arsénic s'obtient en mêlant intimement de l'acide arsénieux avec un poids de charbon égal au sien, et calcinant le mélange. A cet effet, on introduit celui-ci dans une cornue de grès à long col que l'on dispose dans un fourneau à réverbère, de manière que tout le col soit presque hors du fourneau ; on la ferme avec un bouchon légèrement troué, et on la chauffe peu-à-peu par dessous jusqu'au rouge ; l'arsénic se réduit, se sublime, se condense et se moule dans le col, tandis que l'excès de charbon reste au fond de la cornue. Lorsque la cornue est refroidie, on en casse le col, on en retire l'arsénic, et on le conserve dans des flacons pleins d'eau privée d'air, à larges ouvertures et bouchés à l'émeri : s'ils étaient bouchés avec du liège, l'arsénic se ternirait, parce que l'air pénétrerait à travers le bouchon.

Il est plus commode, dans les laboratoires, de se servir de l'arsénic du commerce et de le redistiller dans une cornue de grès, en conduisant l'opération et le feu comme s'il s'agissait de le réduire.

Usages. — Les usages de l'arsénic sont très bornés. Uni au platine, à l'étain et au cuivre, il forme un alliage propre à faire des miroirs de télescope. Mis en poudre sur une assiette et couvert d'eau, il sert à faire périr les mouches. Il entre dans la composition du plomb de chasse. Le sulfure d'arsénic est employé pour dissoudre l'indigo. Enfin l'acide arsénieux fait partie de quelques couleurs vertes, et entre autres du vert de Schéele.

ARTICLE II.

Molybdène.

1026. Ce métal était inconnu avant 1778 ; à cette époque, Schéele fit sur le sulfure de molybdène naturel un travail remarquable, d'où il conclut que ce sulfure était composé d'un acide neutralisé par le soufre (1er vol. des *Mémoires* de Schéele, p. 236, trad. franç.). Bergman, persuadé que cet acide devait être de nature métallique, engagea Hielm à faire des recherches à ce sujet ; et bientôt après, Hielm parvint à le réduire. (*Journ. de Phys.*, 1789.)

Enfin Pelletier (*Journ. de Phys.*, 1785) ; Heyer (*Ann. de Crell*, 1787, t. II), Hatchett (*Transactions philosophiques,*

1796, 285), Bucholz (*Journ. de Gehlen.*, t. iv, p. 604) et quelques autres chimistes l'examinèrent de nouveau, et en étudièrent les propriétés.

Le nom de ce métal est tiré du mot grec *Molybdœna*, qui signifie plombagine : il avait d'abord été donné par Cronstedt au sulfure naturel de molybdène que l'on confondait alors avec la plombagine ou mine de plomb.

1027. *Propriétés physiques.* — Le molybdène est d'un blanc mat, susceptible de poli, très légèrement ductile. Sa densité est de 8,6. Il n'a encore pu être fondu qu'en petits culots arrondis du poids d'un gros.

Action de l'air, oxides, acides.

1028. *Action de l'air.* — L'air n'a d'action sur le molybdène qu'à l'aide de la chaleur : au rouge naissant, il passe à l'état d'oxide brun ; à une température un peu plus élevée et long-temps soutenue, il finit par devenir bleu; enfin, à une température plus élevée encore, il se convertit en un acide qui fond, se sublime et cristallise. (Bucholz.)

Le molybdène a trois degrés d'oxidation, d'où résultent 2 oxides et 1 acide : les oxides jouent tous deux le rôle de bases salifiables.

1029. *Protoxide.* — Pour l'avoir très pur, il faut ajouter à une dissolution de molybdate de potasse, d'abord un petit excès d'acide chlorhydrique, puis du mercure allié à une faible quantité de potassium; il se forme peu-à-peu du proto-chlorure de potassium, du proto-chlorure de molybdène et de l'eau; et lorsque la liqueur est devenue presque noire, on y verse de l'ammoniaque pour en précipiter le protoxide hydraté qui doit être promptement recueilli sur un filtre, lavé avec de l'eau privée d'air et séché dans le vide par l'intermède de l'acide sulfurique. Si, au lieu d'amalgame de potassium, on se servait de zinc, l'acide molybdique serait également ramené à l'état de protoxide; mais celui-ci retiendrait toujours un peu de zinc oxidé.

Le protoxide hydraté est noir. Chauffé lentement dans le vide, il laisse dégager l'eau qu'il contient, sans changer de couleur, et entre en une vive ignition. Chauffé au contact de l'air, il s'enflamme et se convertit, partie en acide molybdique, partie en bi-oxide.

L'oxide hydraté se dissout dans les acides et les colore en brun très foncé; l'oxide anhydre et calciné y est insoluble. D'ailleurs parmi les alcalis et les carbonates, il n'y a que le carbonate d'ammoniaque qui dissolve le protoxide, et encore faut-il qu'il soit hydraté. Sa composition en proportions et en atomes est de 1 de molybd. 596,8 $+$ 1 d'oxig. 100$=$MoO.

1030. *Bi-oxide.* — On le prépare en mêlant le molyddate d'ammoniaque avec la moitié de son poids de sel ammoniac en poudre, mettant le mélange dans un creuset que l'on couvre bien, puis le chauffant rapidement jusqu'à ce qu'il ne se dégage plus de fumée. Le bi-oxide reste avec un peu d'acide molybdique que l'on enlève en faisant bouillir le résidu avec une faible dissolution de potasse ou de soude caustique; l'oxide est ensuite recueilli sur un filtre et lavé. Il est d'un brun noir, sans action sur le tournesol, insoluble dans l'eau, les alcalis, les acides. L'acide azotique le transforme en acide molybdique.

Uni à l'eau ou à l'état d'hydrate, il possède des propriétés toutes différentes : il est couleur de rouille et ressemble parfaitement à l'hydrate de peroxide de fer; il rougit sensiblement le tournesol sans avoir la propriété de former des sels. Chauffé dans le vide, il perd toute son eau et contracte toutes les propriétés de l'oxide anhydre. L'air en altère la nuance et le fait passer au vert ou même au bleu : il se forme alors du molybdate de bi-oxide qui est bleu comme le tungstate de tungstène. Il est très légèrement soluble dans l'eau pure, mais insoluble dans l'eau chargée de sel; les carbonates alcalins, et surtout les bi-carbonates, le dissolvent très bien au moment de sa séparation d'avec les acides. Les alcalis ne l'attaquent pas.

L'hydrate de bi-oxide s'obtient comme celui de protoxide,

mais en mettant en contact l'acide molybdique, l'acide chlorhydrique et le cuivre, et précipitant la liqueur par l'ammoniaque lorsqu'elle a pris une teinte rouge foncée : du reste, la théorie de l'opération est la même.

Le bi-oxide est formé de 100 de molybdène et de 33,40 d'oxigène ; ce qui donne en proportions et en atomes :

$$\text{1 de métal } 596,8 + 2 \text{ d'oxigène } 200 = Mo\ O^2.$$

1031. *Acide molybdique.* — L'acide molybdique, découvert par Schéele en 1778, est solide, blanc-gris et peu sapide ; il rougit faiblement la teinture de tournesol ; sa pesanteur spécifique est de 3,46 à 3,49.

Exposé à l'action du feu, dans des vaisseaux fermés, l'acide molybdique fond et cristallise par le refroidissement. Chauffé dans des vaisseaux ouverts, il se vaporise sous forme de fumée blanche ; cette fumée, reçue contre un corps froid, s'y attache en écailles jaunâtres et brillantes.

Mis en contact avec une dissolution de cet acide dans l'eau, le proto-sulfate de fer, le proto-chlorure d'étain le font passer à l'état de molybdate de bi-oxide de molybdène, qui est bleu. Il en est de même de l'acide chlorhydrique à chaud, et du zinc, de l'étain, du fer, etc., à la température ordinaire, surtout sous l'influence d'acides qui peuvent produire du gaz hydrogène avec ces métaux : l'acide sulfureux opère ce phénomène à l'instant même.

L'eau ne dissout qu'une petite quantité d'acide molybdique, environ la 570ᵉ partie de son poids, et le laisse déposer, par évaporation, sous forme de poudre blanche. Il est au contraire très soluble dans l'acide fluorhydrique ; il se dissout aussi dans le bi-tartrate de potasse, et lorsqu'il n'a pas été calciné, il se dissout même dans tous les acides énergiques.

L'acide molybdique ne se trouve qu'en petite quantité dans la nature, et toujours uni à l'oxide de plomb.

On l'obtient en grillant le sulfure de molybdène, le traitant par l'ammoniaque, filtrant la liqueur, y ajoutant de l'acide azotique, l'évaporant à siccité et calcinant doucement le résidu. Par ce grillage, on fait passer le soufre à l'état d'acide sulfureux qui se dégage, et le molybdène à l'état d'acide molybdique; mais, pour cela, il faut souvent remuer la matière et ménager le feu, surtout à la fin de l'opération, pour éviter que l'acide molybdique ne s'agglomère et n'enveloppe les portions de sulfure non décomposé. Par l'ammoniaque, on dissout l'acide molybdique, et on le sépare du sulfure de molybdène qui pourrait ne point être attaqué. Enfin, par l'acide azotique, on s'empare de l'ammoniaque, et par une calcination ménagée on décompose facilement l'azotate d'ammoniaque et on volatilise l'excès d'acide azotique sans altérer l'acide molybdique. Ce procédé me semble préférable à tous ceux qui ont été publiés.

L'acide molybdique est composé de 100 de molybdène et de 50, 12 d'oxigène, ce qui donne en proportions et en atomes :

$$\text{1 de métal } 596, 8 + 3 \text{ d'oxigène } 300 = Mo\, O^3.$$

1032. *Acide molybdeux de Bucholz.* — Nous venons de voir qu'en mettant l'acide molybdique en contact avec le zinc, l'étain, le molybdène, etc., il en résulte une liqueur bleue : suivant Bucholz, il se formerait alors de l'acide molybdeux, dont le principal caractère serait d'avoir cette couleur. Mais, lorsqu'on vient à traiter la matière bleue par les alcalis, on la transforme tout de suite en hydrate de bi-oxide de molybdène qui se précipite, et en acide molybdique qui reste uni à la base : il est donc très probable que l'acide molybdeux n'existe pas, et que dans tous les cas où on a cru le former, il ne s'est produit que du molybdate de bi-oxide de molybdène.

Combinaison des métalloïdes avec le molybdène.

1033. Le soufre, le chlore, le fluor, sont les seuls métalloïdes qui aient été unis jusqu'à présent avec le molybdène. Les chlorure et fluorure se trouvent compris dans l'histoire des sels : nous n'avons donc à nous occuper ici que des sulfures qui sont au nombre de trois, et qui pour 1 atome de métal contiennent 2, 3, 4 atomes de soufre.

Bi-sulfure. — C'est le sulfure naturel, il appartient aux terrains primitifs; il y forme des filons, de petits amas, dans le granite, le gneiss, le micaschiste, ou bien il se trouve disséminé dans ces roches et y remplace le mica; quelquefois encore il se rencontre dans les amas métallifères et particulièrement dans ceux d'étain (Altenberg, Zinwald, Schnéeberg, Geyer, en Saxe; Cornouailles, etc.). Quoique peu abondant, il est assez répandu. Les Alpes du Dauphiné, de la Savoie, du Piémont, en présentent dans un grand nombre de lieux; les Pyrénées en renferment également; on en cite dans toutes les contrées primitives de l'Europe, surtout en Suède. Les petits amas de ce sulfure sont composés de lames entremêlées; mais les paillettes disséminées ont quelquefois la forme du prisme hexagonal simple ou modifié. Sa pesanteur spécifique est 4,738. Il ressemble, jusqu'à certain point, à la plombagine ou mine de crayon; comme elle, il laisse sur le papier des traces d'un gris métallique; mais sur la porcelaine la trace qu'il produit est verdâtre, tandis que celle de la plombagine est grise.

Ce sulfure est indécomposable par le feu. Le grillage le transforme en gaz sulfureux et acide molybdique; l'acide azotique en acide molybdique et sulfurique; l'eau régale en acide sulfurique et chlorure de molybdène. Sa composition est analogue à celle du bi-oxide, ce qui donne pour sa formule $Mo\,S^2$.

Tri-sulfure. — C'est celui qui correspond à l'acide molybdique et dont la composition est représentée par $Mo\,S^3$. Il s'obtient en faisant passer un courant de gaz sulfhydrique à travers une dissolution concentrée de molybdate de potasse ou de soude. L'acide molybdique et l'alcali sont tous deux décomposés; de l'eau se produit en même temps qu'un double sulfure de molybdène et de potassium ou sodium qui se dissout. Versant alors un acide dans la liqueur, le tri-sulfure de molybdène se précipite à l'instant.

Il est brun-noirâtre, passe à l'état de bi-sulfure lorsqu'on le calcine en vase clos, s'unit aux proto-sulfures alcalins et forme avec eux des composés dans lesquels il joue le rôle d'acide.

Quadri-sulfure. —Suivant M. Berzelius, il existe un qua-dri-sulfure qui a été très peu examiné.

Alliages. —Le molybdène n'a point encore été combiné avec les métaux, ou du moins aucun de ses alliages n'a été étudié.

Action de l'eau et des acides.

1034. *Eau.* — Point d'action, soit à froid, soit à chaud.

Acide sulfurique. — L'acide sulfurique n'agit sur le molybdène qu'à chaud et qu'autant qu'il est concentré ; il en résulte un dégagement de gaz sulfureux et du sulfate de molybdène.

Acide azotique. — Décomposition de l'acide surtout à chaud, dégagement de bi-oxide d'azote, transformation du molybdène en acide molybdique dont la plus grande partie se précipite en poudre d'un blanc gris.

Acide chlorhydrique et eau régale. — Point d'action avec l'acide chlorhydrique ; action vive avec l'eau régale ; dissolution du métal et formation de chlorure, si l'acide chlorhydrique est en excès.

1035. *Caractères des sels de protoxide de molybdène.*

Couleur.	Noire ou pourpre, comme la couleur des sels de peroxide de manganèse.
Saveur.	Astringente, sans arrière-goût métallique.

Leurs dissolutions donnent :

Avec potasse, soude, ammoniaque.	Un ppté d'hydrate noir.
Avec potasse et soude carbonatées.	Ppté d'hydrate noir et dégagement de gaz carbonique.
Avec carbonate d'ammoniaque.	Ppté d'hydrate qui se redissout dans un excès de carbonate.

Observons que ces sels sont très peu connus.

Caractères des sels de bi-oxide de molybdène.

Couleur.	Rouge, quand les sels sont hydratés; presque noire, quand ils sont anhydres.
Saveur.	Astringente avec un arrière-goût métallique.

Leurs dissolutions donnent :

Avec potasse, soude, ammoniaque.	Ppté couleur de rouille de bi-oxide hydraté.
Avec carbonate et bi-carbonate alcalins.	Ppté de bi-oxide hydraté, soluble dans un excès de carbonate.
Avec infusion de noix de galle.	La liqueur prend une couleur jaune-brun; et il se fait un très faible ppté brun.
Avec cyanure jaune de potassium et de fer.	Ppté brun foncé insoluble dans un excès de cyanure.
Avec lame de zinc.	La liqueur devient noire, et laisse déposer peu-à-peu du protoxide de molybdène, qui est noir lui-même et uni à une petite quantité d'oxide de zinc.

Ajoutons qu'elles prennent une couleur bleue ou pourpre foncée, quand on les évapore à une chaleur trop grande.

Etat naturel et extraction.

1036. *État naturel.*—Le molybdène ne se trouve jamais pur; on ne le rencontre qu'à l'état de bi-sulfure (1033) et de molybdate de plomb. (*Voy.* ce sel ou ce genre de sel.)

Extraction. — C'est en calcinant fortement un mélange

d'acide molybdique et de charbon dans un creuset brasqué que l'on obtient le molybdène. L'opération se fait comme celle qui a pour objet la réduction de l'oxide de manganèse : Il faut que le feu soit violent pour obtenir quelques globules métalliques. Souvent le métal offre une masse poreuse et formée de petits grains agglutinés.

ARTICLE III.

Chrôme.

1037. Ce métal est remarquable surtout par la propriété qu'il a de former avec presque tous les corps des composés colorés, dont quelques-uns sont employés avec un grand succès en peinture et sur porcelaine : de là même le nom qu'il porte, nom tiré d'un mot grec qui signifie *couleur*.

C'est à M. Vauquelin que nous devons la découverte du chrôme ; il la fit en 1797, dans le plomb rouge ou chromate de plomb de Sibérie. C'est à lui aussi qu'est dû presque tout ce que nous savons sur ce nouveau métal (1). MM. Klaproth, Mussin-Puschin (2), M. Gmelin (3) et M. Godon (4) n'ont pour ainsi dire fait que répéter ses expériences, ou du moins n'y ont fait que de légères additions.

1038. *Propriétés physiques.*—Le chrôme est solide, fragile, très dur, d'un blanc grisâtre. Comme il est très difficile à fondre, on ne l'a encore obtenu qu'en masse poreuse, ou tout au plus qu'en petit culot mal fondu. Sa pesanteur spécifique est d'environ 5, 90.

Action de l'air, oxide, acide, hydrate.

1039. *Air.* — Le chrôme est sans action sur l'air à la température ordinaire; mais à une température très élevée, il en absorbe l'oxigène et passe à l'état de protoxide.

---

(1) *Ann. de chim.*, XXV et LXX.

(2) *Ann. de chim.*, XXXII, XXXIII et XXXIV.

(3) *Ann. de chim.*, XXXIV.

(4) *Ann. de chim.*, LIII.

Il n'existe qu'un oxide et qu'un acide de chrôme, dont l'existence soit bien constatée : l'oxide joue le rôle d'une base et d'un acide, faibles.

1040. *Protoxide.* — Cet oxide est vert, très difficile à fondre, sans action sur le gaz oxigène et sur l'air, indécomposable à une haute température, même par l'hydrogène, le soufre, le chlore; insoluble dans l'eau. Calciné jusqu'au rouge brun, dans un petit tube de verre, avec la moitié de son poids de potassium et de sodium, il donne lieu, d'après MM. Gay-Lussac et Thenard, à une matière brune qui, refroidie et exposée à l'air, brûle avec lumière, et se transforme en chromate de potasse ou de soude d'un jaune serin. Il donne également lieu à du chromate, lorsqu'on le chauffe avec la potasse ou la soude dans un creuset découvert : d'où il suit qu'alors il absorbe l'oxigène de l'atmosphère. Fondu avec 2 à 300 fois son poids de borax à la flamme intérieure du chalumeau, il le colore en vert émeraude. Les acides les plus forts l'attaquent à peine.

L'oxide de chrôme existe dans la nature, mais en petite quantité : on ne le trouve, en effet, qu'à la surface de quelques échantillons de chromate de plomb, ou bien en petits amas et comme matière colorante du quarz, dans les granites ou les débris granitiques de la montagne des Ecouchets, entre le Creusot et Couches, département de Saône-et-Loire : peut-être même que dans cet état il est uni à la silice. L'émeraude et plusieurs roches magnésiennes (serpentines) lui doivent leur couleur.

C'est en calcinant le chromate de mercure qu'on l'obtient le plus souvent. On introduit ce chromate dans une petite cornue de grès que l'on remplit aux deux tiers ou aux trois quarts; on la place dans un fourneau à réverbère; on adapte à son col une allonge à l'extrémité de laquelle on attache un nouet de linge qu'on fait plonger dans l'eau, pour faciliter la condensation du mercure qui se volatilise; on porte peu-à-peu la cornue jusqu'au rouge; le chromate de mercure se décompose et se transforme en oxigène, mer-

cure et oxide de chrôme; l'oxigène se dégage de l'état de gaz;
le mercure passe à travers le nouet de linge et se condense
entièrement; l'oxide de chrôme reste dans la cornue. Après
un fort coup de feu d'environ trois quarts d'heure, on peut
regarder l'expérience comme terminée; on laisse refroidir
le fourneau; on retire l'oxide de la cornue, et on le conserve
dans des flacons.

Plusieurs autres procédés peuvent être substitués à celui-ci.

M. Lassaigne a observé qu'on obtenait constamment un
oxide de chrôme d'une belle couleur verte, et au même degré d'intensité, en chauffant jusqu'au rouge, dans un creuset de terre fermé, un mélange de chromate de potasse et
de soufre à parties égales. Il se produit du sulfate et du sulfure de potassium, qu'on enlève en lessivant la masse verdâtre. L'oxide, après plusieurs lavages, peut être considéré
comme pur. (*Annales de Chimie et de Physique*, tom. xiv,
page 299.)

Suivant M. Berthier, lorsque l'on chauffe le chromate de
plomb, sans aucun mélange, dans un creuset brasqué, l'a-
cide chrômique est ramené à l'état d'oxide, et le plomb
réduit complètement. En pilant et lessivant le produit,
l'oxide passe mêlé seulement avec de petits grains de métal
qu'on dissout par l'acide azotique. L'oxide de chrôme, insoluble dans cet acide, est alors très pur. (*Ann. de Chim.
et de Phys.*, tom. xvii, pag. 57.)

On peut aussi se procurer facilement l'oxide de chrôme
en calcinant jusqu'au rouge un mélange de parties égales de
chromate de potasse et de sel ammoniac, délayant la matière
dans l'eau chaude et la filtrant : l'ammoniaque et l'acide
chlorhydrique du sel ammoniac décomposent, l'une, l'a-
cide chrômique, et l'autre la potasse; il en résulte de l'eau,
de l'azote, du chlorure de potassium, et de l'oxide de
chrôme : celui-ci étant insoluble reste sur le filtre.

Enfin, quand on fait bouillir la solution de chromate de
potasse avec l'acide chlorhydrique concentré, il y a dégage-

ment de chlore, production d'eau, de proto-chlorure de potassium et de proto-chlorure de chrôme; la liqueur, de rouge jaunâtre, passe bientôt au vert foncé. Si l'on y verse alors de l'ammoniaque, il s'en précipite de l'oxide à l'état d'hydrate, dont les propriétés sont très remarquables. (1)

Cet hydrate est gris foncé, soluble dans la plupart des acides, susceptible de combinaisons avec tous; mais vient-on à le chauffer, il entre en ignition, diminue de volume, devient d'un beau vert-pré, insoluble dans les acides, et cependant il ne perd ni n'acquiert de poids, abstraction faite de l'eau qu'il contient et qui s'en dégage tout de suite *(Ann. de Chim. et de Phys.*, t. XVII, p. 12) : à peine est-il desséché que déjà même les acides les plus énergiques ne l'attaquent plus que très difficilement.

Non-seulement l'oxide hydraté s'unit à tous les acides, mais il peut s'unir encore aux alcalis et s'y dissoudre. Seulement il faut que les liqueurs ne soient pas bouillantes; car, en versant un excès de potasse ou de soude dans un sel de chrôme, le dépôt d'hydrate, qui paraît d'abord et disparaît ensuite, reparaît dès que la liqueur est portée à la chaleur de l'ébullition.

Le protoxide de chrôme est composé de 100 de chrôme et de 42,633 d'oxigène. Ce qui donne :

En prop. 1 de chrôme   351,82 $+$ 1$\frac{1}{2}$ d'oxig. 150.
En atom. 2 de chrôme 2 $\times$ 351,82 $+$ 3 · d'oxig. 300 $=$ ... $Cr^2 O^3$.

Il a divers usages : on l'emploie pour faire des fonds verts très foncés et très beaux sur la porcelaine, et pour faire d'autres couleurs dont le vert fait partie; on s'en sert également pour faire des verres dont la couleur imite celle de l'émeraude, et avec lesquels on fabrique des bijoux.

Deutoxide. — Quelques chimistes admettent qu'en dissolvant dans l'acide azotique l'hydrate de protoxide de

---

(1) L'addition de l'alcool favorise la décomposition.

chrôme, évaporant l'azotate à siccité et chauffant la masse jusqu'à ce qu'elle cesse d'exhaler des vapeurs rouges, on se procure un nouvel oxide; que cet oxide reste au fond du vase, sous forme d'une poudre brune, brillante, insoluble dans l'eau et formant avec les acides des sels qui ont des caractères particuliers; mais il semble, d'après les expériences de M. Maus, que cette poudre brune, qui quelquefois est aussi d'un rouge foncé, n'est qu'un chromate d'oxide de chrôme. (*Ann. des Mines* 1828, III, 150.)

1041. *Acide chrômique.* — Cet acide est solide, rouge purpurin; sa saveur est âcre, styptique et très acide : aussi rougit-il fortement la teinture de tournesol; il donne à la peau une teinte jaune que les alcalis seuls peuvent enlever; dissous et convenablement concentré, il se dépose peu-à-peu en petits cristaux par le refroidissement de la liqueur.

L'acide chrômique n'agit point sur le gaz oxigène et sur l'air, où du moins il n'en attire que l'humidité. Exposé à l'action de la chaleur, il ne tarde pas à se décomposer et à se transformer en gaz oxigène et en oxide de chrôme; il se décompose à plus forte raison lorsque, au lieu de l'exposer seul à l'action de la chaleur, on l'y expose en le mettant en contact avec la plupart des corps combustibles; il donne naissance alors à des produits variables en raison des corps eux-mêmes.

L'acide chrômique étant déliquescent est nécessairement très soluble dans l'eau : il est même très soluble dans l'alcool; mais, lorsqu'on élève la température, il s'établit entre l'acide et l'alcool une réaction qui donne lieu à de l'oxide de chrôme, à de l'acide formique et à de l'éther.

Il s'unit avec l'acide sulfurique et forme un composé très acide, rouge, déliquescent, susceptible de cristalliser, et qui, par une faible chaleur, laisse dégager du gaz oxigène et passe à l'état de sulfate vert de chrôme.

L'acide chlorhydrique concentré, en opère la décomposition en se décomposant lui-même : de là résulte de l'eau, un chlorure de chrôme et du chlore : voilà pourquoi le mélange de ces deux acides peut dissoudre l'or.

Enfin l'acide chrômique se combine avec toutes les bases et produit des sels qui pour la plupart sont jaunes ou rouges.

L'acide chrômique n'a encore été trouvé que dans le rubis spinelle et dans le plomb rouge de Sibérie, minéraux extrêmement rares, et formés, d'après M. Vauquelin, le premier, de 86 d'alumine, de 8,5 de magnésie et de 5,25 d'acide chrômique; et le second, de 34, 9 d'acide chrômique, et de 65,1 de protoxide de plomb. (*Annales de Chimie*, tomes xxv et xxvii.)

C'est par le procédé de M. Unverdorben ou celui de M. Maus que l'acide chrômique doit être préparé. Le premier consiste à prendre 4 parties de chromate de plomb, 3 de fluorure de calcium, exempt de silice, réduit en poudre et calciné, et 5 d'acide sulfurique le plus concentré possible. Le mélange est introduit dans un vase distillatoire en plomb ou en platine et soumis à une douce chaleur. L'acide sulfurique se partage en deux parties : l'une s'empare de la base du chromate; l'autre s'unit à la chaux qui provient de l'union de l'oxigène de l'acide chrômique avec le calcium du fluorure. Dès-lors le chrôme du chromate et le fluor du fluorure deviennent libres, se rencontrent et forment un gaz rouge qui vient se dissoudre dans une petite quantité d'eau que contient le récipient : il la décompose et se transforme en acide chrômique et acide fluorhydrique. Évaporant ensuite la liqueur jusqu'à siccité dans un vase de platine, l'acide fluorhydrique se dégage et l'acide chrômique reste pur.

Le procédé de M. Maus est analogue à celui qu'on pratique quelquefois pour extraire l'acide chlorique du chlorate de potasse : on prend une dissolution de bi-chromate de potasse et l'on y verse un petit excès de *fluorhydrate acide de fluorure de silicium*. L'acide fluorhydrique se porte sur la potasse et produit avec elle de l'eau et du fluorure de potassium, lequel s'unissant tout-à-coup avec le fluorure de silicium devient insoluble et se précipite en gelée transparent

Après un repos suffisant, la liqueur est décantée et évaporée à une douce chaleur; puis le résidu est délayé dans de l'eau qui dissout l'acide chrômique et laisse sous forme de poudre quelques traces de fluorure double de silicium et de potassium. L'acide est enlevé par une pipette : il faut se garder de le filtrer; le papier serait charbonné.

L'acide chrômique est composé de 100 de chrôme et de 85,27 d'oxigène, ce qui donne en proportions et en atomes.

$$1 \text{ de métal } 352 + 3 \text{ d'oxigène } 300 = Cr\,O^5.$$

Combinaisons des métalloïdes et des métaux avec le chrôme.

1042. Les seuls métalloïdes avec lesquels le chrôme ait été combiné sont le phosphore, le soufre, le fluor, et le chlore. Nous ne traiterons des composés de fluor et de chlore, que dans l'histoire des sels. Nous n'avons donc à examiner ici que ceux de phosphore et de soufre.

Phosphure de chrôme.—Il faut, pour l'obtenir, chauffer le phosphate de chrôme, à un feu de forge, dans un creuset brasqué. Le phosphure prend quelque cohérence, s'agglutine, mais sans fondre. Il est d'un gris clair et presque sans éclat. Il résiste à l'action de presque tous les corps, même les plus énergiques. L'air l'altère à peine, même à la plus haute température. Il est insoluble dans l'acide azotique, dans l'acide fluorhydrique et dans l'eau régale. L'hydrate de potasse seul par voie de fusion et dans un creuset découvert, finit par l'attaquer sensiblement; la masse lessivée se colore en jaune et se trouve contenir un peu de chromate.

M. H. Rose l'a préparé en décomposant à la température rouge le chlorure de chrôme en cristaux anhydres, par l'hydrogène phosphoré : il était noir, légèrement soluble dans l'acide azotique et l'eau régale, et composé de 64,80 de chrôme, et de 35,80 de phosphore ou de 1 atome de l'un et 1 atome de l'autre.

Proto-sulfure de chrôme.—Le soufre n'a d'action ni sur le chrôme ni sur son oxide. Pour se procurer le sulfure de chrôme, le meilleur moyen est de chauffer très fortement, dans un creuset brasqué, un mélange de per-sulfure de po-tassium et d'oxide de chrôme, et de traiter la masse fondue par l'eau qui dissout le sulfure de potassium plus ou moins désulfuré, et laisse pour résidu le sulfure de chrôme pur. L'on peut encore faire passer des vapeurs de sulfure de carbone sur de l'oxide de chrôme chauffé au rouge dans un tube de porcelaine : le carbone s'unit à l'oxigène et le soufre au chrôme. Ce sulfure ne se produit jamais par la voie hu-mide : lorsqu'on verse dans une dissolution saline de chrôme un proto-sulfure ou un sulfhydrate alcalin, le précipité formé est, non du sulfure, mais de l'oxide de chrôme; il se dégage en même temps beaucoup de gaz sulfhydrique.

Le sulfure de chrôme est d'un gris blanc, sans éclat mé-tallique, très facile à convertir par le grillage en gaz sulfu-reux et en oxide, soluble dans l'eau régale, insoluble dans les alcalis et les sulfures alcalins. Sa formule est $Cr\,S^3$.

Alliages.—Presque aucun métal n'a été uni au chrôme : on sait toutefois qu'il communique à l'acier plus de dureté et que l'acier chrômé a des qualités que n'a pas l'acier or-dinaire (922).

Action des oxides et des acides.

1043. *Potasse, soude.*—Le chrôme, réduit en poudre et chauffé jusqu'au rouge avec les hydrates de potasse et de soude, absorbe l'oxigène de l'air et passe à l'état d'acide chrômique : aussi, quand on traite la masse par l'eau, ob-tient-on une liqueur colorée en jaune par le chromate de potasse et de soude. Ce caractère est même assez sensible pour permettre de reconnaître de très petites quantités de chrôme dans un minéral ; c'est même de cette manière qu'on en démontre la présence dans les pierres météoriques : on les calcine avec de l'hydrate de potasse dans un creuset, on lessive le produit ; et, s'il contient du manganèse, ce qui arrive assez souvent, on attend que le caméléon soit dé-composé. Alors la liqueur filtrée et concentrée offre toutes les propriétés du chromate de potasse : elle est jaune ou jaunâtre ; saturée par les acides et mise en contact avec de l'azotate acide de protoxide de mercure, elle donne lieu à un précipité rouge de chromate qui, calciné, laisse pour résidu de l'oxide vert de chrôme.

Acides.—Les acides les plus puissans l'attaquent à peine même à la chaleur de l'ébullition.

L'acide fluorhydrique est le seul qui exerce sur lui une action bien sensible, et qui le dissolve avec dégagement d'hydrogène.

1044. *Caractères des sels de protoxide de chrôme.*

Couleur.	Vert émeraude.
Saveur.	Douceâtre, astringente.

Leurs dissolutions donnent :

Avec potasse, soude.	Ppté d'hydrate d'oxide gris-verdâtre, soluble dans un excès d'alcali.
Avec ammoniaque.	Ppté d'hydrate d'oxide gris-verdâtre, à peine soluble dans un excès d'alcali.
Avec carbonate de potasse ou de soude.	Ppté de carbonate vert-grisâtre, insoluble dans un excès de carbonate.
Avec cyanure jaune de potassium et de fer.	Ppté vert de cyanure de chrôme ferrugineux.
Avec proto-sulfure ou sulfhydrate alcalin.	Ppté d'hydrate d'oxide gris-verdâtre, et dégagement de gaz sulfhydrique.
Avec noix de galle.	Ppté brun.
Avec acide sulfhydrique.	Point de ppté.

État naturel, extraction.

1045. *État naturel.*—Le chrôme se rencontre naturellement : 1° à l'état d'oxide (1040); 2° à l'état de chromate de plomb, de chromate double de plomb et de cuivre, et de chromate double de magnésie et d'alumine (*Voyez* ces sels ou ce genre de sel); 3° à l'état d'oxide double de chrôme et de fer ou d'alumine, dans le minerai connu sous les noms de *fer chromé, chromite de fer, chromate de fer.* C'est sans doute sous ce dernier état, qu'existe la très petite quantité de chrôme des pierres météoriques.

Le *fer chromé* n'est pas toujours le même : on en connaît au moins deux variétés.

La premiére se trouve dans le département du Var en France; en Silésie; et dans l'Ile-à-Vaches près Saint-Domingue. Elle contient :

	Var.	Ile à-Vaches.	Silésie.
Oxide de chrôme	37	37,0	32,3
Sesqui-oxide de fer	35	36,0	41,0
Alumine	21	21,5	16,0
Silice	2	5,0	8,0

La deuxième variété se trouve à Baltimore, à Chestercoutz en Pensylvanie, dans les monts Ourals, et en Styrie; elle contient :

	Baltimore.	Ourals.	Styrie.
Oxide de chrôme	51,6	53,0	55,5
Sesqui-oxide de fer	35,0	34,0	33,0
Alumine	10,0	11,0	6,0
Silice	3,0	1,0	2,0

On a commencé par exploiter la mine du Var, pour les besoins du commerce : maintenant qu'elle est presque épuisée, le minerai de chrôme nous vient d'Amérique. Voici les caractères physiques des deux minerais : celui du Var est noirâtre, peu brillant, et en masses amorphes; l'autre est noir-gris, en masses cloisonnées ou en gros grains amorphes, toujours entourés d'une stéatite blanche ou verte : il a l'éclat de l'anthracite.

Extraction. — C'est de l'oxide de chrôme qu'on extrait le chrôme; on le mêle intimement avec la quantité de charbon nécessaire pour transformer l'oxigène en oxide de carbone; puis on introduit le mélange dans un creuset brasqué, et on procède à la réduction comme à celle du manganèse (857).

Usages. — Le chrôme n'a d'usages qu'à l'état d'oxide et de chromate de plomb. (*Voyez* ces composés.)

ARTICLE IV.

Vanadium.

1046. En examinant un minerai de plomb de Zimapan, Del Rio découvrit le vanadium en 1801 et lui donna le nom d'*érythronium*. Peu de temps après, le même minéral ayant été soumis à l'analyse par Collet Descotils, celui-ci annonça que l'érythronium n'était que du chrôme impur. Del Rio lui-même ayant adopté l'opinion du chimiste français, ce métal fut rayé de la liste des corps simples jusqu'en 1830, où M. Sefström le découvrit de nouveau dans un fer provenant de Jaberg, non loin de Jönköping en Suède. Le nouveau nom qu'il a reçu, vient de *Vanadis*, divinité des Scandinaves.

Propriétés physiques. — Le vanadium, lorsqu'il est poli, ressemble assez à l'argent et encore plus au molybdène. Il est cassant, facilement réductible en poudre, d'un gris de fer, bon conducteur de l'électricité et très négatif relativement au zinc. Sa densité n'est pas connue. Son poids atomique est de 855, 84.

Action de l'air, oxides, acide.

1047. *Action de l'air.*— La poudre de vanadium, obtenue par la réduction de l'acide vanadique au moyen du potassium, brûle dans l'air au-dessous de la chaleur rouge et se transforme en un oxide noir qui ne présente point de traces de fusion. Ce métal est donc très oxidable.

Il s'unit à l'oxigène en trois proportions : de là deux oxides et un acide. Le protoxide ne joue ni le rôle de base ni le rôle d'acide; le bi-oxide joue celui de base et quelquefois celui d'acide. Quant à l'acide vanadique, il s'unit facilement aux bases et aux acides puissans.

1048. *Protoxide de vanadium.* — Cet oxide s'obtient en décomposant l'acide vanadique par l'hydrogène, à l'aide d'une température rouge, ou bien en fondant cet acide dans une cavité pratiquée au milieu d'un charbon. Dans le premier cas, l'oxide est noirâtre, et conserve la forme et l'éclat des facettes cristallines de l'acide. Dans le second, il est gris métallique comme la plombagine et en masse cohérente. En cet état d'agrégation il conduit très bien l'électricité, et, chose remarquable, il est plus électro-négatif que le cuivre, et même que l'or et le platine.

Chauffé à l'air libre, le protoxide de vanadium, dû à l'action de l'hydrogène sur l'acide vanadique et dont la cohérence est très faible, prend feu et brûle en laissant pour résidu une masse noire non fondue. Le protoxide se sur-oxigène même peu-à-peu à la température ordinaire, encore bien qu'il ne change pas d'apparence; et ce qui le prouve, c'est qu'alors mis en contact avec l'eau, il la colore en vert, et que cette couleur est due à la dissolution d'un vanade neutre de bi-oxide.

Au plus haut degré de chaleur, l'hydrogène n'en opère point la réduction; le carbone le réduit au point de contact; le chlore le transforme aisément en per-chlorure et en acide vanadique.

L'eau, sans doute par l'oxigène qu'elle peut tenir en dissolution, le sur-oxide lentement à la manière de l'air : aussi prend-elle une teinte verte semblable à celle que peut lui donner le vanadate neutre de bi-oxide.

Aucun acide, aucune base ne l'attaque.

Il est formé de 100 de vanadium et de 11, 6845 d'oxigène : ce qui donne en proportions et en atomes :

$$1 \text{ de vanadium } 855,84 + 1 \text{ d'oxigène } 100 = VO.$$

1049. *Bi-oxide de vanadium.* — Le bi-oxide de vanadium peut s'obtenir : 1° en chauffant au rouge-blanc, dans une atmosphère d'acide carbonique, un mélange de 9 parties et demie de protoxide de vanadium et de 11 parties et demie d'acide vanadique; 2° en décomposant par le carbonate de soude un sel de bi-oxide de vanadium, que l'on a eu soin de traiter auparavant par de l'acide sulfhydrique pour le débarrasser de l'acide vanadique qu'il pourrait contenir; le précipité blanc-grisâtre qui se forme est le bi-oxide hydraté : on le recueille sur un filtre, on le lave avec de l'eau pure et privée d'air, on le presse entre plusieurs doubles de papier joseph et on le sèche dans le vide; si, au lieu de le sécher seulement, on le calcine, il donne de l'eau et laisse l'oxide anhydre sous forme d'une poudre noire. Cet oxide est sans action sur la couleur bleue du tournesol ou sur cette couleur rougie par les acides ; il ne fond pas à la température où le verre se ramollit; il se comporte, avec l'air et l'eau, comme le protoxide, c'est-à-dire qu'il se suroxigène et forme un vanadate neutre qui colore l'eau en beau vert.

Les acides agissent sur le bi-oxide de vanadium, même après qu'il a été chauffé; ils le dissolvent lentement et se colorent en bleu. Les alcalis le dissolvent aussi, mais en formant des sels que M. Berzelius nomme *vanadites* et dans lesquels le bi-oxide joue le rôle d'acide. Les carbonates l'attaquent également en prenant une teinte brune : il se forme tout à-la-fois un vanadite et un bi-carbonate. Les bi-carbonates eux-mêmes exercent une action très marquée sur lui; la liqueur devient bleu, et l'on y trouve un carbonate double contenant le vanadium à l'état basique.

Dans le bi-oxide de vanadium, 100 parties de métal sont unies à 23, 369 d'oxigène; ce qui donne en proportions et en atomes :

$$\text{1 de vanadium } 855,84 + \text{2 d'oxigène } 200 = VO^3.$$

1050. *Acide vanadique.* — Cet acide se prépare en exposant le vanadate d'ammoniaque à une température voisine du rouge, dans un creuset de platine, et remuant la masse de temps en temps avec une spatule. Le vanadate se décompose et passe d'abord, par l'hydrogène de l'ammoniaque, à l'état d'oxide noir : celui-ci s'acidifie ensuite par l'oxigène de l'air, devient et reste rouge-brun, tant qu'il est chaud et prend la couleur de rouille par le refroidissement.

L'acide vanadique ainsi obtenu est pulvérulent, inodore et insipide. Il rougit le papier de tournesol mouillé, ne conduit point l'électricité, fond à la température rouge et ne se décompose pas même au rouge blanc. Si, après avoir été fondu, on le laisse refroidir jusqu'au-dessous du rouge invisible à la lumière solaire, il commence à cristalliser sur les bords, prend beaucoup de retrait, et dès-lors un cercle lumineux se manifeste de la périphérie au centre, phénomène qui est évidemment le résultat du passage de l'état liquide de l'acide à l'état solide.

Cet acide est à peine soluble dans l'eau, qu'il colore toutefois en jaune clair; bouillante, elle n'en retient même qu'environ la millième partie de son poids. Les acides sulfureux, hypo-azotique, oxalique, tartrique, l'alcool, le sucre, chauffés légèrement avec lui, le ramènent à un moindre degré d'oxigénation. L'acide chlorhydrique le dissout, prend une teinte jaune-orangé, se charge de chlore et acquiert la propriété d'attaquer l'or et le platine.

Fondu au chalumeau avec le phosphate ammoniacal de soude, l'acide vanadique donne un verre d'un beau vert, qui paraît brun quand il est chaud; il colore également le borax en vert par la fusion. La couleur verte, dans les deux cas, passe au jaune en exposant le verre à la flamme extérieure, ce qui n'a pas lieu avec le chrôme et ce qui l'en distingue jusqu'à un certain point.

L'acide vanadique est formé de 100 parties de vanadium et de 35, 0533 d'oxigène 3oo : d'où l'on déduit en proportions et en atomes :

$$\text{1 de vanadium } 855{,}84 + 3 \text{ d'oxigène } 3oo = VO^5.$$

1051. Il paraît, d'après les expériences de M. Berzelius, que l'acide vanadique est susceptible de se combiner en 4 proportions avec le bi-oxide de vanadium, et de former un sous-vanadate qui est pourpre, un vanadate neutre qui est vert, un bi-vanadate qui a la même couleur que le vanadate neutre, et un vanadate encore plus acide, qui est d'un jaune orangé.

1° *Le sous-vanadate* n'a été obtenu qu'à l'état de dissolution. Pour cela, on met de l'hydrate de bi-oxide de vanadium dans un flacon mal bouché, on l'y laisse pendant 24 heures, après quoi l'on verse sur l'oxide de l'eau qui se colore en vert, puis on recueille la matière sur un filtre, et quand la première eau d'une teinte verte est écoulée, on en ajoute d'autre qui en filtrant paraît successivement brune, pourpre et incolore (1). C'est la liqueur pourpre qui tient le sous-vanadate en dissolution. Elle doit être conservée dans un flacon que l'on remplit et que l'on bouche bien pour la priver du contact de l'air; autrement le sous-vanadate passerait à l'état de vanadate neutre et même de vanadate acide, et par conséquent deviendrait vert et enfin jaune.

Il est plusieurs procédés pour préparer le *vanadate neutre de bi-oxide* : l'un d'eux consiste à laisser de l'hydrate de bi-oxide de vanadium, exposé à l'air jusqu'à ce qu'il soit sec; il se sur-oxide et devient soluble dans l'eau. On l'y dissout alors et l'on fait évaporer la dissolution dans le vide. On peut l'obtenir également en décomposant un sel neutre de bi-oxide de vanadium par un vanadate neutre, soluble; il se forme un précipité d'un vert très foncé, si les liqueurs sont suffisamment concentrées; dans le cas contraire, on y dissout du chlorhydrate d'ammoniaque qui détermine la précipitation. Il est encore possible de l'obtenir en fondant ensemble 10 $\frac{1}{2}$ parties de bi-oxide de vanadium et 23 $\frac{1}{10}$ parties d'acide vanadique.

Le vanadate neutre de bi-oxide de vanadium est soluble dans l'eau, à laquelle il communique une couleur verte assez foncée pour être opaque. Il est insoluble dans l'alcool anhydre, mais soluble dans l'alcool à 0,86. Les alcalis, employés en excès, font naître dans ses dissolutions un précipité brun d'oxide de vanadium et d'alcali; lorsqu'on en ajoute peu, au contraire, ils ne font que foncer la couleur de la liqueur sans la troubler. Les carbonates la colorent en brun sans en rien précipiter non plus.

---

(1) L'eau verte doit contenir du vanadate neutre. Si par la filtration elle devient pourpre, c'est, sans doute, parce que le vanadate neutre est plus soluble que le sous-vanadate.

3° C'est en décomposant le sulfate neutre de bi-oxide de vanadium par le bi-vanadate de potasse, que l'on prépare le bi-vanadate de bi-oxide de vanadium.

4° Quant au vanadate plus acide que le bi-vanadate, il s'obtient en étendant d'eau les vanadates précédens, les laissant suffisamment exposés au contact de l'air, puis les soumettant à une évaporation spontanée. Le vanadate très acide finit par se déposer en cristaux d'un jaune orange pâle.

Combinaisons du vanadium avec les métalloïdes et les métaux.

1052. Le vanadium étant encore très rare, peu de métalloïdes ont pu être combinés avec lui. Il ne sera question ici que des phosphure et sulfures de vanadium. Les fluorures, chlorures, brômures, iodures, seront étudiés parmi les sels.

Phosphure de vanadium.—Il est en masse grise, poreuse, non fondue, qui par la compression prend l'aspect du graphite. On l'obtient en décomposant à une haute température le phosphate de bi-oxide de vanadium dans un creuset brasqué ou dans une cavité pratiquée au milieu d'un charbon ; le phosphure reste sous la forme qui vient d'être indiquée; vainement on essaierait d'opérer la combinaison directement, c'est-à-dire en chauffant le vanadium avec le phosphore : celui-ci se dégagerait tout entier.

Proto-sulfure de vanadium. — Inconnu.

Bi-sulfure de vanadium.—Il en est de l'action du soufre sur le vanadium comme de celle du phosphore: ces deux corps ne peuvent s'unir directement ; le soufre alors se vaporise tout entier. Aussi, pour obtenir le bi-sulfure de vanadium, faut-il chauffer jusqu'au rouge pendant long-temps le protoxide de vanadium dans un courant de gaz sulfhydrique : il en résulte de l'eau, un dégagement de gaz hydrogène, et le vanadium passe peu-à-peu au second degré de sulfuration. Le sulfure ainsi obtenu est noir, devient compacte par la pression et ne prend point l'éclat métallique sous le brunissoir. Lorsqu'on le chauffe sur une lame de platine, il brûle avec une flamme bleue, et y laisse une pellicule circulaire, translucide, bleue à la circonférence et pourpre vers le centre, laquelle disparaît à la chaleur rouge et ne laisse que quelques traces d'acide vanadique. Il n'est point attaqué par les acides sulfurique et chlorhydrique, ni par les alcalis caustiques; mais il est converti en sulfate par l'acide azotique.

Il est une autre manière de préparer le bi-sulfure de vanadium : c'est de traiter un sel de bi-oxide de vanadium ou l'hydrate de ce bi-oxide par une dissolution de sulfhydrate de potassium : il se forme un double sulfure de vanadium et de potassium qui colore la liqueur en pourpre foncé, et d'où l'on précipite le bi-sulfure de vanadium par les acides. Dans cet état de division, le bi-sulfure est toujours noir, sans action sur les acides sulfurique et chlorhydrique; il se dissout dans les alcalis et les sulfhydrates alcalins ; il se dissout même dans les carbonates alcalins à la chaleur de l'ébullition : les alcalis et les sulfhydrates prennent une teinte pourpre, et les carbonates une teinte jaune brunâtre.

Le bi-sulfure de vanadium est composé de 100 de métal et de 47,21 de soufre, ce qui donne en proportions et en atomes :

$$\text{1 de vanadium } 855, 84 + 2 \text{ de soufre } 2 \times 201,16 = V S^2;$$

Tri-sulfure de vanadium. — Pour obtenir le tri-sulfure de vanadium, il faut décomposer la solution d'un vanadate neutre de potasse ou de soude par un courant de gaz sulfhydrique, qui produit en réagissant sur l'acide et sur l'alcali, un double sulfure de vanadium et de potassium ou de sodium, et précipiter ensuite le sulfure de vanadium par de l'acide sulfurique ou de l'acide chlorhydrique. Ce sulfure paraît presque noir, vu en masse, quoique la poudre en soit brune; chauffé fortement, il abandonne du soufre et se trouve ramené à l'état de bi-sulfure. Il se dissout dans les

hydrates et les sulfhydrates alcalins auxquels il communique une couleur de bierre forte, au lieu d'une couleur
pourpre comme le fait le bi-sulfure.

Le tri-sulfure de vanadium est composé de 100 de métal et de 70,51 de soufre, ce qui donne en atomes et en
proportions :

$$\text{1 de métal } 855,84 + 3 \text{ de soufre } 3 \times 201,16 = V\,S^3.$$

1053. *Alliages.* — On sait seulement que le vanadium
s'allie assez facilement aux métaux et qu'il les rend cassans.
Par exemple, lorsqu'on chauffe au chalumeau, sur du charbon, les vanadates métalliques, ils se réduisent et forment
des alliages tout-à-fait dépourvus de ductilité. Les creusets de platine, dont on se sert pour faire des expériences
sur le vanadium, sont même souvent attaqués par ce métal;
mais en les exposant au rouge à plusieurs reprises, et les
traitant chaque fois par une dissolution alcaline, on finit
par enlever le vanadium à l'état d'acide.

Action de l'eau et des acides.

1054. *Eau.* — L'eau est sans action sur le vanadium.

Acide azotique. — Décomposition de l'acide, dégagement d'oxide d'azote, formation d'un azotate bleu de bi-
oxide de vanadium, qui est soluble et ne change pas de couleur par l'ébullition : ce n'est qu'en évaporant la dissolution
jusqu'à siccité que le bi-oxide passe à l'état d'acide vanadique.

Acide sulfurique. — Il est probable, mais non démontré
par l'expérience, qu'à chaud l'acide sulfurique concentré est
décomposé par le vanadium; qu'à froid il est sans action,
et qu'il en est de même, étendu d'eau, quelle que soit la température.

Acide chlorhydrique. — Probablement point d'action.

1055. *Caractères des sels de bi-oxide de vanadium.*

Couleur.	Bleue d'azur, à peu d'exceptions près, lorsqu'ils sont dissous. Bleu foncé ou bleu clair, quelquefois verdâtre, s'ils sont solides et hydratés. Brune ; quelquefois verte, s'ils sont solides et anhydres.
Saveur.	Astringente et un peu douceâtre.

Leurs dissolutions donnent :

Avec potasse ou soude caustique.	Ppté d'un blanc grisâtre, passant peu-à-peu au brun hépatique, et soluble dans un excès d'alcali en colorant la liqueur en brun.
Avec ammoniaque ajoutée en excès.	Ppté brun ; liqueur incolore.
Avec carbonates alcalins.	Ppté gris blanc.
Avec acide sulfhydrique.	Point de ppté.
Avec sulfhydrate alcalin.	Bi-sulfure noir soluble dans un excès de sulfhydrate alcalin. Liqueur d'un beau pourpre.
Avec cyanure de potas. et de fer.	Ppté jaune citron qui verdit à l'air.
Avec infusion de noix de galle.	Ppté bleu tellement foncé qu'il paraît noir.

On sait de plus que la plupart des sels de bi-oxide de vanadium sont solubles dans l'eau.

1056. *Caractères des sels où l'acide vanadique joue le rôle de base.*

Couleur.	Rouge ou jaune.
Saveur.	Fortement astringente et aigrelette.

Leurs dissolutions donnent :

Avec plusieurs corps désoxidans, tels que l'acide sulfhydrique, l'alcool, le sucre, plusieurs acides végétaux.	Sels bleus de bi-oxide de vanadium.
Avec cyanure de potassium et de fer.	Ppté vert.

On sait de plus : 1° qu'exposées à l'air pendant quelque temps, elles verdissent peu-à-peu, sans doute par l'effet d'une réduction partielle due à la poussière tenue en suspension dans l'atmosphère; 2° que les sels neutres, dissous dans l'eau et soumis à l'évaporation, déposent, à un certain degré de concentration, une masse d'un rouge brun, non cristallisée, qui est une sorte de sous-sel; 3° enfin que s ouvent les dissolutions de sels vanadiques se décolorent complètement lorsqu'on les chauffe, phénomène qui, selon M. Berzelius, est probablement dû à une modification isomérique.

Extraction.

1057. M. Sefström, pour se procurer le vanadium, préfère les scories que l'on obtient dans l'affinage du fer de Jaberg, à ce fer lui-même, parce qu'elles en contiennent davantage; voici le procédé qu'il suit :

1° Les scories finement pulvérisées sont mêlées intimement avec une partie d'azotate de potasse et deux parties de carbonate de soude, puis le mélange est placé dans un creuset de platine et soumis pendant une heure à une forte calcination. On le laisse alors refroidir et on le réduit en une poudre très tenue que l'on soumet à des lavages réitérés pour enlever tout ce qu'il contient de soluble.

2° Les eaux de lavages sont réunies, filtrées, saturées par l'acide azotique et décomposées par le chlorure de barium ou l'azotate de plomb. Il se forme un précipité de vanadate de barite ou de plomb, mêlé à du phosphate de la même base, à de la silice, de l'alumine et de la zircône. On le lave; et avant qu'il ne soit sec, on le décompose par l'acide sulfurique qui se colore en rouge foncé.

3° Après avoir fait digérer l'acide sulfurique pendant une demi-heure, on y ajoute de l'alcool et l'on fait digérer de nouveau. Par ce moyen, l'acide vanadique est ramené à l'état de bi-oxide, ce qui se reconnaît à ce que la liqueur, de rouge, devient bleue ; on la filtre, et on la fait évaporer jusqu'en consistance sirupeuse dans une capsule de platine : ainsi concentrée, elle doit être mêlée avec un peu d'acide fluorhydrique pour en séparer une petite quantité de silice, puis évaporée jusqu'à siccité et même chauffée jusqu'au rouge pour chasser l'acide sulfurique et n'avoir qu'un résidu formé d'acide vanadique impur.

4° Sur cet acide, on projette dans la capsule même de l'azotate de potasse par petites parties, de telle manière que la masse chauffée au point de fusion ne soit plus rouge après le refroidissement. (1)

On la dissout dans l'eau, et l'on obtient d'une part un résidu assez chargé de vanadium pour qu'on ne doive pas la rejeter (2), et d'autre part une liqueur qui contient du vanadate et du phosphate de potasse. Il suffit alors de mettre dans cette liqueur un fragment de chlorhydrate d'ammoniaque pour en précipiter l'acide vanadique à l'état de vanadate d'ammoniaque, pourvu toutefois que le chlorhydrate ne puisse être entièrement dissous. Le vanadate d'ammoniaque est ensuite lavé avec une solution de chlorhydrate ammoniacal, puis avec de l'alcool à 0,86 qui enlève le chlorhydrate et est sans action sur le vanadate. Enfin on redissout le vanadate dans l'eau et on le fait cristalliser.

5° Le vanadate d'ammoniaque pur, étant donné, on le chauffe doucement dans un creuset de platine, et on le transforme ainsi en un résidu d'acide vanadique. On fond l'acide vanadique, on le brise en fragmens que l'on place dans un creuset de platine en les alternant par couches, avec du potassium en globules, à-peu-près du même volume que les

---

(1) La couleur rouge est produite par le sulfate d'acide vanadique.

(2) Le résidu est une combinaison basique d'acide vanadique, d'alumine, de zircône et de silice. On en extrait le vanadium par un sulfhydrate de potasse : il en résulte un double sulfure de vanadium et de potassium, d'où l'on précipite par l'acide sulfurique un tri-sulfure de vanadium qui, par la calcination, donne de l'acide vanadique.

morceaux d'acide; on recouvre le creuset de son couvercle, on le fixe avec un fil métallique, et l'on chauffe le mélange à la lampe à alcool. La réduction s'opère tout-à-coup avec une sorte de détonation. Après le refroidissement, le creuset est plongé dans l'eau, et quand tout l'oxide de potassium provenant de la réduction de l'acide vanadique est dissous, on jette la liqueur sur un filtre qui retient le vanadium sous forme pulvérulente.

6° Le vanadium peut encore être obtenu en plaçant du chlorure de vanadium dans une boule soufflée au milieu d'un tube droit, et y faisant passer du gaz ammoniaque jusqu'à ce que le chlorure en soit saturé; à cette époque, on chauffe la boule du tube avec une lampe à alcool : le sel double est décomposé; du chlorhydrate d'ammoniaque se sublime, et le vanadium réduit reste sur la paroi interne de la boule.

ARTICLE V.

Tungstène.

1058. *Historique.* — Schéele ayant analysé, en 1781, un minéral connu sous le nom de *tungstène* ou *pierre pesante*, conclut de ses recherches qu'il était formé de chaux et d'un acide particulier. Bergman regarda cet acide comme devant être de nature métallique; mais cette opinion ne fut mise hors de doute que par les frères D'Elhuyart. La découverte de ce métal appartient donc à ceux-ci, quoiqu'elle ait été pressentie par les deux savans chimistes suédois.

1059. *Propriétés.* — Le tungstène est solide, très dur, à peine attaquable par la lime, aigre, à cassure cristalline, brillant et blanc grisâtre comme le fer; il est aussi difficile à fondre que le molybdène et le chrôme : aussi ne l'a-t-on point encore obtenu en culot bien formé. Selon les frères D'Elhuyart, sa pesanteur spécifique est de 17,6.

Le tungstène n'a d'action sur l'air qu'à une température

élevée ; il en absorbe l'oxigène et devient brun jaunâtre : il s'enflamme même au degré de la chaleur rouge. Il existe un oxide et un acide de tungstène.

1060. *Oxide.* — L'oxide de tungstène est noir ou d'un brun puce; on peut se le procurer en introduisant de l'acide tungstique dans un tube établi horizontalement sur un fourneau, faisant passer un courant de gaz hydrogène à travers ce tube, et le chauffant jusqu'au rouge naissant; l'hydrogène enlève une partie de l'oxigène à l'acide, qui, de jaune, devient successivement vert, bleu, et enfin brun. Si, dans cette préparation, la température n'était portée qu'à 300 degrés environ, l'on n'obtiendrait que la matière bleue qui paraît être du tungstate de tungstène; si, au contraire, le degré de chaleur était voisin de celui auquel le verre fond, ce métal serait complètement réduit : l'opération est donc difficile à régler.

C'est pourquoi on est plus certain d'avoir l'oxide de tungstène pur par le procédé de M. Wöhler : on réduira donc du wolfram (tungstate de fer et de manganèse) en poudre très fine; on le mêlera avec le double de son poids de carbonate de potasse, et on le fondra dans un creuset de platine. La masse refroidie sera dissoute dans l'eau bouillante, et la dissolution filtrée pour séparer les oxides de fer et de manganèse. Celle-ci contiendra l'acide tungstique uni à la potasse : on y ajoutera une quantité suffisante de chlorhydrate d'ammoniaque qui transformera le tungstate de potasse en tungstate d'ammoniaque, chlorure de potassium et eau, puis on la fera évaporer jusqu'à siccité, et l'on calcinera le résidu jusqu'au rouge. A cette haute température, l'hydrogène de l'ammoniaque ramènera l'acide tungstique à l'état d'oxide; celui-ci étant entouré de chlorure de potassium fondu ne pourra pas être *réoxigéné* par l'air : d'où l'on voit qu'en traitant la nouvelle masse saline par l'eau, elle devra se dissoudre tout entière, sauf l'oxide de tungstène. Seulement, comme il serait possible qu'il fût mêlé à un peu d'acide tungstique, il sera bon de le faire digérer avec une solution faible de potasse ou de soude caustique ; après quoi on le lavera à grande eau et on le fera sécher : ainsi préparé, il est presque aussi noir que du charbon.

On peut aussi obtenir l'oxide de tungstène en mettant un mélange d'acide tungstique et de limaille de zinc en contact avec de l'acide chlorhydrique étendu d'eau. L'hydrogène dû à l'eau décomposée s'empare de l'oxigène de l'acide métallique, le rend bleu d'abord, puis le réduit en feuillets brillans de la couleur du cuivre, pourvu que cet acide provienne du tungstate d'ammoniaque cristallisé et calciné : mais l'oxide ainsi préparé ne se conserve que sous l'eau ; exposé à l'air, il devient à l'instant bleu et bientôt jaune. (Wöhler, *Ann. de Chim. et de Phys.*, XXIX, 43.)

La couleur de l'oxide varie donc suivant le procédé qui a servi à le préparer; il peut être en poudre brune ou noire et en paillettes brillantes de la couleur du cuivre. Dans tous les cas, quelle que soit sa couleur, il possède les propriétés suivantes : il est insipide, inodore, infusible. Chauffé avec le contact de l'air, il prend feu très facilement, brûle comme de l'amadou et se convertit en acide jaune. Il ne s'unit point aux acides. Mis en contact avec une dissolution chaude et concentrée de potasse, il décompose l'eau d'une manière sensible, en absorbe l'oxigène, en dégage l'hydrogène, passe à l'état d'acide tungstique et se dissout. On ne saurait le combiner directement avec la soude ; mais lorsqu'on fait fondre et rougir, dans un tube de verre, du tungstate acide de soude, et qu'on l'expose à l'action d'un courant d'hydrogène, une partie de l'acide se trouve ramenée à l'état d'oxide, et il se produit alors entre celui-ci et la soude un composé très remarquable, que l'on sépare en traitant la matière par l'eau bouillante à plusieurs reprises. Le tungstate non décomposé se dissout, et le nouveau composé reste sous forme de petits cubes et d'écailles jaunes dont la couleur et l'éclat sont les mêmes que ceux de l'or. Ce composé brillant et remarquable par sa beauté, résiste à l'action de tous les acides, même de l'eau régale, ou du moins il n'y a que l'acide fluorhydrique concentré qui le décompose et le dissolve. Les solutions alcalines ne l'attaquent pas non plus. L'air, à l'aide de la chaleur, le brûle avec lumière, et le transforme incomplètement en tungstate de soude (Wöhler).

L'oxide de tungstène est formé de 100 de tungstène et de 16,90 d'oxigène, ou de :

$$\text{1 at. de tungstène } 1183,20 + 2 \text{ at. d'oxigène } 200 = Wo^2.$$

Sa combinaison avec la soude contient :

$$4 \text{ at. d'oxide de tungstène} = 4 \times 1383,20.$$
$$2 \text{ at. de soude} = 2 \times 390,90.$$

1061. *Acide tungstique.* — L'acide tungstique est solide, jaune serin, inodore, insipide, sans action sur la teinture de tournesol. Sa densité est de 6,12. Exposé au feu, il ne fond point, mais il prend une teinte verdâtre. L'air ne lui fait éprouver aucune altération. Le gaz hydrogène le transforme en oxide, à l'aide de la chaleur, ou même le réduit complètement (1060). Il est absolument insolube dans l'eau, et très soluble, au contraire, dans l'eau chargée d'acide fluorhydrique, ou de potasse, ou de soude, ou d'ammoniaque. Lorsqu'on verse un acide dans une dissolution de tungstate alcalin, il se forme tout-à-coup un précipité blanc qui contient tout à-la-fois de l'acide tungstique, de l'acide ajouté, de l'alcali, et qui, traité ensuite par un excès d'acide azotique ou chlorhydrique bouillant, devient jaune : ce précipité jaune n'est point, comme on l'avait pensé d'abord, de l'acide tungstique pur; c'est de l'acide tungstique retenant un peu de l'acide avec lequel on l'a fait bouillir. Berzelius a observé en effet que l'acide tungstique formait des combinaisons particulières avec les acides énergiques; il a même vu que ces combinaisons, et surtout celle de l'acide sulfurique, étaient solubles dans l'eau d'une manière très sensible, mais qu'en rendant la liqueur plus acide, elles s'en précipitaient tout-à-coup. Fondu au chalumeau avec le borax ou le phosphate ammoniacal de soude, il forme un verre d'un beau bleu à la flamme intérieure.

La couleur bleue ne paraîtrait que difficilement, si l'acide contenait de la silice ou de l'alumine ; elle serait rouge, s'il contenait du fer ; mais alors, en refondant le verre avec l'étain, il deviendrait bleu dans le premier cas, et vert dans le second.

L'acide tungstique n'a encore été trouvé que dans deux minéraux : l'un, très rare, appelé autrefois *tungstène*, est formé d'acide tungstique et de chaux ; l'autre, assez commun, connu ordinairement sous le nom de *wolfram*, est composé d'acide tungstique, d'oxide de fer et d'oxide de manganèse : le wolfram a très souvent pour gangue de la silice ; il peut être regardé presque toujours comme un indice des minerais d'étain : il appartient aux mêmes terrains qu'eux.

C'est du wolfram qu'on extrait l'acide tungstique. Après avoir séparé, autant que possible, le wolfram de sa gangue, on le pulvérise et on le fait chauffer dans un matras ou une fiole avec cinq ou six fois son poids d'acide chlorhydrique, pendant une demi-heure ; on dissout ainsi l'oxide de fer et l'oxide de manganèse qu'il renferme, et on obtient, sous forme de poudre jaune, l'acide tungstique mêlé seulement avec la portion de gangue siliceuse qui n'a pu en être séparée ; on lave cet acide par décantation, à plusieurs reprises ; ensuite on le traite, à l'aide d'une très légère chaleur, par un petit excès d'ammoniaque liquide, puis on filtre la liqueur, on y verse un grand excès d'acide azotique, et on la fait bouillir pendant quelque temps : d'abord il se forme un précipité blanc qui passe bientôt au jaune ; il ne faut plus alors que le recueillir, le laver, le sécher et le chauffer au rouge naissant, pour avoir l'acide tungstique pur.

On peut encore se procurer l'acide tungstique en évaporant le tungstate d'ammoniaque jusqu'à siccité et le calcinant avec le contact de l'air.

L'acide tungstique est composé de 100 de tungstène et

de 25,35 d'oxigène, ou de 1 at. de métal et de 3 d'oxigène
$= WO^3$.

1062. *Combinaisons du tungstène avec les métalloïdes et
les métaux.* —Les seuls métalloïdes unis jusqu'à présent au
tungstène sont le soufre, le chlore, le fluor. Les chlorure
et fluorure se trouvent compris dans l'étude des sels : nous
n'avons donc à nous occuper ici que des sulfures.

Sulfures de tungstène. — Il en existe deux : l'un correspond au protoxide, et l'autre à l'acide tungstique.

Proto-sulfure. — Pour obtenir le proto-sulfure, il faut
mêler une partie d'acide tungstique avec six parties de sulfure de mercure, introduire et tasser le mélange dans un
creuset de Hesse, fermer celui-ci avec un couvercle de
plombagine, taillé de manière à le faire entrer dans le creuset même, mettre une couche de charbon en poudre sur le
couvercle, enfermer le tout dans un autre creuset de gran-
deur convenable, l'exposer ensuite à une température très
élevée pendant une heure : par ce moyen, le sulfure se produit et constitue une masse d'un gris noirâtre ; il se produit
également, lorsqu'on fait passer de la vapeur de soufre ou
du gaz sulfhydrique dans un tube de porcelaine contenant de l'acide tungstique et exposé à la *chaleur blanche.*

Le proto-sulfure se transforme, par le grillage, en gaz sulfureux et en acide tungstique ; et de gris noir, il devient
jaune.

Sa composition, en proportions et en atomes, est :

1 de métal 1183,20 $+$ 2 de soufre 402,32 $= WS^2$.

Per-sulfure. —C'est en dissolvant l'acide tungstique dans
du sulfhydrate d'ammoniaque, versant un excès d'acide
chlorhydrique dans la liqueur, lavant le précipité et le faisant sécher, que l'on prépare ce sulfure ; l'acide tungstique
est décomposé par une quantité correspondante d'acide
sulfhydrique ; le sulfure de tungstène s'unit à l'excès de
sulfhydrate, et l'acide chlorhydrique en s'emparant de
l'ammoniaque dégage le gaz sulfhydrique et occasionne le
dépôt du per-sulfure.

Ce sulfure est d'un brun foncé et noircit en séchant. Il se dissout très sensiblement dans l'eau pure qu'il colore en jaune, beaucoup moins dans l'eau acide ou dans l'eau chargée de sel ammoniac, de sorte que de l'eau saturée de persulfure se trouble par l'addition du sel ammoniac ou d'un acide.

Chauffé dans une cornue, il abandonne le tiers du soufre qu'il contient et passe à l'état de proto-sulfure. Sa propriété la plus remarquable est de jouer le rôle d'acide comme le per-sulfure d'arsénic : aussi se comporte-t-il comme lui avec les sulfures, les sulfhydrates, les alcalis et les carbonates.

Sa composition atomique est :

$$\text{1 de métal } 1183,20 + 3 \text{ oxig. } 300 = W\,S^5.$$

1062 *bis. Alliages.*—Le tungstène n'a encore été allié qu'à quelques métaux. Ses alliages ont été à peine examinés : on assure que ceux de fer, d'étain, de plomb, de cuivre, conservent un certain degré de malléabilité. Probablement que la quantité de tungstène qui en fait partie est très faible.

1063. *Action des oxides et des acides.* — L'hydrate de potasse ou de soude, sous l'influence de l'air et d'une chaleur rouge, forme avec le tungstène de véritables tungstates.

L'acide sulfurique et l'acide chlorhydrique sont sans action sur lui.

L'acide azotique et surtout l'eau régale l'attaquent et le font passer à l'état d'acide tungstique.

1064. *État naturel.* — Le tungstène n'a encore été trouvé qu'à l'état d'acide dans le tungstate de chaux et le tungstate double de fer et de manganèse. (*Voy.* ces sels ou ce genre de sels.)

1065. *Extraction.* — Rien de plus facile que d'obtenir le tungstène en poudre d'un gris foncé : il suffit de chauffer l'acide tungstique dans un creuset brasqué ou dans un tube à travers lequel on fait passer du gaz hydrogène (1060), ou bien encore de calciner à la flamme intérieure du chalumeau sur un fragment de charbon dans lequel on aura

creusé une cavité, un mélange d'acide tungstique et de carbonate de soude; mais il est très difficile, pour ne pas dire
impossible, de le fondre : on ne l'obtient tout au plus qu'en
masse spongieuse.

ARTICLE VI.

Colombium.

1066. *Historique.* — Le colombium, qui rappelle le nom
de Cristophe Colomb, fut découvert, en 1801, par M. Hatchett, dans un minéral venant d'Amérique (1). Trouvé par
Ekeberg, peu de temps après, dans des minéraux de Suède,
il lui parut être différent de ceux qui étaient connus jusqu'alors, et reçut le nom de *tantale* (2). Voilà pourquoi,
pendant plusieurs années, on regarda le colombium et le
tantale comme deux métaux particuliers ; mais M. Wollaston prouva, en 1809, qu'ils étaient identiques (3).
MM. Gahn, Berzelius et Eggertz, chimistes suédois, en ont
fait depuis une étude particulière (4), et M. Berzelius l'a
examiné tout de nouveau (5). C'est de son dernier *Mémoire*
et de son *Traité de Chimie* que nous extrairons presque tout
ce que nous dirons des propriétés de ce métal. Plusieurs
chimistes l'appellent *tantale*. Pour nous, nous préférons de
beaucoup le nom qui rappelle l'auteur de la découverte du
Nouveau-Monde.

1067. *Etat naturel.* — Le colombium n'existe qu'à l'état
d'acide, tantôt combiné avec un peu de protoxide de fer et
de protoxide de manganèse, tantôt avec de l'oxide d'yt-

____

(1) *Ann. de chim.* XLI, XLII, XLIV.

(2) *Ann. de ch.* XLIII et LVII.

(3) *Id.* LXXVI.

(4) *Ann. de ch. et de phys.,* III, 140.

(5) *Id.* XXIX, 303.

trium ou de l'yttria, le sesqui-oxide de fer, l'oxide d'urane et l'acide tungstique. Ces minéraux sont très rares et sont connus, l'un sous le nom de *tantalite* ou de *colombite*, et l'autre sous celui d'*yttro-tantalite* ou d'*yttro-colombite*. Le premier a été trouvé en Amérique, en Finlande, et en Bavière; le second à Ytterby en Roslagen, et près de Fahlun.

1068. *Préparation.* —Le seul procédé qu'on ait pour obtenir le colombium, est de chauffer dans un tube un mélange de potassium et de fluorure de colombium et de potassium bien sec, comme nous l'avons fait précédemment pour obtenir le silicium; le mélange entre en ignition au rouge naissant; il se forme du fluorure de potassium, et le colombium devient libre. En traitant ensuite la masse par l'eau, le fluorure de potassium préexistant et celui qui provient de la réaction se dissolvent; il se dégage du gaz hydrogène dû à un excès de potassium, et il se précipite une poudre noire et pesante qui est le colombium même. Les chimistes suédois essayèrent vainement de le réduire en pratiquant, dans un fragment de charbon, un trou du diamètre d'un tuyau de plume, y tassant de l'acide colombique calciné, et l'exposant ensuite dans un creuset de hesse luté, pendant une heure et demie, à un très violent feu de forge; ils n'obtinrent que du protoxide recouvert seulement d'une couche superficielle et jaunâtre de colombium.

1069. *Propriétés.* —Le colombium, extrait du fluorure, est parfaitement noir; séché, il prend de l'éclat sous le brunissoir et la couleur grise du fer; il ne conduit pas le fluide électrique, ce qui provient de ce qu'il est en poudre, car son sulfure et la légère couche de colombium que l'on obtient en chauffant très fortement l'acide colombique dans un creuset brasqué, sont conducteurs de ce fluide. Le plus violent feu de forge n'en opère point la fusion. A la température de l'atmosphère, il n'a sans doute aucune action ni sur le gaz oxigène ni sur l'air sec : toutefois, lorsqu'on le chauffe à l'air libre, il s'embrase bien avant que la température ne soit portée jusqu'au rouge, brûle avec vivacité, et se transforme entièrement en acide colombique.

Il est susceptible de deux combinaisons avec l'oxigène : l'une donne lieu à un oxide, et l'autre à un acide.

1070. *Oxide.* — Il se prépare en chauffant à un feu de forge, comme nous l'avons dit plus haut, l'acide colombique dans un creuset de charbon. L'acide s'affaisse en une petite masse cohérente, poreuse, jaune à l'extérieur, à cause d'un peu de colombium réduit, et d'un gris foncé à l'intérieur. La matière grise est l'oxide pur. Cet oxide, même après avoir été pulvérisé, raie le verre. Frotté contre un corps dur, il prend l'éclat du fer. Chauffé dans l'air jusqu'au rouge naissant, il brûle lentement et se convertit presque tout entier en acide colombique. Aucun acide ne l'attaque ; mais, mêlé au nitre et projeté dans un creuset incandescent, il détone, s'acidifie et s'unit à la potasse : cette vive action dépend de sa tendance à passer à l'état d'acide et de l'affinité de celui-ci pour l'alcali : aussi s'acidifie-t-il assez facilement, lorsqu'on le calcine dans un creuset avec la potasse ou la soude.

Il paraît que l'oxide de colombium fait partie d'une sorte de *tantalite* ou *colombite*, qui se rencontre à Kimito en Finlande.

Cet oxide est composé de 100 de métal et de 8,67 d'oxigène ; ce qui donne en proportions et en atomes :

$$1 \text{ de métal } 1153,715 + 1 \text{ d'oxigène } 100 = Cl\,O.$$

1071. *Acide colombique.* — L'acide colombique s'extrait du tantalite ou de l'yttro-tantalite. Pour cela, il faut d'après Ekeberg, fondre le minerai dans un creuset d'argent avec 2 parties de potasse, traiter le produit par l'eau bouillante, filtrer la liqueur et y verser un excès d'acide chlorhydrique. Par la potasse et l'eau, on dissout l'acide colombique, et par l'acide chlorhydrique on le précipite : le précipité est ensuite lavé et séché à une douce chaleur.

Mais, suivant M. Berzelius, ce procédé est défectueux : d'abord il ne permet pas d'extraire tout l'acide colombique ;

il en reste toujours un peu en dissolution dans l'acide chlorhydrique : de plus, lorsque le minerai de colombium contient de l'acide tungstique, celui-ci se dépose avec l'acide colombique. C'est pourquoi Berzelius donne la préférence au procédé suivant : Après avoir pulvérisé le tantalite, on le lave par décantation et l'on n'opère que sur la poudre qui se dépose et qui est très fine. Cette poudre est mêlée avec 6 à 8 fois son poids de bi-sulfate de potasse, puis chauffée dans un creuset de platine, jusqu'à ce que la matière rouge de feu coule comme une dissolution limpide et ne laisse plus apercevoir de poudre au fond du creuset. L'excès d'acide sulfurique s'unit à l'acide colombique et aux oxides qui l'accompagnent. Mais comme l'eau, qui dissout facilement les sulfates de potasse, de manganèse, de fer, décompose le sulfate d'acide colombique, il s'ensuit qu'en pulvérisant la matière fondue et refroidie, et la traitant par une quantité suffisante d'eau bouillante, on obtiendra l'acide colombique pour résidu. Cependant il ne sera pas encore pur : il contiendra toujours un peu d'oxide de fer, et pourra contenir de l'acide tungstique et même de l'oxide d'étain. Pour enlever ces corps étrangers, on le fera digérer avec du sulfhydrate d'ammoniaque en liqueur qui s'emparera de l'acide tungstique et de l'oxide d'étain, et convertira l'oxide de fer en sulfure noir. Enfin le nouveau résidu sera lavé avec de l'eau légèrement chargée de sulfhydrate d'ammoniaque, pour prévenir l'oxidation du fer, et traité à chaud par l'acide chlorhydrique. Par ce moyen, le sulfure de fer se dissoudra avec dégagement de gaz sulfhydrique, et l'acide colombique reprendra sa couleur blanche : pour l'avoir pur, il ne faudra plus alors que le laver à l'eau bouillante, continuer le lavage tant que l'eau rougira le tournesol, et le sécher à une douce chaleur. L'acide ainsi obtenu sera à l'état d'hydrate, et retiendra 11,5 pour cent d'eau qu'il perdra à une température peu élevée.

L'acide colombique est pulvérulent, insipide, inodore, d'une densité égale à 6,5 ; infusible, indécomposable par la chaleur, sans action sur le papier de tournesol à moins qu'il nesoit à l'état d'hydrate, insoluble dans l' eau, inattaquable par le soufre à chaud comme à froid, par le gaz sulfhydrique, par le sulfure de potassium.

L'acide colombique ne se dissout pour ainsi dire dans aucun acide, excepté l'acide fluorhydrique et l'oxalate acide de potasse : et encore est-il nécessaire qu'il soit hydraté.

La dissolution ne s'opère même bien dans l'oxalate acide qu'à chaud. Cette dissolution qui, comme la dissolution fluorhydrique, est incolore, donne un précipité jaune par le cyanure de potassium et de fer, un précipité jaune orangé par l'infusion de noix de galle, un précipité blanc d'acide colombique par le sulfhydrate d'ammoniaque, le même précipité blanc lorsqu'on sature l'acide oxalique par les alcalis : si l'acide colombique contenait de l'acide tungstique, la dissolution saturée à chaud donnait lieu à une gelée laiteuse par le refroidissement et prendrait une teinte bleuâtre en y plongeant une lame de zinc ou d'étain.

Les véritables dissolvans de l'acide colombique sont la potasse et la soude; il forme avec ces alcalis des sels tout particuliers.

L'acide colombique hydraté, soumis à la calcination, présente assez souvent, le même phénomène d'ignition que la zircone et l'oxide de chrôme : il contracte alors une grande cohésion.

Fondu au chalumeau avec le borax, il forme un verre transparent, qui devient opaque *au flamber*, et qui, par une addition d'acide, devient d'un blanc d'étain par le refroidissement.

L'acide colombique est composé de 100 de colombium et de 13,007 d'oxigène; il renferme donc une fois et demie autant d'oxigène que l'oxide. Sa formule est $Cl^2 O^3$.

1072. *Combinaisons des métalloïdes avec le colombium.* — Le colombium n'a encore été uni qu'au soufre, au chlore et au fluor. Nous n'examinerons ici que le composé formé par le soufre. L'histoire des deux autres se trouve comprise dans celle des substances salines.

Sulfure de colombium. — Le sulfure de colombium s'obtient, soit en chauffant du colombium au rouge naissant dans de la vapeur de soufre, soit en faisant passer du sulfure de carbone en vapeur à travers l'acide colombique, exposé dans un tube de porcelaine à une chaleur rouge-blanche. Dans le premier cas, le sulfure est en masse brillante et grenue qui se laisse étendre sur la peau comme le talc (*Ann. de Chim. et de Phys.*, XXIX, 3o5). Dans le second, il est en masse grise plus ou moins semblable à la plombagine, d'un grain fin et d'un aspect métallique dont l'éclat augmente par la compression. La combinaison directe se fait avec un grand dégagement de lumière.

Le sulfure de colombium est doux au toucher et bon conducteur de l'électricité. Au rouge naissant, il s'enflamme dans son contact avec l'air, et de là résulte entre autres produits un composé d'acide sulfurique et d'acide colombique : l'acide sulfurique adhère tellement à l'acide colombique qu'une chaleur rouge ne le dégage complètement qu'en projetant sur le composé du carbonate d'ammoniaque.

Le sulfure de colombium absorbe le gaz chlore, même à froid, et finit par se transformer en chlorures de soufre et de colombium qui restent séparés. Il n'est attaqué ni par l'acide chlorhydrique, ni par l'acide azotique, ni par l'acide fluorhydrique, ni par l'acide sulfurique ; mais il l'est, à la chaleur de l'ébullition, par un mélange de ces deux premiers acides : le soufre se convertit en acide sulfurique, et le colombium en acide colombique qui se précipite ; il l'est également par l'acide fluorhydrique mêlé à l'acide azotique, et alors le métal se dissout et le soufre devient libre.

Ce sulfure correspond à l'acide colombique ; il est formé de 100 de métal et de 26,17 de soufre $= Cl^2 S^3$.

1073. *Alliages.* — On ne connaît presque aucun alliage de colombium : tout ce qu'on sait, c'est qu'en chauffant fortement un mélange d'acide colombique, de charbon et de fer ou de manganèse, on obtient des alliages dont on peut extraire le colombium en poudre noire au moyen de l'acide chlorhydrique qui ne dissout que le manganèse ou le fer.

Action des alcalis et des acides. — Fondu avec la potasse hydratée ou carbonatée, le colombium s'oxide, soit aux dépens de l'eau, soit aux dépens de l'acide carbonique. L'acide fluorhydrique est le seul acide qui l'attaque; il le dissout avec dégagement de gaz hydrogène et production de chaleur : l'acide azotique favorise la dissolution.

ARTICLE VII.

Antimoine.

1074. *Historique.* — L'époque de la découverte de l'antimoine n'est pas bien connue; on sait seulement que Basile Valentin a décrit, le premier, la manière d'obtenir ce métal dans un ouvrage publié à la fin du quinzième siècle, et dont le titre est : *Currus triumphalis antimonii.*

L'antimoine est l'un des métaux sur lesquels tous les alchimistes ont le plus exercé leur infatigable patience. Il n'est presque point de chimiste non plus qui ne s'en soit occupé : de là une foule de dissertations; de là aussi un grand nombre de préparations médicales, parmi lesquelles se trouvent l'émétique et le kermès, deux des meilleurs médicamens que la médecine possède. On l'appelait autrefois *régule d'antimoine, stibium;* le nom *d'antimoine cru* était donné à sa combinaison avec le soufre.

1075. *Propriétés physiques.* — L'antimoine est solide, blanc-bleuâtre, très brillant, très cassant, facile à réduire en poudre. Frotté entre les doigts, il leur communique une odeur sensible. Sa texture est lamelleuse, quand il est impur, comme celui du commerce, mais grenue quand il a été purifié par le nitre. Sa densité est de 6,7021. Il cristallise en cubes.

L'antimoine entre en fusion au-dessous de la chaleur

rouge. Lorsqu'il est fondu et qu'on le laisse refroidir peu
à-peu, il se prend en un culot qui présente à sa surface une
cristallisation que les anciens chimistes ont comparée pour la
forme aux feuilles de fougère, et que l'on remarque dans
tous les pains d'antimoine du commerce. Il n'est point volatil; du moins, chauffé dans une cornue de grès dont le
col est muni d'un tube pour prévenir l'accès de l'air, et dans
un fourneau à réverbère dont le feu est augmenté par un
tuyau d'un mètre de haut, il ne se volatilise point. On
trouve tout au plus, après deux heures de feu, quelques
grains d'antimoine attachés à la voûte de la cornue, et dont
la sublimation est facile à concevoir d'après ce qui a été dit
en note (509).

Action de l'oxigène, de l'air; oxides, acides.

1076. *Action de l'oxigène et de l'air.* —Son action sur
le gaz oxigène et sur l'air atmosphérique, privés d'humidité, est nulle à la température ordinaire; elle est à peine
sensible sur ces gaz, même lorsqu'ils sont humides : cependant il est probable qu'elle donne lieu à une légère oxidation, car il est constant que l'antimoine perd un peu de
son brillant à l'air libre.

A une température élevée, l'antimoine absorbe facilement le gaz oxigène : il en résulte un oxide très blanc, et
un dégagement de calorique et de lumière. L'expérience
peut être faite sur le mercure dans une cloche courbe (p. XIII,
fig. 4); mais il est nécessaire de porter la cloche jusqu'au
rouge brun. La combustion de l'antimoine peut également
avoir lieu dans l'air : faites rougir fortement au feu quelques grammes d'antimoine dans un petit creuset, et versez-
le de 12 à 15 décimètres de haut sur le carreau ; l'antimoine se divisera en une foule de petits globules rouges
qui, partant d'un centre commun, se projetteront dans
tous les sens, brûleront rapidement en traversant l'air, y
répandront beaucoup d'oxide d'antimoine en vapeur et se

solidifieront. Lorsqu'on répète cette expérience, il ne faut agir tout au plus que sur 8 ou 10 grammes d'antimoine, et s'élever un peu au-dessus du sol, pour n'être point atteint par les petits globules incandescens. On peut encore réduire l'antimoine en poudre, le chauffer doucement dans un têt pour l'oxider, puis élever un peu plus la température; l'oxide prendra feu tout-à-coup et se transformera en acide anti-monieux.

Il existe un oxide et deux acides qui ont pour radical l'antimoine. L'oxide fait fonction de base faible. Pour la même quantité de métal, les quantités d'oxigène sont entre elles comme les nombres 3, 4, 5.

1077. *Protoxide.* — Blanc, tirant quelquefois sur le gris; entrant en fusion au-dessous du rouge naissant et donnant lieu à un liquide jaunâtre qui répand des fumées épaisses dans l'air, et se prend par le refroidissement, en une masse cristalline presque blanche et analogue à l'asbeste; facilement décomposable par l'hydrogène, le carbone, le soufre, etc.; insoluble dans l'eau; susceptible d'union avec les alcalis.

Le protoxide d'antimoine se trouve à Przibram en Bohême, sous forme de cristaux blancs et brillans; il accompagne aussi quelquefois l'oxi-sulfure d'antimoine.

Pour obtenir le protoxide d'antimoine, on triture le proto-chlorure d'antimoine (beurre d'antimoine) dans une grande quantité d'eau qui se décompose en partie; on forme par ce moyen un *chlorhydrate de proto-chlorure, très acide*, et une grande quantité de *protoxi-chlorure* en flocons blancs insolubles; on recueille ces flocons sur un filtre; on les fait chauffer pendant quelques minutes, avec une dissolution de carbonate de soude, qui dissout l'acide et met l'oxide en liberté; après quoi, filtrant de nouveau, lavant et séchant, on a celui-ci pur. L'oxide ainsi préparé prend feu et brûle comme de la tourbe, lorsqu'on le chauffe au contact de l'air.

Le protoxide d'antimoine s'obtient également en calci-nant l'antimoine avec le contact de l'air : à cet effet, l'on met l'antimoine dans un creuset de terre long et rond ; on dispose ce creuset dans un fourneau à réverbère, de manière qu'il sorte d'environ un pouce à travers la paroi du fourneau, en faisant avec le sol un angle de 45°, et on le fait pénétrer par ses bords dans un second creuset renversé qui lui-même entre à frottement, par son fond, dans un troisième. Il est nécessaire, pour établir un courant d'air, de ménager un jour entre les deux creusets inférieurs, et de pratiquer un trou dans le fond des deux autres. L'appareil étant ainsi disposé, on fait du feu dans le fourneau, et l'on porte peu-à-peu l'antimoine au rouge cerise ; il en résulte du protoxide qui se vaporise et vient se rendre, sous forme de fumée blanche, dans les creusets supérieurs, où il se dépose en cristaux et en poussière ; on l'en retire de temps en temps, et on le conserve dans des vases fermés.

Quelques chimistes ont avancé, mais à tort, que ce procédé ne donnait qu'une petite quantité d'oxide. L'opération réussit toujours bien, lorsque l'air circule aisément et que la température est très élevée.

Le protoxide préparé par ce procédé est blanc, et connu en médecine sous le nom de *fleurs d'antimoine*, *fleurs argentines d'antimoine*, tandis que, préparé comme nous l'avons dit d'abord, il est d'un blanc gris. Cependant je me suis convaincu qu'il n'existe aucune différence entre l'un et l'autre. Tous deux sont formés de 100 d'antimoine, et de 18,5 d'oxigène ; car 118,5 parties de chacun de ces oxides chauffés convenablement avec un excès de soufre, produisent 137 parties de sulfure d'antimoine, qui contiennent, comme nous l'avons vu précédemment, 100 de métal : il sera facile de s'en assurer de la manière suivante. Que l'on prenne un tube de verre bien sec, fermé par une de ses extrémités, de 10 millimètres de large et de 15 centimètres de longs ; que l'on y introduise un mélange intime de 1 partie d'oxide et de 1 partie et demie de soufre sublimé ; qu'on le chauffe doucement et qu'on le porte peu-à-peu presque jusqu'au rouge, l'oxide sera complétement décomposé, l'excès de soufre se volatilisera, et l'on obtiendra un sulfure d'antimoine qui, par le refroidissement, cristallisera en aiguilles brillantes, et dont on aura la quantité en pesant de nouveau le tube et retranchant de son poids celui du tube vide. En opérant ainsi sur 2,5 grammes d'oxide et effilant un peu l'extrémité ouverte du tube, j'ai toujours obtenu, à quelques centigrammes près, 2 gram. 88 de sulfure d'antimoine. M. Berzelius admet dans cet oxide 18,6 d'oxigène, au lieu de 18,5 (*Ann. de Chim.*, t. LXXXVI, p. 225), d'où il suit qu'il contient :

En prop. 1 d'antimoine 1612,90 $+$ 3 d'oxigène 3 $\times$ 100.
En atom. 2   *Idem*   1612,90 $+$ 3 *idem.*   3 $\times$ 100$=$Sb^2 O^3.

1078. *Acide antimonieux.*—Blanc, insipide, infusible, fixe, indécomposable à une haute température, rougissant la teinture de tournesol à l'état d'hydrate, sans action sur le gaz oxigène et sur l'air, insoluble dans l'eau et en général dans les acides excepté l'acide chlorhydrique, d'où l'eau le précipite en flocons blancs, solubles dans la potasse et la soude.

Pour l'obtenir, il faut verser de l'acide azotique étendu d'eau sur de l'antimoine en poudre, chauffer un peu la liqueur, la remplacer par de l'acide azotique concentré, l'évaporer jusqu'à siccité, et chauffer la masse jusqu'au rouge. Le métal se convertira d'abord en un sous-azotate insoluble; il s'oxidera ensuite de plus en plus, passera au jaune, et deviendra blanc par la calcination. Il est évident qu'en faisant cette expérience dans un creuset de platine, opérant sur une quantité connue de métal, pesant le creuset avant et après l'expérience, l'on peut en même temps déterminer la proportion des principes constituans de l'acide antimonieux; mais il est nécessaire d'employer du métal parfaitement pur. (1)

____

(1) M. Berzelius a fait une observation que nous devons rapporter. Après

Plusieurs expériences m'ont donné 26,07 d'oxigène pour 100 de métal. Suivant M. Berzelius, cette quantité serait un peu trop forte : après avoir cru qu'elle devait être de 27,9 d'oxigène, il la fixe maintenant à 24,8 : d'où il suit que la composition de cet oxide est :

En prop. 1 d'antimoine 1612,90 $+$ 4 d'oxigène 4 $\times$ 100.
En atom. 2 de métal. 1612,90 $+$ 4 d'oxigène 4 $\times$ 100 $=$ Sb^2 O^4 ou S bO^2.

1079. *Acide antimonique.* — Jaunâtre, blanc à l'état d'hydrate et rougissant alors le papier de tournesol, insipide, abandonne une portion de son oxigène et se transforme en acide antimonieux à une haute température; insoluble dans l'eau et en général dans les acides, excepté l'acide chlorhydrique dont l'eau le précipite en flocons blancs hydratés, soluble dans la potasse et la soude.

L'acide antimonique s'obtient, soit en précipitant par l'eau la dissolution d'antimoine dans l'eau régale et lavant le précipité avec soin, soit en décomposant au rouge naissant, dans un creuset d'argent, un mélange d'une partie d'antimoine en poudre et de 4 parties d'azotate de potasse, lessivant la masse et versant un acide dans la liqueur : l'acide s'empare de la potasse, et l'acide antimonique, devenu libre, se précipite; mais, suivant M. Berzelius, l'acide ainsi préparé est un hydrate qui présente un phénomène remarquable : c'est qu'on ne peut le dessécher sans en dégager une portion d'oxigène, d'où il suit que, pour l'avoir sec ou anhydre, il faut employer un autre procédé que ceux que nous venons d'indiquer. Alors on évapore, jusqu'à siccité,

---

avoir dissous 10 grammes d'antimoine dans l'acide azotique faible, il en précipita l'oxide de la dissolution par une grande quantité d'eau; ensuite l'ayant rassemblé sur un filtre, il voulut le faire sécher dans une capsule; mais, à un certain degré de chaleur, l'oxide s'enflamma et brûla comme de l'amadou : c'est aussi ce que j'ai observé, il y a long-temps, sur l'antimoine précipité de sa dissolution dans l'acide chlorhydrique par le fer.

la dissolution de l'antimoine dans l'eau régale, et l'on verse sur le résidu de l'acide azotique concentré que l'on dégage en chauffant convenablement la masse. L'acide antimonique reste sous forme d'une poudre jaunâtre.

L'acide antimonique est formé de 100 d'antimoine et de 31 d'oxigène, ce qui donne :

En prop. 1 d'ant. 1612,90 + 5 d'oxigène 500.
En atom. 2 de métal 1612,90 + 5 d'oxigène 500 = $Sb^2 O^5$.

Combinaisons des métalloïdes avec l'antimoine.

1080. Les métalloïdes unis jusqu'à présent à l'antimoine sont le phosphore, le soufre, le sélénium, le chlore, le brôme et l'iode. Nous ne nous occuperons des chlorure, brômure et iodure qu'en traitant des sels.

Phosphure d'antimoine, fait en projetant du phosphore sur de l'antimoine fondu, ou en chauffant le métal dans de la vapeur de phosphore (590, premier procédé). — Brillant, blanc, fragile, à cassure lamelleuse, mais en même temps à petites facettes qui paraissent cubiques; très fusible; décomposable par l'action du feu, ce qui fait que, dans la préparation de ce phosphure, l'on doit retirer le creuset du fourneau aussitôt qu'on a projeté les dernières portions de phosphore.

Exposé au feu du chalumeau, ce phosphure donne lieu à une petite flamme verte et à des vapeurs blanches. (*Mémoires* de Pelletier.)

1081. *Proto-sulfure.* — Solide, brillant, gris bleuâtre, beaucoup plus fusible que l'antimoine, inaltérable au feu; cristallisé en aiguilles irrégulières ou rhomboïdales avec des sommets à quatre faces; sans action sur le gaz oxigène sec et sur le gaz oxigène humide, à la température ordinaire; absorbe ce gaz à l'aide d'une légère chaleur, et donne lieu à du gaz sulfureux et de l'oxide d'antimoine pur, par un long grillage (Berthier); l'absorbe également à l'aide d'une forte chaleur, et forme du gaz sulfureux et de l'oxide d'antimoine sulfuré ou plutôt un composé d'oxide et de sulfure. (1)

L'hydrogène, le carbone, le chlore et beaucoup de métaux le décomposent à une haute température; ils s'emparent du soufre et forment : le premier, du gaz sulfhydrique; le second, du sulfure de carbone; le troisième, du chlorure de soufre et du chlorure d'antimoine; les métaux, des sulfures métalliques et du gaz sulfhydrique.

L'acide chlorhydrique concentré dissout le proto-sulfure en produisant du gaz sulfhydrique et du proto-chlorure d'antimoine; l'acide azotique le transforme en sulfate; *l'eau régale* l'attaque vivement, en donnant lieu d'abord à un dépôt de soufre et à une dissolution de chlorure ; puis le soufre passe à l'état d'acide sulfurique, et l'antimoine, à l'état d'acide antimonique.

Le proto-sulfure s'obtient aisément par le premier procédé (602) en chauffant un mélange de parties égales d'antimoine et de soufre dans un creuset.

Il est très répandu dans la nature; il constitue à lui seul des filons plus ou moins puissans qui traversent des roches primitives, et se rencontre aussi comme substance accidentelle dans un grand nombre de filons, particulièrement dans les filons argentifères. On le trouve, en France, à Malbose (Ardèche), Dèze (Lozère), Alby et Mercœur (Haute-Loire), Auzat (Puy-de-Dôme), Massiac (Cantal), Portès, Saint-Florent, Aujar (Gard), etc., et dans beaucoup d'autres lieux de l'Europe.

Il est facile d'en déterminer la proportion des principes constituans directement, c'est-à-dire, en combinant le soufre bien pur avec l'antimoine bien pur. J'ai trouvé par ce moyen que le sulfure d'antimoine devait être formé de 100

---

(1) Si la matière ne fondait pas, et si le contact avec l'air était suffisant, l'on obtiendrait sans doute aussi de l'oxide d'antimoine pour résidu.

d'antimoine et de 37 de soufre. Il y a cependant une précaution à prendre pour arriver constamment à ce résultat : c'est de pulvériser le sulfure d'antimoine de la première opération, de le mêler avec la moitié de son poids de soufre, et de le chauffer de nouveau jusqu'au rouge, dans des vases clos; sans cela il arriverait assez souvent que l'antimoine ne se saturerait pas de soufre. Au reste, lorsque le sulfure d'antimoine est pur, et qu'on le traite par l'acide chlorhydrique, il se dissout promptement en donnant lieu à du gaz sulfhydrique et à du proto-chlorure d'antimoine; quand il contient un excès d'antimoine, celui-ci reste au fond du vase, et tout ce qui est sulfure se dissout encore. M. Berzelius, par une autre voie, est arrivé à un résultat qui diffère à peine de celui que nous venons de rapporter. La composition de ce sulfure sera donc :

En prop. 1 d'antim. 1612,90 $+$ 3 de soufre 603,48.

En atom. 2 d'antim. 1612,90 $+$ 3 de soufre 603,48. $=$ $Sb^2 S^3$.

1082. *Deuto-sulfure.* — Le deuto-sulfure se prépare en dissolvant l'antimonite de potasse dans l'acide chlorhydrique , et faisant passer du gaz sulfhydrique à travers la dissolution : l'hydrogène du gaz s'unit à l'oxigène de l'acide antimonieux, et le soufre à l'antimoine.

Ce sulfure est d'un rouge orangé. Desséché et chauffé en vase clos, il abandonne une partie de soufre et passe à l'état de proto-sulfure : de là vient qu'on ne peut le préparer par la voie sèche. L'acide chlorhydrique le dissout avec dégagement de gaz sulfhydrique et dépôt de soufre. Il est composé de 100 d'antimoine et de 49,88 de soufre ; d'où l'on tire la formule $Sb^2 S^4$, ou, plus simplement, $Sb S^2$.

1083. *Per-sulfure.*—Le per-sulfure d'antimoine est d'un jaune orangé, un peu plus clair que le deuto-sulfure. La chaleur le décompose comme celui-ci. Il en est de même de l'acide chlorhydrique. Il correspond à l'acide antimonique , et résulte de l'action du gaz sulfhydrique sur le per-chlorure d'antimoine que l'on mêle auparavant avec une solution aqueuse d'acide tartrique. Il est composé de 100 d'antimoine et de 62,36 de soufre , d'où l'on tire la formule $Sb^2 S^5$.

1084. *Kermès ou poudre des chartreux*. — Le kermès est un médicament en poudre d'un brun rouge, qui fut mis en vogue, en 1714, par le frère Simon, apothicaire des Chartreux : celui-ci en avait appris la préparation , qui était secrète, du chirurgien français la Ligerie, à qui elle avait été communiquée par M. de Chastenay, lieutenant du roi à Landau , qui lui-même la tenait d'un élève de Glauber. Il paraît que c'est à ce dernier chimiste qu'on en doit la découverte.

Le gouvernement acheta le procédé de la Ligerie en 1720, et le rendit public. Ce procédé fut depuis singulièrement modifié.

On obtient le kermès en traitant le sulfure d'antimoine, tantôt par une dissolution bouillante de carbonate de potasse ou de soude, tantôt par une dissolution bouillante de potasse ou de soude caustique, tantôt par le carbonate de potasse ou de soude à la température rouge. Ces procédés donnent tous une poudre dont la nuance varie, que l'on a regardée comme étant identique, et qui cependant diffère par sa composition.

En effet, le kermès, qui provient du premier procédé , est un oxi-sulfure d'antimoine hydraté ou un mélange de protoxide d'antimoine et de proto-sulfure hydraté ; tandis que celui qui provient des deux autres est un proto-sulfure hydraté qui, dans quelques circonstances seulement, peut contenir un peu d'oxi-sulfure.

Kermès par les dissolutions de carbonates. — C'est ce procédé que les pharmaciens suivent de préférence, parce que c'est celui qui donne le kermès le plus beau; il faut, d'après Cluzel, faire bouillir pendant une demi-heure , dans une chaudière de fonte, une partie de sulfure d'antimoine pulvérisé, 22 à 23 parties de carbonate de soude cristallisé , et

250 parties d'eau; ensuite filtrer la liqueur, la recevoir dans des terrines chaudes, couvrir celles-ci et les laisser refroidir peu-à-peu. Au bout de vingt-quatre heures, le kermès est déposé; on le recueille sur un filtre; on le lave avec de l'eau bouillie et refroidie sans le contact de l'air; on le fait sécher à une température de 25 degrés, et on le conserve dans des vases fermés.

Le kermès ainsi préparé est léger, velouté, d'un rouge pourpre foncé, brillant au soleil et d'apparence cristalline.

M. Henri fils a trouvé que ce kermès est composé de :

Proto-sulfure d'antimoine	62,5
Protoxide d'antimoine	27,4
Eau	10
Soude	des traces.

On sait d'ailleurs que la liqueur refroidie contient du sesqui-carbonate de soude, du carbonate de soude uni à du protoxide d'antimoine, et du sulfure de sodium tenant en dissolution un peu d'antimoine proto-sulfuré.

Il faut donc admettre: 1° qu'une certaine quantité de carbonate de soude se transforme en soude et en sesqui-carbonate alcalin; 2° que le sulfure d'antimoine attaqué se partage en deux parties; que la première, en réagissant sur la soude libre, donne lieu au protoxide d'antimoine et à du sulfure de sodium; que le protoxide qui se dissout dans le carbonate de soude y est bien plus soluble à chaud qu'à froid; qu'il en est de même du sulfure d'antimoine par rapport au sulfure de sodium, de telle sorte que la majeure partie du protoxide et du sulfure hydraté doit se précipiter par le refroidissement; c'est en effet ce qui a lieu : aussi les eaux-mères ne contiennent-elles que très peu de protoxide et de sulfure d'antimoine, et contiennent-elles, au contraire, tout le sulfure de sodium, le carbonate et le sesqui-carbonate de soude. Seulement le protoxide, en se déposant, retient une quantité sensible, mais très petite, d'alcali.

Le kermès est insipide et sans odeur. Il se décolore peu-à-peu au contact de la lumière et de l'air, et finit par prendre une teinte d'un blanc jaunâtre. Chauffé dans une cornue, il devient noir et donne de l'eau qui, d'après M. Robiquet, est légèrement ammoniacale ; puis en élevant davantage la température, il laisse dégager du gaz sulfureux, entre en fusion et se convertit en *rubine* (1086). Soumis à des lavages d'eau bouillante long-temps continués, il abandonne tout son protoxide et ne se trouve plus être qu'un sulfure pur. Sans doute que la soude favorise beaucoup cette dissolution, si même elle n'en est pas l'unique cause. L'acide chlorhydrique concentré le dissout à froid avec dégagement de gaz sulfhydrique ; étendu d'un poids d'eau égal au sien, il n'en dissout que l'oxide d'antimoine et n'en change point la teinte, à moins que le contact ne soit très prolongé. Alors le kermès, dans l'espace de quelques jours, brunit, diminue beaucoup de volume et se convertit en une poudre noire grenue qui est du proto-sulfure d'antimoine ordinaire ou anhydre. Les alcalis le rendent jaune et le dissolvent en partie. Il décompose, surtout à chaud, les sulfhydrates de potassium et de sodium, en dégage le gaz sulfhydrique, et reste tout entier dans la liqueur, si le sulfure alcalin est en quantité suffisante.

Le kermès obtenu avec le carbonate de potasse est analogue à celui qui provient de l'action du carbonate de soude : le produit est plus abondant, mais d'une moins belle couleur.

Kermès par les alcalis caustiques. —Pour l'obtenir, il suffit de faire bouillir, pendant un quart d'heure, 2 parties de sulfure d'antimoine avec une partie de potasse ou de soude caustique à la chaux, dissoute dans 25 à 30 parties d'eau, de filtrer la liqueur et de la laisser refroidir : le kermès se dépose par le refroidissement, et est toujours beaucoup moins beau que le précédent.

Que se passe-t-il dans cette opération ?

Le sulfure, en supposant qu'il soit tout attaqué, se partage en trois parties : la première, par sa réaction sur des quantités proportionnelles de potasse, donne lieu à du sulfure de potassium et à du protoxide d'antimoine; la seconde se combine avec une partie de ce protoxide et forme un composé insoluble; la troisième se dissout dans le sulfure alcalin produit ; enfin la partie de protoxide qui ne s'unit point au sulfure métallique entre en combinaison avec de la potasse, et de là un composé qui, étant peu soluble, ne se dissout point en totalité. On doit donc obtenir pour résidu, et l'on obtient réellement un mélange de ce composé et de sulfure d'antimoine uni au protoxide, et une liqueur contenant du sulfure de potassium, du sulfure d'antimoine dissous par celui-ci, et de la potasse en combinaison avec du protoxide d'antimoine.

Il y a cette différence essentielle entre ce procédé et le premier, qu'ici, l'alcali étant caustique, il ne se précipite presque pas d'oxide d'antimoine par le refroidissement, de sorte que le kermès déposé n'est, pour ainsi dire, que du proto-sulfure d'antimoine hydraté ; du moins il ne contient que très peu de protoxide, d'où il suit que son action sur l'économie animale doit être toute autre que celle du kermès provenant des carbonates.

Est-il nécessaire d'ajouter que, puisque la potasse et la soude décomposent le kermès, celui-ci ne peut se produire qu'autant que ces bases ne sont pas prédominantes : il faut donc alors employer un excès de sulfure d'antimoine.

Kermès par voie sèche. — Si, après avoir broyé ensemble 2 parties de sulfure d'antimoine et 1 partie de potasse du commerce, on fait fondre le mélange dans un creuset en l'exposant à l'action d'une chaleur rouge, il en résultera une masse jaune verdâtre sous laquelle se trouve toujours un bouton d'antimoine.

La masse jaune verdâtre contient : 1° du sulfure de potassium uni à du sulfure d'antimoine; 2° de l'oxi-sulfure d'antimoine; 3° de l'antimonite de potasse; 4° un excès de carbonate de potasse, etc. Traitée par l'eau bouillante, elle se dissout en partie et laisse déposer, par le refroidisse-ment, une très grande quantité de kermès dont la couleur est terne. Dans la dissolution reste tout le carbonate de po-tasse, tout le sulfure de potassium uni à plus ou moins de sulfure d'antimoine, de l'antimonite basique de potasse : quant au résidu, il se compose d'oxi-sulfure d'antimoine, d'antimonite acide de potasse, et quelquefois de sulfure d'antimoine non attaqué.

Il sera facile de concevoir la formation de ces divers produits, d'après ce que nous avons dit précédemment : seulement, nous ferons observer que s'il se forme de l'acide antimonieux dans la préparation du kermès par la voie sè-che, et non du protoxide d'antimoine comme par la voie humide, cela tient à ce que la température est très élevée; car la potasse en dissolution se combine avec le protoxide d'antimoine sans l'altérer, et la potasse hydratée le trans-forme, à une haute température, en antimoine métallique et en acide antimonieux avec lequel elle constitue un anti-moine.

1085. *Soufre doré.* — On appelle ainsi le précipité qui se forme lorsqu'on verse un acide dans les eaux-mères du kermès. Ce précipité est un sulfure d'antimoine hydraté qui contient plus ou moins de soufre, et dont la teinte tire plus sur le jaune que celle du kermès. En effet, les eaux-mères du kermès renferment du proto-sulfure d'antimoine tenu en dissolution par le proto-sulfure de potassium. Or celui-ci, par le contact de l'air, passe à l'état de polysulfure; il s'ensuit donc que sa décomposition par un acide a lieu avec production de gaz sulfhydrique et dépôt de soufre (669-706). Mais le soufre et le proto-sulfure d'antimoine, étant très divisés au moment de leur précipitation, doivent né-cessairement s'unir : par conséquent le *soufre doré* doit être un mélange de proto-sulfure et de deuto-sulfure, ou de deuto-sulfure et de per-sulfure, etc,

Ajoutons que le gaz sulfhydrique, qui se produit par l'ac-tion de l'acide sur les eaux-mères du kermès, décompose le protoxide d'antimoine ou l'acide antimonieux qu'elles contiennent, et augmente ainsi le dépôt : il est même évident que si tout l'oxide d'antimoine, ou l'acide antimonieux qui se forme dans la préparation du kermès, restait en dissolution, il absorberait le gaz sulfhydrique tout entier, car leurs quantités sont proportionnelles.

Les eaux-mères du kermès par le carbonate de soude ne donnent que très peu de *soufre doré;* celles du kermès par les deux autres procédés, en donnent, au contraire, une grande quantité.

-1086. *Oxi-sulfures.* — Lorsqu'on réduit le sulfure d'antimoine en poudre, qu'on le grille jusqu'à ce qu'il ait perdu son brillant métallique et qu'il soit devenu d'un gris de cendre, puis qu'on le fait fondre et qu'on le coule immédiatement, il en résulte un produit opaque, à cassure vitreuse, qui se compose d'oxide et de sulfure, et qui prend le nom de *crocus* ou de *foie d'antimoine,* suivant qu'il contient plus ou moins de sulfure.

Le *crocus* en contiendrait la 5ᵉ partie de son poids, d'après Thomson, et le *foie d'antimoine,* le tiers du sien ; mais comme on sait que l'oxide et le sulfure d'antimoine peuvent se combiner directement dans un grand nombre de proportions, il est évident par cela même que la composition du *crocus* et du *foie d'antimoine* doit être très variable. Ces deux composés se distinguent d'ailleurs par leur couleur : le premier est d'un rouge jaunâtre, et le second d'un rouge brun et terne. (1)

L'on trouve l'oxi-sulfure d'antimoine dans la nature ; c'est un minerai d'une belle couleur mordorée, en cristaux capillaires, opaques et d'un éclat soyeux. Il est composé de

____

(1) L'on connaît aussi sous le nom de *crocus* ou de *foie d'antimoine* les scories qui proviennent de la réduction de l'oxi-sulfure d'antimoine par le charbon imprégné de carbonate de soude ou de potasse, et qui sont un sulfure double d'antimoine et de sodium ou de potassium (1092).

2 atomes de proto-sulfure et de 1 atome de protoxide. Les minéralogistes le connaissent sous le nom de *kermès natif.*

Verre d'antimoine. — Si , au lieu de couler le sulfure d'antimoine grillé aussitôt qu'il est fondu, on le tient long-temps en fusion dans un creuset de terre, il enlève une portion de silice et d'oxide de fer au creuset, et forme alors un verre jaune hyacinthe : c'est le verre d'antimoine. Celui-ci contient donc tout à-la-fois de l'oxide sulfuré d'antimoine, et du silicate d'antimoine et de fer. M. Soubeyran l'a trouvé formé de 91,5 d'oxide d'antimoine ; 1,9 de sulfure; 4,5 de silice; 3,2 de peroxide de fer; mais je ne doute pas que la quantité de sulfure ne soit souvent plus grande.

Rubine. — On appelle ainsi des verres d'antimoine qui contiennent plus de sulfure que le verre d'antimoine proprement dit, et qui sont plus foncés en couleur.

16 d'oxide et 1 de soufre donnent une rubine transparente de couleur rubis.

12 d'oxide et 1 de soufre en donnent une bien fondue , vitreuse, mais opaque, et d'un rouge plus sombre.

Dans cette opération , le soufre réduit une portion de l'oxide : de là, du gaz sulfureux, et le sulfure qui s'unit à l'oxide non réduit.

Les rubines pourraient être obtenues en combinant directement les quantités convenables d'oxide et de sulfure.

1087. *Séléniure d'antimoine.* — Ce séléniure, qui est très fusible, et que l'on produit aisément en combinant directement le sélénium avec l'antimoine, se recouvre d'une scorie vitreuse quand on le chauffe fortement avec le contact de l'air. Cette scorie est sans doute un composé de séléniure d'antimoine et d'oxide d'antimoine : du moins ces deux corps s'unissent facilement , et donnent une masse jaune brunâtre, transparente, en couches minces, vitreuse, et entièrement analogue à celle qu'on appelle *verre d'antimoine.*

Alliages d'antimoine.

1088. Parmi les alliages d'antimoine, il n'y en a que sept qui nous offrent quelques propriétés remarquables : ce sont les alliages d'antimoine et de potassium, de sodium, de fer, d'étain, de plomb, de cuivre, d'or. Les quatre premiers ont déjà été examinés (721, 738, 889, 970); il ne nous reste plus qu'à dire quelques mots des trois derniers.

Alliage formé d'environ 25 parties d'antimoine et de 75 de cuivre. — Cassant, lamelleux, violet, susceptible d'un beau poli, plus fusible que le cuivre, etc. ; s'obtient facilement en chauffant ensemble le cuivre et l'antimoine dans un creuset.

L'alliage cesse d'être violet, quand il est formé de parties égales d'antimoine et de cuivre ; à plus forte raison, quand la quantité d'antimoine est plus grande que celle de cuivre : alors il devient blanchâtre.

Alliage formé de 20 parties d'antimoine et de 80 parties de plomb. — Solide, malléable, beaucoup plus dur que le plomb; fusible au-dessous de la chaleur rouge cerise; sans action sur le gaz oxigène sec ou humide, à la température ordinaire; absorbe ce gaz à l'aide de la chaleur sans dégagement de lumière, et donne lieu à un composé jaune d'antimonite de plomb; s'obtient comme il a été dit (620).

C'est avec cet alliage que l'on fait les caractères d'imprimerie; quelquefois, cependant, l'on y ajoute quelques centièmes de cuivre.

Lorsque l'alliage est formé de parties égales d'antimoine et de plomb, il est cassant ; lorsqu'il est formé de 16 parties de plomb et de 1 d'antimoine, il est semblable au plomb, excepté qu'il est un peu plus dur.

Alliage d'antimoine et d'or. — Cet alliage est remarquable en ce qu'il est cassant pour peu qu'il contienne d'antimoine. D'après M. Hatchett, l'or perd sa ductilité en se combinant avec $\frac{1}{1920}$ de son poids d'antimoine.

Action de l'eau et des acides.

1089. *Eau.* — Point d'action, soit à froid, soit à chaud.

Acide sulfurique concentré. — A froid, point d'action ; à chaud, décomposition de l'acide, dégagement de gaz sulfureux, formation d'un sulfate de protoxide d'antimoine, qui est en poudre d'un gris jaunâtre et qui perd son excès d'acide par des lavages.

Acide sulfurique étendu d'eau. — Point d'action, même à la chaleur de l'ébullition.

Acide azotique. — Action vive, surtout à chaud ; dégagement de bi-oxide d'azote qui, par son contact avec l'air, produit d'abondantes vapeurs rouges ; formation d'acide antimonieux blanc et hydraté.

Acide chlorhydrique liquide. — Point d'action, lorsque le métal est pur : s'il contenait du soufre, il se produirait du gaz sulfhydrique et du proto-chlorure antimonial.

1090. *Caractères des sels de protoxide d'antimoine.*

Couleur.	Nulle ou légèrement jaunâtre.

Leurs dissolutions donnent :

Avec acide sulfhydrique.	Ppté orangé de proto-sulfure d'antimoine hydraté.
Avec proto-sulfure ou sulfhydrate alcalin.	*Idem.*
Avec potasse, soude, ammoniaque.	Ppté blanc d'hydrate de protoxide.
Avec cyanure jaune de potassium et de fer.	Ppté blanc d'hydrate de protoxide.
Avec lames de zinc, de fer, d'étain.	Antimoine métallique en poudre fine qui, lorsqu'on le dessèche, prend souvent feu.

Ajoutons que l'eau décompose tous les chlorures d'antimoine et y forme un ppté blanc d'oxi-chlorure, et qu'elle ne trouble nullement les sels d'antimoine dont l'acide est de nature végétale.

État naturel, extraction, usages.

1091. *État naturel.* — L'antimoine existe 1° quelquefois à l'état natif; 2° rarement à l'état de protoxide et d'oxide sulfuré (1077 et 1086); 3° souvent à l'état de protosulfure (1081).

L'antimoine natif se rencontre principalement à Andreasberg, au Hartz : il contient, d'après Klaproth, un centième d'argent et des traces de fer ; il a pour gangue du quarz et du carbonate de chaux. On le trouve aussi à Allemont, près de Grenoble, département de l'Isère, et à Sahlberg en Suède.

1092. *Extraction.* — C'est de sa combinaison avec le soufre qu'on extrait l'antimoine.

Comme le sulfure d'antimoine est très fusible, on le sépare aisément de sa gangue par la chaleur. Après avoir concassé le minerai, on le met dans des pots de terre coniques, percés d'un trou à leur sommet et placés sur d'autres pots dans lesquels ils entrent de quelques centimètres. Les pots inférieurs servent de récipiens et sont rangés sur une seule ligne dans un canal longitudinal creusé en terre, de telle manière que leur partie supérieure se trouve un peu plus élevée que le niveau du sol. On entoure de feu les pots supérieurs, en maintenant le combustible par un petit mur en brique, pratiqué de chaque côté de la rangée de pots. Des jours sont ménagés dans l'épaisseur des murs, pour le passage de l'air nécessaire à la combustion. Bientôt le sulfure fond et se rassemble dans les pots inférieurs. On retire alors la gangue des pots supérieurs ; on la remplace par de nouveau minerai que l'on chauffe comme le premier, et ainsi de suite, jusqu'à ce que les récipiens soient pleins de sulfure qui, par le refroidissement, se solidifie en une masse aiguillée.

Au lieu de ce procédé généralement employé, l'on se sert avec beaucoup d'avantages, dans quelques usines, d'un fourneau à réverbère : les pots à minerai sont placés dans le fourneau, les récipiens au-dessous ; un tuyau courbé établit une communication entre les uns et les autres. On charge et décharge les pots sans arrêter le feu ; la fonte est continue ; il y a donc économie de temps, de combustible et même de pots ou creusets, car dans cette manière d'opérer on en casse beaucoup moins.

Lorsque le sulfure est ainsi purifié, on le concasse ou bien on le réduit en poudre, ce qui est préférable ; on le place sur la sole d'un fourneau à réverbère, et on l'expose à l'action d'une douce chaleur, en l'agitant presque continuellement avec un ringard. Le feu doit être tellement ménagé, que la matière n'entre pas en fusion. Le grillage exige beaucoup de temps : il n'est terminé que quand le minerai est changé en une poussière terne, d'un gris blanchâtre. Dans cette opération, l'antimoine s'oxide, et le soufre se dégage à l'état de gaz acide sulfureux ; mais il reste toujours une certaine quantité de sulfure dans la matière grillée. On mêle cette matière avec environ la huitième partie de son poids de charbon en poudre imbibé d'une forte dissolution de carbonate de soude, et l'on introduit le mélange dans des creusets que l'on place au nombre de six et même de douze dans *un fourneau de galère*(1) ; on chauffe ; le charbon réduit l'oxide d'antimoine et une portion de la soude ; le sodium mis à nu décompose en même temps une certaine quantité du sulfure d'antimoine échappé au grillage, s'empare du soufre, met l'antimoine en liberté, et forme avec le reste du sulfure antimonial un double sulfure d'antimoine et de sodium, qui constitue des scories très fluides, à travers lesquelles le métal coule facilement et se rassemble en culot.

---

(1) Quelquefois on remplace le charbon et le carbonate par du tartre (bitartrate impur de potasse).

Il paraît que dans cet état l'antimoine contient des quantités très sensibles de sodium et de fer, qui proviennent, l'un de la soude, l'autre d'un peu de sulfure de fer qui accompagne le minerai d'antimoine. C'est pourquoi sans doute le métal est toujours refondu avec plus ou moins des scories de la 1re opération et de sulfure d'antimoine grillé ; de nouvelles scories se forment, différentes des premières : elles ne sont plus composées que d'oxide d'antimoine sulfuré et ressemblent à la rubine. Dans tous les cas, elles sont connues sous le nom de *crocus*, et employées dans la médecine vétérinaire. La matière appelée *crocus* n'est donc pas toujours *identique*.

Au procédé que nous venons de décrire, on a essayé d'en substituer un autre fondé sur la décomposition du sulfure d'antimoine par le fer : cette opération, pratiquée en Ecosse, il y a long-temps, et renouvelée depuis dans quelques fonderies, réussit assez bien dans un fourneau à réverbère ainsi que dans des creusets ; l'antimoine se sépare facilement. Néanmoins le procédé n'a pu devenir usuel, et l'on croit que c'est en raison de la mauvaise qualité du métal qu'il produit.

Ce n'est ni par l'un ni par l'autre de ces deux procédés qu'on extrait l'antimoine du sulfure dans les laboratoires. On le retire en faisant un mélange intime de 3 parties de sulfure, de 2 de tartre et de 1 de nitre, projetant ce mélange cuillerée par cuillerée dans un creuset chaud, couvrant ce creuset et l'exposant pendant trois quarts d'heure à l'action du feu d'une petite forge ou d'un bon fourneau à réverbère. On appréciera facilement ce qui se passe dans cette opération en citant les produits. Ces produits sont 1° de l'antimoine, qu'on trouve sous forme de culot au fond du creuset; 2° des scories, qui couvrent ce culot et qui contiennent du carbonate de potasse, du sulfate de potasse, du sulfure de potassium combiné avec du sulfure d'antimoine; 3° des cops volatils qui se dégagent, au nombre desquels l'on doit compter de l'azote ou de l'oxide d'azote, de l'eau et des gaz inflammables, etc.

M. Berthier a fait sur l'essai et le traitement du sulfure d'antimoine, des expériences qui prouvent que les mines de sulfure d'antimoine, sont mal exploitées, et qu'on pourrait en tirer beaucoup plus de produits : nous renverrons ceux de nos lecteurs qui voudraient connaître son travail au mémoire qu'il a publié (*Ann. de Chim. et de Phys.*, xxv, 379).

L'antimoine du commerce n'est jamais pur; on y trouve toujours de petites quantités d'arsénic, dont il est facile de constater l'existence, en alliant le métal à un peu de potassium, réduisant l'alliage en poudre, le mettant en contact avec l'eau, recueillant le gaz qui se dégage et l'enflammant dans une éprouvette : il se dépose sur les parois de celle-ci des pellicules brunes arsénicales. Aussi, l'arsénic, comme l'a démontré M. Serullas, se retrouve-t-il dans presque tous les composés antimoniaux, le kermès, le beurre d'antimoine, le verre d'antimoine, l'antimoine diaphorétique, etc.

Pour le séparer de toutes les matières qui peuvent l'altérer, il faut le réduire en poudre, le mêler avec la cinquième partie de son poids de nitre et le projeter dans un creuset incandescent. L'arsénic, le fer, etc., qu'il peut contenir se trouvant brûlés ainsi qu'une portion d'antimoine, le culot qui se forme n'est plus que de l'antimoine très pur.

1093. *Usages.*—Quoique la consommation de l'antimoine ne soit pas considérable, ses usages sont très variés.

Uni au plomb, dans le rapport de 1 à 4, il constitue les caractères d'imprimerie. Il sert à durcir l'étain des planches avec lesquelles se grave la musique. Il entre dans la composition du *métal d'Alger* qui contient d'ailleurs beaucoup d'étain et quelques centièmes de plomb.

On l'emploie en pharmacie pour préparer 1° le beurre ou proto-chlorure d'antimoine; 2° le protoxide d'antimoine, désigné autrefois par le nom de *fleurs d'antimoine*; 3° l'antimoine diaphorétique ou l'antimoniate de potasse.

L'antimoine entre d'ailleurs dans la composition de l'émétique, du kermès, du soufre doré, du fondant de Rotrou, du verre d'antimoine, *du crocus*, du foie d'antimoine, et de plusieurs autres médicamens dont on ne fait plus usages. (*Voy. la table par ordre alph.*)

ARTICLE VIII.

Titane.

1094. *Historique.* — Grégor, religieux de Menakan en Cornouailles, ayant analysé, vers l'année 1791, un fossile sablonneux à grains gris, conclut de ses recherches que ce fossile, qu'il avait trouvé dans le vallon de la paroisse de Menakan, était composé de fer et d'oxide d'un nouveau métal, auquel Kirwan donna le nom de *ménakine* (1). Quoique les expériences de Grégor fussent exactes, il paraît que peu de personnes y firent attention jusqu'en 1797. Mais à cette époque, Klaproth les ayant répétées, en confirma les résultats, et vit de plus que le ménakine était le même métal que celui qu'il avait trouvé, en 1795, dans le schorl rouge de Hongrie, et qu'il avait désigné sous le nom de *titane*. Ce dernier nom est resté au métal, et l'honneur de la découverte au savant religieux anglais. C'est à Grégor, Klaproth, Vauquelin, M. Hecht (2), Laugier (3), Wollaston et M. Henri Rose (4), M. Berthier (5), que nous devons presque tout ce que nous savons sur le titane.

État naturel. — Le titane n'a encore été trouvé qu'à l'état

(1) *Mém. de Chimie* de Klaproth 11, 70, traduct. franc., *Journal de Physique*, XXXIX, 68 et XL, 72 et 152.

(2) *Journal des mines*, n° 15.

(3) *Annales de Chimie*, LXXXIX.

(4) *Annales de Chimie et de Physique*, XXV, XXIII et XXXVIII.

(5) Idem, L, 362.

de protoxide, ou qu'à l'état d'acide. L'acide titanique naturel est rarement pur ; il est presque toujours combiné, soit avec l'oxide de fer et de manganèse, soit avec la silice et la chaux. (Voyez plus bas *l'oxide de titane et l'acide titanique.*)

Le titane est facile à réduire, mais très difficile à fondre ; il s'obtient par plusieurs procédés. Le plus anciennement pratiqué consiste à mêler l'acide titanique avec la septième partie de son poids de charbon, à placer le mélange dans un creuset brasqué sous une couche de verre pilé et à l'exposer à la plus forte chaleur possible, comme nous l'avons dit (857).

Mais le procédé suivant est beaucoup plus simple et plus sûr : après avoir saturé de gaz ammoniaque le chlorure de titane anhydre, on l'introduit, sans le tasser, dans un tube de verre de 2 à 3 pieds de long et d'un demi-pouce de diamètre, placé horizontalement sur un fourneau et communiquant par l'une de ses extrémités avec une cornue d'où se dégage un faible courant de gaz ammoniaque sec. Le sel doit remplir à-peu-près la moitié du tube. On commence par entourer de charbons incandescens la partie vide du tube qui termine l'appareil, puis on chauffe la partie qui contient le sel, et l'on augmente peu-à-peu la chaleur jusqu'à ce que le tube commence à se ramollir. Une partie de l'ammoniaque est décomposée par le chlore du chlorure titanique, il se dégage du gaz azote, il se sublime du sel ammoniac qui quelquefois même engorge le tube, et le titane reste à l'état métallique, sous forme d'une poudre d'un bleu violâtre foncé, ou bien en paillettes cohérentes, ayant l'éclat du cuivre : on doit se garder d'exposer le métal à l'air, lorsqu'il est encore chaud ; il pourrait s'enflammer et se convertir en acide titanique. (H. Rose, Liébig, *Ann. de Chim. et de Phys.*, XLVII, 108.)

Il est possible aussi d'extraire avec une grande facilité le titane du fluorure de titane et de potassium, en chauffant ce composé avec du potassium et traitant le résidu par l'eau.

La réduction du titane a lieu quelquefois dans plusieurs hauts fourneaux. En effet le docteur Wollaston a découvert le titane métallique dans les scories des forges de Merthyr-Tydvill, pays de Galles, en très petits cubes de $\frac{1}{40}$ de pouce cube au plus.

Il paraît même que des cristaux semblables avaient été observés, plus de vingt ans auparavant, dans une scorie des forges de Clyde en Ecosse; qu'on les a également rencontrés dans celles de Low-Moor, près de Bradfort en Yorkshire; dans celles de Pidding, près Alfreton en Derbyshire, et à Ponty-Pool, dans le Montmouthshire; mais la nature de ces cristaux avait été méconnue (*Ann. de Chim. et de Phys.*, xxv, 415): ils avaient été confondus avec la pyrite de fer.

1095. *Propriétes physiques.* — Le titane, cristallisé en cubes, tél que l'a observé le docteur Wollaston, a la couleur et l'éclat du cuivre bruni. Sa densité est de 5, 3 ; sa dureté est si grande qu'il raie l'agate. Il est bon conducteur de l'électricité. Il résiste au feu de nos meilleures forges.

Action de l'air, oxide, acide.

1096. *Action de l'air.* — Le titane, obtenu par le procédé de M. Rose, s'oxide lorsqu'on l'expose au contact de l'air, à une haute température; mais celui qui provient de la réduction de l'acide titanique par le charbon se ternit à peine dans ce cas, ou du moins résiste beaucoup plus à l'action de l'oxigène.

Le titane a deux degrés d'oxidation : il constitue un oxide au premier degré et un acide au deuxième. L'oxide joue le rôle d'une base salifiable très faible ; il en est de même de l'acide qui d'ailleurs n'a pas une grande affinité pour les bases.

1097. *Protoxide de titane.* — Ce protoxide peut s'obtenir en dissolvant du titanate de potasse dans l'acide chlorhydrique et plongeant une lame de zinc dans la dissolution;

il se précipite en bleu au bout de quelque temps. Ainsi préparé, il possède une propriété bien remarquable : c'est de pouvoir décomposer facilement l'eau sous l'influence des bases. En effet, si dans la solution du titanate de potasse, opérée par l'acide chlorhydrique et désoxigénée en partie par une lame de zinc, on verse de l'ammoniaque ou de la potasse, il se produira un précipité bleu qui prendra bientôt une couleur blanche avec dégagement d'une grande quantité de bulles de gaz hydrogène. M. Henri Rose à qui est due cette observation, assure même que l'oxide seul est capable de produire cet effet; mais ne serait-ce point parce qu'alors il serait en présence de l'oxide de zinc et qu'il constituerait avec celui-ci un élément de la pile?

Il est un autre moyen de se procurer le protoxide de titane : c'est de mettre un fragment de potassium au fond d'un tube, puis d'y ajouter de l'acide titanique, de chauffer cet acide et de réduire le potassium en vapeur. Le potassium s'oxide rapidement; la matière devient noire; l'acide acétique et l'eau bouillante en séparent la potasse, et le protoxide reste pur.

Dans cet état, il paraît noir; mais étendu de blanc, il prend une teinte bleue. Une haute température n'en opère pas la fusion. Par le grillage, il ne se convertit que très lentement en acide titanique : il s'y convertit plus promptement, lorsqu'on le traite à chaud par l'acide azotique ou par l'eau régale. Dans un creuset, avec les alcalis, il s'acidifie également. L'acide chlorhydrique n'en dissout qu'une petite quantité, et cependant se colore en bleu. L'acide sulfurique concentré bouillant en dissout beaucoup plus : la dissolution acide est couleur de vin; en y versant peu-à-peu de l'ammoniaque jusqu'à saturation, elle passe au bleu très intense.

Fondu au chalumeau avec le phosphate ammoniacal de soude, il donne un globule noir, rouge foncé ou couleur hyacinthe, suivant qu'il y a plus ou moins d'oxide. L'acide titanique produit le même effet au feu de réduction.

Le protoxide de titane constitue probablement l'*anatase*, substance qu'on trouve dans le Dauphiné, au Saint-Gothard, etc. , et dont la couleur varie du jaune au bleu plus ou moins foncé.

1098. *Acide titanique.*—Blanc, insipide, infusible ; passe au jaune-citron lorsqu'on le chauffe et redevient blanc par le refroidissement, à moins qu'il ne contienne un peu d'oxide de fer ; se teint en rouge aussitôt qu'il est mis en contact avec la teinture de tournesol.

Le soufre n'a aucune action sur lui, à une température élevée ; il en est de même de l'acide sulfurique à la température ordinaire. Le sulfure de carbone le décompose au degré de la chaleur rouge. Le potassium le ramène facilement à l'état de protoxide. Chauffé fortement dans un creuset brasqué, il se réduit dans tous les points qui ont le contact du charbon ; le reste de la masse passe seulement au premier degré d'oxidation : de là, la cause pour laquelle l'extérieur devient rouge, et l'intérieur noir. Le protoxide ainsi obtenu a tant de cohésion qu'il est inattaquable par les acides et qu'il ne s'acidifie que très difficilement.

L'acide titanique est insoluble dans l'eau ; mais il forme avec elle un hydrate blanc, gélatineux, que l'on obtient en précipitant l'acide titanique par l'ammoniaque ou par la potasse de ses dissolutions dans les acides.

Desséché peu-à-peu, puis chauffé tout-à-coup jusqu'au rouge naissant, l'acide titanique hydraté éprouve une vive incandescence à la manière de l'oxide de chrôme ; il perd en même temps la propriété qu'il avait de se dissoudre dans les acides ; et chose digne de remarque, c'est que l'acide titanique, qui se dépose de sa dissolution *chlorhydrique* ou *sulfurique,* étendue d'eau et soumise à une longue ébullition, est dans le même état que l'hydrate calciné : non-seulement il n'est point susceptible d'incandescence, mais il résiste à l'action dissolvante des acides : il en est de même de l'acide titanique qui provient du titanate de potasse rougi au feu, lessivé à l'eau et traité par l'acide chlorhydrique bouillant. Cette sorte d'acide offre encore un caractère bien particulier : il passe à travers les filtres lorsqu'on le lave à l'eau pure ; il s'y délaie et la rend laiteuse ; il cesse de la troubler et reste tout entier sur le filtre, lorsque l'eau est chargée d'une matière saline, par exemple d'un peu de sel ammoniac. Il semble donc que l'acide titanique puisse être sous deux états isomériques comme le peroxide d'étain, auquel il ressemble beaucoup.

Calciné avec la potasse caustique ou carbonatée, l'acide titanique hydraté ou anhydre s'y unit facilement, et forme un titanate qui se dissout entièrement, à la température de 3o à 4o degrés, dans l'acide chlorhydrique concentré, etc., d'où l'on voit que l'on peut toujours rendre à l'acide titanique la propriété de se dissoudre dans les acides puissans, lorsqu'il l'a perdue par une des causes que nous avons fait connaître précédemment.

L'acide titanique existe en assez grande quantité dans la nature et est désigné par les minéralogistes sous le nom de *Rutile* : il appartient toujours aux terrains primitifs. Le plus souvent il est mélangé ou combiné avec l'oxide de fer; c'est en cet état qu'on le trouve, sous la forme de gros cristaux prismatiques cannelés, dans les roches granitiques, ou dans les dépôts d'alluvion qui sont à leur pied (*Saint-Yrieix près de Limoges; Gourdon, arrondissement de Charolles, Saône-et-Loire; Piémont et Valais*); dans l'oxide de fer sableux qui provient du lavage de diverses sortes de roches primitives, intermédiaires, et d'origine ignée, et jusque dans le fer oligiste. Quelquefois encore il est uni à l'oxide de calcium et à l'acide silicique : il forme alors la substance désignée par les minéralogistes sous le nom de *sphène*, qu'on a découverte au Saint-Gothard, en très beaux cristaux, de formes très variées, et dans un grand nombre d'autres lieux au milieu de roches granitiques des derniers dépôts primitifs ou des premiers dépôts intermédiaires. Probablement qu'il est pur dans certains filets capillaires croisés sous forme de réseaux (*Moutier, Tarentaise, Saint-Gothard, etc.*)

M. Henri Rose a retiré du *ruthile* ou minerai de titane de Limoges : acide titanique 98,47 ; peroxide de fer 1,53.

M. Cordier a retiré du *sphène* ou *titane silico-calcaire* : acide titanique 33 ; silice 28 ; chaux 32.

Pour obtenir l'acide titanique pur, il faut réduire en poudre le *ruthile*, qui, comme on vient de voir, contient presque toujours quelques corps étrangers, le chauffer fortement dans un creuset de platine ou dans un creuset brasqué avec 2 fois son poids de carbonate de potasse ou de soude, laver la matière à l'eau froide et par décantation, faire digérer le résidu à une très douce chaleur ou même à la température ordinaire avec de l'acide chlorhydrique de force moyenne, étendre ensuite la liqueur d'eau et verser de l'ammoniaque dans la dissolution pour précipiter l'acide titanique et l'oxide de fer. Alors on met le précipité en contact avec le sulfhydrate d'ammoniaque, qui n'attaque point l'acide titanique, mais qui transforme en sulfure l'oxide de fer ainsi que les oxides de manganèse et d'étain que contiennent quelquefois le *ruthile*. Or ces trois sulfures sont très solubles, savoir : celui d'étain dans un excès de sulfhydrate d'ammoniaque, et ceux de fer et de manganèse dans l'acide chlorhydrique faible ; il est donc très facile de les séparer et d'avoir l'acide titanique parfaitement pur.

M. Berthier a apporté quelques modifications à ce procédé et l'a appliqué avec succès à la préparation de la zircone, substance qui se rapproche beaucoup de l'acide titanique par ses propriétés : 1° il sature de gaz sulfhydrique la dissolution chlorhydrique de titane, et la filtre s'il s'y forme un léger précipité (1) ; 2° il y verse ensuite un excès

______

(1) Ce qui arrive quelquefois, soit, parce que les minerais peuvent contenir des traces d'argent, qui restent sans doute, à l'état de chlorure en suspension ; soit, parce qu'au lieu de carbonate pour attaquer le titane, on emploie les

d'ammoniaque et en précipite ainsi l'acide titanique mêlé au sulfure de fer qui le colore en noir ; et lorsque le dépôt est bien rassemblé et tassé, il décante la liqueur très chargée de sulfhydrate d'ammoniaque, et la remplace immédiatement par de l'acide sulfureux liquide, dont l'odeur doit être prédominante. Par ce moyen, il dissout complètement le sulfure de fer en donnant naissance à de l'hypo-sulfite. Si le titane contenait de l'étain, il serait enlevé par le sulfhydrate d'ammoniaque ; s'il contenait du manganèse, l'acide sulfureux en dissoudrait le sulfure comme celui de fer (1). Dans tous les cas, l'acide titanique, après avoir été lavé, reste pur et parfaitement blanc ; séché spontanément, il se contracte beaucoup et s'agrège en fragmens hydratés, luisans et demi transparens qui, par la calcination, donnent comme nous l'avons déjà dit, un oxide anhydre fort dur.

3° S'agit-il de la préparation de la zircone, M. Berthier opère encore de la même manière, à cela près que d'abord il concentre la dissolution chlorhydrique pour en séparer la silice (2). A la vérité, l'acide sulfureux dissout un peu de zircone ; mais celle-ci se précipite à la chaleur de l'ébullition, sans entraîner de fer, etc.

---

hydrates alcalins et qu'il se trouve assez souvent dans ceux-ci un peu d'argent ou de cuivre.

(1) M. H. Rose qui, le premier, a employé le sulfhydrate d'ammoniaque pour purifier l'acide titanique, a donné depuis un autre procédé qu'il a appliqué au fer titané, et qui s'applique à plus forte raison au *ruthile* : après avoir pulvérisé et lavé le fer titané, il l'expose à une température très élevée, dans un tube de porcelaine traversé par un courant de gaz sulfhydrique sec. Par ce moyen, l'oxide de fer est converti en sulfure qu'il dissout ensuite par l'acide chlorhydrique et qu'il sépare par des lavages ; mais comme l'acide titanique reste encore chargé de fer, l'opération doit être recommencée. Calcinant ensuite le résidu pour vaporiser un peu de soufre mis à nu, il obtient l'acide pur. (*Ann. de Chim. et de Phys.*, XXXVIII, 131.)

(2) Le zircon dont on extrait la zircone est un silicate de zircone contenant un peu de peroxide de fer.

Suivant M. Rose, l'acide titanique est formé de 60,29 de titane et de 39,71 d'oxigène; il est possible d'arriver à ces résultats en calcinant une certaine quantité de sulfure correspondant, et pesant l'acide titanique provenant de l'opération, pourvu que le sulfure employé soit bien pur.

Combinaisons des métalloïdes et des métaux avec le titane.

1099. Les métalloïdes unis jusqu'à présent au titane, sont : le phosphore, le soufre, le fluor, le chlore. Nous n'examinerons les composés que forment le chlore et le fluor qu'en traitant des sels.

Phosphure. — Chevenix l'a obtenu en calcinant fortement un mélange intime de charbon et de phosphate de titane : il est blanc, cassant, grenu dans sa cassure, et doué du brillant métallique.

Sulfure. — Le sulfure de titane se prépare en faisant passer du carbure de soufre en vapeur à travers l'acide titanique exposé dans un tube de porcelaine à un feu très violent (602). On ne peut le préparer, ni en chauffant le soufre avec l'acide titanique, ni par voie de précipitation en versant des proto-sulfures ou des sulfhydrates dans les dissolutions de sels à base d'acide titanique : celui-ci n'est pas décomposé par ces corps. Le sulfure de titane est d'un vert foncé; le moindre contact avec un corps dur lui donne un éclat métallique très prononcé, semblable à celui du cuivre jaune. Chauffé à l'air, il s'allume, brûle avec une flamme bleuâtre, et se transforme en gaz sulfureux qui se dégage, et en acide titanique. Il s'échauffe par son mélange avec l'acide azotique; des vapeurs rutilantes se manifestent, la liqueur devient laiteuse, et beaucoup d'acide titanique se dépose en poudre très fine; par l'ébullition, le soufre non attaqué se condense et se met en petites glèbes. Le sulfure de titane, mis en digestion avec une dissolution de potasse caustique, donne promptement lieu à du titanate acide de potasse insoluble et à un sulfure de potassium soluble ; par conséquent la quantité de soufre dans ce sulfure correspond à celle de l'oxigène dans l'acide : par conséquent aussi , dans la combustion du sulfure de titane, 1 prop. de soufre est remplacée par 1 prop. d'oxigène. Si donc on prend une certaine quantité de sulfure de titane bien pur, qu'on le calcine et qu'on pèse l'acide provenant de la calcination , on pourra déterminer les proportions des principes constituans du sulfure et de l'acide. M. Rose admet dans ce sulfure 56,74 de soufre, et 43,26 de titane.

1100. *Alliages.* — On. sait que le titane peut se combiner avec divers métaux ; mais aucun de ces alliages n'a été étudié.

Action des oxides et des acides.

Action des alcalis. —Fondu avec la potasse ou la soude, le titane est à peine attaqué; il ne l'est même que très difficilement par le nitre.

Action des acides. — Le titane provenant de l'acide titanique réduit par le charbon n'est dissous par aucun acide, si ce n'est l'acide fluorhydrique mêlé d'acide azotique.

Celui qui provient du chlorure et qui a été beaucoup moins chauffé se dissout non-seulement dans cet acide , mais encore dans l'eau régale : il est donc bien plus attaquable que l'autre.

1101. *Caractères des sels de protoxide de titane.*

Ces sortes de sels sont difficiles à obtenir, parce que l'oxide de titane est une base très faible; ils ont été à peine examinés. On sait seulement que les sels acides sont les seuls qui soient solubles et qu'ils sont toujours rouges ; que les sous-sels sont noirs ou bleus ; que les dissolutions de protoxide sont précipitées en bleu par les carbonates alcalins.

1102. *Caractères des sels dans lesquels l'acide titanique fait fonction de base.*

Couleur.   Nulle ou légèrement jaune.
Saveur.   Très acide.

Leurs dissolutions donnent :

Avec cyanure jaune de potassium et de fer.

Ppté floconneux rouge-brun.

Noix de galle.

Idem. rouge-brun ou couleur de sang.

Alcalis caustiques ou carbonatés.

Ppté blanc d'acide titanique, si l'alcali n'est point en excès, et de titanate acide si l'alcali est prédominant.

Avec une lame de zinc.

Liqueur violette ou bleue, surtout en ajoutant de l'acide chlorhydrique; et de plus dépôt de protoxide hydraté bleu.

Avec une lame d'étain.

Même phénomène; mais le dépôt bleu ne se forme que très difficilement.

On sait d'ailleurs : 1° que ces sortes de dissolution sont rarement bien limpides, et qu'étendues d'eau, elles laissent déposer l'acide titanique à la chaleur de l'ébullition ; 2° qu'en dissolvant du titanate de potasse dans l'acide chlorhydrique, il en résulte une liqueur dans laquelle les acides sulfurique, phosphorique, arsénique, tartrique, oxalique, forment des précipités blancs de sulfate, de phosphate, etc., d'acide titanique ; que ces précipités disparaissent dans un excès de ces acides, et reparaissent, excepté celui de l'acide tartrique, par l'addition d'un alcali ; 3° que les phosphate et arséniate d'acide titanique s'obtiennent aussi en versant dans le chlorure de titane des phosphates et arséniates alcalins ; qu'ils sont gélatineux et prennent l'aspect de la gomme par la dessiccation ; 4° que le sulfate d'acide titanique contient : 76,7 d'acide titanique ; 7,6 d'acide sulfurique; 15,7 d'eau.

ARTICLE IX.

Tellure.

1103. *Historique.* — C'est M. Muller de Reichenstein
qui, le premier, en analysant les mines d'or de Transylva-
vanie, crut y reconnaître l'existence d'un nouveau métal.
Ses recherches datent de 1782, et sont imprimées dans les
Mémoires de Physique des Amis réunis à Vienne, publiés
par M. de Born; mais craignant d'avoir commis quelque
erreur, il pria Bergman de répéter son analyse. La quantité de minerai sur laquelle le célèbre chimiste d'Upsal
opéra, ne lui permit pas de prononcer. Alors M. Muller
s'occupa d'en réunir une nouvelle quantité et l'envoya à
Klaproth, qui, s'en étant procuré d'ailleurs, et ayant trouvé
les principaux résultats de M. Muller exacts, donna au nouveau métal le nom de *tellure*. La découverte de ce métal fut
donc annoncée par M. Muller et confirmée par Klaproth.
(*Mémoires* de Klaproth, t. ii, p. 175, trad. franç.)

1104. *Propriétés physiques.* — Le tellure est solide, brillant, très cassant, facile à réduire en poudre; sa couleur
tient le milieu entre celles de l'étain et de l'antimoine; sa
structure est lamelleuse; sa pesanteur spécifique est de
6,115, d'après Klaproth; de 6,1379, d'après M. Magnus;
et de 6,2445, d'après M. Berzelius.

Le tellure est un peu plus fusible que l'antimoine, et se
recouvre de petites aiguilles en passant de l'état liquide à
l'état solide. Soumis à une haute température, il bout, se
volatilise, et se condense en gouttelettes.

Action de l'oxigène, de l'air; oxide ou acide.

1105. *Oxigène, air.* — Son action sur le gaz oxigène est
très grande à l'aide de la chaleur. Remplissez de mercure
une petite cloche courbe de verre, faites-y passer du gaz

oxigène, introduisez-y ensuite le tellure à travers le mercure, chauffez le métal avec la lampe à esprit-de-vin, et bientôt il brûlera et donnera lieu à un oxide blanc volatil (pl. XIII, fig. 4). Son action sur l'air à chaud est aussi très grande : que l'on creuse une petite cavité dans un charbon, qu'on y place le tellure, et qu'on y dirige la flamme d'une bougie avec un chalumeau, la combustion sera si rapide en raison du renouvellement de l'air et de l'élévation de la température, qu'il se formera comme une sorte de détonation ; en même temps, l'oxide produit paraîtra dans l'air à l'état de vapeurs blanches, et y répandra une faible odeur acidule, si le tellure est pur, et celle de rave pourrie, s'il contient du sélénium. Dans tous les cas, la flamme est bleue, et verdâtre seulement sur les bords.

Le tellure ne forme qu'un seul oxide qui joue tout à-la-fois le rôle de base avec les acides, et le rôle d'acide avec les bases.

Oxide de tellure. — Cet oxide est blanc, insipide, inodore. Exposé au feu, il entre bientôt en fusion. Dans cet état, il est incolore et limpide ; mais, en se refroidissant, il se prend en masse jaunâtre dont la cassure est cristalline et rayonnée : ce n'est qu'au degré de la chaleur rouge, qu'il se volatilise bien.

L'oxide de tellure ne se trouve point dans la nature. Pour l'obtenir, il faut dissoudre le tellure dans l'acide azotique, évaporer la dissolution et calciner doucement l'azotate. Il est formé de 100 parties de tellure et de 24,797 d'oxigène, ce que l'on peut constater en brûlant le tellure dans le gaz oxigène, de même que l'arsénic; et ce qui donne :

En prop. 1 de tellure 403,23 $+$ 1 d'oxig. 100.
En atom. 1 de tellure 2 $\times$ 403,23 $+$ 2 d'oxig. 200 $= Te\,O^2$.

Combinaisons des métalloïdes avec le tellure.

1106. Le tellure s'unit facilement à l'hydrogène, au soufre, au sélénium, au chlore : probablement qu'il se combine tout aussi facilement avec le phosphore, le fluor, le brôme et l'iode ; mais jusqu'ici ces dernières combinaisons n'ont point été examinées.

Gaz acide tellurhydrique (1). — Le gaz tellurhydrique a une odeur analogue à celle du gaz sulfhydrique. Comme lui, il est incolore et rougit le papier de tournesol. Sa densité n'est pas connue.

Mis en contact avec le gaz oxigène ou l'air et un corps en combustion, il s'enflamme. Il est soluble dans l'eau : sa dissolution est limpide ; mais exposée au contact de l'air, elle cède peu-à-peu son hydrogène à l'oxigène de celui-ci, et laisse déposer du tellure en poudre brune. Probablement qu'à une haute température il se décomposerait sans la présence d'aucun corps, et qu'à plus forte raison la plupart des métaux en opéreraient la décomposition au degré de la chaleur rouge.

Le chlore et le soufre doivent agir sur lui comme sur le gaz arséniure d'hydrogène : aussi, le chlore produit-il un précipité de tellure dans la dissolution aqueuse d'acide tellurhydrique, et le précipité se dissout-il dans un excès de chlore.

L'acide tellurhydrique réduit la plupart des dissolutions salines des quatre dernières sections : il se produit alors de l'eau et des alliages de tellure. Il paraît même que c'est de cette manière qu'il agit sur les alcalis, et que l'alliage reste en dissolution dans la liqueur ; son action serait donc la même que celle qu'exerce le gaz sulfhydrique avec lequel, au reste, il a beaucoup de rapport.

Le gaz tellurhydrique n'existe point dans la nature ; on l'obtient comme le gaz arséniure d'hydrogène, c'est-à-dire, en traitant un alliage de tellure et de zinc

---

(1) Ce gaz a été désigné, jusqu'à présent, sous le nom de gaz hydrogène telluré ; mais comme il est acide et que le tellure est plus négatif que l'hydrogène, ou doit l'appeler *acide tellurhydrique*.

ou d'étain, par une dissolution d'acide chlorhydrique.

Il est composé de 100 de métal et de 1,543 d'hydrogène, on de 1 atome de l'un et 2 atomes de l'autre $= H^2 Te$.

Proto-sulfure. — Le proto-sulfure de tellure s'obtient en faisant passer un courant de gaz sulfhydrique à travers la dissolution d'un sel de tellure : le précipité est d'abord d'un brun clair, et devient peu-à-peu presque noir. Si, après l'avoir desséché, on le chauffe dans une petite cornue, il se ramollit, puis se décompose et laisse sublimer tout le soufre qu'il contient en même temps qu'une petite quantité de métal : le résidu n'est que du tellure parfaitement pur. Soumis à l'action de l'air, à une température élevée, il se convertit promptement en gaz sulfureux et en oxide. Mis en contact avec une dissolution bouillante de sulfhydrate alcalin, il en dégage le gaz sulfhydrique, et forme un double sulfure de tellure et de potassium qui colore la liqueur en jaune foncé; il se produit également un double sulfure, lorsqu'on traite le sulfure de tellure par une dissolution bouillante de potasse caustique; mais alors il se fait en même temps une certaine quantité de *tellurite* de potasse. L'ammoniaque ne dissout le sulfure de tellure qu'autant qu'il n'a point été desséché et que l'alcali est concentré.

Per-sulfure. — Il paraît que le précipité jaune foncé qui résulte de l'action d'une dissolution de per-sulfure de potassium sur une dissolution d'un sel de tellure, est du tellure per-sulfuré, qui se transforme facilement en soufre et proto-sulfure, car il devient noir en très peu de temps.

Sulfures qui ne sont point en proportions définies. — Le soufre et le tellure s'unissent directement en toutes proportions. Ces composés doivent être regardés comme formés de soufre et de sulfure, ou de sulfure et de tellure. Un peu de tellure rend le soufre rouge; beaucoup plus en fonce la couleur au point de la rendre noire.

Séléniure de tellure. — Il suffit de chauffer ensemble dans une petite cornue de verre le sélénium et le tellure pour les combiner. Le séléniure a l'éclat métallique. Son degré de fusion est peu élevé. Il est volatil. Chauffé avec le contact de l'air, ses deux principes s'oxident, et de là résultent de petits globules liquides, transparens, qui ne sont probablement qu'un sélénite de tellure.

Alliages.

1107. Le tellure s'unit facilement aux métaux et forme, suivant M. Berzelius, des composés analogues aux sulfures, d'où il résulterait que les *tellurures* des métaux électro-positifs joueraient le rôle de bases (exemple, *tellurure de potassium,*) et que les *tellurures* des métaux électro-négatifs joueraient celui d'acide. Nous ne discuterons cette question qu'en traitant des sels. Nous nous contenterons maintenant d'examiner quelques-uns des alliages de tellure. Plusieurs se trouvent dans la nature.

Alliage de tellure et de potassium. — L'affinité du tellure pour le potassium est telle que l'alliage se produit facilement en chauffant, dans une cornue de verre, un mélange intime de 100 parties d'oxide de tellure, 20 parties de potasse, et 10 parties de charbon; il se forme à plus forte raison en chauffant ensemble les deux métaux : dans tous les cas, il y a un grand dégagement de lumière.

L'alliage contenant une quantité suffisante de tellure, se dissout dans l'eau sans dégagement de gaz hydrogène. Exposée à l'air, la dissolution qui est d'un rouge pourpre, devient promptement alcaline et se couvre d'une légère couche de tellure, qui augmente continuellement, jusqu'à ce que la décomposition soit totale. L'acide chlorhydrique en dégage du gaz tellurhydrique avec effervescence et donne lieu à du chlorure de tellure qui reste dissous.

Alliages de tellure et de glucinium, de tellure et d'aluminium. — Ils ont été décrits (820 et 829).

Alliages naturels. — Les alliages qu'on trouve dans la nature sont ceux d'or, d'argent, de plomb, de fer (1110).

Action des oxides et des acides.

1108. *Eau.* — Point d'action, soit à froid soit à chaud.

Potasse caustique. — Le tellure se dissout daus une dissolution bouillante de potasse caustique concentrée : il en résulte du tellurite de potasse et du *tellurure de potassium*, d'où il suit qu'une partie de la potasse est décomposée. On assure que tout le tellure se dépose par le réfroidissement : s'il en est ainsi, il faut qu'à une basse température le potassium du tellurure enlève l'oxigène à l'oxide de tellure du tellurite alcalin.

Acide sulfurique concentré. A froid, cet acide dissout le tellure en poudre sans l'oxider, prend une belle couleur rouge purpurine, et le laisse déposer à l'état métallique par l'addition de l'eau (1) ; à chaud, il y a décomposition de l'acide, dégagement de gaz sulfureux, formation de sulfate incolore et soluble.

Acide sulfurique étendu d'eau. — Point d'action même à l'aide de la chaleur.

Acide azotique. — Le tellure est facilement dissous par l'acide azotique. La dissolution, qui a lieu avec chaleur et dégagement de bi-oxide d'azote, est incolore, indécomposable par l'eau, et laisse déposer, quand elle est convenablement concentrée, de petits cristaux dendritiques, blancs, légers et aiguillés.

Acide chlorhydrique. — Point d'action.

Eau régale. — Action très grande ; dissolution du tellure.

---

(1) M. Fischer estime à $\frac{1}{2000}$ du poids de l'acide, la quantité de tellure dissoute ; il pense que le métal passe à l'état de *sous-oxide* et que par l'addition de l'eau il se transforme en métal qui se précipite et en oxide qui reste dissous (*Ann. des mines*, 1829, v, 64). Mais si réellement il se formait un sous-oxide, il faudrait qu'il y eût de l'acide sulfurique décomposé, ce qui paraît ne pas avoir lieu.

1109. *Caractère des sels de tellure.*

Couleur.	Nulle.
Saveur.	Métallique, désagréable.

Leurs dissolutions donnent :

Avec potasse, soude.	Ppté blanc d'oxide hydraté, soluble dans un excès d'alcali.
Avec ammoniaque.	Idem.
Avec carbonates alcalins.	Ppté blanc d'oxide hydraté, soluble dans excès de carbonate.
Avec gaz sulfhydrique.	Ppté noir de proto-sulfure.
Avec proto-sulfure et sulfhy-drate alcalin.	Ppté noir de proto-sulfure de tellure, soluble dans un excès de sulfure al-calin.
Avec dissolution de proto-chlo-rure d'étain.	Ppté noir, filamenteux, si les deux dis-solutions sont concentrées, et colora-tion en brun, si elles sont étendues.
Avec dissolution de sulfate de protoxide de fer.	Réduction du tellure, si les dissolutions sont saturées et concentrées jusqu'à un certain point.
Avec cylindre de phosphore.	Réduction du tellure.
Avec lames de zinc, de fer, d'é-tain, de cuivre.	Réduction du tellure.
Avec infusion de noix de galle.	Ppté jaune isabelle.

On sait d'ailleurs que, sous l'influence de l'eau, ils ten-dent à se transformer en sous-sels insolubles et en sels acides, et que le sulfite d'ammoniaque bouilli avec le chlorure ou le sulfate de tellure, etc., en précipite ce métal en poudre.

Etat naturel, extraction.

1110. *Etat naturel.* —Le tellure se rencontre : 1° dans quelques mines d'or de la Transylvanie, uni à l'or, à l'ar-gent, etc.(*Mém.* de Klaproth, 11, 175, trad. franç.) ;
2° En Sibérie, à l'état de tellurure d'argent et de tellu-rure de plomb, dans la mine de Sawodinski près du fleuve de Buchtarma (Rose, *Ann. des Mines*, 1832. 1, 443);

3° En Norwège et en Hongrie, à l'état de tellurure de bismuth et de séléniure de tellure ;

4° A Schemnitz, à l'état de tellurure de bismusth (*Ann. des mines*, 1832, 11, 424);

5° Dans le comté de Guilford, aux Etats-Unis d'Amérique, à l'état de tellurure de fer : on en a trouvé un échantillon pesant plus de 28 livres. (*Ann. des Mines*, 1832, 11, 418.)

Le minerai le plus riche en tellure est connu sous le nom de tellure natif, mais c'est le plus rare; il contient sur 100 d'après Klaproth : 92, 50 de tellure ; 7, 25 de fer ; 0, 25 d'or.

Celui de Sibérie dont l'analyse a été faite par M. G. Rose, est composé de 36,92 de tellure; 62, 42 d'argent; 0, 24 de fer; ou de 2 atomes de tellure et 1 atome d'argent.

M. Berthier a retiré du tellurure d'or sulfo-plombifère de Nagyag (*Ann. de Chim. et de phys.* LI, 150) :

Tellure......................	13,0
Or...........................	6,7
Plomb........................	63,1
Antimoine	4,5
Cuivre.......................	1,0
Soufre.......................	11,7

Ce qui revient à :

Tellurure d'or Au Te^5......	19,7
Sulfure de plomb Pb S........	72,9
Sulfure d'antimoine Sb S^5....	6,2
Sulfure de cuivre Cu S.......	1,2
	100,0

En traitant ce minerai par l'acide chlorhydrique concentré et bouillant, on décompose tous les sulfures; le soufre se dégage à l'état de gaz sulfhydrique; le plomb, l'antimoine et le cuivre se dissolvent, et le résidu n'est plus que du tellurure d'or.

1111. *Extraction.* — Le *tellure* s'extrait de l'un des

minerais de tellure dont nous venons de donner la composition.

Lorsque ce minerai n'est formé, comme le *tellure natif*, que de tellure, d'or et de fer, il faut opérer comme il suit : après l'avoir séparé de sa gangue le plus exactement possible, on le réduit en poudre fine et on le fait chauffer doucement, en versant successivement dessus 5 à 6 parties d'acide azotique dans une capsule ou un matras. L'action est vive; tout le tellure se dissout; le fer se dissout lui-même, du moins en partie : quant à l'or et à la gangue, toujours de nature siliceuse, qu'il n'aurait point été possible de séparer, ils ne sont point attaqués et restent au fond du vase. Alors on étend d'eau la liqueur, on la filtre, et on y verse de la potasse ou de la soude caustique en dissolution concentrée, jusqu'à ce que le précipité qui se forme d'abord devienne d'un brun foncé et disparaisse. On filtre de nouveau. Sur le filtre reste l'oxide de fer, et dans la nouvelle liqueur se trouve l'oxide de tellure uni à l'excès d'alcali. Pour l'en séparer, on sature exactement l'alcali par de l'acide chlorhydrique : à l'instant même cet oxide, à l'état d'oxi-chlorure, se dépose sous forme de flocons blancs; on le recueille sur un nouveau filtre; on le lave avec un mélange de parties égales d'eau et d'alcool (1), et on le fait sécher à une douce chaleur. Enfin, on le mêle intimement avec 8 à 9 centièmes de son poids de charbon ; on introduit le mélange dans une petite cornue de verre, et l'on soumet ce mélange à une chaleur moindre que le rouge-cerise. Bientôt le charbon se trouve brûlé par l'oxigène de l'oxide, et celui-ci réduit. Une partie du métal se sublime, s'attache à la voûte de la cornue, tandis que l'autre se fond en culot. Il est nécessaire de ne pas chauffer brusquement, parce que la réduction aurait lieu avec une sorte d'explosion.

---

(1) On se sert d'un mélange d'eau et d'alcool, parce que l'eau seule le dissoudrait.

Ce mode de traitement convient aussi pour extraire le tellure du *tellurure d'argent*.

Il n'en est plus de même, lorsque le minerai est composé comme le tellurure d'or sulfo-plombifère de nagyag : alors la meilleure manière d'opérer est celle qui a été suivie par M. Berthier. (*Ann. de Chim. et de Phys.*, LI, 156.)

On mêle, dit M. Berthier, 10 p. de minerai pulvérisé avec 8 à 9 p. de nitre, selon l'état de dessiccation de ce sel, et 20 p. de carbonate de soude ou de potasse calciné. On chauffe graduellement le mélange jusqu'à fusion dans un creuset de terre ; on coule la matière fondue dans une cuiller en fer et on la pulvérise, puis on remet dans le même creuset encore chaud 10 autres parties de minerai mêlées de 8 à 9 p. de nitre, mais au lieu d'y ajouter 20 p. de carbonate alcalin qui ne sert qu'à tempérer la trop vive action du nitre, on emploie la matière qui provient de l'opération précédente ; on fond, on coule et on recommence une troisième fusion avec 10 p. de minerai, etc. A la fin de cette troisième opération, on donne un coup de feu un peu vif pour bien liquéfier toutes les matières, et on laisse le tout se refroidir dans le creuset. En cassant celui-ci on trouve au fond un culot métallique bien arrondi, d'un blanc grisâtre, cassant et cristallin, du poids d'environ 1,5 pour 10 de minerai. On le met à part, on enlève toutes les scories, on les pile, on les met digérer dans une grande quantité d'eau et l'on filtre. Le résidu se compose d'oxide de plomb antimonial, et ne peut être d'aucune utilité, quand l'opération a été bien conduite ; néanmoins, si l'on veut recueillir les traces d'or qu'il peut retenir, on le fond avec le double de son poids de flux noir et on coupelle le plomb qui en résulte. Reste à traiter le culot métallique, pour en extraire l'or, et la liqueur alcaline pour en précipiter le tellure.

On pile le culot, on le traite par l'acide azotique pur, qui dissout le plomb et la petite quantité de tellure qu'il peut contenir ; on le lave exactement pour qu'il ne retienne

pas d'azotates, et on le fait bouillir avec de l'acide chlorhydrique pur et concentré, qui [laisse l'or sous forme de
poudre brune et dissout l'oxide d'antimoine dont celui-ci
était mélangé; on le lave avec de l'eau acide et on le dessèche.

On sursature la liqueur alcaline très étendue avec de l'a-
cide sulfurique ou de l'acide chlorhydrique, et on la filtre
pour en séparer un léger dépôt de silice gélatineuse qui s'y
forme; puis l'on y plonge des barreaux de fer bien décapés
qui en précipitent en très peu de temps, surtout si l'on
chauffe, la totalité du tellure sous forme d'une poudre noire;
on lave exactement cette poudre, on la dessèche et on la
chauffe dans des tubes de verre allongés ou dans de petites
cornues, si l'on veut avoir le tellure en culot. Cette substance ne contient pas la plus petite trace de fer, si l'on a
soin de décaper exactement les barreaux qui servent à la
précipiter et si l'on a l'attention de maintenir les liqueurs
dans un état acide. On s'assure qu'il ne reste plus de tellure dans ces liqueurs au moyen de l'hydrogène sulfuré.

Ce procédé est simple et facile à exécuter; on peut évidemment s'en servir pour traiter tous les minerais de tellure en
variant convenablement les doses de nitre.

Il est encore un autre mode d'extraction que nous devons
indiquer, d'après M. Berzelius.

Le minerai est dissous d'abord dans l'acide azotique, et
la dissolution saturée par un alcali est mêlée avec un excès
de sulfhydrate de potassium ou d'ammoniaque. Celui-ci
précipite le cuivre, l'argent, le plomb et retient le tellure,
le sélénium et l'arsénic qui peuvent s'y trouver. On lave
bien le précipité avec de l'eau légèrement chargée de sulfhydrate, puis on verse un excès d'acide dans la liqueur.
Un nouveau précipité se forme, qui contient le sulfure de
tellure, du sulfure d'arsénic et du sulfure de sélénium. Le
sulfure arsénical est enlevé par l'ammoniaque étendue d'eau;
et si l'on chauffe doucement le résidu dans une cornue de
verre, le soufre, le sélénium se vaporiseront, et le tellure

restera seul au fond du vase : seulement il sera bon de le fondre de nouveau avec un peu d'oxide de tellure pour brûler les dernières traces de soufre. Observons toutefois que ce procédé ne serait pas praticable si, ce qui arrive quelquefois, le minerai contenait de l'antimoine. (1)

Observation. — Le tellure est-il un métal? Nous ne le pensons pas: 1° parce qu'il n'est pas très bon conducteur de l'électricité; 2° parce qu'il forme avec l'hydrogène un gaz acide comme le soufre et le sélénium; 3° parce qu'il se comporte avec les métaux comme ces deux corps; 4° parce qu'il se dissout à froid sans s'oxider dans l'acide sulfurique concentré, de même que plusieurs métalloïdes; 5° parce qu'il forme un oxide qui devrait plutôt être considéré comme un acide que comme une base. Ce qu'il y a de certain du moins, c'est qu'il a la plus grande analogie avec le soufre.

ARTICLE X.

Urane.

1112. *Historique.* — L'urane, dont le nom dérive de celui de la planète *Uranus*, fut découvert par Klaproth en 1789, dans un minéral appelé *pech-blende*. Ce minéral, qui est noirâtre et qu'on trouve dans la mine de Georges

---

(1) Au moment où nous imprimons cet article sur le tellure, nous apprenons que M. Berzelius vient de faire un travail sur ce métal d'où il résulterait: 1° que le tellure outre l'oxide connu, formerait un acide qu'il appelle *acide tellurique;* 2° qu'il y aurait deux oxides isomériques; 3° qu'il y aurait également deux acides isomériques: 4° qu'on extrairait facilement le tellure du *tellurure de Bismuth,* en faisant une pâte, de ce minerai en poudre, avec du carbonate de potasse et de l'huile, le calcinant fortement dans un creuset couvert, lessivant la masse avec de l'eau bouillie et refroidie, et exposant la liqueur à l'action d'un courant d'air : elle contiendrait du tellurure de potassium, d'où l'oxigène de l'air en oxidant le potassium précipiterait le tellure en poudre. Nous donnerons un extrait du travail de M. Berzelius à la fin de ce volume, si, à cette époque, le nouveau travail de l'illustre chimiste suédois se trouve publié.

Wagsfort, à Johann-Georgen-Stadt, en Saxe, avait été regardé auparavant, tantôt comme une mine de zinc, tantôt comme une mine de fer ou de tungstène. C'est à Klaproth, à Bucholz et à Arfwedson, que nous devons presque tout ce que nous savons sur les propriétés de ce métal particulier. (Voy. *Mémoires de* Klaproth, tom. II; *Annales de Chimie*, LVI, 142; *Ann. de Chim. et de Phys.*, XXIX, 148.)

1113. *État naturel.* — L'urane se trouve : 1° à l'état de protoxide dans la *pech-blende* à Johann-Georgen-Stadt; en Saxe, à Joachimstal en Bohême et à Kœnisberg; 2° à l'état d'hydrate de deutoxide à Johann-Georgen-Stadt; 3° à l'état de phosphate double d'urane et de chaux, dans l'*uranite jaune* à Saint-Symphorien, près d'Autun; 4° à l'état de phosphate double d'urane et de cuivre dans l'*uranite vert* en Cornouailles, à Johann-Georgen-Stadt, et à Rhein-breidenbach; 5° à l'état de colombate d'urane, dans l'yttro-tantalite ou colombite.

Ces divers minerais sont rares.

1114. *Extraction.* — C'est de la *pech-blende* (mine de poix) qu'on extrait l'urane. Cette substance pouvant contenir jusqu'à neuf substances, savoir : du protoxide d'urane, du plomb, du fer, du cuivre, du zinc, du cobalt, de l'arsénic, du soufre et de la silice, voici, d'après M. Arfwedson, le meilleur procédé à suivre.

« La *pech-blende*, réduite en poudre, est dissoute à l'aide
« d'une douce chaleur dans un mélange d'acide azoti-
« que et d'acide chlorhydrique. Quand la décomposition
« du minéral est terminée et que la plus grande partie de
« l'acide a été chassée, on ajoute un peu d'acide chlorhy-
« drique, après quoi la liqueur doit être étendue d'une
« grande quantité d'eau. Le soufre, la silice et une portion
« de la gangue restent insolubles; on fait alors passer un
« courant de gaz sulfhydrique à travers la liqueur tant qu'il
« s'y forme un précipité. Ce précipité est d'abord brun
« foncé, et consiste en sulfures de cuivre, d'arsénic et de
« plomb; mais à la fin il devient jaune et consiste unique-

« ment en sulfure d'arsénic. La liqueur débarrassée du cui-
« vre, du plomb et de l'arsénic, retient encore du fer, du
« cobalt et un peu de zinc.

« On la filtre et on y ajoute un peu d'acide azotique pour
« peroxider le fer ; par ce moyen la faible couleur verte de
« la liqueur passe au jaune.

« On y verse alors du carbonate d'ammoniaque en excès,
« qui s'empare de l'oxide d'urane mêlé aux oxides de cobalt
« et de zinc et qui laisse non dissoute une grande quantité
« d'oxide de fer. Si la dissolution contenait des terres, ce
« qui n'arriva point dans mes expériences, ces terres se-
« raient séparées avec l'oxide de fer. On filtre ensuite la
« dissolution, et on la fait bouillir tant qu'il se vaporise du
« carbonate d'ammoniaque. Une portion de l'oxide de co-
« balt reste dans la dissolution qui acquiert une faible cou-
« leur rougeâtre ; mais une autre portion de cet oxide se
« précipite en même temps que l'oxide d'urane, ainsi que
« l'oxide de zinc. Le précipité est recueilli sur un filtre, lavé
« et séché, puis chauffé au rouge : par là, il perd sa cou-
« leur jaune et en prend une d'un vert foncé. Dans cet état
« on le fait macérer pendant quelque temps dans de l'a-
« cide chlorhydrique étendu, qui dissout les oxides de co-
« balt et de zinc avec une petite portion de peroxide d'ura-
« ne qui était probablement unie aux deux bases comme
« acide. Le protoxide d'urane pur reste insoluble. »

Le protoxide ainsi obtenu, il ne faut plus pour en extraire
l'urane, que le chauffer à la lampe à esprit de vin dans un
tube de verre, où passe un courant d'hydrogène (530). La
réduction s'opère si rapidement que la matière devient incandescente ; le métal n'entre point en fusion : il reste toujours en poudre d'un brun obscur.

Mais il est facile de l'obtenir cristallisé : c'est de substituer dans l'expérience précédente le chlorure d'urane et de
potassium à l'oxide : le produit lessivé à l'eau offre de petits
cristaux qui, examinés au microscope, se trouvent être des
octaèdres à très peu près réguliers, dont les faces représentent

un grand éclat métallique ; quelques-uns même sont légèrement transparens sur les bords et brun-rougeâtre ; réduits en poudre, ils conservent cette teinte.

Lorsque, au lieu de réduire l'urane par l'hydrogène, on le réduit par le charbon à un violent feu de forge (857), il s'obtient à l'état d'un solide poreux, gris foncé, cristallin, cassant, facilement attaqué par la lime, dont la densité est de 9,000 selon Bucholz, et qui laisse apercevoir lorsqu'on le brise, un grand nombre de petits cristaux doués d'un faible éclat métallique. L'urane est-il pur dans ce cas? Il doit contenir du charbon : dans l'autre au contraire il ne doit contenir aucun corps étranger.

Action de l'oxigène, de l'air; oxides.

1115. A la température ordinaire, l'urane n'a aucune action ni sur le gaz oxigène ni sur l'air, secs; il paraît qu'il n'en a pas non plus sur ces gaz humides. Mais chauffé jusqu'au rouge, à l'air libre, dans un têt, il s'embrase et se transforme en protoxide.

L'urane a deux degrés d'oxidation : le protoxide joue toujours le rôle de base; le deutoxide joue tout à-la-fois celui de base et celui d'acide.

1116. Le protoxide se prépare comme nous l'avons dit précédemment (1114). Il est d'un gris noir, plus ou moins brillant quand il a été exposé à un haut degré de chaleur, et devient verdâtre quand ensuite on le réduit en poudre. On n'a point encore pu le fondre. Le soufre est sans action sur lui ; mais le gaz sulfhydrique le réduit aisément à la chaleur de la lampe: cette réduction donne lieu à de l'eau, du gaz sulfureux, un petit dépôt de soufre et du métal en poudre qui n'est nullement sulfuré. Le potassium le réduit également à une température élevée. Calciné, il ne se dissout bien dans les acides sulfurique et chlorhydrique qu'autant qu'ils sont concentrés. L'acide azotique, au contraire, en opère toujours la dissolution avec facilité; il le sur-oxigène en se décom

posant, et de là résulte un dégagement de bi-oxide d'azote et de l'azotate jaune de peroxide d'urane.

Le protoxide d'urane forme avec l'eau un hydrate gris verdâtre que l'on précipite aisément de ses dissolutions salines par les alcalis; mais bientôt il absorbe l'oxigène de l'air et passe à l'état d'hydrate jaune de peroxide. Il paraît qu'il abandonne très aisément l'eau qu'il contient, car il suffit de le tenir dans de l'eau bouillante privée d'air pour le déshydrater : il perd alors de sa solubilité dans les acides.

Le protoxide est formé de 100 d'urane et de 3,688 d'oxigène, ce qui donne en proportions et en atomes :

$$1 \text{ d'urane}, 2711,5 + 1 \text{ d'oxigène } 100 = U\,O.$$

1117. *Deutoxide.* — On ne le connaît pur qu'à l'état d'hydrate jaune; celui-ci même ne peut être obtenu qu'en exposant à l'air le protoxide hydraté bien lavé d'abord avec de l'eau bouillie. (1)

En effet, lorsqu'on verse un alcali dans un sel de peroxide, le précipité est toujours un sous-sel ou de l'oxide retenant de l'alcali en combinaison intime; et d'une autre part le deutoxide passe si facilement au premier degré d'oxidation, qu'on ne saurait le préparer en décomposant, par la chaleur, son azotate, ni son carbonate, ni même son hydrate.

L'hydrate de deutoxide est d'un jaune foncé qui a beaucoup d'éclat. Il s'unit facilement aux acides et aux bases. Il forme avec les alcalis des uranates jaunes qui ont la propriété, quand on les lave à l'eau pure, de passer à travers les filtres, et qui ne la perde qu'en ajoutant du sel ammoniac aux eaux de lavage. La présence d'une base donne

----

(1) Cette précaution est indispensable, car, s'il restait de l'alcali dans le précipité, le deutoxide le retiendrait si bien, que l'eau ne pourrait l'enlever.

beaucoup de stabilité au deutoxide d'urane : aussi les uranates alcalins et terreux sont-ils indécomposables par la chaleur.

Le deutoxide hydraté est soluble dans les carbonates alcalins et surtout dans les bi-carbonates; il se forme alors des carbonates doubles dont une grande partie se dépose en cristaux de couleur citrine, lorsque les dissolutions sont concentrées. Cet effet a même lieu avec le carbonate d'ammoniaque, lorsque les dissolutions sont étendues : aussi ne reste-t-il dans la liqueur que peu de carbonate double. Toutefois en la faisant bouillir, il s'en dégage du carbonate d'ammoniaque, et il se fait un nouveau dépôt grenu, d'un jaune clair qui est un sous-carbonate d'ammoniaque et d'urane.

M. Arfwedson a trouvé que, pour la même quantité de métal, les quantités d'oxigène du protoxide et du deutoxide étaient comme 2 à 3, et quelquefois comme 3 à 5. Le premier rapport paraît le plus probable d'après les analyses des sels d'urane, faites par M. Bucholz. Nous admettrons donc que le per-oxide d'urane est un sesqui-oxide formé de 100 de métal et de 5,529 d'oxigène, et que sa formule atomique est : $U^2 O^3$.

Action des métalloïdes sur l'urane.

1118. L'urane n'a encore été combiné qu'avec le soufre, le chlore et le brôme; probablement qu'il s'unirait facilement au fluor et à l'iode.

Ses combinaisons avec le chlore et le brôme ne seront étudiées que dans l'histoire des sels : nous n'avons donc à examiner que les composés qu'il forme avec le soufre.

Sulfures. — Le soufre a si peu d'affinité pour l'urane qu'il est impossible de combiner ces deux corps, soit en les chauffant ensemble, soit en faisant agir le soufre ou le gaz sulfhydrique à une température élevée sur l'oxide d'urane. Le soufre ne ramène le deutoxide qu'à l'état de protoxide;

le gaz sulfhydrique le réduit facilement, mais l'urane devient libre et ne se sulfure pas.

Proto-sulfure. — C'est en faisant passer du carbure de soufre en vapeur sur l'oxide fortement chauffé dans un tube de porcelaine qu'on prépare le proto-sulfure (602): ainsi préparé, il est d'un gris de plomb noirâtre. Chauffé au contact de l'air, il se transforme en acide sulfureux et en protoxide. L'acide chlorhydrique l'attaque à peine ; l'acide azotique et à plus forte raison l'eau régale l'attaquent au contraire facilement.

Per-sulfure. — Il paraît qu'il s e produit, lorsqu'on fond l'oxide d'urane avec un per-sulfure alcalin ou avec du soufre et de l'alcali dans un creuset : la masse étant ensuite lavée, il se dépose en petites lames d'apparence micacée.

Le per-sulfure se produit aussi, lorsqu'on verse un sulf-hydrate alcalin dans une dissolution saline de deutoxide d'urane : il se précipite en flocons noirs hydratés, solubles d'une manière sensible dans un excès de sulfhydrate. Bien lavé et séché à l'air, il se convertit en soufre et en protoxide que l'on peut séparer au moyen de l'acide chlorhydrique sans qu'il y ait dégagement de gaz sulfhydrique.

Oxi-sulfure. — Il est d'une couleur orange et se forme en faisant agir peu-à-peu le gaz sulfhydrique sur le deutoxide hydraté, précipité de ses dissolutions salines par un excès d'alcali. L'hydrate qui retient alors une portion de la base alcaline est mis en suspension dans l'eau ; l'on agite continuellement la liqueur, et l'on cesse l'opération aussitôt que l'hydrate a pris la teinte convenable. Si le courant de gaz était trop long-temps soutenu, l'on n'obtiendrait que du per-sulfure noir hydraté.

L'oxi-sulfure se forme encore en exposant à l'air le per-sulfure d'urane hydraté, qui n'a point été complètement lavé, et le tenant toujours humide : il prend, en quelques semaines, une teinte orange.

Chauffé en vase clos, l'oxi-sulfure donne de l'acide sulfureux, de l'eau qu'il contenait toute formée et du protoxide. L'acide chlorhydrique le dissout avec dégagement de gaz sulfhydrique et dépôt de soufre.

Alliages.

1119. L'urane n'a encore été uni directement à aucun métal; mais en chauffant les uranates alcalins, et ceux de fer, de plomb, de cuivre, dans un tube à travers lequel passe un courant de gaz hydrogène, l'on obtient de l'eau et une matière poreuse qui, refroidie dans le gaz, a la propriété de prendre feu, comme un pyrophore, dès qu'elle a le contact de l'air. Sans doute qu'alors il se produit un alliage d'urane : du moins, c'est ce qui est démontré pour les uranates dont les oxides sont faciles à réduire, comme ceux de plomb, de cuivre, etc.

Action de l'eau et des acides.

1120. *Eau.* — Point d'action, soit à froid, soit à chaud.

Acide sulfurique; acide chlorhydrique. — Concentré ou étendu d'eau, à froid ou à chaud, l'acide sulfurique n'attaque point l'urane.

Il en est de même de l'acide chlorhydrique.

Acide azotique. — Dissolution assez facile du métal dans l'acide, surtout à chaud ; dégagement de bi-oxide d'azote ; formation d'un azotate, jaune, soluble, qui cristallise par l'évaporation de la liqueur en prismes à 6 ou à 4 pans.

Eau régale. — Action très vive ; dégagement de bi-oxide d'azote ; formation d'un per-chlorure soluble qui colore la liqueur en jaune.

1121. *Caractères des sels de protoxide.*

Couleur.	Verte.
Saveur.	Astringente.

Leurs dissolutions donnent :

Avec alcalis caustiques.	Ppté vert-grisâtre de protoxide hydraté, insoluble dans un excès d'alcali.
Avec carbonate d'ammoniaque.	Ppté soluble dans un excès de carbonate.
Avec cyanure jaune de potassium et de fer.	Ppté rouge de sang.
Avec infusion de noix de galle.	Ppté brun-chocolat.
Avec sulfhydrate alcalin.	Ppté noir de sulfure.
Avec acide sulfhydrique.	Point de ppté.
Avec lames de zinc, de fer, etc.	Point de réduction.
Avec acide azotique, eau régale, chlore, et contact de l'air prolongé.	Le protoxide passe à l'état de deutoxide, et le sel devient jaune.

1122. *Caractères des sels de deutoxide.*

Couleur.	Jaune.
Saveur.	Astringente.

Leurs dissolutions donnent :

Avec potasse, soude, caustiques.	Ppté jaune de deutoxide hydraté, uni à l'alcali et insoluble dans un excès de base.
Avec carbonates de potasse et de soude.	Ppté jaune citron, soluble dans un excès de carbonate.
Avec cyanure jaune de potassium et de fer.	Ppté rouge de sang.
Avec infusion de noix de galle.	Ppté brun-chocolat.
Avec sulfhydrate alcalin.	Ppté noir de sulfure.
Avec acide sulfhydrique.	Point de ppté.
Avec lames métalliques.	Point de réduction.
Avec phosphate, arséniate, arsénite alcalin.	Ppté plus ou moins jaune.
Avec oxalate alcalin.	Point de ppté.

On sait d'ailleurs que plusieurs sels d'urane se dissolvent dans l'alcool, et que la dissolution exposée au soleil passe promptement du jaune au vert : alors le deutoxide devient protoxide.

ARTICLE XI.

Cérium.

1123. Le cérium est un des métaux dont la découverte est récente : elle date de 1804 ; c'est le premier fruit des nombreux travaux de M. Berzelius ; il la fit avec M. Hisinger, en examinant la cérite (*Ann. de Chim.* t. L, p. 145). Les expériences des chimistes suédois sur ce métal furent répétées par Klaproth et Vauquelin, qui les varièrent et les étendirent (*Ann. d'Histoire naturelle*, v. 405; et *Ann. de Chim.*, t. LIV, p. 28). Klaproth annonça même dans la *cérite* l'existence d'une nouvelle terre qu'il appela *ochroïte*, en même temps que MM. Hisinger et Berzelius y faisaient connaître un nouveau métal. L'ochroïte n'était que le peroxide de celui-ci.

Propriétés physiques. — Le cérium, extrait du chlorure par le potassium, se présente sous forme de poudre rouge ou chocolat foncé ; il prend un éclat grisâtre par le frottement; il conduit mal l'électricité; il est infusible, du moins, par les moyens ordinaires; on n'en connaît point la pesanteur spécifique.

Action de l'air; oxides, hydrates.

1124. *Air.* — Chauffé avec le contact de l'air, le cérium s'enflamme avant d'être rouge, et passe à l'état de peroxide; il s'oxide dans l'air, même à la température ordinaire, mais alors il en décompose la vapeur et laisse exhaler une odeur d'hydrogène, désagréable et semblable à celle que dégage le manganèse dans les mêmes circonstances.

Il existe deux oxides de cérium, un protoxide et un sesqui-oxide qui sont tous deux des bases faibles : quelquefois le sesqui-oxide joue le rôle d'acide.

Protoxide. — C'est de la *cérite* qu'on le retire, minérai formé, d'après M. Hisinger, de 68,6 de protoxide de cérium, 18 d'acide silicique, 1 ¼ de chaux, 2 de peroxide de fer, et 9 ½ d'eau. Après avoir réduit la cérite en poudre, on la fait bouillir avec de l'eau régale : tous ses principes constituans se dissolvent, excepté la silice. Ensuite on évapore presque entièrement la liqueur pour chasser l'excès d'acide qu'elle contient ; on l'étend d'eau, on la filtre, et l'on y verse de l'ammoniaque. Cet alcali n'en précipite que les oxides de cérium et de fer ; on les recueille sur un filtre, on les lave et on les traite à chaud par une dissolution d'acide oxalique, comme l'a recommandé M. Laugier : il en résulte de l'oxalate acide de fer très soluble, et de l'oxalate de cérium absolument insoluble. Lorsque celui-ci est bien lavé et séché, on le calcine jusqu'au rouge dans un creuset. Par ce moyen, tout l'acide oxalique est détruit, et l'oxide de cérium, en grande partie peroxidé, devient libre. Ce peroxide est alors ramené par l'acide chlorhydrique bouillant à l'état de protoxide ; la nouvelle dissolution est évaporée jusqu'à siccité, et le résidu repris par l'eau. Cela fait, il ne faut plus que décomposer le proto-chlorure par la potasse caustique, pour se procurer le protoxide : il s'en dépose tout-à-coup à l'état d'hydrate blanc ; c'est sous cette forme seulement qu'il est connu. En effet, exposé à l'air, cet hydrate en absorbe tout à-la-fois l'oxigène et l'acide carbonique. Lorsqu'on le calcine en vase clos pour le dessécher, il décompose une partie de l'eau qu'il contient, et forme du peroxide qui reste combiné au protoxide non altéré. Vainement on essaierait de décomposer le carbonate de protoxide par le feu : une partie de l'acide passerait à l'état d'oxide de carbone et suroxigénerait le cérium.

Le protoxide est formé de 100 de cérium et de 17,40 d'oxigène, ce qui donne en proportions et en atomes :

$$\text{1 de métal } 547,77 + \text{1 d'oxigène } 100 = \text{Ce O.}$$

Sesqui-oxide Ce²O³.—On l'obtient en calcinant l'azotate ou le carbonate de cérium ; mais, lorsque l'opération se fait sur le carbonate, le sel doit être chauffé jusqu'au rouge et avec le contact de l'air.

Cet oxide est d'un rouge de brique, infusible, fixe, indécomposable par le feu, sans action sur l'air. Le carbone le ramène facilement au premier degré d'oxidation. Il en est de même de l'acide chlorhydrique qui le dissout à chaud en donnant lieu à du chlore et à du proto-chlorure.

Fondu dans le borax, au chalumeau, il donne, ainsi que le protoxide, un verre incolore à la flamme intérieure, et un verre rouge qui passe au jaune fauve par le refroidissement, à la flamme extérieure.

Combiné avec l'eau, il forme un hydrate jaune clair, que l'on précipite des sels de peroxide par les alcalis, et qui devient d'un jaune foncé par la dessiccation.

Sesqui-oxide protoxidé. — Il paraît que ce composé de sesqui-oxide et de protoxide s'obtient en chauffant fortement en vase clos l'oxalate ou le carbonate de cérium, et qu'il se forme également lorsqu'on essaie de réduire le peroxide par l'hydrogène. Ce composé n'a point encore été analysé : il est en poudre d'un jaune citron.

Combinaisons des métalloïdes et des métaux avec le cérium.

1125. Les métalloïdes, unis jusqu'à présent au cérium, sont le carbone, le phosphore, le soufre, le sélénium, le fluor, le chlore, le brôme. L'étude des fluorure, chlorure, brômure, appartient à l'histoire des sels : nous n'avons donc à examiner ici que les carbure, phosphure, sulfure et séléniure.

Carbure. — M. Laugier a observé qu'en faisant une pâte d'huile et d'oxide de cérium et la chauffant dans une cornue, l'on obtenait un carbure qui était noir, aussi pesant que l'oxide, susceptible de s'enflammer spontanément et de se convertir alors en gaz carbonique et en peroxide de cérium.

Il paraît également qu'en chauffant modérément l'oxalate

de cérium et le tartrate de cérium en vase clos, et traitant le résidu par l'acide chlorhydrique, il reste du carbure de cérium, noir, inattaquable par les acides, qui, séché et chauffé, brûle vivement, sans augmenter, ni diminuer de poids.

Ces composés sont du cérium polycarburé.

Phosphure. — Le phosphore n'a que peu d'affinité pour le cérium : aussi ne se produit-il point de phosphure, soit en chauffant le phosphate de cérium dans un creuset brasqué, soit en traitant à une haute température l'oxide de cérium par le phosphore. On ne parvient à unir ces deux corps qu'en faisant passer un courant de gaz phosphure d'hydrogène dans un tube de porcelaine où l'on a placé de l'oxide de cérium et que l'on chauffe très fortement : et encore il se produit toujours du phosphate ; on l'enlève par les acides chlorhydrique, sulfurique, qui n'attaquent pas le phosphure.

Sulfure. — Le cérium s'enflamme dans la vapeur de soufre : le sulfure de cérium peut donc être fait directement. Mais il est plus facile de le préparer en faisant passer du sulfure de carbone en vapeur à travers un tube qui contient de l'oxide de cérium chauffé jusqu'au rouge (602). On peut encore l'obtenir en calcinant dans un creuset brasqué un mélange de deux parties d'oxide de cérium, deux de carbonate de soude, une et demie de soufre, et lavant ensuite la masse avec de l'eau : dans le premier cas, il est rouge; dans le second, il est en petites écailles jaunâtres qui ont de la ressemblance avec l'or mussif; cependant sa composition paraît être la même.

Chauffé avec le contact de l'air, il s'enflamme promptement, laisse dégager du gaz sulfureux, et passe à l'état de sous-sulfate. Les acides sulfurique et chlorhydrique étendus, et généralement tous les acides, excepté ceux qui abandonnent facilement leur oxigène, le dissolvent avec production de gaz sulfhydrique.

Il est formé en proportions et en atomes de :

1 de cérium, 547,77 + 1 de soufre 201,16.

Proto-séléniure.—C'est en décomposant le sélénite de protoxide de cérium, dans un tube de porcelaine, à une chaleur rouge, par le gaz hydrogène, que l'on obtient le séléniure de cérium. Il est pulvérulent, rouge brun, et répand une odeur désagréable. Le grillage le transforme en acide sélénieux et en sélénite basique. Les acides l'attaquent avec dégagement de gaz sélénhydrique.

Alliages. — Les alliages du cérium sont inconnus.

Action des oxides et des acides.

1126. *Eau.* — Le cérium en poudre, tel que l'a obtenu M. Mosander, décompose l'eau très facilement à l'aide d'une légère chaleur.

A plus forte raison, doit-il pouvoir la décomposer sous l'influence des acides : aussi la décomposition se fait elle, même à la température ordinaire, et est-elle très vive, du moins avec les acides sulfurique, chlorhydrique.

1127. *Caractères des sels de protoxide de cérium.*

Couleur.	Nulle.
Saveur.	Sucrée.

Leurs dissolutions donnent :

Avec potasse, soude caustiques.	Ppté blanc de protoxide hydraté, insoluble dans un excès d'alcali.
Avec carbonates de potasse, de soude.	Ppté blanc de carbonate qui est ordinairement micacé.
Avec acide sulfhydrique.	Point de ppté.
Avec proto-sulfure alcalin.	Ppté blanc gélatineux.
Avec sulfate de potasse.	Ppté blanc de sulfate double de potasse et de cérium, pour peu que les dissolutions soient concentrées.
Avec cyanure jaune de potassium et de fer.	Ppté blanc laiteux, soluble dans les acides.
Avec noix de galle.	Point de ppté.
Avec lames de zinc, de fer, d'étain, etc.	Point de réduction.

On sait de plus que la plupart des sels de protoxide de

cérium sont solubles dans l'eau, et que soumis à l'action de la pile, leur oxide se dépose au pôle négatif sans être réduit.

1128. *Caractères des sels de peroxide.*

Saveur.	Douce, aigrelette et fortement astrin-gente.
Couleur.	Jaune, quelquefois orangée.

Leurs dissolutions donnent :

Avec potasse, soude caustiques.	Ppté jaune clair de peroxide hydraté.
Avec sulfate de potasse.	Ppté jaune de sulfate double, si les dissolutions sont concentrées.
Avec acide chlorhydrique bouillant.	Sels de protoxide, incolores.

Ils se comportent d'ailleurs comme les sels de protoxide avec les autres réactifs.

Etat naturel, extraction.

1129. *Etat naturel.* — Le cérium, quoique assez rare, se rencontre dans un assez grand nombre de minéraux; les principaux sont :

1° *La cérite.* Elle se trouve dans la mine de cuivre de Bastnaès, près de Riddarytha, en Suède. D'après sa composition, elle doit être regardée comme un silicate de protoxide de cérium hydraté;

2° *La gadolinite* d'Ytterby composée de 1 atome de silicate de protoxide de cérium bi-basique, 4 atomes de silicate neutre d'yttria, 1 atome de silicate de protoxide de fer bibasique.

3° *L'allanite* dont on a retiré : 9, 2 de protoxide de cérium; 31, 5 de silice ; 25, 4 de chaux ; 4,1 de peroxide de fer; 26,4 d'eau.

4° *L'ortite* qui contient d'après l'analyse qui en a été faite: 19,5 de protoxide de cérium; 32,0 de silice ; 14, 8 d'alumine ; 7,8 de chaux; 3,4 d'yttria ; 3,4 de protoxide de manganèse; 12, 4 de protoxide de fer; 5,4 d'eau : elle se rencontre à Finbo.

5° *Le fluorure de cérium,* qui existe à Finbo.

6° *L'yro-cérite,* qui existe aussi à Finbo et dont la composition est représentée par 22 de fluorure de cérium, 11 de fluorure d'yttrium et 67 de fluorure de calcium.

1130. *Extraction.* — Le meilleur procédé, connu jusqu'ici, pour se procurer le cérium, nous a été donné par M. Mosander : il consiste à traiter le proto-chlorure de cérium par le potassium à une température élevée; il est donc analogue à celui par lequel M. Wöhler obtient les métaux terreux : seulement la manière d'opérer est un peu différente.

M. Mosander introduit une certaine quantité de sulfure de cérium dans un tube de verre horizontal, d'environ un demi-pouce de diamètre; il y fait passer un courant de chlore sec, puis le chauffe. Bientôt il se produit du chlorure de soufre très volatil et du chlorure de cérium qui reste dans le tube sous forme d'une masse blanche et poreuse. Le tube étant refroidi et le courant de chlore sec étant remplacé par un courant de gaz hydrogène sec, on porte avec une tige de fer un morceau de potassium tout près du chlorure, de telle manière que le potassium soit exposé le premier au contact du gaz (1). Alors on fait fondre le métal pour que l'huile de pétrole dont il pourrait être imprégné soit emportée par l'hydrogène : après quoi on chauffe avec une lampe à esprit de vin, d'abord le chlorure presque jusqu'au rouge, et ensuite le métal avec une seconde lampe. Le potassium vaporisé décompose le chlorure avec une faible ignition, quelquefois même avec une légère détonation : la matière devient brune, dure et compacte. En la lavant rapidement avec de l'alcool à 85°, le chlorure de potassium se dissout, et le cérium se précipite en poudre, mais toujours mêlé avec un peu d'oxide et quelquefois même de sous-chlorure de cérium. Peut-être que traité de nouveau par le potassium, la poudre ne serait plus que du cérium pur.

---

(1) Au besoin, l'on retirerait pour un instant le petit tube de verre qui conduit l'hydrogène du flacon où il se produit dans le grand tube de verre horizontal.

On peut aussi, comme l'a fait Vauquelin, réduire l'oxide de cérium en calcinant très fortement dans une petite cornue de porcelaine une pâte de tartrate de cérium, de noir de fumée et d'huile : le métal se présente même alors sous forme de petits grains brillans, dont plusieurs se trouvent sublimés ; mais il est toujours plus ou moins carburé et diffère beaucoup du cérium pur.

Observations. — Il est évident, d'après toutes les propriétés du cérium, qu'il a la plus grande analogie avec les métaux terreux, et surtout avec l'ytrium. L'on devra donc désormais le placer dans la seconde section.

ARTICLE XII.

Bismuth.

1131. Il serait difficile de dire quel est l'auteur de la découverte du bismuth. Ce qu'il y a de certain, c'est qu'elle remonte au moins à 1520, car il est question de ce métal dans le traité d'Agricola, qui parut à cette époque. Geoffroi le jeune est le premier qui, en 1753, ait publié sur ce métal, dans les Mémoires de l'académie des sciences, un travail assez complet pour le temps. Les recherches qui ont été faites depuis n'ont eu pour objet que quelques points de son histoire. Il était connu autrefois sous le nom d'*étain de glace*.

1132. *Propriétés physiques*. — Le bismuth est solide, blanc-jaunâtre, cassant, facile à réduire en poudre. Sa structure est lamelleuse. C'est le métal qui cristallise le plus facilement et le plus régulièrement. Ses cristaux sont des cubes qui se disposent ordinairement, les uns par rapport aux autres, de manière à former une pyramide quadrangulaire renversée, dont chaque face présente une sorte d'*escalier*. Il faut qu'il soit bien pur, et surtout qu'il ne contienne point d'arsénic, pour produire cette belle cristallisation (1). Sa pesanteur spécifique est de 9,822.

____

(1) Le bismuth du commerce contient quelquefois de l'arsénic. On peut le

Le bismuth fond à environ 246°. Quoique regardé comme volatil par quelques chimistes, il ne l'est réellement pas : du moins, lorsqu'on le chauffe très fortement dans une cornue de grès, on n'en trouve point dans le col après l'opération.

Action de l'oxigène, de l'air; oxides.

1133. *Oxigène, air.* — Le bismuth, à la température ordinaire, n'a point d'action sur le gaz oxigène et sur l'air, privés d'humidité; mais il en a une légère sur ces gaz humides, car il se ternit comme l'antimoine par leur contact.

A une température élevée, il absorbe facilement le gaz oxigène; l'absorption commence même à avoir lieu aussitôt qu'il entre en fusion : il en résulte un oxide gris-jaunâtre très fusible, un dégagement de calorique, et de plus un dégagement de lumière, si la température est voisine du rouge-brun.

L'action du bismuth sur l'air à chaud est la même que sur le gaz oxigène, sinon qu'elle est moins vive. Cependant, lorsqu'on fait l'expérience dans un creuset, et qu'on le fait chauffer fortement, l'oxidation a lieu avec un faible dégagement de lumière bleuâtre. Il se forme, dans ce cas, un oxide jaune qui se vaporise et donne naissance à des vapeurs assez épaisses.

1134. *Oxides.* — Il existe deux oxides de bismuth : un protoxide et un sesqui-oxide. Le premier joue le rôle d'une base faible; le dernier ne fait fonction, ni de base, ni d'acide.

Protoxide. — Jaunâtre, fusible à la température rouge-cerise, sans action sur le gaz oxigène et sur l'air, facilement

---

reconnaître à ce qu'il est en petites lames, et surtout à ce qu'il ne se dissout point complètement dans un excès d'acide azotique, ou bien à ce qu'il donne lieu, en le traitant à chaud par cet acide, à un précipité blanc insoluble, qui n'est autre chose que de l'arséniate de bismuth.

réductible par l'hydrogène, le carbone; existe en très petite quantité sous forme d'une légère efflorescence à la surface du bismuth natif; s'obtient en chauffant le bismuth dans un têt avec le contact de l'air (premier procédé, 578), ou par la calcination de l'azotate (quatrième procédé).

Le protoxide de bismuth est formé, suivant M. Lagerhielm, de 100 de bismuth et de 11,275 d'oxigène : il est parvenu à ce résultat en prenant un petit matras de verre bien sec, y dissolvant 8 $^{gramm.}$, 5045 de bismuth par l'acide azotique, faisant évaporer la liqueur à siccité, chauffant peu-à-peu l'azotate jusqu'au rouge pour en décomposer l'acide, et pesant le vase avant et après l'opération (*Ann. de Chim.*, t. xciv, p. 161). De là on déduit, pour la composition de cet oxide en proportions et en atomes :

$$\text{1 de bismuth} \quad 886,90 + \text{1 d'oxig. 100} = \text{Bi O.}$$

Le protoxide de bismuth forme un hydrate blanc, que l'on se procure en versant une dissolution d'azotate de bismuth dans l'eau, recueillant le précipité, le mettant en contact avec de la potasse ou de la soude caustique pour le priver de l'acide qu'il retient, et le lavant à l'eau froide.

Sesqui-oxide. — Cet oxide, découvert par MM. Bucholz et Brandes, a été le sujet d'un mémoire de M. Stromeyer (1) qui a mis hors de doute son existence auparavant très contestable.

La couleur du sesqui-oxide de bismuth est d'un brun foncé, et ressemble tout-à-fait à celle du bi-oxide de plomb.

Il se décompose à environ 360°, et passe à l'état de protoxide. L'hydrogène et le carbone en opèrent aisément la réduction.

Les alcalis fixes et l'ammoniaque n'ont aucune action sur lui. L'acide chlorhydrique le dissout avec dégagement de chlore, même à froid ; l'acide sulfurique le dissout en dé-

____

(1) *Ann. de chim. et de phys.*, LI, 267.

gageant de l'oxigène, à froid s'il est concentré, à chaud seulement s'il est étendu.

Le sesqui-oxide de bismuth se produit, quand on chauffe le protoxide à une chaleur modérée avec de la potasse. Mais on se le procure plus facilement, en faisant bouillir quelque temps ce protoxide avec une dissolution de chlorure de potasse ou de soude. L'oxide prend une belle couleur jaune d'ocre, et passe ensuite au brun foncé. On le lave alors complètement, et on le traite à froid par l'acide azotique étendu de 9 fois son poids d'eau et exempt d'acide hypo-azotique, pour dissoudre le peu de protoxide qui pourrait n'avoir point été sur-oxigéné : après quoi le sesqui-oxide est lavé, d'abord avec de l'acide étendu, puis avec de l'eau, et séché à une douce chaleur.

M. Stromeyer a déterminé la composition du sesqui-oxide de bismuth par la perte en poids que lui fait éprouver l'action de la chaleur : sa formule est $Bi^2 O^3$.

Combinaison des métalloïdes avec le bismuth.

1135. Le bismuth a été uni avec le phosphore, le soufre, le sélénium, le fluor, le chlore, le brôme et l'iode. Les combinaisons qu'il forme avec les quatre derniers métalloïdes ne seront examinées que dans l'histoire des sels.

Hydrure. — D'après M. Ruhland, il se formerait à la surface du bismuth un hydrure en dendrites noires, lorsqu'on se sert de ce métal comme conducteur négatif, pour décomposer l'eau par la pile.

Phosphure de bismuth. — Ce phosphure est décomposé par une température peu élevée : voilà pourquoi on ne peut le faire que par le dernier procédé. Comme il est alors très divisé, il paraît noir; mais s'il était possible de le fondre sans le décomposer, il serait sans doute très brillant. Ce phosphure, d'après M. Landgrèbe, passe au gris, quand on le laisse exposé à l'air sur un filtre, et finit par devenir tout-à-fait blanc. Ce chimiste a trouvé 0,13 de phosphore dans le précipité produit par le phosphure gazeux d'hydrogène, dans une dissolution saline de bismuth. (*Ann. des mines,* 3e *série,* t. 1, p. 107.)

Sulfure. — Gris-jaunâtre, brillant, moins fusible que le bismuth, cristallisable en aiguilles, sans action sur le gaz oxigène sec ou humide à la température ordinaire; l'absorbe à l'aide d'une légère chaleur, en produisant du gaz acide sulfureux et probablement un sous-sulfate; l'absorbe également à l'aide d'une chaleur très forte, mais en donnant lieu à du gaz sulfureux et à de l'oxide de bismuth; se dissout en toutes proportions dans le bismuth par voie de fusion.

Ce sulfure n'existe que rarement dans la nature; il ne forme jamais de gîtes à lui seul, et ne se trouve que dans les filons et amas des autres métaux, particulièrement dans ceux d'argent, où il accompagne l'arséniure de cobalt (Bieber dans le Hanau, Wittichen en Souabe, Annaberg, Schnéeberg en Saxe, Riddarhytta en Suède). On le rencontre aussi dans quelques mines d'étain et de cuivre de Cornouailles.

Pour l'obtenir, il faut unir directement le soufre pur au bismuth pur (602, premier procédé) : la combinaison se fait aisément; elle a même lieu avec tant d'énergie, qu'au moment où le sulfure se forme, il devient incandescent.

Il est formé de 100 de bismuth et de 22,52 de soufre (Lagerhielm, *Ann. de Chim.*, t. XCIV, p. 161), d'où l'on déduit en proportions et en atomes :

1 de bismuth   886,90 -|- 1 de soufre 201,16 = Bi S.

Séléniure. — Brillant, d'un blanc-argentin, d'une cassure très fortement cristalline; se prépare directement avec facilité: la combinaison s'effectue avec un faible dégagement de lumière.

Alliages de bismuth.

1136. Le bismuth s'allie aisément aux métaux, et les rend plus ou moins aigres.

Sept alliages de bismuth seulement sont dignes de quelque intérêt, savoir : ceux de potassium, d'étain, d'étain et de plomb, de tellure, de plomb, d'argent, d'or. Les quatre premiers ont été examinés (718, 969, 975 *bis*, 1110).

Alliage de bismuth et de plomb. — Cet alliage, qui se forme tout-à-coup par la fusion des métaux, est remarquable en ce qu'il est malléable tant que la quantité de bismuth n'excède pas celle de plomb, et qu'il a beaucoup plus de ténacité que le plomb pur.

Alliage de bismuth et d'argent. — Il est aigre; lorsqu'on le chauffe dans une *coupelle*, le bismuth s'oxide tout entier et passe à travers la coupelle. Aussi, ce métal pourrait-il remplacer le plomb pour affiner l'argent par la coupellation. Suivant M. Chaudet, 2 parties suffisent même pour tenir lieu de 3 parties de plomb.

Alliage de bismuth et d'or. — Extrèmement aigre : 1 partie de bismuth rend cassant 1900 parties d'or.

Action des oxides et des acides.

1137. *Eau, potasse, soude, ammoniaque.* — Le bismuth n'a aucune action sur l'eau pure, soit à froid, soit à chaud, non plus que sur les dissolutions de potasse, de soude et d'ammoniaque.

Acide sulfurique concentré. — Point d'action à froid, décomposition de l'acide à chaud, dégagement d'acide sulfureux, formation d'un sulfate blanc qui se dépose presque entièrement.

Acide sulfurique étendu d'eau. — Point d'action, soit à froid, soit à chaud.

Acide azotique. — Action vive à la température ordinaire; dégagement de chaleur; grande effervescence due principalement à du bi-oxide d'azote, qui forme des vapeurs rutilantes par son contact avec l'air; dissolution du métal, et formation d'un azotate incolore, cristallisable en prismes d'un assez gros volume.

Si, sur le bismuth en poudre, l'on verse une petite quantité d'acide azotique fumant, la température s'élève jusqu'au rouge (Berzelius).

Acide chlorhydrique liquide. — Action nulle à froid, même avec l'acide concentré; légère action à chaud, faible dégagement de gaz hydrogène et formation de chlorure soluble dans l'excès d'acide (Rose).

Eau régale.—Action extrêmement vive, même à la température ordinaire sur le bismuth en poudre, grande effervescence due au bi-oxide d'azote, formation d'eau et de chlorure qui se dissout dans l'excès d'acide.

1138. Caractères des sels de bismuth.

Couleur.	Nulle, quand l'acide est incolore.
Saveur.	Métallique.

Leurs dissolutions donnent :

Avec addition d'eau.	Ppté blanc de sous-sel.
Avec potasse, soude, ammoniaque.	Ppté blanc d'oxide hydraté.
Avec carbonate de potasse, de soude et d'ammoniaque.	Ppté blanc d'oxide hydraté.
Avec acide sulfhydrique, proto-sulfure et sulfhydrate alcalin.	Ppté noir de sulfure.
Avec cyanure jaune de potassium et de fer.	Ppté blanc de cyanure ferrugineux.
Avec iodure de potassium.	Ppté brun marron.
Avec lames de fer, de zinc, d'étain.	Ppté de sous-sel ramené à l'état métallique par un plus long contact.
Avec infusion de noix de galle.	Ppté jaune orangé.

Etat naturel, extraction, usages.

1139. *État naturel.* — Le bismuth se trouve; 1° à l'état natif; 2° à l'état d'oxide (1134); 3° à l'état de sulfure (1135); 4° uni, d'une part, à l'arsénic, et de l'autre au tellure (1110).

Le bismuth natif est très rare; le minerai qu'on regarde souvent comme tel n'est presque jamais qu'un composé de bismuth et d'arsénic. On le rencontre ainsi allié ou pur, en France, dans les mines de Bretagne, dans la vallée d'Ossau, dans les Pyrénées ; en Saxe, à Freyberg, à Schnéeberg ; en

Bohême, à Joachimsthal ; en Souabe, à Wittichen ; en Suède, près de Loos et de Lofasen ; en Transylvanie, etc.

1140. *Extraction.* — Le traitement des minerais de bismuth n'offre aucune difficulté, parce que ce métal est très fusible, et qu'il se trouve presque toujours à l'état natif.

On se contente quelquefois de concasser le minerai et de le mettre dans des creusets autour desquels on fait du feu, comme nous l'avons dit en parlant de l'extraction du sulfure d'antimoine. Bientôt le métal entre en fusion, et se rassemble au fond des creusets inférieurs.

Mais le procédé le plus ordinaire est celui qui est pratiqué à Schnéeberg, en Saxe. Il consiste à chauffer les minerais cassés en morceaux de la grosseur d'une noisette, dans des tuyaux cylindriques de fonte qui ont environ 5 pieds de long et 8 pouces de diamètre. On dispose ces tuyaux en travers sur un fourneau, et on les incline légèrement. Leur extrémité la plus élevée est fermée par un couvercle en fer ; l'autre, par laquelle doit s'écouler le bismuth, reçoit un bouchon de terre, dans lequel on a ménagé une petite ouverture pour donner passage au métal fondu. On allume le feu dans le fourneau, et lorsque la température est suffisamment élevée, le bismuth fond, et vient se rendre dans des bassines de fonte placées immédiatement au-dessous de l'extrémité inférieure des tuyaux. Chaque tuyau peut contenir 50 livres de minerai. Une demi-heure suffit pour en extraire le bismuth : alors on retire le résidu, et on fait un nouveau chargement, etc. Le bismuth est coulé en pains de 25 à 50 livres.

Le bismuth du commerce n'est pas pur ; il contient toujours de l'arsénic, du soufre, etc.

Pour le purifier de manière à le rendre propre à former de belles cristallisations, on se contente, dans les laboratoires, de le fondre avec un peu de nitre, et de porter la température au rouge ; il s'oxide en petite quantité en même temps que la totalité du soufre et de l'arsénic s'acidifie ; mais il retient encore de l'argent. Si l'on voulait l'en séparer, il faudrait le dissoudre dans l'acide azotique, ajouter à la liqueur un peu d'acide chlorhydrique, et la décanter, après que le dépôt de chlorure d'argent serait bien formé; elle ne contiendrait plus que de l'azotate de bismuth qu'on évaporerait, que l'on calcinerait et que l'on réduirait par le charbon.

1141. *Usages.*—Les usages du bismuth sont très bornés; l'on s'en sert seulement pour faire le blanc de fard ou le sous-azotate de bismuth, pour fabriquer les plaques de sûreté que l'on adapte aux chaudières à vapeur et qui sont composées de bismuth, d'étain et de plomb, et pour préparer quelques fondans employés en peinture sur verre et sur porcelaine : aussi la consommation en est-elle très petite, car les mines d'argent et de cobalt, d'où l'on extrait tout le bismuth du commerce, n'en fournissent qu'environ cinq mille kilog. par an.

ARTICLE XIII.

Plomb.

1142. Connu de toute antiquité, généralement répandu dans la nature, facile à extraire de ses mines, se prêtant aisément à toutes sortes de formes, le plomb a été l'objet d'un grand nombre de recherches. Les alchimistes, dans l'espérance de le transformer en argent, l'ont soumis à une foule d'épreuves. Les fabricans et les artistes ont cherché à tirer parti de l'extrême facilité avec laquelle il se travaille. Presque tous les chimistes proprement dits en ont étudié les propriétés.

Il est quelquefois désigné dans les anciens ouvrages par le nom de *saturne.*

1143. *Propriétés physiques.*—Le plomb est solide, blanc-bleuâtre, brillant. Frotté entre les mains, il leur communique une odeur sensible. C'est l'un des métaux les plus mous : aussi est-il sans sonorité, et est-il rayé par presque tous les autres corps, même par l'ongle; on peut même s'en servir pour tracer des caractères sur le papier. Très malléable, il s'étend plus facilement en lames qu'il ne se tire en fils. Sa ténacité est peu considérable; sa densité de 11,445. On ne l'a point encore obtenu en cristaux bien réguliers.

Après le mercure, le potassium, le sodium, l'étain et le bismuth, c'est le métal le plus fusible; sa fusion a lieu vers le 260° de chaleur; il n'est pas sensiblement volatil.

Action de l'oxigène, de l'air; oxides, hydrates.

1144. *Oxigène, air.*— Son action, à la température ordinaire, est nulle sur le gaz oxigène et sur l'air secs; elle est même très lente alors sur ces deux gaz humides : il devient terne dans son contact avec le premier, et sa surface se recouvre peu-à-peu d'une très légère couche d'oxide; dans son contact avec le second, l'oxide qui se forme passe insensiblement à l'état de carbonate, si toutefois l'air peut se renouveler (517). Il agit beaucoup plus fortement sur l'un et sur l'autre à l'aide de la chaleur; dès qu'il est fondu, l'oxidation se manifeste : mettez du plomb dans un têt; placez celui-ci sur un cylindre de terre dans un fourneau; chauffez-le peu-à-peu jusqu'au rouge obscur; rassemblez de temps en temps, sur les bords, l'oxide qui se formera de toutes parts à la surface du bain, et dans l'espace de quelques heures vous parviendrez facilement à oxider une trentaine de grammes de plomb. L'oxide sera jaune. Calciné de nouveau, il pourra absorber une nouvelle quantité d'oxigène et devenir rouge : c'est même de cette manière que l'on prépare tout le *minium* ou oxide rouge de plomb que les arts consomment.

Il existe deux oxides de plomb, *un protoxide et un bi-oxide*. Ces deux oxides, en s'unissant ensemble, forment le *minium* qui a été regardé comme un oxide particulier jusque dans ces derniers temps. Le protoxide est une base puissante qui fait aussi fonction d'acide. Le bi-oxide ne joue jamais le rôle de base et ne joue même que rarement celui d'acide. (1)

1145. *Protoxide.* — Jaune, entre en fusion un peu au-dessus du rouge-brun, cristallise en lames jaunes ou d'un jaune-rougeâtre par le refroidissement; sans action sur le gaz oxigène à la température ordinaire, l'absorbe à l'aide d'une légère chaleur, et passe à l'état de *minium*; se comporte avec l'air comme avec le gaz oxigène, si ce n'est qu'à froid il en absorbe le gaz acide carbonique, etc.

L'hydrogène, le carbone le réduisent très facilement. L'eau le dissout, mais en quantité à peine sensible. Il forme avec les alcalis des composés solubles qui, suivant M. Labillardière, le laissent déposer peu-à-peu en petits dodécaèdres réguliers. Il attaque et troue facilement les creusets de terre, lorsqu'il est en pleine fusion : il se combine alors avec la silice.

Uni à l'eau, il produit un hydrate blanc que l'on précipite de ses dissolutions salines en y ajoutant un petit excès d'ammoniaque.

Le protoxide n'existe dans la nature qu'en combinaison avec les acides.

On le prépare dans les laboratoires en chauffant jusqu'au rouge le *minium* ou l'azotate de protoxide de plomb dans un creuset de platine (4ᵉ procédé, 578); mais dans les arts on l'obtient en calcinant le plomb avec le contact de l'air, comme nous le dirons en parlant du *minium*.

Le protoxide de plomb est formé de 100 parties de plomb et de 7,725 d'oxigène; car d'une part, en dissolvant 100 parties de plomb dans l'acide azotique, et faisant

(1) Outre les oxides de plomb, il en existe un autre moins oxigéné, selon M. Berzelius, qui se formerait en exposant le plomb à l'air, à la température ordinaire ou à une température peu élevée, etc. (*Annales de Chimie,* tom. LXXXVII.) M. Dulong croit qu'on obtient un oxide semblable pour résidu en calcinant l'oxalate de plomb.

rougir dans un creuset de platine l'azotate de plomb qui en résulte, on obtient un résidu qui pèse sensiblement 107,725; et d'autre part, de 107,725 d'oxide de plomb l'on retire précisément 100 parties de plomb, en mettant cette quantité d'oxide dans un tube de verre, chauffant celui-ci et faisant passer du gaz hydrogène à travers. (*Ann. de Ch. et de Phys.*, tom. v, pag. 177; et *Essai sur les Propr. chim.*)

Par conséquent la composition du protoxide est en proportions et en atomes :

1 de plomb 1294,50 + 1 d'oxigène 100 = Pb O.

1146. *Bi-oxide.* — Cet oxide, découvert par Proust, est puce, sans action sur le gaz oxigène et sur l'air; il passe à l'état de *minium* par une chaleur obscure et à celui de protoxide par une chaleur rouge-cerise.

Lorsqu'on le broie fortement avec le soufre, dans un mortier, il s'enflamme en donnant lieu à du gaz sulfureux et du sulfure de plomb. L'acide chlorhydrique le décompose tout-à-coup : de là résulte de l'eau, du chlore et du chlorure de plomb. L'ammoniaque en opère aussi la décomposition, tout en se décomposant elle-même comme l'acide chlorhydrique; elle s'empare de la moitié de son oxigène, de telle manière qu'il y a production d'eau et d'azotate de protoxide de plomb. Il absorbe très rapidement le gaz sulfureux, au point que, d'après M. Vogel, il y a dégagement de lumière; le gaz passe ainsi à l'état d'acide sulfurique qui reste uni au protoxide.

Le bi-oxide n'existe point dans la nature. Il est formé, d'après M. Berzélius, de 100 parties de plomb et de 15,450 d'oxigène, car 115,450 de cet oxide se réduisent, par la calcination, à 107,725 de protoxide; d'où il suit qu'il contient 2 fois autant d'oxigène que le protoxide, et que sa formule atomique est *Pb O²*.

On le prépare en traitant le minium (composé de 2 atomes de protoxide et de 1 atome de bi-oxide) par l'acide azotique. A cet effet, on introduit une partie de minium dans un matras ou une fiole; on verse dessus 5 à 6 parties d'acide azotique étendu de son poids d'eau; on porte peu-à-peu la liqueur presque à l'ébullition, en l'agitant de temps en temps. Le *minium* est promptement décomposé; il cède son protoxide à l'acide, et le bi-oxide devient libre. Lorsque la décomposition est achevée, ce qui doit avoir lieu en moins d'une demi-heure s'il y a une suffisante quantité d'acide, on remplit le matras d'eau chaude; on l'ôte de dessus le feu; bientôt tout le bi-oxide se dépose; on décante la liqueur surnageante qui contient l'azotate de protoxide de plomb; on la remplace par d'autre eau chaude; on décante de nouveau, et ainsi de suite quatre à cinq fois, ou plutôt jusqu'à ce que le bi-oxide soit insipide; alors on le rassemble sur un filtre, on le dessèche à une douce chaleur, et on le conserve dans un flacon à l'abri du contact de l'air. (1)

1147. *Massicot.* — Le massicot n'est que le protoxide de plomb pulvérulent; il est d'un jaune sale : on le fait en même temps que le *minium*, en évitant soigneusement de le fondre, comme nous allons le dire tout-à-l'heure.

1148. *Litharge.* — La litharge est le protoxide de plomb fondu qui, par le refroidissement se prend en une masse composée de lames hexaèdres, jaunes ou d'un jaune rougeâtre, à demi transparentes; il arrive assez souvent que la litharge contient un peu de *minium :* de là, la cause pour laquelle on trouve des *litharges* jaunes et des *litharges* rougeâtres.

Toute la litharge du commerce provient de l'exploitation des mines de plomb argentifères : après avoir étiré de ces mines le plomb uni à l'argent, on calcine l'alliage à l'air libre, le plomb passe alors à l'état de protoxide

---

(1) On peut encore obtenir le bi-oxide en mettant le minium dans l'eau, faisant passer du chlore à travers celle-ci, et agitant de temps en temps: il se forme, outre le bi-oxide, du chlorure correspondant au protoxide qu'on enlève par des lavages réitérés; mais ce procédé est plus difficile à pratiquer que l'autre.

qui entre en fusion, se rassemble à la surface du bain et s'écoule par une rigole, tandis que l'argent occupe la partie inférieure et reste pur. La litharge contient toujours une petite quantité d'acide carbonique qu'elle enlève peu-à-peu à l'air avec lequel elle est en contact. (Voy. *Extraction du plomb*).

1149. *Minium.* — Le minium est un oxide pulvérulent, rouge-jaunâtre, formé d'après M. Dumas, quand il est pur, de 2 atomes de protoxide de plomb et de 1 atome de bioxide (2 Pb O, Pb O²). Celui du commerce renferme toujours plus ou moins de protoxide libre. M. Dumas est parvenu à ces résultats de la manière suivante :

1° Il a calciné en vase clos divers miniums du commerce récemment faits, pour les ramener à l'état de protoxide, et a recueilli tout le gaz oxigène qui s'en dégageait : la quantité de gaz variait beaucoup pour le même poids, en raison des échantillons sur lesquels l'opération était faite.

2° En faisant bouillir à plusieurs reprises les mêmes miniums avec de l'acétate de plomb, ou les mettant en digestion avec une dissolution concentrée de potasse caustique, il a dissous tout le protoxide qui pouvait s'y trouver, et a toujours obtenu pour résidu un minium de même nature représenté par (2 Pb O, Pb O²).

3° Il s'est assuré qu'en exposant de la mine orange à l'action d'un courant de gaz oxigène dans un tube de verre chauffé à 300°, elle était convertie au bout de quelques heures en un oxide rouge représenté par (2 Pb O, Pb O²); qu'en soutenant le courant pendant un espace de temps double, triple, l'oxide ne se suroxidait pas, et qu'on ne pouvait jamais l'amener à l'état de sesqui-oxide.

Ces résultats nous semblent décisifs en faveur de l'opinion de M. Dumas : nous admettons donc que le *minium* pur est un composé de 2 atomes de protoxide et de 1 atome de bi-oxide.

Le procédé par lequel on prépare le minium du commerce est fort simple.

On calcine le plomb dans un four à réverbère jusqu'à ce qu'il soit presque entièrement converti en oxide jaune ou protoxide, en évitant soigneusement de fondre l'oxide. La masse calcinée est ensuite broyée entre deux meules et soumise en même temps à un courant d'eau, qui entraîne seulement l'oxide en poudre fine et le dépose dans des caisses, d'où il est repris pour être séché : dans cet état, il constitue le *massicot.*

Lorsqu'on s'est ainsi procuré le massicot, on en remplit des cuvettes en tôle de fer d'un pied carré sur 4 à 5 pouces de profondeur, et qui peuvent contenir chacune 25 kilo. de matière. Elles sont placées pendant la nuit, les unes sur les autres, dans le four à réverbère qui a servi à la préparation du massicot, pour mettre la chaleur à profit : le massicot absorbe l'oxigène et passe à l'état d'oxide rouge ou de *minium. Un seul feu* ne suffit pas, il en faut au moins deux, c'est-à-dire qu'il est nécessaire de remettre une seconde fois l'oxide au four; quelquefois même on l'y expose une 3° fois : le minium qui en résulte est connu sous le nom de minium de 2 à 3 feux.

Plus l'oxide est divisé et plus sa conversion en minium est prompte; voilà pourquoi le carbonate de plomb donne un minium plus estimé que celui qui est fait avec le massicot. On prépare même ainsi le minium qui, dans le commerce, est connu sous le nom *de mine orange*, et qui ne renferme que très peu de massicot libre, 4 à 5 pour 100. Il sera facile de concevoir, d'après cela, pourquoi l'on n'emploie jamais les litharges à la préparation du minium; c'est que, indépendamment de ce qu'elles contiennent souvent de l'oxide de cuivre, l'oxide qui les constitue ayant été fondu ne peut jamais être aussi divisé que le massicot qui ne l'a point été.

M. Dumas, a trouvé que les différens miniums qu'il a eu occasion d'examiner étaient composés, comme il suit :

Minium fait avec massicot	Minium réel.	Protoxide mêlé.
1 feu.	50	50
2 feux	52,1	47,9
3	58,1	41,9
4	64,1	35,9
5	66,2	33,8
8	74,8	25,2
Mine orange 3 feux	95,3	4,7

On voit donc que, quelle que longue que soit la calcination, il y a toujours plus ou moins de protoxide de plomb
qui échappe à l'oxidation et qui entre dans la composition
du minium du commerce; quelquefois même ce minium
contient en outre un peu d'oxide de cuivre, provenant de
ce que le plomb dont on se sert pour le fabriquer, contient
lui-même un peu de cuivre à l'état métallique. Le protoxide de plomb ne communique aucune propriété nuisible
au minium; mais il n'en est pas de même de l'oxide de cuivre. En effet, celui-ci, en très petites doses, lui donne la
propriété de colorer le verre, et le rend par conséquent
impropre à la fabrication du cristal; d'où l'on voit qu'il est
important de faire usage de plomb exempt de cuivre dans
la préparation du minium. (1)

On emploie le minium dans la fabrication du cristal,
dans les vernis sur poteries , et en peinture.

Le protoxide de plomb sous forme de litharge ou de
massicot lavé, est non-seulement employé comme le minium
dans les vernis sur poterie, mais il a plusieurs autres usages:
on s'en sert pour faire du blanc de plomb ou du carbonate de plomb; uni à l'oxide d'antimoine, il paraît cons-

---

(1) On prétend que, quand le plomb contient un peu de cuivre, il suffit de
l'allier à un peu d'étain pour qu'il soit possible de faire du minium pur avec
cette sorte de plomb. On met de côté le premier produit de la calcination, qui
renferme tout le cuivre et l'étain, unis sans doute à l'état d'oxides, et mêlés
d'ailleurs avec plus ou moins d'oxide de plomb, en sorte que le bain métallique restant, ne contenant plus rien d'étranger, donne nécessairement un excellent minium.

tituer le jaune de Naples ; c'est en traitant la litharge par le vinaigre qu'on prépare le sel de saturne ou l'acétate de protoxide de plomb dont on consomme une si grande quantité dans les manufactures de toiles peintes, et l'extrait de saturne ou la dissolution concentrée de sous-acétate de plomb dont on fait usage en médecine ; enfin, c'est en faisant chauffer la litharge avec diverses matières grasses qu'on fait l'emplâtre diapalme, l'onguent de la mère, etc.

Combinaisons des métalloïdes avec le plomb.

1150. Les métalloïdes unis jusqu'à présent au plomb, sont le carbone, le phosphore, le soufre, le sélénium, le fluor, le chlore, le brôme, l'iode. Nous n'examinerons les fluorure, chlorure, brômure, iodure que dans l'histoire des sels.

1151. *Carbure de plomb.* — D'après M. Berzelius, ce composé s'obtient facilement en mêlant intimement l'oxide de plomb avec le charbon en poudre et calcinant le mélange dans un creuset couvert.

Le carbure ainsi préparé est sous forme d'une poudre noire ; quand on le chauffe au contact de l'air, il brûle sans flamme : le carbone passe alors à l'état de gaz carbonique, et le plomb se sépare à l'état métallique.

Le carbure de plomb peut encore être produit par la calcination du cyanure de plomb, en vases clos, ou des sels de plomb à acides végétaux.

1152. *Phosphure de plomb.* — Le plomb ne se combine que difficilement avec le phosphore par voie de fusion ; presque tout le phosphore se volatilise. Il faut, pour obtenir le phosphure de plomb, faire passer du gaz phosphure d'hydrogène à travers la dissolution d'acétate de plomb, ou mêler une dissolution de phosphore dans l'alcool ou dans l'éther avec une dissolution saline de plomb : le phosphure se dépose en flocons bruns. Chauffé au chalumeau, il brûle en produisant une flamme semblable à celle du phosphore et se transforme en phosphate.

1153. *Proto-sulfure.* — Le proto-sulfure de plomb est solide, brillant, insipide, beaucoup moins fusible que le plomb, indécomposable par le feu. Il absorbe l'oxigène de l'air au rouge naissant, et se convertit en sulfate; il l'absorbe également à l'aide d'une forte chaleur, et produit tout à-la-fois du gaz acide sulfureux, du sulfate de plomb qui se sublime en partie, et du plomb, surtout en agitant la matière. L'hydrogène et le charbon le désulfurent à une haute température. Chauffé avec le plomb dans un creuset bien couvert, il passe à l'état d'un sous-sulfure, analogue aux *mattes*, et qui, plus léger que l'excès de plomb, se rassemble à la surface de celui-ci.

Projeté dans un creuset incandescent, un mélange de 1 proportion de sulfure et 1 proportion d'oxide de plomb donne lieu à du gaz sulfureux et à du plomb. L'acide azotique concentré transforme le sulfure de plomb en sulfate; il en est de même de l'eau régale, mais alors il y a beaucoup de sulfate dissous. L'acide azotique faible en sépare du soufre; l'acide chlorhydrique ne l'attaque pas. En le fondant avec le carbonate de potasse ou de soude, il se décompose, et de là résulte du plomb, du sulfate et du sulfure alcalin : l'addition du charbon s'oppose à la formation du sulfate et augmente celle du sulfure.

Le proto-sulfure de plomb s'obtient par le 1er, le 2e, le 5e et le 6e procédé (602), mais surtout par le premier, en chauffant trois parties de plomb en grenaille et une de soufre dans un creuset ou dans un matras : l'on remarque qu'au moment où la combinaison a lieu, il y a un si grand dégagement de calorique et de lumière que le fond du matras devient incandescent.

Le 3e procédé n'est point applicable; car lorsqu'on expose à la chaleur rouge le sulfate de plomb dans un creuset brasqué, il se dégage du gaz sulfureux, il se forme un sous-proto-sulfure, contenant la moitié du soufre du proto-sulfure proprement dit, et il paraît qu'à une température plus élevée, une partie du sous-sulfure se volatilise, et qu'une autre se décompose en abandonnant du plomb pur. (Berthier, *Mém. cité.*)

Le proto-sulfure est formé de 100 de plomb et de 15,54 de soufre, ce qui donne en proportions et en atomes :

$$\text{1 de plomb } 1294{,}50 + \text{1 de soufre } 201{,}16 = PbS.$$

Ce sulfure de plomb, vulgairement connu sous le nom de *galène*, est le seul minerai de plomb en dépôts considérables; il se rencontre assez souvent en filons, et quelquefois en amas, dans les terrains primitifs; c'est sous ce dernier mode de gisement qu'il apparaît le plus fréquemment, soit dans les terrains intermédiaires, soit dans les premières parties des dépôts secondaires. Il existe beaucoup de sulfure de plomb dans la France, et cependant elle ne possède que deux exploitations importantes, *Poullaouen* et *Huelgoët*, en Bretagne; *Villefort* et *Vialas*, dans la Lozère. Dans les autres contrées, parmi les mines exploitées, les plus remarquables sont celles de *Pezey* en Savoie; celles de *Bleyberg* et de *Willach* en Carinthie; les nombreuses mines du *Hartz*, et surtout les mines du *Derbyshire* en Angleterre, qui fournissent presque la moitié du plomb livré annuellement au commerce. Lorsque le proto-sulfure de plomb est cristallisé, il présente des cubes, des octaèdres et tous leurs dérivés. On distingue plusieurs variétés sous le rapport de la structure des masses : le sulfure lamellaire à grandes ou à petites facettes, le sulfure compacte; le premier est presque toujours à-peu-près pur; les autres contiennent plus ou moins de sulfures d'argent, d'antimoine, et quelquefois de cuivre et de zinc.

On se sert principalement du proto-sulfure de plomb naturel pour extraire le plomb. Les potiers de terre l'emploient aussi sous le nom d'*alquifoux* pour vernir leur poterie; ils en saupoudrent les diverses pièces, et les exposent ensuite au feu; par ce moyen, le soufre passe à l'état d'acide sulfureux qui se dégage, et le plomb à l'état d'oxide qui s'unit et se vitrifie avec la substance du vase.

Poly-sulfure de plomb. — Lorsqu'on verse une dissolution

d'un persulfure de potassium dans une dissolution saline de plomb, il se produit un précipité rouge qui est un véritable persulfure de plomb, mais qui bientôt se décompose en proto-sulfure noir et en soufre.

1154. *Proto-séléniure de plomb = Pb Se, ou 1 de chaque élément en atomes et en proportions.* — Le sélénium et le plomb se combinent avec dégagement de calorique, mais sans aucun dégagement de lumière. Le séléniure ainsi obtenu est en masse poreuse, grise, qui, par le frottement, se polit et devient blanche comme de l'argent. La chaleur rouge n'en opère point la fusion. Exposé à la pointe de la flamme du chalumeau, il abandonne un peu de sélénium, qui sans doute se brûle, et produit, en absorbant l'oxigène de l'air, un sous-sélénite de plomb qui, quand l'expérience est faite dans une cavité de charbon, ne tarde point à pénétrer à travers celui-ci, et à laisser à la surface de la cavité une pellicule blanche de séléniure provenant du sélénite réduit.

Le séléniure de plomb se rencontre pur et combiné avec les séléniures de cobalt, de cuivre, de mercure, d'argent, dans les mines du Hartz; il existe aussi en petite quantité dans la galène cubique conchoïde des mines de cuivre d'Atwidaberg et de Fahlun.

Alliages de plomb.

1155. Il paraît qu'à parties égales, tous les alliages de plomb avec les métaux ductiles sont cassans, excepté ceux de zinc et d'étain. Le plomb, en se combinant avec les métaux, ne forme que neuf alliages dont il soit utile d'étudier les propriétés. Ces alliages proviennent de la combinaison du plomb avec le potassium, le sodium, l'étain, l'antimoine, le cuivre, le mercure, l'arsénic, l'argent et l'or. Quatre de ces alliages ont été examinés (729, 738, 968, 1088); ceux de plomb et de mercure, de plomb et de cuivre ne le seront qu'à l'époque où nous étudierons le cuivre et le mercure. Nous n'avons donc à nous occuper que des alliages d'arsénic, d'argent et d'or.

Alliage de plomb et d'étain. — Nous devons ajouter à ce que nous avons dit sur l'alliage du plomb et de l'étain (968), que cet alliage a des usages variés; que celui qui est formé de 92 d'étain et 8 de plomb sert à fabriquer la vaisselle, les fontaines, etc.; que les cuillers, les flambeaux, etc., contiennent jusqu'à 0,20 de plomb; et que la soudure des plombiers est quelquefois composée de parties égales d'étain et de plomb, au lieu de l'être de 2 de plomb et de 1 d'étain; que, d'après M. Kupfer, les alliages d'étain et de plomb ont une densité moins grande que la densité moyenne des métaux qui les constituent, dans un rapport qu'il a cherché à déterminer, et qu'il n'y a d'exception que pour l'alliage qui résulte de $2\frac{1}{4}$ atomes d'étain avec 1 atome de plomb, alliage dans lequel il n'y a ni contraction, ni dilatation. (*Ann. de Chim. et de Phys.*, XL, 285.)

Alliage d'arsénic et de plomb. — L'arséniure de plomb se prépare facilement en chauffant le plomb avec un excès d'arsénic dans un creuset couvert. L'alliage est gris, cristallin et très cassant. Calciné en vase clos, il laisse dégager une partie de l'arsénic qu'il contient et se transforme en un arséniure composé de à-peu-près 2 atomes de plomb et 1 atome d'arsénic. C'est en unissant le plomb avec quelques millièmes de son poids d'arsénic que l'on donne au plomb la propriété de se granuler; on le fond, puis on le fait passer à travers un crible et tomber de très haut dans une cuve pleine d'eau.

Alliage formé de 7 parties de plomb et de 1 partie d'argent. — Blanc-grisâtre; moins ductile que le plomb, et à plus forte raison que l'argent; un peu moins fusible que le premier de ces métaux; absorbe le gaz oxigène de l'air à la température rouge, de manière à se transformer en oxide de plomb qui se vitrifie, et en argent pur. S'il contenait du cuivre, celui-ci s'oxiderait également, s'unirait et se vitrifierait avec l'oxide de plomb, de sorte qu'on obtiendrait encore l'argent pur ou presque pur. C'est sur cette propriété qu'est fondé l'art de faire des essais d'argent, et d'exploiter la plupart des mines d'argent en Europe.

Le plomb se combine facilement avec l'argent, en les chauffant ensemble dans un creuset.

Alliage formé de 1 *partie de plomb et de* 11 *parties d'or.* — Jaune-pâle; si fragile qu'il se brise comme le verre; terne, surtout intérieurement, à tel point qu'il offre dans sa cassure l'aspect de la porcelaine; plus dur et plus fusible que l'or; sans action sur l'air à la température ordinaire; en absorbe le gaz oxigène à la chaleur rouge, et se transforme en oxide de plomb qui se vitrifie, et en or pur ou presque pur. Du reste, son histoire est la même que celle de l'alliage d'argent.

D'après M. Hatchett, il suffit d'exposer l'or à la vapeur du plomb pour le rendre cassant: c'est ce qui ne paraîtra point étonnant, si réellement il n'exige que $\frac{1}{1920}$ de son poids de ce métal pour acquérir cette propriété. Or, comme on est obligé d'allier l'or avec une certaine quantité de cuivre pour en faire des vases, des ornemens ou bien de la monnaie, il faut bien se garder d'employer du cuivre qui contiendrait quelques atomes de plomb.

Action des oxides et des acides.

1156. *Eau.* — Point d'action à chaud comme à froid; si l'eau, dans les bassins de plomb, finit par l'attaquer, là où elle est en même temps en contact avec l'air, c'est en vertu de l'action simultanée de l'oxigène qu'elle tient en dissolution, et de l'acide carbonique de l'atmosphère: la matière blanche qui se forme est en effet du carbonate de plomb.

Acide sulfurique. — L'acide sulfurique ne l'attaque qu'autant qu'il est concentré et que la température est élevée: alors il y a dégagement de gaz sulfureux et formation de sulfate blanc presque insoluble dans l'excès d'acide.

Acide azotique. — Le plomb a peu de cohésion, et cependant il n'est bien attaqué par l'acide azotique qu'à chaud : du bi-oxide d'azote, de la chaleur, une liqueur incolore tenant de l'azotate de plomb en dissolution, tels sont les produits que l'on obtient. L'azotate cristallise facilement en tétraèdres incolores.

Acide chlorhydrique. — Point d'action, si ce n'est sous l'influence de l'air et à chaud : dans ce cas, il se produit peu-à-peu du chlorure de plomb, d'où il suit que l'oxigène de l'air doit s'unir à l'hydrogène de l'acide.

Eau régale. — Action vive, surtout à l'aide de la chaleur; dégagement de bi-oxide d'azote; formation de proto-chlorure.

1157. *Caractères des sels de plomb.*

Couleur.	Blanche, quand l'acide n'est pas coloré; souvent jaune, quand les sels renferment un excès de base.
Saveur.	Sucrée, puis astringente.

Leurs dissolutions donnent :

Avec potasse et soude.	Ppté blanc d'oxide hydraté, soluble dans un grand excès d'alcali.
Avec ammoniaque.	Ppté blanc d'hydrate.
Avec carbonate de potasse, de soude, d'ammoniaque.	Ppté blanc de carbonate.
Avec acide sulfurique ou sulfate dissous.	Ppté blanc de sulfate.
Avec acide chlorhydrique ou chlorure dissous.	Ppté blanc de chlorure, pourvu que les liqueurs ne soient pas très étendues.
Avec acide sulfhydrique, mono-sulfure ou sulfhydrate alcalin.	Ppté noir de proto-sulfure.
Avec chromate de potasse ou de soude.	Ppté de chromate d'un très beau jaune.
Avec iodure de potassium.	Ppté d'iodure d'un très beau jaune.
Avec cyanure jaune de potassium et de fer.	Ppté blanc de cyanure de plomb ferrugineux.
Avec infusion de noix de galle.	Ppté blanc.
Avec lame de fer ou de zinc, d'étain.	Ppté de plomb métallique.

On sait d'ailleurs que les sels de plomb sont très vénéneux; qu'à petite dose, ils occasionnent des coliques

connues sous le nom de *coliques de plomb;* qu'à forte dose,
ils peuvent causer la mort.

État naturel.

1158. Le plomb se trouve : 1° à l'état de *minium*, mais rarement : il n'est même pas démontré que le minium, trouvé
dans diverses localités, soit un produit naturel ; 2° souvent
combiné avec le soufre (1153), quelquefois avec le sélénium
ou le tellure (1154, 1110) ; 3° à l'état de sel, de sulfate, de
phosphate, de carbonate, de chromate, de molybdate, de
tungstate, d'arséniate (*Voyez* ces sels ou ces genres de sels) ; 4°
à l'état d'aluminate hydraté de plomb : cet aluminate, qu'on
ne rencontre qu'en très petite quantité, est jaune et transparent comme la gomme, et s'appelle par cela même *plomb-
gomme.*

Extraction.

1159. Quoiqu'il existe un grand nombre de minerais de
plomb, il n'en est qu'un, pour ainsi dire, qui se trouve en
assez grande quantité pour être exploité : c'est celui qui est
connu sous le nom de *galène*, et qui, comme nous l'avons vu
(1153), est principalement formé de plomb et de soufre.

Le plomb carbonaté et phosphaté est, à la vérité, fondu
dans quelques usines, mais le plus souvent mêlé avec la galène. Pur, il n'aurait besoin que d'être calciné avec du charbon ; cependant si le phosphate dominait, il faudrait recou-
rir à l'emploi du fer comme on le pratique à Tarnowitz
pour la galène.

La galène doit être triée, bocardée et lavée avec plus ou
moins de soin, afin de la débarrasser de sa gangue : il faut
ensuite en séparer le soufre, puis en isoler le métal en fondant la quantité variable de matières terreuses avec lesquelles
il se trouve encore mêlé. On y parvient par différens
moyens.

En voici le résumé général par M. Fournet à qui nous
devons d'importantes observations sur la métallurgie du

plomb (1) et qui a bien voulu me donner l'article qui suit :

On peut diviser le traitement des minerais de plomb en deux grandes classes suivant les fourneaux dont on fait usage, et chacune de ces classes comprend plusieurs procédés dépendans de la nature des minerais ou de pratiques particulières aux fondeurs de chaque localité. Le tableau suivant peut être considéré comme le résumé le plus simple de ces méthodes.

Traitement général des minerais de plomb sulfuré, divisé en deux classes.

Ire CLASSE. *Traitement par les réverbères.*			
A Méthode de désulfuration par le grillage (2).	1° Traitement des minerais purs.	....	Procédé de Pesey, d'Espagne, etc.
	2° Traitement des minerais mélangés de gangues salines.	....	Procédé d'Angleterre.
	3° Traitement des minerais mélangés de gangues quarzeuses.	....	Procédé de Vicenago en Italie, de Redruth en Cornouailles.
	4° Traitement des minerais mélangés de sulfures divers.	....	Procédé uni aux précédens.
	5° Traitement mixte, sous le rapport des gangues terreuses, salines et sulfureuses.	....	
B Méthode de désulfuration par le fer.	6° Traitement dit viennois.	Mattes plus ou moins riches ou stériles.	Employé à Vienne en Dauphiné, à Poullaouen et ess. à Tarnowitz.

(1) *Ann. des Mines.* 2e série, t. 1, p. 503; t. iv, p. 465; t. vii, p. 453; 3e série, t. ii, p. 139; t. iv, p. 3.

(2) Voyez la note placée à la fin du volume sur les grillages considérés en général.

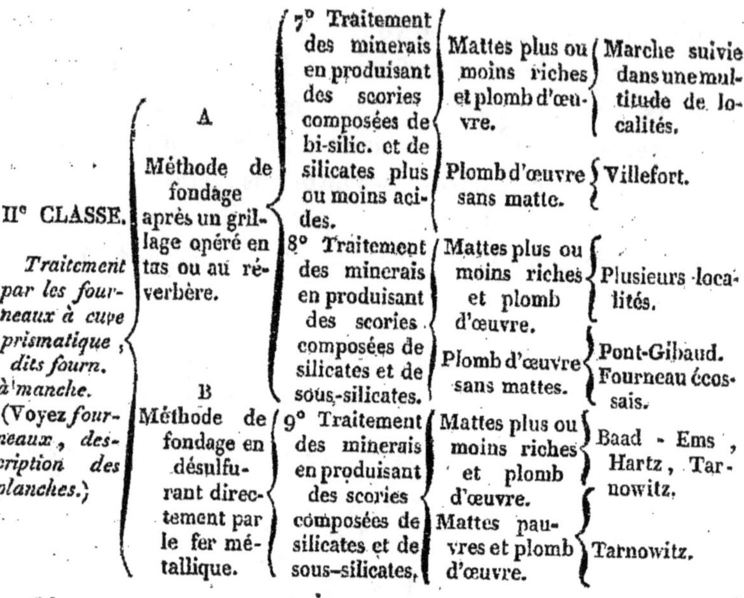

II.e CLASSE.

Traitement par les fourneaux à cuve prismatique, dits fourn. à manche. (Voyez *fourneaux, description des planches.*)

A — Méthode de fondage après un grillage opéré en tas ou au réverbère.

7.º Traitement des minerais en produisant des scories composées de bi-silic. et de silicates plus ou moins acides.
— Mattes plus ou moins riches et plomb d'œuvre. — Marche suivie dans une multitude de localités.
— Plomb d'œuvre sans matte. — Villefort.

8.º Traitement des minerais en produisant des scories composées de silicates et de sous-silicates.
— Mattes plus ou moins riches et plomb d'œuvre. — Plusieurs localités.
— Plomb d'œuvre sans mattes. — Pont-Gibaud. Fourneau écossais.

B — Méthode de fondage en désulfurant directement par le fer métallique.

9.º Traitement des minerais en produisant des scories composées de silicates et de sous-silicates.
— Mattes plus ou moins riches et plomb d'œuvre. — Baad - Ems, Hartz, Tarnowitz.
— Mattes pauvres et plomb d'œuvre. — Tarnowitz.

Observations relatives au tableau. — Le premier procédé consiste à oxider et à sulfater une portion de la galène à une faible chaleur, puis à la brasser avec la portion non grillée en élevant la température ; il y a réaction du sulfure sur l'oxide et le sulfate, de laquelle résulte du gaz sulfureux et du plomb métallique ; on répète ce grillage et ce *brassage*, jusqu'à ce que l'on ait formé ainsi un excès d'oxide dont on achève la réduction par le charbon.

Dans le second procédé, on agit comme précédemment ; mais les gangues salines qui sont : le carbonate de chaux, le fluorure de calcium, et le sulfate de baryte, s'imprègnent de plomb, d'oxide, de sulfure et de sulfate de plomb. On en détermine la séparation, en ajoutant par exemple, pour déterminer la fusion du sulfate de baryte, un peu de chaux vive et de fluorure de calcium, ou réciproquement, de manière à produire des sels multiples qui sont généralement beaucoup plus fusibles que les sels simples, d'après les expériences de M. Berthier.

Dans le troisième cas, le quarz étant dominant comme gangue, réagit fortement sur le sulfate de plomb auquel le grillage donne naissance; il joue le rôle d'acide puissant à cause de sa fixité et détermine l'expulsion de l'acide sulfurique : il y a formation d'un silicate ou verre plombeux dont on opère la décomposition subséquente à l'aide d'une addition de charbon et de minerais riches de fer oxidé, tels que du carbonate, etc.; l'oxide de fer déplace celui de plomb, et il se produit du silicate de fer très fusible qui se sépare facilement du plomb.

S'il y a mélange de divers sulfures, savoir, de sulfures de zinc, de fer, d'antimoine, les actions se compliquent beaucoup en ce qu'il y a formation d'oxisulfures, qui jouissent de la singulière propriété de dissoudre le sulfure et le sulfate de plomb en grande quantité, sans qu'il y ait décomposition réciproque comme dans les cas précédens, c'est-à-dire, sans production de gaz sulfureux et sans réduction de plomb, en sorte qu'on doit viser constamment à la destruction de ce nouveau composé. Cela se fait en donnant des coups de feu alternativement oxidans et réductifs dans le même fourneau. (1)

Ainsi, après avoir oxidé une certaine quantité d'oxisulfure de manière qu'il renferme un excès d'oxide de plomb, on ajoute une petite dose de charbon qui en provoque la réduction partielle et subite ; il reste un nouvel oxisulfure très sulfuré jouissant des mêmes propriétés, et sur lequel on continue à opérer de même.

Dans le cinquième cas, où l'on suppose un mélange de diverses gangues salines et terreuses auxquelles on peut joindre les oxides irréductibles, on suivrait un procédé conforme à l'une des méthodes précédentes suivant la nature du minerai ; mais le produit le plus constant serait du plomb métallique d'une part, et de l'autre une scorie ou

---

(1) Un feu clair est oxidant. Un feu chargé de fumée est désoxidant : pour désoxider, on ajoute du charbon sur le minerai ou simplement sur la grille, de manière à avoir de la fumée.

crasse composée d'un silicate multiple à bases de baryte, de chaux, d'alumine, de fer et de plomb.

Le procédé, *dit Viennois*, donne lieu à la formation de trois produits essentiels, savoir : le plomb, les mattes et les scories. Ces dernières sont dans tous les cas des silicates ferrugineux basiques très fusibles, provenant principalement de l'action oxidante de la flamme du fourneau sur les métaux, et tenant d'autres silicates terreux en combinaison. Les mattes se composent de divers sulfures métalliques, notamment de celui de fer dont le métal a servi d'agent de réduction, et quelquefois de ceux de zinc, de cuivre et de plomb : ces mattes, en opposant soit le soufre, soit les métaux très oxidables à l'action de l'oxigène incandescent, garantissent le plomb de l'oxidation.

Il est essentiel de remarquer que les traitemens dont nous venons de parler jusqu'à présent ne sont applicables qu'à des minerais d'une certaine richesse et qui tiennent au moins 0,50 de plomb. Lorsqu'ils sont trop pauvres ou trop mélangés de gangues, il ne peut plus y avoir de réduction facile à cause de l'interposition de matières indifférentes entre celles qui devraient agir ; le produit alors se compose simplement de crasses plus ou moins bien fondues et oxidées : ce cas se présente le plus souvent pour les minerais que l'on grille au réverbère avant de les faire passer au fourneau à manche. Cependant, à l'aide d'une forte température, on réussirait probablement à opérer la réduction ; mais on perdrait ainsi le principal avantage résultant de l'économie du combustible, et l'on provoquerait en outre une vaporisation considérable de plomb.

Les fourneaux à cuve ou à manche sont donc très commodes, parce qu'on peut s'en servir pour traiter économiquement les matières les plus pauvres, et qu'en disposant convenablement leur tuyère, conduisant en outre les chargemens de manière à tenir toujours le gueulard froid, on peut en même temps diminuer singulièrement la vaporisation qui aurait lieu à la haute température qu'on y produit.

La production des scories joue un rôle extrêmement important dans ces fourneaux ; ce sont toujours des silicates : le fondeur doit sans cesse étudier leur aspect et leur allure.

Dans le cas n° 7 où l'on se propose de les obtenir au degré de saturation des bisilicates, on opère ordinairement la fonte au haut fourneau qui doit être de 12 à 20 pieds. Il peut paraître singulier que l'on tente d'obtenir des scories aussi chargées de silice, matière qui les rend toujours réfractaires et qui a d'ailleurs de la tendance à s'unir à l'oxide de plomb ; mais cela tient à ce qu'en opérant de manière à avoir des mattes, chose inévitable dans certaines circonstances, notamment dans la fonte crue des minerais d'argent, les scories très siliceuses facilitent par la lenteur de leur solidification la précipitation des globules de matte qui se trouvent disséminés, tandis que les scories de silicate ou de sous-silicate, qui passent très brusquement de l'état liquide à l'état solide, ne leur permettraient pas de se séparer assez complètement ni assez promptement pour se réunir dans les bassins de réception, comme pourraient le faire des globules métalliques doués d'une plus grande pesanteur.

Dans ce mode de traitement, les mattes sont des sulfures d'une composition très complexe. En effet presque tous les métaux d'un minerai s'y réunissent ; on y trouve donc du fer, du cuivre, du zinc, de l'arsénic, de l'antimoine, du plomb, de l'argent, du cobalt et du nickel ; on les distingue d'une manière fort générale en deux classes, savoir : en speiss qui sont des sulfo-arséniures et en mattes proprement dites qui sont des sulfures. Nous remarquerons ici qu'il n'est pas nécessaire qu'il y ait du nickel pour constituer un speiss ; ce nom est aussi donné dans les usines au sulfo-arséniure de fer que l'on obtient quelquefois et qui n'ayant aucune valeur commerciale reste inconnu.

Quoiqu'il faille chercher autant que possible à éviter la production des mattes, puisqu'elles tendent toujours à se charger de plomb et d'argent, et quoi qu'il y ait par conséquent nécessité de les griller de nouveau et de les refondre, il est néanmoins presque sans exemple que le grillage soit assez bien opéré pour y parvenir: l'usine de Villefort est seule dans ce cas. En général le soufre est si fortement combiné aux métaux, que l'on n'obtient le résultat indiqué dans la subdivision, qu'en traitant des oxides tels que les litharges, les fonds de coupelles et autres produits analogues ; c'est même en partie à la forte addition de ceux-ci que l'on doit le succès complet mentionné pour Villefort.

Il y a des cas où l'on doit même chercher à produire une matte, par exemple, lorsque les matières sont chargées d'étain qui, par son infusibilité à l'état d'oxide, pourrait nuire à la coupellation, ou lorsqu'elles contiennent du cuivre, qui altérerait les qualités que l'on exige dans le plomb : ces métaux étrangers, en se concentrant dans la matte, laisseraient le plomb assez pur pour beaucoup d'usages.

On opère par le principe du n° 8, quand les minerais sont moins argentifères et que l'on craint moins de laisser quelques globules de matte disséminés dans la scorie ; on a alors de grands avantages sur l'allure précédente à cause de la rapidité de l'opération, accélérée ici par la fusibilité des silicates ferrugineux dont on fait un usage spécial, par le peu de hauteur du fourneau qu'ils exigent et qui varie entre 4 et 7 pieds, par la diminution considérable sur la dépense en charbon et la moindre vaporisation du plomb qui en sont la conséquence.

Cette fusibilité s'obtient par l'addition de matières riches en oxide de fer, telles que les batitures, les scories d'affinage de fer, les minerais hydratés ou carbonatés, les pyrites grillées, etc.

On produit encore habituellement des mattes, vu l'imperfection presque inévitable des grillages, surtout quand on opère sur des minerais chargés de sulfate de baryte qui est peu attaquable; mais on peut, en combinant certaines propriétés des métaux, éviter cette prodution comme cela se fait à Pont-Gibaud où l'on profite de la tendance qu'a le zinc métallique à enlever le soufre au plomb et à se dissou-

dre ensuite complètement dans la scorie à l'état de sulfure ,
pour obtenir directement tout le plomb contenu dans un
minerai. Le zinc métallique provient de la réduction de
l'oxide obtenu lors du grillage du sulfure. Il est nécessaire
pour la réussite que la scorie soit très fluide, et on en obtient une convenable à l'aide des pyrites grillées et mêlées de
sulfate de baryte, auxquelles on ajoute en outre du fluorure
de calcium; en sorte que la scorie peut être considérée comme
étant en quelque sorte un fluo-silicate basique de fer et de
baryte contenant le sulfure de zinc en dissolution. Le sulfate de baryte est réduit dans cette opération en oxide par
les actions désulfurantes réunies du charbon et du quarz,
et le soufre en est dégagé sous forme de gaz sulfureux.

Nous avons rangé dans cette catégorie le traitement par
le fourneau écossais qui n'est autre chose qu'un fourneau à
cuve très bas (18 à 24 pouces) et produisant peu de
chaleur , plutôt par appendice , que par suite de sa
similitude réelle avec les méthodes précédentes; il en diffère
en ce qu'on n'y fait usage d'aucun foudant, ni agent
de réduction autre que le combustible. Aussi a-t-on cou-
tume de le placer à coté du traitement par le réverbère n°1
sous le rapport théorique ; mais il y a évidemment une
différence d'action, car le sulfate et l'oxide de plomb en
présence d'un excès de charbon ne réagissent plus sur le sulfure, ou bien leur action est confinée dans l'intérieur des
masses où le combustible n'a pas pénétré : il faut donc
observer qu'on ne peut le pratiquer que sur des minerais
riches, d'une réduction facile à l'aide de peu de combustible, de sorte qu'il paraîtrait qu'il se produit des phénomènes analogues à ceux que M. Berthier a signalés le premier à
l'attention des chimistes, lorsqu'il a fait voir que le sulfate
de plomb donne à volonté , par des doses convenables
de charbon , soit du sulfure , soit de l'oxide , soit du
métal.

Outre la quantité de plomb réduite , on obtient encore
dans ce procédé une faible proportion d'une scorie mal fon-

due, qui est un silicate plombeux peu chargé d'autres bases et qu'il faut ensuite repasser au fourneau à manche, à une plus haute température.

La dernière méthode de fondage n° 9, qui s'exécute en désulfurant directement par le fer métallique, est assez restreinte; on ne la pratique que dans des localités spéciales où le fer est à bas prix et le minerai d'une richesse suffisante. Les scories produites sont le plus souvent des silicates ferrugineux très fusibles; elles participent à-la-fois aux défauts et aux avantages que nous avons signalés précédemment, et l'on obtient des mattes qui sont riches en plomb quand les minerais sont impurs, surchargés de pyrite et autres sulfures, ou que la température du fourneau n'a pas été suffisante; dans les autres cas, elles sont pauvres et toujours éminemment ferrugineuses. On doit faire spécialement usage du coke, comme combustible, pour développer la haute température qui est une des circonstances les plus indispensables à la réussite de ce dernier procédé.

Cette courte description suffit pour nous démontrer à combien de chances le métallurgiste est exposé par le nombre considérable de phénomènes qui se passent à chaque instant dans ses appareils, et cependant nous n'en avons décrit que les traits les plus saillans; car si nous eussions voulu avoir égard aux modifications qu'amènent les combustibles divers, aux phénomènes de la vaporisation, à ceux qui sont la conséquence des allures défectueuses, des arrêts, des cristallisations dans certaines parties des fourneaux, à ceux qui sont le résultat d'un vent plus ou moins fort et chargé d'humidité, aux actions des différens fondans, calcaires, ferrugineux, alumineux, etc., nous eussions dépassé de beaucoup les bornes que nous devions nous prescrire dans cet article.

Nous n'ajouterons plus qu'une observation que nous croyons nécessaire : c'est qu'en nous servant des dénominations de silicates et de bisilicates, nous n'avons pas prétendu que les scories atteignent rigoureusement les proportions qui constitueraient ces composés; ils ne sont pris ici que comme types, car en réalité les scories passent les unes aux autres par nuances insensibles.

1160. *Coupellation.* — Le plomb, tel qu'on vient de l'obtenir et qu'on appelle *plomb d'œuvre*, est loin d'être pur; il renferme du soufre et ordinairement du cuivre, du fer, de l'antimoine, de l'arsénic et de l'argent, qui le rendent dur, cassant et impropre à la plupart des usages industriels. L'argent étant souvent en quantité suffisante pour avoir plus de valeur que le plomb, il devient important de l'en séparer : tel est le but essentiel de la coupellation; mais elle offre encore des avantages en ce que, tout en opérant cette séparation, on débarrasse le plomb de la majeure partie des autres métaux, et qu'on l'amène à l'état d'un oxide particulier quant à ses caractères physiques, et qui est d'un prix supérieur à celui du métal même. Toutes les circonstances se réunissent donc pour rendre cette opération avantageuse, qui est en outre une des plus belles et des plus délicates de la métallurgie; aussi mérite-elle une étude spéciale, tant à cause de son utilité que de sa théorie remarquable sous tous les rapports : nous allons la décrire avec soin.

On la pratique dans un réverbère particulier dont la sole offre un bassin circulaire de 6 à 9 pieds de diamètre, où la coupelle doit être construite (1). On couvre cette coupelle d'un lit de paille, pour empêcher le plomb de la déformer pendant le chargement. Celui-ci étant fait avec précaution, on abaisse la voûte et l'on fait du feu peu-à-peu,

---

(1) Ce fourneau doit être éminemment fumivore. La voûte en est mobile et susceptible d'être élevée à une certaine hauteur à l'aide d'engins, pour que les affineurs puissent se tenir commodément dessous, lors du renouvellement de la coupelle et de son chargement. Cette voûte d'ailleurs est basse et construite de manière que la flamme darde constamment sur le métal en fusion pour produire sur lui l'effet de la flamme oxidante d'un chalumeau; enfin pour accélérer encore ses effets, on se sert d'une machine soufflante qui verse par une ou plusieurs tuyères un courant d'air forcé sur toute la surface du bain. Ainsi

de manière qu'au bout de 12 à 18 heures tout le plomb soit fondu.

On voit alors sur le bain une épaisse croûte de divers sulfures métalliques mélangés de scories pâteuses ; on chauffe fortement pour les décomposer, soit par grillage, soit par réaction, et pour en liquater ou faire écouler tout le plomb dont ils sont imbibés. D'épaisses fumées blanches accompagnent cette période du travail : ces fumées sont princi-

---

toutes les circonstances doivent concourir pour produire à-la-fois une oxidation énergique et une assez haute température. Le devant du fourneau ou côté opposé au vent, doit être ouvert sur dix-huit pouces environ de largeur et sur toute la hauteur, depuis le fond du bassin jusqu'à la couronne, pour pouvoir exécuter aisément les manœuvres nécessaires à l'opération ; le massif en lui-même est muni de canaux d'évaporation, par lesquels l'humidité de la coupelle nouvellement battue à chaque opération peut se dégager librement, et ne pas réagir sur le métal en fusion qu'elle pourrait projeter avec une explosion des plus dangereuses.

La sole est confectionnée en cendres de bois lessivées et bien exemptes de charbon, ou mieux encore en calcaire bocardé qui offre l'avantage de présenter plus de résistance à l'érosion, de s'imbiber moins facilement d'oxide de plomb et d'être moins sujet par conséquent aux soulèvemens qui arrêtent presque immanquablement l'opération. Sa confection exige des soins tout particuliers que nous allons faire connaître; nous passerons sous silence les coupelles de cendre que l'on rejette maintenant de toutes les usines dirigées convenablement, et d'ailleurs la majeure partie de ce que nous dirons des coupelles de marne ou calcaire y est applicable. Comme c'est d'une bonne coupelle que dépend presque tout le succès de l'opération, nous avons mis un soin tout particulier à son étude.

9. Les conditions principales auxquelles doit satisfaire un calcaire, sont: 1° d'être le moins attaquable possible par la litharge; 2° de s'imbiber le moins possible de plomb; 3° de ne renfermer aucun réductif qui nuirait à l'acte de l'oxidation; 4° enfin, de contenir une dose suffisante d'eau et d'argile pour agglomérer simplement la matière, sans cependant qu'elle fasse pâte ou qu'elle soit trop maigre.

La première condition, d'être inattaquable par l'oxide de plomb, dépend évidemment de la pureté du calcaire; plus il sera argileux, moins il offrira de résistance. Nous avons examiné analytiquement une série de pierres à chaux sous ce rapport et nous avons controlé les résultats, par un certain nombre d'opérations faites en grand; ainsi ils méritent toute confiance. Les voici.

palement dues à des sulfates provenant de l'action de l'air sur les sulfures vaporisés; on brasse de temps à autre ; enfin, au bout de deux ou trois heures, on enlève, à l'aide du rable, ceux qui sont restés infusibles et qui constituent les *abzugs*.

Composans.	1. Calcaire de Lembach.	2. Calcaire de la Tourette.	3. Calcaire de Cornon.
Eau, ac. carboniq. et bitume	4,22.	4,06.	3,60.
Subst. solub. dans l'acide chlorhydrique étendu, telles que chaux, magnésie	5,26.	5,00.	4,60.
Subst. insolubles ou argile	0,52.	0,94.	1,80.
Totaux	10,00.	10,00.	10,00.

Le n° 1 provenait des environs de Lembach, département du Bas-Rhin, près de Wissembourg; il était gris, très compacte, à cassure conchoïdale, faiblement bitumineux; il donnait de la chaux grasse et produisait des coupelles excellentes.

Le n° 2 venait des environs de Riom, département du Puy-de-Dôme; il était inférieur au précédent pour la bonté, mais cependant encore d'un excellent usage; plus bitumineux que le précédent.

Enfin le n° 3, pris à Cornon sur l'Allier, département du Puy-de-Dôme, donnait une chaux maigre et pouvait encore servir, mais avec les plus grandes précautions; et les litharges qu'il fournissait étaient souvent défectueuses, parce qu'elles se chargeaient de verre plombeux qui les scorifiait.

Nous avons encore essayé des calcaires plus argileux, mais ils n'étaient d'aucun usage; aucun de ces calcaires n'était cristallin.

Pour satisfaire à la condition de ne pas s'imbiber, le calcaire doit être compacte et dense; on peut donc prendre les pesanteurs spécifiques pour guide. Le calcaire n° 1, que nous avons reconnu comme le meilleur, avait une pesanteur de 2,70; il faut éviter d'outre-passer cette limite, car alors le bocardage ne produirait pas assez de farine, et la coupelle prise dans son ensemble serait tellement poreuse qu'elle laisserait filtrer le plomb lui-même; il sera, au reste, facile de remédier à ce défaut en se servant de tamis plus fins que les tamis ordinaires dont les mailles ont une ligne carrée de surface.

Après leur enlèvement, on donne le vent, et un nouvel ordre de phénomènes se présente : les sulfures dissous dans le plomb s'unissent aux oxides qui se forment successivement, et de là résultent des oxisulfures à bases de plomb, de cuivre, d'antimoine et d'arsénic. Il paraît que dans le principe l'antimoine et l'arsénic sont à l'état d'oxides et les autres métaux à l'état de sulfures; mais comme le plomb domine, il finit par former la masse principale

---

Pour annuler l'effet réductif du bitume, dont les calcaires naturels et surtout ceux qui proviennent des formations d'eau douce (n° 2 et 3) sont toujours chargés, on prend une certaine quantité de chaux fusée à l'air ou dans des tonneaux, que l'on tamise de même. Cette chaux a été débarrassée de son bitume par la cuisson, et par conséquent en divisant sur de plus grandes masses celui contenu dans le calcaire brut, elle l'empêche de former des grenailles de plomb réduit dans l'épaisseur de la coupelle, lesquelles venant à grossir et à se réunir les unes aux autres détermineraient son soulèvement.

On se procure enfin une certaine quantité d'argile séchée, et bien débarrassée par le tamisage des pierrailles ou fibrilles végétales qu'elle pourrait contenir; son but est de servir de liant à la masse incohérente du calcaire.

Le mélange de ces diverses matières se fait dans la proportion de six volumes de calcaire bocardé, que l'on étale d'abord bien uniformément sur un sol pavé, et on asperge sa surface avec un arrosoir. Par-dessus on répand 1 volume d'argile que l'on évite d'arroser, car elle formerait des boulettes que l'on ne pourrait plus diviser, puis 1 volume de chaux éteinte et 1 volume d'ancienne cendre de coupelle; puis on recommence les assises, etc., en ayant soin de bien tasser chacune d'elles et d'asperger toujours le calcaire.

On coupe le tas immédiatement après, par tranches minces verticales, à l'aide d'un rable, et on brasse pour recommencer un nouveau tas à côté du premier, on arrose de nouveau chaque assise tassée, et on laisse reposer la nuit pour que l'humidité puisse se disséminer uniformément. Une réaction s'établit dans la masse : le bitume est en partie décomposé par la chaux, et il y a un abondant dégagement d'ammoniaque. Le lendemain on recoupe encore, et le mélange doit être uniforme et humecté au point de faire pelote à la main et de pouvoir se désagréger complètement par froissement. Ces conditions étant bien remplies, on procède au battage de la coupelle, opération toute mécanique dans laquelle on doit prendre toutes les précautions minutieuses, qui peuvent assurer une composition bien égale dans toute la masse, en même temps qu'une forme circulaire et des courbes symétriques dans tous les points, de manière que l'argent se réunisse en entier au centre.

des matières oxidées et leur communique sa grande fusibilité.

Ces oxi-sulfures ou *abstrichs*, qui recouvrent le bain, sont d'abord noirs et visqueux, et deviennent de plus en plus liquides; on les enlève à l'aide du rable, comme les *abzugs*, mais à mesure qu'ils se forment, et en ayant soin de les épaissir avec de la brasque, laquelle est un mélange d'argile et de charbon; celui-ci réduit une partie du plomb qui y est contenu, et l'argile en s'unissant au reste des oxi-sulfures les rend pâteux et offre encore l'avantage essentiel d'empêcher leur action érosive sur le pourtour de la coupelle; car il est digne de remarque que les oxi-sulfures possèdent, à un plus haut degré que les litharges, la faculté de dissoudre le calcaire : aussi, le niveau où ils ont été quelque temps en stagnation, est-il fortement corrodé.

Les fumées blanches qui se sont manifestées d'abord, ne discontinuent pas; seulement, elles diminuent peu-à-peu avec l'appauvrissement du bain en sulfures, et suivent la décoloration progressive des oxi-sulfures. Enfin, quatre, six ou huit heures après que l'on a commencé à donner le vent, on obtient déjà des litharges *sauvages*, qui sont les premiers indices de la purification du plomb. Cette purification n'a cependant jamais lieu complètement : le cuivre qui est moins oxidable que le plomb et dont une petite partie peut échapper à la sulfuration, reste dans ce métal jusqu'à la fin; en outre, on peut découvrir dans presque toutes les litharges des traces de soufre, qui proviennent d'un peu d'oxi-sulfure, ou bien quelquefois de ce qu'on ajoute successivement du plomb impur pendant la durée de l'opération, manœuvre connue sous le nom de *filage*.

Quoi qu'il en soit, le bain étant aussi pur que possible, les fumées prennent une nuance jaune, et l'intérieur du fourneau qui avait été obscurci jusque-là par leur abondance et leur densité, devient clair : on distingue facilement ce qui s'y passe.

La litharge se forme graduellement sous l'influence de la température, de l'oxigène, du vent et de la flamme; elle nage à la surface du bain en petites gouttelettes huileuses qui se réunissent les unes aux autres et forment une nappe continue d'une petite épaisseur que le vent, convenablement dirigé, pousse de toutes parts vers la *poitrine* ou sur le devant du fourneau. L'affineur la fait écouler en pratiquant à l'aide d'un ciseau tranchant par les côtés ou d'une espèce de scie, une entaille au bord supérieur de la coupelle, justement assez profonde pour ne laisser passer que la litharge sans aucun globule de plomb; c'est en cela que consiste une des principales difficultés du métier; il faut un coup-d'œil très exercé pour saisir l'instant où quelques globules de métal chercheraient à s'échapper et pour boucher la rigole à propos. On continue ainsi jusqu'à la fin, en laissant après chaque écoulement la litharge se reproduire en quantité suffisante.

Presque tout le plomb ayant été ainsi oxidé et écoulé, le métal acquiert une grande blancheur et la litharge se forme plus péniblement. Alors on élève la température; et finalement, quand il ne reste que des quantités très minimes de ce métal, une sorte de voile brillant paraît se détacher ordinairement d'un des bords, et, s'étendant graduellement sur toute la surface du bain, laisse l'argent à nu : c'est là le phénomène connu sous le nom d'*éclair*. Dès qu'il a eu lieu, on arrête le vent et l'on cesse de chauffer; le métal végète en forme de choux-fleurs ou se couvre de grosses bulles en se figeant; on achève de le refroidir avec quelques seaux d'eau qu'on jette dessus, puis on le détache avec un ringard. Il faut le soumettre ensuite au raffinage, opération que nous décrirons plus loin. Revenons à quelques considérations théoriques sur les litharges.

Celles-ci forment le produit le plus abondant de la coupellation; mais elles se présentent sous deux aspects fort différens, quoique provenant d'un même instant de l'opération. En effet, elles sont ou en une masse cohérente à cassure cristalline et de couleur jaune brillante, ou bien en paillettes incohérentes, micacées, de couleur rouge et d'un éclat assez vif. Il est d'autant plus essentiel de déterminer les circonstances qui produisent l'une ou l'autre espéce, que le commerce rejette ordinairement la première. Voici ce que l'expérience nous apprend à cet égard. Tout ce qui peut contribuer à produire un refroidissement accéléré, détruit infailliblement la teinte rouge; ainsi la surface des masses est toujours jaune en vertu de cette cause : quelques coupelles trop argileuses produisent en partie le même effet en constituant des silicates plombeux.

Rien n'est donc plus facile que d'atteindre un certain maximum de litharges rouges; il suffit de faire écouler les litharges les unes sur les autres en conduisant les filets stalactiformes auxquels elles donnent lieu par le refroidissement, de manière à produire en se recouvrant une forme sphérique ou approchant de celle de la sphère, solide qui présente le plus grand volume pour la moindre surface, et qui par cela même devra s'entourer d'une écorce jaune dont le développement sera le plus petit possible; on peut encore recevoir les litharges dans un vase en fonte, à parois épaisses, qui se maintient chaud assez long-temps et qui fait fonction d'une partie de la croûte précédente; on devra réunir d'ailleurs toutes les autres précautions qui peuvent contribuer à la lenteur du refroidissement des litharges, telles que de les empiler, d'éviter que de l'eau froide ne tombe dessus, etc.

Une pareille masse de litharge finit par se crever d'elle-même au bout de peu de temps, la croûte jaune se détache de toutes parts en fragmens, les parties intérieures se désagrègent et la litharge rouge tombe sous forme écailleuse. Ce phénomène tient à un gonflement dû à la cristallisation de la litharge rouge : nous voyons l'eau et le proto-sulfure d'étain produire de même la rupture de leurs enveloppes en se solidifiant.

La différence entre l'intérieur et l'extérieur de la masse

n'est pas uniquement le résultat de la cristallisation plus ou moins parfaite des litharges rouges; elle tient encore à leur constitution chimique; l'analyse y démontre la présence du minium : il suffit même de les examiner au microscope pour reconnaître que le minium est très souvent disséminé dans le protoxide fondu, sous forme de veinules marbrées, et qu'il en rehausse ainsi la couleur.

La seule difficulté consiste à savoir comment il y est introduit. Les chimistes qui ont observé la facile décomposition du minium par la chaleur et les précautions extrêmes qu'il faut prendre dans le coup de feu nécessaire pour le produire, n'admettent que difficilement la formation de ce même oxide à des températures élevées, et considèrent qu'elle peut tout au plus avoir lieu pendant une certaine période du refroidissement, en vertu d'une absorption d'oxigène au degré de température que l'on développe dans les fours à minium ou à environ 300°.

Cependant il est impossible d'admettre une absorption aussi rapide, surtout quand on a recueilli les litharges dans des vases; et si, d'un autre côté, on se rappelle que MM. Chevreul et Becquerel ont obtenu le peroxide de plomb en fondant des matières plombeuses sous l'influence oxidante de la potasse; que d'ailleurs l'oxide de plomb a de grandes analogies avec les alcalis et peut très probablement se suroxider comme eux à de hautes températures; qu'enfin le plomb a été soumis dans le fourneau à coupelle à un traitement éminemment oxidant, nous ne trouverons plus rien d'extraordinaire dans cette hypothèse de la suroxidation à un degré de chaleur bien supérieur à celui de la décomposition du minium (1). Celui-ci est-il d'ailleurs aussi décomposable par la calcination, dans toutes les circonstances,

---

(1) Pour moi, je ne partage pas l'opinion de M. Fournet, je pense que le protoxide de plomb fondu possède la propriété de dissoudre de l'oxigène, comme le fait l'argent, et que cet oxigène s'unit au protoxide, lorsque le refroidissement est lent, et se dégage lorsque le refroidissement est rapide,

qu'on le suppose ordinairement ? je suis fondé à croire que non : que l'on pousse en effet rapidement à la fusion, dans des creusets, des quantités d'environ 1 kilogr. de litharge jaune, de céruse ou de massicot, on n'obtiendra que des litharges jaunes ; mais si l'on opère de même sur le minium, on produira des litharges rouges, et les unes comme les autres auront absolument les caractères physiques de celles qui sont obtenues en grand ; ainsi donc, on peut produire des oxides de plomb de degrés supérieurs, à une haute température, et ceux-ci ont une plus grande stabilité sous certaines conditions qu'on ne le croit ordinairement.

Cet excès d'oxigène dans certaines litharges nous rend maintenant raison des causes qui motivent les préférences du commerce. Le fabriquant d'acétate exige une litharge refroidie brusquement ; il la considère comme plus soluble dans le vinaigre, et cette opinion est d'accord en effet avec ce que nous connaissons de la résistance à la dissolution, que le minium présente aux acides faibles. D'un autre côté, le fabricant de mastics huileux préfère la litharge rouge, parce que, ayant à rendre ses huiles seccatives, il y trouve une dose d'oxigène supérieure qui favorise son opération. Quant au potier, il emploie toujours des litharges rouges : son choix est fondé sur le plus grand état de division de ces sortes de litharges, état qui lui évite en partie une pulvérisation pénible et dangereuse ; en outre, le brillant qu'elles doivent avoir, est pour lui un indice certain de pureté qu'il ne trouverait plus dans les litharges jaunes, dont la poussière est terne et par conséquent susceptible d'être mélangée.

Il est donc bien essentiel, dans les usines, d'assortir convenablement ces deux produits ; on le fait à l'aide d'un tamis ou tambour dont les mailles sont composées de fils juxta-posés parallèlement les uns aux autres et non entre-croisés, en sorte que les paillettes peuvent passer par leur tranche et que tous les grains ronds sont retenus.

Les autres produits de la coupellation, qui sont les

abstrichs et *abzugs*, les coupelles imbibées ou les *tests*, sont passés à des fontes spéciales; quelquefois encore on les mêle aux minerais, soit pour servir en quelque sorte de fondans à cause de leur facile réductibilité, ou bien à cause de la chaux qui s'y trouve, soit pour les enrichir en plomb quand ils sont très argentifères, car si le plomb d'œuvre était trop chargé d'argent, il en résulterait des pertes très notables.

Raffinage de l'argent. — Cette opération, fort simple en elle-même, consiste à fondre l'argent dans une petite coupelle faite du même composé que les grandes; elle est ordinairement placée dans un petit réverbère chauffant bien, et on y soumet le métal à l'action oxidante de l'air dont on peut augmenter l'effet à l'aide d'un soufflet; le métal laisse d'abord surnager quelques crasses noires et infusibles que l'on enlève, ou bien on ajoute un peu de plomb pour favoriser leur dissolution et imbibition dans la coupelle; on remue doucement le bain jusqu'au fond pour produire de nouvelles surfaces; des taches huileuses succèdent aux crasses, et bientôt alors apparaissent de petits nuages. On arrête l'opération, quand ceux-ci ont disparu, que la surface du métal réfléchit avec un éclat égal toutes les parties internes du fourneau, qu'en outre les prises d'essais obtenus, en plongeant brusquement un fer froid dans le bain, sont parfaitement exemptes de taches d'oxide et cristallines. Il n'y a du reste plus d'éclair.

Outre les oxides de plomb et des divers métaux étrangers, il se forme une certaine quantité d'oxide d'argent qui s'imbibe dans le *test* : aussi, celui-ci est-il riche en métal fin.

Jusqu'à la fin du raffinage, l'opération ne présente rien de saillant; mais il n'en est plus de même à mesure que le refroidissement se fait sentir : la congélation commence par les bords et s'avance de là graduellement vers les parties centrales, qui, avant d'être solidifiées, éprouvent une très légère agitation ; les choses restent quelque temps en cet état de stagnation complète; puis tout-à-coup une partie considérable de la surface se bombe irrégulièrement, et il s'y produit une déchirure par laquelle s'écoule, dans diverses directions, des nappes d'argent très fluide qui surhaussent encore le bombement primitif.

Il survient ensuite un nouveau phénomène exactement comparable à ce que nous observons dans les actions volcaniques. En effet, un dégagement de gaz a lieu par un ou plusieurs points; il fait entrer le bain en une grande ébullition et entraîne avec lui de l'argent fondu qu'il amène de l'intérieur à l'extérieur en produisant une série de cônes surmontés généralement d'un petit cratère qui vomit des coulées de métal. Ces cônes s'élèvent peu-à-peu par l'accumulation des déjections; la nappe mince et déjà figée, sur laquelle ils sont assis, éprouve des trépidations sur une étendue assez grande, proportionnellement à leur volume; finalement, quelques-uns se bouchent à leur sommet pour ne plus se rouvrir, pendant que les autres continuent à présenter au gaz un passage d'autant plus pénible qu'ils sont plus élevés et que le refroidissement a rétréci davantage les orifices; l'argent alors cesse de s'épancher en nappes, et des globules métalliques se trouvent lancés à d'assez grandes distances et même jusque hors du fourneau. C'est ordinairement le dernier de ces petits volcans qui atteint la plus grande hauteur et qui manifeste avec la plus grande intensité tous ces phénomènes, pour la production desquels il faut opérer sur environ 40 à 50 livres d'argent.

On sait d'ailleurs que le gaz dégagé est l'oxigène resté en imbibition dans le métal, et que celle-ci n'a lieu qu'autant que l'argent est pur ou presque pur.

Usages. — Le plomb, en raison de sa grande abondance dans la nature et de la facilité avec laquelle il se prête aux différentes formes qu'on veut lui donner, est un des métaux les plus employés. L'on s'en sert pour couvrir des édifices, pour faire des balles et de la grenaille, pour construire des bassins, des conduits, des gouttières, des réservoirs, des chaudières, les chambres dans lesquelles se fabrique l'acide sulfurique. On a proposé de l'appliquer en lames minces sur les murs pour garantir les appartemens de l'humidité. Allié avec l'étain, il forme la soudure des plombiers. Combiné avec environ le quart de son poids d'antimoine, il constitue les caractères d'imprimerie. C'est en exposant le plomb à la vapeur du vinaigre et au contact du gaz acide carbonique, ou en décomposant par ce gaz la dissolution de sous-acétate de plomb que l'on obtient le blanc de plomb ou la céruse. C'est en le calcinant avec le contact de l'air qu'on forme le minium, la litharge, le massicot. Enfin l'on en fait usage pour l'exploitation de plusieurs mines d'argent et pour les analyses par voie sèche de matières argentifères ou aurifères. Il n'est point directement employé en médecine; mais il entre dans la composition de plusieurs médicamens, de l'emplâtre diapalme, de l'acétate de plomb et par conséquent de l'*extrait de Saturne*, de l'*eau blanche*, de l'*eau de Goulard*.

ARTICLE XIV.

Cuivre.

1161. Le cuivre, connu de toute antiquité comme le fer et que les anciens chimistes désignaient sous le nom de *vénus*, est peut-être, après celui-ci, le métal dont les usages sont le plus multipliés. En effet, l'on s'en sert pour faire beaucoup d'ustensiles, des chaudières, des casseroles, des baignoires, des tuyaux, etc. Réduit en lames, il est employé pour doubler les vaisseaux. Combiné avec le zinc dans le rapport de 2 à 1 environ, il forme le laiton ou cuivre jaune. Uni à l'étain, il constitue l'alliage des canons et des cloches. En le calcinant avec le soufre, on obtient une partie du sulfate de cuivre du commerce. C'est l'un des signes représentatifs de tous les produits de notre industrie : la monnaie de cuivre est formée de cuivre pur ; les autres sont formées d'argent, d'or et de cuivre. Le cuivre entre aussi dans la composition de tous les ustensiles, vases et ornemens d'or et d'argent. A l'état de pureté, ces deux derniers métaux seraient trop mous pour conserver long-temps les formes que l'art leur donnerait, au lieu qu'en les combinant avec une petite quantité de cuivre, ils acquièrent de la dureté, et sont à l'abri de ce grave inconvénient.

1162. *Propriétés physiques.* — Le cuivre est solide, rouge, un peu jaunâtre, très brillant. Il acquiert de l'odeur par le frottement. C'est le plus sonore des métaux. C'est aussi l'un des plus ductiles; on en fait des feuilles très minces et des fils d'un très petit diamètre. Sa ténacité est inférieure à celle du fer, mais plus grande que celle d u platine, de l'argent, de l'or, etc. La pesanteur spécifique d u cuivre fondu est de 8,85, et celle du cuivre laminé ou forgé de 8,95. On ne l'a point encore obtenu bien cristallisé.

Le cuivre est fusible à 27° environ du pyromètre de Wedgwood : sa fusion peut donc avoir lieu dans un fourneau à réverbère ordinaire, surtout au moyen d'un tuyau de douze à quinze décimètres de haut. Il n'est pas volatil.

Action de l'oxigène, de l'air ; oxides, hydrates.

Son action sur le gaz oxigène et sur l'air, secs, est nulle à la température ordinaire; il en a une faible sur ces gaz humides, et s'oxide alors avec l'un et l'autre. Sa surface se recouvre d'une légère couche d'oxide dans son contact avec le premier, et d'une légère couche de carbonate dans son contact avec le second, pourvu que l'air puisse se renouveler (514) : les statues d'airain en sont une preuve incontestable.

La chaleur favorise singulièrement son oxidation : avant même qu'elle ne soit portée jusqu'au rouge, il absorbe l'oxigène d'une manière très sensible, et l'oxide qui se forme est brun.

Les expériences peuvent être faites dans un tube de porcelaine au moyen de deux vessies. Cependant celle qui est relative à l'oxidation du cuivre par l'air doit être faite de préférence dans un têt, lorsqu'on ne se propose pas de recueillir le gaz azote de ce fluide. Si le métal était en contact avec la flamme, il la colorerait en vert en même temps qu'il s'oxiderait.

Il existe trois oxides de cuivre, un protoxide, un bi-oxide et un quadroxide : le premier est une base très faible ; le second, une base assez forte ; le troisième ne fait jamais fonction, ni de base, ni d'acide.

1163. *Protoxide.* — Cet oxide est rouge, fusible, facilement réductible par l'hydrogène et le carbone. Chauffé au contact de l'air, il devient brun et passe à l'état de bi-oxide. L'acide sulfurique, étendu d'eau, le transforme en bi-oxide avec lequel il s'unit, et en cuivre pulvérulent qui se dépose. Les acides chlorhydrique et azotique le dissolvent : le premier, en donnant lieu à de l'eau et à un proto-chlorure ; le second, à du bi-oxide d'azote et à un azotate de bi-oxide.

L'ammoniaque le dissout d'une manière très sensible ; la dissolution est incolore, s'oxigène promptement à l'air, et prend une belle teinte bleue.

Uni à l'eau, il forme un hydrate d'un jaune orangé ; c'est en précipitant le proto-chlorure de cuivre par la potasse ou la soude qu'on l'obtient (578, 2e procédé) ; il s'unit si promptement à l'oxigène qu'il est difficile de l'avoir pur ; en le lavant et le séchant, il passe toujours en partie à l'état de bi-oxide, quelque précaution qu'on prenne.

Fondu avec le verre, il le colore en pourpre.

Cet oxide existe dans la nature, soit en petits octaèdres ou sous la forme de filets capillaires qu'on trouve çà et là dans les dépôts de cuivre pyriteux, de sulfure et de carbonate de cuivre appartenant aux diverses sortes de terrains, soit en veines, en petits amas, dans les roches environnantes ou dans la gangue des filons. Il constitue rarement des

dépôts considérables, et se rencontre alors à la partie inférieure des terrains secondaires avec le carbonate de cuivre
(Chessy, près de Lyon, monts Altaï); ou avec les amas de
sulfure simple de cuivre (monts Altaï) : dans ce cas, il devient une partie importante des minerais qu'on exploite.
On observe qu'il est fréquemment mélangé d'oxide de fer,
particulièrement dans les variétés compactes à cassure terreuse.

Pour se procurer le protoxide de cuivre, le meilleur procédé consiste à mêler intimement du bi-oxide de cuivre et
du cuivre très divisé dans le rapport de 125,27 à 100, ou
1 proportion de l'un et 1 proportion de l'autre, à introduire
le mélange dans une cornue de grès et à l'exposer à une forte
chaleur rouge (1). La moitié de l'oxigène du bi-oxide se
porte sur le cuivre métallique, et la masse alors n'est plus
que du protoxide pur.

Il est possible de l'obtenir encore en faisant bouillir une
dissolution de sucre et d'acétate de bi-oxide de cuivre; le
protoxide se dépose même en petits cristaux : la réduction
est accompagnée d'un dégagement de gaz carbonique.

Le protoxide de cuivre est formé de 100 de cuivre et de
12,636 d'oxigène, ce qui donne pour sa composition :

En prop. 1 de cuivre   731,39 + 1 d'oxig. 100.
En atom. 2 de cuivre 2 × 365,69 + 1 d'oxig. 100 = Cu^2O.

1164. *Bi-oxide.*—Le bi-oxide de cuivre est brun noir; il
ne fond qu'à une très haute température; exposé à l'air, il
en absorbe la vapeur et le gaz carbonique. L'hydrogène en
opère aisément la réduction dans des tubes de verre, à la
chaleur de la lampe; il en est de même du charbon, de
telle sorte que quand le mélange est intime, la réduction a
lieu avec un mouvement brusque, une sorte d'explosion :
dans les deux cas, il y a production de lumière sensible.
Le bi-oxide de cuivre est insoluble dans la potasse, la soude;

(1) Le bi-oxide provient de l'azotate ou du sulfate de cuivre calciné; et le
cuivre, de la réduction du bi-oxide par l'hydrogène dans un long tube de verre.

il l'est également dans l'ammoniaque, lorsqu'il n'est point hydraté.

Il forme avec l'eau un hydrate bleu qui se dépose, sous forme de flocons, des dissolutions de cuivre, toutes les fois qu'on y ajoute un alcali fixe. L'eau de combinaison se dégage de cet hydrate avec une grande facilité : aussi, devient-il noir non-seulement par la dessiccation à une douce chaleur, mais par la dessiccation spontanée, du moins en été; Il le devient même tout-à-coup dans l'eau bouillante. L'hydrate de bi-oxide est insoluble dans les alcalis fixes. Il se dissout au contraire dans l'ammoniaque et la colore en bleu; cependant il n'y devient très soluble que sous l'influence des acides ou des sels ammoniacaux. Cette influence est telle que l'ammoniaque acquiert alors la propriété de dissoudre l'oxide anhydre; sans doute il se produit des sous-sels doubles ammoniacaux, très solubles dans un excès d'alcali. On conçoit d'après cela, pourquoi en versant peu-à-peu de l'ammoniaque dans une dissolution de cuivre, il se forme d'abord un précipité qui disparaît presque tout-à-coup et une liqueur d'un bleu céleste très foncé. Cette propriété remarquable appartient à plusieurs autres oxides, surtout aux oxides de nickel et de cobalt.

Fondu avec le verre et les flux vitreux, le bi-oxide de cuivre les colore en vert.

Le bi-oxide anhydre se trouve dans la nature, à l'état pulvérulent, ou mêlé à quelques minerais de cuivre qui l'ont produit en s'oxidant.

On l'obtient en calcinant fortement dans une cornue de grès le sulfate ou l'azotate de cuivre desséché; le sel se décompose, et le bi-oxide reste pur.

Il est formé de 100 de cuivre et de 25,27 d'oxigène, ce qui donne :

En prop. 1 de cuivre 731,39 + 2 d'oxigène 200.
En atom. 1 de cuivre 365,69 + 1 d'oxigène 100 = CuO.

1165. *Quadroxide de cuivre.*—L'on peut obtenir le quadroxide de cuivre en versant du bi-oxide d'hydrogène chargé d'acide azotique dans une dissolution faible d'azotate de cuivre, et y ajoutant ensuite peu-à-peu une dissolution faible elle-même de potasse ou de soude caustique. Il faut que le bi-oxide d'hydrogène soit en grand excès; que les liqueurs soient à la température de zéro; qu'on les agite bien au moment de leur mélange, et que la quantité d'alcali soit tout au plus suffisante pour décomposer tout l'azotate. En satisfaisant à toutes ces conditions, il se formera un précipité gélatineux d'un brun-jaune : ce sera le quadroxide de cuivre; on le lavera tout de suite par décantation ou sur un filtre avec de l'eau bien froide; puis, si l'on veut le conserver, on le fera sécher promptement sous la machine pneumatique, après l'avoir comprimé entre des feuilles de papier joseph.

L'on peut encore préparer ce quadroxide, et ce procédé est peut-être plus sûr que le premier, en mettant en contact de l'hydrate de bi-oxide de cuivre avec du bi-oxide d'hydrogène contenant sept à huit fois seulement son volume d'oxigène. Si l'hydrate, au moment où on l'emploiera, commençait à perdre de sa nuance bleue, l'expérience ne réussirait qu'incomplètement: pour éviter cet inconvénient, je ne connais qu'un moyen; c'est d'étendre la dissolution de cuivre, d'en amener la température à zéro, d'y verser une dissolution faible de potasse à cette même température, de laver l'hydrate avec de l'eau également à zéro, et de faire tout de suite le quadroxide. A mesure que l'on versera le bi-oxide d'hydrogène sur l'hydrate, celui-ci changera de couleur; il deviendra vert d'abord, puis vert-jaunâtre, puis enfin d'un brun jaune foncé: bien entendu qu'il faudra agiter le tout et mettre un grand excès de bi-oxide d'hydrogène; il sera même nécessaire de le refroidir avant de l'employer, et de refroidir en même temps les vases. On remarquera qu'au moment du contact il n'y aura pas d'effervescence; mais que bientôt après, lorsque l'hydrate sera devenu d'un brun jaune foncé, il s'en fera une qui serait capable de devenir assez vive. On la préviendra, en grande

partie, en étendant la liqueur d'eau très froide : cette précaution est indispensable, car le quadroxide, en chassant
l'oxigène de l'excès de bi-oxide d'hydrogène, se décomposerait lui-même par suite de la température à laquelle se
trouveraient élevées sans doute les molécules. D'ailleurs, on
lavera et l'on fera, si l'on veut, sécher le quadroxide, comme
nous l'avons indiqué plus haut.

Le quadroxide de cuivre est sans odeur, sans saveur; il
n'altère point le tournesol; pur, il est, comme nous l'avons
dit, d'un brun jaune foncé; mais mêlé avec l'oxide bleu de
cuivre, il donne lieu à une couleur olive. Une température
peu élevée, moindre que celle de l'eau bouillante, suffit
pour le décomposer : alors il laisse dégager de l'oxigène et
passe à l'état de bi-oxide; lorsqu'il est sous forme d'hydrate, il se décompose même spontanément du jour au lendemain, pourvu qu'on l'entretienne humide. Son action
sur les charbons incandescens est assez forte; il en augmente la combustion tout-à-coup. Probablement qu'il agirait beaucoup aussi sur un grand nombre d'autres corps
combustibles : par exemple, il détonerait sans doute avec
le phosphore par une faible percussion. Il est tont-à-fait
insoluble dans l'eau. Les acides sulfurique, azotique, chlorhydrique, le dissolvent, tout-à-coup, et de là résultent
des sels de bi-oxide de cuivre et du bi-oxide d'hydrogène.
A peine est-il en contact, sous forme d'hydrate, avec une
dissolution un peu concentrée de potasse ou de soude, qu'il
commence à se désoxigéner; les bulles finissent par se suc-
céder assez rapidement, de sorte qu'il se décompose presque complètement dans l'espace de quelques heures : l'alcali agit donc dans ce cas sur l'oxigène du quadroxide, de
même que sur l'oxigène du bi-oxide d'hydrogène.

J'ai fait un grand nombre de tentatives pour analyser le
quadroxide de cuivre, et cependant je ne suis point parvenu à des résultats tout-à-fait satisfaisans. Je n'ai point
employé le procédé que j'ai décrit pour l'analyse des bi-
oxides de strontium, calcium et barium, parce que l'excès

d'acide, que l'on est forcé d'ajouter pour dissoudre ce nouvel oxide, rendrait l'opération plus difficile à pratiquer. J'ai mieux aimé introduire le quadroxide dans une petite fiole, la remplir d'eau distillée et non aérée presque jusqu'au col, y verser assez d'acide azotique ou chlorhydrique pour opérer la dissolution de l'oxide métallique, adapter au col de la fiole un tube recourbé, porter peu-à-peu la liqueur à l'ébullition, la faire bouillir de manière à en dégager tout l'oxigène et tout l'air, recueillir les gaz, les mesurer, les analyser, et conclure de cette analyse la quantité d'oxigène cherchée. En m'y prenant ainsi, j'ai retiré, de l'oxide de cuivre préparé par le bi-oxide d'hydrogène, à un douzième près en moins, autant d'oxigène que le bi-oxide en contient. Si l'on considère que le premier de ces oxides se décompose facilement, il deviendra très probable, ce semble, qu'il en contient réellement deux fois autant que le second.

Combinaisons des métalloïdes avec le cuivre.

1166. Les métalloïdes avec lesquels le cuivre a été uni sont : le phosphore, le soufre, le sélénium, le chlore, le fluor, le brôme, l'iode ; il paraît aussi qu'il peut s'unir au carbone et au silicium ; mais les carbure et siliciure de cuivre n'ont point encore été examinés : les chlorures, fluorure, brômure, iodure ne le seront que dans l'histoire des sels.

Phosphure de cuivre. — Le phosphure de cuivre est brillant, cassant, très dur, d'un gris clair, plus fusible que le cuivre ; chauffé fortement dans un creuset de verre, il abandonne la plus grande partie de son phosphore ; le grillage le transforme constamment en phosphate.

Pour l'obtenir, M. Berzélius fait passer du sesqui-phosphure d'hydrogène dans un tube de verre chauffé modérément sur le bi-oxide, ou le bi-sulfure, ou le bi-chlorure de cuivre. Outre le phosphure, il en résulte de l'eau avec le bi-oxide; du gaz sulfhydrique avec le bi-sulfure; du gaz chlorhydrique avec le chlorure. Des résultats analogues s'observent en faisant passer également le sesqui-phosphure d'hydrogène sur le protoxide, le proto-sulfure et proto-chlorure de cuivre. Mais alors le phosphure contient moitié moins de phosphore. Dans le premier cas, il est formé de 75,16 de cuivre, et de 24,84 de phosphore; dans le second, de 85,82 de cuivre, et de 14,18 de phosphore, d'où il suit que le proto-phosphure aurait pour formule, d'après M. H. Rose, $Cu^3 Ph$, et le bi-phosphure $Cu^3 Ph^2$.

Ce chimiste admet un troisième phosphure, qu'on obtiendrait en décomposant à chaud le phosphate neutre de cuivre par l'hydrogène: il se composerait d'atomes égaux de cuivre et de phosphore.

1167. *Proto-sulfure.* — Solide, gris de plomb; cristallisant en prismes hexaèdres réguliers, modifiés de diverses manières; plus fusible que le cuivre; ne se décompose pas par la chaleur; n'a d'action ni sur le gaz oxigène sec, ni sur le gaz oxigène humide, à la température ordinaire; l'absorbe à l'aide d'une douce chaleur, et donne naissance à de l'acide sulfureux et à un sous-sulfate; l'absorbe également à l'aide d'une haute température, et donne lieu à du gaz acide sulfureux et à de l'oxide de cuivre.

L'hydrogène ne lui enlève aucune portion de soufre; le charbon le désulfure au contraire jusqu'à un certain point. Il s'unit facilement avec d'autres sulfures, par exemple: avec ceux de fer, de plomb, de bismuth, d'antimoine, d'argent.

Le proto-sulfure de cuivre s'obtient en chauffant, dans un creuset ou dans un matras, 1 partie de soufre et 2 de cuivre divisé. L'on observe qu'au moment où ces deux corps se combinent, il y a dégagement de calorique et de lumière. Presque toujours la masse contient un excès de cuivre; mais en la pulvérisant et la chauffant de nouveau jusqu'au rouge avec la moitié de son poids de soufre, le cuivre se trouve complètement sulfuré.

Le proto-sulfure est formé de 100 de cuivre et de 25,42 de soufre, ce qui donne :

En proportion 1 de cuivre 791,39 $+$ 1 de soufre 201,16.
En atomes 2 de cuivre 791,39 $+$ 1 de soufre 201,16 $=$ $Cu^2 S$.

Le proto-sulfure de cuivre existe dans la nature, tantôt en cristaux dans les mines de cuivre pyriteux, comme en Cornouailles; tantôt en masses assez considérables et susceptibles d'exploitation, comme en Sibérie, en Saxe, en Suède, dans le pays de Cornouailles; tantôt combiné avec le sesqui-sulfure de fer; tantôt uni à des arséniures et des antimoniures métalliques.

Le minerai connu sous le nom de cuivre *pyriteux*, de pyrite de cuivre, et qui se distingue de la pyrite de fer par sa couleur jaune-verdâtre est un double sulfure formé de 1 atome de proto-sulfure de cuivre et de 1 atome de sesqui-sulfure de fer : il est très abondant et se trouve à Saint-Bel, près Lyon, dans le Derbyshire, au Harz, à Freyberg, en Bohême, en Hongrie, etc.

1168. *Bi-sulfure.* — Le bi-sulfure est toujours un produit de l'art; on l'obtient facilement en faisant passer du gaz acide sulfhydrique à travers une dissolution de sulfate de bi-oxide de cuivre (602, 5ᵉ procédé).

Il est noir étant humide, et devient d'un noir verdâtre par la dessiccation. Chauffé en vase clos, il laisse dégager la moitié du soufre qu'il contient. Le grillage le convertit en gaz sulfureux et sous-sulfate. Il est insoluble dans la potasse et les proto-sulfures ou les sulfhydrates.

Il renferme, pour la même quantité de métal, deux fois autant de soufre que le proto-sulfure. Sa formule atomique est donc Cu S.

Autres sulfures. — Il paraît qu'en versant une dissolution de bi, tri, quadri ou quinti-sulfure de potassium dans une dissolution de sulfate de cuivre, il en résulte un sulfure de cuivre brun-noirâtre dont la quantité de soufre est proportionnelle à celle du sulfure alcalin, et que le sulfure de cuivre récemment précipité se dissout dans les carbonates alcalins et colore la liqueur en brun jaunâtre.

1169. *Séléniure de cuivre.* — Il est facile de préparer le proto et le bi-séléniure de cuivre. Pour obtenir celui-ci, il suffit de faire passer le gaz sélénhydrique à travers une dissolution de sulfate de bi-oxide de cuivre; à l'instant même le bi-séléniure se précipite en gros flocons noirs qui deviennent gris-foncé par la dessiccation. Soumis, dans une petite cornue, à l'action d'une chaleur rouge, ce séléniure laisse dégager la moitié de son sélénium, et passe à l'état de proto-séléniure, qui est très fusible, et qui par le refroidissement se solidifie en un bouton dont la couleur est gris d'acier, la cassure compacte, et l'aspect analogue au sulfure gris de cuivre.

Le proto-séléniure peut également se préparer en unissant directement le sélénium avec le cuivre, et chauffant la matière jusqu'au rouge : au moment de la combinaison, il y a dégagement de lumière. Le proto-séléniure ne se décompose que difficilement par le grillage; il se trouve dans la mine de Skrickerum, en Smoland, et au Hartz. Il est formé de 1 proportion de chaque élément, et sa formule atomique est Cu^2Se. Le bi-séléniure contient pour la même quantité de métal le double de sélénium.

Alliages de cuivre.

1170. Le cuivre forme huit alliages, dont il est utile d'étudier les propriétés d'une manière particulière. Ces alliages résultent de la combinaison de ce métal avec le zinc, l'antimoine, l'arsénic, l'étain, le mercure, le plomb, l'argent et l'or. Les quatres premiers ont été examinés (939, 970, 971, 972). Nous ne parlerons de l'amalgame de cuivre qu'en traitant du mercure. Nous n'avons donc à étudier ici que les trois derniers.

Alliage de cuivre et de plomb. — Lorsqu'on expose cet alliage à une température un peu plus élevée que celle qui est nécessaire pour opérer la fusion du plomb, il se dé-compose, le plomb s'écoule et le cuivre reste presque pur sous forme d'une masse poreuse. On conçoit d'après cela que pour faire cet alliage, il faut chauffer fortement les deux métaux qui le constituent et le faire refroidir rapidement. Une très petite quantité de plomb rend le cuivre cassant.

Alliage formé de 9 parties d'argent et de 1 de cuivre. — Blanc, moins ductile et plus fusible que l'argent, sans action sur l'air sec ou humide à la température ordinaire ; en absorbe l'oxigène à la chaleur rouge, et se transforme, dans un espace de temps plus ou moins considérable, à une température capable de le fondre, en oxide de cuivre et en argent presque pur ; s'obtient en fondant ensemble l'argent et le cuivre dans un creuset.

C'est avec l'alliage dont nous venons de parler qu'on fait en France toute la monnaie d'argent. Celle de *billon* contient beaucoup plus de cuivre ; elle est formée de 4 parties de ce métal et d'une partie d'argent. Tous les ustensiles, vases et ornemens d'argent résultent également de la combinaison du cuivre avec l'argent. Les uns, tels que les couverts et la vaisselle, résultent de 9 parties et demie d'argent et une demie partie de cuivre, et les autres, tels que les bijoux, etc., de 8 parties d'argent et de 2 de cuivre. Ces différentes proportions dans lesquelles on allie l'argent au cuivre constituent ce qu'on appelle les *titres de l'argent.*

On dit de ces alliages qu'ils sont à un titre d'autant plus élevé qu'ils contiennent plus d'argent : ainsi un culot d'argent qui, sur 1000 parties, contient 950 d'argent, est au titre de $\frac{950}{1000}$. On voit, d'après cela, que la monnaie d'argent est au titre de $\frac{900}{1000}$; celle de billon au titre de $\frac{200}{1000}$ et que les ouvrages d'orfévrerie sont tantôt au titre de $\frac{950}{1000}$ et tantôt à celui de $\frac{800}{1000}$.

On détermine facilement le titre d'une pièce quelconque en exposant un gramme de cette pièce et plusieurs grammes de plomb, à une température élevée, dans une petite coupe ou coupelle poreuse, ordinairement faite avec des os calcinés. D'abord il se forme un alliage triple ; mais bientôt le plomb et le cuivre s'oxident, se vitrifient, s'infiltrent à travers les pores de la coupelle et laissent l'argent pur dans cette coupelle sous forme d'un petit bouton. (Voyez *Analyses*, 5ᵉ vol.)

Outre les usages précédens, on se sert encore de l'alliage de cuivre et d'argent pour souder l'argent ; mais alors on l'emploie au titre de $\frac{300}{1000}$ à $\frac{400}{1000}$: sans cela, il ne serait point assez fusible.

Alliage formé d'une partie de cuivre et de 9 parties d'or. — Jaune d'or ; moins ductile, plus dur et plus fusible que l'or ; sans action sur le gaz oxigène sec ou humide à la température ordinaire ; absorbe ce gaz à une chaleur rouge, et se transforme, à un degré de chaleur capable de le fondre, en oxide de cuivre et en or presque pur ; se comporte avec l'air comme avec le gaz oxigène ; n'existe point dans la nature ; s'obtient en fondant ensemble le cuivre et l'or dans un creuset.

C'est avec cet alliage qu'on fait en France la monnaie d'or (1). Les vases, les ornemens, et en général tous les ustensiles d'or sont aussi formés d'or et de cuivre. Les uns sont au titre de $\frac{920}{1000}$; les autres sont au titre de $\frac{840}{1000}$; enfin il en est qui sont à $\frac{750}{1000}$. Il existe donc trois titres pour les ouvrages d'or, tandis qu'il n'en existe que deux pour les ouvrages d'argent. Nous devons faire observer que comme l'or naturel contient toujours une petite quantité d'argent qu'on ne pourrait en séparer avec avantage, il s'ensuit que cet argent fait nécessairement partie des monnaies, ainsi que de tous les ouvrages en or ; en sorte que, rigoureusement parlant, ces monnaies et ouvrages sont des alliages triples, mais qui contiennent toujours la quantité

---

(1) Dans les hôtels de monnaies, on se sert de creusets de plombagine très épais pour allier l'or au cuivre, et de creusets de fer battu pour allier le cuivre à l'argent. Dans les deux cas, on brasse l'alliage avec beaucoup de soin, et on l'essaie de temps en temps.

d'or énoncée dans les titres précédens. La présence de cette petite quantité d'argent rend la détermination du titre d'une pièce d'or plus difficile que celle d'une pièce d'argent. En effet, après avoir traité une partie de cette pièce par le plomb, à une haute température, dans une petite coupelle, comme nous le dirons vol. v, et en avoir séparé ainsi tout le cuivre, il faut en séparer l'argent; mais l'on ne peut bien séparer ces deux métaux que par l'acide azotique. Or, la quantité d'argent étant trop petite, l'acide ne dissoudrait que les parties de ce métal qui sont à la surface : de là, la nécessité d'ajouter de l'argent : on en emploie ordinairement trois fois autant que d'or. On met l'argent, l'or et le plomb dans la coupelle; on obtient par ce moyen, après la coupellation, un alliage très riche en argent, qui, laminé et mis en contact avec l'acide azotique, cède à celui-ci tout l'argent qu'il contient, de sorte que l'or, restant parfaitement pur, il ne s'agit plus que de le mettre dans la balance pour en apprécier le poids. (*Voyez* dernier volume, article *Essai d'or*.)

1171. *Action des oxides, des bases et des acides.*

Eau, potasse, soude. — Point d'action, soit à froid, soit à chaud.

Ammoniaque. — Action lente, et absorption d'oxigène, si la liqueur a le contact de l'air; formation de protoxide; dissolution incolore qui, soustraite au contact du cuivre, passe promptement au bleu.

Acide sulfurique concentré. — A froid, point d'action; à chaud, dégagement de gaz sulfureux et formation de sulfate de bi-oxide anhydre: il paraît toutefois qu'il se forme aussi un peu de sulfate de protoxide qui se dépose en poudre brune.

Acide sulfurique étendu d'eau. — A chaud comme à froid, point d'action.

Acide azotique. — Aussitôt que le contact a lieu, même à la température ordinaire, l'action se manifeste; et de là dégagement de chaleur, grande effervescence due surtout à du bi-oxide d'azote qui produit des vapeurs rutilantes par le contact de l'air ; dissolution du métal, colorée en bleu ou en bleu verdâtre ; formation d'azotate de bi-oxide de cuivre, crisallisable en parallélipipèdes.

Acide chlorhydrique. — Point d'action sensible à froid ; action très lente à chaud, pourvu que l'acide soit en contact avec l'air ; dissolution du métal ; formation de proto-chlorure que l'eau précipite en blanc de la liqueur : d'où l'on voit que l'acide doit être décomposé et doit céder ses deux principes, savoir ; l'hydrogène à l'oxigène de l'atmosphère, et le chlore au cuivre.

Eau régale. — Action très vive, même à froid ; dégagement de bi-oxide d'azote ; formation d'un bi-chlorure vert, soluble.

1153. *Caractères des sels de bi-oxide.*

Couleur.	Bleue ou verte, quand le sel est dissous ou hydraté ; bleue ou brune, quand le sel est anhydre.
Saveur.	Métallique, très désagréable.

Leurs dissolutions donnent :

Avec potasse et soude caustiques.	Ppté bleu de bi-oxide hydraté, insoluble dans un excès d'alcali.
Avec ammoniaque.	Ppté blanc-bleuâtre de sous-sel, très soluble dans un excès d'alcali ; liqueur très limpide et d'un beau bleu céleste.
Avec carbonates de potasse et de soude.	Ppté blanc-bleuâtre de carbonate de bi-oxide de cuivre.
Avec cyanure jaune de potassium et de fer.	Ppté brun marron de cyanure de cuivre ferrugineux.
Avec acide sulfhydrique, proto-sulfure ou sulfhydrate alcalin.	Ppté brun noir de bi-sulfure de cuivre.
Avec lames de fer, de zinc.	Réduction du cuivre : la lame de fer prend bientôt l'aspect du cuivre.
Avec lame de cuivre.	Sel de protoxide de cuivre.
Avec infusion de noix de galle.	Ppté gris.

Caractères des sels de protoxide de cuivre.

On sait que les sels de protoxide de cuivre se transforment aisément en sels de bi-oxide et en cuivre ; que cette transformation s'opère surtout quand on les dissout dans l'eau. On sait d'ailleurs que la potasse et la soude les décomposent et en séparent un protoxide hydraté d'un jaune orangé; que l'acide azotique, le chlore, l'acide chlorique, en portent l'oxide au second degré d'oxidation.

État naturel.

1173. *État naturel.* — Le cuivre existe naturellement : 1° à l'état natif; 2° à l'état d'oxide (1144); 3° combiné avec le soufre, le sélénium (1167,1169); 4° à l'état de sel, sulfate, carbonate, arséniate, phosphate, chlorure. (*Voy.* ces sels ou ces genres de sels.)

Le cuivre natif se rencontre rarement en cristaux isolés, souvent, au contraire, en cristaux groupés confusément et formant des masses dendritiques ; il se rencontre aussi en petite masses mamelonnées ou irrégulières, empâtées dans diverses gangues, et en lames minces à la surface de diverses matières minérales.

Ce métal existe en plus ou moins grande quantité dans presque toutes les mines de cuivre, et se reproduit souvent par la décomposition naturelle de divers minerais. On le trouve dans les mines de Baigorry (Pyrénées) et dans celles de Saint-Bel, près Lyon, en France ; dans celles de Cornwall, en Angleterre ; dans celles de Saxe, de Hongrie, de Suède, et surtout en Sibérie, où il est plus abondant et en masses plus considérables que partout ailleurs.

Extraction. (1)

1174. Le cuivre est de tous les métaux celui qui a le plus d'affinité pour le soufre ; il est en même temps un peu moins oxidable que le plomb : ces deux propriétés simplifient

---

(1) C'est à M. Fournet que je dois l'article suivant sur le traitement métallurgique des minerais de cuivre : il a eu occasion de l'étudier avec le même succès que le traitement des minerais de plomb.

beaucoup la théorie de son traitement, puisque tant qu'il y a suffisamment de soufre, on peut être assuré de trouver ce métal dans les mattes, et que sa réduction est facile quand il est à l'état d'oxide. Il est assez peu volatil d'ailleurs pour qu'il n'y ait pas lieu d'avoir égard à cette circonstance dans le choix des moyens mis en usage pour l'obtenir.

On peut considérer les minerais de cuivre, sous les rapports métallurgiques, comme divisés en deux classes : l'une, renfermant des oxides ou des carbonates plus ou moins riches; et l'autre, des sulfures presque toujours en combinaison avec ceux de fer et à des degrés de richesse différens. Quelquefois aussi les sulfures de cuivre sont accompagnés de sulfure de plomb qui en modifie le traitement d'une manière essentielle.

Nous allons résumer les opérations préliminaires par lesquelles on les transforme tout d'abord en un sulfure double de fer et de cuivre, plus ou moins identique et connu sous le nom de matte, opérations dans lesquelles on obtient en même temps un peu de cuivre noir; puis nous parlerons des traitemens que l'on fait subir à la matte pour la convertir totalement en cuivre noir; enfin nous examinerons le raffinage qu'on fait subir à celui-ci. D'après cet aperçu nous pouvons établir le tableau suivant.

A. Minerais oxidés et carbonatés.	Plus ou moins riches........	{ Matte. { Cuivre noir.
	Très pauvres	∣ Matte.
B. Minerais sulfurés.	Pauvres................	{ Matte. { Cuivre noir.
	Mélangés de sulfures de plomb.	{ Plomb. { Matte.
	Riches.	

Les premiers sont le plus souvent traités au fourneau à manche avec une addition de fondans, variables suivant la nature de leurs gangues. Or, comme celles-ci sont siliceuses ou argileuses, c'est ordinairement la chaux qu'on emploie pour les saturer et empêcher le cuivre de s'y combiner pendant la fonte. A Chessy, où ce procédé est particulièrement en usage, la fusion s'opère à l'aide du coke, qui étant toujours chargé de soufre, forme une certaine quantité de matte cuivreuse : le reste du métal s'obtient sous forme de cuivre noir, ainsi que l'indique la troisième colonne du tableau.

Si les minerais oxidés étaient très pauvres, la chaux ou les autres fondans analogues ne suffiraient plus pour empêcher la combinaison du métal avec la scorie, car l'abondance des matières étrangères annulle jusqu'à un certain point l'effet réductif du charbon; on favorise donc l'extraction du cuivre par une addition de pyrites de fer, qui lui fournissent le soufre, pour lequel il a déjà une si grande affinité, et de plus un sulfure auquel il se combine non moins énergiquement pour constituer une matte.

Les minerais sulfurés pauvres sont ou fondus directement ou grillés d'abord, ce qu'on effectue surtout pour les schistes bitumineux cuprifères; le produit, en cas de grillage, est encore une matte avec quelque peu de cuivre noir.

S'ils sont mélangés de galène, on commence toujours par les griller, puis on les fond; il se produit du plomb métallique, et comme on a eu soin d'opérer le grillage imparfaitement, il en résulte que la matte obtenue en même temps, renferme presque tout le cuivre avec une quantité variable de sulfure de plomb. Ensuite on la grille de nouveau imparfaitement; le résultat de la nouvelle fonte est une nouvelle matte dans laquelle le cuivre est déjà plus concentré : une autre partie du plomb est réduite à l'état métallique. Si la matte était encore jugée trop plombeuse, on recommencerait la même série d'opérations, jusqu'à ce qu'on fût enfin parvenu à obtenir une matte suffisamment débarrasée de plomb.

Dans ces diverses fontes, il faut bien étudier les allures du fourneau, car les scories se chargeraient promptement d'oxide rouge de cuivre, combiné à la silice; ce qui arrive très facilement, quand les mélanges manquent de chaux ou bien encore quand la température du fourneau est trop élevée ou trop basse.

Les sulfures riches pouvant être considérés comme analogues aux mattes, il ne nous reste plus à considérer que le traitement de celles-ci et du cuivre noir.

Traitement des mattes. — Les mattes sont des sulfures doubles ou multiples, moins chargés de soufre que les sulfures naturels; la combinaison de ces derniers étant par exemple $CuS^2 + FeS^2$, les mattes seraient $CuS + FeS^2$. Leur traitement est basé d'une part sur des grillages destinés à oxider, autant que possible, les élémens du sulfure, puis sur une fonte faite avec une addition de quarz et quelquefois de charbon. Ce dernier agit comme réductif en ramenant une partie des oxides à l'état de cuivre noir; le quarz agit par sa puissante affinité, à ces hautes températures, comme dissolvant du protoxide de fer et le garantit d'une réduction trop complète en l'entraînant dans une nouvelle combinaison à l'état de silicate; enfin les sulfures non grillés et les sulfates réduits à l'état de sulfures par le charbon, reconstituent une nouvelle matte ordinairement plus riche en cuivre que la première et sur laquelle on continue à procéder comme précédemment.

Si le premier grillage était assez parfait, on obtiendrait directement par ce procédé un cuivre noir et une scorie; mais le plus souvent la cohésion des mattes est telle, que ces grillages sont toujours incomplets : aussi, quoiqu'on les répète successivement neuf à dix fois, lorsqu'ils sont exécutés en tas, arrive-t-il que la fonte que l'on fait ensuite au fourneau à manche, produit outre le cuivre noir une certaine quantité de nouvelles mattes. De semblables phénomènes s'observent également dans le travail au fourneau à réverbère. En effet, on fait subir à la matière dans ce fourneau un premier grillage qui est toujours imparfait; puis on la chauffe assez dans le réverbère même, pour la fondre avec addition d'une quantité convenable de quarz et sans addition aucune de charbon. Il y a réaction entre les sulfures indécomposés et les oxides, de laquelle résulte une nouvelle matte plus riche et du silicate de fer qui passe dans les scories; on réitère ces grillages et fontes alternatives,

jusqu'à ce qu'enfin on ait amené la matte à être complètement convertie en cuivre noir. Le nombre de ces feux est
variable suivant le soin que l'on apporte à chaque grillage
dans les diverses fonderies : M. Frèrejean, propriétaire de
superbes usines à Vienne en Dauphiné, est parvenu à obtenir directement le cuivre noir d'un minerai brut, à l'aide
d'un seul grillage suivi de la fonte au quarz, tandis que dans
la plupart des usines anglaises, on répète jusqu'à 7 fois ces
grillages et fontes alternatives.

Les fondages sont en général très faciles, à cause de la
fusibilité du silicate de protoxide de fer : c'est ce qui fait
que l'opération doit toujours marcher avec rapidité et que
les dernières mattes sont peu ferrugineuses. Toute cause
de retard dans l'allure des fourneaux, contribuerait à
augmenter le poids de celles-ci, mais au détriment du résultat que l'on cherche à obtenir, car cet accroissement de
poids ne serait dû qu'au fer réduit par son contact prolongé
avec le charbon. Une addition de fondans sulfurés, tels que
le sulfate de baryte, serait aussi nuisible, parce que la baryte
qui y est contenue déplacerait l'oxide de fer en s'unissant
à l'acide silicique, et qu'il se produirait des sulfures de fer
et de cuivre, qui rentreraient en combinaison pour reformer
une matte. On conçoit d'après cela que, pour effectuer la
fonte au fourneau à manche avec du coke, il faut choisir
parmi les diverses variétés de celui-ci le plus léger, le plus
combustible et le moins sulfureux.

Les scories qui résultent de ce traitement peuvent aussi
de leur côté contenir du cuivre, surtout si on outrepasse
le grillage, si l'on ajoute trop de quarz, ou si l'allure du
fourneau est vicieuse; mais ce métal y est le plus souvent
disséminé en grenailles, que l'on peut séparer par la fonte
ou par des opérations mécaniques, qui se composent de
bocardages et lavages.

C'est à M. Gueniveau que l'on doit la théorie du rôle
que joue le quarz : elle a été confirmé par tous les faits,
peuve incontestable de sa justesse.

Traitement du cuivre noir. — Le cuivre noir ne renferme plus que fort peu de soufre et de fer, quelquefois des traces de plomb et d'antimoine; il en existe même d'assez pur pour se plier un peu sans casser. Une analyse de ce composé obtenu à Chessy, a donné.

Cuivre	89,30
Fer	6,50
Protoxide de fer	2,40
Silice	1,30
Soufre	0,34
	99,84

La silice, qui fait partie du cuivre noir, est probablement combinée au protoxide de fer à l'état de silicate, et sans doute que ce silicate est simplement imbibé dans le métal.

Pour enlever au cuivre les métaux qu'il retient et qui sont plus oxidables que lui, on opère différemment suivant les localités. Ainsi, en Angleterre, on fait usage de réverbères; à Chessy, d'une sorte de fourneau à coupelle muni de soufflets; dans la plupart des usines d'Allemagne, de foyers d'affinages, aussi munis de soufflets et dans lesquels le cuivre se trouve recouvert de charbon.

Quoi qu'il en soit de toutes ces modifications, l'essentiel est d'opérer sous l'influence d'une forte masse d'oxigène, car d'une part le cuivre s'oxide peu, tandis que le soufre, le fer et autres métaux étrangers sont beaucoup plus oxidables, mais fortement enchaînés dans la combinaison et d'autant plus difficiles à enlever, qu'ils sont en moindre proportion; s'ils résistaient par trop, il faudrait ajouter un peu de plomb qui, étant un excellent scorificateur, déterminerait la séparation.

Les premières scories qui surnagent, sont noires et contiennent beaucoup de fer; mais elles deviennent peu-à-peu rouges, parce qu'elles se chargent de cuivre qui finit par s'y concentrer en assez grande proportion. A Chessy, où l'on agit sur des masses considérables, on observe d'une manière plus saillante qu'ailleurs un phénomène singulier, qui se manifeste après que tout le fer est oxidé et enlevé avec les crasses; le soufre se convertit en gaz sulfureux qui se dégage d'abord sous forme de grosses bulles; elles deviennent de plus en plus fréquentes, et produisent enfin dans la masse une forte ébullition qui dure environ une heure, et qui s'arrête sans changement dans la température du fourneau : ce *travaillement* du cuivre, comme l'appellent les ouvriers, cesse dès que le métal est à-peu-près purgé de soufre.

Il est extrêmement remarquable de voir dans ce raffinage le cuivre absorber de l'oxigène, tout comme le plomb et l'argent, pendant qu'ils sont en fusion; mais l'oxigène se dégage de l'argent par refroidissement, tandis que les deux autres le retiennent par imbibition à l'état d'oxide. C'est la quantité de cet oxide dans le cuivre qui détermine spécialement la ténacité de ce métal; s'il en contient trop peu, il est impropre à certains usages, parce qu'il n'est pas assez débarrassé des métaux étrangers; il y est également impropre, s'il en contient trop. Dans ce dernier cas, on peut le ramener à en contenir une moindre portion, à l'aide de charbon ou de perches de bois que l'on plonge dans le bain; mais ce retour à l'état métallique se fait toujours aux dépens du nerf du cuivre. On a prétendu qu'il y avait alors combinaison du métal avec le carbone; il est bien plus probable qu'il s'opère un nouveau mode d'arrangement entre les molécules de l'oxide et du métal. Quoi qu'il en soit, c'est ce protoxide de cuivre dissous, qui rehausse la couleur du cuivre métallique et qui est la garantie de sa pureté.

On conçoit d'après ce que nous venons de dire, combien le fondeur doit être attentif à atteindre exactement l'affinage, sans l'outrepasser. Aussi, vers la période de la production des scories rouges, il *prend* de fréquens essais, à l'aide d'un fer froid qu'il plonge dans le bain et qu'il retire brusquement pour avoir à l'entour une sorte de dé qui présente certaines nuances et des aspérités cristallines, d'après lesquelles il juge de l'état de l'opération, ou bien il moule de petits lingots qu'il casse pour en examiner la

ténacité et le grain. D'après les indications de M. Frèrejean, une température trop basse ou trop de charbon
donnent au cuivre, une forme cubique ou en rayons di-
vergens, sous laquelle il n'a jamais assez de ténacité; une
température trop élevée ou un courant trop rapide d'oxigène, lui donne une couleur rouge brique, une cristallisation radiée sans reflets, ou enfin un grain très fin,
dont il n'a pu déterminer la forme cristalline; ce grain
est encore peu convenable au cuivre destiné à être travaillé
sous le laminoir ou le marteau. La forme qui annonce le
plus de ténacité, est radiée et en rayons déliés qui présentent des reflets en masse. Lorsque le cuivre est en fusion, il
arrive souvent qu'en dix minutes, il passe successivement à
ces trois états.

Aussitôt que l'on a atteint le degré convenable, on perce
le bassin intérieur ou creuset pour faire écouler le métal,
que l'on reçoit dans un bassin extérieur pour le mouler ensuite en lingot, ou le façonner en rosettes. Ces dernières
s'obtiennent en jetant un peu d'eau à la surface du bain,
qui se fige subitement sur une petite épaisseur; on enlève
cette croûte que l'on plonge dans l'eau, et l'on répète l'opération jusqu'à ce que tout le bain soit épuisé. Il est bien
important qu'il n'y ait point de cuivre liquide, adhérent
à la rosette, lorsqu'on la plonge dans l'eau; autrement,
il se produirait une explosion très dangereuse, qui paraît
tenir à un dégagement instantané de l'oxigène imbibé dans
le métal, dégagement qui a lieu par suite de la contraction subite que le cuivre éprouve. D'un autre côté, on ne
doit pas non plus laisser la rosette se refroidir à l'air; elle
se suroxiderait superficiellement et perdrait ces belles nuances rouges pourprées et jaunes, dues à une couche mince
de protoxide, qui la font rechercher dans le commerce.
Sa surface est du reste très inégale et raboteuse, par suite
des condensations et cristallisations irrégulières, que les
aspersions d'eau produisent.

Pour compléter ce qui est relatif à cette opération, nous

devons dire un mot des cuivres micacés : ceux-ci contiennent des parties écailleuses, luisantes, qui se montrent dans la tranche des cassures ; ils sont durs, cassans, jaunâtres dans l'intérieur, et on ne peut ni les laminer, ni les tréfiler. Les écailles peuvent être isolées en traitant le métal à froid par l'acide azotique pur ; on reconnaît alors qu'elles sont hexagonales ; et l'analyse démontre qu'il n'entre essentiellement que du cuivre et de l'antimoine, tous deux oxidés, dans leur composition ; elles ne contiennent d'ailleurs que des traces de fer, de soufre, de plomb, d'argent et de silice : le raffinage en opère la réduction ; mais les métaux réduits restent dans le cuivre qui conserve toute l'aigreur qu'il possédait auparavant.

Ce défaut, inhérent aux cuivres micacés, provient sans doute, soit de l'antimoine contenu naturellement dans les minerais cuivreux, soit des plombs antimoniés que l'on a pu ajouter pendant les traitemens : dans tous les cas, il ne doit plus être imputé à l'arsénic comme on l'avait cru généralement.

1175. *Liquation.*— Le cuivre est quelquefois associé à l'argent : ces deux métaux ont des propriétés qui en rendent la séparation, métallurgiquement parlant, assez difficile. M. Berthier a exposé et discuté tous les procédés à l'aide desquels on l'effectue plus ou moins parfaitement, savoir : la coupellation ; l'amalgamation ; la scorification avec la litharge, le peroxide de manganèse, le sulfate de plomb ; la sulfuration par le soufre, les pyrites, la galène ; enfin le traitement par voie humide en faisant usage des acides azotique et sulfurique, de sorte que nous ne pouvons mieux faire que de recommander la lecture de son important mémoire, à ceux qui desireront les étudier à fond (*Ann. des mines*). Nous ne devons parler ici que du seul procédé qui soit en usage et qu'on connaît sous le nom de liquation.

Il est exécuté dans le Mansfeld et autres pays, sur le cuivre noir argentifère ; l'opération est extrêmement longue et compliquée dans la pratique ; mais la théorie en est fort simple : elle est basée essentiellement sur ce que le plomb a plus d'affinité pour l'argent que pour le cuivre, et sur la grande différence de fusibilité du cuivre et du plomb.

Les opérations se suivent dans l'ordre ci-dessous.

1° On forme l'alliage du cuivre noir et du plomb, en passant les deux métaux au fourneau à manche ou au réverbère, et en ayant soin de ne mettre le plomb que quand le cuivre est déjà en fusion. Cet alliage doit être formé suivant certaines proportions que l'expérience a fait reconnaître comme étant les plus favorables : il doit contenir 5oo fois autant de plomb que d'argent et 10 à 11 parties de plomb pour 3 parties de cuivre; on le moule en pains de 26 pouces de diamètre sur 3 pouces d'épaisseur.

Tant qu'il y a fusion, l'union existe entre le cuivre et le plomb; mais elle se détruit pendant le refroidissement, et le plomb n'est plus que disséminé en granules visibles, ce qui explique la facilité avec laquelle s'opère la séparation des deux métaux par un simple coup de feu insuffisant pour les fondre tous deux. Cependant il ne faudrait pas que le refroidissement fut brusque : s'il en était ainsi, la combinaison se maintiendrait et l'alliage aurait une cassure homogène; cette particularité est du reste commune à plusieurs métaux et sulfures métalliques, et la métallurgie peut en offrir plusieurs exemples.

2° Les pains ainsi formés sont placés dans une sorte de four particulier, dont la flamme doit être aussi peu oxidante que possible; et dont la sole est inclinée dans deux sens, de manière à former une rigole longitudinale en son milieu : c'est là qu'ils subissent la liquation proprement dite.

Les ouvriers doivent être fort attentifs à ne pas donner, dès le principe, un coup de feu trop intense; mais à profiter seulement de la grande fusibilité du plomb pour le faire écouler; ils élèvent la température peu-à-peu, à mesure que les pièces s'appauvrissent.

Dans cette opération, l'alliage ternaire se sépare constamment en deux parties, l'une liquide que Karsten regarde comme composée de 12 atomes de plomb pour 1 atome de cuivre, et l'autre solide, dans laquelle il admet 12 atomes de cuivre pour 1 atome de plomb : la première est soumise à la coupellation ; quant à la seconde, on la traite comme il va être dit.

3° Cette seconde partie, qui reste sur la sole en masses poreuses un peu oxidées et de la même forme que les pains, est passée au *ressuage,* opération par laquelle on convertit le plomb tout entier en un oxide très fusible, qui s'unit et s'écoule avec un peu d'oxide de cuivre produit en même temps.

On échauffe donc graduellement ces masses poreuses pour éviter de les fondre par l'application d'une chaleur trop brusque ; elles laissent suinter un peu de plomb argentifère ; on les chauffe ensuite plus fortement et on ouvre les évents du fourneau, pour qu'elles puissent recevoir le contact de l'air ; elles se recouvrent ainsi d'une couche d'oxide, qui fond et coule sur la sole. Quand cet écoulement commence à se ralentir, parce que l'oxidation marche plus vite que les transports intérieures des molécules de plomb du centre vers la surface, il faut diminuer le contact de l'air, tant pour éviter l'oxidation d'une trop grande quantité de cuivre, que pour rétablir l'homogénéité dans les pains : de cette manière, la combinaison des oxides continue bien à couler, mais beaucoup moins qu'en premier lieu.

Au bout d'un certain intervalle, les molécules de plomb concentrées au centre s'étant réparties de nouveau dans toute la masse, on rouvre les évents et on conduit le feu comme auparavant.

On pourrait en alternant ainsi les coups de feu, pousser la séparation à un haut degré ; mais les raisons d'économie portent à ne pas continuer au-delà des limites précédentes. L'opération dure 25 à 26 heures ; les produits sont des pains de cuivre très oxidés, que l'on passe au raffinage pour en tirer la rosette et des scories. Quant aux crasses de *ressuage* qui contiennent des protoxides de cuivre, de

plomb et d'argent, combinés avec de la silice qu'ils ont enlevée aux parois, elles sont refondues avec divers produits
cuivreux, et l'alliage qui en résulte est de nouveau liquaté.
Il en est de même des crasses d'affinage; mais ces dernières
opérations, ainsi que quelques autres, ne présentent plus
rien de neuf ni de saillant, sous les rapports théoriques ou
pratiques, après les explications précédentes, en sorte qu'il
est inutile de s'y arrêter davantage.

CHAPITRE V.

1176. Les métaux compris dans cette section sont ceux
qui ne peuvent absorber le gaz oxigène qu'à un certain degré
de chaleur, qui ne peuvent point décomposer l'eau et dont
les oxides se réduisent à une température élevée. Ils sont
au nombre de cinq : le mercure, l'osmium, l'iridium, le
palladium, le rhodium. (1)

ARTICLE 1er.

Mercure.

1176 bis. Le mercure est l'un des métaux dont la découverte remonte à la plus haute antiquité; c'est aussi l'un de
ceux que les alchimistes regardaient comme la base du grand
œuvre; c'était, dans leur opinion, de l'argent liquide, du

---

(1) Il paraît que de tous ces métaux, c'est l'osmium qui a le plus d'affinité
pour l'oxigène; vient ensuite le rhodium, puis l'iridium, le mercure et le palladium. L'affinité de l'osmium est même telle, queson oxide résiste à une haute
température. (*Voy*. art. *Osmium*, ce qui est dit à ce sujet.)

vif-argent. Persuadés par je ne sais quelle idée bizarre qu'il ne fallait que le chauffer long-temps seul ou avec certains corps pour l'épaissir, le fixer et en opérer la transmutation, ils le soumirent à l'ébullition pendant des années entières. Plusieurs s'exposèrent même à de grands dangers, en le renfermant dans des boules de fer très épaisses qu'ils faisaient rougir au feu ; la vapeur mercurielle ne tardait point à briser son enveloppe, et à produire une violente explosion. De ces tentatives, toujours sans succès pour l'objet en vue duquel elles étaient faites, il est résulté du moins la connaissance de plusieurs préparations médicales fort importantes, particulièrement du *sublimé corrosif*, que Paracelse a employé le premier avec tant de succès contre les maladies syphilitiques, qui passaient jusqu'à lui pour incurables. La découverte de ce composé nous doit faire regretter que les alchimistes aient souvent tenu leurs résultats secrets ; s'ils les eussent publiés, l'histoire de plusieurs métaux, eût été connue beaucoup plus tôt sans doute. Toutefois celle du mercure ne laisse que peu de chose à désirer; les recherches des chimistes modernes l'ont rendue presque aussi complète que possible.

1177. *Propriétés physiques.* — Le mercure est liquide, très brillant, d'un blanc bleuâtre. Sa dilatation est de $\frac{100}{5550}$ de son volume à 0°, entre les termes de la glace fondante et de l'eau bouillante (Petit et Dulong). Sa densité est de 13,568; celle de sa vapeur de 6,976, d'après M. Dumas.

Il entre en ébullition à 360 degrés. Il se vaporise sensiblement même à la température de 20 à 25°: aussi, quand on suspend une feuille d'or au-dessus du mercure, surtout dans le vide barométrique, finit-elle par blanchir.

C'est sur la facilité avec laquelle le mercure peut être réduit en vapeurs, qu'est fondé l'art de le purifier, ou de le séparer des matières avec lesquelles il pourrait être uni. La distillisation en doit être faite dans une cornue de grès ou de fonte; on pourrait, à la rigueur, la faire dans une cornue de verre.

Dans tous les cas, il y a quelques précautions à prendre :
il faut modérer le feu ; sans cela on perdrait du mercure,
et l'on courrait risque de s'asphyxier si le laboratoire était
très petit ; il est même bon d'adapter au col de la cornue
un nouet de linge qui plonge dans l'eau : peu importe la
nature du récipient qu'on emploie.

Soumis à un froid de 39° à 40°, le mercure se solidifie
et cristallise en octaèdres. Ce n'est que dans l'hiver, lorsque le thermomètre est à quelques degrés au-dessous de
zéro, qu'on peut facilement exécuter cette opération : on
fait refroidir séparément 2 kilog. de chlorure de calcium hydraté en poudre cristalline et 1 kilog. de neige dans des flacons fermés, qu'on tient pendant plusieurs heures au milieu
d'un mélange de 2 parties de neige et de 1 partie de sel marin.

Les matières étant abaissées, par ce moyen, à la température de —15°, on les mêle promptement dans un bocal de
faïence qui aura dû être lui-même refroidi, et on y plonge
un petit matras soufflé à la lampe, contenant 20 à 30 grammes de mercure ; au bout de quelques minutes, le mercure s'épaissit et se congèle : si, lorsqu'il est à moitié con-
gelé, on décante la partie intérieure qui est encore liquide,
la partie solidifiée se trouve tapissée de cristaux octaé-
driques. Le mercure, à l'état solide, présente plusieurs
propriétés remarquables : il s'aplatit sensiblement sous le
marteau ; mis en contact avec nos organes, il nous fait
éprouver une sensation analogue à la brûlure ; le point
touché blanchit et se trouve gelé ; il se désorganiserait entièrement si le contact était de trop longue durée.

Action de l'oxigène et de l'air ; oxides.

1178. *Oxigène, air.* — Le mercure, à la température
ordinaire, n'a aucune action sur le gaz oxigène et sur l'air,
secs ou humides, ou du moins son action est extrêmement
lente ; il est également sans action sur ces gaz au degré de
la chaleur rouge ; ce n'est qu'à un degré voisin de celui au-

quel il entre en ébullition qu'il agit peu-à-peu sur eux; il passe alors à l'état de bi-oxide ou d'oxide rouge.

1179. *Oxides.* — Le mercure est capable de former deux oxides : un protoxide et un bi-oxide. Tous deux jouent le rôle de bases salifiables. Le bi-oxide est celui qui a le plus d'affinité pour les acides. Le protoxide n'a jamais été obtenu bien isolé.

Protoxide. — Lorsqu'on verse dans une dissolution d'azotate de protoxide de mercure une dissolution de potasse ou de soude ou d'ammoniaque, il se forme un précipité noirâtre, qui a été regardé comme du protoxide pur à l'état d'hydrate, jusqu'à ce que M. Guibourt eût annoncé qu'il ne consistait qu'en un mélange de mercure et de bi-oxide de mercure. Effectivement, lavé, séché et comprimé entre deux corps durs, il présente de petits globules de mercure très visibles ; et mis en contact avec l'acide chlorhydrique, il produit une certaine quantité de bi-chlorure de mercure. (*Annales de Chimie et de Physique*, tome 1, p. 422.)

Cependant, quand on a eu soin d'éviter que la réaction qui donne lieu à ce précipité ne soit accompagnée de chaleur, l'acide chlorhydrique ne le transforme pas entièrement en bi-chlorure et en mercure ; il se produit toujours en outre une certaine quantité de proto-chlorure. Une partie du protoxide reste donc indécomposée. Probablement qu'il entre en combinaison avec le bi-oxide : du moins cette supposition est la seule qui permette d'expliquer les faits observés.

La lumière paraît avoir beaucoup d'influence sur la décomposition du protoxide de mercure, et suivant Berzelius, la température de l'eau bouillante le détruit entièrement.

Bi-oxide. — Jaune quand il est très divisé, rouge-orangé quand il l'est très peu comme dans le précipité rouge ; rouge-brun quand il l'est moins encore, comme dans le précipité *perse*; réductible à la chaleur du rouge naissant; légèrement sapide; sans action sur le gaz oxigène et sur l'air; abandonne facilement son oxigène à la plupart des corps combustibles, à une température peu élevée, les fait brûler avec lumière, et donne lieu à des produits divers; soluble dans l'eau, mais en quantité excessivement faible, et lui communiquant la propriété de verdir le sirop de violettes et de noircir par l'acide sulfhydrique; formant avec l'ammoniaque une combinaison tout-à-fait insoluble; inconnu dans la nature.

On obtient le bi-oxide de mercure en exposant l'azotate de protoxide ou de bi-oxide de mercure à une chaleur voisine du rouge naissant, dans un matras ou dans une fiole; l'acide azotique se décompose et se transforme en gaz oxigène, et en gaz acide hypo-azotique, qui ne pouvant être retenu par l'oxide de mercure se dégage; celui-ci, au contraire, devenu bi-oxide, en supposant qu'il ne le fût point d'abord, reste dans le vase sous forme de petites paillettes d'un violet foncé, qui, par le refroidissement, deviennent d'un rouge orangé. Lorsque la chaleur étant presque rouge, il ne se dégage plus d'acide hypo-azotique, toujours facile à reconnaître par son odeur et par sa couleur, on peut regarder l'opération comme terminée; alors on retire l'appareil de dessus le feu; on le laisse refroidir, et on conserve l'oxide dans des flacons bien bouchés. On peut encore se procurer cet oxide, soit en décomposant l'azotate de bi-oxide de mercure ou le bi-chlorure de ce métal par la potasse ou la soude (2ᵉ procédé, 578), soit en mettant le mercure pendant dix, douze, quinze, vingt jours, en contact avec l'air, à une chaleur presque assez forte pour le faire entrer en ébullition (*Voyez* ce qui a été dit à cet égard en parlant de l'analyse de l'air, p. 207, 1ᵉʳ vol.). Mais de tous ces procédés, c'est le premier qui mérite la préférence, parce qu'il est le plus facile à exécuter. M. Gay-Lussac a fait sur cette préparation quelques observations qu'on trouve dans les *Ann. de Chim. et de Phys.* t. VIII, p. 99.

Le bi-oxide est formé de 100 parties de métal et de 7,9 d'oxigène, d'où l'on tire pour sa composition :

En prop. 1 de mercure 2531,60 + 2 d'oxig. 200.

En atom. 1 de mercure 1265,80 + 1 d'oxig. 100 = $Hg\,O$.

L'analyse en peut être faite de la manière suivante : on introdüit dans une petite cornue de verre bien sèche une certaine quantité de bi-oxide de mercure, par exemple, 30 grammes; on adapte à son col un tube recourbé qui s'engage jusqu'au haut d'une cloche pleine d'eau; la cornue étant placée sur un fourneau, on la chauffe peu-à-peu, de manière à la porter presque jusqu'au rouge : lorsque tout l'oxide est décomposé, ce qui ne tarde pas à avoir lieu, on laisse refroidir l'appareil; il rentre précisément autant de gaz dans la cornue qu'il y avait d'air, en sorte que ce qui reste dans la cloche représente exactement la quantité de gaz oxigène provenant de l'oxide, en supposant toutefois que la température et la pression n'aient pas changé. On mesure ce gaz avec soin; d'une autre part, on recueille le mercure qui se vaporise, et qui se rend, partie dans le tube de verre et partie dans l'allonge; on le pèse, et on a alors toutes les données nécessaires pour en conclure la proportion des principes constituans de l'oxide.

L'on peut, par un moyen analogue, analyser le protoxide ou le précipité lavé et séché que produit la potasse dans une dissolution d'azotate de protoxide de mercure : l'on trouve ainsi qu'il est composé de 100 de mercure et de 3, 95 d'oxigène.

Le bi-oxide de mercure est employé en médecine, principalement comme escarrotique.

Les anciens chimistes le connaissaient sous des noms différens : ils appelaient *précipité per se* celui qu'on obtient en chauffant le mercure avec le contact de l'air, et *précipité rouge* celui qui provient de la calcination de l'azotate de mercure. On l'appelle encore oxide rouge, pour le distinguer du protoxide, qu'on appelle alors *oxide noir.*

Combinaisons du mercure avec les métalloïdes.

1180. Le mercure ne s'unit point à l'hydrogène, au bore, au silicium, au carbone, à l'azote; il ne s'unit que difficilement au phosphore ; mais il se combine facilement avec le soufre, le sélénium, le fluor, le chlore, le brôme et l'iode. Ses combinaisons avec les quatre derniers corps seront étudiées en même temps que les sels. Nous n'avons donc à nous occuper ici que des composés qu'il forme avec le phosphore, le soufre et le sélénium.

1181. *Proto-phosphure de mercure.*—Noir, tenace et facile à couper, très fusible, se ramollissant dans l'eau bouillante, se décomposant un peu au-dessus de 100°, répandant des vapeurs blanches dans l'air, à la température ordinaire; donnant lieu à de l'acide phosphorique et à du mercure, à l'aide d'une légère chaleur, par l'action du gaz oxigène ou de l'air.

On l'obtient en chauffant sous l'eau parties égales de phosphore et de bi-oxide de mercure (Pelletier) : outre le phosphure, il se forme alors de l'acide phosphorique. Peut-être l'obtiendrait-on plus facilement par le dernier procédé. (1)

1182. *Per-phosphure de mercure.* — C'est ce composé qui paraît se former en même temps que du proto-chlorure de phosphore, quand on fait passer le phosphore en vapeur sur le proto-chlorure de mercure; ou bien quand on décompose à une légère chaleur le bi-chlorure de mercure par le phosphure gazeux d'hydrogène. Dans ce dernier cas, il y a un grand dégagement de gaz chlorhydrique.

Ces deux procédés donnent un composé rouge, qui a été

---

(1) La propriété que possède le proto-phosphure de mercure ainsi obtenu, de répandre des vapeurs blanches dans l'air, et de laisser dégager le phosphore un peu au-dessus de 100°, permet d'élever des doutes sur la question de savoir si le phosphore est réellement combiné; il serait possible qu'il ne fût que mêlé, et ce qui donne quelque poids à cette assertion, c'est que le per-phosphure résiste à une chaleur de 360°.

à peine étudié. On peut le conserver sans qu'il s'altère ; il peut même supporter, sans être décomposé, une température de 360°.

1183. *Sulfures.* —- Suivant M. Guibourt, il n'existerait qu'un seul sulfure de mercure : c'est celui qui correspondrait au bi-oxide. Tous les autres ne seraient que des mélanges de celui-ci et de mercure ou de soufre ; il en cite comme preuve l'action du gaz sulfhydrique sur les sels de mercure protoxidé et sur les sels de mercure bi-oxidé. Les premiers donnent lieu à un sulfure noir dont l'on extrait du mercure en petits globules par la seule compression ; les seconds produisent un sulfure également noir, mais qui est homogène, et dont l'on ne peut extraire aucune portion de mercure sans le décomposer. M. Sefstrom ne partage pas l'opinion de M. Guibourt ; il pense que le proto-sulfure peut exister par lui-même et qu'il ne se transforme en mercure et en bi-sulfure que sous l'influence de la chaleur. Ce qu'il y a de certain, c'est que le proto-sulfure peut du moins s'unir à d'autres sulfures à l'égard desquels il fait fonction de base. Si, comme M. Guibourt le pense, il y a du mercure qui devient libre au moment où l'on décompose les sels de protoxide de mercure par l'acide sulfhydrique, ne se produirait-il pas un composé de proto-sulfure et de bi-sulfure ?

1184. *Bi-sulfure.*—Ce composé peut présenter des caractères extérieurs très différens, suivant son état de division. Préparé par voie de sublimation, en chauffant du soufre avec du mercure, il est rouge : il porte alors le nom de *cinabre*. Préparé en décomposant une dissolution d'un sel de bi-oxide de mercure par un proto-sulfure alcalin ou l'acide sulfhydrique, il est noir quoique anhydre, et se convertit complètement en sulfure rouge, sans perdre aucun de ses principes, quand on le sublime.

Le cinabre est formé de 100 de mercure et de 15,88 de soufre, d'où l'on déduit pour sa composition :

En prop. 1 de merc. 2531,60 $+$ 2 de soufre 402,32.

En atom. 1 de merc. 1265,80 $+$ 1 de soufre 201,16. $=$ Hg S.

Exposé dans un matras à un degré de chaleur voisin du rouge brun, le cinabre se sublime sans éprouver de fusion apparente, et s'attache à la partie supérieure du vase sous forme d'une couche composée d'une multitude de petites aiguilles. Lorsqu'on le fait passer à travers un tube de porcelaine extrêmement rouge de feu, il est décomposé et produit une forte détonation due à l'expansion de la vapeur mercurielle. Chauffé doucement ou trituré avec diverses proportions de soufre ou de mercure, il perd sa couleur, et en prend une noire ou d'un violet noirâtre. Il n'agit en aucune manière sur le gaz oxigène sec ou humide à la température ordinaire; il absorbe ce gaz à l'aide de la chaleur, et se transforme en gaz acide sulfureux et en mercure; se comporte avec l'air comme avec le gaz oxigène; cède tout le soufre qu'il contient aux alcalis, au fer, et à presque tous les autres métaux, à une température suffisamment élevée.

Le cinabre forme des dépôts assez considérables; on le trouve dans les terrains primitifs (Szlana en Hongrie); mais ses gîtes principaux sont dans la partie inférieure des terrains secondaires, soit dans le grès houiller et le grès rouge, soit dans les calcaires qui les recouvrent : tels sont les gîtes du duché de Deux-Ponts, d'Idria en Carniole, d'Almaden en Espagne, et de plusieurs mines au Mexique et au Pérou. En France, il n'y en a d'indice qu'à Ménildot, département de la Manche, et cet indice appartient encore au même gisement. Il paraît qu'il en existe beaucoup en Chine. C'est de cette contrée que proviennent les plus beaux cristaux de cinabre; ils sont sous forme de prismes hexaèdres réguliers, tandis que la plupart de ceux d'Europe sont des combinaisons de rhomboèdres; d'ailleurs ils se rencontrent toujours dans des cavités situées au milieu des divers dépôts de minerai dont la masse est un mélange de matières terreuses, de cinabre divisé et de petits amas de cinabre grenu.

Il est probable que l'on pourrait obtenir le sulfure de

mercure très pur et très beau en sublimant celui qu'on trouve naturellement ; mais ordinairement ce sulfure se fait de toutes pièces.

Lorsqu'on ne veut en faire, comme dans les laboratoires, qu'une petite quantité, on fait fondre une partie de soufre dans un creuset ; on ajoute ensuite peu-à-peu quatre parties de mercure ; on agite bien la masse ; le soufre et le mercure se combinent, et donnent naissance à un sulfure violet, quelquefois noirâtre : dans cet état, le produit s'appelle vulgairement *éthiops de mercure*, et n'est autre chose qu'un simple mélange de soufre et de bi-sulfure. On introduit ce sulfure dans un matras de verre à long col ; on l'expose, à feu nu, à une température voisine de la chaleur rouge : l'excès de soufre se dégage et se brûle, et le sulfure de mercure, à l'état de cinabre, se sublime et se cristallise en aiguilles violettes dans le col du matras. Si le cinabre ne paraît pas d'une belle teinte, on le sublime de nouveau : alors il devient beaucoup plus beau. La fabrication du cinabre artificiel se fait en grand en Hollande, à Idria, etc. En Hollande, au lieu de creuset, l'on se sert de bassine de fonte ; l'on y fond le soufre, et l'on y fait arriver le mercure en le passant à travers une peau de chamois : il en résulte que la combinaison est plus prompte et plus homogène ; aussitôt qu'elle est faite, on surmonte la bassine d'un vase où le cinabre se condense à mesure qu'il est volatilisé.

A l'exception du mercure qu'on trouve à l'état métallique dans toutes les mines que nous avons citées, et qu'il suffit alors de recueillir, c'est du cinabre qu'on extrait tout le mercure nécessaire aux besoins du commerce ; ce sont les mines d'Almaden et d'Idria qui en fournissent la presque totalité.

Le cinabre, réduit en poudre, lavé et séché, prend le nom de *vermillon*. Le vermillon le plus estimé nous vient de Chine ; c'est une couleur très solide, qui résiste à presque tous les agens. L'on commence à en faire de très beau en France ; on l'obtient, non point en pulvérisant

le cinabre, mais en combinant le soufre et le mercure
par l'intermède d'une dissolution de potasse caustique.
MM. Kirchof et Brunner ont donné chacun un procédé
de cette nature, pour la préparation du vermillon. Le
premier conseille de broyer 300 p. de mercure et 68 p.
de soufre humecté avec un peu de potasse, jusqu'à ce que
le métal soit sulfuré; d'y ajouter ensuite 160 p. de potasse
caustique dissoute dans autant d'eau; de chauffer le tout
à la flamme d'une lampe pendant deux heures, en agitant continuellement la liqueur et remplaçant l'eau qui
s'évapore; enfin de laisser, après ce laps de temps, la masse
se concentrer, sans cesser de la remuer, et de la retirer
du feu aussitôt qu'elle a pris une belle couleur rouge.
L'action de la chaleur prolongée davantage en salirait la
nuance.

D'après M. Brunner, ce procédé ne réussit pas toujours
et occasionne une grande perte : beaucoup de sulfure de
mercure, uni au sulfure de potassium, reste en dissolution
avec l'hyposulfite de potasse qui se forme. Pour prévenir
cette perte, il suffit d'augmenter la dose de soufre et de diminuer celle de l'alcali. En conséquence ce chimiste donne
comme bien préférables les proportions suivantes : 300 de
mercure, 114 de soufre, 75 de potasse et 400 d'eau; il recommande d'ailleurs de porter la chaleur à 50 degrés au plus.

1185. *Bi-séléniure de mercure* $= Hg\,Se$ *en atomes, ou en
proportions* 1 *de métal et* 2 *de sélénium.* — Chauffé avec le
mercure, le sélénium s'y unit promptement, sans production de lumière; à une température un peu plus élevée,
l'excès de mercure que le composé pourrait contenir se dégage; puis, au bout de quelque temps, le séléniure se
sublime sans se fondre, et se condense en feuilles blanches
qui ont le brillant métallique. Si, au lieu de mercure,
c'était le sélénium qui fût en excès, la chaleur le dégagerait aussi le premier. Cependant l'on observerait alors que
les cristaux feuilletés et blancs n'apparaîtraient qu'après un
sublimé facile à distinguer de ceux-ci. Ce sublimé est peut-

être bien un séléniure au *maximum*, tandis que le premier est un proto-séléniure.

L'acide azotique, même concentré et bouillant, n'a presque point d'action sur le séléniure de mercure. Il ne le convertit, en effet, que peu-à-peu en une poudre blanche, qui est un sélénite de protoxide. Ce sélénite, lavé et mis en contact avec l'acide chlorhydrique, donne lieu à un phénomène remarquable : une partie de l'acide sélénieux est décomposée par le protoxide mercuriel, et de là résultent de l'eau, du bi-chlorure qui est soluble, et du sélénium qui se précipite en poudre rouge. L'acide sélénieux non attaqué se retrouve dans la liqueur.

L'*eau régale*, ou l'acide azotique mêlé à l'acide chlorhydrique, attaque au contraire très facilement le séléniure mercuriel; à froid elle le dissout, sans doute en acidifiant le sélénium, et en faisant passer le métal à l'état de bi-oxide ou de bi-chlorure.

Amalgames ou alliages de mercure.

1186. Le mercure ne s'allie point à la plupart des métaux dont le degré de fusion est très élevé : à la vérité, il se combine assez facilement, à chaud, avec le platine très divisé ou en éponge; mais jusqu'à présent on n'a pu l'unir au platine forgé, au fer, au manganèse, au nickel, au cobalt, au chrôme, etc.

Les amalgames sont tantôt liquides et tantôt solides : liquides, lorsque le mercure est très prédominant; solides, lorsqu'il ne l'est point suffisamment, et, à plus forte raison, lorsqu'il est en moins grande quantité que le métal auquel il est uni. Toutefois l'on observe de très grandes différences à cet égard : l'alliage formé de 80 parties de mercure et de 1 de sodium est solide, tandis que l'alliage formé de 15 parties de mercure et de 1 d'étain est liquide. A l'état liquide, les amalgames ressemblent au mercure, excepté que la plupart coulent moins facilement : à l'état solide, ils sont cassans. Les amalgames sont blancs en général. Tous peuvent cristalliser, et former alors des alliages en proportions constantes; il ne faut pour cela que dissoudre à chaud une quantité convenable d'un métal dans le mercure, et laisser refroidir la combinaison : celle-ci se partage en deux parties : l'une solide, cristallisée, et l'autre liquide. C'est aussi ce qui a lieu, quand on met le mercure en contact à froid avec un autre métal, tel que l'argent, l'or, le bismuth, etc. D'abord le métal se dissout dans le mercure; puis la quantité de l'amalgame augmentant, il arrive bientôt qu'une partie se précipite. Cette partie même est si divisée, que souvent on la croirait encore en dissolution; mais il est facile d'acquérir la preuve du contraire, en passant le mercure à travers une peau de chamois : l'amalgame reste sur la peau.

Tous les amalgames sont décomposables au moyen de la chaleur rouge. Presque tous, à l'état liquide, sont susceptibles de décomposition par l'air à la température ordinaire, lorsque le métal allié au mercure appartient à l'une des quatre premières sections : alors ce métal absorbe peu-à-peu l'oxigène, et forme un oxide qui se rassemble à la surface du bain : les amalgames de potassium, de barium, de strontium, de calcium, possèdent cette propriété d'une manière remarquable; celui de cuivre la possède lui-même très sensiblement. Il est possible de les préparer tous en mettant le mercure en contact, à la température ordinaire, avec les métaux très divisés. Qui ne sait que le mercure s'attache à l'or et le blanchit subitement, qu'il s'attache de même à l'argent? Cependant il vaut mieux faire ces sortes de combinaisons à l'aide de la chaleur : les amalgames de zinc et d'antimoine ne peuvent même bien s'obtenir qu'en fondant ces métaux, et y versant peu-à-peu le mercure chauffé d'avance.

Six amalgames seulement méritent de nous occuper en particulier : ce sont ceux de potassium, de sodium, d'étain, de bismuth, d'argent et d'or. Nous avons déjà parlé des deux premiers (716, 738); examinons les quatre autres.

1187. *Amalgame formé de 1 partie d'étain et de 10 parties de mercure.* — Liquide, ressemble au mercure, si ce n'est qu'il est moins coulant; se décompose par la chaleur; n'absorbe que difficilement le gaz oxigène de l'air; s'obtient en chauffant doucement le mercure avec l'étain.

L'amalgame qui résulte de l'union de 1 partie d'étain et de 3 de mercure est mou et cristallise facilement : on l'obtient très solide à parties égales.

On se sert de l'amalgame d'étain pour étamer les glaces et les mettre au tain : d'abord on étend une feuille d'étain sur une table bien horizontale; ensuite on verse sur toutes les parties de cette feuille une certaine quantité de mercure; celui-ci y adhère par sa tendance à s'unir à l'étain, et y forme une couche assez épaisse; puis l'on glisse une glace de manière à couper cette couche en deux, et enfin on charge la glace de poids; bientôt la feuille se combine intimement avec le mercure, et forme un amalgame qui s'attache fortement aux parois de la glace, et lui donne la propriété de réfléchir les objets.

1188. *Amalgame formé de 1 partie de bismuth et de 4 de mercure.* — En partie liquide et en partie cristallisé; entre complètement en fusion à une température peu élevée; s'attache fortement aux corps avec lesquels on le met en contact; se décompose par la chaleur; se prépare comme le précédent.

On s'en sert pour étamer intérieurement des globes de verre : pour cela, l'on fait sécher les globes; l'on y verse, lorsqu'ils sont encore chauds, l'amalgame chaud lui-même et en parfaite fusion, et on le promène sur toute la surface du vase; une partie de l'amalgame se solidifie et donne lieu à un étamage qui est assez beau.

Peut-être parviendrait-on à étamer les glaces de petites dimensions, avec l'amalgame d'étain, par un procédé analogue : on éviterait ainsi la nécessité de se servir d'étain réduit en feuilles, et l'on pourrait employer l'étain ordinaire pour la préparation de l'amalgame.

1189. *Amalgame formé de 1 partie d'argent et de 8 parties de mercure.* — Mou, blanc, très fusible; cristallise facilement; se décompose par la chaleur; n'éprouve aucune altération dans son contact avec l'air; ne se dissout que dans une grande quantité de mercure; s'obtient en chauffant jusqu'au rouge une partie d'argent en grenaille, projetant successivement cette grenaille dans 12 ou 15 parties de mercure chauffé à environ 200°, et comprimant ensuite le mélange pour le faire passer à travers une peau de chamois : tout le mercure en excès, retenant une certaine quantité d'argent en dissolution, passe à travers la peau, tandis que l'amalgame mou reste dans le nouet qu'on a formé.

Cet amalgame peut encore être obtenu, en décomposant une dissolution étendue d'azotate d'argent par une quantité de mercure double de celle qui serait strictement nécessaire pour la précipitation de l'argent : il affecte alors la forme de cristaux assez réguliers, et constitue *l'arbre de Diane* des anciens chimistes.

L'amalgame d'argent se rencontre dans la nature, tantôt à l'état liquide, tantôt sous forme de cristaux.

1190. *Amalgame d'or.* — L'histoire de l'amalgame d'or est la même que celle de l'amalgame d'argent, si ce n'est peut-être que l'or est un peu plus soluble dans le mercure que l'argent.

Cet amalgame est employé pour dorer le cuivre jaune ou le laiton.

La première opération à laquelle on soumet le laiton consiste à le calciner ou le recuire jusqu'au rouge; elle a pour objet de détruire les corps gras dont il pourrait être recouvert; mais comme il s'oxide en même temps que la graisse se brûle, il faut nécessairement le décaper, et c'est l'objet de la seconde opération : celle-ci se fait en plongeant le métal dans l'acide azotique ou l'acide sulfurique, faible; après quoi on le lave, et on le sèche en le frottant avec du son ou de la sciure de bois.

Le laiton étant ainsi préparé, on se procure de l'azotate

de mercure par les procédés ordinaires, et de l'amalgame d'or en chauffant, dans un creuset, du mercure et de l'or laminé. Alors on le mouille avec la dissolution mercurielle, qui le recouvre tout-à-coup de mercure, et l'on applique dessus et partout de l'amalgame avec une *gratte-brosse*. Certains doreurs, au lieu d'employer la dissolution de mercure, ne font usage que d'amalgame mêlé d'un peu d'acide azotique. Dans tous les cas, on chauffe ensuite progressivement la pièce pour pouvoir étendre plus facilement l'amalgame et pour vaporiser le mercure.

Au sortir du feu, les uns font bouillir la pièce dans l'eau, d'autres dans la décoction de réglisse, d'autres dans celle de farine de marron d'Inde ; tous en même temps la frottent pour la nettoyer.

La pièce sort toujours de cette opération d'un jaune sale. On ne parvient à lui donner la couleur de l'or qu'en la couvrant d'une bouillie composée d'eau, de sel, de nitre et d'alun, l'exposant au feu, la traitant par l'eau chaude, et l'essuyant.

Enfin, on la passe à *la dent de loup* lorsqu'on veut la brunir, et on la livre au commerce.

Action des oxides et des acides.

1191. *Eau et alcalis.* — Point d'action.

Acide sulfurique concentré. — Point d'action à froid ; décomposition de l'acide à chaud, dégagement de gaz sulfureux, formation d'un sulfate de protoxide ou de bi-oxide, qui se dépose en poudre blanche. Le sulfate est bi-oxidé, lorsque l'acide est en excès et que l'ébullition est soutenue pendant long-temps. Le sulfate est protoxidé dans le cas contraire.

Acide sulfurique étendu d'eau. — Point d'action, même à chaud, si l'acide contient 3 à 4 fois son poids d'eau.

Acide azotique. — Peu après que l'acide azotique est en contact avec le mercure, à la température ordinaire, il se décompose en partie, agit sur le métal, l'oxide et le dissout en donnant lieu à un dégagement de chaleur et de bi-oxide d'azote. La dissolution, après s'être colorée en vert par l'absorption de celui-ci, devient incolore, et laisse déposer des cristaux blancs d'azotate de protoxide et d'azotate de bi-oxide de mercure.

Acide chlorhydrique. — Point d'action, à chaud comme à froid.

Eau régale. — Action vive, dissolution du mercure, dégagement de bi-oxide d'azote, formation de bi-chlorure soluble et incolore.

    1192. *Caractères des sels de protoxide de mercure.*

Couleur.	Blanche.
Saveur.	Métallique, très désagréable.

Leurs dissolutions donnent :

Avec potasse, soude, ammoniaque.	Ppté noir.
Avec carbonate de potasse ou de soude.	Ppté blanchâtre, noircissant par l'ébullition.
Avec carbonate d'ammoniaque.	Ppté d'un brun noir.
Avec acide chlorhydrique, ou chlorure alcalin.	Ppté blanc de protochlorure.
Avec acide sulfurique, ou sulfate alcalin.	Ppté blanc de sulfate de protoxide, qui ne jaunit point par l'eau.
Avec protochlorure d'étain.	Ppté de mercure métallique très divisé. Il se dépose en même temps du bi-oxide d'étain, à moins que le protochlorure d'étain ne soit chargé d'une quantité d'acide chlorhydrique suffisante pour le dissoudre.
Avec acide sulfhydrique, sulfure ou sulfhydrate alcalin.	Ppté noir.
Avec chromate de potasse.	Ppté rouge de chromate de protoxide.
Avec iodure de potassium.	Ppté verdâtre de proto-iodure.
Avec cyanure jaune de potassium et de fer.	Ppté blanc gélatineux.
Avec lame de cuivre.	Ppté de mercure coulant sur la lame. Ce caractère est un des meilleurs.

1193. *Caractères des sels de bi-oxide de mercure.*

Couleur.	Blanche, quand ils sont neutres ou acides ; blanche ou jaune, quand ils sont basiques.
Saveur.	Métallique, très désagréable.

Leurs dissolutions donnent :

Avec potasse et soude.	Ppté jaune de bi-oxide hydraté.
Avec ammoniaque.	Ppté blanc de bi-oxide combiné à l'ammoniaque.
Avec carbonate de potasse ou de soude.	Ppté rougeâtre de carbonate de bi-oxide.
Avec carbonate d'ammoniaque.	Ppté blanc.
Avec protochlorure d'étain en excès.	Ppté de mercure métallique, accompagné de bi-oxide d'étain, quand le réactif n'est pas chargé d'acide chlorhydrique libre.
Avec acide sulfhydrique, sulfure ou sulfhydrate alcalin.	Ppté orangé qui devient blanc très promptement, si le réactif est employé en petite quantité; noir, dans le cas contraire.
Avec chromate de potasse.	Ppté jaune rouge de chromate de bi-oxide.
Avec iodure de potassium.	Ppté rouge de bi-iodure de mercure, soluble dans un excès d'iodure alcalin.
Avec cyanure jaune de potassium et de fer.	Ppté blanc de cyanure de mercure ferrugineux.
Avec lame de cuivre.	Précipitation du mercure.

On sait de plus que les sels de mercure protoxidé ou bioxidé, soumis à la distillation avec addition de chaux ou de potasse, donnent du mercure métallique.

État naturel; extraction, usages.

1194. *État naturel.* — Le mercure se trouve 1° natif, 2° combiné avec le soufre (1184), 3° uni à l'argent, 4° à l'état de chlorure. (Voy. ce sel.)

Le mercure natif existe en quantité plus ou moins considérable dans toutes les mines de mercure, dont la masse
principale est le sulfure ; il s'y rassemble en coulant à travers
les fissures des roches dans toutes les cavités qui se trouvent
libres.

1195. *Extraction.* — Les minerais que l'on traite pour en
extraire le mercure, le renferment uni au soufre sous forme
de cinabre. Souvent à la vérité le cinabre est accompagné
de mercure natif, d'amalgame d'argent et de chlorure d'argent, mais presque toujours en très petite quantité.

On en retire le mercure par deux procédés, tous deux
fondés sur la propriété qu'a le mercure de se vaporiser
facilement. L'un est pratiqué dans les mines du Palatinat.
Ce procédé consiste d'abord à trier la mine, à la broyer,
à la mêler avec de la chaux éteinte, et à introduire le mélange dans des cornues de fonte d'environ un mètre de long
sur 35 centimètres de diamètre ; ensuite l'on place les cornues sur deux rangs, en hauteur, dans une galère (1er vol.,
p. 118) ; l'on adapte au col de chaque cornue un récipient
de terre rempli d'eau jusqu'au tiers, et l'on chauffe la galère avec du bois ou de la houille. La chaux s'empare du
soufre, et forme du sulfure de calcium et du sulfate de
chaux qui restent au fond de la cornue ; le mercure se volatilise et vient se rendre dans les récipiens (1).

Le second procédé est pratiqué à Almaden, en Espagne :
il diffère beaucoup du premier. Là, on se sert d'un fourneau dont la sole, en briques, est percée de plusieurs trous
pour livrer passage à une partie de la flamme du foyer qui
est au-dessous. A la partie supérieure et latérale du fourneau, on pratique des ouvertures communiquant à plusieurs files d'aludels qui sont placées sur une terrasse et qui
vont se rendre dans deux chambres de condensation (2).

---

(1) Observons toutefois qu'il ne peut se produire que du sulfure de calcium,
lorsque le minerai contient du bitume, ce qui arrive souvent.

(2) Les aludels sont des allonges en terre cuite, rentrant l'une dans l'autre.

On met d'abord dans le fourneau de gros fragmens de grès imprégnés de cinabre : sur ces fragmens se trouve placé le minerai le plus riche, et par-dessus celui-ci, des briques composées de même minerai, de suie des aludels, et d'un peu d'argile qui sert à les lier (1); puis on met le feu aux fagots ou broussailles que l'on emploie de préférence à tout autre combustible, afin d'avoir une flamme claire.

Le soufre se brûle au moyen de l'oxigène de l'air, et passe à l'état d'acide sulfureux; tandis que le mercure se volatilise et va se condenser, soit dans les aludels, soit dans les chambres, d'où on le retire pour le verser dans le commerce.

Le même procédé a été adopté, avec des modifications avantageuses, pour l'exploitation des mines de mercure d'Idria. L'on trouvera (*Ann. de Ch.*, tome XCI, p. 161 et 225) un *Mémoire* de M. Payssé sur leur exploitation.

1196. *Usages.* — Les usages du mercure sont très nombreux. Les chimistes l'emploient pour recueillir les gaz solubles dans l'eau, et les transvaser ou les faire passer d'une cloche dans une autre. La propriété qu'il a de se dilater uniformément dans des tubes de verre, entre la température de l'eau bouillante et celle de la glace fondante; d'être liquide depuis — 40° jusqu'à + 360°, et d'être très sensible aux impressions de la chaleur, l'a fait rechercher pour la

---

(1) Outre le mercure, il se condense dans les aludels, une poudre noire, très ténue, qu'on appelle *suie* et qui d'après Proust est formée de :

Mercure très divisé.	66,0
Proto-chlorure de mercure	18,0
Cinabre	1,0
Sulfate d'ammoniaque	3,5
Sulfate de chaux	1,0
Acide sulfurique libre	2,5
Noir de fumée	5,0
Eau	2,5
	99,5

construction des thermomètres. C'est avec le mercure qu'on construit les baromètres ou instrumens propres à nous indiquer la pression atmosphérique. Allié à l'étain, on l'applique sur les glaces pour les mettre au tain, ou leur donner la propriété de réfléchir les objets. Combiné avec le soufre, il constitue le *cinabre*, qui, à l'état de poudre très tenue, est d'un rouge vif et prend le nom de *vermillon*. C'est au moyen du mercure qu'on exploite toutes les mines d'or et d'argent d'Amérique, et même quelques-unes des mines d'Europe.

L'on s'en sert aussi pour faire diverses préparations employées en médecine, les proto et bi-chlorures de mercure ou *sublimés doux* et *corrosif;* le sous-sulfate de bi-oxide de mercure ou *turbith minéral;* le *précipité rouge* ou bi-oxide de mercure; l'*onguent gris*, l'*onguent napolitain*, qui tous deux ne sont que ce métal très divisé dans la graisse. Chauffé avec de l'eau, il lui donne des propriétés vermifuges. Enfin, il entre dans la composition de l'*onguent citrin* et de quelques autres médicamens. Son action est toujours énergique, et il paraît qu'il est constamment absorbé, quand le médicament, comme l'onguent gris, etc., le contient à l'état métallique.

ARTICLE II.

Osmium. (1)

1197. La découverte de l'osmium est due à Smithson Tennant: il la fit en 1803 (2). Étudié ensuite par Fourcroy

---

(1) L'osmium a été placé dans la cinquième section, parce que, en raison de la facilité avec laquelle ses oxides sont décomposés par la plupart des corps combustibles et même par le mercure, on a pensé qu'il était susceptible de réduction à une haute température: le fait est qu'il n'a point encore été réduit de cette manière. Peut-être ce métal devrait-il être mis dans la quatrième section.

(2) *Transactions philosophiques*, 1804, et *Ann. de Chimie*, LII, 59.

et Vauquelin (1), puis par Vollaston (2), ce métal a
été soumis à un nouvel examen par M. Berzelius; c'est sa
dissertation qui nous servira principalement de guide. (3)

1198. *État naturel.* — L'osmium n'a été trouvé jusqu'ici
que dans les minérais de platine; il s'y rencontre en grande
partie à l'état d'osmiure d'iridium, sous forme de grains,
blancs, très durs, brillans, cassans, tantôt arrondis, tantôt
lamelleux et cristallins, que l'on distingue et que l'on sépare
assez facilement; une très petite quantité d'osmium seulement est unie au minérai lui-même, qui contient d'ailleurs
de l'iridium et plusieurs autres métaux, dont il sera question en parlant du platine.

1199. *Extraction.* — Pour extraire l'osmium des grains
d'osmiure d'iridium, qui se trouvent mêlés au minerai de
platine, il faut commencer par les briser avec un marteau
d'acier sur une forte plaque elle-même en acier, puis les
réduire en poudre très fine dans un mortier de même nature. La poudre est mise ensuite en digestion avec de l'acide
chlorhydrique, pendant quelques heures, afin de dissoudre
le fer dont elle se charge dans la trituration; on la sèche,
on la mêle avec un poids d'azotate de potasse, tout au plus
égal au sien; on introduit le mélange dans une petite cornue de porcelaine, et l'on y adapte un long tube de verre,
légèrement courbé et entouré de glace et de sel. La cornue
étant placée dans un fourneau à réverbère est chauffée doucement, et le feu est continué ainsi jusqu'à ce que la chaleur
soit au rouge blanc et qu'il ne se dégage plus de gaz. Dans
cette opération, l'azotate de potasse est décomposé, son
oxigène s'unit à l'iridium et à l'osmium; il en résulte un *osmiate* et un *iridiate* de potasse qui restent dans la cornue,

(1) *Ann. de Chimie*, XLVIII, XLIX, L, LXXXIX.
(2) *Transactions philosophiques*, 1805, *Ann. de Chimie*, LXI; *Ann. de
Chimie et de Physique*, XLI, 414.
(3) *Id.* XL, 51, 138, 257, 337 et XLII, 185.

un sublimé d'acide osmique qui se condense dans le tube ; et du bi-oxide d'azote qui se dégage(1). Lorsqu'il ne se dégage plus de gaz et que l'appareil est refroidi, on dissout ou l'on délaie dans l'eau *l'osmiate* et *l'iridiate* de potasse qui restent dans la cornue de porcelaine, on les introduit avec un petit excès d'acide chlorhydrique, dans une cornue de verre dont le col communique avec un récipient, et l'on distille peu-à-peu la plus grande partie de la liqueur. L'acide osmique se vaporise avec l'eau et lui donne une odeur si forte et si désagréable, qu'il est impossible de la supporter.

D'une autre part, on dissout également dans l'eau l'acide osmique qui s'est condensé dans le long tube de verre, adapté à la cornue de porcelaine ; on réunit les deux dissolutions dans un flacon, on les acidifie par de l'acide chlorhydrique et en même temps on y ajoute du mercure : après quoi le flacon est bouché et exposé pendant plusieurs jours à une température d'environ 40 degrés. Par ce moyen, l'acide osmique se réduit peu-à-peu ; il se forme tout à-la-fois de l'eau, du proto-chlorure de mercure insoluble et un amalgame pulvérulent d'osmium, dont une petite partie seulement se dissout dans le mercure excédant. Enfin, après avoir lavé le dépôt et l'avoir séché, on le chauffe dans une cornue de manière à volatiliser tout le mercure et tout le proto-chlorure de mercure. L'osmium reste en poudre noire et terne.

Pour l'avoir brillant et compacte, il n'est qu'un seul moyen : c'est de placer de l'acide osmique pur, dans une petite cavité faite à la lampe sur un tube de verre horizontal, de le chauffer doucement et de l'exposer à un courant de gaz hydrogène, qui traverse ensuite une petite partie du tube, dont la température doit être portée jusqu'au rouge. L'hydrogène décompose tout-à-coup l'acide,

---

(1) Ce bi-oxide entraîne un peu d'acide osmique en vapeur, qui pourrait être absorbé en adaptant au long tube de verre dont on se sert, un petit tube ordinaire qui plongerait dans l'ammoniaque.

et l'osmium se dépose sous forme d'un anneau, doué du brillant métallique.

1200. *Propriétés physiques.* — L'osmium est d'un blanc tirant un peu sur le bleu-gris; il est moins brillant que le platine. Réduit en lames très minces, comme dans l'expérience précédente, on peut le plier un peu sans le rompre; cependant en cet état il est facile à pulvériser. Sa densité est d'environ 10.

On n'a encore pu, ni le volatiliser, ni même le fondre, en vase clos.

Action de l'air; oxides, acide.

1201. *Air.* — L'osmium est sans action sur l'air, à la température ordinaire; mais à une température élevée, il s'y oxide avec dégagement de lumière, et passe à l'état d'acide osmique qui se vaporise. Celui qui provient de la réduction de l'acide osmique par le mercure et qui se trouve dans un grand état de division, est même si combustible qu'il suffit de l'allumer en un point, pour qu'il prenne feu de proche en proche, et que sa combustion ait lieu sans résidu. L'osmium compacte ne présente pas ce phénomène; son oxidation est moins facile; il cesse de brûler dès qu'on le retire du feu. Lorsqu'on met un peu d'osmium sur le bord d'une feuille de platine, et qu'on l'expose à l'action de la flamme extérieure d'une lampe à alcool, la flamme s'agrandit en ce point et devient plus vive, ce qui tient à ce que l'acide osmique, qui se forme d'abord, est réduit par le carbure d'hydrogène, et qu'il y a précipitation de carbone et d'osmium incandescent : de là, dit Berzelius, un excellent caractère pour reconnaître des traces d'osmium.

Suivant ce chimiste, l'osmium forme quatre oxides et un acide : les oxides sont des bases salifiables très faibles, l'acide lui-même est très peu énergique.

1202. *Protoxide.* — On l'obtient en versant de la potasse dans une dissolution de proto-chlorure double d'osmium et de potassium. La liqueur ne se trouble qu'au bout de quelques heures; elle laisse déposer alors une poudre d'un vert foncé presque noir, qui est le protoxide hydraté. Cet hydrate retient un peu d'alcali, qu'on ne peut enlever par l'eau, de même que la liqueur, à la faveur de l'excès de potasse, retient un peu de protoxide qui la colore en vert jaunâtre sale. L'hydrate, exposé au feu dans des vases fermés, ne laisse dégager que de l'eau; chauffé au contact de l'air, il s'acidifie et se vaporise. Plusieurs corps combustibles, notamment le charbon, le décomposent avec explosion, à une température élevée; le gaz hydrogène le réduit même à la température ordinaire : probablement que ce gaz agit sur l'oxide par une force analogue à celle qui détermine sa combinaison avec l'oxigène, lorsqu'on le met en contact avec l'éponge de platine. L'hydrate se dissout lentement, mais complètement, dans les acides sulfurique, azotique, chlorhydrique et donne des dissolutions d'un vert foncé.

Le protoxide d'osmium est formé de 100 d'osmium et de 8,035 oxigène : ce qui donne en proportions et en atomes :

$$\text{1 d'osmium } 1244,49 + \text{1 d'oxigène } 100 = \text{Os O.}$$

1203. *Sesqui-oxide.* Le sesqui-oxide n'a pu encore être obtenu. M. Berzelius en admet l'existence dans l'ammoniure d'osmium. Cet ammoniure se prépare en versant un excès d'ammoniaque sur l'acide osmique et ajoutant au besoin assez d'eau pour tenir l'osmiate en dissolution. La liqueur est d'un jaune doré. Abandonnée à elle-même, à une température de 50 à 60 degrés, elle se fonce peu-à-peu, devient noire et opaque, laisse dégager du gaz azote et déposer l'ammoniure à mesure que l'excès d'ammoniaque se vaporise. L'ammoniure est recueilli sur un filtre et lavé. Il est noir, tant qu'il est humide, et brun noirâtre après la dessiccation.

Quand on le chauffe, il se décompose avec dégagement de lumière, et l'osmium devient libre. Traité par une dissolution bouillante de potasse, il acquiert la propriété de détoner, à la manière de l'ammoniure de mercure (378).

Il forme avec l'acide chlorhydrique un sel double soluble, qui se prend par l'évaporation en une masse noire, d'où par la calcination on retire de l'osmium métallique.

1204. *Bi-oxide.* — Lorsqu'on mêle de l'osmium en poudre avec du chlorure de potassium, qu'on chauffe le mélange dans un tube de verre horizontal et qu'on y fait arriver du chlore, il se produit un double chlorure. C'est de ce double chlorure dissous dans l'eau qu'on extrait le bioxide d'osmium en y ajoutant du carbonate de potasse ou de soude. A froid, le bi-oxide se dépose peu-à-peu et incomplètement; à la chaleur de l'ébullition, il se dépose tout de suite et presque tout entier. A la vérité, il retient de l'alcali, mais qu'on enlève par l'acide chlorhydrique étendu, qui ne dissout que la base alcaline : il ne faut plus ensuite que le laver pour l'avoir pur.

Le bi-oxide d'osmium ainsi péparé est en poudre noire; la chaleur ne l'altère qu'autant qu'il a le contact de l'air : il passe alors à l'état d'acide osmique qui se vaporise. Le gaz hydrogène le réduit comme le protoxide, à la température ordinaire. Chauffé avec plusieurs corps combustibles et particulièrement le noir de fumée, il détone. Il ne se combine pas directement avec les acides : on ne parvient à l'y dissoudre que par des moyens particuliers. Il est formé de 100 d'osmium et de 16,071 oxigène, ce qui donne en proportions et en atomes.

$$\text{1 d'osmium } 1244,49 + \text{2 d'oxigène } 200 = Os\,O^2.$$

1205. *Tri-oxide.* — L'existence de cet oxide n'est pas démontrée : M. Berzelius ne l'admet que par analogie.

1206. *Acide osmique.* — Le meilleur moyen d'obtenir l'acide osmique, solide et pur, est de chauffer l'osmium, à la lampe à esprit de vin, dans un tube de verre horizontal, au milieu d'un courant très faible de gaz oxigène sec. Il est très commode pour cela de souffler deux boules, l'une près de l'autre, dans un tube de 4 à 5 lignes de diamètre : le métal est placé dans la première ou dans celle qui est la plus voisine de la source du courant, et l'acide est recueilli dans la seconde, qu'on a soin de refroidir par un mélange de glace et de sel. D'ailleurs la vapeur acide, entraînée par le gaz oxigène, peut être reçue dans de l'ammoniaque.

On peut encore suivre le procédé décrit par Wollaston (*Ann. de Chim. et de Phys.* XLI, 414). Je triture ensemble, dit Wollaston, 3 parties en poids *d'osmiure d'iridium* en poudre et 1 partie de nitre, et je place le mélange dans un creuset froid. Ce creuset est alors chauffé à feu ouvert, au rouge vif, jusqu'à ce que le mélange devienne pateux : à ce moment, des vapeurs d'osmium se dégagent. La partie soluble de ce mélange est ensuite dissoute dans la moindre quantité d'eau possible, puis l'on verse la liqueur qui en résulte dans une cornue renfermant parties égales d'eau et d'acide sulfurique. La quantité d'acide doit être au moins équivalente à la potasse contenue dans le nitre employé; aucun inconvénient ne se manifesterait, s'il y en avait un excès. En distillant rapidement dans un réservoir bien propre, aussi long-temps qu'il se dégage des vapeurs d'osmium, cet acide va se déposer sous la forme d'une croûte blanche aux parois du réservoir; là il fond en gouttelettes qui coulent ensuite dans la solution aqueuse, au fond de laquelle elles se réunissent en un globule fluide et aplati. L'acide se solidifie et cristallise pendant que le récipient se refroidit.

L'acide osmique ainsi obtenu est incolore, translucide, en longs cristaux prismatiques. Il a une odeur très pénétrante, une saveur âcre, brûlante, qui n'est point acide. Sa vapeur, même mêlée à beaucoup d'air, irrite fortement les yeux, attaque la poitrine et provoque la toux. Il ne rougit point le tournesol. A 40°, il est mou comme la cire; bien au-dessous de 100°, il se fond en un liquide clair comme de l'eau; si alors on le chauffe un peu plus, il bout et s'attache sous forme de cristaux aiguillés à la voûte de la cornue dans laquelle se fait l'opération. L'oxigène et l'air sont sans action sur lui. Il augmente la combustion des charbons à la

manière du nitre, et en général fait brûler avec lumière la
plupart des corps combustibles, à une température peu élevée. Il n'est pas décomposé, comme le protoxide et le bi-
oxide d'osmium, sans le secours de la chaleur, ce qui provient sans doute de ce qu'il n'est pas poreux comme eux.

L'eau le dissout lentement, quoique en grande quantité :
la dissolution est remarquable par son odeur et sa saveur,
analogues à celles de l'acide osmique; par les taches brunes
qu'elle forme sur la peau et qui ne disparaissent qu'avec
l'épiderme; par la couleur pourpre que l'infusion de noix
de galle y produit, couleur qui passe bientôt au bleu vif
foncé. L'alcool et l'éther le dissolvent également, mais
bientôt la liqueur commence à se colorer, et laisse au bout
de quelques heures déposer de l'osmium. Presque toutes
les matières organiques exercent sur lui la même action.
Voilà pourquoi le bouchon de liège du flacon, où l'on aurait
mis de l'acide osmique, ne tarderait pas à noircir.

Le mercure et la plupart des métaux des quatre premières
sections, réduisent l'acide osmique par la voie humide :
sous l'influence d'un autre acide, la réduction est complète
et l'osmium se précipite pur; sans cette influence, et lorsque
l'acide osmique est seulement dissous dans l'eau, le précipité est un mélange d'osmium et d'osmiate.

L'acide osmique forme avec les bases des osmiates dont la
décomposition est facile à opérer. Il ne s'unit point aux
acides; quelques-uns seulement le ramènent à un moindre degré d'oxidation. C'est un phénomène de ce genre que
nous offre l'acide sulfureux liquide en le mettant peu-à-peu
en contact avec l'acide osmique. D'abord il se produit un
sulfate de bi-oxide qui est jaune ou jaune orangé peu foncé;
puis un sulfate de sesqui-oxide qui est brun; et enfin un
sulfate double de sesqui-oxide et de protoxide qui est bleu.
Entre ces deux dernières teintes, apparaît une teinte verte.

Il est formé de 100 d'osmium et de 32,142 d'oxigène, ce
qui donne en proportions et en atômes :

$$1 \text{ d'osmium } 1244,49 + 4 \text{ d'oxig. } 400 = \text{Os O}^4.$$

Combinaisons de l'osmium avec les métalloïdes et les métaux.

1207. Les métalloïdes unis jusqu'à présent à l'osmium sont le phosphore, le soufre et le chlore. Il ne sera question des chlorures que dans l'histoire des sels.

Phosphure.—Chauffé jusqu'au rouge naissant dans la vapeur de phosphore, l'osmium l'absorbe avec dégagement de lumière; il en résulte un phosphure blanc, doué de l'éclat métallique.

Sulfures.—Lorsqu'on distille dans une cornue de verre, du soufre sur de l'osmium, et que le soufre est presque entièrement vaporisé, la matière devient incandescente, et l'on obtient pour résidu un véritable sulfure : il suit de là que l'osmium a une grande tendance à s'unir au soufre.

M. Berzelius croit qu'il existe autant de sulfures que d'oxides. Ils se préparent en décomposant les chlorures correspondans par l'acide sulfhydrique. Leur couleur est d'un brun jaunâtre foncé. Tous sont légèrement solubles dans l'eau et lui donnent une teinte d'un jaune intense.

Celui qui a été le mieux examiné est le quadri-sulfure ; on le prépare non-seulement comme nous venons de dire, mais aussi en faisant passer du gaz sulfhydrique à travers une dissolution d'acide osmique ; l'addition d'un acide est nécessaire pour en rendre la précipitation prompte et complète. Ainsi préparé, il est noir. Exposé à une forte chaleur, dans une cornue, il laisse dégager près de la moitié du soufre qu'il contient, devient incandescent, décrépite sensiblement, prend une teinte grise et l'éclat métallique. Il se dissout à froid dans l'acide azotique étendu d'eau et passe à l'état de bi-sulfate. Il est insoluble dans les alcalis, les carbonates alcalins et les sulfhydrates.

Alliages. — On sait que l'osmium peut s'allier par la fusion avec plusieurs métaux, et que les alliages qu'il forme avec les métaux ductiles, sont ductiles eux-mêmes,

quand la quantité d'osmium est très petite; tel est entre autres celui d'or.

Action des oxides et des acides.

1208. *Eau.* — Sans action sur l'osmium.

Potasse ou soude hydratée. — Calciné avec l'une de ces
bases, sous l'influence de l'air, l'osmium passe à l'état d'a-
cide osmique qui s'unit à l'alcali. Le nitre ou azotate de
potasse, doit l'attaquer et l'attaque en effet beaucoup plus
facilement.

Acide sulfurique, acide chlorhydrique. — Point d'action.

Acide azotique et eau régale. — L'osmium qui a été fortement calciné est inattaquable par ces acides; lorsqu'il
n'a pas subi l'action du feu, il s'y dissout, mais très lentement : l'eau régale l'attaque mieux que l'acide azotique.
Dans les deux cas, il se forme de l'acide osmique qui, à la
distillation, passe avec la liqueur qu'on retrouve dans le
récipient.

Caractères des sels d'osmium.

1209. Rien de plus facile que de reconnaître la présence
de l'osmium dans un sel : c'est de le mêler avec un peu de
carbonate de soude et de chauffer le mélange sur une feuille
de platine avec la lampe à esprit-de-vin. Bientôt l'osmium
qui se dégage à l'état d'acide osmique, répand une odeur caractéristique, et donne de l'éclat à la flamme de l'esprit-de-
vin. L'on peut encore, et ce caractère est excellent, distiller le
sel avec de l'acide azotique dans une cornue; l'acide osmique
passe dans le récipient avec l'eau, et lui donne des propriétés
que nous avons fait connaître précédemment en parlant de
l'acide osmique. Si la liqueur était trop chargée d'acide azotique, elle devrait être redistillée à une douce chaleur : alors
elle ne contiendrait plus, pour ainsi dire, que de l'acide osmique.

Les sels d'osmium, d'ailleurs, ont été très peu examinés.
On sait seulement que ceux de protoxide sont verts; que le
sulfate est en masse dendritique soluble dans l'eau; que

l'azotate s'y dissout également et s'étend comme un vernis translucide et verdâtre; que le phosphate est presque insoluble, vert foncé et pulvérulent; que parmi les sels de bi-oxide, il n'y a de connu que le sulfate, qui se forme en traitant le sulfure d'osmium par l'acide azotique; que par l'évaporation il se prend en une masse sirupeuse, d'un jaune foncé; que sa dissolution précipite le chlorure de barium en jaune; qu'elle n'est pas troublée par les alcalis, et que l'acide sulfureux ne le rend pas bleu.

ARTICLE II.

Iridium.

1210. L'iridium est un métal dont la découverte a été faite par Descotils en 1803, et dont les propriétés ont été étudiées par Fourcroy et Vauquelin dans la même année (1), par Tennant en 1804(2), par Wollaston en 1805 (3), et par M. Berzelius dans ces derniers temps. (4)

Le nom qu'il porte et qui lui a été donné par Tennant, dérive de la propriété qu'ont ses dissolutions de présenter toutes les couleurs de l'arc-en-ciel.

1211. *État naturel.* — L'iridium ne se rencontre que dans le minerai de platine; il y existe sous deux états, ainsi que nous l'avons dit en parlant de l'osmium (1198) : 1° uni au minerai même; 2° à l'état d'osmiure d'iridium, sous forme de grains, isolés, très durs. Le minerai de platine de Nischne-Tagilsk, dans l'Oural, est celui qui en contient le plus; il donne de 3 à 5 pour cent de son poids d'iridium.

1212. *Extraction.* — Le procédé varie, suivant que l'on opère sur l'osmiure d'iridium pur, ou sur l'osmiure impur

---

(1) *Ann. de Chimie*, XLVIII, XLIX, L, LII, LXXXIX.
(2) *Trans. philosoph.* 1804, et *Ann. de ch.* LII, 50.
(3) *Ann. de ch. et de phys.* LXI, 89.
(4) *Ann. de ch. et de phys.* XL, 51, 138, 257, 337 et XLII, 185.

que l'on obtient en petites paillettes brillantes, après le traitement du minerai de platine par l'eau régale.

Traitement de l'osmiure pur.—D'abord l'osmiure, réduit en poudre, est calciné avec le nitre comme nous l'avons dit au sujet de l'osmium (1199).

2° Le résidu composé d'*osmiate* et d'*iridiate* de potasse et d'osmiure non attaqué, est ensuite introduit dans une cornue de verre avec un excès d'acide azotique, et chauffé au bain-marie, pour décomposer les deux matières salines, précipiter la plus grande partie de l'oxide d'iridium et vaporiser l'acide osmique : après quoi l'on verse dans la cornue de l'eau qui dissout l'azotate alcalin, et la très petite quantité d'azotate d'iridium qu'il renferme. (1)

3° L'oxide d'iridium provenant de la décomposition de l'iridiate de potasse par l'acide azotique n'est pas pur; il retient de l'acide azotique, et se trouve mêlé avec de l'osmiure d'iridium qui n'a point été attaqué par le nitre, et de plus, avec un peu de silice que la potasse du nitre a enlevée à la cornue de porcelaine dans la première opération. Après l'avoir lavé avec soin, on le traite à chaud par l'acide chlorhydrique concentré, qui attaque seulement le *sous-azotate d'iridium* : il en résulte de l'eau, du chlore qui se dégage et du chlorure d'iridium, soluble et dont la teinte verdâtre brunit peu-à-peu.

4° On jette sur un filtre la dissolution qui précède, on lave le filtre, l'on ajoute du chlorhydrate d'ammoniaque à la liqueur filtrée, et on la fait évaporer jusqu'à siccité ; l'on obtient ainsi un sel double de chlorure d'iridium et de sel ammoniac que l'on calcine dans un creuset d'argent; il s'en dégage du sel ammoniac, du gaz chlorhydrique et de l'azote : l'iridium reste sous forme pulvérulente.

______

(1) La liqueur est d'une belle couleur purpurine peu intense. En l'évaporant pour en chasser l'excès d'acide, elle devient d'un vert foncé. On peut alors en précipiter l'oxide d'iridium en la chauffant doucement avec du carbonate de soude.

Mais dans cet état, il contient encore une petite quantité d'osmium, pour lequel il a une grande affinité. Pour le purifier, il n'est qu'un seul moyen : c'est de le chauffer dans un tube de verre horizontal au milieu d'un courant de chlore, qui enlève l'osmium, et forme avec l'iridium un chlorure fixe. Le tube étant refroidi, le courant de chlore est remplacé par un courant de gaz hydrogène; l'on chauffe de nouveau, mais très modérément; le chlorure d'iridium est décomposé, et l'iridium mis en liberté.

Traitement de l'osmiure impur. — Cet osmiure est le résidu qui provient de l'action de l'eau régale sur le minerai de platine; il est toujours mêlé de fer chrômé, et de fer titané.

1° Après l'avoir calciné avec le nitre, il faut traiter à chaud, dans une cornue de verre, par un excès d'acide chlorhydrique liquide, le produit qui contient tout à-la-fois de l'iridiate, de l'osmiate, du chrômate et du titanate de potasse, du per-oxide de fer et de l'osmiure non attaqué. L'on vaporise ainsi l'acide osmique de l'osmiate, et l'on transforme les sels à base de potasse et le per-oxide de fer en eau et en chlorures solubles. Ces deux opérations se font comme il a été dit (1199).

2° La liqueur chlorhydrique concentrée, et même épaissie par la distillation, est mêlée avec assez d'eau pour qu'elle puisse être versée sur un filtre, ainsi que la matière non dissoute : dès qu'elle est égouttée, on lave le résidu avec de l'alcool à 60 degrés centésimaux, et l'on continue le lavage tant que l'alcool passe verdâtre. On enlève ainsi les chlorures de fer, de chrôme, de titane et une petite quantité d'iridium. (1)

3° La masse lavée à l'alcool est reprise par l'eau bouil-

---

(1) En évaporant l'alcool, étendant la liqueur d'eau et la soumettant à une ébullition prolongée, l'acide titanique se précipite. Si ensuite on la met en contact avec une lame de zinc, l'iridium est réduit et se dépose.

lante qui dissout le double chlorure d'iridium et de potassium. La dissolution est évaporée jusqu'à siccité, et le sel,
mêlé avec le double de son poids de carbonate de soude, est
chauffé dans un creuset d'argent jusqu'à ce que le mélange
commence à fondre (un creuset de platine pourrait être attaqué par le chlorure d'iridium). Dans cette calcination, le
chlorure d'iridium est décomposé par le carbonate de soude;
et de cette décomposition résulte du gaz carbonique qui se
dégage, du chlorure de sodium et de l'oxide d'iridium qui
restent avec le chlorure de potassium dans le creuset. Les
sels alcalins sont ensuite dissous dans l'eau, et l'oxide d'i-
ridium est recueilli sur un filtre. Mais, comme l'oxide passe à
travers le filtre, lorsque les eaux de lavage ne sont plus chargées de sel, il faut y ajouter alors un peu de chlorhydrate
d'ammoniaque qui prévient cet inconvénient, et dont il est
toujours facile de se débarrasser par la calcination.

4° L'oxide d'iridium ainsi préparé, contient souvent du
platine, des oxides de rhodium et de palladium, et presque
toujours de l'oxide d'osmium. Le platine est enlevé par l'eau
régale. Faisant fondre ensuite l'oxide d'iridium avec 4 fois
son poids de bisulfate de potasse anhydre, et tenant le mélange en fusion dans un creuset bien couvert, on attaque le
rhodium et le palladium. L'opération doit être recommencée avec de nouvelles quantités de bi-sulfate, jusqu'à ce que
celui-ci cesse de se colorer en jaune. Enfin, on lave l'oxide
d'iridium, on le réduit par la chaleur, on le sépare de l'osmium qu'il peut contenir par le chlore, et du chlore par
l'hydrogène. (Voy. ce qui a été dit à ce sujet plus haut,
pag. précédente 582.)

1213. *Propriétés physiques.* — L'iridium obtenu par
l'une des deux méthodes qui viennent d'être exposées, est
sous forme d'une poudre métallique grise. C'est de tous
les métaux le plus réfractaire. Il paraît qu'il résiste à la
flamme du chalumeau à gaz hydrogène et oxigène. Children seul est parvenu à le fondre en un globule blanc,
très brillant, mais encore un peu poreux, dont la densité

était de 18,68, en l'exposant à la décharge de sa grande batterie électrique.

Action de l'air; oxides, hydrates.

1214. *Air.* — L'iridium, qui a été fortement calciné, est inaltérable à l'air, soit à froid, soit à chaud; il n'y a que celui qui a été réduit à une douce chaleur par l'hydrogène ou le chlore, sur lequel l'air ait de l'action: il s'oxide d'une manière sensible, lorsqu'on le fait rougir.

L'iridium en s'unissant à l'oxigène forme, d'après Berzelius, quatre oxides: un protoxide, un sesqui-oxide, un bi-oxide et un tri-oxide.

1215. *Protoxide.* — Pour l'avoir pur, il faut faire digérer avec une dissolution concentrée d'hydrate de potasse, le proto-chlorure qui se forme lorsqu'on chauffe l'iridium au milieu du chlore. Presque tout l'oxide se rassemble en poudre noire: une petite partie seulement reste dans la liqueur et la colore en pourpre et quelquefois en bleu pur. Il est vrai que l'oxide, même après avoir été bien lavé, retient un peu d'alcali, mais il suffit de le mettre en contact avec un acide pour le purifier: l'alcali se dissout et l'oxide reste sans être attaqué.

Le protoxide d'iridium s'unit très bien à l'eau. C'est en cet état de combinaison qu'il se précipite de la dissolution de proto-chlorure d'iridium et de potassium ou de sodium, à laquelle on ajoute du carbonate de potasse ou de soude. Un excès de carbonate redissout l'hydrate et donne à la dissolution une teinte jaune verdâtre. L'hydrate de protoxide est gris verdâtre, très volumineux au moment de sa précipitation; il n'abandonne son oxigène que bien au-dessus du rouge naissant. Il se dissout dans les acides, mais cesse d'y être soluble, aussitôt qu'il est déshydraté.

Le protoxide d'iridium est formé de 100 d'iridium et de 8,109 d'oxigène, ce qui donne en proportions et en atomes:

$$1 \text{ d'iridium } 1233,2 + 1 \text{ d'oxigène } 100 = 10.$$

1216. *Sesqui-oxide.* — Le sesqui-oxide anhydre est noir comme le protoxide. Il résiste au degré de chaleur du rouge naissant; mais il laisse dégager tout son oxigène au degré de chaleur qui fait entrer l'argent en fusion. Le gaz hydrogène le réduit de même que l'oxide d'osmium à la température ordinaire. Chauffé légèrement avec le charbon, le phosphore, le soufre, etc., il détone violemment. Les acides sont sans action sur lui. Il s'unit au contraire avec les bases salifiables.

Le sesqui-oxide se forme plus facilement qu'aucun autre oxide d'iridium. C'est en effet à ce degré d'oxidation que l'iridium se trouve porté, en calcinant ce métal, soit avec le contact de l'air, soit avec le contact de l'air et de l'hydrate de potasse, soit avec l'azotate de potasse : dans ces deux derniers cas, l'alcali entre en combinaison avec l'oxide, et le composé soluble dans l'eau froide ou tiède se détruit presque entièrement, en étendant d'eau la dissolution ou en la faisant bouillir : l'oxide se précipite. Toutefois le meilleur moyen de l'obtenir est de mêler une partie de chlorure double d'iridium sesqui-chloré et de potassium proto-chloré avec deux parties de carbonate de potasse et d'exposer le mélange au rouge naissant, dans un creuset d'argent. Le chlorure d'iridium est décomposé par l'oxide du carbonate de potasse; et de là résulte du chlorure de potassium, du sesqui-oxide d'iridium et du gaz carbonique. Le chlorure alcalin est ensuite dissous dans l'eau et l'oxide d'iridium devient libre : on enlève par un acide la petite quantité d'alcali qu'il retient.

Le sesqui-oxide peut s'unir à l'eau comme le protoxide et former un hydrate; c'est en décomposant par une dissolution de potasse ou de soude la dissolution de sesquichlorure d'iridium ou de chlorure double d'iridium sesquichloré et de potassium ou de sodium proto-chloré qu'on obtient cet hydrate; il se précipite en flocons bruns, volumineux, qui contiennent toujours de l'alcali, même après avoir été lavés à grande eau, et qui se dissolvent dans les acides en formant des sels bruns si foncés que la dissolution ressemble à un mélange d'eau et de sang veineux.

Lorsque, au lieu de potasse ou de soude, on emploie de l'ammoniaque pour précipiter le sesqui-oxide des chlorures d'iridium, l'oxide retient également de l'alcali; mais alors desséché et chauffé il se décompose tout-à-coup avec une forte secousse, qui lance au loin la matière et qui est un signe d'une réaction subite entre les élémens : l'iridium de l'ammoniure devient libre.

Le sesqui-oxide est formé de 100 d'iridium et de 12,163 oxigène, ce qui donne :

En prop. 1 d'iridium 1233,2 + 1 ½ d'oxigène 150.

En atom. 2 d'iridium 2 × 1233,2 + 3 d'oxigène 300 = I² O³.

1217. *Bi-oxide.*—Le bi-oxide n'a pu encore être obtenu pur. Cependant il forme avec les acides des *oxisels* qui ne sont pas précipités par les alcalis. A la vérité, le chlorure double d'iridium bi-chloré et de potassium proto-chloré laisse déposer un oxide noir, lorsqu'on le fait bouillir en dissolution avec le carbonate de potasse; mais l'oxide n'est, suivant Berzelius, que du sesqui-oxide : la décomposition a lieu avec effervescence.

1218. *Tri-oxide.*—Il en est du tri-oxide comme du bi-oxide : on ne le connaît que combiné à d'autres corps. Il s'obtient en faisant chauffer doucement une dissolution de chlorure double d'iridium tri-chloré et de potassium ou sodium proto-chloré avec du carbonate de potasse ou de soude, lui-même en dissolution; il se précipite en gelée d'un jaune brunâtre ou verdâtre, qui renferme précisément assez de base alcaline, pour que dissous dans l'acide chlorhydrique il produise un double chlorure, jaune à l'état liquide, rouge à l'état solide. D'ailleurs il reste dans la liqueur filtrée un peu d'hydrate qui lui donne une teinte jaunâtre. Cet hydrate a cela de particulier que, desséché, il se décompose avec décrépitation, lorsqu'on l'expose à l'action du feu, ce qui provient de ce que l'eau et une partie de l'oxigène s'en dégagent tout-à-coup.

Le tri-oxide est formé de 100 d'iridium et de 16,218 d'oxigène, ce qui donne en proportions et en atomes:

$$1 \text{ d'iridium } 1233,2 + 3 \text{ d'oxigène } 3 \times 100 = 105.$$

1219. *Oxide bleu d'iridium.* — L'oxide bleu d'iridium, admis d'abord par les chimistes comme un oxide particulier, ne paraît être qu'un composé de protoxide et de sesqui-oxide; car il se forme, lorsqu'on désoxide partiellement les dissolutions salines de sesqui-oxide. On le prépare en versant de l'ammoniaque dans une dissolution de bi-chlorure d'iridium et faisant digérer le mélange à une douce chaleur, jusqu'à ce que la majeure partie de l'ammoniaque soit volatilisée : il se dépose presque tout entier, uni à un peu d'alcali qui lui donne la propriété de décrépiter, et quelquefois même de détoner par la chaleur. Il se dissout dans les acides, surtout dans l'acide chlorhydrique, qu'il colore en beau bleu.

Combinaisons de l'iridium avec les métalloïdes et les métaux.

1220. Les métalloïdes unis à l'iridium sont le carbone, le phosphore, le soufre et le chlore. Les chlorures ne seront étudiés que dans l'histoire des sels.

Carbure. — En plaçant un morceau d'iridium au milieu de la flamme d'une lampe à esprit-de-vin, il se couvre de petites masses noires, semblables à des tubercules de choux-fleurs, qui sont un véritable carbure d'iridium. Ce carbure est sans éclat, noircit les corps qu'il touche, brûle comme de l'amadou à l'approche d'un corps en combustion : aussi est-il nécessaire, pour le conserver à la sortie de la flamme à esprit-de-vin, de le faire tomber dans l'eau.

M. Berzelius l'a trouvé composé de 19,83 de carbone et de 80,17 d'iridium, d'où l'on voit que le premier, pour passer à l'état d'acide carbonique absorberait quatre fois autant d'oxigène que le second pour passer à l'état de bi-oxide d'iridium.

Phosphure.—Il paraît qu'en faisant passer du phosphore en vapeur dans un tube où se trouve de l'iridium convenablement chauffé, ces deux corps s'unissent avec un très faible dégagement de lumière; que le phosphure n'est pas saturé de phosphore, et que calciné jusqu'au rouge avec le contact de l'air, il se transforme en phosphate de protoxide et en iridium.

Sulfures.—Il existe autant de sulfures qu'il y a d'oxides. On n'en peut préparer aucun directement, pas même le proto-sulfure. La combinaison se fait à la vérité avec un dégagement de lumière sensible, lorsqu'on chauffe le métal au milieu de la vapeur de soufre, mais la *sulfuration* est toujours incomplète.

C'est en précipitant par le gaz sulfhydrique les chlorures correspondans qu'on les obtient. Le tri-chlorure n'est décomposé qu'à chaud : c'est pourquoi il faut le saturer de gaz sulfhydrique, mettre la dissolution dans un flacon bien fermé et l'exposer à une température de 60°.

Le sesqui, le bi et le tri-sulfure sont d'un brun foncé tirant sur le jaune. Soumis à la distillation, ils donnent de l'eau, de l'acide sulfureux, du soufre, et un sulfure gris, brillant, que le grillage décompose et transforme en sulfate. Ils se dissolvent dans les sulfures et sulfhydrates alcalins, dans la potasse et la soude caustiques ou carbonatées, et lorsqu'on les précipite ensuite de la liqueur par un acide, ils se dissolvent même dans l'eau, à moins qu'elle ne soit chargée d'un peu d'acide ou d'un peu de sel. Aussi, la dissolution aqueuse qui est d'un roux foncé laisse-t-elle déposer la plus grande partie du sulfure qu'elle contient, par l'addition d'une suffisante quantité d'acide.

L'acide azotique transforme en sulfates solubles tous les sulfures d'iridium préparés par voie humide et qui n'ont pas été desséchés.

1221. *Alliages.*—Ce n'est qu'à une très haute température que l'iridium s'unit aux autres métaux. Il forme avec plusieurs de ceux qui sont ductiles des alliages ductiles eux-mêmes : tel est entre autres l'alliage d'iridium et d'or. Lorsqu'on les traite par l'acide azotique, et que le métal allié à l'iridium y est soluble, l'iridium reste sous forme de poudre; mais lorsqu'on les traite par l'eau régale, l'iridium lui-même se dissout en partie; il se dissoudrait en totalité, si l'alliage n'en contenait qu'une petite quantité.

L'osmiure d'iridium se trouve dans la nature : il en a été question (1198). Berzelius s'est assuré, contre l'opinion de quelques chimistes, qu'on ne pouvait unir cet osmiure, ni au plomb, ni au bismuth, ni à l'argent : à la vérité, il se trouve engagé dans le métal fondu; mais quand on dissout le culot métallique dans un acide, les grains d'osmiure reparaissent avec leurs propriétés primitives. Il semble que ce soit ainsi qu'existent l'osmium et l'iridium dans les grains de minerai de platine.

Action des oxides et des acides sur l'iridium.

1222. *Eau.* — Point d'action.

Hydrate de potasse, de soude. — Lorsqu'on les chauffe fortement avec l'iridium, sous l'influence de l'air, il se produit un composé de sesqui-oxide et d'alcali. Ce composé que l'on obtient plus facilement en calcinant l'iridium avec l'azotate de potasse est soluble dans une petite quantité d'eau froide ou tiède; mais la majeure partie de l'oxide se précipite, soit en faisant bouillir la dissolution, soit en l'étendant d'eau.

Acides. — L'iridium fortement calciné n'est soluble dans aucun acide; celui qui provient de l'oxide réduit à une douce chaleur par l'hydrogène colore d'une manière sensible l'eau régale; lorsqu'il est allié au platine ou à un autre métal, l'eau régale le dissout beaucoup moins difficilement, ce qui, selon toute apparence, est dû en partie à ce qu'il se trouve alors dans un grand état de division.

1223. *Caractères des sels d'iridium.*

Les sels d'iridium sont à peine connus; nous dirons seulement d'après Berzelius :

1° Que les quatre oxides d'iridium semblent posséder la propriété de s'unir aux acides.

2° Que les sels de protoxide sont en partie d'un vert foncé, en partie d'un brun verdâtre.

3° Que les sels de sesqui-oxide sont d'un brun si foncé que les dissolutions de plusieurs d'entre eux ressemblent à un mélange d'eau et de sang veineux : les alcalis y forment toujours un précipité brun foncé comme le sel lui-même.

4° Que les sels de bi-oxide sont rouges, réduits en poudre fine, et noirs à l'état cristallin; que leurs dissolutions concentrées sont d'un rouge foncé et presque opaque; qu'elles prennent une teinte jaune, lorsqu'on les étend d'eau, et que dans aucun cas elles ne sont précipitées par les alcalis.

5° Qu'on ne connaît aucun sel de tri-oxide; qu'on n'a obtenu que le tri-chlorure qui se distingue des autres chlorures par sa couleur rose.

ARTICLE IV.

Palladium.

1224. La découverte du palladium appartient à Wollaston; il la fit en 1803, très peu de temps après que Descotils et Tennant eurent découvert, l'un l'iridium, l'autre l'osmium. (1)

1225. *Etat naturel.* — Le palladium a d'abord été trouvé dans le minerai de platine, qui en contient de $\frac{1}{3}$ à 1 pour cent. Wollaston l'a rencontré ensuite presque pur, sous

____

(1) *Transact. Philos.* 1804. — *Ann. de Chimie,* LII, LXI.

forme de paillettes plus ou moins grandes et à texture rayonnée dans les sables platinifères du Brésil, accompagné d'or natif en grains (1). Enfin M. Benneck l'a découvert en petite quantité dans le séléniure de plomb de Filkerode (Harz).

1226. *Extraction.* — On dissout, soit le *sable plati-nifère* du Brésil, soit le minerai de platine ordinaire dans l'eau régale; on chasse l'excès d'acide par évaporation, ou bien on le sature avec soin par de la soude caustique, puis on verse peu-à-peu du cyanure de mercure dans la liqueur. Il se fait, au bout de quelques minutes, un précipité d'un jaune très clair qui est du cyanure de palladium. On le recueille, on le lave et on en retire le palladium en l'exposant à une forte chaleur rouge.

Le palladium peut également être extrait de la dissolution du minerai de platine dans l'eau régale, après en avoir précipité la majeure partie du platine lui-même par le chlorhydrate d'ammoniaque. Quelquefois on ajoute directement le cyanure de mercure; plus souvent on verse d'abord de l'acide chlorhydrique dans la dissolution, puis on y plonge une lame de zinc qui y forme un dépôt d'une poudre noire composée de palladium, rhodium, platine, iridium, or, plomb et cuivre. Le dépôt, lavé soigneusement, est mis en contact avec l'acide azotique faible qui sépare le cuivre et le plomb, du moins en grande partie, et le résidu, lavé comme le dépôt, est dissous dans l'eau régale. Neutralisant alors le plus exactement possible la dissolution par le carbonate de soude, il ne faut plus qu'y verser du cyanure de mercure pour en précipiter le cyanure de palladium. Ce procédé est préférable au précédent en ce que le cyanure de mercure est plus pur; il ne contient que peu ou point de cuivre. S'il en contenait comme celui qui est fait par l'autre

_____

(1) Cela explique comment il se fait que M. Cloud, des Etats-Unis, ait trouvé, parmi des lingots d'or venant du Brésil, deux lingots d'une couleur particulière, composés d'or et de palladium.

procédé, ce qui aurait lieu dans le cas où le cyanure de palladium serait coloré, on redissoudrait dans l'eau régale le palladium qui proviendrait du cyanure calciné, on ajouterait à la liqueur une fois et demie autant de chlorure de potassium qu'elle renfermerait de palladium, et on l'évaporerait à siccité en y versant sur la fin un peu d'eau régale : il en résulterait un chlorure double de potassium et de palladium de couleur rouge foncé, qui réduit en poudre et lavé à l'alcool céderait à celui-ci tout le chlorure de cuivre avec lequel il pourrait être mêlé. Calcinant alors le résidu et le traitant par l'eau, on obtiendrait le palladium dans le plus grand état de pureté possible, mais pulvérulent.

Wollaston, pour l'agglutiner et pouvoir le forger, le combine avec le soufre; il fond ensuite le sulfure avec du borax dans un creuset ouvert : l'addition d'un peu de nitre est utile. Puis en grillant le sulfure peu-à-peu, rapprochant avec soin la matière qui se ramollit, la pressant, la grillant de nouveau et la portant jusqu'au rouge, il en résulte une petite masse métallique qui se laisse forger et laminer, pourvu qu'on la fasse recuire de temps à autre et qu'on la travaille à froid.

Peut-être parviendrait-on plus facilement au même résultat en opérant sur le sel rose que forme le chlorure de palladium avec le chlorhydrate d'ammoniaque. Ce qu'il y a de certain, du moins, c'est que par la calcination on obtient le palladium en une petite masse spongieuse.

1227. *Propriétés physiques.*—Le palladium est blanc, dur, très malléable. Sa cassure est fibreuse. Quand il n'a été que fondu, sa densité est de 11,3; mais après avoir été laminé, elle est de 11,8.

Il n'entre en fusion qu'à la chaleur du chalumeau à gaz oxigène.

Action de l'oxigène, de l'air; oxides.

1228. *Oxigène, air.* — Chauffé convenablement avec le

contact de l'air, le palladium se ternit et devient bleuâtre ;
exposé ensuite à une chaleur plus forte, il reprend son
brillant : il éprouve donc d'abord un commencement d'oxidation, mais si faible et si superficielle, que M. Berzelius
ayant chauffé du palladium en poudre dans du gaz oxigène,
jusqu'à ce qu'il fût devenu bleu, trouva que le métal n'avait
pas augmenté de poids sensiblement. Cependant M. Vauquelin assure que, quelque temps après que le palladium
est en fusion, il bout et brûle avec des aigrettes éclatantes.
(*Ann. de Chim.* LXXXVIII.)

Il existe deux oxides de palladium. Le plus oxidé, pour la
même quantité de métal, contient deux fois autant d'oxigène que l'autre.

Protoxide. — On le prépare en dissolvant le palladium
dans l'acide azotique, évaporant la dissolution jusqu'à siccité
et calcinant doucement l'azotate : l'acide se transforme en
oxigène et en acide hypo-azotique qui se dégagent, et le
protoxide devient libre.

Le protoxide de palladium est noir ; il ne se réduit qu'à
une haute température. L'hydrogène, le charbon, etc., en
opèrent facilement la décomposition. Il ne se dissout que
très lentement dans les acides.

Uni à l'eau, il forme un hydrate rouge brun-foncé, qui
se précipite des dissolutions salines de protoxide, lorsqu'on
y ajoute un excès de carbonate de potasse ou de soude.
Les alcalis caustiques ne pourraient pas être substitués à
leurs carbonates dans cette préparation : on n'obtiendrait
qu'un sous-sel qui se dissoudrait ensuite dans l'alcali et donnerait lieu à une liqueur incolore.

Le protoxide est formé de 100 de palladium et de 15,02
d'oxigène, ce qui donne en proportions et en atomes :

$$\text{1 de palladium } 665,90 + \text{1 d'oxigène } 100 = PaO.$$

Bi-oxide. — Le bi-oxide n'a pu jusqu'ici être obtenu
qu'uni à la potasse. On le prépare, soit en versant peu-à-
peu un excès de potasse sur le chlorure pulvérulent de

palladium bi-chloré et de potassium proto-chloré, et en remuant continuellement le mélange, soit en versant tout de suite l'excès d'alcali et faisant bouillir la liqueur : dans le premier cas, l'oxide se précipite à l'état d'hydrate brun jaunâtre; dans le second, l'oxide reste d'abord dissous; quelque temps après, il commence à se précipiter en rendant gélatineuse la dissolution, qui alors est d'un brun foncé; puis en la portant à l'ébullition, il se précipite tout entier à l'état anhydre et sous forme de poudre noire.

L'hydrate séché ressemble à la terre de Cologne. Lavé à l'eau bouillante, il perd son eau de combinaison et devient noir. Chauffé dans une cornue, il laisse dégager tout-à-coup la moitié de son oxigène en même temps que son eau, et se décompose si violemment que la matière tout entière est lancée hors du vase. L'oxide anhydre ne produit pas ce phénomène; il est ramené tranquillement à l'état de protoxide.

Quoique le bi-oxide contienne toujours de l'alcali, les oxacides même les plus puissans ne le dissolvent que difficilement. L'acide chlorhydrique concentré le transforme en chlorure double; mais il paraît que l'acide étendu le fait passer seulement au premier degré d'oxidation : du moins il y a dégagement de chlore.

Le bi-oxide est formé de 100 de palladium et de 30,03 d'oxigène, ce qui donne en proportions et en atomes :

$$1 \text{ de palladium } 665,90 + 2 \text{ d'oxigène} = PaO^2.$$

Combinaisons du palladium avec les métalloïdes et les métaux.

1229. Les métalloïdes unis jusqu'à présent au palladium sont le carbone, le phosphore, le soufre, le sélénium, le chlore. Les chlorures ne seront examinés qu'en traitant des sels.

Carbure. — C'est en plaçant une lame ou une petite masse poreuse de palladium au milieu de la flamme à alcool que l'on carbure ce métal. Il se couvre peu-à-peu d'excroissances charbonneuses, et quand le contact a été d'assez longue durée, la lame de palladium, sous ces excroissances, se trouve combinée avec assez de charbon pour qu'on ne puisse plus la plier, et qu'elle se rompe par le moindre effort.

Phosphure. — Très peu examiné : on sait seulement qu'il existe, qu'il est très fusible, et que, chauffé au contact de l'air, le phosphore se transforme en acide phosphorique.

Proto-sulfure. — Ce sulfure s'obtient aisément en mêlant une partie de soufre avec une partie du sel double que forment le chlorure de palladium et le chlorhydrate d'ammoniaque, et calcinant le mélange dans un creuset fermé. Le sulfure entre en fusion et se prend en un petit culot, brillant, aigre et d'un blanc gris. On peut également préparer le sulfure de palladium, soit en chauffant le métal avec le soufre, soit en faisant passer du gaz sulfhydrique à travers les dissolutions salines de protoxide : la combinaison directe a lieu avec dégagement de lumière; la combinaison, par la voie humide, produit un sulfure d'un brun foncé.

Le sulfure de palladium se convertit par le grillage en gaz sulfureux et en une poudre rouge qui est un sous-sulfate de palladium, très soluble dans l'acide chlorhydrique : à une haute température, il ne se formerait que du gaz sulfureux, et le palladium deviendrait libre.

Il est formé de 100 de métal et de 30,22 soufre, ce qui donne en proportions et en atomes :

$$\text{1 de métal } 665,90 + \text{1 de soufre } 201,16 = \text{Pa S.}$$

Séléniure. — La combinaison entre le palladium et le sélénium s'opère à une température élevée; elle a lieu avec dégagement de chaleur : le séléniure est gris, cohérent; il n'entre que très difficilement en fusion; chauffé au chalumeau, il laisse dégager du sélénium.

1230. *Alliages.* — Le palladium, en s'unissant au fer, à l'étain, au plomb, au cuivre, forme des alliages durs et cassans. Il durcit également l'argent, l'or, le platine et le nickel, mais les alliages restent ductiles. Une petite quantité de palladium suffit pour blanchir l'or.

Le palladium se combine aussi très bien avec le mercure. L'amalgame est liquide, si le mercure est très prédominant; solide et en poudre noire, si la quantité de mercure n'est pas trop considérable. L'amalgame en poudre est formé de 48,7 de mercure et de 51,3 de palladium.

Action des oxides et des acides.

1231. *Eau.* — Point d'action.

Hydrate de potasse, de soude. — Chauffé jusqu'au rouge, dans un creuset découvert, le palladium passe, mais très lentement, au premier degré d'oxidation : il en résulte un composé de protoxide et d'alcali. Le nitre lui-même n'attaque que très difficilement le palladium à une haute température. Ce métal diffère donc beaucoup sous ce rapport de l'osmium et de l'iridium.

Acide sulfurique. — L'acide sulfurique n'est point décomposé par le palladium, soit à froid, soit à chaud; cependant l'acide sulfurique bouillant finit par se colorer légèrement en rose; probablement que la petite quantité de palladium dissoute s'oxide par l'oxigène de l'air.

Acide chlorhydrique. — Il en est de l'action de l'acide chlorhydrique, même concentré, comme de celle de l'acide sulfurique; elle est nulle: seulement l'acide bouillant prend une très faible teinte rose, qui provient sans doute de ce qu'une très petite quantité d'acide se trouve décomposée sous l'influence de l'air.

Acide azotique. — Action lente, décomposition de l'acide surtout à chaud; formation d'un azotate soluble qui colore la liqueur en rouge-brun.

Eau régale. — Action assez vive, dégagement de bi-oxide d'azote, formation de bi-chlorure d'un brun foncé, si l'eau régale est concentrée, et de proto-chlorure d'un rouge brun, dans le cas contraire : en étendant d'eau la dissolution de bi-chlorure, celui-ci laisse dégager du chlore et passe à l'état de proto-chlorure.

1232. *Caractères des sels de protoxide.*

Couleur.	Rouge ou jaune brunâtre à l'état solide; rouge intense, tirant sur le jaune, en dissolution.

Leurs dissolutions donnent :

Avec potasse, ou soude caustique.	Ppté jaune d'un sous-sel, qui se dissout dans un excès d'alcali sans colorer la liqueur.
Avec carbonate de potasse ou de soude.	Hydrate rouge brun foncé.
Avec acide sulfhydrique, sulfure et sulfhydrate alcalin.	Ppté brun noirâtre de proto-sulfure.
Avec le zinc, le fer, la plupart des métaux de la troisième et quatrième sections et même avec le mercure.	Réduction du palladium.
Avec solution de sulfate de protoxide de fer.	Réduction du palladium qui ordinairement se montre en une couche métallique très légère à la surface de la liqueur.
Avec proto-chlorure d'étain.	Ppté brun qui paraît être du palladium très divisé.
Avec acide sulfureux ou alcool.	Réduction du métal, lorsqu'on fait bouillir la dissolution saline.
Avec cyanure de mercure.	Ppté blanc de cyanure de palladium : ce caractère est essentiel.
Avec cyanure de potassium et de fer.	Ppté jaune de cyanure de palladium ferrugineux.

On sait de plus que les sels de protoxide de palladium sont tous réduits, lorsqu'on les chauffe en poudre dans un tube à travers lequel on dirige un courant de gaz hydrogène.

Sels de bi-oxide. A peine connus.

Usages.—Le palladium est quelquefois employé pour faire des graduations sur les instrumens de précision. Il a l'avantage d'être blanc comme l'argent, ce qui rend les divisions plus visibles, et de ne point se noircir comme lui par les exhalaisons sulfureuses.

ARTICLE V.

Rhodium.

1233. La découverte du rhodium est due à Wollaston, comme celle du palladium; il les fit toutes deux en 1803 dans le minerai de platine (1). Ses expériences furent répétées par plusieurs chimistes dont les résultats s'accordèrent avec les siens, et entre autres par Vauquelin qui apporta quelques modifications au procédé à suivre pour obtenir le palladium. (2)

1234. *État naturel.* — Le rhodium ne s'est trouvé jusqu'ici que dans le minerai de platine. Il n'entre que pour 4 millièmes dans le minerai de platine du Brésil; mais celui d'Antioquia, en Colombie, près Barbacoas, en contient au moins 3 pour cent. (3)

1235. *Extraction.* — C'est de la dissolution du minerai de platine dans l'eau régale que l'on extrait le rhodium. D'abord le platine et le palladium en sont séparés, le premier par le sel ammoniac, le second par le cyanure de mercure, comme il a été dit (1226, 2ᵉ proc.). Ensuite on ajoute de l'acide chlorhydrique à la liqueur restante pour décomposer l'excès de cyanure mercuriel; on évapore jusqu'à siccité, et on lave avec de l'alcool à 0,837 le résidu bien pulvérisé; toute la matière se dissout, excepté le chlorure double de sodium et de rhodium, qui reste sous forme d'une poudre d'un beau rouge foncé. Cette poudre est séchée et exposée dans un tube de verre à l'action d'un courant de gaz hydrogène. Le chlorure de rhodium est réduit avant même que la température ne soit portée jusqu'au rouge naissant. Il ne

---

(1) *Trans. philos.* 1804. — *Ann. de Chimie,* LII et LXI.

(2) *Ann. Chim.,* LXXXVIII, 167.

(3) Cependant, suivant M. André Del-Rio, il existe quelquefois uni à l'or. (*Ann. de Chim. et de Phys.,* XXIX, 137.)

faut plus alors que lessiver la masse pour enlever le sel marin : le rhodium reste pulvérulent et parfaitement pur. On
ne peut l'obtenir en culot, qu'en le fondant avec le soufre
ou l'arsénic, et calcinant pendant long-temps le sulfure ou
l'arséniure jusqu'au rouge blanc dans un creuset découvert;
le soufre ou l'arsénic se brûle, et les particules de rhodium
s'agrègent de manière à former une seule masse.

1236. *Propriétés physiques.* —Le rhodium en poudre est
d'un gris blanc; en masse il a la couleur blanche et l'éclat
du palladium. Il est très dur. Wollaston et Vauquelin ne
l'ont jamais observé que cassant. Sa densité est d'environ 11.
C'est le plus infusible des métaux après l'iridium : il se ramollit à peine, même au feu du chalumeau à gaz hydrogène et oxigène.

Action de l'air; oxides.

1237. *Air.* — L'air est sans action sur le rhodium à la
température ordinaire; il l'oxide au contraire facilement
au degré de la chaleur rouge cerise : le métal très divisé
augmente alors très rapidement en poids de $15\frac{1}{3}$ pour cent
et devient noir; en continuant la calcination, l'absorption
de l'oxigène peut s'élever jusqu'à 18,4 pour cent; mais elle
est très lente et ne dépasse pas ce terme.

Il existe probablement deux oxides de rhodium: un protoxide et un sesqui-oxide : tous deux se réduisent à une
haute température.

Protoxide. — C'est cet oxide qui paraît se former tout
d'abord lorsqu'on calcine du rhodium en poudre avec le
contact de l'air; la calcination doit être cessée dès que la
poudre métallique est devenue noire, ce qui a promptement lieu : autrement, il se produirait peu-à-peu un composé de protoxide et de sesqui-oxide.

Sesqui-oxide. — Que l'on fasse un mélange de rhodium
en poudre, de potasse caustique et d'un peu d'azotate de
potasse; que l'on calcine le mélange dans un creuset de
platine jusqu'au rouge; qu'on lave le produit à l'eau chaude,

pour dissoudre l'excès d'alcali, et que l'on verse ensuite sur le résidu un peu d'acide sulfurique faible pour le priver de la petite quantité d'alcali qu'il retient, on obtiendra un résidu gris tirant sur le vert, qui sera le sesqui-oxide hydraté.

Cet oxide hydraté formé de 1 atome d'eau et 1 atome d'oxide, n'abandonne l'eau qu'à la chaleur rouge. Il est réduit par le gaz hydrogène à la température ordinaire : l'oxide anhydre possède la même propriété.

Berzelius l'a trouvé composé de 100 de rhodium et de 23,03 oxigène, ce qui donne en atomes :

$$2 \text{ de rhodium } 1302,8 + 3 \text{ d'oxigène } 300 = R^2 O^3.$$

Oxides composés.—Suivant toute appparence, le sesqui-oxide s'unit en plusieurs proportions avec le protoxide et donne naissance à divers composés de *sesqui-oxide protoxidé*.

Le 1er se forme en calcinant, pendant long-temps, le rhodium en poudre avec le contact de l'air : sa composition est exprimée par la formule $(3 R O, R^2 O^3) = 3$ atomes de protoxide $+$ 1 atome de sesqui-oxide.

Le 2e s'obtient en décomposant par une dissolution bouillante de potasse caustique, le chlorure de rhodium rose (1); il se dépose sous forme d'une masse gélatineuse hydratée et dont la couleur est d'un jaune tirant sur le brun gris. Il est formé de 2 atomes de protoxide et 1 atome de sesqui-oxide $= (2 R O, R^2 O^3)$. Mis en contact avec l'acide chlorhydrique, il donne lieu à un proto-chlorure insoluble et à un sesqui-chlorure soluble.

Enfin, lorsqu'on chauffe un mélange de chlorure double de rhodium et de potassium et de carbonate de potasse sec, l'acide carbonique du carbonate est dégagé, une partie de

---

(1) Ce chlorure est le résultat de l'action qu'exerce à chaud le chlore sur le rhodium en poudre; il est insoluble dans l'eau.

la potasse est réduite par l'action simultanée des deux principes du chlorure de rhodium , ce métal s'oxide et produit un nouveau composé de protoxide et de sesqui-oxide.

Combinaisons du rhodium avec les métalloïdes et les métaux.

1238. Le rhodium n'a encore été uni qu'à deux métalloïdes, le soufre et le chlore : il ne sera question du chlorure de rhodium que dans l'histoire des sels : nous n'avons donc à examiner ici que la combinaison de ce métal avec le soufre.

Sulfure. — Le sulfure s'obtient en chauffant fortement à l'abri du contact de l'air, un mélange de soufre et de rhodium en poudre ou mieux un mélange de soufre et du sel double que forme le chlorure de rhodium avec le chlorhydrate d'ammoniaque. Il est d'un bleu gris, doué du brillant métallique, cassant, fusible et indécomposable à une haute température. Le grillage en brûle le soufre, et lorsqu'on le chauffe avec le contact de l'air jusqu'au degré de la chaleur blanche, on le convertit en un culot métallique.

L'on peut aussi obtenir le sulfure de rhodium en ajoutant un sulfhydrate à la dissolution de chlorure double de rhodium sesqui-chloré et de sodium proto-chloré et faisant chauffer doucement le mélange. Le sulfure est d'un brun foncé d'abord ; il devient noir par la dessiccation : son soufre se brûle en partie et devient acide. Probablement qu'il correspond au protoxide : sa formule serait donc R S.

1239. *Alliages.* — Il paraît que le rhodium est susceptible de s'unir à la plupart des métaux. On l'a allié au fer, à l'arsénic, au bismuth, au plomb, au cuivre , à l'argent, à l'or, au platine : il a été impossible de le combiner avec le mercure.

Les divers alliages de rhodium n'ont pas été bien examinés : on sait seulement :

1° Qu'une petite quantité de rhodium donne des qualités à l'acier.

2° Que l'arsénic rend le rhodium fusible, et qu'en chauffant fortement l'alliage avec le contact de l'air, on dégage tout l'arsénic à l'état d'acide arsénieux, et on obtient le rhodium sous forme de culot.

3° Qu'il donne en général de la dureté aux métaux avec lesquels on l'allie.

4° Que, quoique par lui-même il ne se dissolve pas dans l'eau régale, il y devient soluble lorsqu'il est allié avec certains métaux, par exemple, avec le platine, le bismuth, le plomb, le cuivre; que l'or, ni l'argent ne lui communiquent cette propriété, et que le rhodium reste sous forme de poudre, lorsqu'on dissout l'argent ou l'or de l'alliage dans un acide.

Action des oxides et des acides.

1240. *Eau.* — Point d'action.

Hydrate de potasse ou de soude. — Calciné avec l'un de ces hydrates, sous l'influence de l'air, il passe lentement à l'état de sesqui-oxide qui s'unit à l'alcali : l'addition d'un peu de nitre favorise singulièrement l'oxidation.

Acides. — Il n'est aucun acide qui puisse dissoudre le rhodium même en poudre : il n'en est plus de même, s'il est allié à certains métaux. Voilà pourquoi il se dissout dans le traitement du minerai de platine par l'eau régale.

Bi-sulfate de potasse. — Quoique l'eau régale soit sans action sur le rhodium, ce métal est attaqué par le bi-sulfate de potasse au degré de la chaleur rouge; il se forme alors un sulfate double de potasse et de rhodium, qui est rose. Le rhodium est oxidé par une partie de l'acide qui se décompose. La quantité de bi-sulfate doit être au moins 5 fois aussi grande que celle de rhodium. Une seule opération ne suffit pas à beaucoup près pour dissoudre tout le rhodium, parce que la chaleur seule peut faire passer le bi-sulfate à l'état de sulfate neutre. C'est pourquoi, lorsqu'on veut oxider tout le rhodium, il faut de temps à autre retirer le creuset du feu, y ajouter un peu d'acide sulfurique pour reconstituer le bi-sulfate et calciner de nouveau le mélange.

On parvient par ce procédé à enlever tout le rhodium au précipité métallique qui se forme en plongeant une lame de zinc dans la dissolution de minerai de platine, etc. ; et l'on est certain que tout le rhodium est enlevé, dès que le résidu ne colore plus le nouveau bi-sulfate avec lequel on le fait fondre.

Caractères des sels de sesqui-oxide de rhodium.

1241. Les sels de rhodium sont très peu connus. Leurs dissolutions sont rouges, jaunes ou brunes, quand elles sont concentrées, et roses quand elles sont étendues. Les alcalis caustiques n'en précipitent un hydrate de sesqui-oxide jaune verdâtre qu'au bout de quelque temps. Les carbonates alcalins ne les troublent pas : il en est de même du cyanure double de potassium et de fer, de l'acide sulfureux. Le gaz sulfhydrique y forme un dépôt de sulfure, mais seulement à l'aide de la chaleur. Le zinc, le fer en réduisent le métal. L'hydrogène opère également la réduction de tous les sels de rhodium, lorsqu'ils sont en poudre et que la température est légèrement élevée.

CHAPITRE VI.

Métaux de la sixième section.

La sixième section comprend les métaux qui ne sont pas susceptibles de s'oxider, lorsqu'on les calcine avec le contact de l'air, et dont les oxides sont réductibles au-dessous du degré de la chaleur rouge. Ces métaux sont au nombre de trois : l'argent, l'or et le platine.

ARTICLE I.

Argent.

1242. *Historique.* — Connu de toute antiquité, l'argent est devenu, en raison de sa rareté, de son inaltérabilité, et de la facilité avec laquelle on le travaille, l'un des signes représentatifs de l'industrie. Ce signe a perdu beaucoup de sa valeur depuis la découverte du Nouveau-Monde. Là se sont trouvées des mines abondantes que les Européens ont exploitées, dont ils ont tiré, et dont ils tirent encore d'immenses richesses. L'Amérique seule, en effet, fournit tous les ans aujourd'hui pour 175 millions d'argent environ, c'est-à-dire, douze fois plus que tous les autres continens ensemble (Humboldt). La masse de ce métal a donc dû, par le commerce, s'accroître considérablement chez toutes les nations, et le prix fictif des marchandises s'élever. Aussi paie-t-on actuellement le blé beaucoup plus que sous Louis XI, et sans doute qu'on le paierait beaucoup plus cher encore si l'on convertissait presque tout l'argent en monnaie comme autrefois ; au lieu d'en employer pour des sommes très fortes à faire des ustensiles, des vases et des ornemens. Nous ne reparlerons point des vains efforts que les alchimistes ont faits pour transformer d'autres métaux en celui-ci ; il n'en a été que trop souvent question peut-être dans les chapitres précédens. Nous observerons seulement que leurs longues recherches n'ont jeté qu'un faible jour sur la connaissance des propriétés de ce métal, et qu'il n'a été bien étudié que par les chimistes modernes.

On le désignait autrefois, dans plusieurs ouvrages de chimie, par les noms de *diane*, de *lune;* il ne l'est plus maintenant que par le nom d'*argent.*

1243. *Propriétés physiques.* — L'argent est solide, blanc, susceptible d'un beau poli, très malléable, très ductile. On en fait des fils très déliés et des feuilles si minces que le moindre souffle les enlève. Il n'a pas beaucoup de dureté. Par le frottement il n'acquiert point d'odeur. Sa ténacité est très grande. Sa pesanteur spécifique est au moins de 10,4743. Il cristallise en pyramides à 4 faces ou en octaèdres réguliers.

L'argent entre en fusion un peu au-dessus de la chaleur rouge-cerise, et peut être porté jusqu'à l'ébullition, au foyer du miroir ardent, pourvu qu'il soit mat; car s'il était parfaitement poli, il réfléchirait les rayons lumineux et ne s'échaufferait pas assez même pour se fondre (Berzelius).

Action de l'oxigène, de l'air; oxides.

1244. *Oxigène et air.*—L'argent est sans action sur le gaz oxigène et sur l'air, secs ou humides, à la température atmosphérique. Exposé dans un creuset ouvert à un feu ordinaire ou à un feu de réverbère, et soustrait ensuite à la chaleur, il se trouve après le refroidissement n'avoir éprouvé non plus aucune altération : il se réduirait même s'il était oxidé. Cependant, lorsqu'il est en fusion, il est susceptible d'absorber l'oxigène ; et ce qu'il y a d'extraordinaire, c'est qu'il l'abandonne complètement en se solidifiant. Les expériences de M. Samuel Lucas ne laissent aucun doute à cet égard. L'absorption se fait facilement surtout, si, comme l'a pratiqué M. Gay-Lussac, le métal est fondu dans un tube de porcelaine traversé par un courant de gaz oxigène; elle se fait mieux encore en projetant du nitre par petites parties sur de l'argent maintenu en fusion dans un creuset de terre. En effet, que l'on porte ensuite rapidement le creuset sous une cloche dans la cuve à eau, on verra le gaz se dégager tumultueusement. M. Gay-Lussac a recueilli ainsi jusqu'à 22 volumes d'oxigène pour 1 d'argent. Une très petite quantité de cuivre, 2 pour 100 au plus, suffit pour enlever cette propriété à l'argent : voilà pourquoi l'argent pur *roche* toujours à la coupellation, tandis que l'argent chargé de quelques traces de cuivre peut être obtenu en un bouton uni. (1)

L'argent n'absorbe pas le gaz oxigène seulement dans les circonstances que nous venons d'indiquer: on prétend en outre qu'une forte décharge électrique transforme l'argent en oxide olivâtre; et, selon M. Vauquelin, lorsqu'on le place dans une cavité pratiquée dans un charbon, qu'on allume les parois de la cavité, et qu'on dirige dessus un jet d'oxigène, bientôt il fond, se vaporise, et brûle en rendant jaune la flamme qui se produit.

Oxides d'argent. — On en connaît deux : un protoxide qui est une base salifiable puissante, et un peroxide qui ne joue, ni le rôle de base, ni le rôle d'acide.

1245. *Protoxide.* — Le protoxide est d'une couleur olive foncée, sans action sur l'oxigène et sur l'air; soluble dans l'eau, mais en quantité excessivement faible; il rougit le papier de curcuma et verdit le sirop de violettes. La lumière ne l'altère pas, ou du moins n'en dégage aucune portion d'oxigène (2). A peine le chauffe-t-on qu'il se revivifie. La pile en opère aussi très facilement la réduction. La plupart des corps combustibles, à une température un peu élevée, possèdent également cette propriété : le charbon, le phosphore, le soufre, le potassium, le sodium, et plusieurs autres s'emparent même de son oxigène en produisant un grand dégagement de lumière; il forme avec l'ammoniaque une poudre fulminante (378).

On l'obtient en décomposant l'azotate d'argent par la potasse ou la soude, lavant le précipité à grande eau et le faisant sécher dans une capsule (2ᵈ procédé, 578).

La propriété qu'a l'oxide d'argent de se réduire au-des-

---

(1) On dit que l'argent *roche*, lorsqu'au moment de sa solidification il y en a une petite partie qui est projetée et figée à la surface.

(2) Cependant l'oxide d'argent, après avoir été exposé à la lumière, ne se dissout plus complètement dans l'ammoniaque ; il laisse un résidu d'argent métallique. Se produirait-il alors du peroxide qui s'unirait au protoxide?

sous du degré de la chaleur rouge donne le moyen de déterminer facilement la proportion de ses principes constituans. En effet, il suffit pour cela de prendre une certaine quantité d'oxide, de le chauffer dans une cornue, de recueillir le gaz oxigène et de peser le résidu, en procédant d'ailleurs à l'expérience comme nous l'avons dit au sujet du bi-oxide de mercure (1179). Autant que possible, l'oxide qu'on emploie doit être sec; mais quand bien même il serait humide, l'analyse serait encore rigoureuse, puisque le métal et l'oxigène se trouvent parfaitement isolés, et que l'on peut en déterminer le poids. En opérant ainsi, nous avons trouvé, M. Gay-Lussac et moi, que l'oxide d'argent doit être formé de 100 d'argent et de 7,6 d'oxigène (*Recherches physico-chimiques*). M. Berzelius pense que la quantité de celui-ci n'est que de 7,398 (*Ann. de Chim. et de Phys.* v, 176). Ce qui donne en proportions et en atomes :

$$\text{1 d'argent } 1351,60 + \text{1 d'oxig. } 100 = \text{Ag O.}$$

1246. *Per-oxide.* — Cet oxide a été découvert par Ritter. C'est en décomposant par la pile une dissolution d'azotate d'argent, très étendue d'eau, qu'on se le procure; il se dépose alors sur le conducteur positif d'or ou de platine, en longues aiguilles qui s'entrecroisent et qui sont douées de l'éclat métallique. L'un de ses principaux caractères est d'abandonner une partie de son oxigène avec une facilité extrême : aussi se dissout-il dans les acides sulfurique et phosphorique avec un dégagement subit de ce gaz ; donne-t-il du chlore et du chlorure d'argent avec l'acide chlorhydrique ; produit-il un violent dégagement de gaz azote avec la dissolution d'ammoniaque ; détone-t-il fortement par le choc du marteau lorsqu'il est mêlé avec le phosphore.

Combinaisons des métalloïdes avec l'argent.

1247. Les métalloïdes, unis jusqu'à présent à l'argent, sont le silicium, le charbon, le phosphore, le soufre, le sélénium, le fluor, le chlore, le brôme, l'iode. Il ne sera question des fluorure, chlorure, brômure, iodure qu'à l'époque où nous traiterons des sels.

1248. *Carbure, siliciure d'argent.*—Berzélius assure qu'il est facile de combiner une petite quantité de silicium ou de carbone avec l'argent, en chauffant fortement ces corps ensemble; et qu'en dissolvant ensuite l'argent, le carbone ou le silicium se dépose en poudre.

1249. *Phosphure d'argent fait en projetant des morceaux de phosphore sur de l'argent chauffé au rouge* (590, premier procédé). — Brillant, cassant, grenu, plus fusible que l'argent, décomposable à une haute température; lançant, suivant Pelletier, en se refroidissant, des jets de phosphore qui brûlent avec vivacité, en sorte que le phosphure fondu contiendrait plus de phosphore que celui qui est solide; composé de 88 d'argent et de 12 de phosphore. (*Mémoires* de Pelletier.)

1250. *Proto-sulfure.*—Solide, ductile, se laissant facilement couper, gris de plomb et doué de l'éclat métallique; plus fusible que l'argent, cristallisable en cubes et en octaèdres, indécomposable par le feu; sans action sur le gaz oxigène sec ou humide à la température ordinaire; absorbe ce gaz à l'aide de la chaleur, et donne lieu à du gaz sulfureux et à de l'argent; se comporte avec l'air comme avec le gaz oxigène; se transforme par l'acide chlorhydrique concentré et bouillant en chlorure d'argent et acide sulfhydrique; s'unit à beaucoup de sulfures métalliques et forme par voie sèche avec les sulfures alcalins un produit rougeâtre semblable au double sulfure d'antimoine et de potassium.

Le sulfure d'argent s'obtient par les deux premiers et les deux derniers procédés (602); il se forme d'ailleurs de plusieurs autres manières. On sait que l'argent noircit en l'exposant à la vapeur des fosses d'aisances, et qu'il éprouve très promptement cet effet auprès des eaux sulfureuses : c'est qu'il se trouve, dans ces deux cas, en contact avec l'acide sulfhydrique qu'il décompose peu-à-peu. Macquer rapporte même qu'ayant eu occasion d'analyser un vase d'argent qu'on avait retiré d'une fosse d'aisances, il le trouva tout friable, tout noir, et converti en proto-sulfure d'argent. Enfin, l'on sait que les œufs que l'on fait cuire dans un vase d'argent le noircissent plus ou moins, et que c'est encore par le soufre qu'ils contiennent, que cet effet a lieu.

Il est formé de 100 d'argent et de 14,88 de soufre ; sa composition est donc en proportions et en atomes :

$$\text{1 d'argent } 1351,60 + \text{1 de soufre } 201,16 = \text{Ag S.}$$

Le sulfure d'argent est assez abondant dans la nature. C'est de ce composé qu'on extrait journellement la plus grande partie de l'argent qui entre en circulation. Il forme parfois à lui seul des filons assez puissans dans les terrains primitifs et intermédiaires, et dans les premiers dépôts secondaires : telles sont, en Europe, les mines de Freyberg dans la Saxe, celles de Hongrie et de Transylvanie; et en Amérique, les mines des districts de Guanaxuato, Zacatecas, Catorce, du Serro del Potosi, etc., etc. Il est souvent accompagné par les sulfures doubles d'argent et d'antimoine, d'argent et d'arsénic; et d'ailleurs il est mélangé avec le sulfure de plomb dans presque toutes les mines de ce métal. Le sulfure d'argent se trouve encore quelquefois en petits cristaux, quelquefois en amas assez volumineux, et fréquemment en très petites parties disséminées dans diverses gangues.

Le minerai connu sous le nom d'*argent rouge* est un double sulfure d'antimoine et d'argent dans lequel le sulfure d'antimoine est quelquefois remplacé par le sulfure d'arsénic : il paraît qu'il est formé de 1 atome de proto-sulfure d'antimoine et de 3 atomes de sulfure d'argent $= (\text{S b S}^3, 3 \text{ Ag S})$.

1251. *Séléniures.* — L'argent a pour le sélénium une grande affinité : il noircit sous l'influence des vapeurs de ce corps, de même que par le contact de l'acide sélénhydri-

que et de l'acide sélénieux; on ne saurait enlever tout le sélénium au séléniure d'argent, soit en le grillant, soit en le
fondant avec du borax, ou un alcali, ou du fer. Ce dernier
se dissout dans la masse fondue, en formant un composé
ternaire d'un gris jaunâtre foncé.

Le proto-séléniure, qui correspond au protoxide, s'obtient en décomposant l'azotate d'argent par l'acide sélénhydrique; il entre facilement en fusion et forme un culot
d'un blanc d'argent qui s'aplatit un peu sous le marteau.

Le bi-séléniure se prépare en faisant fondre l'argent ou
le proto-séléniure de ce métal avec un excès de sélénium, et
chassant cet excès par la chaleur. Ce composé résiste même
à la chaleur rouge. Il est gris et mou.

Alliages d'argent.

1252. Les combinaisons de l'argent avec le plomb, le
cuivre, le mercure, le platine et l'or, sont les seuls alliages
d'argent qui présentent assez d'intérêt pour être examinés
d'une manière spéciale. Les trois premiers ont été étudiés
(1155, 1170, 1189); celui de platine le sera (1278). Nous
allons nous occuper du dernier.

Alliage d'or et d'argent.—Cet alliage s'obtient en faisant
fondre l'argent et l'or dans un creuset. Sa dureté est plus
grande que celle de l'un des deux métaux qui le composent,
et sa fusibilité plus grande que celle de l'or. Sa couleur varie : elle est verdâtre, lorsque l'argent n'entre que pour
une petite quantité dans l'alliage; elle est blanche, lorsqu'il
y entre pour les deux tiers.

Dans aucun cas, soit à la température ordinaire, soit à
une température élevée, l'alliage ne s'oxide dans son contact
avec le gaz oxigène ou l'air atmosphérique.

En combinant 708 parties d'or pur avec 292 parties d'argent pur, on obtient un alliage vert que l'on appelle *or
vert.*

Le vermeil n'est que de l'argent doré avec un amalgame
d'or. Cette dorure se fait comme celle du cuivre (1190).

L'argent naturel est presque toujours accompagné d'une certaine quantité d'or. Il en est de même de l'or naturel par rapport à l'argent. Aussi les lingots d'argent et les lingots d'or du commerce contiennent-ils généralement, les premiers un peu d'or, et les seconds un peu d'argent.

M. Boussingault a rencontré dans les divers échantillons d'or natif de la Colombie qu'il a analysés, 1 at. d'argent combiné avec 2, 3, 5, 6 et 8 at. d'or (*Ann. de Chim. et de Phys.*, XXXIV, 408). L'alliage formé de 1 at. d'argent et de 2 at. d'or est le plus abondant ; il forme des cristaux cubiques. Il suit de là que les alliages naturels d'or et d'argent sont à proportions définies.

Action des oxides et des acides.

1253. *Eau.*—Point d'action, à quelque température que ce soit.

Alcalis. —Ils exercent très peu d'influence sur l'argent. Toutefois l'hydrate de potasse et l'hydrate de soude, maintenus en fusion dans des vases d'argent, déterminent l'oxidation d'une petite partie du métal qui se dissout dans la masse : souvent, en outre, il se détache du vase des parcelles métalliques. L'argent s'oxide surtout, lorsqu'on brûle le potassium ou le sodium dans une petite nacelle de ce métal, au milieu du gaz oxigène.

Acide sulfurique. — Il n'attaque l'argent qu'autant qu'il est chaud et concentré; il le dissout alors en dégageant de l'acide sulfureux.

Acide azotique. —L'action de l'acide azotique sur l'argent a lieu même à froid. Le métal s'oxide, se dissout avec dégagement de calorique et de bi-oxide d'azote, et la dissolution, qui d'abord est verdâtre, finit par devenir incolore, et par laisser déposer des cristaux blancs et lamelleux d'azotate acide.

Acide chlorhydrique. — Point d'action à froid, décomposition d'une très faible partie de l'acide au degré de la chaleur rouge, dégagement de gaz hydrogène et formation de chlorure. (M. Boussingault.)

Eau régale. — Décomposition de l'acide à la température ordinaire, dégagement de bi-oxide d'azote, et formation de chlorure.

1254. *Caractères des sels de protoxide d'argent.*

Couleur.	Blanche, si le sel est neutre et si l'acide n'est pas coloré; jaune en général, si le sel est avec excès de base.
Saveur.	Métallique, très désagréable.

Leurs dissolutions donnent :

Avec potasse ou soude.	Ppté brun-clair ou olive d'oxide hydraté.
Avec ammoniaque.	Point de ppté.
Avec carbonate de potasse ou de soude.	Ppté blanc de carbonate d'argent.
Avec acide chlorhydrique ou solution de chlorure.	Ppté blanc floconneux de chlorure d'argent, soluble dans l'ammoniaque, insoluble dans les acides à moins qu'ils ne soient concentrés, et encore les acides sulfurique et azotique n'en dissolvent-ils que des traces ; le ppté passe au violet, puis au noir par l'action de la lumière : c'est ce ppté qui caractérise le mieux les sels d'argent.
Avec chlorate.	Point de ppté.
Avec chlore.	Ppté de chlorure et dégagement de gaz oxigène ou formation de chlorate.
Avec acide sulfhydrique, monosulfures et sulfhydrates alcalins.	Ppté noir de sulfure d'argent.
Avec chromate de potasse.	Ppté rouge pourpre de chromate d'argent.
Avec phosphate de soude.	Ppté jaune serin de phosphate d'argent.
Avec arsénite.	*Idem.*
Avec arséniate.	Ppté brun rouge d'arséniate d'argent.
Avec cyanure jaune de potassium et de fer.	Ppté blanc de cyanure d'argent ferrugineux.
Avec la plupart des métaux de la troisième et de la quatrième sections, surtout avec lame de cuivre.	Ppté d'argent en poudre cristalline.

On sait de plus que les sels neutres d'argent sont sans action sur la teinture de tournesol, et qu'ils sont noircis par
la lumière.

Etat naturel, extraction, usages.

1254. *Etat naturel.*—L'argent existe naturellement :
1° natif ; 2° à l'état d'alliage binaire avec l'antimoine, l'arsénic, le tellure, le mercure, l'or; 3° à l'état de sulfure simple et de sulfure double , de séléniure simple et de séléniure
double, de chlorure , d'iodure ; 4° enfin à l'état de carbonate.

L'argent natif contient toujours un peu de fer, ou de cuivre, ou d'arsénic, ou d'or. Il est tantôt cristallisé régulièrement, tantôt disposé en dendrites, en réseau , en filamens
cylindriques et contournés. Il ne forme jamais de gîtes à lui
seul, mais se trouve dans les filons composés de sulfure
d'argent ou de sulfure de plomb argentifère. Il y est disséminé en petites parties, et ne forme que rarement par lui-
même des masses un peu volumineuses. On en cite cependant de 20 à 40 kilogrammes provenant des mines de Sainte-
Marie dans les Vosges , des masses beaucoup plus considérables encore tirées des mines de Kongsberg en Norwège ,
de Schnéeberg en Saxe; mais il n'a pas été démontré que ces
masses fussent réellement d'argent pur.

Extraction.— L'argent ayant une grande valeur, l'on en
exploite presque toutes les mines , même celles qui ne contiennent qu'une quantité à peine sensible de ce métal. Les
grandes exploitations ont lieu sur des sulfures d'argent :
telles sont celles du Mexique , du Pérou, de Kongsberg en
Norwège, de Hongrie et de Transylvanie. Nous avions autrefois en France des mines analogues , à Allemont , à La-
croix et Sainte-Marie-aux-Mines dans les Vosges. Aujour-
d'hui nous n'exploitons que des minerais de plomb argentifères. La quantité d'argent fournie annuellement par l'A-
mérique méridionale, de 1790 à 1802, a été de 795,581 kil.

L'Europe n'en a produit par an, pendant ce temps , que 53,000 kil., dont 900 seulement provenaient des mines de plomb argentifères de France.

Les procédés que l'on suit pour extraire l'argent varient singulièrement en raison de la nature de ses mines, de leur richesse et des lieux où elles se trouvent. Cependant, en dernier résultat, ces procédés consistent presque tous à ramener l'argent à l'état métallique lorsqu'il n'y est point, à l'allier au plomb ou au mercure, et à le séparer ensuite de ceux-ci. Déjà nous avons vu que c'était ainsi qu'on parvenait à l'extraire de la galène et de la pyrite de cuivre, matières dans lesquelles il est sans doute uni au soufre (1160 et 1175).

Procédés employés en Europe. — A Konsberg, où existe la mine d'argent natif la plus riche de l'Europe, l'on fait fondre parties égales de plomb et d'argent natif presque entièrement dégagé de sa gangue : il en résulte un alliage qui contient 30 à 35 centièmes d'argent. L'on soumet cet alliage à la coupellation; le plomb s'oxide, s'écoule sous forme de litharge, et l'argent reste dans la coupelle (1160).

L'on suit un autre procédé à Freyberg, où le minerai que l'on exploite est du sulfure d'argent disséminé dans une grande quantité de pyrites de fer et mêlé d'ailleurs à plusieurs autres sulfures et beaucoup de gangues saline et terreuse. Là, au lieu de plomb, on emploie le mercure.

On fait en sorte que le minerai contienne 2 millièmes et demi au plus d'argent. Si la quantité d'argent était plus grande, il en resterait dans les résidus d'amalgamation ; si elle était beaucoup plus petite, par exemple de 1 millième et demi, les frais d'exploitation dépasseraient la valeur des produits. Il faut aussi que le minerai renferme de 34 à 35 pour 100 de sulfure de fer. Lorsqu'il en contient moins, ce qui arrive assez souvent, on en ajoute une quantité équivalente. Les triages que l'on fait du minerai, et dans lesquels on rejette autant que possible les sulfures de plomb et de cuivre, permettent toujours de remplir ces conditions. Le mélange tout préparé se compose, d'après M. Berthier, de :

Quarz, sulfate de baryte, etc.	27,8
Carbonate de chaux	5,0
Carbonate de magnésie	3,0
Carbonate de fer	4,5
Carbonate de cuivre	1,2
Carbonate de plomb	4,0
Bi-sulfure de fer	28,5
Mispickel	19,8
Argent	0,2
	98,2

Après avoir bien mêlé les matières avec un dixième de sel marin, on les grille dans un fourneau à réverbère, en les remuant fréquemment. Il se forme des sulfates de soude, de fer, de cuivre, de chaux, de magnésie, de plomb, des chlorures de fer, d'argent et de cuivre, de l'oxide de fer, du gaz sulfureux, de l'acide arsénieux, etc. Le mélange grillé est réduit en poudre fine et mis dans des tonneaux traversés par un axe horizontal qui tourne au moyen d'une roue, mue par un courant d'eau. Sur 10 quintaux de poudre, l'on ajoute de 3 à 5 quintaux et demi d'eau et de 60 à 70 livres de fer forgé; après quoi l'on fait tourner les tonneaux pendant une heure. Puis l'on introduit un demi-quintal de mercure et l'on remet les tonneaux en mouvement, mais pendant 16 à 18 heures. Dans cette opération, l'eau sert à délayer la poudre, à dissoudre plusieurs sels et à permettre au mercure de se diviser et de se mouvoir convenablement. D'une autre part, le chlorure d'argent, etc., est décomposé par le fer, et donne lieu à du chlorure de fer soluble, et à de l'argent métallique très divisé qui s'unit au mercure. Alors on retire la matière des tonneaux, on la lave, et on en sépare ainsi l'amalgame que l'on met dans des sacs de coutil, où on lui fait éprouver une forte pression : l'excès de mercure passe à travers les mailles, ne retenant qu'une petite quantité d'argent, tandis que, dans le sac, reste un amalgame solide contenant environ un septième d'argent. Comme le mercure est très volatil et que l'argent ne l'est point, il suffit de chauffer l'amalgame pour en extraire l'argent : seulement l'opération doit se faire de manière à recueillir le mercure ; elle s'exécute en mettant l'amalgame sur des plateaux circulaires de fer, situés les uns au-dessus des autres, les couvrant d'une cloche de fer dont les parois plongent dans l'eau, et faisant rougir les parois extérieures de la cloche par un fourneau qui les entoure.

Le résidu de la distillation de l'amalgame est de l'argent plus ou moins souillé de cuivre et de traces de plomb, d'arsénic, quelquefois même d'antimoine et de nickel, et de quelques autres métaux. On le fond à trois reprises avec le contact de l'air ; on oxide ainsi tous les métaux étrangers à l'argent et au cuivre ; on oxide en même temps une partie de celui-ci, et l'on obtient l'alliage au titre de 750 millièmes que l'on verse dans le commerce.

Il est des mines bien moins riches encore que celle de Freyberg : on en exploite même qui ne contiennent que des traces d'argent engagé au milieu de gangues terreuses, d'oxide de fer, de sulfures de fer, de cuivre, etc. Dans ce cas, l'on commence par rassembler l'argent sous un plus petit volume, ce à quoi l'on parvient en mêlant le minerai avec une certaine quantité de pyrite lorsqu'il n'en contient point assez, et fondant le mélange. La pyrite entraîne dans sa fusion les métaux et les sulfures métalliques tenant argent, et de là résultent une masse qui prend le nom de *matte crue*, et des scories où se trouvent la gangue, les oxides de fer, etc.

La matte crue formée de sulfures métalliques est grillée à plusieurs reprises pour en séparer le soufre et en oxider le fer, puis fondue une seconde fois après y avoir ajouté une nouvelle portion de minerai : par ce moyen, on augmente sa richesse. Ordinairement même on la fond une troisième fois avec du plomb, du minerai plus riche et quelques fondans terreux. Cette troisième fonte commence à donner du plomb argentifère; mais elle donne en même temps des mattes de plomb que l'on grille de nouveau, et qu'on refond avec du plomb. Le plomb argentifère est traité au fourneau de coupellation, comme nous l'avons dit (1160).

Procédés suivis au Mexique et au Pérou. — C'est généralement par l'amalgamation, que l'on traite les minerais d'argent en Amérique; mais le procédé diffère à beaucoup d'égards de la méthode suivie en Allemagne. On en jugera par la description qui va suivre, et que M. Boussingault, qui a si bien étudié le procédé sur les lieux, a bien voulu me donner.

Le minerai, après avoir été bocardé à sec, est broyé avec de l'eau jusqu'à ce qu'il ait acquis une grande finesse. Les boues métalliques qui résultent de cette opération sont déposées dans une grande cour, en tas qui peuvent contenir jusqu'à 1200 quintaux de minerai. Après avoir ajouté 2 à 3 pour cent de sel marin, on laisse reposer la masse pendant plusieurs jours. On procède alors à l'incorporation du *magistral* et du mercure.

Le *magistral* se prépare en grillant de la pyrite de cuivre réduite en poudre; c'est un mélange d'oxide rouge de fer et de sulfate de cuivre. On l'emploie, selon la nature du minerai, dans la proportion de 1 à 1 $\frac{1}{2}$ pour cent.

La quantité de mercure destinée à une opération dépend de l'argent qui se trouve dans le minerai; on prend ordinairement 6 à 8 fois autant de mercure qu'il y a d'argent à extraire.

Le mercure s'introduit par fraction et à différentes époques de l'opération. Après l'addition du *magistral*, on ajoute du mercure et l'on divise les matières dans le minerai en faisant courir des chevaux dans les tas, qui prennent le nom de tourtes (*tortas*). De temps à autre, l'*amalgameur* examine l'aspect du mercure. Si la surface de ce métal est légèrement grise, s'il se réunit aisément en un globule, c'est une preuve que l'amalgamation marche bien. Si, au contraire, le mercure est trop divisé, s'il présente une couleur très foncée, c'est un signe qui indique trop de *magistral*; les *amalgameurs* disent alors que la *tourte a trop chaud* : il faut ajouter de la chaux pour la *refroidir*. Enfin , si le mercure conserve son brillant et sa fluidité, on peut être certain que le minerai n'a pas reçu assez de *magistral*, *la tourte a froid*, et il faut pour la *réchauffer* ajouter du *magistral*.

Après plusieurs jours, le mercure est changé en un amalgame presque solide, brillant et tellement divisé qu'on le prendrait pour de la limaille d'argent. C'est alors qu'on introduit de nouveau du mercure dans la *tourte*. C'est par la consistance de l'amalgame que l'on sait quand il est nécessaire de faire une nouvelle addition de ce métal.

Lorsque l'on juge l'amalgamation terminée , on ajoute une nouvelle dose de mercure, et l'on fait courir les chevaux dans la *tourte* pendant 2 ou 3 heures : cette dernière addition a pour objet de réunir l'amalgame qui se trouve divisé. Alors on lave la masse à grande eau; toutes les matières terreuses et salines sont entraînées; le mercure reste seul, chargé d'argent; il est filtré à travers des sacs de coutil, et l'amalgame solide qu'ils retiennent est soumis à la distillation.

Le procédé que nous venons de décrire est dû à un Espagnol, Bartolome de Medina, qui , en 1557, s'était établi au Mexique pour y exploiter des mines.

Pour comprendre les phénomènes chimiques qui se passent dans l'amalgamation américaine , il faut avoir présens à l'esprit les faits suivans :

1° Le sulfate de cuivre, mêlé au sel marin, se transforme presque en totalité en bi-chlorure;

2° Le bi-chlorure de cuivre dissous dans l'eau et en contact avec le mercure passe à l'état de chlorure : il se forme du chlorure de mercure;

3° Le chlorure de cuivre se dissout en très fortes proportions dans l'eau saturée de sel marin;

4° Une dissolution de chlorure de cuivre dans l'eau chargée de sel marin réagit promptement sur le sulfure d'argent; il résulte de cette réaction du chlorure d'argent et du sulfure de cuivre ;

5° Le chlorure d'argent se dissout en quantité notable dans l'eau saturée de sel marin ; ainsi dissous , il est réduit par le mercure.

En ajoutant du *magistral* au minerai contenant du sel marin , il se forme du bi-chlorure de cuivre. Le mercure d'un côté, le sulfure d'argent et l'argent natif , de l'autre, font passer le bi-chlorure à l'état de chlorure ; le chlorure de cuivre se dissout aussitôt qu'il est formé dans l'eau saturée de sel marin dont le minerai est imbibé ; il pénètre ainsi dans toute la masse et réagit sur le sulfure d'argent , en le transformant en chlorure d'argent. Le chlorure d'argent, une fois formé, se dissout à la faveur du sel marin, et l'argent ne tarde pas à être revivifié par le mercure.

Si le minerai contenait trop de *magistral*, il se formerait trop de bi-chlorure de cuivre dont l'excès est toujours nuisible, parce qu'il détruit le mercure et l'argent déjà réduit, en les changeant en chlorures. Dans ce cas, il faut décomposer le bi-chlorure de cuivre par un alcali, et c'est ce que font les *amalgameurs* en ajoutant de la chaux.

Dans l'amalgamation américaine, la perte en mercure est toujours considérable. La théorie semble indiquer un moyen qui préviendrait en grande partie cette perte et qui simplifierait le procédé. Ce moyen consisterait à transformer d'abord tout l'argent des minerais en chlorure , en faisant agir le sel marin et le *magistral* en excès , de manière à accélérer l'opération; alors on ajouterait de la chaux pour détruire les sels de cuivre, et l'on introduirait du fer et du mercure dans la *tourte* : on éviterait ainsi de mettre en présence le mercure et le bi-chlorure de cuivre, et la révivification du chlorure d'argent aurait lieu aux dépens du fer.

1256. *Usages.* — Les usages de l'argent sont connus de

tout le monde : l'on s'en sert principalement pour faire de la monnaie, des vases, des ustensiles et des ornemens. Tous ces objets sont alliés à une certaine quantité de cuivre que la loi a fixée : sans cela ils seraient trop mous , et ne conserveraient pas long - temps les formes que l'art leur donnerait.

En médecine on l'emploie aussi pour préparer la pierre infernale (azotate d'argent fondu) , avec laquelle on ronge les chairs baveuses, et l'on ranime les ulcères indolens.

ARTICLE II.

Or.

1257. *Propriétés physiques.* — L'or, dont l'historique et les principaux usages sont les mêmes que ceux de l'argent, est solide, jaune, très brillant, inodore, insipide. C'est le plus ductile et le plus malléable de tous les corps; on en fait des fils très fins, et on le réduit par le battage en feuilles de 0^m, ooooq d'épaisseur. Il est alors transparent et laisse passer une lumière d'un vert bleuâtre. Sa ténacité est très grande. Il a peu de dureté. Sa pesanteur spécifique est de 19,257. Tillet et Mongez l'ont obtenu cristallisé en octaèdres.

L'or est moins fusible que l'argent; il ne fond qu'au-dessus de la chaleur rouge, à environ 32° du pyromètre de Vegdwood. Cependant on peut en opérer la fusion dans un fourneau à réverbère. Il n'est pas volatil à un feu de forge.

Action de l'oxigène et de l'air oxides.

1258 *Oxigène et air.* — L'or n'a aucune espèce d'action, soit à froid, soit à chaud, sur le gaz oxigène et sur l'air. On ne peut tout au plus combiner le gaz oxigène avec l'or que par une forte décharge électrique (510) : nous disons tout au plus, car quoique l'or, dans cette expérience, perde son brillant et se transforme en une poudre purpurine que plusieurs chimistes regardent comme un oxide, il serait possible qu'elle ne fût que de l'or très divisé.

1259 *Oxides.* — On connaît deux oxides d'or: un protoxide découvert par M. Berzelius, très aisément décomposable et très peu étudié; et un tri-oxide qui ne paraît pas susceptible de former de sels avec les acides même les plus forts, et se combine au contraire très bien avec les alcalis (Pelletier).

Protoxide. — On prépare cet oxide en versant à froid une dissolution de potasse caustique sur du proto-chlorure d'or. Il se forme du chlorure de potassium en même temps que du protoxide d'or, dont une partie seulement se dépose à l'état de poudre verte. Celle qui reste en dissolution se transforme très peu de temps après en or et en tri-oxide. Il en est de même du protoxide pur sous l'influence de la lumière.

Sa composition peut être déterminée en décomposant le proto-chlorure d'or par le mercure, de la même manière que celle du tri-oxide. (Voy. p. 622).

M. Berzelius admet que ce protoxide contient, pour 100 d'or, 4,023 d'oxigène : ce qui donne:

En proportions 1 de métal 2486 $+$ 1 d'oxigène 100

En atomes.... 2 de métal 2486 $+$ 1 d'oxigène 100$=Au^2O$.

Tri-oxide. — Brun lorsqu'il est sec, jaune-rougeâtre à l'état d'hydrate, sans action sur l'oxigène et sur l'air, réductible avec la plus grande facilité par la chaleur et la pile, décomposable par la plupart des corps combustibles à une température tant soit peu élevée, en donnant lieu souvent à un grand dégagement de lumière; insoluble dans l'eau; soluble dans l'acide chlorhydrique avec lequel il forme de l'eau et un tri-chlorure; ne se combine que difficilement avec les oxacides même les plus forts; s'unit, au contraire, très bien avec les alcalis; produit par son action sur l'ammoniaque une poudre fulminante (377) (Pelletier).

Cet oxide n'existe point dans la nature.

Le meilleur procédé pour l'obtenir, consiste à faire

chauffer une solution de tri-chlorure d'or avec un excès de magnésie. Celle-ci échange son oxigène contre le chlore du chlorure d'or, et produit ainsi un précipité de l'oxide de ce métal, avec lequel elle se combine en partie. Le précipité, étant bien lavé, est mêlé avec de l'acide azotique étendu d'eau, qui dissout à l'instant même toute la base terreuse. L'oxide d'or, sur lequel l'acide azotique étendu est sans action, reste à l'état d'hydrate; on le recueille sur un filtre, on le lave, et on le fait sécher doucement à l'air ou sous le récipient de la machine pneumatique. En se séparant de l'eau, il devient brun (Pelletier, *Ann. de Chim. et de Phys.*, t. XVI, p. 5). La baryte et probablement la strontiane ou la chaux pourraient être substituées à la magnésie dans cette opération.

Cet oxide est formé, d'après MM.

	Oberkampf.	Berzelius.	Pelletier.	Javal.
Or.........	100,00	100,000	100,00	100,000
Oxigène.....	10,01	12,077	10,03	11,909

M. Oberkampf est parvenu à ces résultats en décomposant l'oxide par le feu, et faisant l'expérience de même que celle qui est relative à l'analyse de l'oxide d'argent (*Ann. de Chim.*, tom. LXXX). Il paraît que l'oxide sur lequel il a opéré contenait un peu de baryte.

M. Pelletier a conclu ceux qu'il rapporte de l'analyse de l'iodure d'or et de la loi de composition des iodures. (Voy. ce genre de composés.)

Quant à M. Berzelius, il emploie un moyen plus compliqué, et déduit la composition du tri-oxide d'or de l'analyse du chlorure correspondant. Après avoir dissous un poids donné d'or pur dans de l'eau régale, il évapore la dissolution à siccité, et jusqu'à ce que du chlore commence à se dégager. Mettant ensuite le chlorure dans un matras avec de l'eau, il y ajoute un poids de mercure précisément égal à la moitié de celui de l'or, et laisse le tout en contact pendant plusieurs jours, en agitant la masse de temps en temps. Dans cette opération, le mercure s'empare du chlore combiné à l'or, et se substitue à ce métal qu'il précipite ; il en résulte donc du bi-chlorure de mercure et un dépôt d'or métallique et de l'excédant de mercure. Or, comme l'on connaît très bien la proportion des principes constituans du bi-chlorure de mercure, il suffit, pour connaître celle des principes constituans du chlorure d'or et par suite de l'oxide, de savoir combien il exige de mercure pour être réduit. Cette quantité s'obtient en lavant le dépôt, le rassemblant, le calcinant dans une petite cornue, recueillant avec soin le mercure qui se vaporise, et retranchant son poids de celui du mercure employé. Dans une expérience, 14$^{\text{gram.}}$, 29 de mercure ont réduit à l'état métallique une quantité de chlorure renfermant 9$^{\text{gram.}}$, 355 d'or; et dans une autre, 9$^{\text{gram.}}$ 95 de mercure en ont précipité 6$^{\text{gram.}}$, 557 ; d'où M. Berzelius conclut, en admettant que 100 parties de mercure absorbent 7,9 d'oxigène, que l'oxide d'or est formé d'or et d'oxigène dans les proportions précédemment citées ; il les regarde comme d'autant plus exactes qu'elles correspondent au sulfure d'or que M. Oberkampf a obtenu en faisant passer du gaz sulfhydrique à travers une dissolution d'or (*Ann. de Chim.*, tom. LXXXVII, pag. 114). Ajoutons que M. Berzelius, ayant eu occasion de revoir son travail en 1821, a trouvé qu'il n'avait aucun motif pour changer ses premières évaluations.

Enfin, c'est en décomposant l'oxide par le feu, comme M. Oberkampf, que M. Javal a fait l'analyse de ce corps. Celui sur lequel il a opéré avait été préparé par la baryte : il l'avait traité par l'acide azotique pour le purifier, et l'avait séché avec les soins convenables pour ne pas l'altérer. D'ailleurs, il paraît avoir tenu compte de quelques traces de matières étrangères que l'or réduit contenait encore.

Combinaisons de l'or avec les métalloïdes.

1260. Les métalloïdes, qui ont été unis à l'or, sont le

phosphore, le soufre, le chlore, le brôme et l'iode. Les chlorure, brômure et iodure ne seront examinés que dans l'histoire des sels.

1261. *Phosphure obtenu en projetant des morceaux de phosphore sur de l'or chauffé au rouge.* — Brillant, jaune, cassant, grenu, décomposable par le feu; donne lieu, dans sa calcination avec le contact de l'air, à de l'acide phosphorique et à de l'or pur; contient 4 pour 100 de phosphore. (*Mémoires* de Pelletier.)

1262. *Sulfures.* — On connaît deux combinaisons de soufre et d'or. Toutes deux se décomposent par la chaleur qui en volatilise le soufre; c'est en faisant passer du gaz acide sulfhydrique à travers une dissolution bouillante de tri-chlorure d'or, que l'on obtient le proto-sulfure : il se dépose en flocons brun-foncé. Dans la liqueur se trouve de l'acide chlorhydrique et de l'acide sulfurique.

Si, dans l'expérience précédente, la dissolution d'or, au lieu d'être bouillante, était froide et étendue, le dépôt formé serait un tri-sulfure d'or : c'est même ainsi qu'on doit le préparer, pour être certain de l'avoir bien pur. Le tri-sulfure est jaune-brun, soluble sans résidu dans les sulfures alcalins et avec séparation d'or dans les alcalis.

Alliages.

1263. De tous les alliages que peut former l'or, il n'en est que cinq dont les propriétés doivent être étudiées d'une manière particulière : ce sont ceux qui résultent de l'union de ce métal avec le plomb, le cuivre, le mercure, l'argent et le platine. Les quatre premiers ont été examinés (1155, 1170, 1190, 1252). Nous allons examiner celui d'or et de platine.

Alliages de platine et d'or. — Cet alliage, dont se sont occupés successivement Lewis, Vauquelin, Klaproth, et surtout Hatchett, est remarquable par la grande quantité d'or qui doit entrer dans sa composition pour devenir légèrement jaune. Celui qui est formé de 4 parties d'or et d'une partie de platine a sensiblement la même couleur que le platine pur; l'alliage est encore blanc, lors même qu'il contient onze fois autant d'or que de platine : il ressemble alors à de l'argent terni, et est très ductile et très élastique. Dans tous les cas, cet alliage est plus fusible que le platine, et d'autant plus qu'il contient plus d'or. Il n'agit en aucune manière sur le gaz oxigène et sur l'air, soit à chaud, soit à froid; cependant il est attaquable par l'acide azotique, ainsi que M. Vauquelin l'a reconnu, quoique cet acide soit sans action sur les deux métaux non alliés.

L'or et le platine ne peuvent se combiner qu'à une très haute température : on doit donc employer la forge pour les allier.

A une certaine époque, l'on a craint qu'on ne fît usage du platine pour faire de la fausse monnaie en l'alliant à l'or; mais les propriétés de cet alliage ont bientôt dissipé ces craintes, d'autant plus qu'il est extrêmement facile de reconnaître par la coupellation, à l'aspect que preud le bouton, quelques millièmes de platine dans l'or.

Action des oxides et des acides.

1264. *Oxides.* — Point d'action.

Acides.—Il n'est aucun acide qui, pris isolément, puisse attaquer l'or, si ce n'est l'acide iodique, d'après M. Gay-Lussac, et l'acide sélénique, d'après M. Mitscherlich.

Mélanges d'acides. — L'eau régale attaque et dissout très bien l'or : aussi est-elle le dissolvant ordinaire de ce métal. Les acides azotique et chlorhydrique qui la constituent agissent par le chlore, que leur réaction met en liberté (291). Conséquemment, l'or sera pareillement attaqué par l'acide chlorhydrique mêlé à un autre acide capable de lui enlever l'hydrogène, tel que l'acide chlorique, l'acide bromique, l'acide chromique, etc. Les acides fluorhydrique, bromhydrique, iodhydrique devront se comporter d'une manière analogue à l'acide chlorhydrique.

Caractères des sels d'or.

1265. Les chlorures d'or sont les seuls sels d'or qui soient bien connus. Il paraît même, d'après les expériences de Pelletier, qu'il n'existe point d'oxi-sels d'or : du moins, si l'acide sulfurique et l'acide azotique concentrés sont susceptibles de dissoudre une petite quantité d'oxide d'or, la laissent-ils déposer, lorsqu'on les étend d'eau. Observons toutefois que M. Mitscherlich a trouvé que l'acide sélénique dissolvait l'or, que le métal s'oxidait aux dépens d'une partie de l'oxigène de l'acide, et qu'il en résultait un séléniate. (Voyez *chlorure d'or*, pour connaître la réaction des dissolutions de ce métal avec les différens corps.)

État naturel, extraction.

1266. *État naturel.* — L'or n'existe jamais qu'à l'état natif, ou combiné avec quelques métaux, surtout avec l'argent, le tellure. Il est quelquefois cristallisé en cubes, en octaèdres, etc., qui forment de petits groupes dendritiques; le plus souvent il est en petites lames sur diverses gangues, en paillettes au milieu de dépôts arénacés, et en grains ordinairement très petits; on l'observe aussi, mais très rarement, en masses isolées que l'on connaît sous le nom de *pépites* et dont quelques-unes pèsent jusqu'à plusieurs kilogrammes. M. de Humboldt en cite une du poids de 12 kilogrammes, extraite des mines du Pérou; en 1826, on en a découvert une du poids de 10 kilog. et demi dans la mine Zarewo-Alexandrowsk des Monts-Ourals, qui était accompagnée de plusieurs autres de 1 à 2 kilogrammes.

L'or ne forme jamais de gîtes à lui seul, et se rencontre seulement dans des filons ou des amas de diverses matières; il y est disséminé tantôt en parties visibles, tantôt en parties imperceptibles, engagées dans des sulfures d'argent, de plomb, de fer, etc. Les mines les plus renommées sont des filons de sulfure d'argent aurifère qu traversent les terrains intermédiaires et se trouvent partout exactement dans la même position : telles sont celles du Mexique et du Pérou, de Hongrie et de Transylvanie. Les sables aurifères constituent aussi des mines que l'on exploite parfois avec un grand avantage. Ces sables, où l'or se montre toujours sous forme de paillettes, sont très répandus à la surface de la terre; ils paraissent être partout du même âge, et d'une époque de formation assez moderne. Les plus riches appartiennent au Brésil; ils y couvrent un espace immense et contiennent du platine, du diamant, etc., en même temps que de l'or. On les retrouve au Chili, à la Nouvelle-Grenade, et même au Mexique et au Pérou. En Europe il existe également beaucoup de sables aurifères, à la vérité beaucoup moins riches : c'est probablement à ces dépôts que certains torrens, ruisseaux ou rivières, arrachent les parcelles d'or qu'ils roulent. Il est probable que c'est aussi dans des sables que s'exploite l'or en Afrique, principalement dans le *Kordofan*, entre le Darfour et l'Abyssinie, dans les environs de Bambouck et au pied des montagnes d'où sortent le Sénégal, la Gambie et le Niger, etc.

Les mines qui contiennent le plus d'or sont celles de l'Amérique méridionale et des Monts-Ourals en Sibérie.

1267. *Extraction.* — L'or s'extrait de terrains d'alluvion ou de filons par des procédés divers, comme on le verra dans la description générale qui suit et que je dois à la bienveillance de M. Boussingault.

Or des terrains d'alluvion.—L'alluvion aurifère est jetée dans un canal étroit dans lequel passe un courant d'eau assez rapide. Des nègres placés dans ce courant, remuent les matières terreuses afin de faciliter leur enlèvement par l'eau; en même temps ils jettent hors du canal les galets les plus gros. Lorsqu'il ne reste plus que du gravier, le lavage se fait dans un grand plat de bois de forme conique; on obtient d'abord un sable noir ferrugineux, qui, par un nouveau lavage, donne une quantité plus ou moins forte d'or en poudre.

Lorsque la poudre d'or renferme des grains de platine, on l'amalgame en la frottant sous l'eau avec du mercure. L'or seul se dissout, et le platine se sépare alors aisément. L'or en poudre du Choco contient de 5 à 12 pour 100 de platine en grains.

Or des filons. — La pyrite de fer, l'oxide de fer, la blende, le sulfure d'antimoine, etc., renferment assez souvent une quantité suffisante d'or pour être traités avec avantage. En Amérique, tout minerai qui contient $\frac{1}{10000}$ d'or fin mérite d'être exploité.

L'or s'extrait des minerais : 1° par la fonte ; 2° par le lavage ; 3° par l'amalgamation.

Le traitement par la fonte s'exécute en fondant les minerais, soit avec des matières plombifères, soit seuls, de manière à obtenir des mattes qui sont soumises à l'action dissolvante du plomb fondu. L'or est ensuite séparé du plomb par la coupellation.

L'extraction de l'or par le lavage se pratique, lorsque le métal se trouve disséminé dans une gangue pierreuse. Le minerai est broyé en poudre fine et lavé dans un plat de bois. Ce procédé peut également s'appliquer à la pyrite, lorsque sa densité a été diminuée par le grillage. La pyrite bocardée est grillée dans un fourneau à réverbère jusqu'à ce qu'elle soit transformée en oxide. L'addition d'une petite quantité de chaux facilite singulièrement le grillage. L'oxide est passé au moulin à blé, et la farine métallique se lave avec la plus grande facilité. L'or reste à l'état de poudre. Il est bon cependant de faire passer sur du mercure l'eau qui tient en suspension l'oxide de fer, afin de recueillir l'or extrêmement divisé qui aurait pu être entraîné.

L'amalgamation est une méthode qui convient à tous les minerais.

Le moulin à amalgamer consiste en une table ronde, faite en pierre très dure, de 8 à 12 pieds de diamètre. Cette table est entourée d'un rebord qui peut avoir 18 pouces de hauteur. Dans l'intérieur de cette espèce de *tasse*, se promènent de grosses pierres qui font l'office de molettes. L'appareil ne diffère pas essentiellement du moulin usité dans les fabriques de porcelaine pour broyer le sable.

Le minerai, préalablement réduit en poudre, est jeté dans le moulin avec du mercure. Un courant d'eau continu passe sur le minerai, le délaie et emporte hors du moulin les parties suffisamment broyées. L'or s'unit au mercure, et de temps à autre on enlève l'amalgame. Cette manière d'opérer convient aux minerais légers, tels que le quarz et l'oxide de fer. Aux mines de Marmato, dans la Nouvelle-Grenade, on commence par enrichir la pyrite, en la lavant sur des tables jusqu'à l'amener à contenir 1 à 2 onces d'or fin au quintal. La pyrite ainsi enrichie est mise dans le moulin, avec de l'eau et du mercure. On la broie pendant 24 heures. Les boues métalliques sont alors lavées, et l'amalgame d'or, après avoir été séparé de l'excès de mercure par la filtration, est soumis à la distillation.

L'or qui provient des pyrites renferme souvent une forte proportion d'argent; on enlève ce métal de la manière suivante :

L'or argentifère réduit en grenaille est mis avec un cément fait de sel marin et de brique pilée, dans un vase de terre poreux. On chauffe au rouge obscur pendant 24 à 30 heures. Après l'opération, l'or a abandonné la presque totalité de son argent ; l'argent se trouve à l'état de chlorure dans le cément; on l'en extrait par l'amalgamation : voici ce qui se passe.

L'air humide qui pénètre à travers les vases poreux dans lesquels se trouve le mélange, permet aux terres de réagir sur le sel marin. Il se dégage de l'acide chlorhydrique qui attaque l'argent et le transforme en chlorure. Le chlorure d'argent s'imbibe dans le cément, de sorte que l'or présente toujours une surface nette aux vapeurs acides. (1)

L'or provenant du traitement par le plomb peut encore

____

(1) L'acide chlorhydrique est décomposé par l'argent, à la température

contenir du fer, de l'étain et de l'argent. L'or obtenu par l'amalgamation ne contient que de l'argent. On débarrasse l'or du fer et de l'étain en le fondant avec du nitre ; mais , pour enlever l'argent et obtenir l'or à l'état de pureté, on est obligé d'avoir recours à une opération qu'on nomme *départ*.

On commence par s'assurer, en petit, si l'or que l'on veut purifier contient la quantité d'argent nécessaire pour que le départ puisse se faire exactement : cette quantité doit être au moins de 3 parties d'argent sur une partie d'or. Lorsque l'or ne contient pas cette proportion d'argent, il faut l'y ajouter , fondre l'alliage dans un creuset, et le couler en grenaille.

On le traite alors par l'acide sulfurique bouillant; l'opération se fait dans des vases en platine disposés de manière qu'ils communiquent d'abord avec des baches horizontales, puis avec une haute cheminée. Ces baches absorbent, par l'eau ou l'hydrate de chaux qu'elles contiennent, le gaz sulfureux qui se forme ; si quelques parties échappent à l'absorption, elles se rendent par la cheminée à une grande hauteur dans l'atmosphère. L'acide est renouvelé au besoin, ensuite la nouvelle liqueur est décantée comme la première; l'or lavé avec soin est fondu; quant au sulfate acide d'argent qui s'est produit et qui se trouve dissous, on le décompose en y plongeant des lames de cuivre ou des lames de fer; l'argent se précipite à l'état métallique, et il se forme du sulfate de cuivre ou de fer très soluble. Pour être plus certain de déterminer l'entière précipitation de l'argent, lorsqu'on se sert de lames de cuivre, on fait bouillir les liqueurs dans une chaudière, elle-même en cuivre, après quelques jours

---

rouge. En faisant passer un courant d'acide chlorhydrique sur de l'argent placé dans un tube de porcelaine, ce métal est transformé en chlorure, et l'on peut recueillir du gaz hydrogène. D'un autre côté, on sait que l'hydrogène réduit le chlorure d'argent avec la plus grande facilité. Ainsi la décomposition de l'acide chlorhydrique par l'argent est un fait analogue à celui de la décomposition de l'eau par le fer.

de contact entre les lames cuivreuses et le sulfate d'argent.

1268. *Usages.* — L'or est employé, comme l'argent, pour faire des vases, des ornemens, des ustensiles, de la monnaie. C'est en le dissolvant dans un mélange d'acide azotique et d'acide chlorhydrique, et versant du proto-chlorure d'étain dans la liqueur, que l'on obtient le *pourpre de Cassius.* C'est en le dissolvant également dans ces acides et ajoutant à la dissolution du sulfate de fer, que l'on se procure l'or en poudre dont on se sert pour dorer la porcelaine. Son oxide et son chlorure sont quelquefois administrés comme anti-syphilitiques. Il paraît que M. Chrestien les a employés avec succès dans quelques circonstances, en les mêlant, à la dose de $\frac{1}{12}$ de grain, avec quelques poudres inertes, et frottant les gencives et la langue avec le mélange.

ARTICLE III.

Platine.

1269. *Historique.* — Don Antonio de Ulloa paraît être le premier qui, en 1748, ait parlé du platine dans la relation d'un voyage qu'il fit au Pérou vers l'année 1735. A la vérité, Wood l'avait découvert en 1741 ; mais il ne publia ses observations qu'en 1749 à 1750, dans les *Transactions philosophiques.* Bientôt alors les chimistes commencèrent à en examiner les propriétés ; et parmi ceux qui s'en sont occupés à diverses époques, nous devons citer surtout Scheffer, Lewis, Margraff, Macquer (1), Bergman, Lavoisier, et enfin Proust, Necker–Saussure, Wollaston (2), Tennant (3), Descostils, Vauquelin (4), Fourcroy, Chaudet (5), Berzelius (6) et Bréant : presque tous traitèrent par différens

---

(1) *Mém. de l'Académie des sciences,* année 1758.
(2) *Ann. de Chim. et de Phys.,* LI, 403 à 414.
(3) *Transac. philos.,* 1804, *et Ann. de Chim.* LII, 50.
(4) *Ann. de Chim.* XLVIII, XLIX, L, LXXXIX.
(5) *Ann. des Mines,* 1re série, XXVII, 105.
(6) *Ann. de Chim. et de Phys.,* XL, 51, 138, 257, 337 et XLII, 185.

moyens le minerai de platine. Descostils y découvrit l'iridium; Tennant, l'osmium; Wollaston, le rhodium et le
palladium. Necker-Saussure chercha le moyen d'en extraire
ce métal par des procédés commodes et sûrs; il en est de
même de M. Bréant : quant aux autres, il eurent pour objet
et l'extraction du platine, et la connaissance des corps avec
lesquels il est naturellement uni, ou l'analyse de plusieurs
des composés dont il fait partie.

1270. *Propriétés physiques.*—Le platine est solide, presque aussi blanc que l'argent, très brillant, très ductile et
très malléable. Il se coupe avec des ciseaux et se raie même
avec l'ongle. Mais la présence d'un peu de métal étranger,
surtout d'iridium, d'osmium, le rend très dur. Sa ténacité est grande, et sa pesanteur spécifique est de 21,53
quand il n'a point été forgé.

Le Dr Wollaston est parvenu à le réduire en fils de $\frac{1}{1200}$
de millimètre de diamètre. Son procédé consiste à fixer un
gros fil de platine dans l'axe d'un moule cylindrique creux
que l'on remplit ensuite avec de l'argent en fusion, à tirer
le lingot à la filière, et à dissoudre l'argent dans l'acide azotique pur et étendu d'eau; le fil de platine reste au milieu
de l'acide sans être attaqué.

M. Becquerel, qui s'est procuré de semblables fils par un
procédé analogue, a cherché à faire aussi des fils d'acier :
il a parfaitement réussi en employant le mercure comme
dissolvant de l'argent : l'acide aurait dissous l'acier lui-
même. (*Ann. de Chim. et de Phys.*, tom. XXII, pag. 113.)

Le platine résiste à l'action de nos plus violens feux de
forge (1). On ne parvient à le fondre qu'au moyen d'un

---

(1) M. Boussingault, dans ces derniers temps, a trouvé en effet que le
platine était infusible au plus grand feu de forge, mais seulement dans des
creusets non brasqués: au milieu de la brasque, il se fond toujours. Ayant
analysé le platine fondu, il en retira de la *silice* ou acide silicique,
d'où il a conclu que la fusion devait être due à un peu de silicium provenant de la terre siliceuse contenue dans la brasque. (*Ann. de Chim. et de
Phys.*, XVI, 5.)

feu alimenté par le gaz oxigène. A cet effet, on expose un fil de platine au dard de la flamme d'une lampe à alcool à travers laquelle on dirige un courant de gaz oxigène en comprimant une vessie qui en est pleine et dont le robinet est adapté à un tube effilé. Le platine pourrait encore être placé dans la cavité d'un charbon qu'on enflammerait d'abord et sur laquelle le jet de gaz serait ensuite porté. Mais le charbon produit sensiblement moins de chaleur que l'alcool.

Absorption des gaz par le platine. — Le platine est susceptible d'absorber les gaz à la manière du charbon; mais il faut qu'il soit dans un état d'extrême division. Le platine forgé, le platine en masse poreuse ou provenant de la calcination du chlorure de platine uni au chlorhydrate d'ammoniaque, ne possède pas cette propriété; celui qui provient de la précipitation du bi-chlorure de platine par le zinc paraît ne pas la posséder non plus : il n'y a que le platine, que M. Liebig désigne sous le nom de *noir de platine*, qui en soit doué.

Pour se procurer le platine en cet état, on traite à chaud du chlorure de platine bien pur par une dissolution concentrée de potasse caustique, le chlorure se dissout, et l'on verse peu-à-peu de l'alcool dans la liqueur encore chaude, en ayant soin de la remuer sans cesse avec une baguette de verre. Bientôt il se produit une vive effervescence due à un grand dégagement de gaz carbonique, et il se dépose en même temps une poudre très lourde et d'un noir de velours. Le dépôt étant bien rassemblé, on décante la liqueur, et l'on fait bouillir la poudre successivement avec de l'alcool, de l'acide chlorhydrique, de la potasse, et plusieurs fois avec de l'eau, pour la purifier.

La poudre ainsi préparée absorbe les gaz avec dégagement de chaleur. Ce dégagement est tel que, si après avoir privé la poudre d'air et d'humidité, sous la machine pneumatique, à l'aide de l'acide sulfurique, on fait rentrer subitement l'air dans la machine, la poudre s'échauffe quel-

quefois jusqu'au rouge. Humectée avec un peu d'alcool
et mise en contact avec l'air atmosphérique et surtout avec
le gaz oxigène, elle devient toujours incandescente, il y a
disparition d'une portion du gaz, et l'alcool se transforme
en acide acétique. Elle possède d'ailleurs au plus haut degré la propriété d'enflammer le gaz hydrogène : une parcelle presque imperceptible suffit pour produire cet effet.

On pourrait croire d'abord que la propriété d'enflammer dépend de la propriété absorbante; mais en considé-
rant que le platine en éponge n'absorbe pas sensiblement
le gaz hydrogène, et que cependant il en détermine facilement l'inflammation, on est forcé de renoncer à cette hypothèse. On se demande alors si la poudre noire de platine
ne contient pas de charbon : ce qu'il y a de certain du moins,
suivant M. Liébig, c'est que, chauffée au milieu du gaz
oxigène, elle n'éprouve aucune perte, et qu'elle se dissout
aisément et sans résidu dans l'eau régale.

Action de l'oxigène, et de l'air; oxides, hydrates.

1271. *Oxigène, air.* — Le platine n'a d'action sur le gaz
oxigène et sur l'air à aucune température; une forte décharge électrique, à la vérité, le transforme en une poudre
brune que plusieurs chimistes ont regardée comme un
oxide; mais il paraît que cette poudre n'est que du platine
très divisé.

1272. *Oxides.* — Le platine ne forme que deux oxides,
un protoxide et un bi-oxide, qui tous deux jouent le rôle de
bases faibles.

Protoxide. — C'est en faisant digérer le proto-chlorure
de platine avec une dissolution de potasse caustique que l'on
obtient cet oxide; il se dépose à l'état d'hydrate sous forme
d'une poudre noire, dont une partie reste dans la liqueur
alcaline, et lui donne une teinte verte qui peut devenir assez foncée pour former une sorte d'encre.

Soumis à l'action de la chaleur, cet hydrate est promptement décomposé; il laisse dégager successivement l'eau et l'oxigène qu'il contient. Les corps combustibles le réduisent avec une facilité extrême, quelques-uns même avec détonation. Plusieurs acides le dissolvent et le colorent en vertbrun. Il est formé de 100 de platine, et de 8,107 d'oxigène : ce qui donne pour sa composition en proportions et en atomes :

$$\text{1 de platine } 1233,42 + \text{1 d'oxigène } 100 = Pt\,O.$$

Bi-oxide. — Il est très difficile de se procurer le bi-oxide de platine pur à cause de sa tendance à s'unir aux alcalis. Le procédé le moins défectueux consiste à précipiter par la soude caustique la moitié de l'oxide de l'azotate de bi-oxide de platine. Le précipité est un bi-oxide hydraté brun-rougeâtre et floconneux comme l'hydrate de peroxide de fer. En outrepassant ces limites, il est toujours mêlé de sous-azotate; il contient même un peu d'acide en n'allant pas au-delà.

Chauffé dans une petite cornue, le bi-oxide ne tarde point à se déshydrater, et à devenir noir; il laisse ensuite dégager tout son oxigène. Les corps combustibles le réduisent très facilement comme le protoxide; il se dissout dans plusieurs acides qu'il colore en jaune ou en roux, et forme avec les bases alcalines et terreuses des combinaisons insolubles.

M. Berzelius l'a trouvé formé de 100 de platine et de 16,215 d'oxigène.

Le procédé qu'il a suivi, consiste à prendre un poids donné de double chlorure de platine et de potassium neutre et sec, et à l'exposer à un courant de gaz hydrogène. Celui-ci s'empare du chlore du platine, avec lequel il produit de l'acide chlorhydrique qui se dégage, de telle sorte que la quantité de chlore uni à ce métal est précisément représentée par la perte de poids. Mettant ensuite le résidu en contact avec l'eau, on dissout tout le chlorure de potassium, et il ne reste que le platine.

6,^{gram} 981 de chlorure double, traités de cette manière,
ont donné :

2,024 de chlore.

2,822 de platine métallique.

2,135 de chlorure de potassium.

Or, dans les chlorures, la quantité de chlore est à la
quantité d'oxigène de l'oxide correspondant comme la densité du premier gaz est à la moitié de la densité du second.
La composition du peroxide est donc en proportions et en
atomes :

$$\text{1 de platine } 1233,42 + 2 \text{ d'oxigène } 200 = \text{Pt O}^2.$$

M. Vauquelin s'est aussi occupé de l'analyse du bi-oxide
de platine. Les résultats auxquels il est parvenu par deux
voies différentes, se rapprochent beaucoup de ceux de M.
Berzelius. Dans un cas, il a fait usage du mercure comme
pour l'analyse des oxides d'or (1259); dans l'autre, il a décomposé directement l'oxide par le feu. (*Ann. de Chim. et
de Phys.*, v, 264.)

Autre oxide. — Enfin, suivant M. Edmond Davy, il
existerait un 3e oxide qui serait formé de 100 de platine et
de 12 d'oxigène, et qui tiendrait le milieu à peu de chose
près entre les deux précédens. On l'obtiendrait en traitant le platine fulminant par l'acide azotique (377). Mais
l'existence de cet oxide ne nous paraît pas assez bien démontrée pour l'admettre. (*Ann. de Chim. et de Phys.*,
v. 415.) (*Voy.* aussi quelques observations de Berzelius,
(*Ann. de Chim. et de Phys.*, xviii, 151.)

Combinaisons du platine avec les métalloïdes.

1273. Les métalloïdes unis jusqu'à présent au platine,
sont : le bore, le silicium, le phosphore, le soufre, le
sélénium, le fluor, le chlore, le brôme, l'iode et peut-
être l'hydrogène. Quelques chimistes ont prétendu l'avoir
obtenu en combinaison avec le carbone; mais M. Boussin-

gault a démontré que le prétendu carbure de platine n'était qu'un siliciure. Les chlorure, fluorure, bromure, iodure, ne seront examinés que dans l'histoire des sels.

1274. *Hydrure.*—Lorsqu'on met l'alliage de potassium et de platine en contact avec l'eau, le potassium se dissout en s'oxidant et donnant lieu à un dégagement de gaz hydrogène dû à l'eau décomposée, mais en même temps le platine se dépose en paillettes noires que H. Davy a regardées comme un composé de platine et d'hydrogène. On obtient un composé analogue en versant de l'ammoniaque dans un mélange de bi-chlorure de platine et de sesqui-chlorure de fer, lavant le *platinate de fer* qui se dépose, le réduisant par le gaz hydrogène et jetant l'alliage dans l'acide chlorhydrique : le fer se dissout, et le platine reste faisant partie d'une poudre noire qui prend feu dans l'air bien au-dessous du rouge et est lancée de tous côtés. Cette poudre est-elle bien un hydrure ? ne serait-ce pas du platine mêlé à du charbon hydrogéné, provenant de ce que le potassium ou le fer employé aurait été carburé ?

1275. *Borure, siliciure.* — Le platine, fortement chauffé avec du charbon et du borax ou de la silice, donne naissance à de l'oxide de carbone et à du borure ou du siliciure du métal. Ces composés sont aigres, durs, et plus fusibles que le platine; ils sont attaqués par l'eau régale, et donnent un bi-chlorure et de l'acide borique ou de la silice. Celle-ci finit même par former une croûte assez épaisse autour du métal pour en empêcher, jusqu'à un certain point, la dissolution. Il faut donc éviter avec soin la réunion des circonstances qui pourraient déterminer la formation de ces corps aux dépens du platine des vases dont on fait usage.

1275 *bis. Phosphure de platine,* obtenu soit en projetant des morceaux de phosphore sur du platine chauffé au rouge (590, premier procédé), *soit en chauffant un mélange de 8 parties de platine, 8 de verre phosphorique et 1 de poudre de charbon* (590, deuxième procédé). — Très aigre, très dur, d'un blanc d'acier, d'un tissu grenu et serré, bien plus fusible que le platine, décomposable en partie par un grand feu; se transformant, par l'action du gaz oxigène ou de l'air, à l'aide de la chaleur, en acide phosphorique et en platine pur; contenant 18 pour 100 de phosphore. (*Mém.* de Pelletier.)

Selon M. Edmond Davy, il existerait deux phosphures de platine; savoir :

1° *Un proto-phosphure* que l'on obtiendrait en chauffant le phosphore et le platine dans un tube de verre vide d'air; il se produirait au-dessous de la chaleur incandescente, donnerait lieu à un grand dégagement de lumière, et contiendrait, sur 100 de platine, 21,21 de phosphore.

2° *Un bi-phosphure* qui serait formé de 100 de métal et de 42,42 de phosphore. Sa préparation consisterait à chauffer peu-à-peu jusqu'au rouge dans une cornue de verre, un mélange de 3 parties de chlorhydrate ammoniacal de chlorure de platine et de 2 de phosphore.

La facilité avec laquelle le phosphore s'unit au platine fait que l'on doit se garder de calciner, dans un creuset de ce métal, un mélange d'acide phosphorique et de charbon, et en général toute espèce de composés dont il pourrait se dégager du phosphore.

1276. *Proto-sulfure.* — Le soufre s'unit aisément au platine : il suffit pour cela de les exposer ensemble à une haute température. En effet, M. Vauquelin est parvenu à faire du proto-sulfure de platine en chauffant au rouge, dans un creuset de terre, un mélange de 1 partie de platine très divisé et de 2 de soufre, ou de 2 de soufre et de 1 de chlorhydrate ammoniacal de chlorure de platine, sel qui, par la seule action du feu, se réduit et laisse le métal libre et dans un grand état de division. Le proto-sulfure peut être également préparé en faisant passer du gaz sulfhydrique à travers une dissolution de proto-chlorure de platine, lavant et séchant le précipité.

Ce sulfure, exposé dans des vaisseaux clos à un haut degré de chaleur, n'éprouve d'autre changement qu'une sorte de fusion. Calciné au contraire dans un vase ouvert, le soufre s'en dégage à l'état de gaz sulfureux, et le platine reste à l'état métallique. L'analyse en est donc facile à faire.

Il est composé de 100 de platine et de 16,309 de soufre ce qui donne en proportions et en atomes :

$$1 \text{ de platine } 1233,42 + 1 \text{ de soufre } 201,16 = \text{Pt S.}$$

Bi-sulfure $= Pt\ S^2$. — Pour l'obtenir, il faut verser peu-à-peu une dissolution de bi-chlorure de platine simple ou double dans une dissolution de sulfhydrate alcalin, ou bien décomposer une dissolution de double chlorure de platine et de potassium ou de sodium par un courant de gaz sulfhydrique, laver le précipité et le sécher dans le vide par l'intermède d'un corps déliquescent. Si la dessiccation était faite à l'air, le soufre se brûlerait en partie et se transformerait en acide sulfurique, qui charbonnerait le filtre sur lequel le sulfure aurait été recueilli.

Le bi-sulfure desséché est noir. Chauffé en vase clos, il abandonne la moitié de son soufre et passe à l'état de proto-sulfure. Le grillage le décompose de même que le platine proto-sulfuré. L'acide azotique concentré le fait passer à chaud à l'état de sulfate de bi-oxide. Celui que l'on prépare avec le bi-chlorure et le gaz sulfhydrique détone partiellement quand on le chauffe, suivant Berzelius.

Les proto et bi-sulfures se dissolvent d'une manière sensible dans les sulfures et sulfhydrates alcalins, et par suite dans les alcalis, les carbonates alcalins : les dissolutions sont d'un brun foncé et laissent déposer le sulfure de platine par une addition d'acide.

1277. *Séléniure de platine.* — Le sélénium a une si grande tendance à s'unir au platine, que les creusets de ce métal sont attaqués par les sélénites à la température rouge, et même par le sélénite d'ammoniaque qu'on y fait évaporer jusqu'à siccité. Aussi, pour obtenir du séléniure de platine, suffit-il de chauffer le sélénium avec du platine en poudre dans un tube de verre. Ce séléniure, calciné avec le contact de l'air, se décompose promptement; le sélénium s'oxide et se volatilise; le métal reste libre. (Berzelius, *Ann. de Chim. et de Phys.*, tom. IX, p. 239.)

Alliages.

1278. *Alliages.* — Le platine s'allie facilement à un grand nombre de métaux. La combinaison a même lieu quelquefois avec un grand dégagement de lumière. Voilà ce que nous présente surtout le platine avec le zinc, l'étain, l'antimoine, le plomb, lorsqu'on les unit en proportions convenables.

Les alliages de platine et de fer, de platine et d'arsénic, de platine et d'or ont été examinés (888, 1023, 1263).

Alliage de platine et de potassium. — C'est cet alliage qui, mis en contact avec l'eau, laisse déposer des paillettes noires que quelques chimistes regardent comme de l'hydrure de platine.

Alliage de platine et de zinc. — Très cassant, très fusible, donnant lieu à un grand dégagement de lumière, au moment de sa formation.

Alliage de platine et d'antimoine. —Très cassant, dur, à grains fins, donnant lieu, comme celui de zinc, à un grand dégagement de lumière au moment de sa formation, décomposable à une haute température par l'air qui en oxide et volatilise tout l'antimoine.

Alliage de platine et de plomb. — Ces deux métaux se combinent si facilement que, lorsqu'on fait fondre du plomb dans un creuset de platine, on trouve beaucoup de platine dans le plomb après le refroidissement. L'affinité entre ces deux métaux est donc très grande; aussi leur combinaison a-t-elle lieu avec un grand dégagement de lumière, et observe-t-on qu'en roulant ensemble des feuilles de platine et de plomb, et les faisant rougir par un bout, la masse s'échauffe si fortement qu'elle est lancée de tous côtés.

Alliage de platine et de cuivre. — Facile à obtenir; aigre et d'un rouge clair à parties égales; ductile, d'une couleur rose et à grain fin, lorsqu'il ne contient que $\frac{1}{26}$ de platine; jaune d'or, suivant Cooper, lorsqu'il est composé de 7 de platine, de 16 de cuivre, et qu'on y ajoute d'ailleurs une partie de zinc.

Alliage de platine et d'argent. — De même que le cuivre, l'argent s'unit facilement au platine. Quelques centièmes de platine rendent l'argent moins blanc et moins ductile. Lorsqu'on traite l'alliage par l'acide azotique, non-seulement on dissout l'argent, mais encore une portion de platine, au point que de l'or qui contiendrait un peu de platine, pourrait facilement être purifié en l'alliant à l'argent et traitant l'alliage par l'acide azotique.

Alliage de platine et d'or (Voyez 1252).

Action des oxides et des acides.

1279. *Hydrate de potasse ou de soude.* —Lorsqu'on calcine le platine avec l'un de ces hydrates, sous l'influence de l'air, il s'oxide d'une manière très sensible, et s'unit à l'alcali auquel il donne une teinte d'un vert noirâtre. Cet effet se remarque à plus forte raison, soit avec les azotates de potasse ou de soude, soit en brûlant le potassium au milieu du gaz oxigène dans des nacelles de platine.

Lithine. — La lithine attaque le platine d'une manière bien plus sensible encore que ne le fait la potasse ou la soude. (Voyez ce qui a été dit à cet égard (742).)

Acides. — A quelques exceptions près peut-être, les acides qui attaquent l'or attaquent aussi le platine. Ce qu'il y a de certain, c'est que l'acide sulfurique, l'acide azotique l'acide chlorhydrique, l'acide fluorhydrique sont isolément sans action sur le platine, et qu'il est très bien dissous par l'eau régale. Rappelons toutefois qu'allié à l'argent, il devient soluble dans l'acide azotique, et que l'or ne possède point cette propriété.

1280. *Caractères des sels de bi-oxide de platine.*

Couleur.	Jaune ou jaune-rougeâtre.

Leurs dissolutions donnent :

Avec dissolution de chlorure de potassium.	Ppté jaune de chlorure double de platine et de potassium, soluble dans beaucoup d'eau.
Avec dissolution de chlorhydrate d'ammoniaque.	Ppté jaune de chlorure de platine uni au chlorhydrate ammoniacal, qui ne se dissout que dans une très grande quantité d'eau.
Avec dissolution d'un sel de soude.	Point de précipité; formation de sels doubles solubles.
Avec potasse ou soude caustique.	Décomposition très incomplète, parce qu'il se forme des sels doubles.
Avec acide sulfhydrique, sulfures et sulfhydrates alcalins.	Ppté noir de bi-sulfure.
Avec zinc, fer, cuivre, etc., etc.	Réduction du métal : le platine précipité par le zinc d'une dissolution très acide est une poudre noire extrêmement fine et qui possède à un haut degré la propriété d'enflammer un mélange d'hydrogène mêlé d'air.
Avec cylindre de phosphore.	Réduction du platine.
Avec sels de protoxide de fer.	Point de précipité.
Avec sels de protoxide de fer, mêlés à une dissolution de mercure.	Ppté de platine uni au mercure.
Avec proto-chlorure d'étain.	Couleur rouge très intense; ppté jaune, si les dissolutions sont neutres.

On sait de plus que tous les sels de bi-oxide sont réduits à une haute température, ou que le platine est mis en liberté; que, d'ailleurs, il n'y a pour ainsi dire, que le chlorure simple et les chlorures doubles qui aient été bien étudiés.

Caractères des sels de protoxide.

Ces sels ont encore été beaucoup moins examinés que ceux de bi-oxide. Ils sont d'un vert brunâtre. La potasse y forme un précipité noir qui se dissout dans un excès d'alcali et colore la liqueur en vert. Le chlorhydrate d'ammoniaque ne les trouble pas, et c'est en vertu de cette propriété surtout, qu'ils sont faciles à distinguer des sels de bi-oxide.

État naturel, extraction, usages.

1281. *État naturel.* — Le platine n'existe que combiné avec beaucoup de fer et de petites quantités de palladium, de rhodium, d'iridium et d'osmium. Il est presque toujours en paillettes ou petits grains, rarement en masses ou pépites. Les trois plus grosses que l'on connaisse pèsent, l'une 11641 grains; l'autre 1 kilog. 75; et la dernière 4 kilog. 320. Ces pépites ont été trouvées, la première, dans la mine d'or de *Condoto*, située dans la province de *Novita*; la seconde, à Nischne-Tagilsk, dans l'Oural : elle était accompagnée de 55 autres plus petites; la troisième, dans l'Oural, aux mines Demidoff. (*Ann. de Chim. et de Phys.*, XXXVII, 222.)

Le platine a pour gisement les mêmes dépôts sableux que nous avons déjà fait connaître pour le diamant, et qui contiennent également de l'or. C'est dans le sable aurifère du fleuve *Pinto* qu'on l'a rencontré d'abord. Depuis, on l'a découvert dans beaucoup d'autres endroits, au Brésil, au Mexique, en Colombie, à Saint-Domingue, en Sibérie, sur le penchant oriental des monts Ourals; tout récemment même on vient de le découvrir en France.

Les principales mines exploitées sont celles du Choco à la Nouvelle-Grenade, du Brésil, à Matto-Grosso, et des monts Ourals.

On les lave à grande eau pour en séparer les sables, etc.; on procède ensuite à l'extraction de l'or : après quoi le minerai ainsi traité est versé dans le commerce.

Le minerai de platine du commerce n'est point pur; il est mêlé : 1° de petites quantités de grains d'osmiure d'iridium; 2° de fer chromé et de fer titané; 3° quelquefois,

de petites paillettes d'or alliées à l'argent, de petites hyacin-
thes, d'un peu de mercure et de sable.

1282. *Extraction*. — L'extraction du platine est facile à
concevoir et à exécuter en petit dans les laboratoires : elle
consiste à dissoudre le minerai dans *l'eau régale*, à verser
une dissolution de chlorhydrate d'ammoniaque dans la liqueur convenablement concentrée, et à calciner le sel double qui se précipite et qui est formé de chlorure de platine
et de chlorhydrate d'ammoniaque : le sel double est décomposé, le chlorhydrate ammoniacal se dégage, le chlore
du chlorure de platine se dégage aussi en enlevant à l'ammoniaque la portion d'hydrogène nécessaire pour passer à
l'état d'acide chlorhydrique; quant au platine, il reste en
masse poreuse qui est d'un blanc gris mat, et qu'on appelle
platine en éponge.

Mais si la préparation du platine en éponge ou masse poreuse n'offre aucune difficulté, il n'en est pas de même de
celle du platine forgé et en masse. Aussi cette préparation
ne se fait-elle que dans quelques ateliers. Chaque fabricant
tient même secret le procédé qu'il suit. Wollaston est le
seul qui ait publié le sien, après s'en être servi pour préparer, pendant long-temps, une grande quantité de platine à
Londres.

1° On prend de l'acide chlorhydrique très concentré,
que l'on étend d'un poids d'eau égal au sien; on le mêle
avec l'acide azotique du commerce dans des proportions telles que la quantité d'acide chlorhydrique soit équivalente
à 150 de base, et celle d'acide azotique à 40 : ce mélange
peut attaquer 100 parties de minerai de platine; mais, pour
éviter les pertes d'acide, il faut opérer sur un excès de minerai de 20 pour cent au moins.

2° Le platine et l'acide sont mis en digestion pendant 3 à
4 jours, en augmentant graduellement la chaleur. La liqueur
est ensuite décantée et laissée en repos jusqu'à ce qu'une
certaine quantité *d'osmiure d'iridium* tenue en suspension se
soit complètement précipitée. Alors on ajoute à la solution

41 parties de sel ammoniac dissoutes dans cinq fois leur poids d'eau. Le premier précipité qu'on obtiendra ainsi pesera 165 parties, et donnera 66 de platine pur.

3° L'eau mère retient environ 11 parties de platine, plus beaucoup de fer, un peu de palladium, d'iridium, d'osmium, de rhodium, de plomb. Pour obtenir le reste de platine, on le réduira en plongeant dans la liqueur des barreaux de fer bien décapés, qui précipiteront tous les métaux, le fer excepté; on dissoudra le précipité dans une quantité convenable d'eau régale semblable à la précédente, puis on mêlera à la solution 1 partie d'acide chlorhydrique sur 32 parties d'eau régale employées, et l'on ajoutera le sel ammoniac : par ce moyen on préviendra la précipitation du plomb et du palladium.

4° Le nouveau précipité jaune (chlorure de platine uni au chlorhydrate d'ammoniaque) devra être lavé avec soin et pressé pour en exprimer, autant que possible, les dernières eaux de lavage : après quoi on le fera chauffer dans un pot de plombagine, mais en l'exposant seulement au degré de chaleur nécessaire pour expulser la totalité du sel ammoniac, et de telle manière que les particules de métal adhèrent le moins possible les unes aux autres : cette précaution est indispensable; de là résulte le succès du procédé.

5° L'opérateur divisera entre ses mains le résidu sortant du creuset et le réduira en une poudre assez fine pour passer à travers un tamis de linon. Les parties qui resteront sur le tamis seront broyées dans un mortier de bois avec un pilon de même nature. Un mortier et un pilon de métal donneraient de la cohérence aux parties et les empêcheraient de contracter par la suite l'adhérence desirée.

Enfin pour avoir la poudre plus fine encore, il faudra la laver par décantation. L'eau décantée laissera déposer une boue ou pulpe uniforme, très propre à être convertie en lingot. Une forte compression exercée dans un cylindre de cuivre légèrement conique donnera à la poudre assez de consistance pour que la masse ainsi obtenue puisse être ma-

niée sans courir le danger de la rompre. Alors on la chauffera
d'abord jusqu'au rouge, puis jusqu'au rouge blanc et on finira par la forger. (Voyez pour ces deux dernières opérations le mémoire de Wollaston (*Ann. de Chim. et de Phys.*
LI, 403), mémoire dont nous avons extrait presque textuel-
lement tout ce qui précède.)

Usages.—Le platine est employé pour faire des creusets,
des capsules, des cornues, des tubes, etc., propres aux
opérations de chimie; l'on s'en sert aussi pour faire la lumière des canons de fusil et revêtir le fond des bassinets;
l'on en fait même de grandes chaudières pour les besoins
des arts, par exemple, pour concentrer l'acide sulfurique.
Ces sortes de vases sont précieux, parce que, indépendamment de leur infusibilité, ils sont inattaquables par la plupart des acides et des autres corps; ils le sont moins toutefois qu'on ne le croyait d'abord : les azotates et particulièrement ceux de potasse et de soude, ainsi que ces deux alcalis, les altèrent au degré de la chaleur rouge; la masse devient d'un brun foncé, et contient une quantité sensible
d'oxide de platine. Il ne faudrait pas non plus chauffer des
substances métalliques, par exemple, du plomb, du fer, ou
des matières capables de laisser dégager du phosphore,
dans des vases de platine : ils seraient à l'instant perforés.

Note sur le grillage des sulfures métalliques ou des minerais sulfurés. (1)

Le grillage des sulfures métalliques ou des minerais sulfurés est une opération dans laquelle on les chauffe plus ou moins fortement avec le contact de
l'air; il a pour but d'en dégager complètement le soufre, ou de le recueillir
en partie, ou d'obtenir des sulfates. Il ne sera question de la préparation des
sulfates qu'en traitant de ce genre de sels; et comme il arrive très rarement
qu'on extrait le soufre des sulfures en même temps qu'on les grille, nous ne les
considérerons ici que sous le premier rapport.

---

(1) Cette note est de M. Fournet, qui a étudié le grillage des minerais d'une
manière toute spéciale dans les usines qu'il a dirigées.

Observations générales sur les circonstances particulières au grillage des divers minerais sulfurés.—Sous le rapport du grillage, on doit considérer dans un sulfure son oxidabilité, sa fusibilité, sa volatilité et sa cohésion.

Considérés ainsi, nous avons un certain nombre de sulfures qui se grillent très facilement et presque spontanément. Ceux qui sont très chargés de soufre, et qui appartiennent en outre à la classe des métaux très oxidables, comme les pyrites ordinaires et les pyrites cuivreuses, sont spécialement dans ce cas. Il suffit de les amonceler en tas et de les allumer par leur base, pour produire une combustion des plus intenses : l'opération ne s'arrête que quand toute la masse est attaquée, si d'ailleurs on a le soin de fournir de l'air assez abondamment, en ménageant des canaux et des cheminées dans le tas pour activer le tirage.

La blende, quoique étant un proto-sulfure, rentre jusqu'à un certain point dans la catégorie précédente, principalement en vertu de la facile oxidation de son métal ; mais elle possède une certaine cohésion qui fait déjà considérer son grillage comme étant plus difficile. Il faut aussi lui fournir plus de combustible pour l'échauffer ; ce qui ne présente du reste pas un très grave inconvénient, parce que son oxide, aussi bien que le sulfure, étant infusible, on ne risque pas l'agglomération de la masse.

La galène présente à-la-fois peu de soufre et un métal peu oxidable, une grande densité et beaucoup de cohésion ; de plus, elle jouit quelquefois de la propriété de décrépiter à l'approche du feu et de se réduire en particules pulvérulentes qui peuvent intercepter le passage de l'air ; enfin elle est très fusible, ce qui contribue encore à augmenter la difficulté de l'opération ; car le centre des masses de sulfure atteintes par la fusion, est garanti par l'enveloppe qui se forme, de toute oxidation ultérieure : d'où il résulte qu'on n'est pas libre de donner toute la chaleur qui serait nécessaire sous tous les rapports ; c'est en ceci surtout que se fait bien sentir l'avantage de l'addition déjà mentionnée du quarz qui maintient à distance les parties de galène, tant qu'elles ne sont pas oxidées, et qui agit après cela en désulfurant. (1)

Des métaux très oxidables du reste peuvent se griller très difficilement, quand ils sont rendus très cohérens par une fusion préalable ; voilà pourquoi les mattes ferrugineuses, cuivreuses et plombeuses résistent tant à l'oxidation, et c'est là ce qui rend nécessaire cette série de grillages de 9 à 12 feux, qui étonne toujours les personnes peu habituées aux considérations pratiques, et qui effraie d'ailleurs par le temps et la grande quantité de combustible qu'elles exigent. Encore, après toutes ces opérations obtient-on, par la fonte, de nouvelles mattes, qu'il faut repasser au grillage, et ainsi de suite (1174).

D'autres sulfures enfin se grilleraient très facilement, tant en vertu de leur faible cohérence que de leur excès de soufre, mais leur extrême fusibilité et

______

(1) Le plomb s'oxide et le soufre s'acidifie ; il en résulte du silicate de plomb et du gaz sulfureux (1159).

leur grande volatilité mettent un obstacle puissant à la rapidité de l'opération ; tel est le sulfure d'antimoine, pour lequel on est obligé d'user des plus grandes précautions, si l'on tient à éviter son agglomération et sa vaporisation.

Il sera facile, d'après cela , de choisir la méthode la plus convenable pour un minerai donné.

Exposé général des diverses méthodes de grillage. — On grille soit en tas, soit au réverbère. Dans ce dernier fourneau, le minerai étant étalé sur une sole en une couche mince, ne peut se maintenir assez chaud par sa propre combustion, pour que l'opération puisse marcher d'elle-même : il faut constamment soutenir la température au degré convenable, à l'aide d'un feu de flamme plus ou moins actif. Cette circonstance rend surtout ce mode de grillage dispendieux et empêche son emploi dans une multitude de localités. En outre, il exige constamment l'emploi de la main-d'œuvre pour renouveler les surfaces, et le courant d'air entraîne une certaine quantité des sulfures très divisés ou volatils. Enfin il faut nécessairement, pour l'économie du temps et du combustible, que le minerai soit très divisé ou au moins granulé, chose nécessaire surtout pour certaines galènes et mattes, qui, réduites à la grosseur d'un pois, pourraient soutenir cette opération pendant plus de 24 heures, et éprouver même la fusion pâteuse vers la fin, sans que leur centre ne fût attaqué ni par l'espèce de cémentation oxidante que la masse a subie, ni par la réaction du sulfure sur l'oxide. Cependant malgré ces défauts, il offre de précieux avantages, en ce qu'on est parfaitement à même de diriger l'opération de la manière la plus convenable, de brasser les matières pour rendre les résultats plus homogènes, d'introduire à propos les agens nécessaires (1) pour favoriser certaines réactions, d'élever ou d'abaisser la température aux degrés indispensables, et de régler à volonté l'affluence d'air échauffé par son passage au travers de la grille. Aussi fait-on bien de s'en servir toutes les fois que le combustible est à bas prix.

Le grillage en tas au contraire exige peu de combustible. Les monceaux une fois formés et allumés, il n'y a plus que quelques soins fort insignifians sous le rapport des frais, pour que l'opération puisse s'effectuer d'elle-même ; on peut en établir des amas d'une grande étendue en longueur et en hauteur. Il est encore précieux en ce qu'il n'exige pas une pulvérisation extrême des matières qu'on y soumet. L'opération est au contraire d'autant plus accélérée que l'air circule mieux au travers de la masse : aussi réussit-elle bien sur des

---

(1) Tels que du charbon et des fondans, par exemple du fluorure de calcium, du sulfate de baryte, de la chaux caustique, de l'oxide de fer ou même du fer, dans le cas où le grillage doit être accompagné d'une réduction. (Voyez ce qui a été dit à cet égard 1159.)

morceaux de la grosseur d'un pois à celle d'une noix, et même au-delà, quand les minerais sont très combustibles. Dans tous les cas, on est obligé de favoriser cette circulation à l'aide de cheminées et de canaux; et l'on fait bien , si l'on doit traiter des minerais pulvérulens, de les agglomérer au préalable par un lait de chaux ou d'argile, et d'eu façonner des briquettes ou des morceaux : autrement l'opération s'arrête, soit par les éboulemens qui ont lieu dans les cheminées et les canaux , soit par les autres obstacles qu'ils présentent à la libre circulation de l'air par suite de leur tassement.

Les inconvéniens sont d'ailleurs : 1° Ceux qui proviennent des affaissemens inégaux qui ont lieu çà et là dans la masse, et qui déterminent en ces points des courans d'air rapides, d'où résultent une trop forte chaleur et par suite la fusion et la vaporisation des métaux volatils , ou bien une stagnation complète de l'opération qu'il n'est plus possible de rétablir.

2° Ceux qui dépendent de la lenteur même de l'opération qui marche souvent des mois entiers, et qui rend par conséquent nécessaires de grands approvisionnemens en minerais.

3° Ceux que doit produire une température trop inégale, les parties voisines du combustible éprouvant ordinairement la fusion, tandis que la surface du tas ne se grille jamais, étant refroidie constamment par le contact de l'air, en sorte qu'il n'y a souvent que le tiers de la masse qui ait été grillé convenablement. Malgré cela, l'économie du procédé et le succès que l'on peut espérer à l'aide de quelques soins apportés dans la confection des amas, en rendent l'usage important et digne de considération. Ce sont au reste les circonstances locales et le produit qu'on veut obtenir qui doivent déterminer le choix du métallurgiste.

La manière de disposer les amas varie beaucoup. Tantôt ils sont carrés, rectangulaires ou circulaires, plus ou moins longs et élevés, tantôt à encaissemens ou sans encaissemens, tantôt à couvert ou à découvert. Quand on se sera bien rendu compte de ce qui précède, il sera toujours facile de choisir la méthode la plus convenable; cependant pour ne rien laisser à désirer, nous allons décrire un tas de grillage applicable aux minerais à fondre, et que l'on doit par conséquent désulfurer autant que possible.

Sur un sol en argile battue, ou mieux encore sur un pavé, on construira une enceinte circulaire en pierres sèches, de 6 à 8 pieds de diamètre et d'environ 2 ½ pieds de hauteur; dans l'intérieur, on disposera une assise de grosses scories d'environ 6 pouces d'épaisseur qui sert à maintenir le sol dégagé et à laisser affluer l'air uniformément par toute la surface de la base. Sur cette assise, on établira un lit de charbon ou de bûches, de 9 à 12 pouces de hauteur. Ce dernier doit être bien garni de même bois, de manière à laisser le moins de vides possible: il s'en fera suffisamment pendant la combustion. Au centre et sur quatre points également distans de la circonférence moyenne, on posera la fondation de cinq cheminées de 1 pied de diamètre, en mettant quelques gros charbons debout les uns contre les autres, et les maintenant dans cette position par les plus gros fragmens de minerai. Cela fait, sur toutes les places de l'assise de charbon qui n'ont pas été occupées par les cheminées, on répandra le minerai le plus gros et le plus réfractaire en une épaisseur de 6 pouces, puis du minerai moins réfractaire et moins gros en une autre épaisseur à-peu-près pareille, enfin le minerai divisé et aggloméré par la chaux ou l'argile, si toutefois on a ces diverses grosseurs, car l'opération peut très bien se faire d'ailleurs avec un seul grain. Le tout occupera environ 18 pouces de hauteur non compris le charbon.

On remet une nouvelle assise de charbon pareille à la précédente, et l'on a soin d'élever les cheminées commencées comme nous l'avons dit, tout en continuant à accumuler le minerai auquel on finit par donner une forme hémisphérique une fois qu'il dépasse la hauteur de l'enceinte; il faut éviter de mettre dans cette assise du minerai fin aggloméré, parce que la température y est moins élevée que dans l'assise inférieure. Un pareil tas, de 5 pieds environ de hauteur, peut contenir 100 à 150 quintaux de minerai et brûler pendant 2 ou 3 semaines; on l'allume en jetant quelques charbons incandescens par le sommet des cheminées : en peu d'heures le feu est répandu dans toute la masse du charbon.

La circonférence se grille d'abord; et l'on peut, quand celle-ci est éteinte, enlever le mur d'encaissement et entailler peu-à-peu la masse scorifiée pour permettre à l'air de pénétrer au centre; mais cette opération doit se faire avec précaution. Un peu de pratique, bien aisée à acquérir, apprendra du reste ce qu'il faut modifier dans cet exposé suivant les minerais que l'on devra traiter.

Dans les grillages suivans, on mélangera avec le minerai neuf celui qui n'aura été grillé qu'imparfaitement dans une première opération ; il forme environ le tiers ou le quart de la masse totale.

FIN DU SECOND VOLUME.